水质科学与技术丛书 | 曲久辉　总主编

分离的化学基础与环境应用

曹宏斌 等 著

科学出版社

北京

内 容 简 介

本书全面介绍与环境分离相关的化学基础、分离原理及技术应用。全书共分为 5 章。第 1~3 章为环境分离工程概述、分离的化学基础以及分离原理，包括分离过程中分子/离子间相互作用、溶液中的离子形态、界面化学，以及热力学、动力学和能耗等。第 4 章主要介绍典型的环境分离技术，包括精馏、吸附、混凝、吸收、浸取、膜分离、化学沉淀以及多场协同强化分离。第 5 章通过介绍废水、废气、固体废弃物等领域环境分离的工程应用案例，加强对环境分离应用的理解。

本书可作为环境工程、化学化工、湿法冶金等学科的高年级本科生和研究生的教材，也可作为从事相关领域研究工作的科技人员的参考书。

图书在版编目（CIP）数据

分离的化学基础与环境应用 / 曹宏斌等著. -- 北京 ：科学出版社，2025.6. -- (水质科学与技术丛书 / 曲久辉总主编). -- ISBN 978-7-03-081833-1

Ⅰ.X5

中国国家版本馆 CIP 数据核字第 20253ZS101 号

责任编辑：杨　震　刘　冉／责任校对：杜子昂
责任印制：徐晓晨／封面设计：东方人华

科学出版社出版
北京东黄城根北街 16 号
邮政编码：100717
http://www.sciencep.com

北京建宏印刷有限公司印刷
科学出版社发行　各地新华书店经销
*

2025 年 6 月第　一　版　　开本：720×1000　1/16
2025 年 8 月第二次印刷　　印张：26
字数：520 000
定价：160.00 元
（如有印装质量问题，我社负责调换）

丛书编委会

总 主 编：曲久辉

副总主编：（按姓氏汉语拼音排序）

马　军　彭永臻　任洪强　汪华林

吴丰昌　俞汉青

编　　委：（按姓氏汉语拼音排序）

曹宏斌　戴晓虎　胡承志　胡洪营

黄　霞　梁　恒　刘会娟　刘锐平

刘书明　潘丙才　全　燮　盛国平

王爱杰　王东升　王沛芳　王志伟

韦朝海　杨　敏　周丹丹

前　言

分离技术是工业生产过程中常用的手段，广泛应用于化工、冶金、制药等工业领域。工业生产全过程包括生产端的原料/产品分离，也包括末端"三废"［废气、废水、固体废弃物（简称"固废"）］等的环境分离，二者在化学基础理论、技术手段等方面有相通之处。但末端分离的对象主要为"三废"，具有特殊性质，如处理对象为有毒有害组分或可回收有价组分、待分离组分含量较低且组分复杂、处理后的"三废"可直接排放或循环利用等，因此末端环境分离技术所适用的技术原理和工艺方法有别于生产端的原料/产品分离。目前，分离科学相关书籍很多，但均主要侧重于生产端的分离技术原理与工程应用，对于末端环境分离相关内容提及较少，缺乏专门针对环境领域的分离科学与工程的书籍或教材。本书作者曹宏斌与其团队二十多年来一直致力于工业污染全过程控制的科研、工程与管理等方面的自主创新与工程实践。结合多年的科研成果与经验总结，本书全面介绍了与环境分离相关的化学基础、分离原理及技术应用，旨在为环境领域的学生和科研技术人员提供一本具有较高参考价值的专业书籍。

本书共分为5章。第1~3章为环境分离工程概述、分离的化学基础以及分离原理，包括分离过程中分子/离子间相互作用、溶液中的离子形态、界面化学，以及热力学、动力学和能耗等。第4章比较全面地介绍典型的环境分离技术，包括精馏、吸附、混凝、吸收、浸取、膜分离、化学沉淀以及多场协同强化分离等。第5章通过介绍废水、废气、固废等领域环境分离的工程应用案例，加强对环境分离应用的理解。

本书由中国科学院过程工程研究所曹宏斌研究员统筹。第1章由赵赫、赵迪等人执笔；第2章由王天宇、沈健、宁朋歌、温嘉玮等人执笔；第3章由温嘉玮、高文芳等人执笔；第4章由从海峰、沈健、石绍渊、李海涛、张西华、段锋及高文芳等人执笔；第 5 章由石绍渊、刘晨明、沈健、从海峰、张香平、吕伟光、张洋、高文芳、张笛等人执笔。本书在编写过程中参考了诸多相关学术著作和资料，在各章末列出，如有遗漏敬请原作者谅解。在此谨向相关文献的作者表示诚挚的感谢！

本书可作为环境工程、化学化工、湿法冶金等学科的高年级本科生和研究生的教材，也可作为从事相关领域研究工作的科技人员的参考书。

限于著者的水平，书中难免存在不足和疏漏之处，衷心希望广大同仁不吝指正，多提宝贵意见。

著 者

2025 年 5 月

目　　录

前言
第1章　绪论 ··· 1
　1.1　概述 ··· 1
　1.2　研究对象与特点 ··· 3
　　　1.2.1　废水（废液）分离 ·· 5
　　　1.2.2　废气分离 ··· 6
　　　1.2.3　固体废弃物分离 ··· 8
　　　1.2.4　污染土壤分离 ··· 10
　1.3　分离过程分类 ··· 10
　1.4　环境分离工程的挑战 ··· 13
　　参考文献 ··· 14
第2章　分离的化学基础 ·· 15
　2.1　分子/离子间的相互作用 ·· 16
　　　2.1.1　作用力分类 ·· 16
　　　2.1.2　作用力影响因素 ··· 26
　　　2.1.3　分子结构、分子/离子间相互作用表征方法 ···················· 31
　2.2　离子形态 ··· 42
　　　2.2.1　离子形态概述 ··· 42
　　　2.2.2　钒铬离子形态的赋存与反应 ······································· 45
　　　2.2.3　钒铬离子形态定向调控策略 ······································· 54
　2.3　界面化学 ··· 55
　　　2.3.1　气-液界面 ·· 56
　　　2.3.2　液-液界面 ·· 59
　　　2.3.3　气-固界面 ·· 63
　　　2.3.4　固-液界面 ·· 67
　2.4　分离推动力 ··· 71
　　　2.4.1　机械能 ·· 72
　　　2.4.2　热能 ··· 76
　　　2.4.3　化学能 ·· 78
　　　2.4.4　电能 ··· 82

2.5 分离中的环境因素···83
    2.5.1 分离中环境因素的重要特点···84
    2.5.2 分离中的微环境影响···86
参考文献···91

第3章 环境分离过程原理···97
3.1 热力学基础···97
    3.1.1 相平衡···97
    3.1.2 气-液平衡···101
    3.1.3 液-液平衡···102
    3.1.4 固-液平衡···110
    3.1.5 其他平衡···113
    3.1.6 相平衡主导的分离过程···114
3.2 化学平衡基础···117
    3.2.1 化学平衡的基本概念···118
    3.2.2 化学平衡的影响因素···120
    3.2.3 化学平衡参与的分离过程···122
3.3 动力学基础···125
    3.3.1 动量传递···125
    3.3.2 热量传递···127
    3.3.3 质量传递···130
    3.3.4 污染物处理中的典型传递过程···································131
3.4 环境分离过程的能耗分析···134
    3.4.1 能耗基本概念···134
    3.4.2 环境分离过程中的熵···136
    3.4.3 环境分离过程中的功···138
    3.4.4 环境分离过程中能耗的计算·······································141
    3.4.5 典型环境分离过程能耗···142
参考文献···144

第4章 典型环境分离技术···147
4.1 精馏···147
    4.1.1 精馏技术与设备···148
    4.1.2 精馏技术在环境工程中的应用···································154
    4.1.3 展望···156
4.2 吸附分离···156
    4.2.1 吸附分离技术原理···157
    4.2.2 吸附剂吸附分离特性···160

	4.2.3 展望	167
4.3	混凝分离	168
	4.3.1 混凝化学基础	168
	4.3.2 药剂混凝分离特性	174
	4.3.3 展望	178
4.4	吸收分离	179
	4.4.1 吸收分离技术原理	179
	4.4.2 吸收剂分离性能	184
	4.4.3 展望	188
4.5	浸取分离	189
	4.5.1 浸取分离技术原理	189
	4.5.2 浸取分离技术应用基础	201
	4.5.3 展望	207
4.6	压力驱动膜分离	207
	4.6.1 压力驱动膜技术分类	208
	4.6.2 压力驱动膜技术原理	212
	4.6.3 压力驱动膜技术应用基础	214
	4.6.4 展望	220
4.7	电驱动膜分离	220
	4.7.1 电驱动膜分离技术分类	221
	4.7.2 电驱动膜分离技术原理	224
	4.7.3 电驱动膜分离技术应用基础	229
	4.7.4 展望	237
4.8	热驱动膜分离	238
	4.8.1 热驱动膜分离技术分类	239
	4.8.2 热驱动膜分离技术原理	241
	4.8.3 热驱动膜分离技术应用基础	242
	4.8.4 展望	247
4.9	化学沉淀分离	247
	4.9.1 化学沉淀分离技术原理	248
	4.9.2 化学沉淀分离技术应用基础	261
	4.9.3 展望	268
4.10	电吸附分离	269
	4.10.1 电吸附分离技术分类	269
	4.10.2 电吸附分离技术原理	273
	4.10.3 电吸附分离材料	274

  4.10.4 展望 ·· 278
 4.11 多场协同强化分离 ·· 278
  4.11.1 多场协同强化分离理论 ·· 279
  4.11.2 多场协同强化分离技术基础 ·· 280
  4.11.3 典型多场协同强化技术案例 ·· 282
  4.11.4 展望 ·· 290
 参考文献 ·· 291

第5章 工业应用案例 ·· 308
 5.1 废水处理工业应用案例 ·· 308
  5.1.1 典型行业高盐废水电膜处理技术 ·· 308
  5.1.2 含重金属氨氮废水反应精馏处理技术 ······································ 319
  5.1.3 焦化废水处理技术 ·· 325
 5.2 废气处理工业应用案例 ·· 331
  5.2.1 VOCs回收技术 ·· 331
  5.2.2 含氨废气回收技术 ·· 340
 5.3 固废资源化工业应用案例 ·· 351
  5.3.1 退役动力电池的资源化利用技术 ·· 351
  5.3.2 废盐的资源化利用技术 ·· 367
 5.4 典型工艺的环境综合效应评价 ·· 372
  5.4.1 环境综合评价方法概述 ·· 372
  5.4.2 典型废水处理技术的环境综合效应评价 ···································· 380
  5.4.3 典型固废处理技术的环境综合效应评价 ···································· 387
参考文献 ·· 395

第1章 绪　　论

1.1 概　　述

中国作为世界排名第一的制造业大国，重化工业在支持国家经济持续高速发展的同时，也面临着资源消耗高和污染排放严重的突出问题。中国工业资源消耗相对较大，占社会总能耗比例高达 2/3，尤其是工业"三废"（废水、废气、固体废弃物）的排放量显著高于美国等发达国家。数据显示，中国每增加单位 GDP，废水排放量是发达国家的 4 倍以上；每单位工业产值产生的固体废弃物总量是发达国家 10 倍以上。经济发展与资源约束趋紧、环境污染严重、生态系统退化之间的矛盾日益突出，已成为制约我国经济社会可持续发展的重大瓶颈问题。

党的十八大以来，中共中央、国务院相继针对多介质（水、气和固废）、多流域（以长江、黄河主干流域为主）、重污染工业行业污染问题，以有效防范环境污染与健康风险为核心，以精准治污、科学治污、依法治污为工作方针，健全污染物治理体系，以更高标准打好蓝天、碧水、净土保卫战，提升美丽中国、健康中国建设水平（图 1-1）。

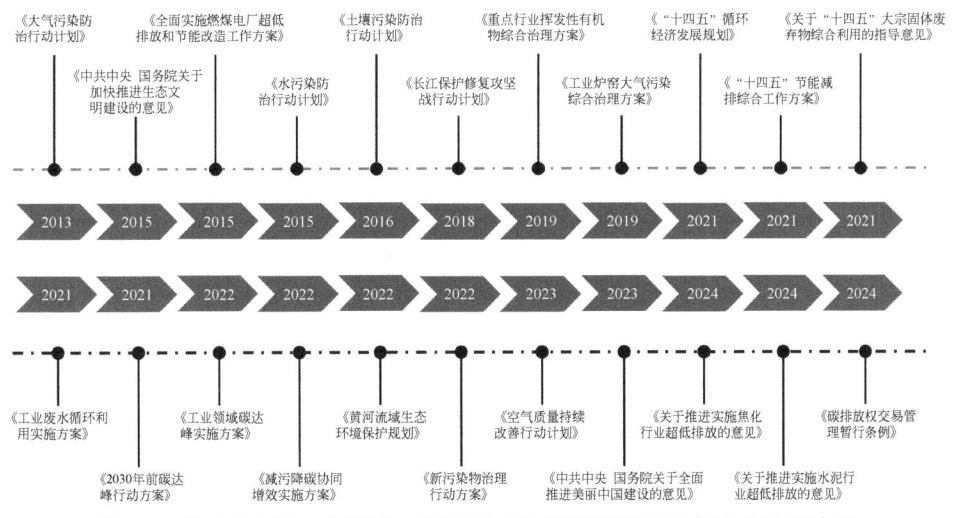

图 1-1　推动多介质、多流域、多行业协同减污降碳的部分标志性政策法规

与此同时，环境污染物与温室气体排放具有高度同根、同源、同过程特性和排放时空一致性特征，意味着减污和降碳具有一致的控制对象且可协同推进。面对环境质量改善与温室气体减排的双重压力与迫切需求，《减污降碳协同增效实施方案》锚定美丽中国建设和实现"双碳"目标，统筹大气、水、土壤、固体废弃物、温室气体等多领域减排要求，在科学把握污染防治和气候治理整体性的基础上，以碳达峰行动进一步深化环境治理，以环境治理助推高质量达峰，提升减污降碳综合效能，实现环境效益、气候效益、经济效益多赢。2023年12月27日，《中共中央、国务院关于全面推进美丽中国建设的意见》发布，进一步强调协同推进降碳、减污、扩绿、增长，维护国家生态安全，抓好生态文明制度建设，以高品质生态环境支撑高质量发展，加快形成以实现人与自然和谐共生现代化为导向的美丽中国建设新格局。因此，现阶段协同推进工业减污降碳不仅是建设美丽中国的迫切需求和全面建设社会主义现代化国家的重要目标，更是筑牢中华民族伟大复兴的生态根基[1,2]。

工业"三废"治理是实现工业减污降碳的关键环节。工业"三废"中含有多种有毒有害物质，其中60%以上是由分离不彻底导致的。若不经妥善处理，未达到规定的排放标准就排放到环境介质中，超过环境自净能力的容许量，将会产生环境污染，破坏生态平衡，影响工农业生产和公共卫生。因此工业"三废"是环境介质（水、气、固、土壤）中污染物的主要来源之一。除此之外，环境介质中的污染物来源还包括农业活动、人类的日常活动以及自然因素。

在多介质环境体系中，不同污染源产生的污染物可能会在环境介质中发生迁移转化，进而引发复杂的污染问题。例如，大气污染物包括颗粒污染物和气态污染物等，主要来自工业排放和交通尾气，能够在空气中迁移，经降雨沉积到土壤或水体中，造成附近水体和土壤污染。针对大气污染物的处理，分离过程如吸收、吸附、冷凝、膜分离和电除尘等方法起到关键作用。水体污染物如有机物、重金属等主要来自工业废水和农业污染。这些污染物的处理方法需结合污染物的特点与环境背景因素综合考虑。萃取、精馏、混凝、吸附、沉淀、膜分离等均是有效的处理方法。固体废弃物主要来自工业固废和生活垃圾、农业废弃物等，堆存的固废经过日照或雨水冲刷，含有的有毒有害有机物、重金属等污染物渗透进入土壤和水体。固废的种类繁多，需针对不同的固废特点采用相应的处理措施，如燃烧、浸取等。土壤污染受废水、废气、固废以及农药使用的影响，土壤中的污染物可通过迁移转化进入地下水，影响地下水质。针对土壤污染物的治理，需要结合土壤修复技术和地下水监测控制等措施。综上所述，无论是大气、水体、固体废弃物还是土壤污染，都需要根据不同的污染源采取相应的物理或/和化学方法，将污染物从环境介质中有效地分离出来，从而达到环境净化和污染治理的目的。

分离是工业生产中最常见的过程之一，包括工业生产过程中从原料中去除杂质，对产物进行分离提纯，旨在从反应产物中获得高纯度目标产品。在化工、冶金和生物等领域，这个过程称为产品分离。同时，分离技术在环境保护领域同样发挥着重要作用，包括水体、大气、固体废弃物和土壤中有毒有害物质的分离等；也包括工业过程中分离"三废"中的有毒有害物质，有效降低污染物排放浓度甚至实现"零"排放，并将部分有价组分提浓成为产品参与到资源循环中。这种通过物理或/和化学方法将环境介质（水、气、固、土壤）或工业过程中的有毒有害污染组分进行分离，消除其环境污染的过程可称为环境分离。因此，分离过程不仅关系着工业高品质产品的生产，也是高效利用资源、控制环境污染的关键环节。随着国家污染物排放（控制）标准的逐渐严格，污染物的深度分离需求将更为迫切。可以通过深入理解分离过程原理、强化分离过程、提高分离效率，解决污染物减排的问题，降低能耗、提高资源循环效率。因此，环境分离技术是实现工业减污降碳、提质增效的重要手段。

目前，分离技术已广泛应用于化工、冶金等许多工业领域，《分离科学与技术》《分离科学基础》《化工分离工程》《冶金分离科学与工程》《湿法冶金分离工程》等已成为化工、冶金分离等领域的经典参考书。分离技术在环境领域中的应用主要是采用化工原理的方法强化环境分离过程。例如，采用吸收和吸附技术分离工业废气中的二氧化硫等污染物，采用过滤、沉淀、吸附技术等分离回收废水中的重金属，采用萃取、精馏技术分离回收废水、废渣中的重金属、油类等污染物，采用（电）膜技术分离废水中的金属和进行离子的富集等等[3]。环境分离技术在污染治理和资源循环领域发挥着重要的作用，这也对环境分离技术与工程提出了更高的要求。但目前环境领域的分离技术与工程并没有相关专著进行系统归纳总结与阐述。本书将根据分离的原理和技术，系统介绍分离的化学基础、环境分离过程原理、典型的环境分离技术和工业应用案例等内容。

1.2 研究对象与特点

环境分离工程主要是利用物理、物理化学或化学的原理以及化工单元操作实现污染物的分离和去除。环境分离技术的核心在于综合考量多个单元（或装置）、多个尺度（分子、单元、系统）间相互作用，以实现污染物或者有价组分高效处理与分离。以烟气CO_2捕集为例（图1-2），在分子尺度上，通过分析CO_2吸附扩散机理，构建构效关系预测模型，进而指导设计筛选CO_2吸附材料及定向调控其在宏观单元操作过程中的转移转化；在单元尺度上，以理论分析和实验研究为基础，深入解析单元操作相互作用规律，进而指导设计CO_2吸附反应器和优化操作参数；在系统尺度上，在深入认识各单元技术耦合关系的基础上，利用过程系统工程理论和方法，构建系统超结构优化模型，建立CO_2吸附反应器及吸/脱附工艺包,为实现窑炉烟气固体吸附法 CO_2 捕集低能耗、长周期稳定运行提供支撑。

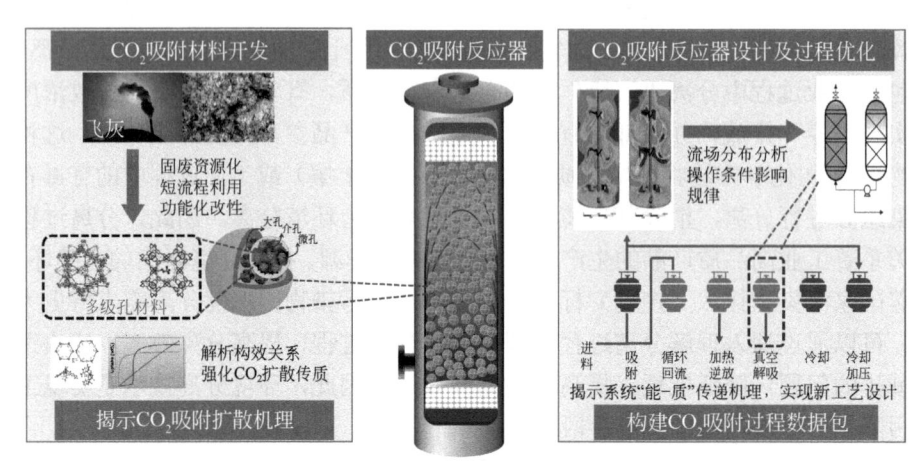

图 1-2　基于富硅固废的烟气 CO_2 捕集固体吸附材料及过程开发

产品分离的处理对象是原料反应后的产物,具有组分相对简单、目标组分浓度一般较高且稳定、操作成本敏感性低等特点。相比于产品分离,环境分离在分离对象、目标组分特性等方面均有其自身的特点,如表 1-1 所示。环境分离主要关注的是工业过程产生的"三废"(废气、废水、固废),生活废弃物以及被污染的土壤、地下水、河流。目标对象可以是有毒有害的,也可以是有价值的;可以是固体、液体、气体,也可以是分子或离子。环境分离系统中所含有害物质通常组分复杂,种类多,处理量大,而且浓度波动大。如焦化废水中除了含有芳烃、多环芳烃、酚类、含氮与含硫等有机物之外,还含有氨氮、氰化物等无机物,并且不同焦化工艺产生的废水,污染物的种类和浓度存在显著差异[4]。此外,目标组分浓度通常较低,为 mg/L 级甚至μg/L 级,其成本敏感性较高,因此分离难度大。环境分离对象涉及面广,污染物种类繁杂,处理难度大,投入成本高,无疑给企业带来沉重负担。这就对分离过程提出了更高的要求,如过程能耗和药剂消耗最小化等要求,因此亟须实现高效深度分离,促进资源循环利用,提高分离工艺稳定性,从而降低处理成本,增强企业对环境保护的内驱力。

在环境分离所涉及的不同物质体系中,其相互作用力表现形式差异较大。废水(废液)、废气、固废和土壤的分子/离子间距离和作用力是不同的。其中固态物质分子/离子之间距离紧密,作用力较大;液态物质的分子/离子之间距离相对较大,作用力较弱;气态物质的分子之间距离最大,作用力更弱。这些差异导致了废水(废液)、废气、固废和被污染土壤具有不同的物理和化学性质。这些污染物的性质,直接关系到环境污染物的分离去除和资源化回收。在此,本节将进一步讨论环境分离的处理对象的具体组成和性质特点。

表 1-1 产品分离与环境分离的特点

项目	产品分离	环境分离
处理对象	反应产物	废水（废液）、废气、固废、土壤等
分离目的	降低处理对象中杂质的浓度，提高产品纯度	脱除或降低有害物质浓度，或通过回收有用组分实现固废减量化
目标组分浓度	一般较高	相对较低
成本敏感性	相对低	高
组分复杂性	相对简单	复杂
浓度稳定性	波动较小	波动较大

1.2.1 废水（废液）分离

水体污染是指水体中因某种物质的介入，使其化学、物理或者放射形态等方面特性改变，导致水质恶化，影响水的有效利用，危害人体健康或者破坏生态环境。根据污染物种类不同，可以分为化学污染、物理污染和生物污染（图1-3）。化学污染中污染物种类复杂，性质多样，毒性大小不一，处理难度差异较大。根据污染物的性质又可分为无机无毒物质、无机有毒物质、有机无毒物质和有机有毒物质。这里所说的有毒、无毒是根据是否直接对人体健康造成毒害作用而划分的。废水中的污染物没有绝对无害的，是相对而有条件的，如某些污染物在低浓度时对人体无害，但达到一定浓度时就呈现出毒害作用。无机无毒物质大致分为颗粒状污染物，酸、碱、无机盐类以及氮、磷等植物营养物质。无机有毒物质主要包括非重金属类无机物（氰化物、砷）和重金属类无机物。这些物质在废水中的浓度即使很小，也会在生物体中累积，达到一定浓度后会显示出症状，从而造成重大疾病，如日本的水俣病（汞污染）和痛痛病（镉污染）。有机无毒物质多为碳水化合物、蛋白质、脂肪和醇等，在微生物作用下易降解为稳定的无机物（CO_2、H_2O 等）。有机有毒物质主要有各种有机农药（DDT、六六六等有机氯农药）、多环芳烃、芳烃、酮、醛、酚以及苯胺类、氯代苯类、含氮杂环化合物等。它们化学性质稳定，很难降解，蓄积性强，其中有机氯化合物和多环有机物的危害最大[5]。

根据图1-3可知，废水（废液）的来源不同，其成分和性质差异很大。废水（废液）中含有各种溶解性物质和悬浮颗粒，这些物质的存在会影响其分离效果。分离技术包括萃取、吸附、结晶、蒸发、离子交换、膜分离以及汽提等多种技术。这些技术可分离废水（废液）中污染物并回收有价组分，或将污染物浓缩/富集至固相、液相或气相，实现废水净化。以煤化工废水为例，高浓度组分分离包括重油的沉降分离、苯酚的萃取或蒸馏分离、氨的加碱热蒸发脱出以及硫化物的置换分离等；高浓盐水分离包括电解产生氧化性有效氯、纯化分离产品盐以及反渗透分离纯水等。在物质分离、循环自净化与产品回收利用三方面应用，实现废水（废液）分离后资源循环利用。

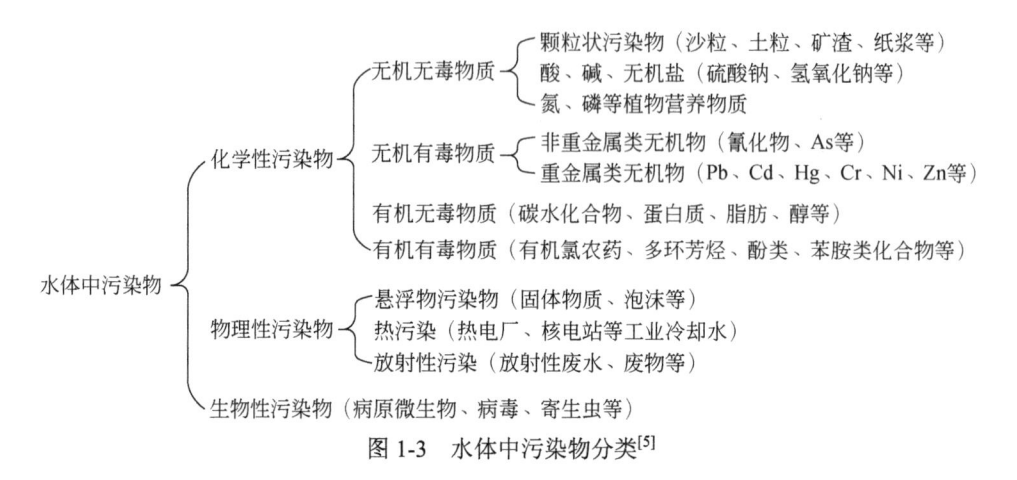

```
水体中污染物┬化学性污染物┬无机无毒物质┬颗粒状污染物（沙粒、土粒、矿渣、纸浆等）
          │            │            ├酸、碱、无机盐（硫酸钠、氢氧化钠等）
          │            │            └氮、磷等植物营养物质
          │            ├无机有毒物质┬非重金属类无机物（氰化物、As等）
          │            │            └重金属类无机物（Pb、Cd、Hg、Cr、Ni、Zn等）
          │            ├有机无毒物质（碳水化合物、蛋白质、脂肪、醇等）
          │            └有机有毒物质（有机氯农药、多环芳烃、酚类、苯胺类化合物等）
          ├物理性污染物┬悬浮物污染物（固体物质、泡沫等）
          │            ├热污染（热电厂、核电站等工业冷却水）
          │            └放射性污染（放射性废水、废物等）
          └生物性污染物（病原微生物、病毒、寄生虫等）
```

图 1-3　水体中污染物分类[5]

2022 年，为响应国家"双碳"目标，废水（废液）处理行业进一步强化了低碳化、资源化的处理理念，显著提升了对于控制温室气体排放的重视程度，中国环境保护产业协会发布了《污水处理厂低碳运行评价技术规范》（T/CAEPI 49—2022）。随着工业生产的发展以及水处理要求的变化，废水（废液）处理的目标已发生根本变化，从减少污染物转向水的再利用、资源回收和低碳运行管理。这种目标的实现离不开废水（废液）分离技术。我国现行出水排放标准普遍提高，特别是在敏感水域地区，排放标准要求接近地表水标准。为达到排放标准、保障高质量的出水水质，不得不增加药品投入，但能耗亦随之增大，因此，寻求高效低能耗的分离技术更加迫切。总体上，废水（废液）处理目标从单一目标向多目标转变、从强调运行成本向低碳运行转变，在满足出水水质、臭气排放等指标的前提下，朝着碳中和目标迈进。高效低碳的废水（废液）分离技术将助力国家"双碳"目标的实施。

1.2.2　废气分离

大气污染是指由于人类活动或自然过程引起某些物质介入大气中，当这些物质超过一定浓度或长时间存在时，对人类和环境造成危害的现象。现今，大气中的污染物种类繁多，按物理状态可分为气溶胶污染物和气体污染物（图 1-4）。气溶胶污染物按其来源和物理性质可分为粉尘、烟、飞灰、雾和黑烟等。按其颗粒大小可分为飘尘（小于 10 μm）、降尘（大于 10 μm）和总悬浮颗粒（TSP，小于 100 μm）。气体污染物分为无机物和挥发性有机物（VOCs），其中无机物按照化学组成可以分为含硫化合物、含氮化合物、碳氧化合物和卤素化合物等[6,7]。

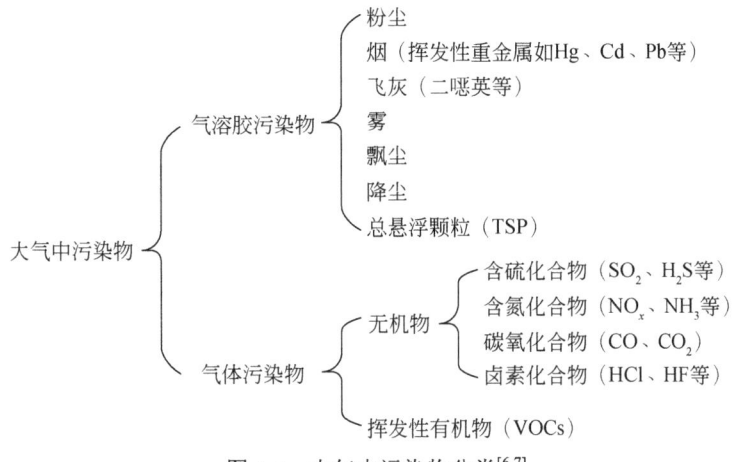

```
                        ┌─ 粉尘
                        │  烟（挥发性重金属如Hg、Cd、Pb等）
                        │  飞灰（二噁英等）
            ┌─气溶胶污染物┤  雾
            │           │  飘尘
            │           │  降尘
大气中污染物 ┤           └─ 总悬浮颗粒（TSP）
            │                      ┌─ 含硫化合物（SO₂、H₂S等）
            │           ┌─无机物───┤  含氮化合物（NOₓ、NH₃等）
            │           │          │  碳氧化合物（CO、CO₂）
            └─气体污染物┤          └─ 卤素化合物（HCl、HF等）
                        └─挥发性有机物（VOCs）
```

图 1-4　大气中污染物分类[6,7]

燃料及其他物质燃烧过程中产生的烟尘，以及固体物料破碎、筛分和输送等机械处理过程中产生的粉尘等都是以固态或液态的粒子形式存在于气体中。通常可以借助于粒子的密度、形状、电磁特性等物理性质，利用重力、惯性力、离心力及电/磁场力等机械作用去除气体中的粉尘粒子。而废气中的气体污染物多以分子状态存在，与其他组分构成均相体系，单纯依靠机械作用无法将其分离。这时就需要利用污染物与其他组分之间物理和化学性质的差异，经过物理、化学处理，将污染物转化为无害或易于分离的物质，从而实现废气的净化。废气分离主要采用吸收和吸附技术，将废气中污染物浓缩至液相或固相中，实现废气净化。吸收技术如用水吸收氯化氢气体制取盐酸，用洗油处理焦炉气以回收其中的芳烃，用水或者碱液脱除合成氨原料气中的二氧化碳等；吸附技术如用活性碳纤维吸附有机物，这些有机物的分子量较小，且具有很强的极性，根据这一特点，可以将其中的一些有机物过滤或分离。

在废气处理中，除了针对传统的污染物进行分离外，还需要考虑到 CO_2 的捕集问题。特别是在工业排放中 CO_2 的排放量较大，需要采取有效的方法进行捕集和处理以减少对气候变化的影响。工业烟气中的碳捕集是一项重要的任务，它涉及 CO_2 与其他污染物的分离过程。具体来说，需要考虑 CO_2 与污染物、CO_2 与 N_2 以及 CO_2 与 H_2O 的分离。因此协同污染物减排与 CO_2 捕集是废气处理的关键。通过采用吸附、膜分离和吸收等技术，可以实现对 CO_2 的有效捕集和分离，从而减少对环境的不良影响，促进清洁生产和可持续发展。

在碳中和背景下，碳排放政策在日渐收紧。重化工行业作为"高能耗、高排放"的产业，必定面临着紧迫的减排压力。为了应对气候变化和减少碳排放，我国政府已经推出了一系列的环保政策，其中包括成立碳排放权交易市场。在政策加持的条件下，也需要加强研发更高效的净化技术。"十四五"期间，挥发性有机物（VOCs）被列入大气环境质量的约束性指标，在现如今细颗粒物与臭氧协同控制以及"双碳"的背景下，VOCs废气治理成为大气污染控制的关键点。据《第二次全国污染源普查公报》的数据统计，部分行业和领域VOCs排放量高达1017.45万吨，VOCs废气治理已刻不容缓。在对VOCs废气分离技术进行改进完善的同时，需更加关注工业"三废"的循环利用，例如，利用改性的燃煤电厂粉煤灰吸附VOCs，用经过清洗干燥的煤矸石吸附去除VOCs等，以实现工业经济绿色、循环发展。

1.2.3 固体废弃物分离

固体废弃物指在生产、生活和其他活动中产生的丧失原有利用价值或者虽未丧失利用价值但被抛弃或者放弃的固态、半固态和置于容器中的气态或液态的物品。近些年随着工业领域快速发展，固体废弃物的产量也逐渐增多，对环境构成巨大威胁。然而，这些被视作废物的物质，实则是"放错位置的资源"。为实践循环经济理念，可通过分离技术将固体废弃物资源化利用，实现综合效益最大化[8,9]。

固体废弃物按照来源可分为生活固体废弃物、工业固体废弃物和农业固体废弃物（图1-5）。生活固体废弃物是指在日常生活中或者为日常生活提供服务的活动中产生的固体废弃物以及法律、行政法规规定的视为生活垃圾的固体废弃物。工业固体废弃物是指工业生产活动中产生的固体废弃物，是工业生产过程中排入环境的各种废渣、粉尘及其他废弃物。工业固体废弃物按照对环境和人体有无污染和危险性又分为一般工业固体废弃物和工业危险废弃物。一般工业固废包括尾矿、粉煤灰、冶炼废渣、脱硫石膏、赤泥、废水处理污泥等。农业固体废弃物是指农业生产活动中产生的固体废弃物，主要来自农林、渔业、畜牧业等农业生产过程，包括畜禽粪污、农作物秸秆、废弃农用薄膜、农药包装废弃物等。

固体废弃物一般成分多而复杂、成分之间的特性差异（分离的内因或内在驱动力）微小，分离困难。固体废弃物分离主要采用浸出沉淀、萃取等技术，将固废中污染物提取至气相或液相中，实现固废无害化或资源化。例如，通过高效分离，可以从电子废弃物（如退役电池等）中最大限度回收有价金属，减少一次资源尤其是关键金属的消耗。电子废弃物资源化的综合回收利用，其基本策略涉及以下步骤：首先，采用物理方法，依据电子废弃物中不同组分的物理特性进行初步分离，以去除或有效分离有害杂质，提升有价组分的比例。其次，运用化学处理技术，借助无机酸和有机络合溶剂的作用，对电子废弃物中的金属或有机高分子材料进行溶解处理，进而对金属进行富集和纯化，以实现金属与非金属之间的

第1章 绪 论

分离，达到资源的循环利用。

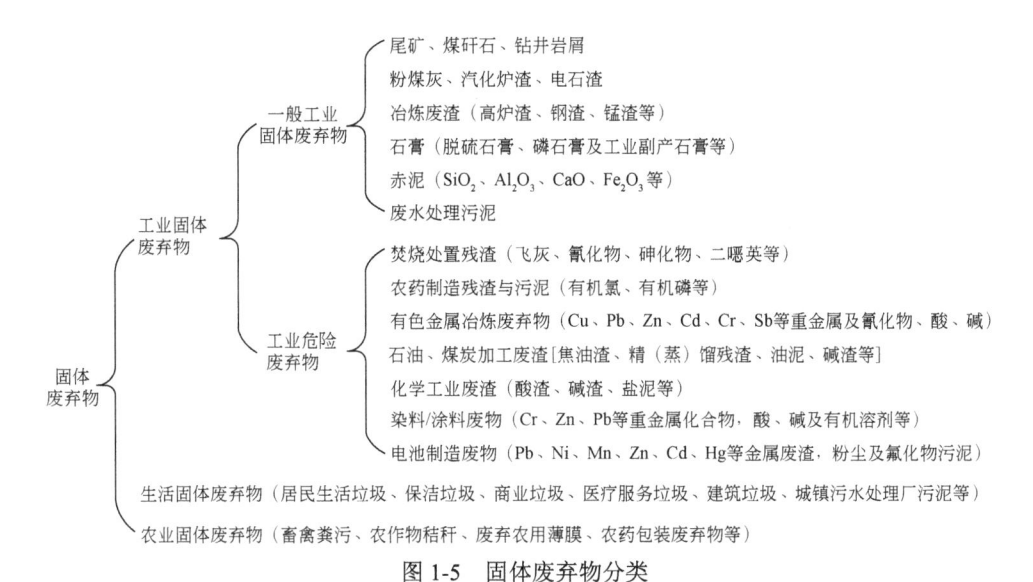

```
固体废弃物
├── 工业固体废弃物
│   ├── 一般工业固体废弃物
│   │   ├── 尾矿、煤矸石、钻井岩屑
│   │   ├── 粉煤灰、汽化炉渣、电石渣
│   │   ├── 冶炼废渣（高炉渣、钢渣、锰渣等）
│   │   ├── 石膏（脱硫石膏、磷石膏及工业副产石膏等）
│   │   ├── 赤泥（$SiO_2$、$Al_2O_3$、$CaO$、$Fe_2O_3$等）
│   │   └── 废水处理污泥
│   └── 工业危险废弃物
│       ├── 焚烧处置残渣（飞灰、氰化物、砷化物、二噁英等）
│       ├── 农药制造残渣与污泥（有机氯、有机磷等）
│       ├── 有色金属冶炼废弃物（Cu、Pb、Zn、Cd、Cr、Sb等重金属及氰化物、酸、碱）
│       ├── 石油、煤炭加工废渣[焦油渣、精（蒸）馏残渣、油泥、碱渣等]
│       ├── 化学工业废渣（酸渣、碱渣、盐泥等）
│       ├── 染料/涂料废渣（Cr、Zn、Pb等重金属化合物、酸、碱及有机溶剂等）
│       └── 电池制造废物（Pb、Ni、Mn、Zn、Cd、Hg等金属废渣，粉尘及氰化物污泥）
├── 生活固体废弃物（居民生活垃圾、保洁垃圾、商业垃圾、医疗服务垃圾、建筑垃圾、城镇污水处理厂污泥等）
└── 农业固体废弃物（畜禽粪污、农作物秸秆、废农用薄膜、农药包装废弃物等）
```

图 1-5 固体废弃物分类

资料来源：《一般固体废物分类与代码》（GB/T 39198—2020）；中华人民共和国生态环境部《固体废物分类与代码目录》（2024年发布）及《国家危险废物目录（2021年版）》

随着国家"十四五"发展目标及相关政策标准的相继出台，"无废城市"试点建设工作持续推进，"大宗固体废弃物综合利用示范"有序开展，"生活垃圾分类处理""塑料污染治理"等工作扎实推进，固体废弃物处理利用行业和市场得到进一步规范化发展，固体废弃物减量化和循环利用水平得到进一步提高，工业固体废弃物、生活垃圾、建筑垃圾、危险废物处理处置综合利用及再生资源回收利用等技术实现进一步创新与发展，例如钛石膏资源化利用技术成套装备、含油污泥资源化利用技术体系构建及工程化应用等。

尽管如此，随着全国人大常委会《中华人民共和国固体废物污染环境防治法》执法检查及中央生态环境保护督察等工作的开展，发现我国固体废弃物处理利用行业存在着部分固体废弃物处理利用能力和技术短板、污染防治和规范化环境管理工作亟待加强等问题。此外，"十四五"规划、"双碳"目标的实施和推进落实，也对"十四五"期间固体废弃物处理利用行业的发展提出了新要求。因此，需要加强固体废弃物综合利用技术的创新发展，这也对固体废弃物分离技术提出了更高的要求。发展创新固体废弃物资源化利用分离技术和绿色低碳技术，提高固体废弃物综合利用率，加大固体废弃物源头减量、资源化利用和无害化处置先进技术的推广应用力度，推动固体废弃物处理利用行业减污降碳协同增效。

1.2.4 污染土壤分离

在对固体废弃物进行填埋或者以焚烧的方式进行处理时，具有毒性或者含有放射性的物质会进入土壤，影响土壤的环境、成分以及含量[10]。另外土壤环境作为人类生产生活的重要物质载体，在城市化进程快速发展的背景下，工业生产、农业灌溉等活动，都会加剧污染源进入土壤环境，进而造成土壤和地下水质量的持续污染及恶化[11]。因此水体、大气、生物、固废等均可成为土壤污染源。土壤污染基本概念与原理已在《土壤污染修复原理与应用》《环境土壤学》等著作中详细介绍，在此不作赘述。

2014 年发布的《全国土壤污染状况调查公报》显示，我国土壤环境总体情况不容乐观。按照土壤环境类型分类，耕地和工矿废弃地环境状况最为严重。造成这种情况的主要原因归咎于工矿生产与农业活动过程中产生的污染物。2016 年，国务院印发《土壤污染防治行动计划》，提出了未来土壤污染防治的行动目标："到2030 年，全国土壤环境质量稳中向好，农用地和建设用地土壤环境安全得到有效保障，土壤环境风险得到全面管控。到本世纪中叶，土壤环境质量全面改善，生态系统实现良性循环。"

根据当前我国土壤环境的保护和治理工作的实际情况，对于未受污染土壤，以预防和减少污染为主；针对已产生污染的土壤，需要深入研究污染土壤防治与修复技术，其中高效的土壤分离技术是重要的一环。此外，强化土壤污染防治与修复技术的研究力度，还能促进相关科研成果的落地，显著提升土壤污染防治工作的社会效益和经济效益。

1.3 分离过程分类

分离过程是根据各物质物理、化学或生物学性质的差异，将其形成纯物质形式的过程。分离的物质性质见表 1-2，包括物理、化学和生物学性质。物理和化学性质中部分参数为混合物平衡状态的参数，如溶解度、分配系数、平衡常数等，部分为目标组分自身所具有的性质参数，如密度、迁移率、电荷等。而生物学性质则源于生物大分子的立体构型、生物分子间的特异相互作用及复杂反应。这些性质差异与外场能量可以有多种组合形式，能量的作用方式也可以有变化，因此衍生出来的分离方法也就多种多样。例如，基于物质沸点（挥发性）的差异设计的蒸馏分离，改变加热方式或条件，可以形成常压（加热）蒸馏、减压（加热）蒸馏、亚沸蒸馏等不同的蒸馏技术[12]。

表 1-2 常用于分离的物质性质[12]

物理性质	力学性质	密度、摩擦因素、表面张力、尺寸、质量
	热力学性质	熔点、沸点、临界点、蒸气压、溶解度、分配系数、极化率、偶极矩
	电磁性质	电导率、介电常数、迁移率、电荷、涡度、磁化率
	输送性质	扩散系数、分子飞行速度
化学性质	热力学性质	反应平衡常数、化学吸附平衡常数、离解常数、电离电势
	反应速率	反应速率常数
生物学性质	—	生物亲和力、生物吸附平衡、生物学反应速率常数

在一个分离体系中，通常涉及不同的相，物质在不同相之间转移才能使不同物质在空间上分离开。多数分离过程选择适当的两相体系，使各种被分离组分在两相间的作用势能之差增大，从而使它们选择性地分配于不同的相中。在分离体系中引入两相还可以减少熵效应导致的组分再次混合，避免分离效率降低。

分离过程的分类方法很多，从不同的角度可将其分成若干各有特色的类型。本节重点介绍基于被分离物质的性质和基于被分离过程的本质两种分类方法及其特点。

按被分离物质的性质可分为以下三类：①物理分离法是基于被分离组分物理性质的差异采用适当的物理手段进行分离，如离心分离、重力分离、电磁分离等。②化学分离法是根据被分离组分化学性质的差异，通过适当的化学过程使其分离，如沉淀分离、选择性溶解等。③物理化学分离法是根据被分离组分物理化学性质的差异进行分离，如蒸馏、挥发、溶剂萃取等。

按分离过程的本质可分为以下三类：

（1）平衡分离过程是一种利用外加能量或分离剂，使原混合物体系形成新的相界面，利用互不相溶的两相界面上的平衡关系使均相混合物得以分离的方法。如溶剂萃取，就是向含有待分离溶质的均相水溶液中加入有机溶剂（多数情况下还含有萃取剂）形成互不相溶的有机相-水相两相体系，利用溶质在两相中分配系数的差异，使达到平衡后的目标溶质进入有机相，共存溶质留在水相。常见的平衡分离方法见表 1-3。

（2）速度差分离过程是一种利用外加能量，强化特殊梯度场（重力梯度、压力梯度、温度梯度、浓度梯度、电位梯度等），实现非均相混合物分离的方法。当样品是由固体和液体，或固体和气体，或液体和气体所构成的非均相混合物时，可以利用力学的能量，如重力或压力进行分离。例如，在液-固混合样品中，如果固体颗粒足够大，在重力场中放置较短时间就可自然沉淀而分离；而当固体颗粒很小、颗粒密度也不高时，颗粒下沉速度就会很慢，这时就需要外加离心力场，甚至高速或超速离心力场，或者采用过滤材料等形成不同物质移动的速度差，从而实现分离。又如，将电解质溶液置于直流电场中，并以阳离子交换膜作为分离介质，在电位梯度的作用下，溶液中的带电离子就会定向移动，由于阳离子交换膜只允许阳离子通过，这样就可以从溶液中分离出阳离子。

表 1-3　常见的平衡分离方法[12]

第二相	第一相			
	气相	液相	固相	超临界流体相
气相	—	汽提、蒸发、蒸馏	升华、脱附	—
液相	吸收	液-液萃取	提取（浸取）	超临界流体吸收
固相	吸附、逆升华	结晶、吸附、固相萃取	—	超临界流体吸收
超临界流体相	—	超临界流体萃取	超临界流体萃取	—

能够产生速度差的场包括均匀空间和存在介质的非均匀空间。均匀空间是指整个空间性质均一，如真空、气相和液相。非均匀空间通常指多孔体，如多孔膜和多孔滤材。多孔体的孔径大的可到毫米级，小的可到分子尺寸。在不同能量与场的组合下的速度差分离方法见表 1-4。

表 1-4　速度差分离方法[12]

场	能量种类	热能	化学能（浓度差）	机械能			电能
				压力梯度	重力	离心力	
均匀空间	气相	热扩散	分离扩散	—	沉降	旋液分离、离心	电泳、离子迁移
	液相	—		—	浮选	超速离心	磁力分离
非均匀空间	多孔滤材 气相	—	—	气体扩散、过滤集尘	—	—	—
	多孔滤材 液相	—	—	过滤	重力过滤	离心过滤	—
	多孔膜 凝胶相	渗透气化	透析	气体透过	—	—	电泳
	多孔膜 固相			反渗透			电渗析

（3）反应分离过程是一种利用外加能量或化学试剂，促进化学反应达到分离的方法。按反应类型归纳的常见的反应分离方法见表 1-5。反应分离法既可以利用反应体，也可以不利用反应体。反应体又可分为再生型反应体、一次性反应体和生物体型反应体。再生型反应体在可逆反应或平衡交换反应中利用反应体进行分离反应，当其分离作用逐渐消失时，需要进行适当的再生反应，使其活化再生。一次性反应体在与被分离物质发生反应后，其化学结构也会发生不可逆的改变。如烟道气脱硫工艺中，欲除去的 SO_2 气体与作为反应体（吸附剂）的石灰水作用后形成石膏被分离掉。在利用生物体（微生物）作为反应体进行污水处理时，污水中的有机物质被微生物分解为 CO_2 和水而实现分离。

表 1-5 常见的反应分离方法[12]

反应体	反应体类型	反应类型	分离方法
有反应体	再生型	可逆反应或平衡交换反应	离子交换、螯合交换、反应萃取、反应吸收
	一次性	不可逆反应	反应吸收、反应结晶、中和沉淀、氧化、还原（化学解吸）
	生物体型	生物反应	活性污泥
无反应体	—	电化学反应	湿式精炼

1.4 环境分离工程的挑战

目前，我国生态环境保护形势依然严峻，结构性、根源性、趋势性压力总体上尚未根本缓解，实现美丽中国建设和"碳达峰""碳中和"目标愿景任重道远。尤其在工业领域，资源供需不平衡与工业"三废"污染重的问题，赋予环境分离工程更高的要求和挑战。具体如下：

污染物排放的重要原因在于分离不彻底，而深度分离可以让更多化学物质变成有价产品，而不是废物，是实现污染物质资源化的重要基础。在环境分离领域，我们想要更加彻底地进行污染物的深度分离，就需开发针对污染物尤其是新污染物的深度分离技术，优化分离过程。

目前的分离方法存在能耗高、成本高的问题。分离作为工业生产中重要的环节，其能耗约占全厂能耗的60%～90%。分离设备投资占总投资的50%～90%，分离操作费用占总操作费用的60%以上[13]。因此，需要寻求低能耗的分离方法。分离过程的微观本质是，物理化学作用克服分子间作用力。实际上，通过解析分离过程与不同污染物分子间作用力的相关关系与作用规律，是可以降低分离能耗的。因此，如何从微观分子间相互作用出发，指导调控宏观的精准分离，是降低分离能耗的重要途径。

在追求低能耗深度分离的过程中，还应当注重产品的高质化。分离不仅要致力于污染物的去除，更要通过创新浓缩技术，提高产品的纯度和浓度，使其转变为可在多领域应用的原料或最终产品，融入社会经济循环体系，从而促进循环经济的蓬勃发展。

本书从微观尺度出发，深入探讨体系中分子/离子间的相互作用关系，摒弃传统的粗放型分离研究模式，从传质推动力及热力学等角度解析分离原理，进而介绍一系列高效强化分离技术，以及成功应用于工业的环境分离实践。本书不仅注重展现分离过程在减污降碳方面的显著成效，更旨在为构建绿色、可持续的现代工业体系提供坚实的理论与实践基础。

本书如无特殊说明，重点介绍物理化学分离与化学分离。

参 考 文 献

[1] 张逸, 戢峻, 熊芸, 等. "双碳"目标下化工分离工程案例教学探索与实践[J]. 广东化工, 2021, 48(18): 290-291.
[2] 曹宏斌, 赵赫, 赵月红, 等. 工业生产全过程减污降碳: 方法策略与科学基础[J]. 中国科学院院刊, 2023, 38(2): 342-350.
[3] 刘琨, 赖昭军. 分离技术的发展与展望[J]. 广西大学学报(自然科学版), 2004(3): 247-251.
[4] 胡承志, 刘会娟, 曲久辉. 电化学水处理技术研究进展[J]. 环境工程学报, 2018, 12(3): 677-696.
[5] 蒋展鹏, 杨宏伟. 环境工程学[M]. 北京: 高等教育出版社, 2013.
[6] 胡洪营, 张旭, 黄霞, 等. 环境工程原理[M]. 北京: 高等教育出版社, 2022.
[7] 郝吉明, 马广大, 王书肖. 大气污染控制工程[M]. 北京: 高等教育出版社, 2010.
[8] 宋丽, 蒋东海. 浅谈工业固体废弃物资源化利用的分离技术[J]. 四川水泥, 2019(9): 7.
[9] 王汝青, 丁聪. 环境工程建设中固体废物治理技术及质控措施[J]. 皮革制作与环保科技, 2023, 4(12): 190-192.
[10] 唱军. 我国化工固废的资源化利用的探究[J]. 资源节约与环保, 2021(6): 135-136.
[11] 周骏, 闫国杰, 施曙东. 土壤修复技术进展及国外发展趋势[J]. 广州化工, 2016, 44(22): 12-14+23.
[12] 丁明玉. 现代分离方法与技术[M]. 北京: 化学工业出版社, 2020.
[13] 李永绣, 刘艳珠, 周雪珍, 等. 分离化学与技术[M]. 北京: 化学工业出版社, 2017.

第 2 章　分离的化学基础

环境分离所关注的物质体系，主要包括废气、废水（液）、固废以及土壤。从化学的角度来看，涉及气、液、固等所有物态。一般意义上的分离，可能是非常简单的物理过程，如使用过滤的方法分离固体和液体。但本书讨论的环境科学与工程所涉及的分离过程，是非常复杂的系统。比如，废旧锂电池的整体拆解、无害化和资源化，从成分异常复杂的废液中提取某些特定的金属离子，或者选择性地吸收废气中的二氧化碳，乃至快速地实现破乳和油水分离等。总体而言，环境分离不但要考虑宏观体系的分离，更需要考虑分子和离子水平的分离，因而环境分离的化学基础必然涵盖化学学科的各个方面。

那么如何理解化学定义的"分离"呢？尽管不是非常严谨，但我们确实可以把"分离"简单地理解成一个在多种尺度上，从无序到有序分类的过程，即把混合体系在空间上分门别类，使同一种东西在一起，不同的东西分开。因为体系从无序到有序，因而可以认为"分离"是"熵减"的过程。依据热力学原理，在多数情况下，熵增是一个更容易发生的过程。而一个系统的"熵减"，则往往伴随周围环境的"熵增"，系统必然依赖外界的能量和信息的输入[1]。由此可见，分离从来不是一个轻而易举的过程，"分离"本身就是化学学科所关注的一个核心的科学问题。

如果仔细分析环境分离的某些典型实例，比如废液的破乳以及随后金属离子的提取，可以看到更加复杂的化学过程。梳理这些典型的环境分离的化学基础，可以看到以下几个需要重点关注的主题：首先是分子间的相互作用，或者离子间的相互作用，以及分子离子间的相互作用。分离从本质上来说就是克服体系中现有的相互作用，或者用更强的相互作用代替现存弱的相互作用。因此，分离首先要考虑克服体系中与目标组分结合的作用力，实现不同分子或离子的分离。比如，废水中的带正电荷的金属离子分别与水分子、各种阴离子以及其他金属离子之间存在相互作用。而如果使用某种吸附剂来分离其中特定的金属离子，则需要考虑多种相互作用之间的关系，往往吸附剂与特定的金属离子相互作用要更强，但也不能太强，因为还要考虑金属离子从吸附剂脱附的能耗、再生效率等因素。总之，有效的分离依赖于不同相互作用的微小差别；其次，实施分离还要考虑相平衡、相变、相分离等问题，无论是精馏、萃取，还是结晶，与相平衡有关的因素都非常重要，需要充分理解；再次，界面化学相关的问题，也是需要认真讨论的，比如，破乳和絮凝等分离过程的实现，界面效应是最为重要的因素；最后，对于"分离"这种"熵减"过程的顺利实现而言，外界的能量和信息的输入，是分离的驱动力。这些外界输入的能量，可以是热能、机械能、电能等，也可以是化学能。这些驱动力是如何起作用的，也需要更多关注[2-4]。

本章主要讨论环境分离的化学基础，即实现有效分离所遵循的主要化学规律。我们准备从五个方面，结合实例讨论需要重点关注的主题：①分子/离子间的相互作用，包括分子和离子在废气、废液、固废以及土壤等体系中的存在形态以及相互作用特点，作用力调控策略，作用力表征方法。②水溶液中的离子形态。环境分离涉及气、液、固多种物质形态，其中离子在水溶液中的情况最常见，也会影响分离的程度和复杂情况。因此，这一部分我们重点讨论水溶液中的离子形态赋存规律及反应活性，并以钒铬溶剂萃取过程为例，揭示离子形态定向调控环境分离过程的内涵。③环境分离中的界面化学。我们将在介绍界面化学一些基本概念的基础上，讨论界面效应对实现有效分离的影响。④环境分离的推动力。我们将结合实例讨论热能、机械能、化学能以及电能等对分离的作用。⑤环境分离实施中的环境因素。这里所说的"环境因素"可以是一个比较广泛的概念，既可以源自我们通常讨论环境保护时所谈及的"环境"，即需要被分离的环境体系中，某些宏观上显著的、可能影响分离效果的因素，也可以是我们讨论环境分离实施中的化学反应、各种相互作用时所涉及的各类介观尺度、纳米尺度的微环境因素，比如限域传质效应。值得一提的是，相变与相平衡也是环境分离的化学基础的重要内容，本书将在下一章，结合分离过程原理来讨论相平衡。

环境分离的顺利实施，需要遵循物理和化学原理。但因其自身的特点，又不同于实验室中的化学分离以及其他工业生产涉及的分离过程[5-9]。如何快速、稳定地分离大量的废气、废水（液）、固废以及土壤中的废弃物是环境分离工程首先要面对的问题。环境分离工程针对的都是巨量的物质体系，并且原料的波动也可能会很大。这体现在不同批次的原料，不但数量可能不同，组成和相态也可能有很大的不同。最为重要的是，环境分离要求实现深度分离，也就是分离产物一定要达到足够的纯度，达到排放要求。这也是环境分离与其他分离工程的不同之处。当然，在此过程中，需要尽可能降低能耗，不能再引入二次污染，分离工艺也应该尽可能简单。

2.1 分子/离子间的相互作用

2.1.1 作用力分类

1. 分子/离子间的相互作用概述

总体而言，在物质体系中，原子、分子和离子之间存在的两种最基本的相互作用方式就是化学键与非共价键[10-12]。化学键的形成主要是通过原子轨道的叠加来实现。而用来描述化学键的理论主要有价键理论以及分子轨道理论。这两种理论既互相竞争，又互为补充。一般教科书中对于化学键的讨论实际上都是综合了这两种理论的主要观点。一般意义上的化学键应该包括共价键、离子键、金属键等。其中，共价键是通过共享电子对而形成的化学键，即两个或多个原子之间共享电子以达到稳定的电子结构。例如，在氢气分子中，两个氢原子通过共享一个电子对而形成共价键。另一方面，离子键、金属键等化学键的形成，涉及电荷转移、电子密度偏移等，特别是带电离子之间的相互作用。例如，氯化钠是通过离子键形成的，涉及带电离子之间的相互作用。

共价键的键能一般比较大（图2-1）[12,13]。饱和性是共价键的主要特点，即每个原子都有一定的未成对电子数，当一个原子的一个未成对电子与另一个原子的一个未成对电子配对成键后，就不能再与其他电子配对，这就是共价键的饱和性。这也意味着，每个原子只能与其他原子形成一定数量的共价键，饱和性决定了共价键的数量限制。此外，共价键形成过程中，原子轨道的重叠是有固定方向的，这决定了共价键的方向性。一般分子的四面体结构，是对共价键方向性的最佳诠释。共价键的方向性可以影响分子的构型和性质（图2-2）。以最为常见的碳-碳单键为例，碳-碳单键的长度约为 0.154 nm，键能约为 348 kJ/mol。

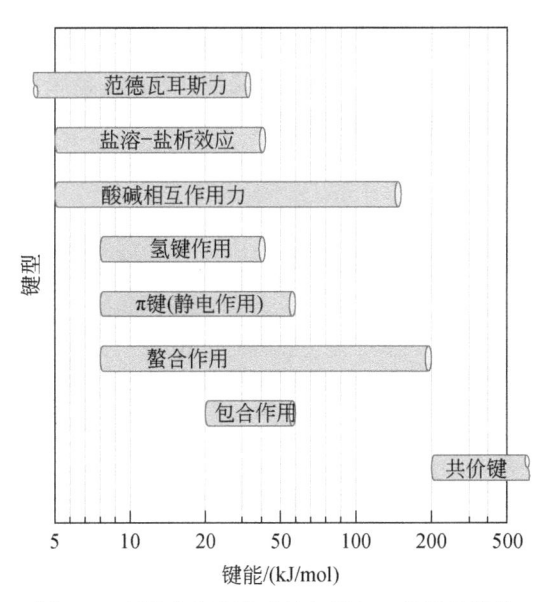

图 2-1　环境分离中涉及的各类相互作用的键能

方向性

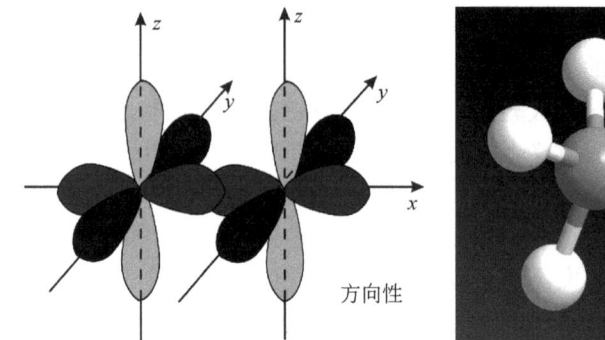

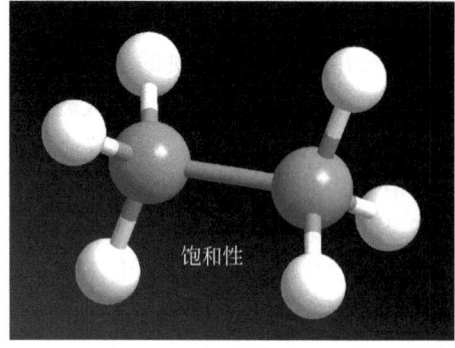

饱和性

图 2-2 共价键示意图

离子键是带相反电荷的离子之间形成的化学键（图 2-3）。离子键的键长通常比共价键的键长要长。离子键的键能大小取决于离子间的静电作用[12]。在真空中离子键的键能与共价键差不多，而在水溶液中离子键的键能远远小于共价键。最常见的氯化钠（NaCl）晶体，就是离子键的典型例子。其中的钠离子和氯离子之间形成离子键。

金属键是由自由电子和金属阳离子形成的化学键（图 2-4）。金属键中，金属原子将它们的价电子作为整个体系的共有电子，因此原子外层电子的共有化程度远远大于共价键[12]。这些共有化的电子也称为自由电子。自由电子按量子力学规律运动组成电子云，而金属阳离子则分布在电子云中并依靠静电作用形成金属键。金属键的典型例子就是各种金属，比如金属钠（Na）、金属铝（Al）等。金属普遍具有较好的导电性、延展性、可锻性等。

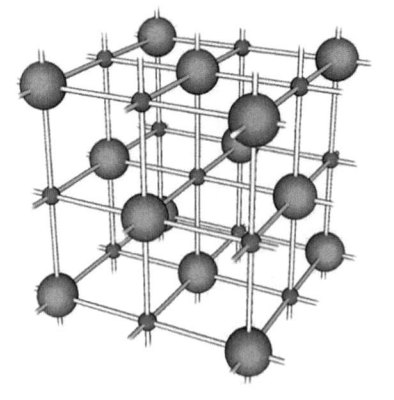

图 2-3 离子键和离子晶体示意图
图中大球代表氯离子，小球代表钠离子

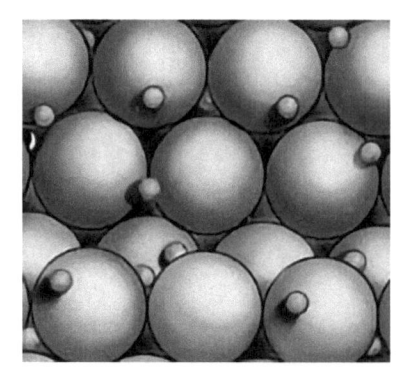

图 2-4 金属键示意图
图中大球代表金属离子，小球代表电子

共价键、离子键、金属键都属于化学键，其键能都远远强于非共价键。比如，

Li-O之间的离子键键能为341 kJ/mol，Li-F之间的离子键键能更是达到了577 kJ/mol。至于共价键、离子键、金属键的键能之间的相对强弱，是一个比较复杂的问题，取决于不同的物质体系。一般来说，对于同一物质体系而言，原子晶体中的键能大小为共价键＞离子键＞金属键。

我们通常所说的分子间非共价相互作用，指的是范德瓦耳斯力（包括色散力、诱导力、取向力等）（图2-5和图2-6），以及氢键等分子间的弱相互作用[12]。分子间非共价相互作用还包括离子对、偶极作用、π相互作用以及疏水效应等。各种分子间非共价相互作用的强度和稳定性有很大不同。其中，氢键的强度、稳定性以及方向性都是最好的。与化学键相比，非共价相互作用通常比较弱。非共价相互作用的作用距离比化学键更长，其方向性和饱和性远没有化学键显著。对于涉及有机分子的分离而言，我们更加关注分子间非共价相互作用。下面分别介绍这几种非共价相互作用。

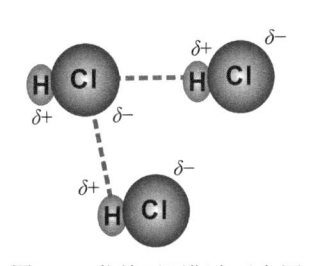

图 2-5 范德瓦耳斯力示意图

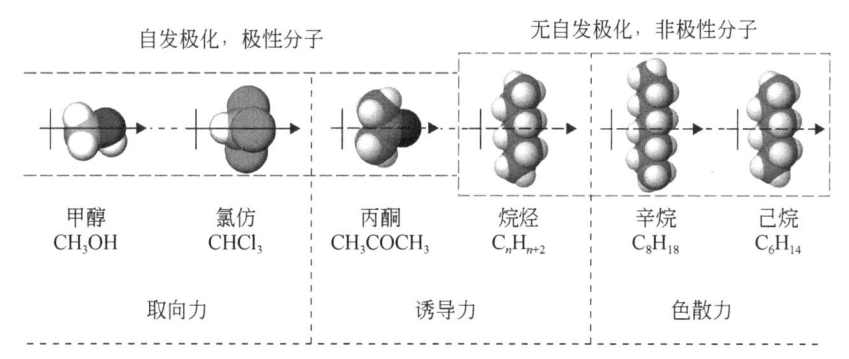

图 2-6 色散力、取向力、诱导力示意图

范德瓦耳斯力本质上是静电作用，普遍存在于固、液、气态分子或纳米颗粒之间，其大小与两个分子间距离的六次方成反比。从普遍意义上来说，离子键也属于范德瓦耳斯力。但化学中提到范德瓦耳斯力时，一般是指偏中性的有机分子之间的电性引力。对于环境分离而言，更值得注意的是高分子之间或纳米颗粒之间的静电作用。这种相互作用与电荷数量和距离密切相关。当分子之间的距离足够小时，它们之间的静电相互作用会导致分子间的吸引或排斥作用。范德瓦耳斯力的作用力强度一般小于40 kJ/mol。

氢键也是一种静电作用，是一种特殊的非共价相互作用（图2-7）。氢键的键能大小介于共价键与范德瓦耳斯力之间，具有饱和性和方向性[12]。氢键既可以是

图 2-7 氢键作用示意图

分子间的,也可以是分子内的。氢键的形成需要有三个原子,一个电负性强的原子 X(如氧、氮等),一个氢原子,以及另外一个电负性强的原子 Y(如氧、氮等)。氢原子与 X 原子以共价键结合,若再与 Y 原子接近,在 X 与 Y 之间以氢为媒介,生成 X—H⋯Y 形式的相互作用,即氢键。在此,X 与 Y 可以是同一种类的原子,也可以是不同种类的原子。相较于共价键,氢键的键能较弱。大多数氢键的键能范围在 8~45 kJ/mol。而有氟元素参加的氢键的键能则可以高达 150 kJ/mol。由于自然界中无处不在的水分子,氢键是非常普遍的。对于环境分离而言,氢键可以说是最重要的相互作用。

离子对主要基于正负离子之间的静电相互作用。当正负离子在空间上接近,其静电吸引能大于分开它们的能量时,就形成了离子对。离子对的键能变化很大,一般常见的体系中,位于 5~190 kJ/mol 的范围内。在固相中正负离子相互作用就是离子键。在气相中正负离子之间的结合能也很高,可以大于 420 kJ/mol。而在溶液中,由于溶剂的影响,溶液中离子对的作用力强度远小于固相中离子键作用力强度,比如钠离子和硫酸根离子组成的离子对,其作用力强度大约为 13 kJ/mol。

在各种因素的影响下,分子还可能会发生电子偏移,从而形成偶极。与正负离子之间的相互作用类似,带相反电荷的偶极之间也会相互吸引(图 2-8)。在溶液中,偶极作用可以是溶剂分子之间,溶剂分子与溶质分子,乃至溶质分子之间的相互作用。因为偶极可以诱导产生,而液体分子具有自由运动的特性,偶极作用具有相当的无序性。在某些情况下,偶极作用的重要性可以和氢键相媲美,也是值得环境分离认真关注的。

图 2-8 偶极作用示意图

各种非共价相互作用都是基于静电相互作用。对于有机分子,其芳环中的 π 体系可以衍生出负电荷区域,形成 π 相互作用(图 2-9)。各种 π 相互作用的键能变化也很大,在 8~60 kJ/mol 之间。在不同的物质体系中,π 相互作用可以分为四种情况。①π-π 堆积,指的是有机分子芳香环之间的相互作用。值得一提的是,π-π 堆积并非芳香环之间面对面的堆叠,而是有 T 型(T-shaped)和边对面型(edge-to-face)两种构型。②正离子-π 相互作用。比如,气相中锂离子与苯的相互作用,其强度可以和最强的氢键相当。③极性-π 相互作用。如一些氢键给体,比如酰胺和醇羟基,其上的氢带有部分正电荷,可以和芳环的面发生静电相互作用。④π 给体-受体相互作用。当带有 π 体系的两个分子互相接近时,如果分别拥有低能量空轨道（受体）和高能量占据轨道（给体），能够发生一定程度的电荷转移，进而形成 π 给体-受体相互作用。最典型的 π 给体-受体相互作用，就是四氰基乙烯和六甲基苯形成的络合物。

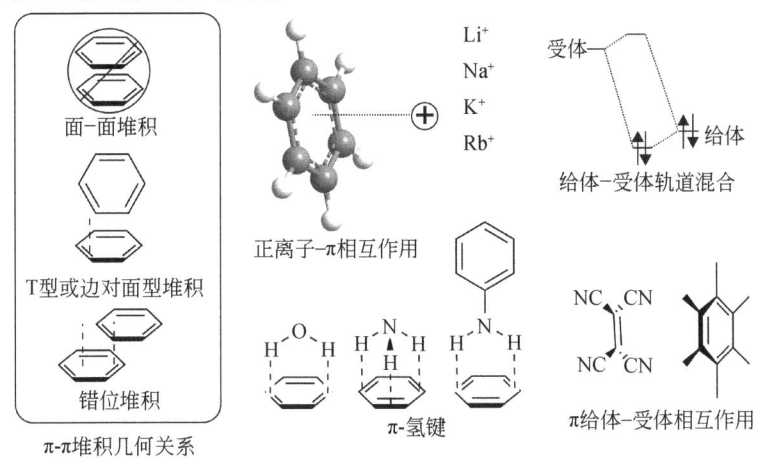

图 2-9　各种类型的 π 相互作用示意图

离子的相互作用还包括离子的络合作用。络合作用可以说是多种作用力的综合效应，主要是指金属或非金属阳离子和不同的阴离子、分子配体之间发生的相互作用。配体可以含有多个配位原子，而多个中心离子也可能与多个配体形成络合。同一配体中有两个或者两个以上配位原子的配体叫多齿配体，多齿配体与离子形成具有环状结构的配合物就是螯合物（图 2-10）。依据环境与体系的不同，络合作用的键能也在很大的范围内（8～200 kJ/mol）变化。其中，螯合的键能有可能达到 200 kJ/mol。离

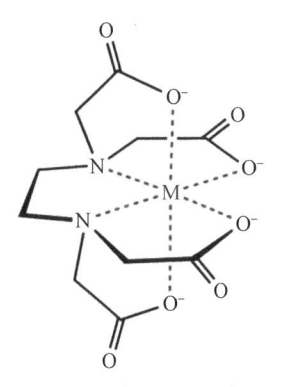

图 2-10　螯合作用示意图

子的络合作用涉及复杂的多种作用力的综合，其具体机制取决于离子的性质、配体的类型以及环境条件。

在水溶液中，作为溶剂的水分子充分参与到各类相互作用之中。比如，金属离子的水合作用对金属离子的性质影响很大（图 2-11），涉及体积、表面电性等多个方面，是分离必须要考虑的因素。钠离子的水合能有-406 kJ/mol。而涉及水中的有机分子，则需要考虑"疏水效应"这一非共价相互作用的影响。很多有机分子本身是疏水的，其在水中溶解性不好，有较强的聚集效应，这就是"疏水效应"最直观的体现。在生物体系中，疏水效应是蛋白质折叠、生物膜形成等过程的重要驱动力。对于环境分离而言，含有大量有机物的废水是较为常见的研究对象。

其中，疏水效应所造成的有机物的聚集特性，会对分离造成重要影响。一方面，疏水效应所造成的油水分离，有利于环境分离的实现；另一方面，在含有多种有机成分的复杂体系中，疏水作用所导致的聚集，又可能增加分离的复杂性。

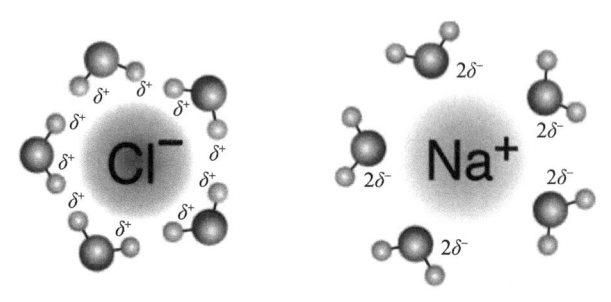

图 2-11 离子的水合作用示意图

总之，在环境分离所面对的物质体系中，分子/离子间的相互作用力主要分为化学键与非共价相互作用。其中，化学键包括共价键、离子键、金属键三种类型。而各种体系中非共价相互作用则包括范德瓦耳斯力（色散力、诱导力、取向力等）、氢键、离子对、偶极作用、π 相互作用以及疏水效应等。而如此种类众多的分子/离子间的相互作用力，在不同物质体系中，其表现形式与相对重要性也是不一样的。在此，我们将进一步讨论环境分离所面对的不同物质体系，如废气、废水（废液）、固废、土壤中，分子/离子间的相互作用特点。一般而言，废气体系中分子间作用力比较小；废水（废液）离子的水合作用、缔合作用等最为重要；固废中的化学键较强；而土壤中的情况与固废相似，但土壤中的吸附问题更加显著。其中，离子在水溶液中的情况最为复杂，也最为常见，将在本章第 2.2 节讨论水溶液中的离子形态。

2. 污染物体系中的分子/离子间相互作用

各类物质体系中各种相互作用的特点见表 2-1。分离的过程，可以认为是一个更强的相互作用代替较弱的相互作用的过程。例如，使用吸附的方法实现废气分离，就是使用与目标污染物作用力更大的吸附材料，通过强的作用力代替弱的作用力来实现分离。

1）废气

在废气体系中，因为物质密度比较低，分子间距离比较大，分子间作用力是比较小的，主要为范德瓦耳斯力。比如，焦化有机废气主要由煤尘和各种化学物质组成，其中无机物包括硫化氢、氰化氢、氨和二硫化碳，有机物包括苯和酚类等多环和杂环芳烃。此外，微小的煤尘和焦尘能够吸附并携带其他污染源，这进一步增加了这类有机废气造成的危害。尽管焦化有机废气的成分比较复杂，但因为分子间、纳米颗粒之间的距离比较大，其中的相互作用力主要还是范德瓦耳斯力。对于焦化有机废气的处理方法和工艺的选择，也主要是考虑范德瓦耳斯力的相互作用。另一个关于废气的典型案例就是汽车尾气。汽车尾气由多种气体组成，其中包括二氧化碳、一氧化碳、硫化物、氮氧化物、苯并芘等挥发性有机物（VOCs）。其体系中的主要相互作用也是范德瓦耳斯力。

表 2-1 固相、液相和气相体系中各种相互作用的特点

相态	结合力	适用体系示例	作用能强度	参考文献
固相	离子键	电池正极材料中Li与其他原子	Li-O：ΔE=341 kJ/mol Li-F：ΔE=577 kJ/mol	[14]
固相	共价键	电池正极材料中（$LiCoO_2$）	Co-O：ΔE=368 kJ/mol Mg-O：ΔE=394 kJ/mol Ti-O：ΔE=662 kJ/mol Al-O：ΔE=(512±4) kJ/mol	[15-17]
固相	金属键	金属材料中	Li-Li：ΔE=39.22 kJ/mol Al-Al：ΔE=53.99 kJ/mol Cu-Cu：ΔE=55.97 kJ/mol	[18]
液相	离子对	废盐溶液中Na^+与SO_4^{2-}、CO_3^{2-}等	Na^+-SO_4^{2-}：196.15 kJ/mol Na^+-Cl^-：145.26 kJ/mol	[19]
液相	共价键-离子键（配位键）	金属离子水合作用；焙烧氧化锌的氨浸出，铜、镍、锌、钴等能与氨形成稳定的氨配离子	$Cu^+(H_2O)(n=1\sim6)$：ΔE=151.5~533.6 kJ/mol $Au^+(H_2O)(n=1\sim6)$：ΔE=151.9~584.8 kJ/mol $Co^+(H_2O)$：ΔE=174.8 kJ/mol $Co^+(NH_3)$：ΔE=231.4 kJ/mol $Cu^+(NH_3)$：ΔE=214.1 kJ/mol	[20,21]
液相	范德瓦耳斯力、氢键	CCl_4中苯酚/吡啶间形成O—H···N；含酚废水；含砷污染物	强氢键：>40 kJ/mol 中等强度的氢键：25~40 kJ/mol 弱氢键：<25 kJ/mol (H_3AsO_3-DTT DT7^a)：ΔE=58.9 kJ/mol (H_3AsO_3-DTE ST4^b)：ΔE=38.1 kJ/mol	[22-24]
液相	π相互作用	含氟芳烃和羧酸盐阴离子溶液	单分子水平阴离子-π：ΔE=27.45 kJ/mol	[25]
气相	范德瓦耳斯力	废气中的VOCs	CH_4-CH_4：ΔE=2.1 kJ/mol C_6H_{12}-$C_6H_{12}^c$：ΔE=11.3 kJ/mol C_5H_{12}-$C_5H_{12}^d$：ΔE=15 kJ/mol	[26]

a. 二硫苏糖醇（dithiothreitol，DTT）是一种小分子有机还原剂，化学式为$C_4H_{10}O_2S_2$。DT7代表其与H_3AsO_3形成的第7种双齿结合配合物

b. 二硫赤藓醇（dithioerythritol，DTE）是DTT的C3-差向异构体。ST4代表其与H_3AsO_3形成的第4种单齿结合配合物

c. C_6H_{12}为环己烷

d. C_5H_{12}为正戊烷

2）废水（废液）

环境分离的目的，不但立足于污染物的无害化，也致力于污染物的资源化。最好的情况是通过分离，最终得到有价值的产品。即使不能即刻达到这一目的，

通过分离把污染物固化、无害化，也是环境分离的重要任务。废水是相对更为复杂的环境分离目标体系。讨论废水中分子/离子间的相互作用力，最重要的主题就是水溶液中的离子形态。水溶液中存在离子平衡，这种平衡关系决定了溶液的性质和行为，也影响了废水处理。在水溶液中，离子会受到水分子和其他离子或分子的影响，形成游离离子、配离子和络合离子等不同形态。这些形态的离子浓度和分布对水溶液的性质和行为有重要影响。特别是，离子会极化水分子，进而形成溶剂化的离子。水溶液中的离子平衡可以被酸、碱、盐等物质影响。例如，酸性物质可以增加溶液中氢离子的浓度，导致溶液 pH 值下降；而碱性物质可以增加溶液中氢氧根离子的浓度，使溶液 pH 值上升。此外，水溶液中的离子平衡还受到温度、压强、电解质浓度等因素的影响。例如，在高温下，溶液中离子的活动能力增强，离子的浓度会相应增加；而在高压下，溶液中离子的浓度会受到压缩，离子的活动能力会减弱。我们将在本章第 2.2 节详细讨论水溶液中的离子形态。在这里先简单讨论废液中的静电作用、氢键以及范德瓦耳斯力。

讨论废水中的静电作用，印染废水是非常典型的研究对象[27]。印染废水的组成比较复杂，其中既有无机离子，又包括有机小分子，且很多染料分子带电荷。因此印染废水中的静电作用非常值得关注。相较而言，制药废水的组成更为复杂[28,29]。制药废水中，一些有机小分子化合物还可能具有较强的氢键作用，以及特别的聚集特性。除此之外，还有很多废液会以油水混合物的形式存在。比如，在冷轧等冶金工艺中，所产生的含油和乳化液废水。对于冷轧含油和乳化液废水而言，其中各种相互作用都会对分离产生复杂的影响，包括氢键、范德瓦耳斯力、亲疏水作用等等。

3）固体废弃物

从废气到废液，再到固废，体系越来越复杂，其中的相互作用力通常也越来越强。固废多为多相的体系，其中的金属键、共价键、离子键，乃至氢键和范德瓦耳斯力都存在显著影响。固废是影响环境的重要因素之一。据报道，2023 年，我国典型大宗工业固废的产生量已高达 42.34 亿吨[30]。相较于废气和废液，固废的资源化潜力更大，很多种类的固废蕴藏着很高的价值。而随着资源条件和人们观念的变化以及新技术和新材料的出现，某些固废就会成为重要的资源[31,32]。

关于固废中的金属键，以钢铁冶炼炉渣为例来说明，金属钛是一种重要的战略资源。但传统的高炉技术提炼钢铁时钛资源的利用率只有 15%左右，原矿中约 50%的钛在高炉冶炼过程中流入高炉渣，形成了高钛型高炉渣（TiO_2 含量为 21%～25%）。这种含钛高炉渣在我国攀枝花地区最为常见[33,34]。其中较强的铁、钛金属键决定了综合利用高钛型高炉渣的技术路线和工艺特点。关于固废中的离子键，以赤泥为例。一般而言，赤泥的主要成分为 SiO_2、Al_2O_3、CaO、Fe_2O_3 和 Na_2O 等，因而离子键的特性决定了赤泥的特点，包括强碱性、胶结的孔架状结构、含水率高等。固废塑料是基于共价键的体系,这一特点使得塑料性质稳定且难以降解[35]。特别是直径或长度小于 5 mm 的微塑料(MPs),对环境造成的影响更大[36]。对于固废中的氢键和范德瓦耳斯力,生物质废弃物是很好的研究对象[37]。生物质废弃物具有多样性的特点,且具有较好的可再生性和可降解性。生物质废弃物中存在多种作用力,其中有机物的氢键和范德瓦耳斯力是两种比较重要的作用力。

总的来讲,固废极为复杂,往往是多相体系,多种高强度的作用力共存。因此,固废分离的难度更大,所需能耗更高。事实上,大部分有机固废,比如塑料、生物质等,具有很强的共价键,不适合分离,更适合基于催化转化的资源化。

相对而言,一些无机固废还是可以进行分离的,是环境分离研究的重点。其中,废旧锂电池是非常复杂的固废体系,但值得关注研究(图 2-12)[38,39]。废旧锂电池包含电池外壳、电极材料、集流体、塑料隔膜、电解液等多种组元,既有固相,也有液相,既有无机组分,也有有机组分。其中涉及的相互作用几乎涵盖了所有的化学键与非共价相互作用。废旧锂电池中有价组分的回收过程涉及多组元和多元素分离,往往需要克服复杂的相互作用。比如,电池中铝箔集流体与正极材料的分离,需要克服金属与金属氧化物高分子黏结剂之间的非共价相互作用;电池中金属元素的分离(锂、镍、钴等),需要克服金属与氧之间的化学键作用。

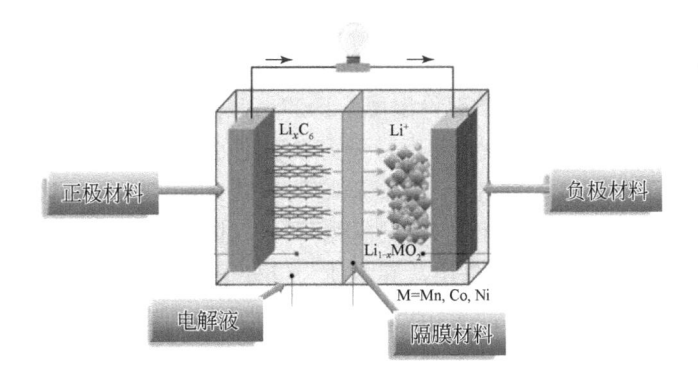

图 2-12 锂电池的结构特点

4)土壤

土壤中的情况与固废比较相似,但是土壤中吸附的情况有其自身的特点,需要加以说明。比如,土壤对于微塑料的吸附[40],就体现了范德瓦耳斯力的相互作用。农业生产中经常会使用到地膜覆盖,残留于土壤环境中的塑料薄膜,会老化破碎形成微塑料,并在土壤中蓄积。微塑料颗粒小,比表面积大,能够基于范德瓦耳斯力进一步吸附其他有机污染物。吸附更多污染物的微塑料不但可能进入食物链对食品安全造成影响,更有可能改变土壤的孔隙度、团粒结构等理化性质,进而改变土壤中微生物活性。值得一提的是,土壤中重金属离子也会造成严重的污染[41]。土壤主要通过静电作用吸附的重金属离子,其特点是流动性差,不可生物降解。

2.1.2 作用力影响因素

1. 共价键

1914~1916 年,G. N. Lewis 认为共价键是通过共用电子对成键。1930 年 L. Pauling 基于成键电子在成键原子间进行运动的物理模型,提出价键理论。价键理论认为两原子最外层自旋相反的未成对价电子配对并形成共价键,且共价键强弱与原子轨道数目和重叠程度呈正相关。价键理论可以较好地解释双原子分子成键规律,但是对于多原子分子的价键形成具有明显的局限性。

针对价键理论的局限性,分子轨道理论是将所有原子的原子轨道进行线性组合,并认为每个分子轨道涉及整个分子且具有离域效应。相对于价键理论,分子轨道理论进一步考虑分子间极化作用、离域作用以及轨道重组对共价键的影响,并通过描述分子的基态和激发态中电子与成键轨道对称性匹配、能量相近以及最大重叠,分析共价键成键规律并构建强度调控规律。

传统的 Lewis 理论从电子对配给和接受角度出发,认为具有电子供体和受体的位点之间可形成共价键,但缺乏对共价键方向性的认识,并且不能说明双原子分子的顺磁性。随着量子力学理论出现,1927 年,德国物理学家 Walter Heitler 和德国理论物理学家 Fritz London 用量子力学理论处理氢分子。在此基础上,1932 年前后,美国科学家 R. S. Muliken 和德国物理学家 Hund 先后提出分子轨道理论,从而能够对分子结构预测和相关关系进行解释。实际过程中,来源于基于共价键的络合作用、配合作用、π-π 作用,其本质为以分子轨道理论为基础的酸碱化学,即在满足对称性匹配原则、能量相近原则以及最大重叠原则的基础上电子供体与受体成键。其中,酸可以被认为是一种在反应初始即拥有成键所需电子的物质,而碱则是在反应之初即可以提供接纳电子的空轨道的物质,主要分类见表 2-2[42]。

2. 离子键

1916 年,Kossel 提出离子键理论,认为离子键本质是阴阳离子间的静电引力作用。由于离子所产生的电场具有球形对称性,阴阳离子之间的静电力与方向无关,因此离子键无方向性。正是由于离子键无方向性,各个方向都有同等机会与异种电荷离子产生静电作用,在空间条件允许的情况下,可无条件接纳异种电荷离子。因此,离子键具有不饱和性。在实际过程中,离子键的强度受控于阴阳离子的电负性差、阳离子极化作用以及阴离子变形作用。具体来说,阴离子电负性差是形成离子键的前提条件。对于孤立离子而言，离子的电荷分布呈球形对称，离子本身正负电荷中心重叠。但是，当所考察离子在其他离子极化电场下，会引起该离子正负电荷中心重排，形成分离的正负电荷中心，最终离子发生变形并产生诱导偶极。这一极化变形过程与阳离子极化作用和阴离子变形作用相关，并能改变离子键强度。一般来说，阳离子最外层电子数少于核电荷数，外层电子与原子核联系更紧密，离子极化作用占主导。对于阴离子来说，最外层电子数多于核电荷数，外层电子与原子核联系较为松散，离子变形作用占据优势。

表 2-2　酸与碱的分类

	电子类型	常见物种
酸	n 电子供体	Lewis 碱、复杂和简单的阴离子、碳化离子、胺类、氧化物、硫化物、磷化物、氧化硫、丙酮、酯类、醇类
	σ 电子供体	烷烃、C—O、C—C、C—H，极性连接的分子如 NaCl、BaO、硅烷等
	π 电子供体	不饱和的和具有电子给出的取代性的芳香族碳氢化合物等物质
碱	n 电子受体	Lewis 酸、简单的阳离子等物质
	σ 电子受体	Brønsted 酸、硼酸和具有强的电子接受取代性的烷烃类物质如 $CHCl_3$、卤素等
	π 电子受体	N_2、SO_2、CO_2、BF_3、不饱和碳氢化合物和芳香族碳氢化合物具有电子接受的取代性物质

1）电负性

离子键的形成取决于发生静电引力的两原子电负性差。通常，电负性差越大，活泼的金属原子与非金属原子间可发生强烈的电子转移，即活泼的金属原子易于失去电子，并将电子提供给夺电子能力强的非金属原子，从而形成离子键。例如，H-X（X：F，Cl，Br，I）的电负性差异 $\Delta\chi(F\text{-}H)>\Delta\chi(Cl\text{-}H)>\Delta\chi(Br\text{-}H)>\Delta\chi(I\text{-}H)$，因此，离子键的成分由高到低顺序为：F-H＞Cl-H＞Br-H＞I-H。

2）阳离子极化作用

阳离子极化作用与离子的电荷、离子半径以及离子的电子构型有关。离子的电荷越多，半径越小，产生的电场强度越强，离子的极化能力越强。阳离子电荷相同，半径相近时，离子的电子构型对其极化力起到决定性作用。通常，18 电子、(18+2)电子以及 2 电子构型的极化作用最强，(9~17)电子构型的离子次之，8 电子构型的离子极化力最弱。

3）阴离子变形作用

阴离子变形性主要取决于离子半径的大小。离子半径越大，外层电子与核距离越远，在外电场作用下，外层电子与核越容易产生相对位移，从而阴离子的变形性越大。当离子电荷相同，离子半径接近时，离子的电子构型决定离子的变形程度。通常，(9~17)、(18+2)和 18 电子结构的离子变形程度大于 8 电子构型。

3. 金属键

不同于原子晶体和分子晶体，金属晶体是由金属原子或者金属阳离子占据晶格结点并按照尽可能紧密的方式堆积起来，如面心立方密堆积、六方密堆积和体心立方密堆积三种最基本构型。金属元素电负性较小，其电离能也较小，导致金属原子最外层价电子易于脱离原子核束缚，并围绕由各个正离子形成的复合势场做自由运动，形成"自由电子"或者"离域电子"。该"离域电子"能够与金属正离子吸引并胶合在一起，形成金属晶体，该胶合力称为金属键。金属键的组成与金属的一般属性或者特性有直接联系。例如，"离域电子"在金属正离子形成的复合势场中自由运动可使得金属具有较好的导电性、导热性以及特殊的金属光泽；金属键在外力作用下，表现出良好的可塑性等，同时金属原子的特点也对金属键的键强有调控作用。例如，对于一定的自由电子数和金属原子数，金属原子半径越小，含有等量的金属原子数的晶格体积越大，从而单位体积内自由电子数越少，因此，较小的自由电子密度胶合较大的金属正离子晶格导致胶合力减弱，进而金属键键强降低；对于给定的金属原子数目，单位体积自由电子数越多，金属键强度越强。

金属原子半径与金属晶体结构中金属元素的配位数有关（与原子堆积结构有关，详细结构模型见参考文献[43]），通常对于同一种元素，配位数越高，半径越大。结合元素周期表，金属原子半径呈现出一定的规律性，即：①同一族元素，其原子半径随原子序数增加而增加。②同一周期主族元素原子半径随原子序数增加而下降。③同一周期过渡元素的原子半径随原子序数变化较为复杂，需结合价电子类型及其"钻穿效用"讨论。对于电子能够填充的内层3d轨道上的元素，随着电子往内层轨道钻穿，造成最外层有效电荷被屏蔽，进而原子半径减小。随着d轨道电子呈现充满状态（d^{10}），电子数增加可填充在s或者p轨道，能够用于屏蔽增加的原子核电荷，并且随着s或者p轨道上电子数增加，原子半径略有增加。对于特殊的镧系元素，电子可填充到更内部的4f轨道，同样造成不能全部屏蔽所增加的核电荷，因而出现半径随原子序数增加而减小，形成"镧系收缩"效应。

基于上述金属原子半径变化规律，通过原子半径调控金属键强度的策略主要通过引入异种金属，包括金属固溶体、金属合金以及金属间化合物（图2-13）。J. K. Norskov等以三种最常见的密堆积结构为基底，通过理论计算的方法计算双金属材料表面能和分离能，分析在母体金属基础上掺杂异种金属对金属键强度的影响。以Zr为基底，掺杂Nb、Mo、Tc、Ru、Rh、Pd和Ag元素为例，当Nb和Mo的原子半径接近于Zr，对Zr金属晶格体积并没有较大影响，ZrNb或者ZrMo双金属材料分离能体现出较强抗分离状态，意味着能够保持较强的金属键。随着原子序数增加，原子半径降低，造成原有晶格结构坍塌趋势，意味着金属键键能降低，进而表现出分离能提高。由于单个金属热扩散系数不一样，在固定金属比例的前提下，热处理温度低于或接近于结构相变温度，可诱导金属原子热扩散，形成有序结构合金，如 AuCu 合金。该有序结构以 Au/Cu/Au/Cu 交替结构出现，由于 Au 和 Cu 半径不匹配，造成金属键强度降低，这也是有序结构材料晶格能低和热力学稳定的一个重要原因。正是由于有序结构中金属键强度较低，进一步提高热处理温度，Au/Cu/Au/Cu 界面处发生相分离。在核壳结构材料体系，核壳界面处的晶格失配（原子半径导致的晶格尺寸不一致）同样可以调控金属键强度。例如，以具有局域等离子体热效应的材料为核（如 Au、Cu、Ag 及其合金），以软磁性材料为壳（如 Fe、Co、Ni 及其合金），采用光、热等外源强化手段可以在核材料表面形成热点，该热点可促进壳材料发生热扩散。在扩散过程中壳材料发生晶格畸变（膨胀或者压缩），从而影响"自由电子"与金属晶格的黏合力，调控金属键强度。

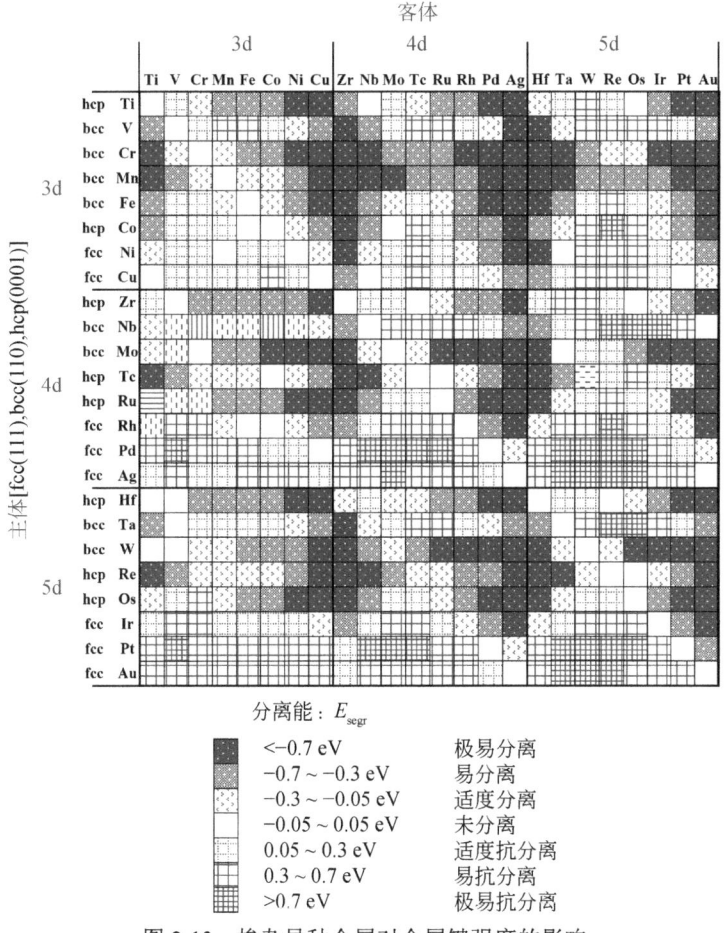

图 2-13 掺杂异种金属对金属键强度的影响

除了原子半径作为金属键调控手段外,金属键强弱还与金属内部自由电子密度成正相关(可粗略看成与原子外围电子数成正相关)。

4. 分子间作用力

范德瓦耳斯力包括原子、分子和表面之间的吸引力和排斥力,以及其他分子间力,是原子或分子之间依赖于距离的相互作用,与分子偶极矩和极化率有关[44]。偶极矩是分子中正负电荷分布不均匀程度的物理量。它的大小与正负电荷之间的距离和电荷量有关。化学键的偶极矩越大,意味着该化学键形成正负电荷对的趋势越明显。但是,偶极矩大并非意味着所有的分子整体极性越强,需考虑分子的对称性。通常,偶极矩越大、对称性越差,分子极性越强。极化率是描述物质在电场中极化程度的物理量,它可以衡量物质对电场的响应能力。极化率越大,物质在电场中的极化程度越大。换言之,极化率可衡量在外界物质作用下分子的化学键发生电子云密度迁移的可能性。因此,作为偶极矩大的化学键,带正(负)电荷位点可与吸附剂中路易斯碱(酸)位点通过静电作用实现分子聚集。对于极化率较大的分子化学键,吸附剂中路易斯碱位点可通过范德瓦耳斯力与该化学键富电子位点结合。此外,具有偶极矩和极化率的分子或官能团,可通过分子间作用力(色散力、诱导力和取向力)进一步提高分子富集效率。例如,极化率越大,色散力越大;极性分子,偶极矩越大,诱导力越大,反之,对于非极性分子,极化率越大,诱导力越大;对于具有固有偶极矩的分子,当两个极性分子相互靠近时,同极相互排斥,异极相互吸引,造成分子发生翻转,并在取向力作用下发生异极相邻取向排布,分子进一步相互靠近富集。

物质的物理性质与分子间作用力也有关联性[44]。例如,吸附过程,可认为是浓缩的过程,也可以认为是液化的过程。温度越低、压力越高,吸附量越大。对于所有吸附剂,越容易液化(沸点越高)的气体吸附量越大,越不容易液化(沸点越低)的气体吸附量越低。对于解吸过程,则可认为是气化或者挥发的过程。温度越高、压力越低,解吸越彻底。对于所有吸附剂,越容易液化(沸点越高)的气体越不容易解吸,越不容易液化(沸点越低)的气体越容易解吸。同理,对于固态物质,分子间作用力越大,熔化热就越大,熔点越高。此外,分子的变形与极化程度也与分子间作用力有直接相关性。一般来说,分子变形性越大,分子越容易产生瞬间诱导偶极,分子间作用力越强。例如,结构相似的同系物中分子量越大以及分子量相似的体积越大,熔沸点越高,分子间作用力越大的本质来自于分子量大或者体积越大的物质具有较大的变形能力。对于气态、固态以及液态物质,极化率或者变形性越大,分子间作用力越大,直观表现在电解质溶液中溶解度越大。

5. 氢键

氢键作为另一类非共价相互作用力广泛存在于同种分子间或异种分子间。氢键主要通过氢原子与电负性大的原子 X 以类似共价键方式结合,当与电负性大、半径小、含孤对电子、大 π 键或离域 π 键体、带有部分负电荷的原子 Y(如 O、F、N 等)接近,在 X 与 Y 之间以氢为媒介,生成 X—H⋯Y 形式的一种特殊的分子间或分子内相互作用。在分子内或者分子间,也可以存在非线型 X—H⋯Y 氢键,例如,邻硝基苯酚中羟基氢与硝基氧形成分子内氢键,吸电子基团α氢原子酸化与吸电子基团形成分子间氢键。此外,还包括非常规氢键。例如,对于价层 d 轨道、f 轨道为电子充满状态的零价过渡金属 M,其电子可作为 X—H 中质子(H^+)受体,形成 X—H⋯M 氢键。对于同时含有 H^- 和 H^+ 的分子,分子间可形成 X—H$^-$⋯H$^+$—Y,如 BH_4^- 或者 BH_3。

6. 亲疏水性

材料亲疏水性对环境分离也具有较大影响。以 CO_2 为例,在实际 CO_2 吸附过程中,通常伴随水汽的存在。水分子具有较大的偶极矩,使得其更易于与 CO_2 等极性气体分子竞争吸附。因此,构建或者提高吸附材料疏水能力能够有效抑制水分子干扰。常用的方法包括采用疏水性有机配体或者通过引入疏水性官能团(如—CF_3、—OCH_3)。例如,菱锰矿沸石具有疏水性有机物配体和疏水性官能团,该类吸附剂能够抗水并有效分离混合气中的 CO_2 组分,并且不论是在低湿度还是在高湿度情况下,经历多次循环后,吸附剂依然具有很好的 CO_2 吸附和分离效率。相反,对于水系反应,需要对材料表面进行亲水性处理,如嫁接羟基(—OH)、羧基(—COOH)、酰胺基(—$CONH_2$)、氨基(—NH_2)、醛基(—CHO)、羰基(—CO)等。

2.1.3 分子结构、分子/离子间相互作用表征方法

很多优秀的教科书已经对分子结构、分子/离子间的相互作用表征这一主题,进行了深入的讲解。在此,我们以环境分离的化学基础为核心,重点介绍几种相关的仪器分析技术。主要包括电感耦合等离子体发射光谱、红外光谱与拉曼光谱、核磁共振、紫外-可见吸收光谱、质谱等。此外,对于环境分离的研究而言,色谱的方法也是表征分子/离子间相互作用的重要手段。各种色谱技术,本身就是用于分离的技术手段。针对环境分离的研究特点,比如土壤中的污染物相互作用,高效液相色谱也是重要的表征手段。

1. 电感耦合等离子体发射光谱

电感耦合等离子体发射光谱（inductively coupled plasma optical emission spectrometry，ICP-OES）是一种原子光谱，可用于测量样品中元素的浓度，是一种广泛应用的分析方法[45]。ICP-OES 主要用于样品中元素的定性和定量分析，可以分析元素周期表中 70 多种元素。在环境分离研究中，ICP-OES 的使用非常广泛。而各种相互作用的表征，肯定需要以定量的元素表征为基础。它基于等离子体炬将样品离子化，并通过光学系统将元素特定的辐射进行分离和检测。ICP-OES 由三个主要部分组成：等离子体炬、光学系统和检测器。等离子体炬是一种高能炬，可将样品离子化。光学系统用于分离和检测元素特定的辐射。检测器则将辐射转换成电信号，以便进行进一步的分析。ICP-OES 的优点在于快速、准确、灵敏度高。它可以同时测量几乎所有元素（从 Li 到 U）的浓度，并且具有较高的精度和重现性。此外，ICP-OES 还具有较宽的线性动态范围，可以同时分析高浓度和低浓度的元素。

在环境科学中，ICP-OES 被广泛应用于测量土壤、水、气体和生物样品中的元素浓度。例如，它可以用来监测水体中的重金属浓度，以防止污染。对于有机废水以及复杂组分，ICP-OES 也可以进行有效的分析研究[46]。随着纳米化学品越来越广泛地应用，对于环境体系中各种纳米化学品的有效分离成为重要需求。这使得分析环境体系中各种纳米化学品的成分和分布情况成为必要前提。在此，ICP-OES 可以发挥重要的作用，用来评估纳米化学品的毒性，揭示纳米化学品合理设计的重要性。如图 2-14 所示，ICP-OES 测试揭示了锰纳米颗粒从叶片表面到液泡的内化途径[47]。数据结果说明锰纳米颗粒处理的叶子具有很高的锰含量，而对照组的锰含量则较低。在锰纳米颗粒的内化过程，伴随着整个体系结构的显著变化，说明了多种相互作用的结果。

2. 红外光谱与拉曼光谱

我们通常使用的红外光谱属于分子光谱，一般为红外吸收光谱。红外光是波长比红光长的电磁波，波长在 780 nm～1 mm。人们把红外光区域分为三个部分，近红外区（波长 780～2500 nm）、中红外区（波长 2500～25000 nm）以及远红外区（波长 25～1000 μm）。总体而言，绝大多数有机分子的基频振动吸收光谱都出现在中红外区，而分子的转动光谱和某些官能团的振动光谱则出现在远红外区。通常所说的红外光谱就是指中红外光谱。因此，红外光谱就是根据分子官能团的振动、转动信息的变化来确定分子结构以及分子内和分子间的相互作用。典型的红外光谱测试，都是使用具有连续波长的红外光通过待测物质，当待测分子中某些官能团的振动、转动频率与红外光的频率一致时，该频率的红外光就被物质吸收，同时分子吸收能量发生能级跃迁，进而得到红外光谱图。

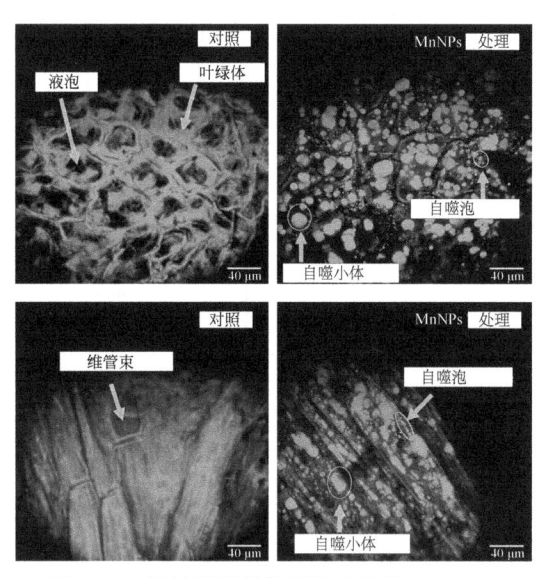

图 2-14 锰纳米颗粒处理的叶子的 ICP-OES

红外光谱之所以能够给出分子结构和相互作用的信息，主要是通过不同分子官能团的振动、转动与特定红外光的频率对应来实现的。其中，振动最为重要，提供的信息最为丰富。振动分为伸缩振动和弯曲振动。伸缩振动是指原子沿键轴方向的伸长和缩短，可分为对称伸缩振动和反对称伸缩振动。弯曲振动是指原子垂直于化学键方向的振动，可分为面内弯曲振动和面外弯曲振动。红外光谱图通常以波数为横坐标，表示吸收峰的位置，以透光率或者吸光度为纵坐标，表示吸收强度。在环境科学研究中，红外光谱可以用于检测大气、土壤、固废和水中的污染物。红外光谱还可以定性或定量分析环境中的化学物质，帮助人们了解环境中化学物质的分布和变化情况。

图 2-15 是不同温度和压力下的原位红外光谱图，其描述了一氧化碳气体在铜催化剂上吸附的情况[48]。从中能看到吸收峰的位置波数、吸收峰的强度以及吸收峰的形状。这些数据充分说明材料对气体的吸附和分离是如何随着温度、压力这些因素的改变而发生变化的。

对于废气分离的表征，红外光谱表现出多方面的用途。比如，红外光谱可以用来表征金属有机框架（MOFs）材料对于废气中二氧化碳的选择性吸附[49]。我们知道，燃气电厂烟道流中的成分包括二氧化碳、水蒸气、氧气等。二氧化碳的分压较低（40 mbar，1 mbar=100 Pa），而氧气（120 mbar）和水蒸气（80 mbar）的分压却较高。如何设计高效的吸附剂，能够选择性地吸附分压较低的二氧化碳，是一个重要问题。Jeffrey R. Long 等人设计、合成了新型的 MOFs 体系：基于环二胺修饰的 Mg$_2$(dobpdc)（dobpdc=二羟基联苯二甲酸）[49]。这一体系可以在二氧化碳分压极低的条件下（≤4 mbar），选择性吸附 90%以上的二氧化碳。MOFs 体系对于二氧化碳的有效吸附，可以通过红外光谱清晰地表征出来。如图 2-16 所示，羰基伸缩振动，以及 C—N 伸缩振动的变化，显示了体系中氨基与羧酸的协同，形成了对二氧化碳较强的吸附。

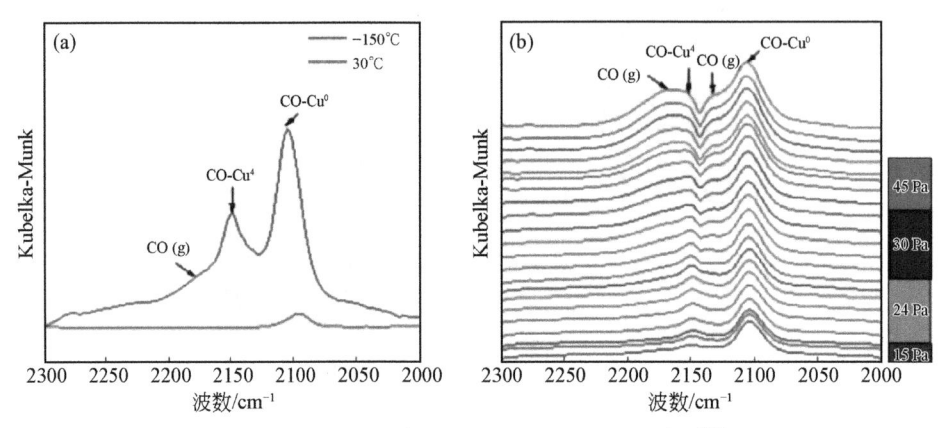

图 2-15　不同温度和压力下的原位红外光谱图[48]
（a）铜催化剂低温吸附 CO；（b）铜催化剂在不同分压下吸附 CO

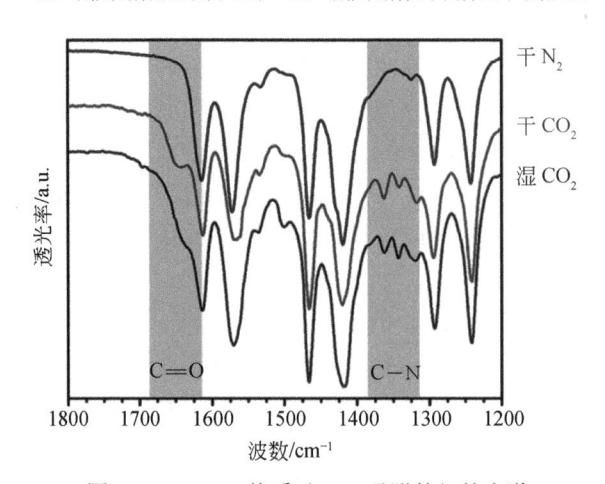

图 2-16　MOFs 体系对 CO$_2$ 吸附的红外光谱

对于无机固废的分离，红外光谱的表征也具有重要的作用。比如，从炼钢渣中选择性分离钒和铁。整个工艺包括浸出、黏结和溶剂提取等三个过程。在整个分离过程中，萃取剂与钒离子或者铁离子的相互作用可以通过红外光谱进行表征[50]。

拉曼光谱是一种基于拉曼散射效应的光谱分析技术，它通过分析物质分子在特定频率激光照射下产生的散射光（即拉曼散射光）的波长变化，来揭示物质的种种信息。相较于红外光谱用于研究分子对红外辐射的吸收，拉曼光谱主要是研究分子对激发光的散射。但二者均可研究分子振动-转动光谱。一般而言，红外光谱适用于研究分子的非对称性振动和极性基团的振动，比如羰基的伸缩振动。而拉曼光谱适用于研究分子对称性振动和非极性基团的振动，比如碳碳双键的振动[51]。对于各类污染物的综合分析，红外光谱与拉曼光谱相互补充，综合使用。

拉曼光谱技术中，表面增强拉曼光谱（surface-enhanced Raman spectroscopy，SERS）是检测污染物最重要的手段。SERS 技术的基本原理是待检测分子在金属纳米结构表面的电磁场增强作用下，拉曼散射信号能得到近百万倍的增强。因而可以使用 SERS 技术检测非常微量的物质，比如痕量的农药残留、药物代谢物等等。

3. 核磁共振

核磁共振（nuclear magnetic resonance，NMR）可用于表征分子结构、分子/离子间的相互作用，并能提供详细的物质信息[52]。这项技术在化学研究中的应用非常广泛，特别在环境化学领域。核磁共振的原理主要是基于带正电的原子核的自旋运动。在强磁场中，具有磁矩的原子核会像陀螺一样以特定的频率发生振动。而原子核本身具有磁性，被分裂成两个以上量子化的能级。吸收适当频率的电磁辐射，带核磁性的原子核在能级之间发生跃迁，产生共振谱。核磁共振按照测定原子可分为氢谱（^{1}H NMR）、碳谱（^{13}C NMR）及氟谱、磷谱、氮谱等。在环境化学研究中，以 ^{1}H 谱和 ^{13}C 谱应用最为广泛。

核磁共振信号的频率取决于磁场的大小和原子核的种类。不同的原子核具有不同的共振频率，这使得核磁共振技术可以用于确定分子的结构和性质。此外，核磁共振技术还可以提供关于分子中化学键的信息。在核磁共振谱中，每个原子核的共振信号会被表示为一个峰，这个峰的位置、强度、裂分情况可以提供关于原子核类型和它们在分子中的相对位置信息。通过分析核磁共振谱，研究人员可以获得关于分子结构、化学反应机理的详细信息。除了用于分子结构研究，核磁共振技术还可以用于研究分子体系中的动态过程，如分子在溶液中的旋转和扩散。核磁共振技术在环境科学，特别是环境分离研究中的应用很多。比如，可以使用核磁共振技术持续检测和监测土壤[53]中污染物质的类型、浓度和分布，进而对环境分离的对象进行有效评估。核磁共振技术还可以用于检测和监测地下水中的污染物质，包括提供关于地下水中污染物的结构和动力学信息[54]。这些信息有利于优化环境分离的工艺路线，制定有效的环境保护策略。

对于监测土壤中的污染而言，核磁共振是强有力的手段，比如研究腐殖质物质与 3,4-二甲基-1H-吡唑（DMPP）的相互作用（DMPP 的分子结构如图 2-17 所示）。通过核磁共振能够表征不同腐殖质物质与 DMPP 的不同亲和力。DMPP 分子中不同位置的氢，可以通过谱图中峰的位置、积分情况、裂分形式来确定。从氢谱中我们能清楚地看到氢原子的化学环境以及与其他氢原子之间的关系。当 DMPP 与腐殖质物质发生相互作用的时候，这些相互作用的特点将会对 DMPP 上不同氢原子的化学环境造成影响[55]。因而，研究 DMPP 核磁共振氢谱的变化，就可以了解各种相互作用的变化特点。

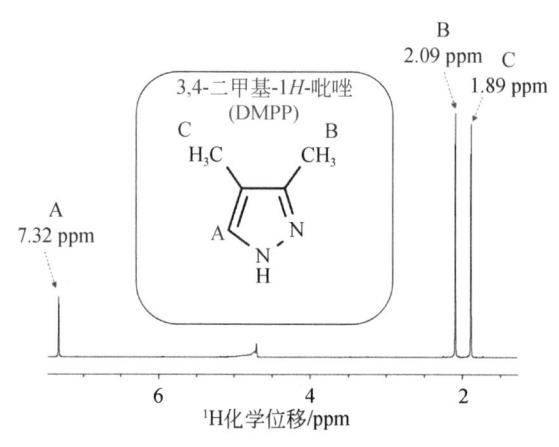

图 2-17　DMPP 分子的核磁共振氢谱

除了核磁共振氢谱之外，其他类型的核磁共振技术，比如碳谱、氟谱、磷谱、氮谱等，也在环境分离的研究中发挥重要作用。比如，在对环境中含氟污染物的研究中，^{19}F 核磁共振技术能够发挥重要的作用。环境中含氟污染物在多种外界条件的作用下，可能会发生化学反应，从而生成新的含氟化合物。这一可能性大大增加了环境中含氟污染物深度分离的难度。这些新的含氟污染物都有其确定性的来源，因而其结构多样性是可控的。如何快速简便地确定这些含氟化合物的结构是一个重要的科学问题。有一些研究工作使用 ^{19}F 核磁共振技术来确定环境中新出现的含氟化合物。首先建立一系列含氟化合物的 ^{19}F 核磁共振谱的数据库（图 2-18），然后将环境中发现的新物质的 ^{19}F 核磁共振谱与数据库比对，就可以确定环境中新的含氟化合物结构[56]。

值得一提的是，核磁共振不仅可以表征有机分子，也可以表征各种离子体系的分离。比如，在湿法冶金处理低品位白钨矿并分离 Mo 和 W 两种元素的过程中，Mo 和 W 两种元素都是和聚多阴离子结合以多酸的形式存在的。可以使用 ^{31}P 和 ^{95}Mo 核磁共振谱对含有 Mo 和 W 的多酸结构进行表征，分析离子体系的分离[57]。

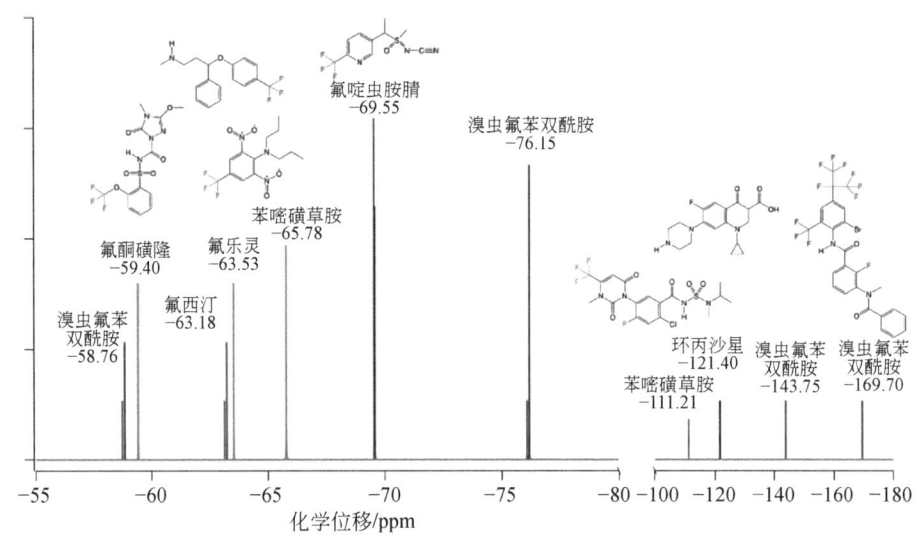

图 2-18　一些典型的含氟化合物的 ^{19}F 核磁共振谱及其在环境中的浓度[56]

4. 紫外-可见吸收光谱

紫外-可见吸收光谱（UV-Vis absorption spectroscopy）是一种非常常见的分析方法，可测量物质在紫外和可见光区的吸收光谱[58]。UV-Vis 光谱的产生是由于价电子的跃迁，当特定波长的光（紫外或可见光）被吸收时，分子中的电子从基态跃迁到激发态。这种跃迁通常发生在具有 π 电子体系的分子中，如芳香族化合物、有机染料和叶绿素等。所以说，UV-Vis 光谱对于含有芳香环的有机化合物是非常重要的检测手段。当然，对于很多有颜色的金属离子，比如稀土离子，UV-Vis 光谱也是非常好的检测手段。

UV-Vis 光谱的横坐标是波长（nm），纵坐标是吸光度（absorbance）。在一定范围内，如果吸光度与浓度之间呈线性关系，就可以通过测量吸光度来确定样品的浓度。UV-Vis 光谱在环境科学中的应用非常广泛，可以用于检测污染物质、研究生态系统和生物地球化学循环等。在环境分离相关的研究中，UV-Vis 光谱被广泛用于测量水体中的有机物和污染物，如监测水中的多环芳烃（PAHs）、联苯、有机氯和氯苯等物质。此外，UV-Vis 光谱还可以用于测量大气中的有机气溶胶和气体污染物。

UV-Vis 光谱对稀土离子的分离检测，是环境分离非常典型的例子。比如，分离化学性质非常相似的三价 Am(Ⅲ) 和 Ln(Ⅲ)，具有很大的挑战性。有很多研究工作尝试将 Am(Ⅲ) 选择性氧化到更高的氧化态来促进分离，但 Am 在高氧化态下不稳定。基于此，一种新的策略就是利用 Am(Ⅲ) 与二甘醇酰胺配体的配位，在有机溶剂中被 Bi(Ⅴ) 衍生物氧化生成稳定的五价 Am(Ⅴ)，再通过萃取实现 Am 和 Ln

的高效稳定分离。Am(Ⅲ)与Am(Ⅴ)的UV-Vis光谱差别很大，Am(Ⅲ)的氧化过程可以通过UV-Vis光谱清楚地检测出来（图2-19）[59]。

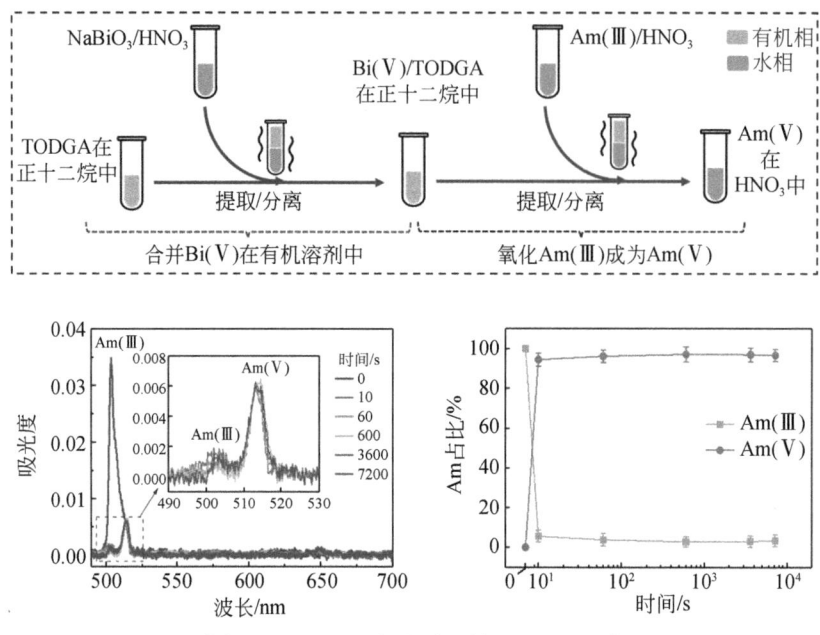

图2-19 Am(Ⅲ)氧化过程的UV-Vis光谱

尽管UV-Vis光谱在各种污染物检测及环境分离中应用广泛，但体系中（如水体中）多种污染物的可见吸收光谱之间具有相似性时，会存在干扰。因此，如何实现快速定量分析，成为一个重要问题。有些研究工作设想利用人工智能与大数据技术来分析紫外-可见吸收光谱，从而实现实时监测和定量分析。比如，化学需氧量（COD）和浊度，分别代表水体中还原性有机物和悬浊物的含量，是水质污染的重要监测指标。理论上，紫外-可见吸收光谱可以非常方便地检测水中有机物、悬浮物等的理化参数。但实际上，散射、光谱特征耦合及谱峰重叠等因素干扰，都会影响紫外光谱法对COD和浊度的精确同步检测。因此，有研究工作就使用连续投影算法结合支持向量回归的水质污染物含量解耦预测方法。首先采用连续投影算法对水质样本的紫外吸收光谱特征波长进行筛选，消除无关冗余数据以提高模型迭代速率和精度。再基于多分类支持向量机方法对支持向量回归算法进行多回归拟合改进，实现COD和浊度的紫外光谱耦合解析和含量的同步预测[60]。结果显示，COD和浊度的测定预测结果偏差都大大缩小了（图2-20）。

针对金属离子的分离，可通过多种表征手段的综合应用，优化工艺过程。比如，在使用萃取剂提取镍离子的过程中，综合使用紫外-可见吸收光谱、核磁共振谱以及红外光谱等表征手段，证实体系中水分子和氨分子都参与到了萃取的过程，并发挥了积极的作用[61]。

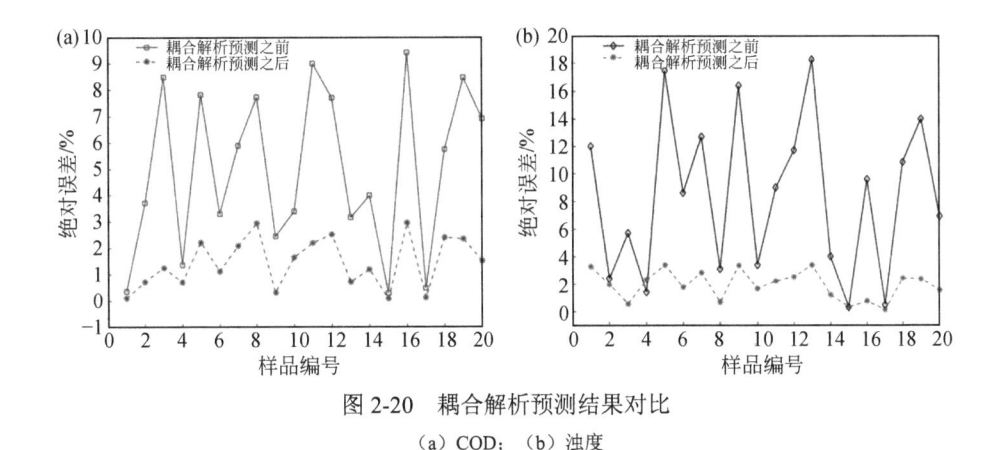

图 2-20 耦合解析预测结果对比
(a) COD; (b) 浊度

5. 质谱

质谱分析技术是一种测量离子质荷比（m/z）的分析方法[58]。质谱分析可用于确定样品组分的确切分子量、区分同位素、鉴定未知分子体系组成。尽管质谱仪的类型很多，但所有的质谱仪一般都包括三个部分，即离子源、质量分析器和检测特定 m/z 值离子数的检测器。所谓离子源，就是将待测物质转化为气态分子，并通过电离方式将其离子化。常用的离子源包括电子电离（EI）、电感耦合等离子体（ICP）、基质辅助激光解吸电离（MALDI）、快速原子轰击（FAB）、电喷雾电离（ESI）等。质量分析器通过将离子加速到高速度并引导它们通过磁场或电场，使不同质荷比的离子分开。常用的质量分析器包括飞行时间（TOF）质量分析器、离子阱质量分析器、四极杆傅里叶变换离子回旋加速器（FTIC）等。而常用的检测特定 m/z 值离子数的探测器包括电子倍增器（EM）、光电倍增电极、阵列检测器等。不同类型的离子源与各种质量分析器组合，可获得常用的 MALDI-TOF-MS、ICP-MS 等质谱分析体系。质谱分析技术具有高灵敏度、高分辨率，能够提供丰富的结构信息，并且可与其他分析技术结合，特别是与液相色谱（LC）和气相色谱（GC）联合使用，在化学、生物医学、材料科学和其他领域广泛应用。

质谱分析技术在环境科学领域有着广泛的应用，包括环境监测、大气研究、水文研究、药物与毒物分析等，为解决环境问题提供了重要的工具和技术手段。比如，在大气研究方面，质谱技术能够测量大气中痕量污染物的浓度，如大气中存在的有机化合物、氨、硫化物等，这对于揭示大气污染物的来源、物理化学过程以及全球气候变化原因都有重要的意义。基于质谱技术在同位素分析方面的优势，可以用于测定水中溶解无机碳含量和碳同位素组成，这对评价全球碳的循环，揭示地球环境变迁历程等具有重要意义。此外，质谱技术与色谱技术联用，在药物与毒物分析方面也发挥着重要作用。

针对环境分离所要处理的废气、废液、固废、土壤等体系，质谱分析技术都能够在各个层面上发挥重要的作用。这不仅包括对被分离对象的评估，也涉及整个分离过程中的检测，以及对分离技术路线、工艺的优化。比如，联合使用高效液相色谱与高分辨质谱技术，可确定江苏省重点地区环境空气样品中普遍存在一种醛酮类未知化合物的结构，经检测其为3,4-二甲基苯甲醛（图2-21）[62]。

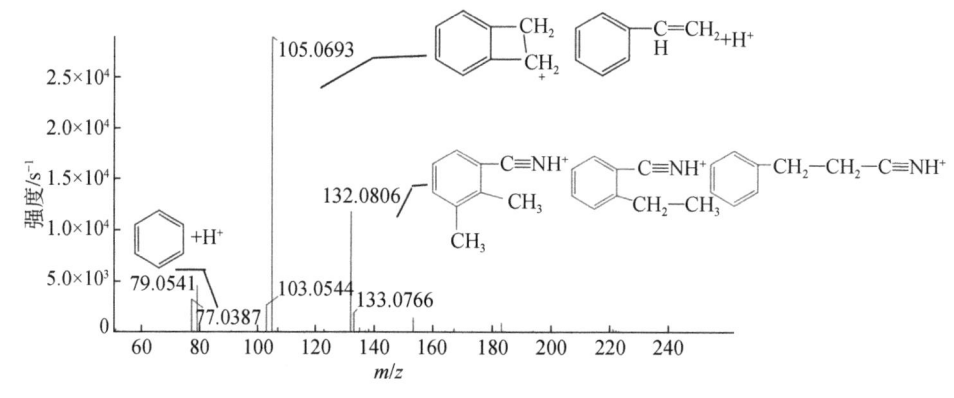

图2-21 空气实际样品中未知物的二级碎片质谱图及结构推测

6. 高效液相色谱

高效液相色谱（HPLC）是一种高效、快速的分离分析技术，是现代分离测试的重要手段[58]。这种方法是在经典的液相色谱法基础上发展起来的，其以液体作为流动相，并采用颗粒极细的高效固定相的柱色谱分离技术。HPLC 的分离机制与常规柱色谱相同，但填料更加精细，需高压泵推动，柱效高，分析速度快。其主要特点包括：分离速度快、分辨率高、适应面广、灵敏度高、重复性好、色谱柱可反复使用、对样品损坏少、操作方便等。在实际操作中，HPLC 主要通过改变流动相的组成来调节样品在色谱柱的保留值和选择性，从而使不同样品得到分离。为了进行有效的分析，需要选择合适的检测器，如紫外、荧光、电导等检测器。

HPLC 在环境科学研究中有着广泛的应用。比如，HPLC 可用于测定环境样品中的多种有机污染物，包括多环芳烃、酚类化合物、多氯联苯、邻苯二甲酸等。这些有机物通常在环境中普遍存在，对生物和人类健康可能产生负面影响。在具体应用中，HPLC 技术常与质谱方法结合使用。

事实上，HPLC 的基本原理是基于各种分子、离子体系之间不同的相互作用。因此可用于理解和表征环境分离体系中分子/离子间相互作用的强弱。比如，针对土壤中的邻苯二甲酸酯污染，HPLC 技术能够实现高效、快速、经济检测，且可针对变化很大的土壤样本，实现较宽的线性范围检测[63]。

7. 理论模拟

分子模拟在表征分离过程方面也发挥着关键作用。分子模拟的主要方法可以分为两大类，即分子蒙特卡罗法和分子动力学法。其中，分子蒙特卡罗法基于随机抽样和统计试验的原理。分子动力学是一种通过求解牛顿运动方程来模拟分子体系动态行为的方法。

以对吸附剂的研究和表征为例，分子模拟不仅可以预测吸附剂对各种流体的吸附性能，还可以获得对吸附机制的微观洞察，这是合理设计精制吸附剂的先决条件。利用原子间电位（也称为力场）在分子水平上对系统进行建模的模拟技术，依赖于由 X 射线或中子衍射数据确定的晶体结构构建的模型，以及力场的适当形式和参数来准确地模拟[44]。具体来说，这种计算策略的应用可以预测给定吸附剂在整个压力范围内的吸附等温线，以及确定所考虑流体的吸附亲和性。

比如，力场巨正则蒙特卡罗（GCMC）模拟可用于预测 MOFs 中不同流体的吸附等温线。而在模拟现实的 MOFs 原子模型中加入缺陷，也会严重影响极性流体（如水或醇）的吸附等温线，特别是对疏水或轻度亲水材料[44]。通过结合密度泛函理论（DFT）几何优化和 GCMC 吸附模拟，可评估缺陷浓度（缺失连接或簇）和封盖功能类型对 MOF-801 水吸附特性的影响。通过逐步去除连接体或次级构建单元（SBUs），生成了一系列有缺陷的 MOF-801 模型，然后用 H$_2$O/—OH 或甲酸（HCOO—）基团覆盖不配位的 Zr 原子。研究表明，连接体缺陷是增加材料亲水性的主要原因，特别是当 H$_2$O/—OH 基团被用于封盖时，因为它们与水的相互作用更强。另一方面，簇状缺陷通过在材料内部产生额外的孔隙度，有助于增强水的吸附。图 2-22 显示了一个有缺陷的模型，每个细胞缺少两个连接体，再现了在 MOF-801 单晶样品中观察到的实验水吸附等温线。此外，引入额外的团簇缺陷（每 2×2×2 超级单体缺失 3 个团簇）准确地再现了粉状样品的水吸附行为。

GCMC 模拟也可以阐明吸附机理。MOF MIP-200 由一个八连接的 UiO-66 型 Zr6(μ$_3$-O)$_4$(μ$_3$-OH)$_4$ 氧簇 SBU 和 Hm4dip 四异位连接体构成，形成一个三维（3D）笼目（kagome）型框架，具有沿 c 轴分离的六边形和三角形通道。根据固体核磁共振数据，Zr S6BU 的其余四种甲酸被 H$_2$O/—OH 取代。在 T=303 K 时，GCMC 衍生的吸附快照显示，第一次吸附发生在沿 c 轴的两个 Zr S6BUs 之间的孔壁上与金属中心协调的羟基和水分子上，如图 2-23 所示。研究发现，在 p/p_0≈0.1 之前，在六角形和三角形通道中，水分子继续在羟基和与框架协调的水分子附近积聚。当压力增加到 p/p_0≈0.1 以上时，吸水性突然增加，水分子占据了所有的孔隙，导致在 p/p_0≈0.15~0.20 处几乎完全饱和。

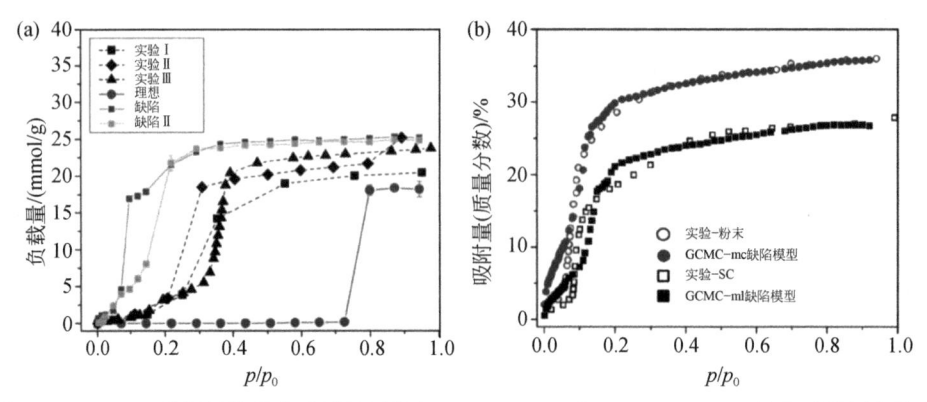

图 2-22　GCMC 模拟的缺陷水吸附等温线与 UiO-66（a）和 MOF-801（b）的实验等温线的密切对应关系

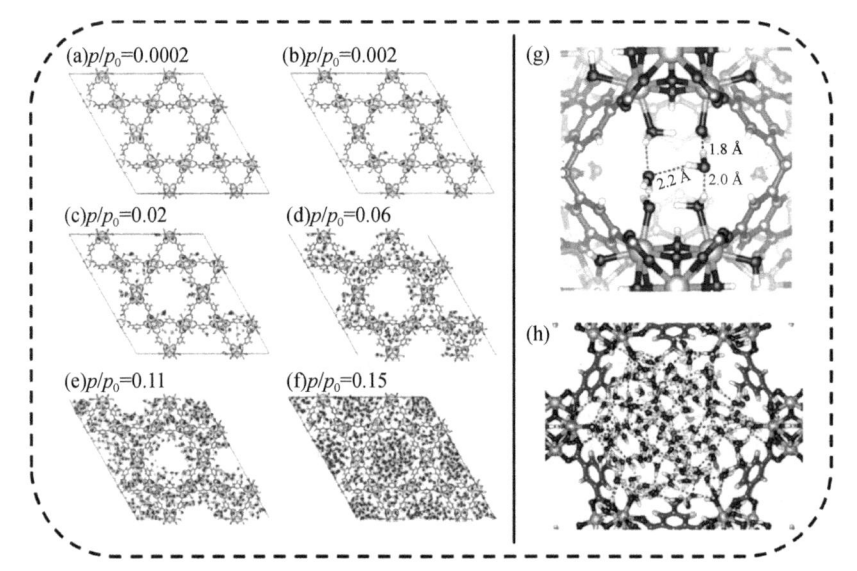

图 2-23　（a～f）MIP-200 中 GCMC 模拟孔隙填充序列示意图；（g）低压下 MIP-200 对水分子的主要吸附位点（p/p_0=0.01）；（h）饱和时六边形通道中氢键水分子的广泛网络（p/p_0 = 0.2）

2.2　离子形态

2.2.1　离子形态概述

1. 离子形态的定义及分类

金属离子形态，主要指溶液中含有金属的离子/分子形式。溶液中金属离子形态赋存多样，大部分金属都会在溶液中形成聚合/络合/配位等多种离子形态并同时存在。金属的主要离子形态可归纳为 M^{n+}，$M_aX_b^{n+}$（$X=H_2O$，$NH_3\cdots$），$M_aO_b^{n-}$，$M_aX_b^{n-}$（$X=Cl$，$NO_3\cdots$）四类。表 2-3 归纳了元素周期表中常见的金属离子形态，锂、钠、镁等金属多以 M^{n+} 阳离子形态存在；钒、钨、钼等金属含氧酸多以 $M_aO_b^{n-}$ 存在，形态数目可达 6～12 种不等；镍、钴、铜等金属多以 $M_aX_b^{n+}$（$X=H_2O$，NH_3）或 $M_aX_b^{n-}$（$X=Cl$，NO_3）离子形态存在，根据不同的溶液环境，会发生水配位、氯配位、氨配位等。

表 2-3 常见金属离子形态列表

序号	金属元素	该元素可能存在的离子形态	形态数目
1	Li	Li^+	1
2	Na	Na^+	1
3	K	K^+	1
4	Rb	Rb^+	1
5	Cs	Cs^+	1
6	Be	Be^{2+}	1
7	Mg	Mg^{2+}	1
8	Ca	Ca^{2+}	1
9	Sr	Sr^{2+}	1
10	Ba	Ba^{2+}	1
11	Ti	Ti^{4+}，TiO^{2+}	2
12	Zr	Zr^{4+}，ZrO^{2+}，$Zr(OH)_3^+$，$Zr(OH)_5^-$，$ZrO(SO_4)_2^{2-}$	5
13	Hf	Hf^{4+}，HfO^{2+}，$Hf(OH)_3^+$	3
14	Fe	Fe^{2+}，Fe^{3+}，$FeCl_2^+$，$FeCl^+$，$FeCl_4^-$	5
15	Ru	$RuO_2Cl_4^{2-}$，$RuCl_6^{2-}$，$RuNO^{3+}$，$Ru(NO)Cl_5^{2-}$	4
16	Co	Co^{2+}，$Co(NH_3)_2^{2+}$，$Co(NH_3)_4^{2+}$，$Co(NH_3)_6^{2+}$，$Co(SCN)_4^{2-}$，$CoCl_4^{2-}$	6
17	Ni	Ni^{2+}，$Ni(NH_3)_2^{2+}$，$Ni(NH_3)_4^{2+}$，$Ni(NH_3)_6^{2+}$，$NiCl_4^{2-}$，$CuCl^+$	6
18	Cu	Cu^{2+}，$Cu(NH_3)_2^{2+}$，$Cu(NH_3)_4^{2+}$，$Cu(NH_3)_6^{2+}$，$CuCl_4^{2-}$，$CuCl^+$	6
19	Ag	Ag^+，$Ag(NH_3)_2^+$，$Ag(S_2O_3)_2^{3+}$，$AgCl_2^-$	4
20	Zn	Zn^{2+}，$ZnCl_4^{2-}$，$ZnCN_4^{2-}$，$Zn(NH_3)_4^{2+}$	4
21	Cd	Cd^{2+}，$CdCl_4^{2-}$，$CdCN_4^{2-}$，$Cd(NH_3)_6^{2+}$	4
22	Pb	Pb_2^+，$Pb(OH)^+$，$Pb(OH)_3^-$，$Pb(OH)_4^{2-}$	4
23	V	VO^{2+}，$H_2VO_4^-$，HVO_4^{2-}，$HV_2O_7^{3-}$，$H_3V_2O_7^-$，$V_4O_{12}^{4-}$，$H_2V_{10}O_{28}^{4-}$，$HV_{10}O_{28}^{5-}$	8
24	W	WO_4^{2-}，HWO_4^-，H_2WO_4，$W_2O_7^{2-}$，$HW_2O_7^-$，$W_4O_{13}^{2-}$，$HW_4O_{13}^-$，$HW_{10}O_{32}^{4-}$，$H_4W_{10}O_{32}^{2-}$，$H_4W_{12}O_{40}^{4-}$，$HW_{12}O_{38}^{3-}$，$H_5W_{12}O_{40}^{3-}$	12

续表

序号	金属元素	该元素可能存在的离子形态	形态数目
25	Mo	MoO_2^{2+}，MoO_4^{2-}，$HMoO_4^-$，$Mo_2O_7^{2-}$，$HMo_2O_7^-$，$Mo_4O_{13}^{2-}$，$HMo_4O_{13}^-$	7
26	Re	ReO_4^-	1
27	Mn	Mn^{2+}，MnO_4^-	2
28	Tc	TcO_4^-	1
29	Rh	$RhCl_6^{3-}$，$Rh(H_2O)Cl_5^{2-}$，$Rh((H_2O)_6)^{3+}$	3
30	Ir	$IrCl_6^{2-}$	1
31	Pd	$PdCl_4^{2-}$	1
32	Pt	$PtCl_6^{2-}$	1
33	Al	Al^{3+}，$Al(OH)_4^-$	2
34	Ga	Ga^{3+}，$Ga(OH)_4^-$	2
35	Sn	Sn^{2+}，$Sn(OH)_6^{2-}$	2
36	As	$HAsO_4^{2-}$，AsO_3^{3-}	2
37	Sb	$SbOSO_4^-$，$Sb_3O_9^{3-}$，$Sb(OH)_6^-$	3
38	La	La^{3+}，La^{4+}，$La(SO_4)_3^{3-}$	3
39	Cr	CrO_4^-，$Cr_2O_7^{2-}$	2
40	Au	$AuCl_4^-$	1

2. 基于离子形态的反应过程分类

离子形态在溶液中存在形态多样，可以基于离子形态和有机物的作用方式将溶液反应过程分类，共分为离子缔合反应和离子交换反应两类。以最为典型的液液溶剂萃取过程为例，离子缔合反应就是金属离子和萃取剂以缔合形式发生萃取反应的过程，包括金属阴离子和萃取剂阳离子、金属的阳离子和萃取剂阴离子以及金属分子和萃取剂分子间的缔合。离子交换反应是金属和萃取剂的一部分基团发生反应，同时部分基团从萃取剂中脱落，即配体交换反应。图2-24中列出了各种反应的具体方程式，以及可发生此类反应的典型金属离子。

离子交换反应	离子缔合反应
$MX^+ + nHR \longrightarrow MR_n + nH^+ + X^-$ $MX_n + nRK \longrightarrow MK_n + nR^+ + X^-$	$M^{n+} + nR^- \longrightarrow MR_n$ $M^{n-} + nR^+ \longrightarrow MR_n$ $M + nR \longrightarrow MR_n$

M：金属或其离子形式，R：有机物(萃取剂)或其离子形式，
X/K：配离子

图2-24 基于离子形态的反应过程分类

3. 离子形态的调控内涵

金属离子形态影响大部分金属的溶液分离过程。金属溶液反应的本质就是调节金属在溶液中存在的离子形态及这些离子形态的转变规律。因此，可借助金属离子形态的内在调控驱动实现金属离子的深度分离。

离子形态定向调控的内涵就是借助不同金属离子形态的定向转移转化，实现金属元素的分离。溶液中不同的金属离子形态具有不同的络合萃取反应活性，将反应区间调整在反应活性较好的亲水形态区间内，在微观层面实现不同金属离子形态的分离，在宏观层面上也就实现了不同金属元素之间的深度分离。

该调控过程主要包括以下几步，首先需要识别和明晰溶液中各金属离子的赋存规律，并在此基础上明确反应的优势离子形态；接下来，由反应的优势形态及其转化规律，结合外场强化和介质强化，调整和控制反应的活性区间，实现相似金属元素之间深度分离。本书将以相似金属钒铬的萃取分离过程为例，详细介绍溶液中离子形态的赋存规律和定向调控策略。

2.2.2 钒铬离子形态的赋存与反应

1. V(V)与Cr(VI)离子形态的赋存规律

钒 V(V)在水溶液中的形态和性质都比较复杂[64]，在近中性及酸性的溶液中会以单体及多种低聚态（二聚体、四聚体、五聚体和十聚体）的形式共存[65]（图2-25）。同时，钒还容易和水中的金属（如钨、钼）、非金属（如磷、硅），甚至各种有机配体形成杂多酸以及杂多酸配合物，在催化、医药和新材料等领域有着重要的作用[66-68]。

水溶液中存在的低聚态钒酸称为钒酸盐，也称多钒氧簇（polyoxovanadates，POVs）[69]。钒原子同时具有多种价态，并可以通过氧化还原的方法调节其在同一种化合物中的存在比例。多钒氧簇的结构多样，但是获得水溶液中钒酸根离子形态的真实结构信息十分困难。目前得到的结构多为从有机溶剂中析出，不能完全反映在水溶液中的实际结构[65]：VO_4^{3-}以四面体存在，$V_2O_7^{4-}$以双四面体存在，$V_4O_{12}^{4-}$和$V_5O_{15}^{5-}$以环状存在，钒原子间以氧桥键相连；$V_{10}O_{28}^{6-}$的结构比较特别，是由十个共边的VO_6八面体组成，并且有两个中心钒原子，该离子主要包括6个V=O键和14个—O—氧桥键。

钒酸盐的水解聚合演变过程和水溶液的酸碱度、钒浓度以及介质的离子强度均有关系，V(V)的存在形态没有完全确切的定论，普遍认可的结论包括[65,71]：①在强碱性的溶液中（pH>14），V(V)以VO_4^{3-}离子稳定存在；②在极稀的溶液中

（0.01 mmol/L），V(V)主要以单体形式存在，在 pH=1 时为 VO_2^+，在 pH 约为 3.5 时为 $H_2VO_4^-$，在 pH 约为 8 时逐渐变为 HVO_4^{2-}，但在 pH 大于 13 后成为 VO_4^{3-}［式（2-1）～式（2-3）］；③随着浓度升高，单体钒在近中性条件（pH＜8）下会发生聚合，形成二聚体（$H_4V_2O_7$）、四聚体（$H_4V_4O_{12}$）以及少量五聚体（$H_5V_5O_{15}$），并且在酸性条件（pH=2～6）下主要以十聚体（$H_6V_{10}O_{28}$）的形态存在（图 2-25）。

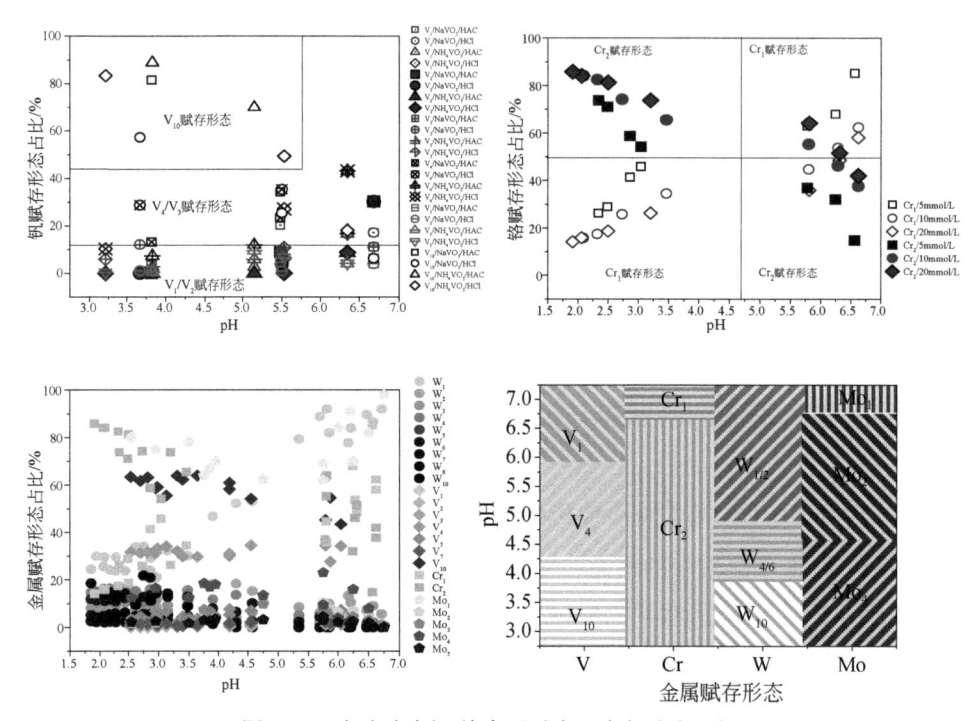

图 2-25 水溶液中钒/铬离子赋存形态与分布区间

铬 Cr(VI)的离子形态相对简单，在水溶液中主要有 $HCrO_4^-$、CrO_4^{2-} 和 $Cr_2O_7^{2-}$。式（2-4）～式（2-6）列出了其在水中的转化方程[72,73]，单铬以四面体存在，重铬酸根通过一个顶角氧原子连接两个 CrO_4^{2-} 得到。图 2-26 列出了钒/铬/钨/钼等过渡金属含氧酸离子形态转变规律。

$$H_3VO_4 + H_2O \rightleftharpoons H_2VO_4^- + H_3O^+, \quad pK_a = 3.5 \qquad (2\text{-}1)$$

$$H_2VO_4^- + H_2O \rightleftharpoons HVO_4^{2-} + H_3O^+, \quad pK_a = 7.8 \qquad (2\text{-}2)$$

$$HVO_4^{2-} + OH^- \rightleftharpoons VO_4^{3-} + H_2O, \quad pK_a = 12.7 \qquad (2\text{-}3)$$

$$H_2CrO_4 \rightleftharpoons HCrO_4^- + H^+, \quad K_1 = 0.18 \qquad (2\text{-}4)$$

$$HCrO_4^- \rightleftharpoons CrO_4^{2-} + H^+, \quad K_2 = 3.2 \times 10^{-7} \qquad (2\text{-}5)$$

$$2HCrO_4^- \rightleftharpoons Cr_2O_7^{2-} + H_2O, \quad K_3 = 98 \qquad (2\text{-}6)$$

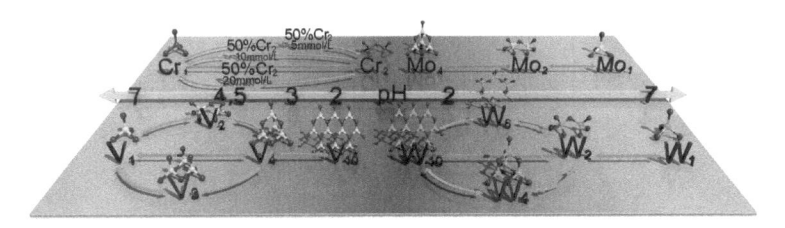

图 2-26 钒/铬/钨/钼等过渡金属含氧酸离子形态转变规律

2. 钒铬离子/分子单体的反应位点及活性对比

萃取剂为长碳链的仲烷基伯胺（图 2-27）。通过电荷分布和静电势（ESP）分布的绘制结果 [图 2-28，图 2-29 和图 2-30（a）、（b）]，确定了分子负电荷原子中心（N）和正电荷原子中心（H），静电势区域主要集中在正极区域，与金属酸相反。为了进行萃取剂设计，对碳数为 7～35 的伯胺进行了优化，以揭示碳数与反应活性的关系。在 17～31 个碳序数的胺之间 HOMO/LUMO 间隙较低[图 2-30（c）]。这里我们选择能隙较低的 $C_{17}H_{35}NH_2$ 和 $C_{27}H_{55}NH_2$ 作为与金属酸反应的伯胺代表分子。

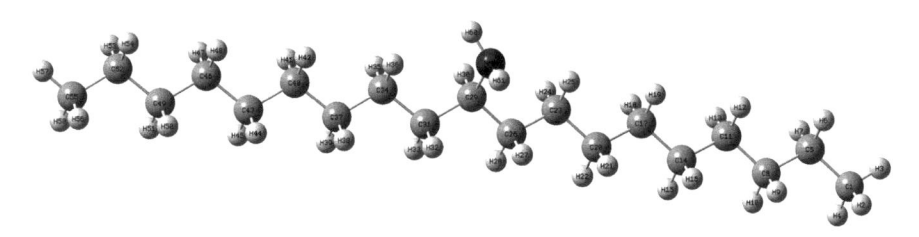

图 2-27 伯胺萃取剂（以 $C_{19}N_{39}NH_2$ 为例）

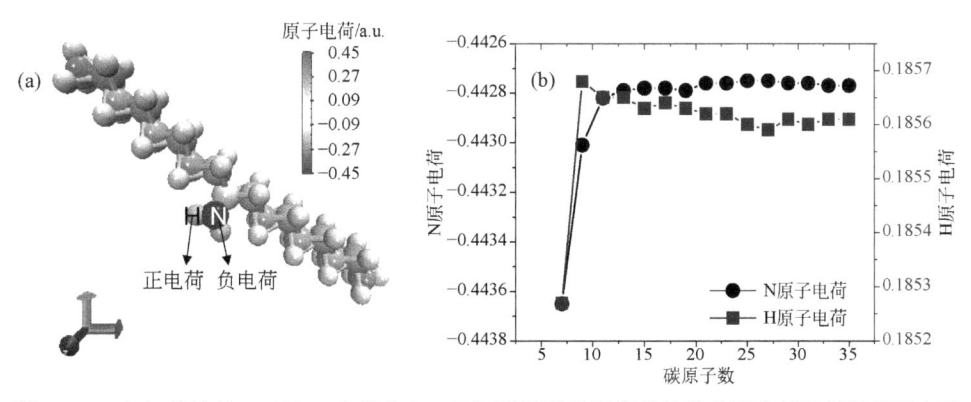

图 2-28 （a）伯胺的 Mulliken 电荷分布；（b）不同碳链长度的伯胺分子中氮和氢的原子电荷

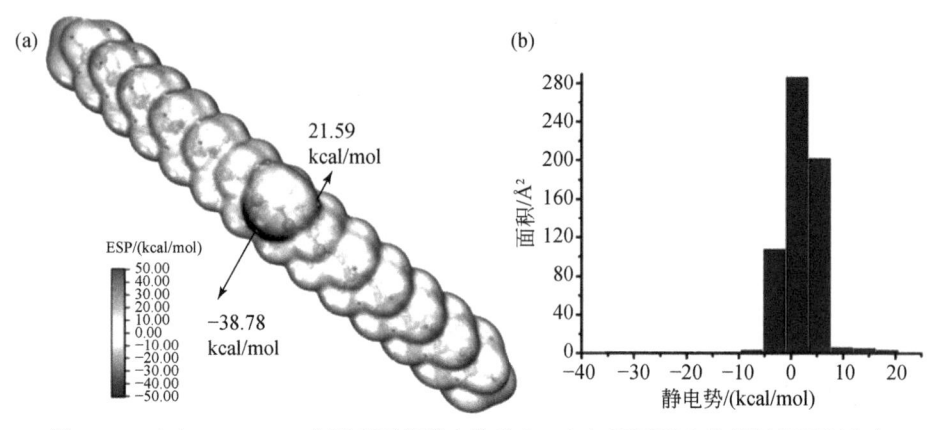

图 2-29 (a) $C_{27}H_{55}NH_2$ 分子表面的静电势分布；(b) 不同静电势范围的面积分布

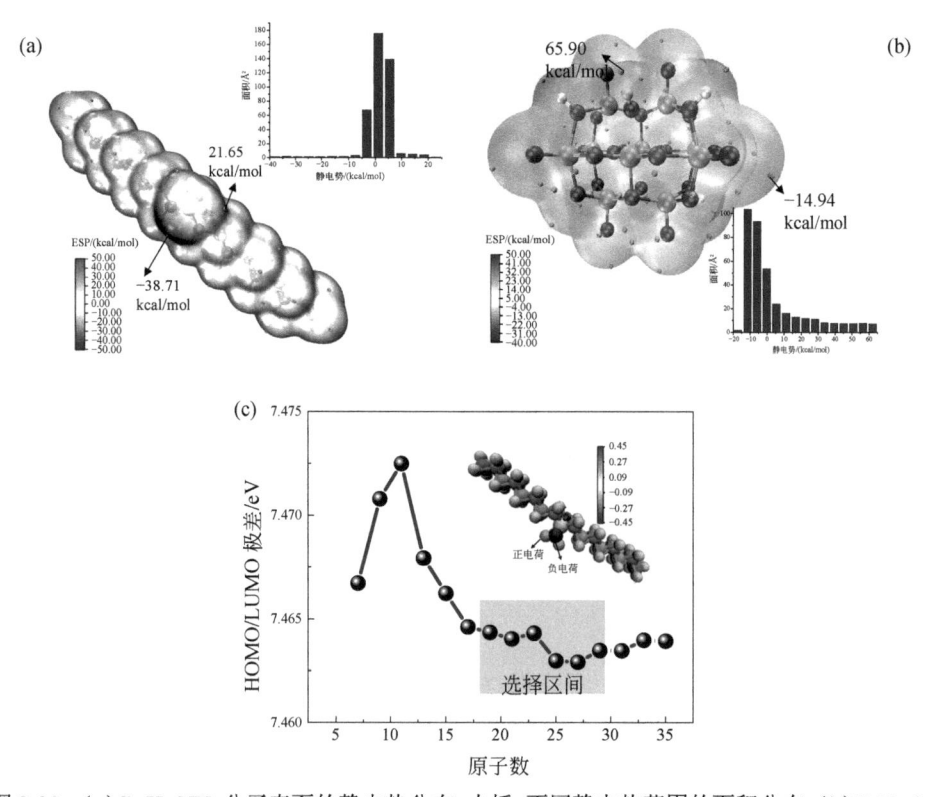

图 2-30 (a) $C_{17}H_{35}NH_2$ 分子表面的静电势分布，内插：不同静电势范围的面积分布；(b) $H_6V_{10}O_{28}$ 分子表面的静电势分布，内插：不同静电势范围的面积分布；(c) 伯胺不同碳链长度的前线轨道能极差[74]

典型反应金属离子形态为 VO_4^{3-}、$V_4O_{12}^{4-}$、$V_{10}O_{28}^{6-}$、CrO_4^{2-} 和 $Cr_2O_7^{2-}$，如图 2-30 (b)、图 2-31。对这些金属酸进行优化并标记它们的电荷分布。中心金属原子和

相关的双键氧、羟基是金属酸的核心基团。酸的 H 原子带正电荷，它吸引胺的 N 原子并形成氢键，这是反应的主要相互作用区域。同时酸的双键氧与胺的 H 原子之间也会存在相互作用。电势分布的最大值可以反映其羟基的相对活性，$H_6V_{10}O_{28}$ 分子的正静电势最大值在金属含氧酸中是最大的，这意味着它更容易与胺反应 [图 2-31（e）]。$H_6V_{10}O_{28}$ 分子中间面的 V-OH 具有相对较高的正值，说明这是该金属酸的亲核反应位点。以上可确定金属含氧酸的反应区域，同时说明 $H_6V_{10}O_{28}$ 分子在这些金属中反应活性相对较高。

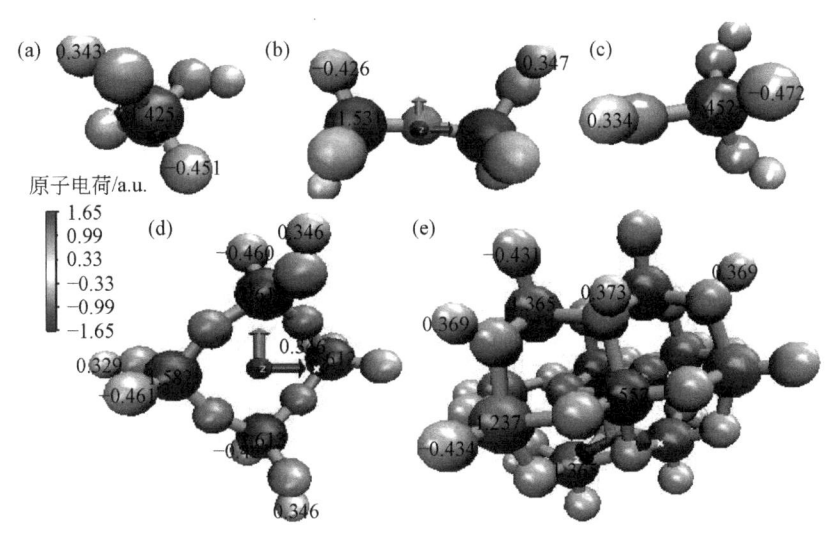

图 2-31　金属酸的 Mulliken 电荷分布
（a）H_2CrO_4；（b）$H_2Cr_2O_7$；（c）H_3VO_4；（d）$H_4V_4O_{12}$；（e）$H_6V_{10}O_{28}$

3. 定性/定量判断钒铬-伯胺缔合反应

弱相互作用分析可定性判断钒铬-伯胺缔合反应。约化密度梯度（reduced density gradient，RDG）函数分析不仅可以提示弱相互作用的反应位点，而且可以直观地显示弱相互作用的强度和类型。可以通过定义一个实空间函数 $(\lambda_2)\rho$，即 λ_2 和 ρ 的乘积。然后将该函数的不同值涂上颜色，并将其映射到 RDG 等值面上，从而了解弱相互作用反应的位点及其类型。独立梯度模型（independent gradient model，IGM）分析是计算弱相互作用区域及其特征的另一种方法[75]，不同金属络合物的 IGM 可视化图见图 2-32，蓝色区域表示氢键相互作用，绿色区域表示范德瓦耳斯相互作用，所有金属配合物中都能观察到氢键，而 $H_6V_{10}O_{28}$ 配合物由于其独特的结构，氢键更明显。计算结果中 $H_6V_{10}O_{28}$ 配合物的 dg_inter 值远低于其他配合物，相互作用强度更强。因此，弱相互作用分析可以定性判断金属络合物分子内具有明显的氢键,而所有金属络合物中 $H_6V_{10}O_{28}$ 分子的氢键更为明显。

图 2-32 不同金属分子络合物的 IGM 函数填色图
(a) $H_2Cr_2O_7$; (b) H_2CrO_4; (c) H_3VO_4; (d) $H_4V_4O_{12}$

金属络合物的范德瓦耳斯穿透半径近似等于 N 和 H 原子的非键原子半径减去两个原子之间的实际长度的总和,与络合物对应反应的氢键缔合能力有关。穿透半径越大,反应能力越强。由图 2-33 可以看出,钒铬络合物中穿透半径最大的离子形态是 $V_{10}O_{28}^{6-}$ 和 $Cr_2O_7^{2-}$,其具有更大的穿透半径,也就是更强的缔合能。另外,同一金属与不同胺的穿透半径不同,这说明萃取剂的种类也会影响缔合过程。

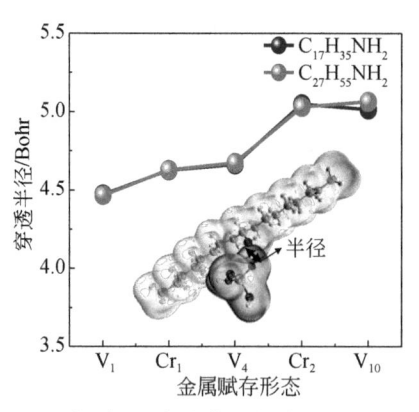

图 2-33 不同金属分子络合物的范德瓦耳斯穿透半径[74]

钒铬的氢键缔合萃取过程可分解为水解反应和缔合反应两步(图 2-34)。通过计算这两步反应的吉布斯自由能变,可定量比较不同离子形态的反应活性。两步反应的吉布斯自由能列于图 2-35,结果列于式(2-7)和(2-8)。如图 2-35(a)所示,水解反应中 $H_2Cr_2O_7$ 分子的能量大于零,说明在水溶液中很难生成 $H_2Cr_2O_7$

分子，$H_4V_4O_{12}$ 离子形态的能量最低，即 $H_4V_4O_{12}$ 分子很容易生成，在钒溶液中占优势地位。第二步缔合反应的能量结果如图 2-35（b），$H_6V_{10}O_{28}$ 和 $H_2Cr_2O_7$ 离子形态分别是钒铬元素中反应能量最低的，也就是说这两个离子形态的分子最容易发生缔合反应。综合以上两步反应，反应中的活泼离子形态为 $H_4V_4O_{12}$ 和 $H_6V_{10}O_{28}$，铬元素较难发生反应。

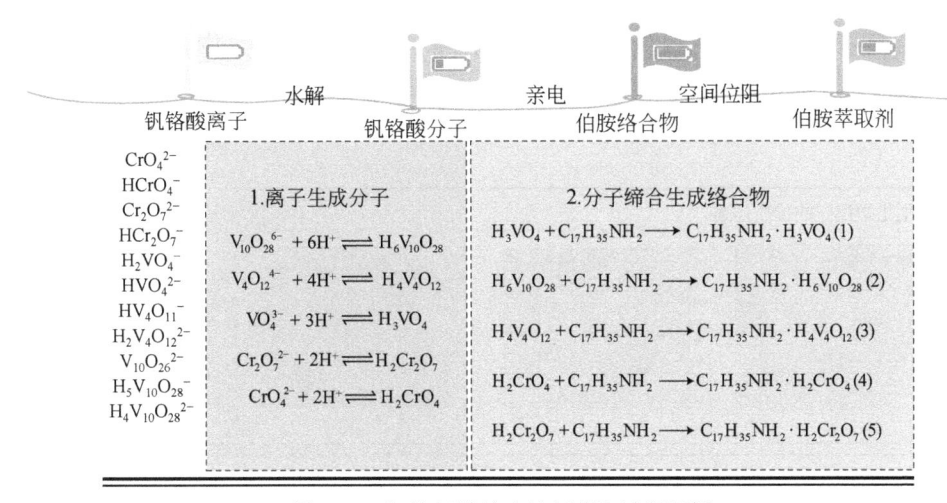

图 2-34　钒铬氢键缔合溶剂萃取过程解析

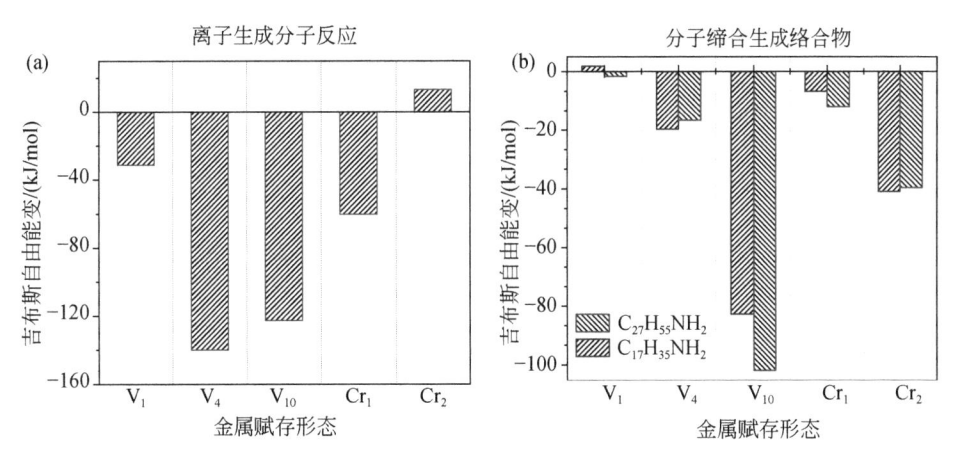

图 2-35　（a）不同金属分子水解反应的吉布斯自由能变；（b）不同金属分子络合反应的吉布斯自由能变[74]

离子生成分子反应：
$$H_2Cr_2O_7 > 0, H_4V_4O_{12} < H_6V_{10}O_{28} < H_2CrO_4 < H_3VO_4 < 0 \tag{2-7}$$

分子缔合反应：

$$H_6V_{10}O_{28} < H_2Cr_2O_7 < H_4V_4O_{12} < H_2CrO_4 < H_3VO_4 \tag{2-8}$$

4. 离子形态传质特性

钒离子形态在传质过程中的转化如图 2-36，在 5 s、12 s、20 s、39 s 的传质时间下，收集传质后的水相溶液，测量其 pH 值和剩余金属钒浓度，在离子形态相图中一一标注，得到钒在传质过程中的形态转化。在不发生化学反应的传质过程中，离子形态不发生改变。在伴随着化学反应的液液体系中，传质路径由 $H_6V_{10}O_{28}$ 转化为 $H_6V_{10}O_{28}$、$H_4V_4O_{12}$ 混合，再到 $H_4V_4O_{12}$ 最后为 H_3VO_4。若水相初始离子形态为 $H_4V_4O_{12}$，则离子形态的转化从 $H_4V_4O_{12}$ 开始到 H_3VO_4 结束。

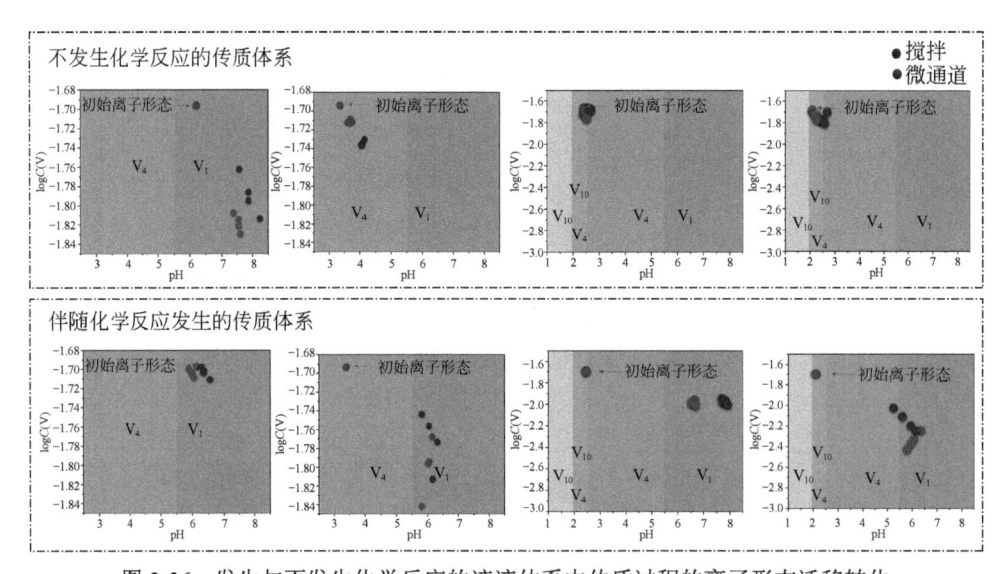

图 2-36　发生与不发生化学反应的液液体系中传质过程的离子形态迁移转化

以伴随着化学反应 V/15%N1923 液液体系的传质系数与不发生化学反应的 V/甲苯液液体系的传质系数的比值为纵坐标，以传质时间为横坐标，得到钒在传质过程中的优势离子形态（图 2-37）。在动力学中，发生化学反应与不发生化学反应的传质的比值应保持不变；若该比值发生改变，则与不同离子形态和 N1923 结合的活性差异有关。

在传质的任何时间段区间，分别比较以 H_3VO_4 为主要离子形态、以 $H_4V_4O_{12}$ 为主要离子形态、以 $H_4V_4O_{12}$ 和 $H_6V_{10}O_{28}$ 混合为主要离子形态以及和以 $H_6V_{10}O_{28}$ 为主要离子形态的钒氧酸根水溶液，这四种条件下的传质系数比值都呈现先增大后减小的变化规律。$H_4V_4O_{12}$ 和 $H_6V_{10}O_{28}$ 混合作为钒氧酸根水溶液 pH 为 2.67、2.36 时的主要离子形态，为传质最优离子形态。

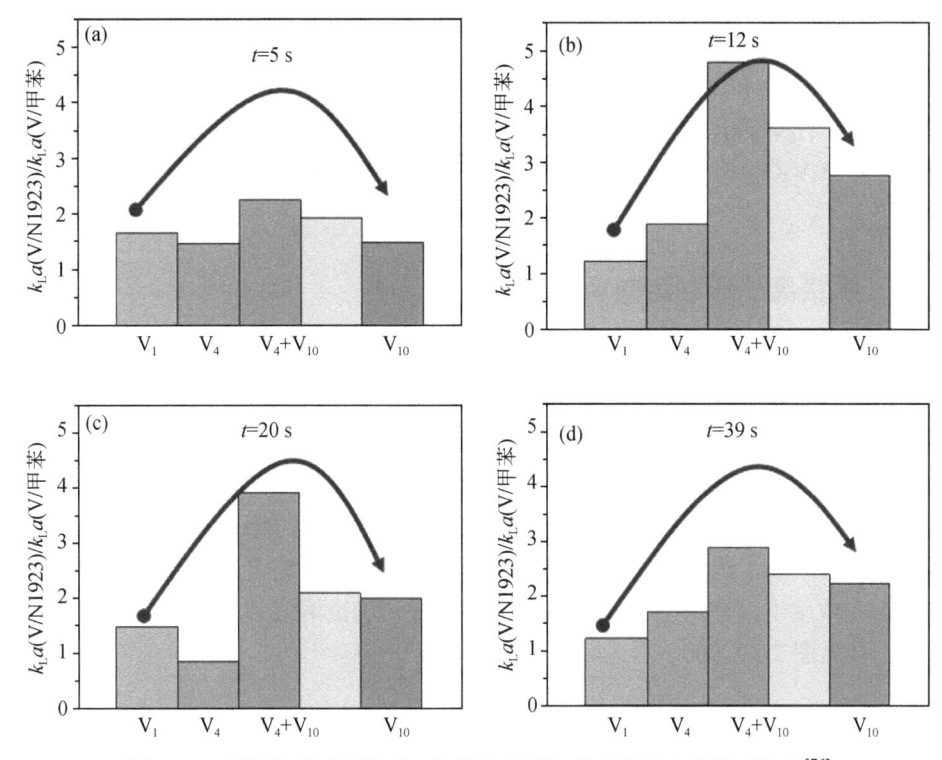

图 2-37　不同传质时间段时，比较各主要初始离子形态的传质状况[76]

图 2-38 为各时间段下，不发生化学反应的传质与伴随着化学反应发生的传质条件下，微通道与搅拌相对比总体积传质系数比值的变化。结果显示微通道对各离子形态的强化效果不同。在不同的传质时间内，微通道传质与搅拌传质的总体

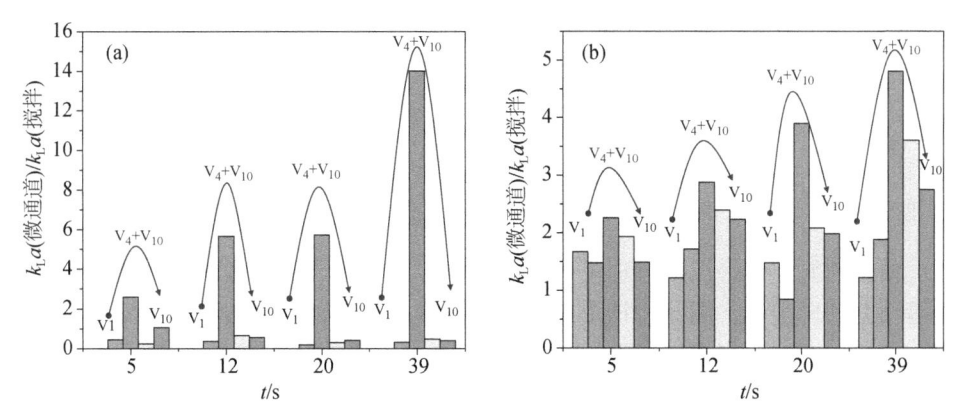

图 2-38　各时间段下，不发生化学反应的传质（a）与伴随着化学反应发生的传质（b）条件下，微通道与搅拌相对比总体积传质系数比值的变化[76]

积传质系数比值都呈先增大后减小的规律。在不发生化学反应的传质体系中，微通道对 $H_4V_4O_{12}$ 和 $H_6V_{10}O_{28}$ 离子形态混合的水相溶液强化效果远高于单一的以 $H_4V_4O_{12}$ 和 $H_6V_{10}O_{28}$ 为主要离子形态的强化效果。在伴随着化学反应的传质中，微通道对 $H_4V_4O_{12}$ 和 $H_6V_{10}O_{28}$ 离子形态混合的水相溶液强化作用也强于其他离子形态。

2.2.3 钒铬离子形态定向调控策略

浸出液中同时存在多种钒铬离子，基于氢键缔合机理的溶剂萃取过程可分为两个步骤，金属离子在第一步水解转化为金属分子，再在第二步和萃取剂缔合转化为金属络合物。

建立离子形态调控模型可定向调控钒铬离子形态，并关联溶液 pH 和浓度等宏观参数，预测不同溶液条件下钒铬的反应活性。模型的建立流程如图 2-39（a）所示，方程回归了钒铬离子形态的量化参数和反应活性的定量关系，确定不同溶液 pH 和浓度下钒铬形态的分布比例，进而得到确定溶液条件下金属元素的反应活性，详见图 2-39（b）。

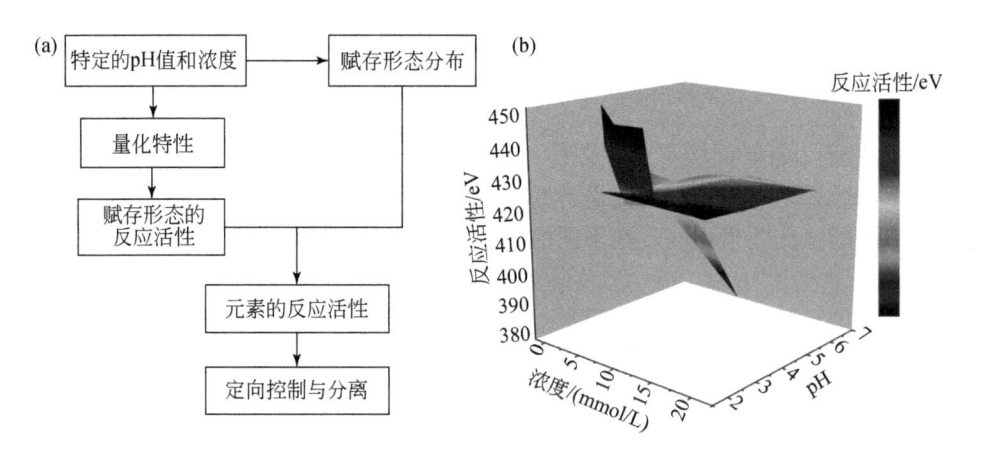

图 2-39 （a）离子形态调控模型（SDCM）的计算流程；（b）钒铬的反应活性预测[74]

伯胺的氢键缔合反应机理可以适用于钒、铬、钨、钼等多种金属和丙酸、乙酸等小分子弱酸中，因此将该形态调控模型推广至多种有机酸和金属酸中，形成多金属反应活性预测模型[图 2-40（a）]。结合前期研究的离子形态赋存分布规律，可得到多金属溶液的 pH-反应活性预测结果 [图 2-40（b）]。以上研究不仅可以预测不同金属离子形态的反应活性，也可以确定固定 pH 溶液下存在金属形态的相对活性。

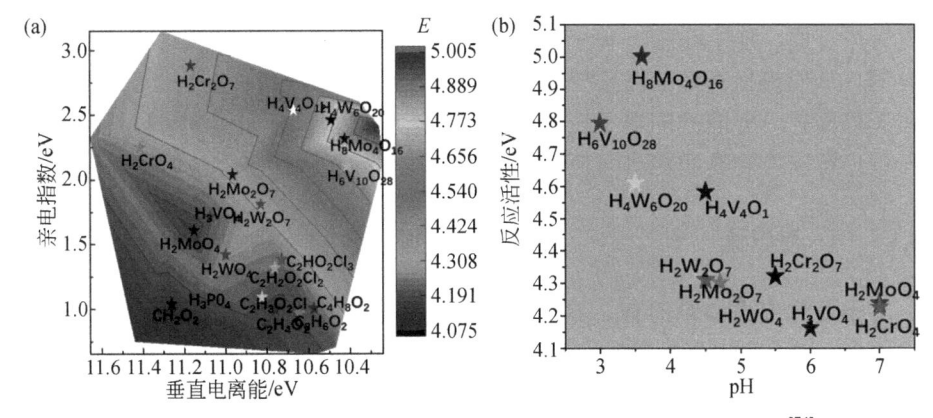

图 2-40 （a）多金属反应活性预测；（b）pH-反应活性预测结果[74]

2.3 界面化学

在多相体系中，界面就是各种不同的相之间的分界面。典型的界面包括气-液、液-液、液-固、气-固等界面体系。对于两相之间的界面而言，如果涉及与气体之间的界面，那么此界面又被称为表面。界面上的分子或原子所受到的作用力是不均衡的，因而会产生附加的"力"[77]。

各种分散体系以及纳米材料的比表面积都非常大，构成这些体系的分子或原子，绝大多数都分布在界面上。因此，对于环境分离所涉及的各种分散体系以及纳米材料的结构和性质而言，界面往往会成为决定性因素。在很多情况下，环境分离需要考虑物质在界面上的行为，包括分子、离子、原子和电子在界面上的分布、相互作用以及能量转换等。

界面化学的许多核心研究内容均与分离过程密切相关。比如，界面上的吸附和反应，包括吸附动力学、反应机理、反应速率等；表面活性剂在界面上的行为和作用机制，包括表面活性剂的吸附、聚集、乳化、泡沫等性能；界面上的电化学反应和相关现象，如双电层、电容、电导、电极反应等；界面上分子间的相互作用和自组装，包括氢键、离子-偶极相互作用、π-π相互作用等；界面的结构和性质，包括界面上的分子排列、有序度、电子结构等。以上内容是实现深度分离必须考虑的重要因素。

界面化学在环境科学中有广泛的应用。比如，在废水处理和饮用水净化中，界面化学提供了多种方法，包括吸附、浮选、沉淀等。这些方法利用了界面化学中双电层、吸附和润湿等基本概念，可以有效地去除水中的有害物质。在土壤修复中，通过改变土壤表面的电荷性质，可以控制金属离子在土壤中的迁移和吸附，防止其进一步扩散到地下水和地表水。这些方法都涉及界面化学的原理。在控制大气污染方面，通过研究气-液界面的相互作用，可以了解大气颗粒物的形成和演变过程，从而提出有效的污染控制策略。对于通过光催化或电催化等方法来降解有机废物而言，界面处的电子转移是主要的影响因素。界面化学为环境科学提供了一种理解和控制物质在界面处行为的手段，有助于解决多种环境问题。

2.3.1 气-液界面

对于各种界面体系而言，界面张力都是非常重要的影响因素。特别是在气-液界面上，界面张力更是影响结构和性质的首要因素。气-液界面上的界面张力又被称为表面张力，其典型的表现形式就是促使液体表面收缩。比如，表面张力的收缩使得荷叶上的露珠成为球形（图2-41）。在体积一定的情况下，球形具有最小的表面积。

就分子间相互作用而言，表面张力是表面层分子间相互作用不均衡而产生的合力（图2-42）。比如，体相中各个水分子受力是均匀的，从而其合力为零。而表面层的水分子除了与体相中其他水分子有相互作用之外，还与气相中的分子有相互作用。气相的物质密度远远小于液相，导致表面水分子受力不均衡，来自液相水分子的吸引力更强，因此产生表面张力，进而导致了水表面的自动收缩。

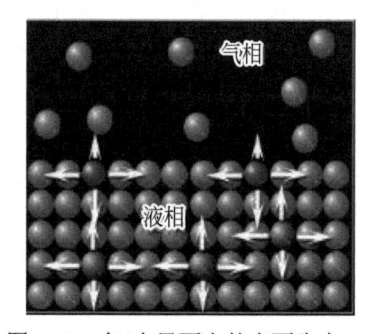

图 2-41 表面张力的作用下露珠在荷叶上的形态图　　图 2-42 气/水界面上的表面张力

表面张力的单位为牛顿/米（N/m）。因此从严格意义上来说，表面张力并不是"力"，而是作用在单位长度上的力。表面张力的大小取决于体系的特性，无论液面是曲面还是平面，其方向均与液面相切。表面张力的大小可以通过以下实验来说明（图2-43）。一个四边形框架，其中一边可以自由移动。如果框架之中形成肥皂水薄膜，则滑动边会在表面张力的作用下向里收缩。此时为达到平衡，需要在反方向上施加一定的力，这个力的大小可以用下面的公式来表示：

$$F = 2L \times \gamma \tag{2-9}$$

$$\gamma = dW/dA = (dG/dA)_{T,p} \tag{2-10}$$

式中，γ 表示作用于单位边界上的表面张力；L 表示滑动边的长度；F 表示所施加的外力。因为肥皂水薄膜的正反面都有作用，所以 L 需要乘 2。体系表面张力的大小可以从 F 得到。另一方面，从热力学的角度来看，表面张力可以认为是等温等压条件下，增加单位表面积所需要做的可逆功，也就是体系吉布斯自由能相对于面积的变化率。因此，表面张力系数又称为表面自由能。

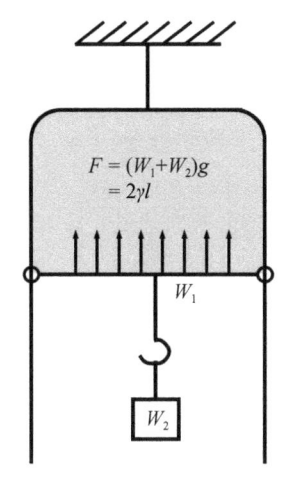

图 2-43 肥皂水薄膜表面张力

液体的表面张力首先取决于液体的本质特性，比如水的表面张力和乙醇的表面张力就完全不同。其次，还取决于各种环境与条件。比如，升高温度会导致水的表面张力下降；而无机盐的加入则会导致水的表面张力升高。特别值得一提的是，双亲性分子能够有效降低水的表面张力，因而也被称为表面活性剂（图 2-44）[78]。表面活性剂分子的两亲性，主要体现在一端为亲水基团，另一端为疏水基团。其倾向于分布在水的表面，引起水表面活性的降低。如图 2-44 所示的磷脂分子，不但是典型的表面活性剂，也是细胞膜的重要组成部分。在环境分离体系中，表面活性剂的应用体现在方方面面。表面活性剂在生产和生活中的应用非常广泛，是环境分离的重要对象。另一方面，在萃取、破乳等多种工艺条件下，表面活性剂又是环境分离所使用的药剂。

图 2-44 典型表面活性剂的分子结构

泡沫分离技术，代表了环境分离体系中典型的气-液界面应用（图 2-45）。在表面活性剂的帮助下，上升的气泡形成泡沫。在此过程中，作为污染物的重金属离子在泡沫体系的气-液界面上的吸附，形成泡沫分离过程。而在泡沫上，离子型表面活性剂还可以作为捕收剂。泡沫分离具有操作简便、能耗低、易放大、环境友好等优点，已成为一种较为理想的分离技术[79]。

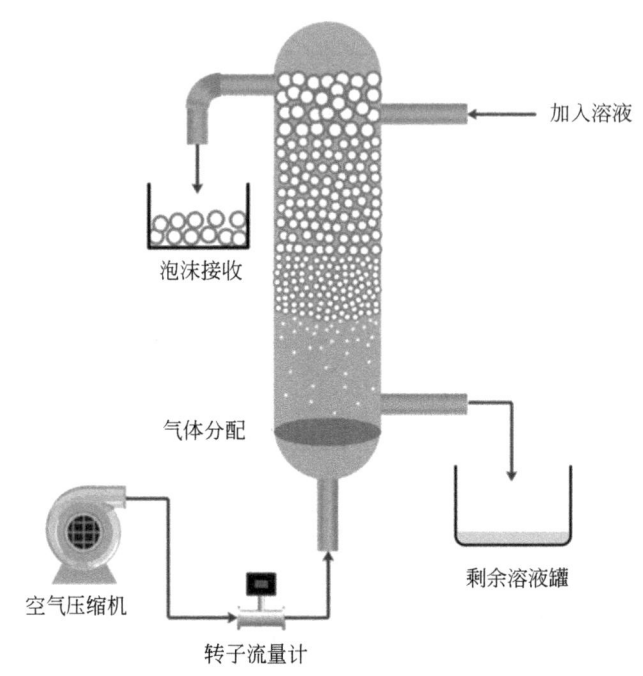

图 2-45　泡沫分离去除 Cr(VI)实验装置图

对于泡沫分离而言，表面活性剂的使用非常重要。有研究表明，相比于单一组分的表面活性剂，二元表面活性剂复配能够更加有效地实现对重金属离子的去除。比如，将无患子皂素与十六烷基三甲基溴化铵两种表面活性剂复配，作为泡沫分离过程的捕获剂可去除水体中的六价铬（图 2-46）[80]。结果表明，二元复配表面活性剂的表面张力、泡沫高度、泡沫半衰期等实验数据都优于单一表面活性剂。在最佳复配质量比（即无患子皂素：十六烷基三甲基溴化铵=1∶1）的条件下，二元表面活性剂对 Cr(VI)的去除率和富集比分别达到 94.05%和 48.15。与单一表面活性剂相比，二元表面活性剂在降低了 50%十六烷基三甲基溴化铵使用量的前提下，Cr(VI)的富集比相对单一使用十六烷基三甲基溴化铵时提高了 38.6%。

在萃取过程中，萃取剂分子在气-液界面的行为调控，对于环境分离的有效实施也具有重大意义。比如，有机磷类萃取剂分子的界面行为决定了其以何种形式参与到界面萃取反应中。有研究工作利用 Langmuir 单分子膜技术研究了单分子膜

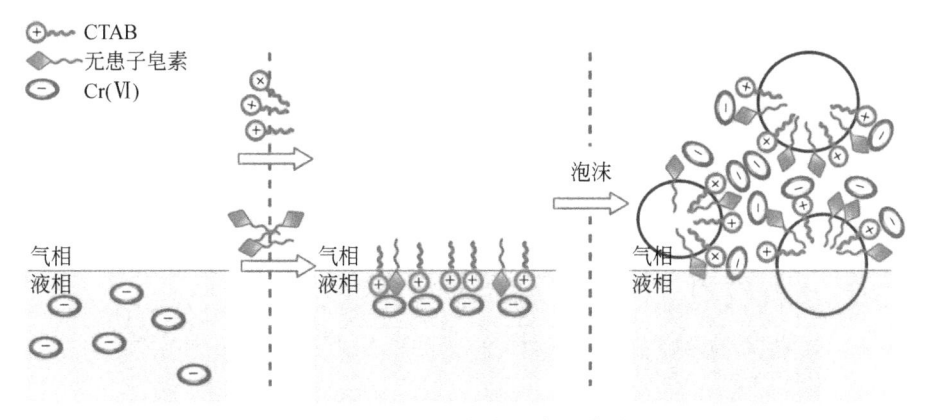

图 2-46 复合表面活性剂分离六价铬过程

中有机磷类萃取剂分子 P507 在气-液界面的吸附和聚集行为（图 2-47 和图 2-48）[81]。结果表明，以正己烷作铺展溶剂时，随亚相 pH 值的降低，P507 单分子膜质子化程度提高，P507 分子极性端水化能力削弱，分子间相互作用增强，单分子膜中形成含有分子间氢键的聚集体。但采用极性有机溶剂（二氯甲烷和氯仿）铺展 P507 单分子膜，膜内 P507 分子界面聚集状态发生变化。铺展溶剂极性增强，单分子膜内会含有更多极性端水化能力强的 P507 分子单体，并且亚相 pH 值降低，单分子膜不会出现类似正己烷条件下的 π-A 曲线收缩和 P—O—H 基团峰位红移现象。这些结果表明，界面因素对于萃取效果的影响是全方面的。不仅仅需考虑萃取剂分子在气-液界面的自组装特性，参与萃取的水相的 pH 值、有机相的特点等，都是重要的影响因素。

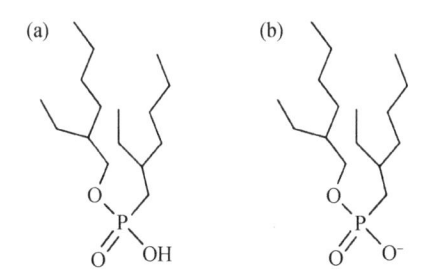

图 2-47 有机磷类萃取剂分子 P507

2.3.2 液-液界面

液-液界面就是液体相互接触而形成的界面，这些液体可以完全不互溶也可以部分互溶。比如水/正己烷所构成的液-液界面，其二维界面的厚度在 1 nm 左右。而以乳液为代表的分散体系，则构成了更为常见的液-液界面。尺寸为微米或纳米大小的液滴分散于另外一种液体中,形成面积非常大的液-液界面体系。在环境分离所涉及的种种废液体系中,液-液界面可以说是无处不在。环境分离的工艺过程,如萃取、乳化、破乳等过程都会涉及液-液界面的问题。对于环境分离来说,对液-液界面进行深入的研究具有重要意义。

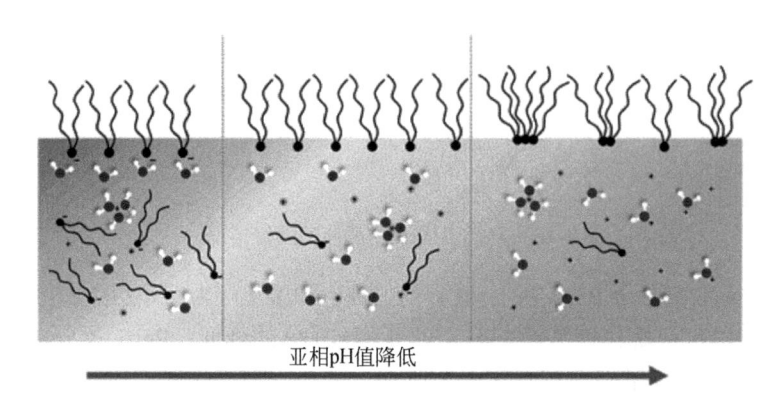

图 2-48　单分子膜中有机磷类萃取剂分子 P507 在气-液界面的吸附和聚集行为

1. 液-液界面张力

液-液界面张力与表面张力类似,也是使界面收缩的力,单位为 N/m。液-液界面张力也是由于构成界面的两相物质的性质不同,从而造成分子间的作用力不同而引起的。液-液界面张力的计算主要依据两种相互接触液体各自的表面张力,再考虑分子间各种相互作用,对计算公式进行修正。针对不同的液-液界面体系,液-液界面张力的计算需要依据不同的规则。

1）Antonoff 规则

最早由 Antonoff 提出估算液-液界面张力的最简公式。

$$\gamma_{AB} = \gamma_A - \gamma_B \tag{2-11}$$

式中,γ_A 与 γ_B 分别表示液体 A 和液体 B 相互饱和后的表面张力,而 γ_{AB} 为二者的界面张力。该经验规则非常简单,对很多体系适用,但有时偏差较大。

2）Good-Girifalco 规则

Good-Girifalco 规则认为液体 A 和液体 B 形成的界面张力可看成是将 A 分子和 B 分子的气-液界面的表面张力之和减去跃入界面时受到的相互作用的界面张力。这种相互作用界面张力与液体 A 和 B 表面张力几何平均值成正比。A 分子由液相 A 迁入 AB 界面形成单位界面时所需做功为:

$$W_A = \gamma_A - \Phi_{AB}\sqrt{\gamma_A \gamma_B} \tag{2-12}$$

同样,B 分子由液相 B 迁入 AB 界面形成单位界面时所需做功为:

$$W_B = \gamma_B - \Phi_{AB}\sqrt{\gamma_A \gamma_B} \tag{2-13}$$

形成单位 AB 液-液界面的总功为 $W_A + W_B$，则界面张力：

$$\gamma_{AB} = \gamma_A + \gamma_B - 2\Phi_{AB}\sqrt{\gamma_A \gamma_B} \tag{2-14}$$

式中，Φ_{AB} 为校正系数，是与两液体 A 和 B 的摩尔体积及分子间相互作用有关的参数。根据经验，Φ_{AB} 值约在 0.5~1.5 之间。

3）Fowkes 规则

Fowkes 规则设想液-液界面张力是各种分子间作用力的贡献之和。而分子间相互作用力包括色散力（d）、氢键（h）、π 键（π）、偶极-偶极（dd）、金属键（m）、离子键（i）等。

$$\gamma = \gamma^d + \gamma^h + \gamma^\pi + \gamma^{dd} + \gamma^m + \gamma^i + \cdots \tag{2-15}$$

并非所有液-液界面体系都存在所有这些相互作用力，但色散力却是普遍存在的，且是远程可越过界面起作用的。因此 Fowkes 进一步假设 $\Phi_{AB}\sqrt{\gamma_A \gamma_B}$ 完全是色散相互作用力的贡献，并设 $\Phi_{AB}=1$，因而：

$$\gamma_{AB} = \gamma_A + \gamma_B - 2\sqrt{\gamma_A^d \gamma_B^d} \tag{2-16}$$

取几何平均是借鉴了非电解质溶液理论的 Van der Waals 方程中，两种分子的引力常数与同种分子引力常数间存在几何平均的关系。

要应用这一公式，首先要知道液体的 γ^d 值。对于非极性液体 B，实验测得的表面张力 γ_B 就是 γ_B^d，对于极性液体 A，可由实验测出它与某非极性液体 C 的界面张力 γ_{AC}。

$$\gamma_{AB} = \gamma_A + \gamma_C - 2\sqrt{\gamma_A^d \gamma_C^d} \tag{2-17}$$

$$\gamma_{AB} = \gamma_A + \gamma_C^d - 2\sqrt{\gamma_A^d \gamma_C^d} \tag{2-18}$$

4）吴氏倒数平均法

对于不同体系的分子间力的平均方法而言，几何平均法在某些情况下并不是最为合理的。在某些条件下倒数平均比几何平均更为合理。这取决于液-液界面体系的特点。一般而言，吴氏倒数平均法更适用于低表面张力的聚合物体系。

2. 液-液界面形成的方式

液-液界面的形成一般涉及三种方式：黏附、铺展与分散。黏附是指两种不同的液体相接触后，各自的表面消失，同时液-液界面形成的过程。铺展则是一种液体 B 在另一种液体 A 上展开，使 A 的气-液界面由 A 与 B 的液-液界面所代替，同时还形成 B 的气-液界面的过程。而分散则是指一种液体分散于另一种液体中的过程，比如乳状液。

如果两种性质完全不同的液体 A 和 B 相互作用，形成液体 A 和 B 之间的液-

液界面,这一过程被称作黏附。在黏附过程中,单位面积自由能变化(ΔG)与表面张力相关。

$$\Delta G = \gamma_{AB} - \gamma_A - \gamma_B \quad (2\text{-}19)$$

式中,γ_A 和 γ_B 分别为液体 A 和 B 的表面张力,γ_{AB} 是两者间液-液界面张力。在两种性质完全不同的液体 A 和 B 之间形成液-液界面时,液-液界面张力通常小于液体 A 和 B 的表面张力之和,所以黏附过程可以自发进行。如果液体 A 和 B 完全相同,其相互作用使界面消失,这一过程被称为内聚。在内聚过程中,单位面积自由能变化(ΔG)则变为:

$$\Delta G = -2\gamma_A \quad (2\text{-}20)$$

内聚过程中自由能变化的大小反映了液体分子自身相互作用的强度,而黏附过程中自由能变化的大小反映了不同液体分子之间相互作用的大小。

液体 A 在和其性质完全不同的液体 B 上铺展时,可能有三种形态。

A:液体 A 分子之间的相互作用更强,使得其在 B 之上完全不铺展。

B:液体 A 分子在 B 之上形成多层膜。

C:液体 A 分子在 B 之上形成单分子膜。

与黏附和内聚过程相同,铺展的过程中 ΔG 变化也与表面张力相关。但是,在铺展的过程,液体 A 在与其性质完全不同的液体 B 上铺展时,除形成液体 A 和 B 之间的液-液界面外,还形成了液体 A 的气-液界面。所以,其 ΔG 变化可表示为:

$$\Delta G = \gamma_{AB} + \gamma_A - \gamma_B \quad (2\text{-}21)$$

$-\Delta G$ 被称为铺展系数 S。S 值越大,则铺展的过程越容易进行。

一般在实际应用中,即便是两种性质完全不同的液体 A 和 B 也可能会发生部分互溶,在这种情况下,其表面张力就会发生变化。所以,可用其彼此互溶达到饱和后的表面张力 γ' 来表征铺展系数,是为最终铺展系数 S'。

分散是液-液界面形成的方式之一,乳状液则是一种典型的涉及液-液界面的分散体系。在生产生活中,乳液有非常广泛的应用。比如,很多重要的食品和化妆品都是乳液。工业生产当中,乳化和破乳的工艺过程被广泛使用。在生命体系的运行中,无论是消化、吸收还是新陈代谢,乳液都无处不在,并且起到非常重要的作用。环境分离的研究对象中,各种类型的废液也多数是乳液。

3. 乳液与破乳

在乳液体系中,液体 1 以液滴形式分散在另一种与它性质不同的液体 2 中。其中液滴被称为分散相(也称内相或不连续相),而液体 2 则被称分散介质(也称外相或连续相)。液滴的直径一般在 0.1~100 μm 之间,而液滴的直径在 10~100 nm 时则被称为微乳液体系。

乳液通常是由水和油组成,所谓油可泛指各种与水不互溶的有机液体。根据分散相和连续相的不同，乳液可分为水包油和油包水两种类型。所谓水包油，就是指油是分散相而水是连续相的乳液，表示为油/水（O/W）。反之，油包水就是指水是分散相而油是连续相的乳液，表示为水/油（W/O）。牛奶是油/水型乳液，而含水的原油就可能是水/油型乳液。无论是水包油还是油包水，都不是固定的，在一定条件下，它们可以相互转化。此外，还有一些乳状液体系表现出更为复杂的结构，被称为多重乳液，如油/水/油（O/W/O）或水/油/水（W/O/W）等。

乳液作为分散体系具有很大的液-液界面面积，因而具有很高的界面能，是热力学不稳定体系。其中分散相的液滴有自发合并的倾向，而乳液的稳定性与分散相的液滴大小有关，分散相的液滴越小，则乳液的稳定性越强。为提高乳液的稳定性，通常需要加入表面活性剂作为乳化剂。表面活性剂吸附在液-液界面上，降低界面能从而提高乳液的稳定性。有趣的是，若要降低乳液的稳定性实现破乳，向乳液中加入的破乳剂也是表面活性剂。破乳剂与乳化剂的相互作用，破坏了乳液的稳定性，使得乳液变成分相的体系。

为实现废液的深度分离，有机相与水相之间的液-液界面，是环境分离需要面对的重要界面问题。比如，各种乳液是最典型的液-液界面体系，具有很大的界面面积。而破乳的过程，相当于把一个极大的液-液界面变成一个非常小的液-液界面过程。稳定乳液需要使用表面活性剂，而破乳又需要使用其他类型的表面活性剂。其性质取决于不同的分子结构，两亲性表面活性物质既有可能稳定乳液，又有可能破坏乳液的结构。

对于原油乳液的破乳而言，开发合适的化学破乳剂是非常必要的[82]。因为用于驱油的部分水解聚丙烯酰胺聚合物的加入，原油乳液的稳定性可能会提升。而油水界面活性聚合物驱采出液的破乳，很多使用反相破乳剂，多为非离子和阴离子型的表面活性剂。

化学破乳剂的类型很多，甚至有些无机盐也可以作为破乳剂。而作为破乳剂的两亲性有机化合物有其结构特点：一般分子量比较大，电荷密度比较高。比如，带电荷的树枝状高分子或者星形聚合物一直被认为是高效破乳剂。有研究从三聚氰胺出发，合成了具有末端氨基的星形季铵化合物（图 2-49 和图 2-50）[83]。这些星形的阳离子化合物对油田乳液具有很好的破乳效果，远超商用阳离子破乳剂。这一高效破乳的实现，主要依赖于带有很多阳离子的破乳剂与乳液中阴离子表面活性剂的相互作用，并形成很强的氢键，进而移除表面活性剂，降低乳液的稳定性，达到破乳的效果。

2.3.3 气-固界面

固体表面的分子或原子不能自由移动，但有很多显著的特殊性[77,78]。首先，

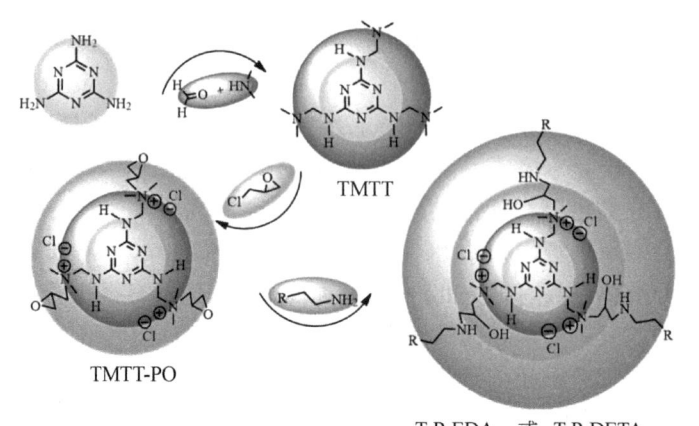

图 2-49 具有末端氨基的星形阳离子破乳剂

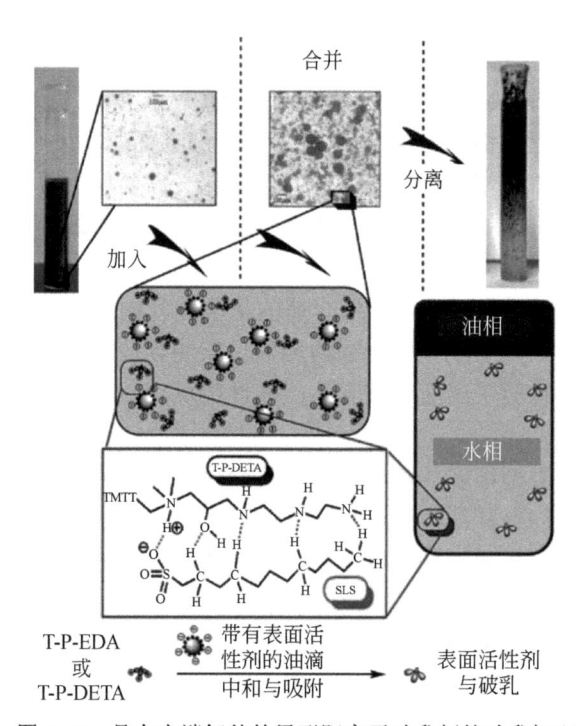

图 2-50 具有末端氨基的星形阳离子破乳剂的破乳机理

固体表面是不均匀的。其次，因为固体表面的分子或原子相对固定的特性，直接测定固体的表面能很困难。再次，固体表面层由表向里往往表现出多层次结构，会具有不同的相互作用特点。值得一提的是，固体表面扩张时的情况与液体有较大的不同。处于固体内部的原子或分子受周围原子或分子的作用力是均衡的，当固体被切开形成两个新表面时，新表面上的原子或分子出现在固体表面，受到的作用力变得不平衡，有移动到受力平衡位置上的趋势。但是对于固体而言，这种移动不能瞬间完成，需要很长的时间。为使固体新表面上的分子（或原子）保持在原有位置上，单位长度所需施加的外力称为固体表面的表面应力或拉伸应力。固体的表面张力是新产生的两个固体表面的表面应力的平均值。

$$\sigma = \frac{\gamma_1 + \gamma_1}{2} \tag{2-22}$$

因为固体表面分子的不可移动特性，固体表面张力与液体表面张力的物理意义有所不同。固体表面张力不像液体一样能直接测出，处理问题时多用表面能的说法。常见的液体物质的表面能都小于 100 mJ/m²，但固体表面的表面能相差很大。一般有机固体的表面能在 50 mJ/m² 左右，而无机固体和金属的表面能可能大于 100 mJ/m²。表面能小于 100 mJ/m² 的固体被称为低表面能固体，如聚合物和固态有机物。无机固体和金属则被称为高表面能固体。

因为固体表面分子的不可移动特性，固体倾向于利用吸附降低表面能，这也是吸附剂的工作原理。当气体或蒸气在固体表面被吸附时，固体称为吸附剂（adsorbent），被吸附的气体称为吸附质（adsorbate）。常用的吸附剂有硅胶、分子筛、活性炭等。固体的比表面积测定常用的吸附质有氮气、水蒸气、苯或环己烷的蒸气等。吸附量通常有两种表示方法，既可以表示为单位质量的吸附剂所吸附气体的体积，也可以表示为单位质量的吸附剂所吸附气体物质的量。对于一定的吸附剂与吸附质系统，达到吸附平衡时，吸附量是温度和吸附质压力的函数，即：

$$q = f(T, p) \tag{2-23}$$

当 T=常数，$q = f(p)$，称为吸附等温式，最为常用。图 2-51 是氨在炭上的吸附等温线。

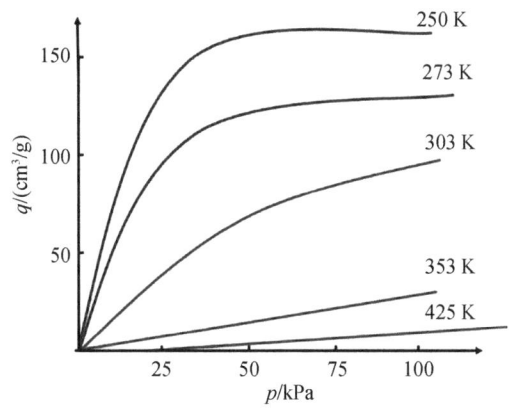

图 2-51 氨在炭上的吸附等温线

对于气体在固体表面的吸附，常用 Langmuir 等温式进行表征。Langmuir 吸附等温式描述了吸附量与被吸附蒸气压力之间的定量关系。其基于三个重要假设：首先，吸附是单分子层的；其次，固体表面是均匀的；最后，被吸附分子之间无相互作用。Langmuir 吸附等温式可以表示为：

$$\theta = \frac{ap}{1+ap} \quad (2\text{-}24)$$

式中，θ 为表面覆盖率；p 代表气体的压力；a 称为吸附平衡常数（或吸附系数），它的大小代表了固体表面吸附气体能力的强弱程度。

除了 Langmuir 吸附等温式之外，使用更多的是 BET 多层吸附公式，由 Brunauer-Emmett-Teller 三人共同提出。BET 理论接受了 Langmuir 理论中关于固体表面是均匀的观点，但考虑到了多层吸附这一因素。因为第一层吸附与第二层吸附的相互作用对象不同，二者的吸附热也不同，第二层及以后各层的吸附热接近于气体的凝聚热。BET 吸附是一个二常数的公式。

$$V = V_{\mathrm{m}} \frac{cp}{(p_{\mathrm{s}}-p)\left[1+\dfrac{(c-1)p}{p_{\mathrm{s}}}\right]} \quad (2\text{-}25)$$

式中，两个常数为 c 和 V_{m}，c 是与吸附热有关的常数，V_{m} 为铺满单分子层所需气体的体积；p 和 V 分别为吸附时的压力和体积；p_{s} 是实验温度下吸附质的饱和蒸气压。BET 公式主要应用于测定固体催化剂的比表面积。

对于环境分离而言，气-固界面的应用，更多体现在吸附剂对废气的吸附方面。比如，石油化工业释放的有机废气，吸附法回收技术因成熟、操作简单而得到广泛应用，其中吸附剂的性能决定着吸附效果的优劣。有一些研究尝试使用生物质有机固废（果壳、秸秆）为原料制备活性炭用来吸附有机废气。适用于有机废气净化的活性炭应具有高比表面积、大微孔孔容以及小平均孔径。研究表明，当以橄榄核、秸秆等生物质有机固废为原料制备活性炭吸附剂时，使用 KOH 作为活化剂，能够实现最佳的效果。使用毛豆秸秆作为原料制备的活性炭比表面积为 1287 m²/g，微孔容积为 0.8599 cm³/g，平均孔径为 2.672 nm，碘吸附量为 835 mg/g，可以较好地用于有机废气净化[84]。

汞具有高挥发性，汞蒸气会对人体健康及周边环境存在较大风险。对于含汞废气的吸附，改性的活性炭吸附剂也是很好的选择。通过研究不同载硫量的活性炭对汞的吸附能力（图 2-52）表明，活性炭中硫质量分数及比表面积影响汞的吸附饱和速度，高比表面积及高硫质量分数的活性炭对汞的吸附效率最高。高硫质量分数活性炭对汞的吸附主要为表面微孔吸附，颗粒内扩散作用微弱；低硫质量分数活性炭先对汞进行表面微孔吸附，表面活性位被逐渐覆盖后进行孔道内扩散[85]。

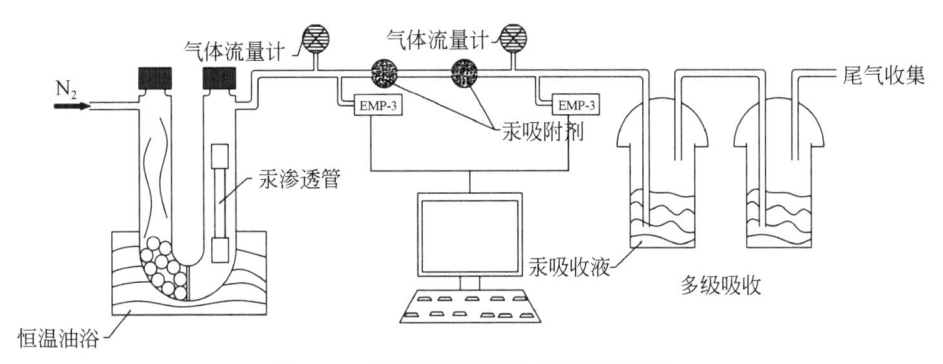

图 2-52 载硫活性炭脱汞实验装置示意

2.3.4 固-液界面

固-液界面是指固体和液体之间的界面。液体和固体表面相接触，随着分子间作用力的变化，液体在固体表面铺展，或者液体自身团聚。由于环境中最常见的液体就是水，固体表面的亲疏水特性就非常重要。润湿性是指液体在固体表面扩展并覆盖表面的能力。固-液界面的润湿性取决于表面张力的相对变化、界面吸附和液体的黏度等因素[77,78]。

固-液界面在很多方面与固-气界面相似。液体分子在固体表面也存在吸附的问题，但吸附规律较气体吸附复杂，主要是由于液体是溶质和溶剂构成的溶液。固-液界面吸附理论不像气体吸附那样完整。但不管怎样，固体在溶液中的吸附，至少要考虑三种作用力，即在界面层上固体与溶质之间、固体与溶剂之间以及在溶液中溶质与溶剂之间的作用力。当固体和溶液接触时，固-液界面的吸附是溶质和溶剂分子争夺表面的净结果。由于这种复杂性，溶液吸附等温线的定量描述大多带有一定的经验性质。此外，一般气体分子量较小，分子间距大，作用力弱，扩散速度快，气体吸附平衡时间较短。液相吸附时，液体各种分子间的相互作用和分子量都影响其扩散，因此吸附时间较长。

对于稀溶液而言，固-液界面的吸附可以参考 Langmuir 吸附等温规律。溶液吸附的 Langmuir 吸附模型与气体吸附的 Langmuir 模型有所不同。在溶液中，固体表面上的吸附位点对溶质和溶剂分子都有吸附作用，只是程度不同。被吸附的溶质分子间的相互作用很小，并且是单分子层吸附。因此该吸附层是 2D 的理想稀溶液，其吸附等温式为：

$$\Gamma = \frac{x}{m} = \frac{\Gamma_m bc}{1+bc} \tag{2-26}$$

式中，c 是吸附平衡时溶液的浓度；Γ_m 是单分子层的饱和吸附量；b 是与溶质和溶剂的吸附热有关的常数。

如果溶液浓度相对较高，固-液界面的吸附可以用 Freundlich 方程来描述：
$$\frac{x}{m} = kc^{\frac{1}{n}} \tag{2-27}$$
式中，k 和 n 是经验常数；x/m 为吸附量；c 是吸附平衡时溶液本体相的浓度。

当溶液吸附呈多层吸附时，也可应用 BET 方程。只是将气体吸附中的压力换作溶液浓度即可。

无论是固-气界面的吸附，还是固-液界面的吸附，都存在一个物理吸附还是化学吸附的问题，这涉及吸附力的本质。如表 2-4 所示，化学吸附中吸附质分子与吸附剂表面形成化学键；物理吸附则是指两者之间仅通过分子间相互作用等弱相互作用实现吸附。

表 2-4　化学吸附和物理吸附的区别

主要特征	化学吸附	物理吸附
吸附力	化学键	范德瓦耳斯力，氢键，配位键等
吸附热	近于反应热（80～400 kJ/mol）	近于液化热（0～20 kJ/mol）
吸附速率	较慢，难平衡，需要活化能	快，易平衡，不需要活化能
吸附层	单分子层	单分子层或多分子层
可逆性	不可逆	可逆
选择性	有	无

固-液界面的润湿也是环境分离实施过程中需要关注的问题。固-液界面的润湿一般可以分成黏附和铺展。黏附是固体表面和液体表面被同样面积的固-液界面所取代的过程（图 2-53）。其自由能变化为：
$$\Delta G = \gamma_{sl} - \gamma_{lg} - \gamma_{sg} \tag{2-28}$$
式中，γ_{sl}、γ_{lg}、γ_{sg} 分别为液-固、气-液、气-固界面的界面张力。而自由能变化的负值就是黏附功（W_a）。因此 $\Delta G < 0$ 或者 $W_a > 0$ 是黏附的条件。

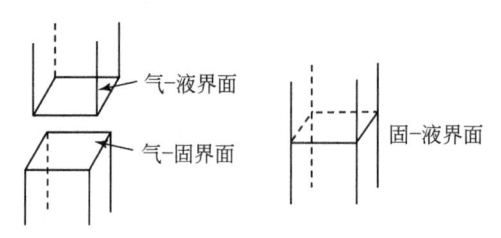

图 2-53　固-液接触时表面自由能的变化

与黏附不同，铺展则要考虑小液滴在固体表面的展开情况，取决于各方面界面张力的平衡。小液滴在固体表面有可能团成一个球，也有可能展开成为单分子膜。其中，接触角 θ 是一个关键的参数（图 2-54）。

$$\gamma_{sg} = \gamma_{sl} = \gamma_{lg}\cos\theta \quad (2\text{-}29)$$

式中，γ_{sl}、γ_{lg}、γ_{sg} 分别为液-固、气-液、气-固界面的界面张力；θ 为接触角，$\theta>90°$ 为不润湿，$\theta<90°$ 为润湿，平衡接触角等于 0 或不存在则为铺展。

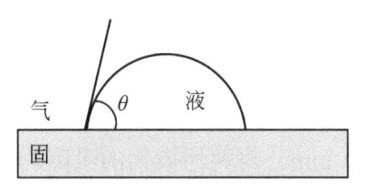

图 2-54 接触角示意图

固-液界面的吸附对环境分离具有重要意义，特别是水溶液中重金属离子和有机污染物的吸附。废水中重金属废水和染料废水较难处理，传统吸附剂存在固液分离困难、成本高、吸附效率低、重复利用率低、易造成二次污染等问题，使得其在实际应用中受到限制。高效易回收的壳聚糖基吸附剂由于来源广泛、活性基团多、理化性质独特、易生物降解等优点成为研究热点。有研究工作就开发了阳离子聚合物接枝磁性壳聚糖基吸附剂（Fe_3O_4-CS/PANI 和 Fe_3O_4-CS/PDAC），能够对重金属 Cu(Ⅱ)和 Cr(Ⅵ)，以及染料污染物刚果红 CoR 和日落黄 SY 实现有效吸附，并结合体系的磁性，实现磁性分离（图 2-55）[86]。

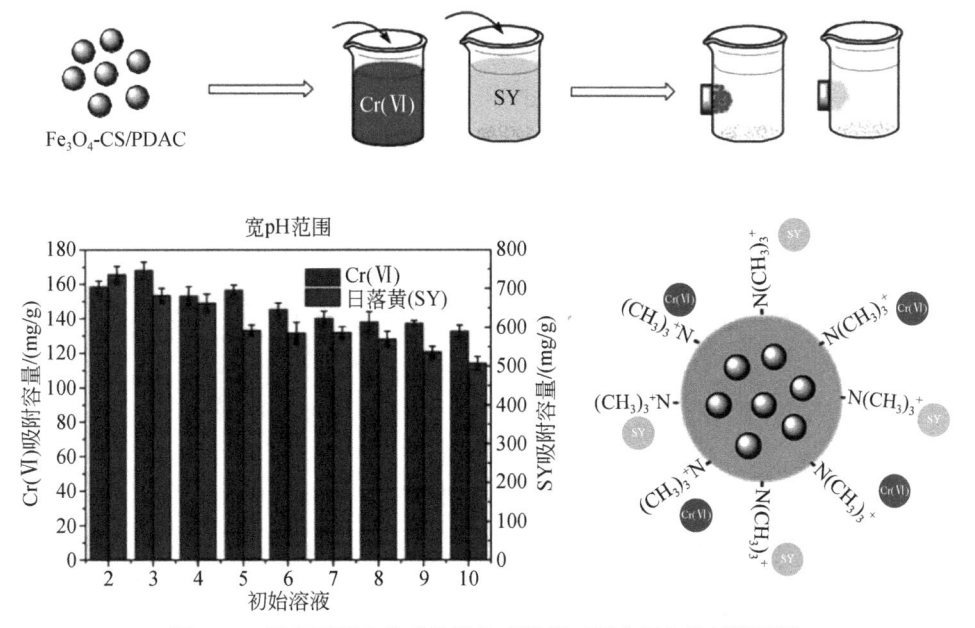

图 2-55 阳离子聚合物改性磁性壳聚糖对重金属和染料的吸附

Fe₃O₄-CS/PANI 和 Fe₃O₄-CS/PDAC 均呈现均匀微球状，具有超顺磁性，热稳定性好。体系具有介孔结构，比表面积较大，分别为 52.97 m²/g 和 102.9 m²/g。基于壳聚糖的氨基，体系 Zeta 电位均为正值。其中，Fe₃O₄-CS/PANI 可高效去除 SY 和 Cu(Ⅱ)，Fe₃O₄-CS/PDAC 可高效去除 Cr(Ⅵ) 和 CoR。Fe₃O₄-CS/PDAC 吸附 Cr(Ⅵ) 和 CoR 的吸附容量随 pH 值增大而增加，最大吸附容量分别为 148.35 mg/g 和 1200 mg/g。Fe₃O₄-CS/PDAC 投加量可以明显提高去除率，初始浓度 C_0（Cr）和 C_0（CoR）升高可以增大吸附容量，增加到一定程度，吸附容量不再变化，吸附平衡时间分别为 2 h 和 160 min。对两污染物的吸附均符合 Langmuir 模型和 PSO 二级动力学模型，说明吸附反应为单层吸附，限速步骤是化学吸附，吸附速率取决于 Fe₃O₄-CS/PDAC 表面吸附位点和 Cr(Ⅵ)、CoR 的浓度。

固-液界面的吸附，有一项研究工作非常有趣，就是利用废旧锂离子电池正极材料对水中重金属离子进行吸附。随着世界范围内废旧锂离子电池数量激增，废旧锂离子电池的回收利用及处理处置问题受到广泛关注。而废旧锂离子电池的正极材料比表面积大、含金属氧化物功能基团，具备吸附水体重金属离子的能力[87]。

这项研究通过回收并预处理废旧锂离子电池，开展了一系列废旧锂离子电池正极材料用于吸附水体中重金属 Cu^{2+}、Pb^{2+}、Cd^{2+} 和 Zn^{2+} 的试验，并探讨了吸附机理。试验选用废旧磷酸铁锂电池（spent lithium iron phosphate，SLFP）、废旧锰酸锂电池（spend lithium manganate，SLMO），彻底放电后拆解，得到的正极材料作为重金属吸附剂，并选用商品化的磷酸铁锂电池（lithium iron phosphate，LFP）、锰酸锂电池（lithium manganate，LMO）正极材料作为参照，分析了废旧锂离子电池正极吸附材料对 Cu^{2+}、Pb^{2+}、Cd^{2+} 和 Zn^{2+} 的吸附效果（图 2-56）。

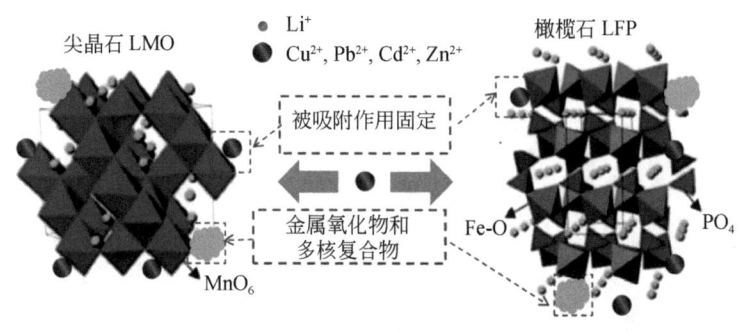

图 2-56 废旧锂离子电池正极材料对水中重金属的吸附

这一研究考察了初始浓度、反应时间、温度、共存离子等因素对重金属离子吸附的影响；采用 SEM、BET、XRD、Raman 等表征手段对吸附前后的 LFP、SLFP、LMO、SLMO 进行了表征分析，并结合吸附等温线、吸附热力学和动力学探讨了吸附机理。结果表明，LFP、LMO、SLFP、SLMO 具有良好的重金属吸附能力。

随着反应时间的增加,吸附量逐渐增加,12 h 达到吸附平衡。共存离子影响试验结果表明,当 NaCl 浓度较低时,对吸附剂的吸附效率影响不大,随着 NaCl 浓度的增加,重金属的吸附量呈递减趋势。

吸附等温线分析表明,Langmuir 等温模型可以较好地描述 SLFP、SLMO 对 Cu^{2+} 的吸附过程。随着温度升高,SLFP 的 Langmuir 单层吸附量从 41.75 mg/g 增加到 56.72 mg/g,Temkin 等温模型表明 SLFP 和 SLMO 吸附 Cu^{2+} 离子均为吸热反应。D-R 模型的结果显示 SLFP、SLMO 吸附 Cu^{2+} 主要为化学吸附。热力学分析表明,SLFP 及 SLMO 对 Cu^{2+}、Pb^{2+}、Cd^{2+}、Zn^{2+} 离子的吸附均为自发过程,且属于吸热反应。吸附动力学分析表明,准二级动力学模型能准确反映出 SLFP 及 SLMO 对 Cu^{2+}、Pb^{2+}、Cd^{2+}、Zn^{2+} 的吸附过程,说明吸附过程主要为化学吸附,且利用该模型拟合得到的平均吸附容量与试验得出的吸附容量相近。颗粒内扩散方程模拟结果显示,SLFP 及 SLMO 对重金属的吸附主要包括外表面吸附和内部扩散两个复杂的过程。Elovich 方程模拟结果显示 SLFP、SLMO 对 Pb^{2+} 的初始吸附速率分别为 108.03 mg/(g·h)、72.59 mg/(g·h),高于对其他重金属的初始吸附速率。此外,SEM 和 BET 结果表明吸附剂的表面不规则且不光滑,具有较大的比表面积,能够提供一定的吸附点位。XRD 和 Raman 结果表明拆解废旧锂离子电池正极获得的吸附材料没有破坏晶体结构,是一种良好的吸附材料。

解吸再生试验结果表明 SLFP 和 SLMO 均为可重复使用的重金属吸附材料,在经过 4 次解吸再生循环后,SLFP 对 Cu^{2+}、Pb^{2+} 的去除率仍能达到 80.5%、82.3%,SLMO 对 Cu^{2+}、Pb^{2+} 的去除率仍能达到 73.1%、75.6%。证明 SLFP、SLMO 具有良好的可循环利用性,是一种具有良好吸附性能的资源可循环利用型水体重金属吸附新材料[87]。

2.4 分离推动力

相较于自发的熵增的过程,分离过程是一个熵减的过程。依据热力学的基本原理,系统熵减的过程,必须伴随环境的熵增,或者通过对应的能量变化和做功来驱动。为实现分离系统中"负熵"的产生,需对系统中引入各种能量的方式,称为分离的推动力,比如机械能、化学能、热能、电能、光能等等。针对不同体系中环境分离的应用,需要根据待分离物质之间结构和性质的差异使用不同的能量形式。而不同的能量形式是否能有效地作用于这些差异,是实现环境分离的关键。比如,精馏的过程就是利用混合中不同液体具有不同的蒸气压来实现分离的。在此过程中,热能就是推动力。通过加热克服被分离分子间的作用力,使液体变成气体。而因为不同的蒸气压,气相中不同组分的比例与液相中有很大的不同。如此多次反复,就能够实现有效的分离。环境分离的推动力几乎可以涉及所有的能量形式，但考虑到这部分内容在本书的前后文中也都有涉及，在此主要讨论机械能、热能、化学能以及电能的作用特点。

2.4.1 机械能

机械能是物体因其运动状态所具有的能量，具体定义为动能与势能的总和。运动物体的动能是由于其质量的速度变化而产生的，动能的大小与物体的质量和速度成正比。物体在某一点的势能是由于它在该点的位置而存在的能量，可分为重力势能和弹性势能。重力势能是物体在重力场中由于其在该点的位置而具有的能量，重力势能的大小取决于物体的质量和其与基准面的垂直距离。弹性势能是物体在弹性介质中由于其变形而具有的能量，弹性势能的大小取决于物体的弹性性质及其变形量。因此，机械能是表示物体运动状态与高度的物理量。而物体的动能和势能之间是可以转化的[88]。

机械能在各种物理现象中普遍存在，如物体的运动、碰撞、振动等。机械能在环境分离中也广泛应用。比如，很多分离过程中用到的机械搅拌、过滤等工艺流程，都是使用机械能的体现。特别是膜分离的过程，比如反渗透装置用到各种泵，也是机械能应用的表现形式。

一篇 Nature 的评述里指出："非热分离可降低全球能耗、排放及污染，并为能源发展开辟一条新航线。"[89]因此物理分离是一种低能耗、低排放、低污染的资源化分离方法。旋流分离作为一种典型的非热物理分离方法，主要利用分散相颗粒和连续相流体围绕旋流器中心轴线高速公转产生的离心力差异，导致具有密度差的两相或多相在旋流器径向上位置分布不同，重相往旋流器边壁迁移，最终从底流口排出，而轻相往旋流器中心迁移，最终从溢流管排出，进而实现非均相混合物分离[90]。旋流分离器具有结构简单、分离效率高、处理能力大、运行和维护成本低等技术优势，在石油、化工、环保、采矿等众多领域广泛应用，为各行各业中废水、废气、固废高效分离及资源化提供了技术支撑，尤其是在高温、高压、高浓度、高黏度、强腐蚀、剧毒、深冷、易燃、易爆等恶劣环境中可稳定、连续发挥其他分离技术无法替代的作用。但因受湍流扩散的制约，常规的旋流分离精度往往只能达到微米级，难以去除纳米颗粒、离子、分子态污染物。如何通过对连续相三维旋转湍流流动和分散相颗粒运动的调控，将旋流器分离精度从微米提高到纳米、离子、分子尺度，是旋流分离技术发展的目标所在。要实现这一目标，需要系统研究旋流器内三维旋转湍流动力学和颗粒运动学综合理论这个科学前沿问题。"湍流动力学和颗粒材料运动学的综合理论"被 Science 列为今后 1/4 世纪需要解决的 125 个科学前沿问题之一[91]。

汪华林院士团队系统研究了旋流分离过程强化新技术[92]。其中，基于颗粒高速自转的旋流分离过程强化新技术，更为充分地体现了机械能作为分离驱动力的特点，因而特别值得关注。比如，含油多孔颗粒旋流自转除油。颗粒高速自转和翻转为含油多孔颗粒中油相的离心脱除与机械剥离提供了有利条件（图 2-57）[92]。含油多孔颗粒旋流自转除油的原理在于，利用颗粒在旋流器内三维旋转湍流场作用下产生的高速自转运动，强化多孔颗粒孔隙中污染物的离心脱除与机械剥离，同时通过自转快速更新传质界面，加快传质速率，实现含液颗粒中液相的快速高效脱除，液相污染物迁移到气相中，并利用旋流器的离心分离实现气相和脱液后颗粒的分离与富集。

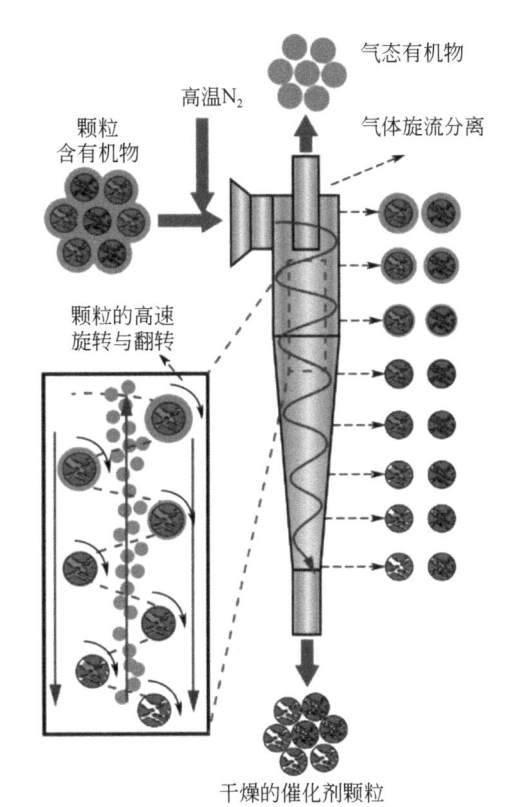

图 2-57 含油多孔颗粒旋流自转除油[92]

膜分离技术是实现很多深度环境分离的关键，其广泛应用于水处理领域。膜分离技术主要是利用膜的选择性通过和渗透压原理，实现对混合物中不同成分的分离、提纯和浓缩。在实践中，依据膜体系的特点，膜分离技术又可以分为微滤、超滤、纳滤、反渗透、渗析、气体膜分离和渗透蒸发等等[93-95]。超滤（UF）作为压力驱动膜工艺之一，能够快速有效截留大分子蛋白质、细菌、染料分子和胶体颗粒等，达到分离和净化的效果[96]。在实际应用中，机械力对超滤膜的影响也非常值得关注。超滤膜除可能产生急性物理破损外,由于长期与粉末炭接触、多次化学清洗循环等原因,膜表面也有可能产生慢性损伤,导致其性能的下降。

超滤膜的改性有利于降低能耗、提升分离效率,使其在相同的压力下,提升水流的通量。例如,亲水化改性是解决聚砜(PSf)超滤膜污染问题的重要策略之一,而将 PSf 与亲水性材料直接共混是较为高效的途径。氨基酸 MOF 杂化多孔材料 MIP-202 具有良好的亲水性,可用于改善超滤膜的抗污染性能。一项研究以 N,N-二甲基乙酰胺(DMAc)为溶剂,聚乙烯基吡咯烷酮(PVP)为致孔剂,采用非溶剂致相分离法(NIPS)制备了 PSf/MIP-202 共混超滤膜。对于混合配比的研究表明,在 MIP-202 添加质量分数为 4%时,膜的综合性能最优,共混超滤膜的水接触角降低,亲水性增强。在相同压力下,纯水通量提升到原 PSf 膜纯水通量的 1.8 倍。该膜对牛血清白蛋白保持了 95%以上的高截留率,通量恢复率从 42%增加到 75%,抗污染性能较原 PSf 膜有了明显提高(图 2-58)[97]。

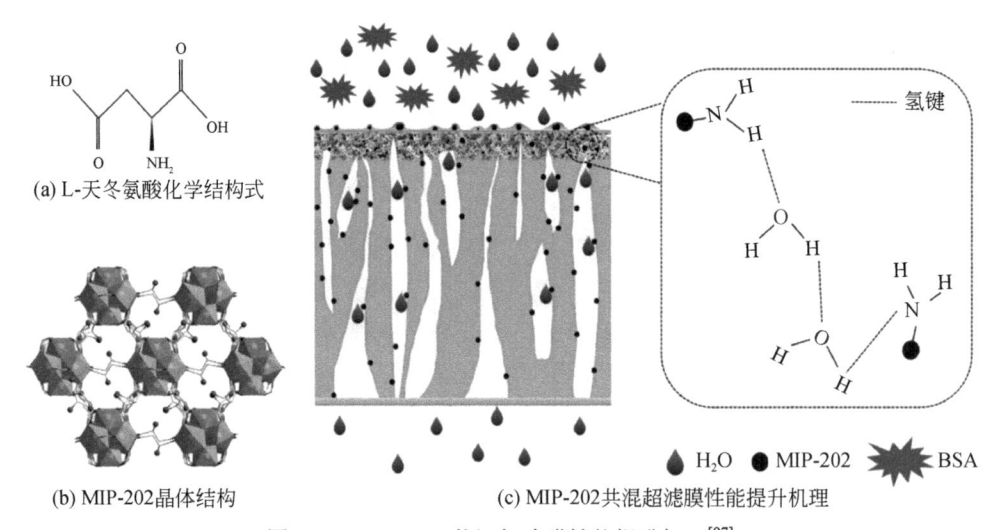

图 2-58 MIP-202 共混超滤膜性能提升机理[97]

反渗透又称逆渗透,是一种以压力差为推动力,从溶液中分离出溶剂的膜分离操作。对膜一侧的料液施加压力,当压力超过它的渗透压时,溶剂会逆着自然渗透的方向作反向渗透。从而在膜的低压侧得到透过的溶剂,即渗透液;高压侧得到浓缩的溶液,即浓缩液。如果使用反渗透处理海水,在膜的低压侧会得到淡水,在高压侧则会得到高盐度的卤水。这一基于机械力的分离方法和自然渗透的方向相反,故称反渗透(reverse osmosis,RO)。根据各种物料的不同渗透压,就可以使用大于渗透压的反渗透压力,达到分离、提取、纯化和浓缩的目的[98]。在反渗透过程中,如何实现高渗透性、高选择性和规模化,如何解决膜污染,都是急需解决的关键性技术难题。而无论是膜污染的形成还是膜污染的清洗，机械力都起到最核心的作用。研究者们一直致力于广泛探索新型膜材料，以及相关的理论与方法。

石墨烯基材料具有抗污染、超高机械强度、化学稳定性和生产成本低等优点，被认为是开发下一代 RO 膜最理想的新型制膜材料。目前关于石墨烯基 RO 膜的研究非常广泛，如纳米多孔石墨烯膜、氧化多孔石墨烯膜或石墨烯片层叠膜和带有碳纳米管（carbon nanotubes，CNT）的 RO 膜（单壁碳纳米管、氧化碳纳米管、聚合物碳纳米管混合膜）。对于多孔石墨烯反渗透膜而言，其厚度的增加会提高离子截留率，但阻碍了水通量的上升。如果采用梯度孔结构的三层石墨烯反渗透膜，则可以在保证高选择性的同时提高渗透性。研究表明，接触原料的最内层纳米孔径的变化对水通量的影响最为显著，水通量随该孔径的增加而快速上升（图 2-59）[99]。

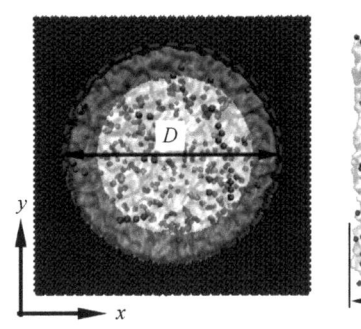

图 2-59 多孔石墨烯圆柱（GC）膜模型[99]

石墨烯挡板外侧与 GC 膜内侧红色、蓝色小球分别代表盐水溶液中的钠离子、氯离子；透明部分表示的是水分子；灰色圆柱为 GC 膜，黑色平板为石墨烯挡板。左侧图中间红色虚线是 GC 的直径 D；右侧图中红色线表示的是 GC 膜上纳米孔的直径 d；模拟系统模型 z 方向总高度为 H，滤盐设备主体高度为 h，模型呈对称分布

浮选也是机械能在分离中的典型应用。煤化工行业中，煤的气化会产生煤气化渣废弃物。而煤气化渣中未燃炭与富含硅、铝组分的灰之间的有效分离是其资源化利用的前提。对于煤气化渣的分离，可以使用浮选的方法。浮选分离主要利用矿物表面疏水性的差异。在气泡矿化过程中疏水性颗粒与气泡在流体作用下发生碰撞黏附浮升，亲水性颗粒则难以稳定黏附在气泡表面而沉底。但待分离煤气化渣的颗粒过于细小，难以与气泡发生有效作用，影响浮选的效率。

浮选大多发生在湍流环境中，借助涡流发生器实施湍流涡调控，可对煤气化渣中的炭-灰浮选分离过程进行优化。在流体力学数值模拟的基础上，可设计新型的梯级涡流浮选过程。事实证明，管内矩形涡流发生器的存在以及倾斜角度的改变，可显著提高湍流动能、降低涡尺度，有利于微细颗粒与气泡间的碰撞。将不同倾斜角度的涡流发生器在矿化管内沿着流动方向有序排列，形成与煤气化渣炭-灰可浮性相适配的梯级涡流浮选过程，实现不同可浮性颗粒的逐步回收（图2-60）[100]。

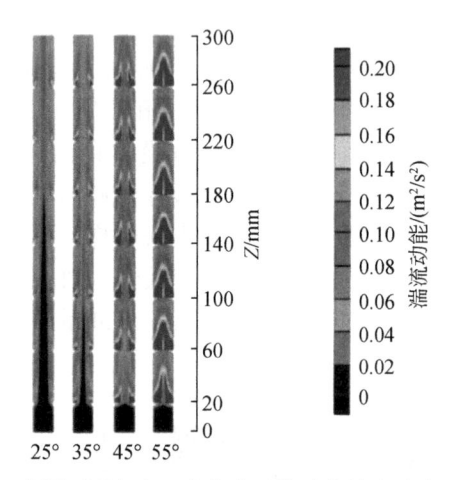

图2-60 内置不同角度涡流发生器的矿化管内湍流动能云图

2.4.2 热能

热能是各种物质内部粒子热运动的结果，是能量的一种形式。当一个物体的温度高于绝对零度时，它就具有热能。只要存在温度差，热能就可以发生转移。热能的转移方式包括：传导、对流和辐射。利用热能的环境分离过程，最典型的就是精馏。精馏的化学机制就是利用热能克服分子间作用力，原理是利用液体混合物中各组分挥发度的差别，使液体混合物部分汽化并随之使其蒸气部分冷凝，从而实现其所含组分的分离（图2-61）。精馏是一种属于传质分离的单元操作[101]。

蒸发与结晶也是利用热能的重要应用。比如，结晶蒸发器就是利用蒸发部分溶剂来达到溶液的过饱和度，这使得其与普通料液浓缩所用的蒸发器在原理和结构上非常相似。其中，连续蒸发结晶器主要适用于有结晶体析出溶液的蒸发与结晶（图2-62），广泛应用于医药、食品、化工、轻工等行业的水或有机溶媒溶液的蒸发浓缩和废液处理，是目前行业内不可或缺的仪器设备之一[102]。

热脱附也是利用热能的典型分离过程。比如，热脱附-稳定化是修复重金属-有机物复合污染土壤的主要工艺。由于热脱附对土壤重金属有"活化"和"固化"的双重作用，因此，热脱附-稳定化工序会影响重金属的稳定化效率。对于含镉（Cd）的复合污染土壤而言，热脱附-稳定化（T-S）和稳定化-热脱附（S-T）两种不同的工艺顺序，会产生不同的分离效果。S-T工艺浸出率（42.26%）低于T-S工艺（52.11%）；由于Cd"活化""固化"与稳定化作用，S-T工艺处置的土壤

Cd 弱酸提取态和残渣态比例分别是 T-S 工艺的 75%和 1.4 倍，形态更趋于稳定分布。扫描电镜（SEM）的分析显示，S-T 工艺比 T-S 工艺处置后土壤颗粒结晶更为显著，说明土壤 Cd 的稳定化效果更好[103]。

图 2-61　典型的精馏塔

图 2-62　连续蒸发结晶器

2.4.3 化学能

一般来说,在化学反应中吸收或者释放的能量就叫作化学能。化学能来源于化学反应中原子外层电子运动状态的改变以及原子能级发生的变化。换言之,化学键的断裂和形成是物质在化学变化中发生能量变化的主要原因。一般意义上的化学能是一种很隐蔽的能量,它不能直接用来做功,只有在发生化学变化的时候才可以释放出来,转变成热能或者其他形式的能量。煤、石油和天然气等化石燃料的燃烧是利用化学能来产生热能。而在电池中,化学能被转化为电能。

环境分离中使用到的化学能,实际上涉及两个方面。首先就是转变成热能的化学能,其对环境分离的推动作用主要是通过热能来实现的。这种情况实际非常普遍,但属于热能作为推动力,在此不作过多讨论。本节主要关注的内容,是化学反应以及与化学反应相关的分子间的相互作用,如何在环境分离过程中作为推动力,如化学沉淀、化学絮凝、化学破乳等。

在环境分离体系中,化学沉淀是典型的利用化学能来实现分离的过程。比如,高盐含磷废水具有盐含量高、污染物成分复杂和生物难降解等特点。针对该体系,可以使用化学沉淀法对磷进行去除,常用的化学药剂包括铝盐、铁盐和钙盐。这些盐离子能够和废水中的磷成分络合,形成沉淀。此外,在使用化学沉淀法除磷时,也会加入有机高分子絮凝剂作为强化固液分离手段,辅助金属盐促进沉淀生成。一般来说,废水中带有负(正)电性且难以分离的部分粒子和絮凝剂中带有正(负)电性的基团发生中和反应,体系电动势降低后处于不稳定状态,更有利于固液分离。其中,聚丙烯酰胺(PAM)是最常见的絮凝剂之一。在一项研究中,选用聚合氯化铝(PAC)、$FeCl_3$、$Ca(OH)_2$、聚丙烯酰胺(PAM)作为实验药剂,通过复配来实现对高盐含磷废水中磷的有效去除。研究结果表明,反应时间、药剂添加量以及药剂复配方案等因素,都会对除磷效果产生影响。合适的复配方案能够实现对磷的有效去除(图 2-63)[104]。

化学破乳也是利用化学能作为驱动力来实现环境分离的典型例子。化学破乳法的作用机理比较复杂,主要是利用分子间的相互作用、表面电荷的变化、亲疏水特性的变化来实现分离。其影响因素主要包括破乳剂顶替乳液中的表面活性剂的机理、相转移机理、增溶机理、小水滴变成大水滴的絮凝-聚结机理等等。化学破乳剂的种类很多,发展至今已经有近百年的历史。从最初的 $FeSO_4$、阴离子表面活性剂,到后来普遍使用的非离子型聚醚表面活性剂[105]。非离子型聚醚表面活性剂对很多乳状液体系的破乳都有着非常不错的效果,但总体来说依旧效率不高,并且具有一定毒性和危险性,因此其使用有局限性,特别是针对于污水的治理。另一方面,最近聚胺类破乳剂逐渐显示出较大的优势,受到人们越来越广泛的重视。比如，高极性的有机氨衍生物、阳离子酰胺化合物、疏水缔合的三聚物等等。优良的化学破乳剂不但应该具有较强的表面活性和良好的润湿性能，更应该有足够的絮凝能力和较好的聚结效果，使得小液滴变成大液滴以达到分相的效果。此外，优良的破乳剂应该在油水两相都有一定的溶解度。

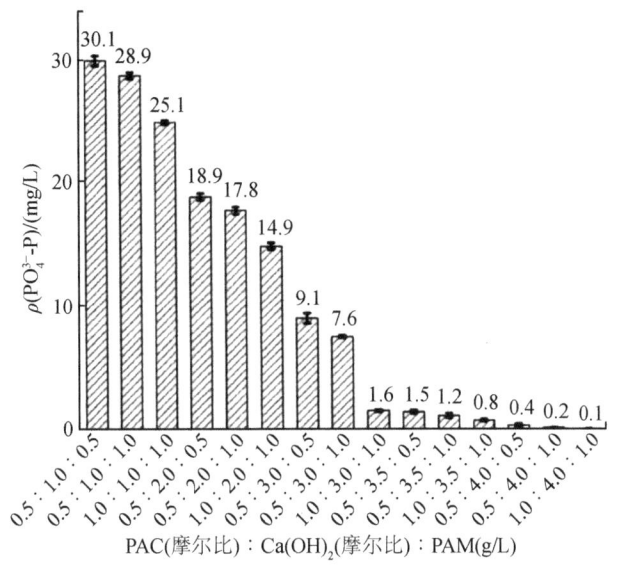

图 2-63 3 种药剂复配添加后溶液 PO_4^{3-}-P 的浓度

而化学破乳剂的发展也有很多新思路。比如，有研究把石油沥青的沥青质（asphaltene，APT）化学接枝到三聚氰胺海绵（melamine sponge，MS）上，制备耐用的强疏水海绵（MS-EP-APT）（图 2-64）。MS-EP-APT 表现出优秀的化学稳定性、防污性能和机械耐久性。基于其疏水特性，MS-EP-APT 对油水混合物具有优异的分离效率（＞96%）。特别是 MS-EP-APT 可以有效处理阴离子表面活性剂十二烷基苯磺酸钠（SDBS）稳定的乳液，处理后的乳液透明度高达 97%[106]。

离子交换是重要的分离手段，也是化学能作为分离推动力的重要体现。离子交换树脂（IER）因其不溶性以及可循环利用性被广泛用于废水和污泥处理。常见的离子交换树脂类型包括阳离子交换树脂、阴离子交换树脂以及螯合树脂。其中阳离子交换树脂，尤其是强酸性苯乙烯系阳离子交换树脂，适用范围最广。离子交换树脂在污泥中的应用归为 4 类，分别为去除/回收重金属、回收磷、胞外聚合物提取以及调理污泥。

目前的研究基本都是利用酸性浸出剂与 IER 相结合的方式实现重金属的去除/回收。利用酸性浸出剂使污泥中呈稳定态的重金属转化为溶解态，释放至液相中；释放的游离重金属离子与树脂中的氢离子发生交换，树脂吸附重金属离子。研究

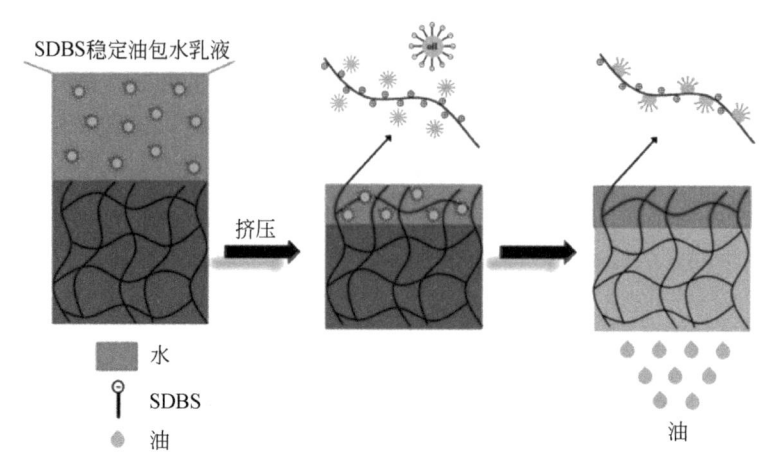

图 2-64　MS-EP-APT 分离阴离子表面活性剂稳定的 W/O 乳液机制

发现，单一的强酸性浸出剂或强酸性阳离子交换树脂更利于降低污泥中重金属残留量，但是考虑到酸性浸出剂与阳离子交换树脂的相互作用，较弱的酸（柠檬酸）与强酸性阳离子交换树脂的组合反而获得最高的金属去除率。这主要是因为强酸虽然会提高污泥中重金属离子浸出率，但也会提供许多氢离子，从而与重金属竞争可交换位点。此外，酸性浸出剂的选择会对后续离子交换树脂回收重金属效果产生影响，这也与树脂自身功能基团的性质有关。例如，一般认为羧酸类弱酸的络合性质有利于稳定溶液中的金属离子，产生更广泛的利于金属提取功能的 pH 值区域。对于 IER 去除/回收污泥中重金属，其效果与酸浸液 pH 值、反应时间、温度以及树脂投加量等因素有关。研究表明强酸型离子交换树脂最佳 pH 值范围偏酸性（pH=2~3），而弱酸型离子交换树脂的合适 pH 值范围偏中性（pH=5~7），这主要是因为强酸型和弱酸型树脂官能团解离系数的差异以及氢离子会与金属离子竞争树脂的结合位点。IER 对重金属的去除/回收随着反应时间的增加而增加，直至饱和，时间过长可能会发生解吸，出现去除率下降的现象；树脂投加量对去除效果的影响一般呈现一种不断增加直至平衡的趋势。离子交换过程是吸热反应，因此较高温度可以提高重金属去除率，不过也需要考虑高温带来的能耗问题。在合适的参数下，重金属（如 Zn、Cu、Pb）的去除率可高达 90%。离子交换树脂主要有两大优势，一是 IER 与酸提取相结合，可以有效回收酸浸液中的重金属，实现污泥中重金属去除-回收一体化；二是 IER 可再生重复利用，符合可持续发展理念[107]。

废旧电池的处理和分离[108-114]，也充分体现了化学能的推动作用。锂离子电池主要由五个部分组成：正极、负极、电解质、隔膜、电池外壳。按照正极活性物质的不同，可分为钴酸锂电池（LCO）、磷酸铁锂电池（LFP）、锰酸锂电池（LMO）、镍钴锰酸锂三元锂电池（NCM）。由于三元材料寿命较长，自放电低，比容量高，如今已成为最有吸引力的正极材料。三元锂离子电池含有丰富的镍、钴、锰、锂等金属元素，对其进行有效回收，将创造巨大的经济效益，同时也利于环境保护。

锂离子电池的回收一般涉及以下几个方面：锂离子电池的预处理，经过放电，拆解，破碎，分离出正负极；废旧锂离子电池中不同元素的提取和分离，一般分为湿法、火法、生物浸出等分离方法，其中，湿法分离方法又包括化学沉淀法、有机溶剂萃取法、离子交换法等。

分离电极材料活性物质与杂质可以利用湿法冶金方法，主要有酸浸、碱浸以及有机溶剂分离法。酸浸主要是将预处理后的电极材料用溶液浸出分离目的组分。酸浸法（表 2-5）所使用的酸可以是无机酸或有机酸。无机酸主要有硫酸、盐酸、磷酸等；而有机酸包括草酸、酒石酸、抗坏血酸等。为了提升浸出效率，一般加入还原剂作为添加物，包括硫代硫酸钠（$Na_2S_2O_3$）、过氧化氢（H_2O_2）、葡萄糖（$C_6H_{12}O_6$）等。还原剂使活性物质中的高价金属被还原为低价，易于浸出。以硫酸为例，浸出三元锂离子电池的机理如下：

$$2LiNi_xCo_yMn_{(1-x-y)}O_2+H_2O_2+H_2SO_4 \longrightarrow Li_2SO_4+2yNiSO_4+2xCoSO_4$$
$$+2(1-x-y)MnSO_4+4H_2O+O_2$$

酸浸法具有回收效率高、反应能耗低、反应速度快等特点，在三元锂离子电池回收过程中得到了广泛的应用。虽然有机酸因反应温和、绿色环保且浸出率高等优势而引起了广泛的关注和研究，但有机酸浸出只能在低固液比条件下进行，降低了渗滤液中 Li^+ 的浓度，限制了工业生产的处理能力，同时处理成本较高，未实现工业应用。

表 2-5 正极材料酸浸相关研究[110]

电池材料	酸浸条件	浸取率
混合阴极材料	1 mol/L 硫酸，固液比 20 g/L，0.075 mol/L 亚硫酸氢钠，水浴 95℃，240 min	Ni96.4%，Li96.7%，Mn87.9%，Co91.6%
$LiNi_xCo_yMn_{1-x-y}O_2$	3.5 mol/L 乙酸，固液比 40 g/L，4%（体积分数）H_2O_2，水浴 60℃，90 min	Ni92.7%，Li99.97%，Mn96.3%，Co93.6%
$LiNi_xCo_yMn_{1-x-y}O_2$	1 mol/L D, L-苹果酸，固液比 5 gL，4%（体积分数）H_2O_2，水浴 80℃，30 min，超声 90 W	Ni97.8%，Li98%，Mn97.3%，Co97.6%
混合阴极材料	1.5 mol/L 硫酸，0.25 mol/L 抗坏血酸，液固比 15 mL/g，水浴 60℃，60 min，搅拌 300 r/min	Ni99.60%，Li99.69%，Mn99.87%，Co99.56%
钴酸锂	1.5 mol/L 柠檬酸，葡萄糖 1 g/g，水浴 100℃，3 h，固液比 20 g/L	Li/Co>98%
混合阴极材料	2 mol/L L-酒石酸，4%体积分数 H_2O_2，固液比 17 g/L，水浴 70℃，30 min	Ni99.31%，Li99.07%，Mn99.31%，Co98.64%
$LiNi_{0.33}Co_{0.33}Mn_{0.33}O_2$	1 mol/L H_2SO_4，固液比 50 g/L，水浴 95℃，240 min	Ni96.3%，Li93.4%，Mn50.2%，Co66.2%
$LiNi_{0.33}Co_{0.33}Mn_{0.33}O_2$	2 mol/L 甲酸，固液比 50 g/L，6%（体积分数）H_2O_2，水浴 120℃，60 min	Li99.93%，Ni/Mn/Co 先增大后减小
钴酸锂	0.7 mol/L 磷酸，固液比 20 g/L，4%（体积分数）H_2O_2，水浴 40℃，60 min	Li/Co>99%

碱浸是根据负载正极材料的铝属于两性物质,采用氢氧化钠溶液将其除去,这个方法操作简单,能够实现工业化大规模生产。应用氢氧化钠浸泡法,使铝箔以 $NaAlO_2$ 形式溶解于溶液中,活性物质则不溶,有效地实现了活性物质与集流体的分离。另外正极材料中的黏结剂聚偏氟乙烯(PVDF)是一种极性试剂,根据相似相溶原理,可以利用有机溶剂将黏结剂进行溶解,从而实现活性物质和集流体的分离,目前应用比较广泛的有机溶剂有二甲基亚砜(DMSO)、二甲基乙酰胺(DMAC)、N-甲基吡咯烷酮(NMP)、N,N-二甲基甲酰胺(DMF)。有机溶剂分离活性物质与集流体的效果较好,但是该法也存在一定的缺陷,主要是有机溶剂用量过大,导致成本上升,并且大量使用有机溶剂,对环境和人体健康都会造成不良影响。

2.4.4 电能

电能是指使用电以各种形式做功的能力,被广泛应用在生产、生活、科学研究等方面。电能作为一种能源形态,具有很多优势,如较低的经济成本,多种能量形式(例如机械能、热能、光能等),清洁,能够满足不同设备的能源需求。

作为环境分离的驱动力,电能也是被广泛应用的。这主要体现在两个方面,一是直接通电,或者说电场在环境分离中的使用;二是电化学反应对环境分离的驱动作用。在此,将结合实例进行讨论。

电絮凝的方法,就是利用电在电解池内原位形成絮凝剂,进而使体系中胶粒聚集沉降,实现絮凝[115,116]。电絮凝适用于印染废水、造纸污水、电镀废水等多种废水的处理。比如,电絮凝污水除砷技术能将砷含量降到 4 μg/L 以下,砷去除率能达到 99.9%。电絮凝除砷效果好,不产生二次污染,适合规模化应用,是一种环境友好型除砷技术。一般来说,在电絮凝过程中阳极电解产生金属离子,阴极则发生电解还原产生氢气和 OH^- 离子,然后金属离子与 OH^- 离子作用形成絮凝剂,与砷化物发生絮凝和沉降达到除砷的目的。体系电化学反应的主要过程如图 2-65,体系中的阳极材料可以是铁、铝、锌、铜等,其中铁电极的除砷效率相对最高。

阳极区:
$$M_{(s)} \longrightarrow M^{n+}_{(aq)} + ne^-$$

$$2H_2O \longrightarrow 4H^+_{(aq)} + O_{2(q)} + 4e^-$$

阴极区:
$$2H_2O + 2e^- \longrightarrow H_{2(g)} + 2OH^-_{(aq)}$$

电解液中的主反应如下:
$$M^{n+}_{(aq)} + nOH^-_{(aq)} \longrightarrow M(OH)_n$$

$$aM(OH)_n \longrightarrow M_a(OH)_{na}$$

图 2-65 电絮凝除砷过程中的化学反应

不同于电絮凝的方法需要依赖电化学反应，电破乳是利用电场作用使油水乳状液破乳[117]。通过施加高强电场于乳状液，水滴因电场作用发生变形，产生静电力。一方面，水滴变形可削弱乳状液界面膜的机械强度。另一方面，静电力可使水滴的运动速率增大，动能相应增大，促进水滴互相碰撞发生聚结形成更大的水滴，进而发生沉降分离。

基于不同电场施加的方式，液滴凝聚、破乳的机制也有所不同。比如，在直流电场中，乳液中带电的液滴会移向与其本身电荷极性相反的电极，即发生电泳。在这一过程中，液滴不断碰撞、合并增大并最终沉降破乳，这一机制被称为电泳聚结（图2-66）。在高压直流电场中，乳状液中的水滴受电场力的极化和静电感应，形成诱导偶极。两端带电的水滴在外加电场中以静电力方向呈直线排列形成"水链"，进而合并成大水滴，实现破乳，这一机制被称为偶极聚结。而在交流电场中，电场方向随时间不断改变，使得电场中水滴内各种正负离子不断地周期性往复运动，进而使得水滴两端的电荷极性发生相应的变化。这些过程使得油水界面不断地受到冲击，降低其机械强度，从而聚结成大水滴实现沉降破乳，这一机制被称为振荡聚结。

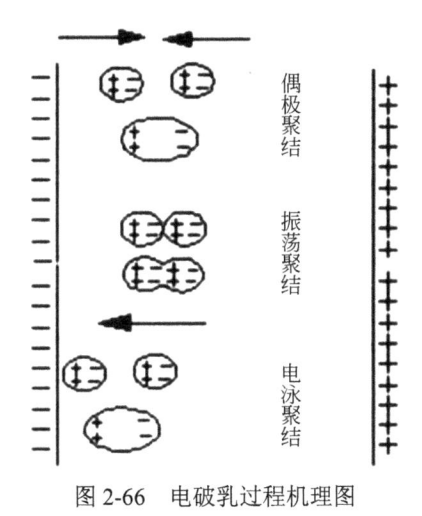

图 2-66　电破乳过程机理图

2.5　分离中的环境因素

在了解各类环境污染物体系中分子或离子的相互作用特点、界面效应，以及实施环境分离所需要的主要驱动力之后，我们还需要再讨论一下"环境"这一因素对于实施环境分离的影响。这里所说的"环境因素"是一个比较广泛的概念。"环境因素"既可以源自我们通常讨论"环境保护"时所谈及的"环境"，即需要被分离的环境体系中,某些宏观上显著的、可能影响分离效果的特点;也可以是我们讨论环境分离实施中的化学反应、各种相互作用时所涉及的各类介观、纳米尺度的微环境因素。尽管"环境因素"这一主题需要贯穿本书的始终,在环境分离的化学基础这一部分,我们还是要集中讨论一下"环境因素"所造成影响的最重要的几个方面。

2.5.1 分离中环境因素的重要特点

本书的主题就是"环境分离",在此"环境"位于"分离"前面,不但限定了"分离"的对象是与"环境"密切相关的体系,也说明了分离的实施过程中,环境的影响是非常重要的因素。通过前面的讨论可知,环境分离的对象就是环境中的各类污染物。相对于其他各种待分离的体系,环境体系作为分离的对象,首先具有更为复杂的特点。

例如,环境分离特别关注的废旧锂电池的无害化与资源化。废旧锂电池是非常复杂的固废、废液混合体系。锂电池中电解液含有锂盐和有机溶剂,是比较特殊的有机废液。而电池外壳、电极材料、集流体、塑料隔膜等多种固废之间存在复杂的相互作用。废旧锂电池的无害化与资源化所涉及的工艺路线长,过程复杂。目前国内外对废旧动力电池拆解回收的研究非常热门。但主要回收流程是废旧电池经过放电、物理撕碎、破碎、筛分和分选等流程后,将电池外壳、隔膜和电极材料分开,然后回收金属外壳和 Li、Ni、Co 等价值较高的金属元素,回收的方法主要有物理法、化学法和生物法[113, 114]。

对于环境分离所涉及的废水和废液体系,其浓度变化可能很大,组成的变化也可能更为复杂。一般工业生产的工艺流程中所产生的废液,很可能具有稳定的组成和浓度,不同批次之间差别不大。但是环境分离所涉及的废液,可能是不同排放来源的综合,因而在不同时间点,其组成和浓度变化很大,也缺乏明显的变化规律。针对此类浓度、组成、形态变化很大的废液,不但要求分离的技术工艺路线效率高,具有成本优势,更要求其具备很宽的适用范围。在各种情况下都能取得比较好的效果。

比如,环境中的水污染问题。污水中包含许多污染物,其中油或有机溶剂的污染是污水中的主要组成部分。有机溶剂或油化的污水主要来自工业废水(石油化工业、冶金业、制药厂、纺织业以及食品加工厂等)、生活污水的排放以及石油泄漏。无论是工业废水还是石油泄漏都会产生油化污水的问题。环境中的水污染所涉及的油化污水主要包括不相容的油水混合液、各类稳定性不同的油水乳液。环境分离所面对的油化污水比较复杂,既包含水包油的乳液,也包含油包水的乳液,不同于一般工业生产中所面临的乳液体系。因此,针对油化污水的破乳工艺就需要更宽的适用范围。研究表明，膜分离材料可以应用于油化污水的分离。面对油化污水复杂的组成，通过调控膜材料的孔径、构建微纳米级的粗糙结构和化学修饰改变表面能，可以获得超疏水或超亲水的表面，实现对稳定复杂的油水乳液的分离。有一项研究就将双亲性的聚丙烯腈（PAN）通过静电纺丝技术与具有疏水性的 MOFs 体系（ZIF-8 晶体）进行混纺，制备出具有特殊湿润性的水下超疏油和油下超疏水的复合膜（图 2-67）。这种复合膜既能用于分离水包油乳液也能用于分离油包水乳液。单独 PAN 膜在水下对油具有一定的黏附性，在油下也会对水具有一定的黏附性，达不到水下超疏油和油下超疏水的特性，会极大地降低其分离性能。而具有疏水性的 ZIF-8 的加入不仅能改善其湿润性即水下超疏油和油下超疏水性，同时可使制备的复合膜具有微观的粗糙结构，进一步提高其湿润性，从而展示出优异的分离性能。对两种类型的乳液的分离效率均在 99.95%以上，且具有很高的通量以及重复使用性[118,119]。

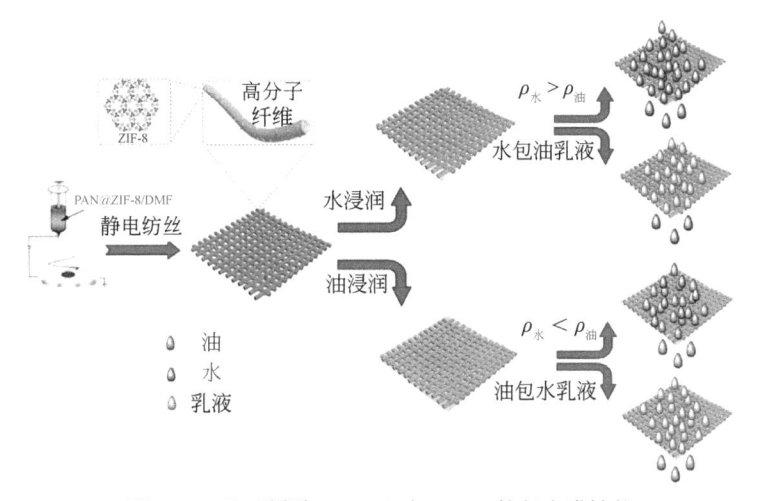

图 2-67　聚丙烯腈（PAN）与 ZIF-8 的复合膜性能

此外，废水（液）中的污染物也可能是以较低的浓度存在。比如环境水体中的某些有机分子，虽然有害但其浓度比较低。如果要有效去除这些有机分子，就需要分离常数更高的吸附剂或萃取剂。同时也需要这些吸附剂或萃取剂具有更高的选择性，能够克服伴生组分的影响。

例如，目前广泛应用的新型烟碱类农药，其水溶性会造成水体残留，引发环境及生态问题。有研究表明，5 种新型烟碱类农药（Ace、Clo、Thid、Imi、Thim）在水体中的年平均浓度为（46.69±64.09）ng/L。对于如此低浓度的有机物的有效分离，是比较大的挑战。有学者利用水热法技术制备了氨基化有机骨架材料 NH_2-MIL-101，其比表面积高，且化学稳定性好。该材料对水体中的新型烟碱类农药具有优异的去除性能及循环再生能力,在实际水样应用中也得到了较好的效果(图 2-68)。并且 NH$_2$-MIL-101 对新型烟碱类农药的去除率受 Cl$^-$、SO$_4^{2-}$ 的影响也较小[120]。

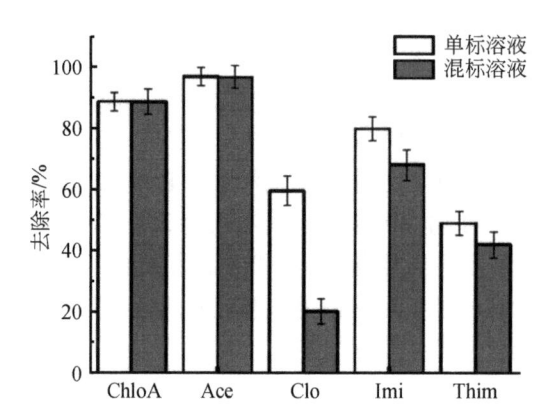

图 2-68 NH$_2$-MIL-101 对新型烟碱类农药的单标溶液和混标溶液的去除率对比

对于环境分离需要处理的土壤,其中可能含有源自秸秆等的生物质固废、废旧地膜产生的塑料有机固废、重金属离子、与土壤共存的废液等多种污染物。这些污染物的存在形式更为复杂,即重金属离子不但有可能直接吸附在土壤上,也可能被吸附在塑料有机固废上,或者溶解到与土壤共存的废液中。比如,砂质壤土、壤土、黏土的渗透性分别对应高渗透性、中渗透性、低渗透性(图 2-69)。有的研究工作就针对土壤的不同渗透性,研究了功能化复合磁性纳米吸附材料 Fe$_3$O$_4$@SiO$_2$-HA 在三种渗透性土壤中的迁移能力及其对土壤重金属 Cd(Ⅱ)、Pb(Ⅱ)污染的修复效果。结果表明,功能化磁性纳米吸附材料的 Zeta 电位比各种渗透性土壤颗粒的 Zeta 电位都低,因而具有更强的吸附能力;低流速条件下,流速对颗粒的穿透率影响较大;功能化磁性纳米吸附材料在不同渗透性土壤中的出流比的大小顺序为高渗透性土壤＞中渗透性土壤＞低渗透性土壤;对中渗透性土壤中的重金属去除率高于高渗透性和低渗透性土壤[121]。由此可见,单单一个渗透性的问题,就会对土壤中重金属离子的吸附产生很多影响。环境体系的复杂性,肯定会对分离的技术路线选择、实施方法,产生很多制约。

2.5.2 分离中的微环境影响

关于环境分离实施中的环境因素,我们在讨论"大环境"之后,也要讨论一下"小环境"。所谓"小环境",通常认为是环境分离实施中发生的化学反应以及各种相互作用时所涉及的各类介观、纳米尺度的微环境因素。无论是化学反应还是各种相互作用,无论是均相体系还是非均相体系,分子、离子、纳米颗粒、各种组装体系，只要彼此不同且互相靠近，就是互为"体系-环境"的关系。从这个意义上来说，本章讨论分离的化学基础，都是在讨论"小环境"这个因素。

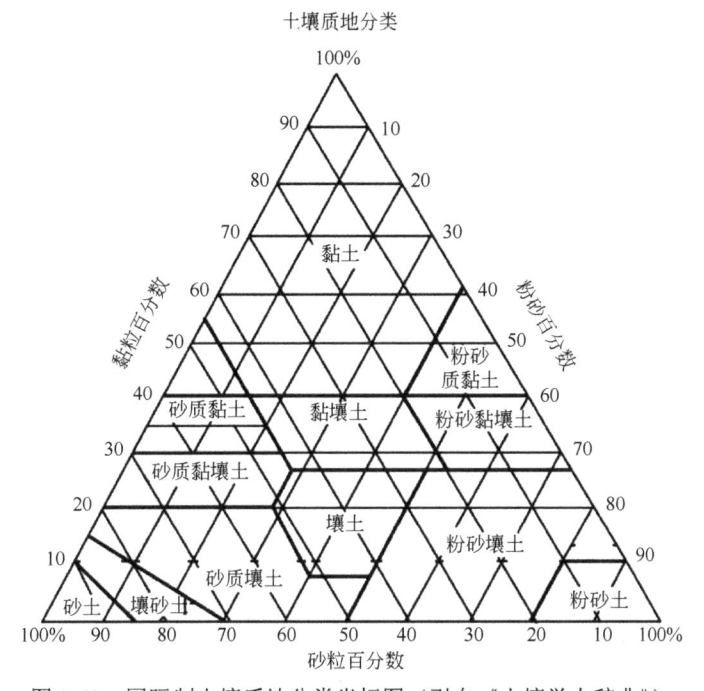

图 2-69　国际制土壤质地分类坐标图（引自《土壤学大辞典》）

但针对某些特定的"小环境"因素，还要专门再做一些讨论。对于环境分离中的微环境影响这个主题，分离膜的各种应用，最能说明问题。无论是分离液体还是气体，分离膜的材质、孔道大小、形状，以及界面特性都会有很大的影响。

就气体分离膜而言，多孔膜内具有固定的孔结构。基于不同材料，这些孔道的大小和结构有可能比较随机，也可能非常规整。气体分子在多孔膜内传递与气体的物化性质、膜孔径以及两者之间的相互作用有关。这涉及各种传递机制，最常见的包括克努森（Knudsen）扩散、分子筛分以及限域传质机制（图 2-70）。所谓克努森扩散对应孔径比较大的情况，是指当膜孔径小于气体分子平均自由程的 1/10，分子与孔壁之间的碰撞占主导，气体在微孔内的传递遵循克努森扩散。此时气体的扩散系数与膜孔径成正比，与气体分子的质量平方根成反比。在环境分离中，克努森扩散机制可以用来分离差别较大的体系。如果想依靠克努森扩散机制来分离烟气中的氮气和二氧化碳，则分离选择性太低。而分子筛分机制则立足于直接用孔径来区分气体分子。当膜孔径介于两种气体分子尺寸之间时，小分子气体可通过膜孔，而大分子气体被截留，从而实现分子筛分。理论上，分子筛分的选择性可达到无穷大，是理想的膜分离机制。但也存在通量与能耗间平衡的问题[122]。

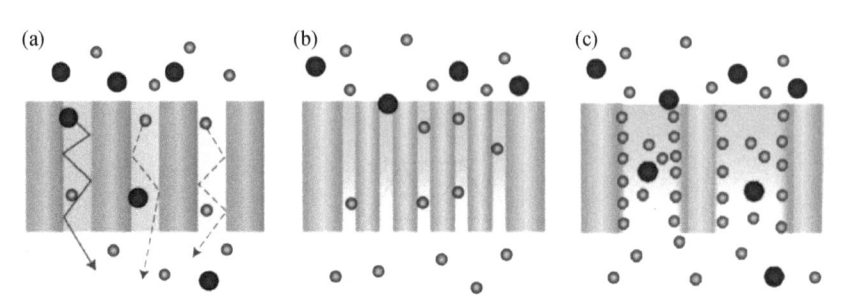

图 2-70　多孔膜中的气体传递机制
(a)克努森扩散；(b)分子筛分；(c)限域传质

最值得一提的是限域传质机制，这是一种纳米效应，也是最能体现分离中微环境影响的膜分离体系，更是当前研究的热点[123-125]。限域传质机制的基本原理，简单来说就是分子可能极快速地通过直径极小的通道。当膜孔径减小到一定程度时，对于流体传递来说，膜孔道成为受限空间。在受限空间中，孔道内壁的界面与流体分子之间的相互作用，会对流体分子的传递产生决定性作用，此时出现的超常传质现象称为限域传质效应。比如生物体内水通道蛋白具有疏水的狭窄通道（0.3 nm），当水分子通过疏水的狭窄通道时，能够以单链纳米线形式传递，因而具有极快的速度。对于孔径 0.8 nm 的碳纳米管而言，同样可以体现出限域传质效应。水分子在疏水的碳纳米管内，以单链纳米流形式快速在受限空间内传递，传输速度比在开放空间中提高一个数量级。

限域传质主要涉及受限在纳米通道中的水、离子、气体等介质输运的热力学和动力学。纳米尺度下，界面效应占主导，受限流体具有不同于宏观尺度的结构和输运特性。对于分离膜而言，当微孔膜的传质空间与流体分子运动自由程相当时，这一传质过程就是典型的限域传质过程。在限域作用的影响下，原来可以忽略的壁面对流体的影响显著增强，流体受到限制壁面的作用与流体分子间的相互作用等量齐观，成为传递过程的决定性因素。

近年来，基于限域传质机制的碳基分离膜成为研究热点（图 2-71）。因为碳材料孔道壁面具有无摩擦效应，传质阻力小，使碳基分离膜传质通量大大提高；同时，碳材料构筑的传质通道尺寸均一，选择性好，分离系数高。基于限域传质机制的碳基分离膜在工业应用中有望能成功突破 trade-off 效应。根据碳材料形式的不同，构建的具有有限域传质效应的碳基分离膜可分为规整排列的碳纳米管膜和层层堆叠的石墨烯膜。相比于碳纳米管无序共混的聚合物膜，碳纳米管规整排列的分离膜具有更高的渗透性和选择性。这是因为碳纳米管作为传质通道，碳管管径均匀，选择性高，且碳管内表面摩擦力小，传质阻力小。但由于碳纳米管的柔韧性和高长径比，构建碳纳米管规整排列的分离膜极具挑战性。通过简单地层层堆叠片状石墨烯或其衍生物，也可以构筑具有限域传质效应的纳米传质通道，为高效的碳基分离膜的构筑提供了新的思路[126]。

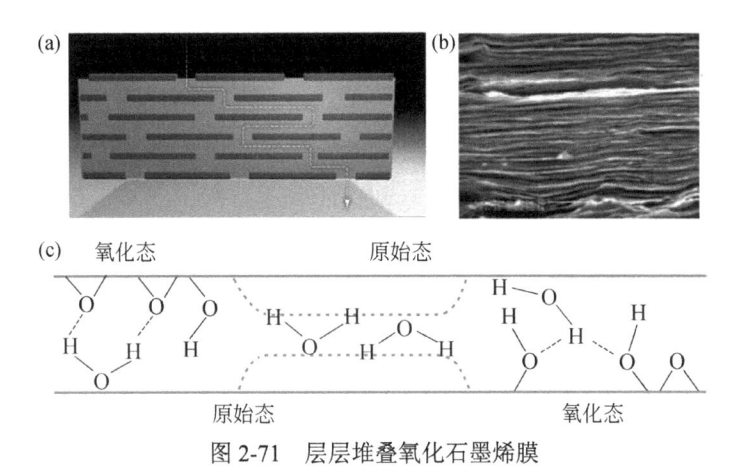

图 2-71 层层堆叠氧化石墨烯膜

另一方面，膜蒸馏是使用疏水的微孔膜对含非挥发溶质的水溶液进行分离的一种膜分离技术。由于水的表面张力作用，常压下液态水不能透过膜的微孔，而水蒸气则可以。因此，当膜两侧存在一定的温差时，由于蒸气压的不同，水蒸气分子透过微孔在另一侧冷凝下来，使溶液逐步浓缩，达到分离的效果。膜蒸馏的主要优势在于能够处理浓度极高的废水。对于膜蒸馏而言，限域传质膜也表现出很大的优势。比如，具有规整贯穿纳米孔道的二维共价有机框架（COFs）薄膜，其孔道大小和孔内亲疏水环境可以随深度梯度变化（图 2-72）。这一薄膜在膜蒸馏条件下，可以实现超高通量以及优异的稳定性。其内在机理主要是限域蒸发增强效应以及缩短的蒸气扩散路径。理论模拟表明，孔内固-液界面处液体层的蒸发能垒低于液-气界面中心处的蒸发能垒，使水在纳米限域孔道中的蒸发量增加，并且蒸发速率表现出与尺寸相关的特性，即孔径越小，蒸发速率越快。此外，通过竞争性可逆共价键合策略，孔道在润湿性梯度作用下呈部分浸润状态，显著缩短了水蒸气的扩散长度，降低了扩散阻力。模拟研究还发现，在水蒸气界面和盐溶液界面之间出现了一个纯水层间隙，这防止了离子与孔壁或蒸发界面的直接接触，而且在限域环境中孔壁的表面电荷对盐浓度有抑制作用，有助于防止盐结晶，使得 COFs 膜具有优异的抗浸润性[127]。

在环境分离的体系中，气体分离膜的一个重要潜在用途就是二氧化碳的分离。而如何选择性分离二氧化碳和氮气，则非常具有挑战性。除了应用限域传质效应之外，对膜孔道的内壁进行化学修饰，也可以提升气体分离膜的选择性。例如以金属-有机框架（MOFs）中 ZIF-8 为膜构筑单元，通过电沉积法制备 ZIF-8 多晶膜

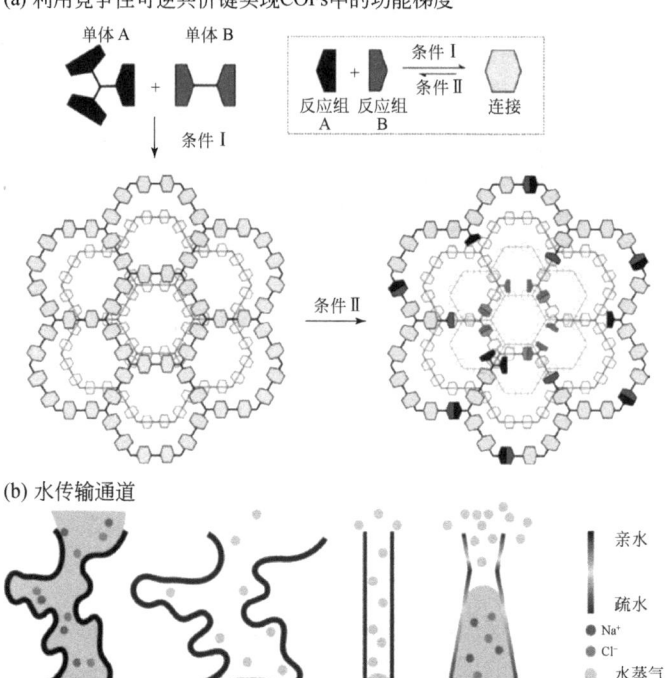

(a) 利用竞争性可逆共价键实现COFs中的功能梯度

(b) 水传输通道

图 2-72 COFs 膜的限域传质效应

应用于 CO_2 的分离（图 2-73）。采用配体后交换策略对 ZIF-8 孔道进行化学基团修饰。经 3-氨基-1,2,4-三氮唑（Atz）交换后，ZIF-8 框架孔上负载氨基促使 CO_2 优先被壁面吸附，在亚纳米级限域孔道内，由于 CO_2 的空间占位阻碍了 N_2 分子扩散，协同强化 CO_2 的吸附-扩散选择性。Atz-ZIF-8 膜的 CO_2 渗透速率达到 690 GPU[1 GPU=10^{-6} cm³(STP)/(cm²·s·cmHg)]，CO_2/N_2 选择性达到 29[122]。

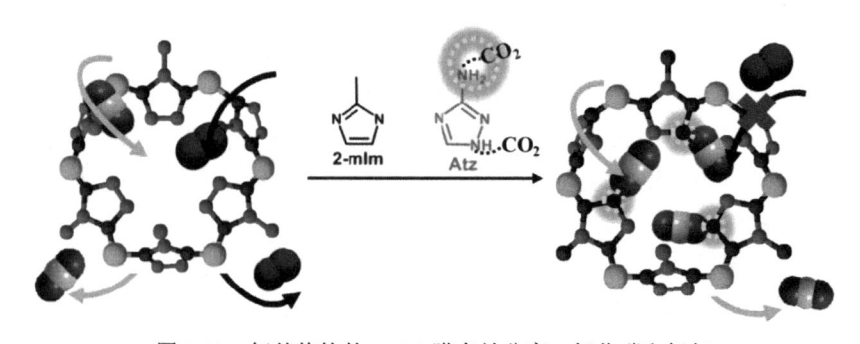

图 2-73 氨基修饰的 ZIF-8 膜有效分离二氧化碳和氮气

参 考 文 献

[1] DUFFEY G H. Modern Physical Chemistry: A Molecular Approach [M]. Kluwer Academic/Plenum Publishers, 2000.
[2] GAFFNEY J S, MARLEY N A. Chemistry of Environmental Systems: Fundamental Principles and Analytical Methods [M]. John Wiley & Sons, Inc., 2020.
[3] HANIF M A, NADEEM F, BHATTI I A, et al. Environmental Chemistry: A Comprehensive Approach [M]. Scrivener Publishing LLC, 2020.
[4] MANAHAN S. Environmental Chemistry, 11th Edition [M]. CRC Press, 2022.
[5] FINK J K. Chemistry of Environmental Engineering: Materials, Processing and Applications [M]. Scrivener Publishing, 2020.
[6] SPELLMAN F R. Handbook of Environmental Engineering [M]. CRC Press, 2015.
[7] ZIMMERMAN J B, MIHELCIC J R. Environmental Engineering: Fundamentals, Sustainability, Design, Second Edition [M]. Wiley, 2014.
[8] VAKHRUSHEV A V, AMETA S C, SUSANTO H, et al. Advances in Nanotechnology and The Environmental Sciences; Applications, Innovations, and Visions For The Future [M]. Apple Academic Press Inc., 2020.
[9] AKITSU T. Environmental Science: Society, Nature, and Technology [M]. Pan Stanford Publishing Pte. Ltd., 2019.
[10] AMORE A D, ZAIKOV G E. Physical Organic Chemistry: Theory and Practice [M]. Nova Science Publishers, Inc., 2005.
[11] BURLEY K T. Physical Organic Chemistry: New Developments [M]. Nova Science Publishers, Inc., 2010.
[12] ANSLYN E V, DOUGHERTY D. Modern Physical Organic Chemistry [M]. University Science Books, 2005.
[13] ROUSSEAU R W. Handbook of Separation Process Technology [M]. New York: Wiley-Interscience, 1987.
[14] LEE S H, MOON J-S, LEE M-S, et al. Enhancing phase stability and kinetics of lithium-rich layered oxide for an ultra-high performing cathode in Li-ion batteries [J]. Journal of Power Sources, 2015, 281: 77-84.
[15] SUN P, HAN S, LIU J, et al. Introducing Oxygen Vacancies in TiO_2 Lattice through Trivalent Iron to Enhance the Photocatalytic Removal of Indoor No [J]. International Journal of Minerals, Metallurgy and Materials, 2023, 30(10): 2025-2035.
[16] BI Z, ZHANG A, WANG G, et al. Hybrid ion/electron interfacial regulation stabilizes the cobalt/oxygen redox of ultrahigh-voltage lithium cobalt oxide for fast-charging cyclability[J]. Science Bulletin, 2024, 69(13): 2071-2079.
[17] LI G, ZHAO C, YU Q, et al. Revealing Al–O/Al–F reaction dynamic effects on the combustion of aluminum nanoparticles in oxygen/fluorine containing environments: A reactive molecular dynamics study meshing together experimental validation [J]. Defence Technology, 2024, 34: 313-327.
[18] EBERHART J G, HORNER S. Bond-energy and surface-energy calculations in metals [J]. Journal of Chemical Education, 2010, 87(6): 608-612.
[19] VAN DER VEGT N F A, HALDRUP K, ROKE S, et al. Water-mediated ion pairing: occurrence and relevance [J]. Chemical Reviews, 2016, 116(13): 7626-7641.
[20] LEE H M, MIN S K, LEE E C, et al. Hydrated copper and gold monovalent cations: *ab initio*

study [J]. The Journal of Chemical Physics, 2005, 122(6): 064314.
[21] SHARMA B, NEELA Y I, NARAHARI SASTRY G. Structures and energetics of complexation of metal ions with ammonia, water, and benzene: A computational study [J]. Journal of Computational Chemistry, 2016, 37(11): 992-1004.
[22] BEEZER A E, HAWKSWORTH W A, ORBAN M, et al. Hydrogen-bonded complexes between pyridine and phenol in carbon tetrachloride solutions [J]. Journal of the Chemical Society, Faraday Transactions 1: Physical Chemistry in Condensed Phases, 1977, 73: 1326-1333.
[23] HAYES R, WARR G G, ATKIN R. Structure and nanostructure in ionic liquids [J]. Chemical Reviews, 2015, 115(13): 6357-6426.
[24] WU X, SHEN J, CAO H, et al. Theoretical sight into hydrogen bond interactions between arsenious acid and thiols in aqueous and hepes solutions [J]. Journal of Molecular Liquids, 2021, 344: 117713.
[25] YAN B, LV Z, CHEN S, et al. Probing anion-π interactions between fluoroarene and carboxylate anion in aqueous solutions [J]. Journal of Colloid and Interface Science, 2022, 615: 778-785.
[26] WAGNER J P, SCHREINER P R. London dispersion in molecular chemistry—reconsidering steric effects [J]. Angewandte Chemie International Edition, 2015, 54(42): 12274-12296.
[27] ALLEGRE C, MOULIN P, MAISSEU M, et al. Treatment and reuse of reactive dyeing effluents [J]. Journal of Membrane Science, 2006, 269(1-2): 15-34.
[28] LARSSON D G J, DE PEDRO C, PAXEUS N. Effluent from drug manufactures contains extremely high levels of pharmaceuticals [J]. Journal of Hazardous Materials, 2007, 148(3): 751-755.
[29] CONSTABLE D J C, DUNN P J, HAYLER J D, et al. Key green chemistry research areas—a perspective from pharmaceutical manufacturers [J]. Green Chemistry, 2007, 9(5): 411-420.
[30] 吴玉红, 姜瑞琪. 中国工业固废治理政策嬗变研究 [J]. 黑龙江环境通报, 2023, 36(7): 127-129.
[31] 陈岑. 我国固体废弃物处置现状与资源化利用前景分析 [J]. 环境卫生工程, 2016, 24(2): 31-33.
[32] 胡敬平, 梁智霖, 侯慧杰, 等. 固废资源化中的风险识别与调控机理研究 [J]. 华中科技大学学报（自然科学版）, 2023, 51(4): 112-121.
[33] 李锐. 含钛高炉渣的选择性分离 [D]. 沈阳: 东北大学, 2013.
[34] 宋宁宁. 含钛高炉渣的有效分离及高值化利用研究 [D]. 北京: 北京工业大学, 2022.
[35] 张士兵. 废弃热固塑料资源化利用管理对策研究 [D]. 上海: 东华大学, 2007.
[36] 孙文潇, 杨帆, 侯梦宗, 等. 环境中的微塑料污染及降解 [J]. 中国塑料, 2023, 37(11): 117-126.
[37] 迟赫天, 李斯吾, 彭君哲, 等. 生物质废弃物有序能源化利用评述 [J]. 安全与环境工程, 2024, 31(3): 265-271, 280.
[38] 姚路. 废旧锂离子电池正极材料回收再利用研究 [D]. 新乡: 河南师范大学, 2016.
[39] 张锐, 田勇, 张维丽, 等. 废旧三元锂电池石墨负极电化学除杂及其性能研究 [J]. 新型炭材料（中英文）, 2024, 39(3): 573-582.
[40] 骆永明, 周倩, 章海波, 等. 重视土壤中微塑料污染研究防范生态与食物链风险 [J]. 中国科学院院刊, 2018, 33(10): 1021-1030.
[41] 李剑睿, 徐应明, 林大松, 等. 农田重金属污染原位钝化修复研究进展 [J]. 生态环境学报, 2014(4): 721-728.
[42] 沈青. 分子酸碱化学 [M]. 上海: 上海科学技术文献出版社, 2012.
[43] 周公度, 段连运. 结构化学基础 [M]. 5版. 北京: 北京大学出版社, 2017.

[44] SHEN J, KUMAR A, WAHIDUZZAMAN M, et al. Engineered nanoporous frameworks for adsorption cooling applications [J]. Chemical Reviews, 2024, 124(12): 7619-7673.

[45] DRUZIAN G T, NASCIMENTO M S, SANTOS R F, et al. New possibilities for pharmaceutical excipients analysis: Combustion combined with pyrohydrolysis system for further total chlorine determination by ICP-OES[J]. Talanta: The International Journal of Pure and Applied Analytical Chemistry, 2019: 199124-199130.

[46] 汪逸. 有机废水及其复杂组分对水煤浆添加剂性能影响的机理研究 [D]. 杭州: 浙江大学, 2019.

[47] YE Y, REYES A M, LI C, et al. Mechanistic insight into the internalization, distribution, and autophagy process of manganese nanoparticles in *capsicum annuum* L.: Evidence from orthogonal microscopic analysis [J]. Environmental Science & Technology, 2023, 57(26): 9773-9781.

[48] 郭艳, 许传芝, 王嘉, 等. 高低温环境下红外光谱原位表征系统的研制 [J]. 分析测试技术与仪器, 2023, 29(1): 43-48.

[49] SIEGELMAN R L, MILNER P J, FORSE A C, et al. Water enables efficient CO_2 capture from natural gas flue emissions in an oxidation-resistant diamine-appended metal–organic framework [J]. Journal of the American Chemical Society, 2019, 141(33): 13171-13186.

[50] SHAKIBANIA S, MAHMOUDI A, MOKMELI M. Separation of vanadium and iron from the steelmaking slag convertor using Aliquat 336 and D2EHPA: Effect of the aqueous species and the extractant type [J]. Minerals Engineering, 2022, 181: 107521.

[51] 孟哲, 李红英, 戴小军, 等. 现代分析测试技术及实验[M]. 北京: 化学工业出版社, 2020.

[52] Sathyanarayana D N. 核磁共振导论[M]. 朱凯然, 译. 北京: 国防工业出版社, 2020.

[53] 孔超, 王美艳, 史学正, 等. 低场核磁探测水稻田改蔬菜地土壤水分的相态变化 [J]. 农业工程学报, 2016, 32(24): 124-128.

[54] 蒋川东, 林君, 段清明, 等. 二维阵列线圈核磁共振地下水探测理论研究 [J]. 地球物理学报, 2011, 54(11): 2973-2983.

[55] MAZZEI P, CANGEMI S, MALAKSHAHI KURDESTANI A, et al. Quantitative evaluation of noncovalent interactions between 3,4-dimethyl-1*H*-pyrazole and dissolved humic substances by NMR spectroscopy [J]. Environmental Science & Technology, 2022, 56(16): 11771-11779.

[56] GAUTHIER J R, MABURY S A. Identifying unknown fluorine-containing compounds in environmental samples using ^{19}FNMR and spectral database matching [J]. Environmental Science & Technology, 2023, 57(23): 8760-8767.

[57] ZHANG N, HE S, LI Y, et al. Spectroscopic study of the behavior of Mo(VI) and W(VI) polyanions in sulfuric-phosphoric acid mixtures [J]. Inorganic Chemistry, 2021, 60(23): 17565-17578.

[58] 陈浩, 汪圣光. 仪器分析 [M]. 4 版. 北京: 科学出版社, 2022.

[59] WANG Z, LU J-B, DONG X, et al. Ultra-efficient americium/lanthanide separation through oxidation state control [J]. Journal of the American Chemical Society, 2022, 144(14): 6383-6389.

[60] 姜吉光, 石磊, 苏成志, 等. 基于 SPA-SVR 的紫外光谱水质污染物含量解耦预测方法 [J]. 激光与光电子学进展, 2023, 60(7): 0730004.

[61] LI Y, CHEN Q, HU J, et al. Insights into coextraction of water and ammonia with nickel(II) through structural investigation [J]. Journal of Molecular Liquids, 2016, 213: 23-27.

[62] 张蓓蓓, 孙慧婧, 陈慧敏. 江苏省环境空气样品中一种未知醛酮类化合物的确证研究 [J]. 环境化学, 2023, 42(5): 1604-1611.

[63] 林家宝, 孙雨豪, 王建, 等. 土壤中邻苯二甲酸酯的高效液相色谱检测方法 [J]. 中国环境科学, 2023, 43(2): 756-763.

[64] 邹宝方, 何增耀. 钒的环境化学 [J]. 环境污染与防治, 1993(1): 26-31+48.

[65] CRANS D C, SMEE J J, GAIDAMAUSKAS E, et al. The chemistry and biochemistry of vanadium and the biological activities exerted by vanadium compounds [J]. Chemical Reviews, 2004, 104(2): 849-902.

[66] GORZSÁS A, ANDERSSON I, PETTERSSON L. Speciation in aqueous vanadate-ligand and peroxovanadate-ligand systems [J]. Journal of Inorganic Biochemistry, 2009, 103(4): 517-526.

[67] PUTREVU N R, DOEDENS R J, KHAN M I. Decavanadate with a novel coordination complex: Synthesis and characterization of $(NH_4)_2[Ni(H_2O)_5(NH_3)]_2(V_{10}O_{28})·4H_2O$ [J]. Inorganic Chemistry Communications, 2013, 38: 5-7.

[68] MCLAUCHLAN C C, PETERS B J, WILLSKY G R, et al. Vanadium-phosphatase complexes: Phosphatase inhibitors favor the trigonal bipyramidal transition state geometries [J]. Coordination Chemistry Reviews, 2015, 301(Supplement C): 163-199.

[69] 李季坤, 胡长文. 多钒氧簇化学研究进展 [J]. 无机化学学报, 2015, 31(9): 1705-1725.

[70] 李季坤. 有机官能化多钒氧簇及氧化催化特性 [D]. 北京: 北京理工大学, 2015.

[71] 王恩波. 多酸化学导论 [M]. 北京: 化学工业出版社, 1998.

[72] TANDON R K, CRISP P T, ELLIS J, et al. Effect of pH on chromium(Ⅵ) species in solution [J]. Talanta, 1984, 31(3): 227-228.

[73] SHEN-YANG T, KE-AN L. The distribution of chromium (Ⅵ) species in solution as a function of pH and concentration [J]. Talanta, 1986, 33(9): 775-777.

[74] WEN J, NING P, SUN Z, et al. Quantitative tuning of ionic metal species for ultra-selective metal solvent extraction toward high-purity vanadium products [J]. Journal of Hazardous Materials, 2022, 425: 127756.

[75] LEFEBVRE C, RUBEZ G, KHARTABIL H, et al. Accurately extracting the signature of intermolecular interactions present in the NCI plot of the reduced density gradient versus electron density [J]. Physical Chemistry Chemical Physics, 2017, 19(27): 17928-17936.

[76] WEN J, LIU H, LUO J, et al. Mass transfer characteristics of vanadium species on the high-efficient solvent extraction of vanadium in microchannels/microreactors [J]. Separation and Purification Technology, 2023, 315: 123638.

[77] 德鲁·迈尔斯（Drew Myers）. 表面、界面和胶体——原理及应用 [M]. 吴大诚, 朱潜新, 王罗新, 等译. 北京: 化学工业出版社, 2005.

[78] 刘鸣华, 陈鹏磊, 张莉. 界面组装化学 [M]. 北京: 化学工业出版社, 2020.

[79] 丁岩. 泡沫分离法去除水中Cr（Ⅵ）和Mn（Ⅶ）的研究 [D]. 哈尔滨: 哈尔滨工程大学, 2008.

[80] LU J, LIU Z, WU Z, et al. Synergistic effects of binary surfactant mixtures in the removal of Cr(VI) from its aqueous solution by foam fractionation [J]. Separation and Purification Technology, 2020, 237: 116346.

[81] 高振黄, 杜林, 刘会洲. 酸性有机磷类萃取剂单分子膜的气-液界面行为: 亚相pH和铺展溶剂的影响 [J]. 化学学报, 2019, 77(6): 506-514.

[82] 王巧平. 原油乳状液界面性质与油水分离的研究 [D]. 青岛: 中国石油大学(华东), 2018.

[83] BI Y, LI W, LIU C, et al. Star-shaped quaternary ammonium compounds with terminal amino groups for rapidly breaking oil-in-water emulsions [J]. Fuel, 2021, 304: 121366.

[84] 高志芳. 新型有机废气吸附剂的开发 [D]. 常州: 常州大学, 2015.

[85] 李剑, 严启团, 李新, 等. 改性活性炭对含汞废气吸附机理及性能研究 [J]. 当代化工,

2021, 50(9): 2079-2082+2086.

[86] ZHANG M, ZHANG Z, PENG Y, et al. Novel cationic polymer modified magnetic chitosan beads for efficient adsorption of heavy metals and dyes over a wide pH range [J]. International Journal of Biological Macromolecules, 2020, 156: 289-301.

[87] ZHANG Y, WANG Y, ZHANG H, et al. Recycling spent lithium-ion battery as adsorbents to remove aqueous heavy metals: Adsorption kinetics, isotherms, and regeneration assessment [J]. Resources, Conservation and Recycling, 2020, 156: 104688.

[88] 董思捷. 旋风分离器内旋流时空不稳定性研究与动态模态分析 [D]. 兰州: 兰州大学, 2023.

[89] SHOLL D S, LIVELY R P. Seven chemical separations to change the world [J]. Nature, 2016, 532(7600): 435-437.

[90] 白志山, 汪华林. 旋流分离技术在液化石油气脱胺中的应用 [J]. 炼油技术与工程, 2007, 37(6): 28-30.

[91] KENNEDY D, NORMAN C. What don't we know? [J]. Science, 2005, 309(5731): 75.

[92] 付鹏波, 黄渊, 王剑刚, 等. 旋流分离过程强化新技术 [J]. 化工进展, 2020, 39(12): 4766-4778.

[93] 李欢. 膜分离技术及其应用 [J]. 化工管理, 2022(33): 50-53.

[94] 顾跃雷. 膜分离技术在工业水处理中的应用 [J]. 山西化工, 2024, 44(4): 184-185, 246.

[95] 杨泞珲. 饮用水处理的膜分离技术及工程实践 [D]. 武汉: 武汉工程大学, 2015.

[96] 郭彩荣, 王为民, 张岩岗, 等. 膜分离技术在饮用水处理的应用 [J]. 广东化工, 2024, 51(2): 84-86.

[97] 张晓灿, 马慧晓, 朱梓源. 基于氨基酸 MOF 的共混超滤膜制备及性能研究 [J]. 膜科学与技术, 2023, 43(4): 75-83.

[98] 陆慧慧. 聚酰胺反渗透膜原位修复及抗污染功能化研究 [D]. 杭州: 浙江理工大学, 2023.

[99] WANG M-N, LIU Z, GU H, et al. Temporal reverse osmotic salt filtration mechanism of multi-layered porous graphene [J]. Acta Physica Sinica, 2022, 71(13): 138201-138209.

[100] 闫小康, 苏子旭, 王利军, 等. 基于湍流涡调控的煤气化渣炭-灰浮选分离过程强化 [J]. 煤炭学报, 2022, 47(3): 1318-1328.

[101] 杨晨阳, 朱怀工, 蔡旺锋, 等. 循环精馏技术研究进展 [J]. 化工进展, 2024, 43(3): 1109-1117.

[102] 陈兵, 阮英浩, 姜楠. 三效连续蒸发结晶装置中 TA10 换热器的失效分析 [J]. 表面技术, 2016, 45(6): 180-185.

[103] 牛明芬, 陈驰, 吴波, 等. 热脱附-稳定化工序对土壤镉稳定化效率的影响 [J]. 环境工程, 2023, 41(2): 166.

[104] 李晴晴, 杨彦, 席欢, 等. 化学沉淀法处理高盐含磷废水 [J]. 环境工程, 2022, 40(5): 31-36.

[105] 张惠青, 陈浩然, 李志豪, 等. 化学破乳剂在油田采出液处理中的应用研究 [J]. 合成材料老化与应用, 2022, 51(6): 117-119,114.

[106] GAO D, CHENG F, WANG Y, et al. Versatile superhydrophobic sponge for separating both emulsions and immiscible oil/water mixtures [J]. Colloids and Surfaces A: Physicochemical and Engineering Aspects, 2023, 666: 131267.

[107] 耿慧, 许颖, 戴晓虎, 等. 离子交换树脂在污泥处理中的应用及展望 [J]. 中国环境科学, 2022, 42(11): 5220-5228.

[108] 徐靖宸. 废旧三元锂离子电池的回收利用 [D]. 桂林: 桂林理工大学, 2021.

[109] 刘晴. 三元锂离子电池正极材料的回收及应用研究 [D]. 沈阳: 沈阳理工大学, 2023.

[110] 李春艳. 废旧三元锂离子电池中镍钴锰锂的分离回收研究 [D]. 徐州: 中国矿业大学, 2022.
[111] 张加奎. 退役锂离子电池锂化石墨负极的回收及其高附加值应用 [D]. 广州: 华南理工大学, 2022.
[112] 张锐, 田勇, 张维丽, 等. 废旧三元锂电池石墨负极电化学除杂及其性能研究 [J]. 新型炭材料（中英文）, 2024, 39(3): 573-582.
[113] 刘斌, 刘翔, 汪辉, 等. 退役锂离子电池循环利用技术研究进展 [J]. 盐湖研究, 2024, 32(3): 113-122.
[114] 张玉超, 张凤姣, 娄伟, 等. 废旧锂离子电池有价金属资源化利用的转化过程和潜在环境影响 [J]. 储能科学与技术, 2024, 13(6): 1861-1870.
[115] 杨冬荣, 陈迁, 段铭诚. 电絮凝法处理含砷污水技术研究进展 [J]. 电镀与精饰, 2023, 45(1): 62-70.
[116] 汪曾浪. 电絮凝与化学絮凝除硅应用 [D]. 北京: 北京化工大学, 2022.
[117] 龚翔, 张军, 唐军, 等. 电破乳方法研究 [J]. 能源与环境, 2015(2): 16-17,26.
[118] 蔡亚辉. 超湿润性复合膜的制备及其在乳化含油污水分离中的应用 [D]. 苏州: 苏州大学, 2020.
[119] CAI Y, CHEN D, LI N, et al. Nanofibrous metal-organic framework composite membrane for selective efficient oil/water emulsion separation [J]. Journal of Membrane Science, 2017, 543: 10-17.
[120] 李思佳. 水体中新型烟碱类农药的残留风险及其去除研究 [D]. 苏州: 苏州科技大学, 2020.
[121] 贺睿杰. 功能化磁性纳米材料-水动力原位修复土壤 Cd/Pb 污染实验研究 [D]. 徐州: 中国矿业大学, 2023.
[122] 刘玉涛. 框架材料膜的孔道结构调控及气体分离性能强化 [D]. 天津: 天津大学, 2021.
[123] 金万勤, 徐南平. 限域传质分离膜 [J]. 化工学报, 2018, 69(1): 50-56.
[124] 李晓婷. 沸石咪唑框架和氧化石墨烯纳滤膜的制备与限域传质通道调控 [D]. 北京: 北京工业大学, 2022.
[125] 雒洋. GO 层叠通道结构调控及限域传质机理研究 [D]. 大连: 大连理工大学, 2022.
[126] NAIR R R, WU H A, JAYARAM P N, et al. Unimpeded permeation of water through helium-leak-tight graphene-based membranes [J]. Science, 2012, 335(6067): 442-444.
[127] ZHAO S, JIANG C, FAN J, et al. Hydrophilicity gradient in covalent organic frameworks for membrane distillation [J]. Nature Materials, 2021, 20(11): 1551-1558.

第 3 章 环境分离过程原理

环境分离过程是在环境工程和化学领域中广泛应用的重要概念，一般包括环境净化与污染控制，即从各种环境介质（水、气、固）中去除/分离污染物[1,2]。通过特定的处理方法和技术，将环境体系中混合的不同组分进行有效分离，以达到特定的目标和要求。这些目标包括废水处理中的污染物去除、大气净化中的气体分离、固体废弃物处理中的资源回收等[3-5]。在环境污染控制工程中，所涉及的水体、大气、土壤和固体废弃物均为混合体系（均相与非均相），回收其中的有用物质都涉及分离问题。通过对环境分离过程的热力学、化学平衡和动力学原理的深入理解，能够更好地设计和优化环境处理系统，实现高效、可持续的分离效果。在本章中，将详细探讨这些原理，并提供实际案例和应用示例，以帮助读者更好地理解环境分离过程的基础知识和应用。

热力学是研究物质和能量之间转化关系的学科，它为我们理解环境分离过程中的能量变化和热力学平衡提供了基础。化学平衡是指在给定温度和压力下，反应物和生成物之间达到稳定状态的过程。在环境分离过程中，我们常常需要考虑化学反应对分离效果的影响。动力学研究反应和过程的速率和机制，对于理解和优化环境分离过程非常重要。

本章将介绍环境分离过程的原理和基础知识。首先，介绍热力学原理在环境分离过程中的应用，探讨物质在不同环境条件下的相变行为，例如气体的吸附和析出、液体的蒸发和凝结等，以及这些过程中的热力学原理。其次，研究化学平衡在环境分离过程中的基础作用，讨论化学平衡的基本原理，包括平衡常数、反应均衡条件和影响平衡的因素。最后，介绍动力学原理在环境分离过程中的应用，探讨传质过程的动力学模型，并介绍反应速率、扩散和传质的基本原理。同时，还对环境分离过程的能耗进行了分析，具体包括能耗基本概念、熵、功和能耗计算方法以及典型环境分离过程的能耗等，介绍了目前绿色环保的新型分离方法，希望可以通过对相关知识的研究，推动节能降耗分离技术的发展。

3.1 热力学基础

3.1.1 相平衡

相是系统空间各处强度性质完全相同的部分。基于相的定义，相律作为分离过程中最具普遍性的规律之一，是吉布斯根据热力学原理得出的，是分离过程的基础。

系统内相的数目称为相数，用 P 表示。系统所包含的独立组分数用 C 表示，系统独立变量的个数称为系统的自由度，用 F 来表示。1875 年吉布斯对相平衡系统独立强度变量的个数，即自由度 F，与系统所包含的独立组分数 C 及相数 P 间的关系给出了下面简洁的公式：

$$F = C - P + 2 \tag{3-1}$$

该式被称为相律。

由相律表达式可知体系的自由度随体系的组分数增加而增加，随相数的增加而减少。在相律的推导过程中应用了相平衡条件，相平衡指的是溶液中形成若干相，这些相之间保持着物理平衡而处于多相共存状态。在热力学上，它意味着整个系统吉布斯自由能为极小的状态，即：

$$(\mathrm{d}G)_{T,p} = 0 \tag{3-2}$$

对于两相，$\mathrm{d}G_i = \mathrm{d}\mu_i = RT\mathrm{d}\ln\hat{f}_i$，因此有：

$$\hat{f}_i^\alpha = \hat{f}_i^\beta \tag{3-3}$$

相平衡判据即为在一定温度 T、压力 p 下处于平衡状态的多相多组分系统中，任一组分 i 在各相中的分逸度 f 必定相等。

对于多元系统，气-液平衡判据为恒 T、恒 p 条件下，混合物中组分 i 在各相的逸度相等，即可得到相平衡判据：

$$\hat{f}_i^\mathrm{V} = \hat{f}_i^\mathrm{L} \quad (i = 1, 2, 3, \cdots, N) \tag{3-4}$$

相平衡判据是衡量系统是否达到平衡状态所必须满足的热力学条件。在分离过程中，其相界面处存在着物质分子的扩散运动，只不过在相平衡时，种类与数量上时刻保持着相等。环境处理中，常用到各种分离手段，如溶解、蒸馏、重结晶、萃取等，对相的理解和相平衡的判断是选择分离方法、设计分离步骤以及实现最佳操作条件的理论基础，在环境分离过程中具有重要的意义。环境分离过程不同于其他分离过程，涉及污染物的深度脱除，对分离的程度和深度具有很高的要求。例如，《地表水环境质量标准》（GB 3838—2022）要求氨氮的一级排放标准限值仅为 0.02 mg/L，这就需要实现污染物的彻底分离，也就是需要提高分离的平衡常数。常见的相平衡包括气-液平衡、液-液平衡和固-液平衡等，下面将详细展开论述。

1. 相分离

相分离和分配平衡是两类主要的相平衡过程。相分离是指二元或多元混合物在一定条件下分离成为不同的相，例如液-液相分离或液-固相分离。而分配平衡多指不溶的两相之间的分离。例如，结晶过程就是相分离过程，而溶剂萃取过程就是典型的分配平衡。在相分离过程中，不同组分的物质在不同相中具有不同的溶解度或亲疏水性，使得它们在特定条件下分离出来。如图 3-1 所示，在初始状态下，A、B 两种物质处于同一相中，当温度、压力等外部条件发生变化时，由于两种物质具有不同的溶解度或亲疏水性等差异，A、B 分离为两个互不相溶的相从而实现分离，这一过程称为相分离过程。

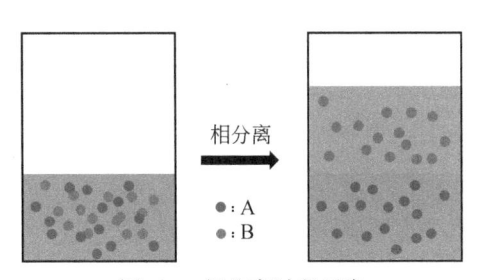

图 3-1 相分离过程示意

2. 分配平衡

分配平衡往往在两个互不相溶的相中进行。两相界面的物理化学过程是影响分离的主要因素。两相可以完全由被分离物质本身所组成，也可以由加入起载体作用的其他物质，即非试样组分组成，而试样组分（例如溶质）在两相间分配。如溶剂萃取中的有机溶剂相和水相，固相萃取中的固体填料和淋洗液，均是非试样组分。借助分配平衡体系进行的分离操作多数用于分析或制备目的。工业生产中较少利用分配平衡体系，这是因为相对于分离目标物质而言，相物质的体积一般要大得多，难以实现大规模生产。在分配平衡体系中，相的组成可以在很宽的范围内变化，这种相组成的变化必然引起不同物质在两相间分配系数大小的变化，分配平衡分离体系正是利用相组成的变化来扩大不同物质在两相间分配系数的差异，从而实现分离的。这里的分配系数，是指在一定温度下，达到分配平衡时某一物质在两种互不相溶的溶剂中的浓度之比。

图 3-2 展现了这一过程。在初始状态下，物质集中存在于两相的某一相中，通过改变温度或压力等外部因素，导致物质从化学势高的相转移至化学势低的相，从而引起物质在两相间分配比例与分配系数的大小变化，并最终实现物质在两相间的分离，这一过程称为分配平衡。

根据以下推导过程，可以得到化学势的判定公式。

设在等温等压条件下有 dn_i 分子的 i 组分由 I 相转入 II 相，体系总自由能变化为：

$$dG = \mu_i^\mathrm{I} dn_i^\mathrm{I} + \mu_i^\mathrm{II} dn_i^\mathrm{II} \tag{3-5}$$

因为Ⅰ相所失等于Ⅱ相所得，即

$$-\mathrm{d}n_i^\mathrm{I} = \mathrm{d}n_i^\mathrm{II} \tag{3-6}$$

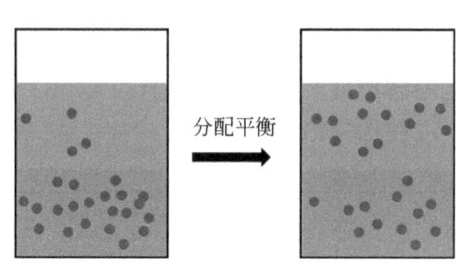

图 3-2　分配平衡过程示意图

所以：

$$\mathrm{d}G = (\mu_i^\mathrm{II} - \mu_i^\mathrm{I})\mathrm{d}n_i^\mathrm{II} \tag{3-7}$$

如果 i 组分是自发地由Ⅰ相转移至Ⅱ相，则 $\mathrm{d}G<0$，即：

$$\mathrm{d}G = (\mu_i^\mathrm{II} - \mu_i^\mathrm{I})\mathrm{d}n_i^\mathrm{II} < 0 \tag{3-8}$$

因为 $\mathrm{d}n_i^\mathrm{II} > 0$，所以：

$$\mu_i^\mathrm{II} < \mu_i^\mathrm{I} \tag{3-9}$$

这说明物质是从化学势高的相转移到化学势低的相。当最终达到分配平衡时，$\mathrm{d}G=0$，于是有：

$$\mu_i^\mathrm{II} = \mu_i^\mathrm{I} \tag{3-10}$$

组分 i 在任意一相中的化学势可以写成：

$$\mu_i = \mu_i^\ominus + RT\ln a_i \tag{3-11}$$

式中，$\mu_i^\ominus$ 为组分在标准状态下的化学势；$\mu_i^\ominus$ 由温度 T、压力 p、体系组成以及所受外场决定。$RT\ln a_i$ 项为体系熵性质项，在分离中起重要作用。在环境分离中，就是要设法调整各组分的 $\mu_i^\ominus$ 值，使它们的差值扩大以达到完全分离。调整 $\mu_i^\ominus$ 的方法包括选择合适的溶剂、沉淀剂、配位试剂、氧化还原剂、重力场、电磁场、离心场等。如在萃取苯酚稀溶液时，对于甲基异丁基酮为主的萃取体系，苯酚的浓度对萃取平衡分配系数影响显著，在极稀的苯酚浓度条件下（<20 mg/L），分配系数较小，而当选用正辛醇为萃取剂时，苯酚浓度对萃取平衡的影响不明显，故萃取剂的选择会影响萃取过程的分配平衡[6]。在油水乳状液破乳研究中，耦合外加电场与离心场加速破乳进程，提升破乳率，当外加电压为 11 kV 时，Sauter 平均直径（SMD）和分离效率达到最大值，比 0 kV 时分别提高了 69.1%和 43.8%，最佳条件下分离效率达到 90.8%。这也是通过改变外场而改变分配平衡的典型案例[7,8]。

总体而言，分离体系中物质自发输运的方向是从化学势高的相（区域）转移到化学势低的相（区域）。就某单一作用力而言，是从化学作用弱的相转移至化学作用强的相，从分子间作用力弱的相转移至分子间作用力强的相，从外力场弱的相转移至外力场强的相，从浓度高的相转移至浓度低的相，从分离状态变成混合状态，从有序状态变成无序状态。

3.1.2 气-液平衡

为研究气体和液体的性质及相关平衡关系过程，人们提出了理想气体模型与理想稀溶液模型，其核心定律为拉乌尔定律和亨利定律。

拉乌尔定律的基本解释为稀溶液中溶剂的蒸气压等于同一温度下纯溶剂的饱和蒸气压与溶液中溶剂摩尔分数的乘积。用公式表示为：

$$p_A = p_A^* x_A \tag{3-12}$$

式中，p_A^* 为同样温度下纯溶剂的饱和蒸气压；x_A 为溶液中溶剂的摩尔分数。

亨利定律可表述为在一定温度下，稀溶液中挥发性溶质在气相中的平衡分压与其在溶液中的摩尔分数（或质量摩尔浓度，或物质的量浓度）成正比。比例系数称为亨利系数。

$$p_A^* = E x_A \tag{3-13}$$

式中，p_A^* 表示溶质 A 在气相中的平衡分压；x_A 表示溶质 A 在液相中的摩尔分数；E 为亨利系数。

对于溶液 A 与气体 B 形成的稀溶液，用公式表示亨利定律时可以有下列形式。如：

$$p_B = k_{x,B} x_B \tag{3-14}$$

$$p_B = k_{b,B} b_B \tag{3-15}$$

$$p_B = k_{c,B} c_B \tag{3-16}$$

式中，x_B 为物质 B 的摩尔分数；b_B 为质量摩尔浓度；c_B 为浓度。

根据拉乌尔定律，溶剂的蒸气压与溶质的摩尔分数成线性关系，仅当溶液处于无限稀释状态，即理想稀溶液条件下，该定律方能精确描述溶剂行为。同理，亨利定律适用于描述溶质在溶液中的行为，亦仅限于溶液无限稀释范畴。然而，在溶质的摩尔分数极低的局部范围内，拉乌尔定律与亨利定律仍具备近似成立的特性。

基于拉乌尔定律和亨利定律的相平衡关系，可以比较气、液两相的实际浓度和相应条件下的平衡浓度，判断环境分离过程中传质的方向，计算分离传质的推动力和确定分离过程的极限。例如，在应用于吸收塔时，如果希望在塔底流出的吸收液中溶质的浓度尽可能高，可以通过增加塔高、增加气体的量、减少吸收剂的用量来实现，但是这种增加是有限度的，其最高限度可以由相平衡关系计算。

同样，在治理废气污染时，若希望通过吸收操作使出塔气体中的污染物浓度尽可能降低，最终浓度也受相平衡关系的限定。

在气体平衡过程中，存在一个重要的热力学量——逸度。其中包括纯组分 i 的逸度、混合物的逸度以及溶液中组分 i 的逸度。逸度与压力的关系十分密切，气体的压力和液体、固体的蒸气压表征物质的逃逸趋势，因而逸度也表征体系的逃逸趋势。在环境分离过程中，逸度和逸度系数主要用于定量衡量流体的非理想性及处理相平衡关系。

对于 1 mol 纯流体，吉布斯自由能与温度和压力的基本关系式为：

$$dG = -SdT + Vdp \tag{3-17}$$

若记纯流体为 i，恒温时有：

$$dG_i = V_i dp \tag{3-18}$$

当流体 i 为理想气体时，则：

$$dG_i = RTd\ln p \tag{3-19}$$

当流体 i 为真实气体时，式中的 V_i 需要用真实气体的状态方程来描述。这时得到的 dG_i 公式将不会像式（3-19）那样简单，且积分也较困难。为了方便计算，Lewis 等采用一个新的热力学函数逸度 f_i 来代替式中的纯组分压力 p_i，于是有：

$$dG_i = RTd\ln f_i \tag{3-20}$$

式中，f_i 为纯组分 i 的逸度，其物理意义是物质发生迁移（传递或溶解）时的一种推动力。

根据符合实际和简单性的原则，补充了下列条件：

$$\lim_{p \to 0} \frac{f_i}{p} = 1 \tag{3-21}$$

逸度系数定义为物质的逸度与其压力之比，记为 φ_i，则：

$$\varphi_i = \frac{f_i}{p} \tag{3-22}$$

显然，对于理想气体，$\varphi_i = 1$。真实气体的逸度系数可以大于 1，也可以小于 1，它是温度、压力的函数，当压力 $p \to 0$ 时，表现为理想气体行为。

3.1.3 液-液平衡

液-液平衡是指两种液体相之间达到动态平衡的状态，其中溶质在两相之间进行分配。液-液平衡在环境分离中发挥着重要的作用，特别是在水体中存在有机污染物时。环境中的有机污染物通常以水溶液的形式存在，例如工业废水、农药残留、石油污染等。液-液平衡可以用于描述有机污染物在水相和有机相之间的分配行为。通过调节不同相的物化性质和分配系数，可以实现有机污染物的选择性分离和去除。

在真实溶液中,使用活度来校正浓度,并用活度系数来表示与理想溶液的偏差程度。在液-液平衡中,涉及两个液相(通常是水相和有机相),至少一个液相中存在溶质。活度在这种情况下起到了重要的作用,因为它可以反映溶质在液相中的分配行为。

活度被定义为溶液中组分 i 的逸度 $\hat{f}_i$ 与该组分在标准态时的逸度 f_i^0 之比,即:

$$a_i = \frac{\hat{f}_i}{f_i^0} \tag{3-23}$$

故活度又称为相对逸度。因而得到了组分的偏摩尔 Gibbs 自由能变化与活度之间的关系:

$$\Delta \bar{G}_i = RT \ln a_i \tag{3-24}$$

在上一节我们建立了逸度和气压的关系,因此通过逸度和逸度系数的关系,也可以定义活度与浓度的关系。

真实溶液对理想溶液的偏差归结为活度 a_i 与浓度 x_i 的偏差,这个偏差程度可用两者之比来描述,以 γ_i 表示之,即:

$$\gamma_i = \frac{a_i}{x_i} \tag{3-25}$$

式中,γ_i 称为真实溶液中组分 i 的活度系数。活度代表了真实溶液中相平衡或化学平衡中组分 i 的真正浓度。

活度与活度系数对研究真实溶液具有重要意义。活度系数的大小直接反映与理想溶液的偏离。

液相各组分的活度系数可通过实验测定的气-液平衡数据计算获得,但随着热力学在理论与实践上的不断发展,近年来已提出了很多半理论半经验的方程式来关联活度系数与组分浓度。

在环境分离过程中,逸度与逸度系数常用于处理气态混合物,当然也可以用来计算气液混合物中组分的逃逸趋势。而对于更复杂的混合物,活度和活度系数同时适用于气、液相,例如可以通过构建活度系数模型应用在精馏塔等多种分离过程中。

对于多组分液态溶液,一般采用分子间力和液体的基本结构表示溶液的性质。为了尽量减少描述溶液性质所需要的实验信息,人们希望表示溶液性质的量都能完全由纯组分的性质加以计算。现已提出多种方程式来关联活度与浓度。但这些方程中的参数又必须通过实测的数据来确定,因此被称作半理论半经验公式。借助这些方程可大大减少实验的工作量,获得的数据可以供设计计算使用。下面介绍几种具有代表性的二元体系液相活度系数模型(表 3-1)。

表 3-1 二元体系液相活度系数模型及其适用体系

二元体系液相活度系数方程	公式	适用环境分离体系
Scatchard-Hildebrand 方程	$\begin{cases}\ln\gamma_1=\dfrac{V_1(\delta_1-\delta_2)^2}{RT}\phi_2^2\\ \ln\gamma_2=\dfrac{V_2(\delta_1-\delta_2)^2}{RT}\phi_1^2\end{cases}$	适用于弱极性的烃类混合物的气-液平衡计算
Wohl 方程	$\begin{cases}\ln\gamma_1=Z_2^2\left[A_{12}+2Z_1\left(A_{21}\dfrac{q_1}{q_2}-A_{12}\right)\right]\\ \ln\gamma_2=Z_1^2\left[A_{21}+2Z_2\left(A_{12}\dfrac{q_2}{q_1}-A_{21}\right)\right]\end{cases}$	普遍适用于正规溶液体系
Flory-Huggins 方程	$\begin{cases}\ln\gamma_1=\ln\dfrac{\phi_1}{x_1}+1-\dfrac{\phi_1}{x_1}\\ \ln\gamma_2=\ln\dfrac{\phi_2}{x_2}+1-\dfrac{\phi_2}{x_2}\end{cases}$	适用于高聚物和单体的溶液体系
Wilson 方程	$\begin{cases}\ln\gamma_1=-\ln(x_1+\varLambda_{21}x_2)+x_2\left(\dfrac{\varLambda_{21}}{x_1+\varLambda_{21}x_2}-\dfrac{\varLambda_{12}}{x_2+\varLambda_{12}x_1}\right)\\ \ln\gamma_2=-\ln(x_2+\varLambda_{12}x_1)+x_1\left(\dfrac{\varLambda_{12}}{x_2+\varLambda_{12}x_1}-\dfrac{\varLambda_{21}}{x_1+\varLambda_{21}x_2}\right)\end{cases}$	适用于含烃、醇、醚、酮、腈、酯以及含水的互溶体系,不能用于部分互溶体系
NRTL 方程	$\begin{cases}\ln\gamma_1=x_2^2\left[\dfrac{\tau_{21}G_{21}^2}{(x_1+x_2G_{21})^2}+\dfrac{\tau_{12}G_{12}}{(x_2+x_1G_{12})^2}\right]\\ \ln\gamma_2=x_1^2\left[\dfrac{\tau_{12}G_{12}^2}{(x_2+x_1G_{12})^2}+\dfrac{\tau_{21}G_{21}}{(x_1+x_2G_{21})^2}\right]\end{cases}$	适用于液-液分层物系和高温状态下的二元合金溶液,特别适用于部分互溶体系
UNIQUAC 模型	$\begin{cases}\ln\gamma_1^C=\ln\dfrac{\phi_1}{x_1}+\dfrac{Z}{2}q_1\ln\dfrac{\theta_1}{\phi_1}+l_1-\dfrac{\phi_1}{x_1}(x_1l_1+x_2l_2)\\ \ln\gamma_2^C=\ln\dfrac{\phi_2}{x_2}+\dfrac{Z}{2}q_2\ln\dfrac{\theta_2}{\phi_2}+l_2-\dfrac{\phi_2}{x_2}(x_2l_2+x_1l_1)\end{cases}$	可用于多种体系,包括分子大小相差悬殊的聚合物体系及部分互溶体系

在环境分离中,为了计算电解质溶液的活度系数,除了使用到半经验模型外,还需要合适的基于电解质溶液理论的活度系数模型作为支持。1921 年 Lewis 根据离子平均活度系数的偏差以及大量实验数据,提出离子强度的概念。他认为当温度一定时,影响强电解质离子平均活度系数 $\gamma_\pm$ 的主要因素是浓度和离子电荷数,同时离子价数比浓度的影响更大,但与离子本性无关。离子强度定义为:

$$I=\frac{1}{2}(m_1Z_1^2+m_2Z_2^2+\cdots)=\frac{1}{2}\sum_i m_iZ_i^2 \tag{3-26}$$

式中,m_i 是 i 离子的真实质量摩尔浓度;Z_i 为离子电荷数;I 与 m 的量纲相同。

Lewis 还总结出在稀溶液范围内电解质平均活度系数与离子强度之间的经验关系式:

$$\lg \gamma_\pm = -A\sqrt{I} \qquad (3\text{-}27)$$

该式实际上是针对离子强度小于 0.01 mol/kg 的 1-1 价型电解质稀溶液而言的。

Debye 和 Hückel 从离子互吸及离子热运动的概念出发，提出离子氛的模型，并推导出了 Debye-Hückel 极限公式，借此可定量计算电解质的平均活度系数。自 Debye-Hückel 强电解质溶液理论被提出，人们对电解质溶液理论进行了大量的研究，并提出了各种理论模型或经验公式，如 Harned、Robinson、Koryta、Bromley、Pitzer、Chen 等。发展至今，常用的电解质溶液模型有 Bromley 方程、Pitzer 模型、电解质 NRTL 模型。

1973 年，Pitzer 以统计力学原理为基础，从电解质水溶液的径向分布函数出发[9]，提出了溶液的总过量自由能表达式，并推导出了渗透系数和活度系数的计算公式，但此公式没有考虑离子间的色散作用及离子的水合作用，仅适用于稀溶液。为此，Pitzer 提出了一个半经验的计算溶液过量吉布斯自由能 G^{ex} 的通式：

$$\frac{G^{ex}}{n_w RT} = f(I) + \sum_i \sum_j \lambda_{ij}(I) m_i m_j + \sum_i \sum_j \sum_k \mu_{ijk} m_i m_j m_k \qquad (3\text{-}28)$$

公式等号右边第一项是长程静电项，第二项是两粒子短程作用项，第三项是三粒子作用项。此模型是电解质溶液理论中的原始模型，只考虑溶质粒子间的相互作用，而将溶剂作为连续介质，溶剂对溶液性质的影响仅体现在介电常数上。Pitzer 等根据公式（3-28）和渗透系数 ϕ、活度系数 λ 与 G^{ex} 的关系式及一系列假设下推导出了单一电解质和混合电解质溶液的渗透系数和离子的活度系数的表达式：

单一电解质溶液渗透系数的表达式为：

$$\phi - 1 = -|z_M z_X| \frac{A_\varphi I^{\frac{1}{2}}}{1+bI^{\frac{1}{2}}} + m \frac{2v_M v_X}{v} \left(\beta_{MX}^{(0)} + \beta_{MX}^{(1)} e^{-aI^{\frac{1}{2}}} \right) + m^2 \frac{2(v_M v_X)^{\frac{3}{2}}}{v} C_{MX}^\phi \qquad (3\text{-}29)$$

平均离子活度系数的表达式为：

$$\ln \gamma_\pm = -|Z_M Z_X| A_\varphi \left[\frac{I^{\frac{1}{2}}}{1+bI^{\frac{1}{2}}} + \frac{2}{b} \ln\left(1+bI^{\frac{1}{2}}\right) \right]$$

$$+ m \frac{2v_M v_X}{v} \left\{ 2\beta_{MX}^{(0)} + \frac{2\beta_{MX}^{(1)}}{\alpha^2 I} \left[1 - \left(1+\alpha I^{\frac{1}{2}}\right) - \frac{1}{2}\alpha I \right] e^{-\alpha I^{\frac{1}{2}}} \right\} \qquad (3\text{-}30)$$

$$+ \frac{3}{2} m^2 \frac{2(v_M v_X)^{\frac{3}{2}}}{v} C_{MX}^\varphi$$

混合电解质溶液渗透系数表达式：

$$\phi - 1 = \frac{1}{\sum_i m_i} \left\{ \begin{array}{l} \left[If'(I) - f(I) \right] + 2\sum_c\sum_a m_c m_a \left[B_{ca} + IB'_{ca} + 2(\sum mz)C_{ca} \right] \\ + \sum_c\sum_{c'} m_c m_{c'} \left[\theta_{cc'} + I\theta'_{cc'} + \sum_a m_a \psi_{cc'a} \right] \\ + \sum_a\sum_{a'} m_a m_{a'} \left[\theta_{aa'} + I\theta'_{aa'} + \sum_c m_c \psi_{caa'} \right] \end{array} \right\} \quad (3\text{-}31)$$

因此，混合电解质溶液中单个离子的活度系数为：

$$\begin{aligned}
\ln \gamma_M &= \frac{1}{2}z_M^2 f'(I) + 2\sum_a m_a \left[B_{Ma} + (\sum mz)C_{Ma} \right] + 2\sum_c m_c \theta_{Mc} \\
&+ \sum_c\sum_a m_c m_a \left(z_M^2 B'_{ca} + z_M C_{ca} + \Psi_{Mca} \right) + \frac{1}{2}\sum_a\sum_{a'} m_a m_{a'} \left(z_M^2 \theta'_{aa'} + \Psi_{Maa'} \right) \\
&+ \frac{Z_M^2}{2}\sum_c\sum_{c'} m_c m_{c'} \theta'_{cc'} + z_M \left(\sum_c \frac{m_c \lambda_{cc}}{z_c} - \sum_a \frac{m_a \lambda_{aa}}{|z_a|} \right) \\
&+ \frac{3z_M}{2}\sum_c\sum_a m_c m_a \left(\frac{\mu_{cca}}{z_c} - \frac{\mu_{caa}}{|z_a|} \right)
\end{aligned} \quad (3\text{-}32)$$

Pitzer 已经回归了 280 多种单一电解质水溶液和一些混合电解质水溶液的参数[10]，得到的计算结果与实验值相吻合，使用的浓度范围也很宽。正因为 Pitzer 方程的简单，所需参数较少，而且可以用二元 Pitzer 参数预测多元体系，使得其在国内外都得到了广泛的应用。

Chen 等将 Pitzer-Debye-Hückel 理论与局部组成模型中的 NRTL 方程相结合，提出了电解质 NRTL 方程，其包含同性离子相斥和局部电中性两点假设[11]。在此方程中，过量 Gibbs 自由能表达式包括两个部分，即以 Pitzer-Debye-Hückel 公式表示的离子间长程静电作用（PDH）及 NRTL 方程表示的粒子间短程作用项（lc），其表达式为：

$$G^E = G^{E,PDH} + G^{E,lc} \quad (3\text{-}33)$$

Pitzer-Debye-Hückel 公式采用离子摩尔分数为浓度单位。如果溶剂以纯态为参考态，溶质（离子）以无限稀释为参考态，则得到的过量 Gibbs 自由能的长程作用项表示为：

$$\frac{G^{E,PDH}}{RT} = -\left(\sum_k x_k\right)\left(\frac{1000}{M_B}\right)\frac{4A_\varphi I_x}{\rho}\left(1 + \rho I_x^{1/2}\right) \quad (3\text{-}34)$$

式中，x 表示摩尔分数；k 表示组分；M_B 是溶剂的相对分子质量；ρ 表示与离子最近距离有关的参数，其值为 14.9；I_x 表示以离子摩尔分数为单位的离子强度；A_φ 由不同温度时的纯水的物性数据计算得到。

NRTL 模型的基本假设是非理想的混合熵与混合焓相比可忽略，基本符合电解质溶液的真实情况，其相应的过剩吉布斯能 $G^{E,lc}$ 的表达式为[12]：

$$G^{E,lc} = \sum_B X_B \frac{\sum_j X_j G_{jB} \tau_{jB}}{\sum_k X_k G_{kB}} + \sum_c X_c \sum_{a'} \frac{X_{a'}}{\sum_{a''} X_{a''}} \frac{\sum_j X_j G_{jB,a'c} \tau_{jB,a'c}}{\sum_k X_k G_{kc,a'c}} \\ + \sum_a X_a \sum_{c'} \frac{X_{c'}}{\sum_{c''} X_{c''}} \frac{\sum_j X_j G_{ja,ac'} \tau_{ja,ac'}}{\sum_k X_k G_{ka,c'a}} \quad (3\text{-}35)$$

式中，j 和 k 可以是任何离子形式（a, c 或 B）。

根据活度系数与过剩吉布斯能的关系，经数学推导可以得出活度系数公式为：

$$\ln \gamma_i = \ln \gamma_i^{PDH} + \ln \gamma_i^{lc} \quad (3\text{-}36)$$

$$\ln \gamma_i^{PDH} = -\left(\frac{1000}{M_s}\right)^{1/2} A_\varphi \left[\frac{z_i}{\rho} \ln\left(1+\rho I_x^{1/2}\right) + \frac{z_i^2 I_x^{1/2} - 2I_x^{3/2}}{1+\rho I_x^{1/2}}\right] \quad (3\text{-}37)$$

$$\ln \gamma_i^{lc} = \frac{\sum_j X_j G_{jB} \tau_{jB}}{\sum_k X_k G_{kB}} + \sum_{B'} \frac{X_{B'} G_{BB'}}{\sum_k X_k G_{Bk}} \left(\tau_{BB'} - \frac{\sum_k X_k G_{kB'} \tau_{kB'}}{\sum_k X_k G_{kB'}}\right) \\ + \sum_c \sum_{a'} \left(\frac{X_{a'}}{\sum_{a''} X_{a''}}\right) \frac{X_c G_{Bc,a'c}}{\sum_k X_k G_{kc,a'c}} \left(\tau_{Bc,a'c} - \frac{\sum_k X_k G_{kc,a'c} \tau_{kc,a'c}}{\sum_k X_k G_{kc,a'c}}\right) \quad (3\text{-}38) \\ + \sum_a \sum_{c'} \left(\frac{X_{c'}}{\sum_{c''} X_{c''}}\right) \frac{X_a G_{Ba,c'a}}{\sum_k X_k G_{ka,c'a}} \left(\tau_{Ba,c'a} - \frac{\sum_k X_k G_{ka,c'a} \tau_{ka,c'a}}{\sum_k X_k G_{ka,c'a}}\right)$$

$$\frac{1}{Z_c} \ln \gamma_c^{lc} = \sum_{a'} \left(\frac{X_{a'}}{\sum_{a''} X_{a''}}\right) \frac{\sum_k X_k G_{kc,a'c} \tau_{kc,a'c}}{\sum_k X_k G_{kc,a'c}} + \sum_B \frac{X_B G_{cB}}{\sum_k X_k G_{kB}} \left(\tau_{cB} - \frac{\sum_k X_k G_{kB} \tau_{kB}}{\sum_k X_k G_{kB}}\right) \\ + \sum_a \sum_{c'} \left(\frac{X_{c'}}{\sum_{c''} X_{c''}}\right) \frac{X_a G_{ca,c'a}}{\sum_k X_k G_{ka,c'a}} \left(\tau_{ca,c'a} - \frac{\sum_k X_k G_{ka,c'a} \tau_{ka,c'a}}{\sum_k X_k G_{ka,c'a}}\right) \quad (3\text{-}39)$$

$$\frac{1}{Z_a} \ln \gamma_a^{lc} = \sum_{c'} \left(\frac{X_{c'}}{\sum_{c''} X_{c''}}\right) \frac{\sum_k X_k G_{ka,c'a} \tau_{ka,c'a}}{\sum_k X_k G_{ka,c'a}} + \sum_{B'} \frac{X_B G_{aB}}{\sum_k X_k G_{kB}} \left(\tau_{aB} - \frac{\sum_k X_k G_{kB} \tau_{kB}}{\sum_k X_k G_{kB}}\right) \\ + \sum_c \sum_{a'} \left(\frac{X_{a'}}{\sum_{a''} X_{a''}}\right) \frac{X_c G_{ac,a'c}}{\sum_k X_k G_{kc,a'c}} \left(\tau_{ac,a'c} - \frac{\sum_k X_k G_{kc,a'c} \tau_{kc,a'c}}{\sum_k X_k G_{kc,a'c}}\right) \quad (3\text{-}40)$$

其中：

$$x_j = \frac{m_j}{\sum_j m_j} \quad (3\text{-}41)$$

$$X_j = x_j Z_j \quad (3\text{-}42)$$

$$G_{ji} = \exp\left(-\alpha_{ji} \tau_{ji}\right) \quad (3\text{-}43)$$

$$G_{cB} = \frac{\sum_a X_a G_{cB}}{\sum_{a'} X_{a'}}, \quad G_{aB} = \frac{\sum_c X_c G_{aB}}{\sum_{c'} X_{c'}} \quad (3\text{-}44)$$

$$\alpha_{cB} = \frac{\sum_a X_a \alpha_{cB}}{\sum_{a'} X_{a'}}, \quad \alpha_{aB} = \frac{\sum_c X_c \alpha_{aB}}{\sum_{c'} X_{c'}} \tag{3-45}$$

$$\tau_{Ba,ca} = \tau_{aB} - \tau_{ca,B} + \tau_{B,ca}, \tau_{Bc,ac} = \tau_{cB} - \tau_{ca,B} + \tau_{B,ca} \tag{3-46}$$

$$\tau_{ca,c'a} = -\tau_{c'a,ca}, \quad \tau_{ca,ca'} = -\tau_{ca',ca} \tag{3-47}$$

式中，i 为任意粒子；B 为中性分子；c 为阳离子；a 为阴离子。

电解质 NRTL 模型不需要高次项的参数，仅需两个二元的可调参数，且适用较高的浓度范围。

电解质 NRTL 模型可用于处理单一电解质水溶液、多组分电解质水溶液、混合溶剂电解质溶液、有机电解质溶液、含聚合物的电解质溶液等复杂体系，尤其在混合溶剂电解质溶液体系中的应用更为突出。对于电解质溶液体系的气-液、液-液、固-液及气-液固相平衡行为的非理想性，模型可给出很好的预测结果。

例如，本团队[13]针对已开发的以萃取分离为核心的钒铬资源化处理技术路线中仍存在的难点，利用湿法冶金过程常用的经典 $\log c(V)$-pH 图及其相应的离子转化平衡常数，确定已知萃取实验数据中水相的主要离子形态，并利用斜率法在各主要离子形态的分布区间内得到萃合物和有机相的结合比例，通过建立萃取反应的"Pitzer-Pitzer"和"Pitzer-Margules"热力学模型，从溶解度结晶数据中回归得到钒酸的 Pitzer 参数用作该模型的回归初值，同时回归得到水相的 Pitzer 参数、有机相的 Pitzer 和 Margules 参数以及各萃取反应的平衡常数，确定各钒酸离子形态的反应优先顺序。最终，对该热力学模型进行了合理的验证和应用。

$$\ln K = \ln \gamma_{(RNH_2)_{\frac{4}{3}}(H_3VO_4)} + \ln m_{(RNH_2)_{\frac{4}{3}}(H_3VO_4)} - \ln(10^{-pH}) \\ -\left(\ln m_{H_2VO_4^-} + \ln \gamma_{H_2VO_4^-} + \frac{4}{3}\ln m_{RNH_2} + \frac{4}{3}\ln \gamma_{RNH_2}\right) \tag{3-48}$$

$$\ln K = \ln f_{(RNH_2)_{\frac{4}{3}}(H_3VO_4)} + \ln x_{(RNH_2)_{\frac{4}{3}}(H_3VO_4)} - \ln(10^{-pH}) \\ -\left(\ln m_{H_2VO_4^-} + \ln \gamma_{H_2VO_4^-} + \frac{4}{3}\ln x_{RNH_2} + \frac{4}{3}\ln f_{RNH_2}\right) \tag{3-49}$$

$$\ln K = \ln \gamma_{(RNH_2)_2(H_3V_3O_9)} + \ln m_{(RNH_2)_2(H_3V_3O_9)} - 3\ln(10^{-pH}) \\ -(\ln m_{V_3O_9^{3-}} + \ln \gamma_{V_3O_9^{3-}} + 2\ln m_{RNH_2} + 2\ln \gamma_{RNH_2}) \tag{3-50}$$

$$\ln K = \ln f_{(RNH_2)_2(H_3V_3O_9)} + \ln x_{(RNH_2)_2(H_3V_3O_9)} - 3\ln(10^{-pH}) \\ -(\ln m_{V_3O_9^{3-}} + \ln \gamma_{V_3O_9^{3-}} + 2\ln x_{RNH_2} + 2\ln f_{RNH_2}) \tag{3-51}$$

$$\ln K = \ln \gamma_{(RNH_2)_3(H_6V_{10}O_{28})} + \ln m_{(RNH_2)_3(H_6V_{10}O_{28})} - 5.18\ln(10^{-pH}) - 3\ln m_{RNH_2} \\ -3\ln \gamma_{RNH_2} - (0.18\ln m_{V_{10}O_{28}^{6-}} + 0.18\ln \gamma_{V_{10}O_{28}^{6-}} + 0.82\ln m_{V_{10}O_{28}H^{5-}} + 0.82\ln \gamma_{V_{10}O_{28}H^{5-}}) \tag{3-52}$$

$$\ln K = \ln f_{(RNH_2)_3(H_6V_{10}O_{28})} + \ln x_{(RNH_2)_3(H_6V_{10}O_{28})} - 5.18\ln(10^{-pH}) - 3\ln x_{RNH_2} - 3\ln f_{RNH_2}$$
$$- (0.18\ln m_{V_{10}O_{28}^{6-}} + 0.18\ln \gamma_{V_{10}O_{28}^{6-}} + 0.82\ln m_{V_{10}O_{28}H^{5-}} + 0.82\ln \gamma_{V_{10}O_{28}H^{5-}})$$
（3-53）

$$m_{Na^+} = m_{H_2VO_4^-} \tag{3-54}$$

$$K = \frac{m_{(RNH_2)_0} - m_{(RNH_2)_e}}{a_{H^+}^3 \cdot m_{(RNH_2)_e}^2 \cdot m_{V_3O_9^{3-}}} \tag{3-55}$$

建立的热力学模型主要可以应用于预测不同钒离子形态的平均离子活度系数、溶液平衡、pH 对萃取结果的影响以及有机相伯胺萃取剂初始浓度对萃取结果的影响。图 3-3（a）预测了 NaH_2VO_4、$Na_3V_3O_9$ 和 $Na_4V_4O_{12}$ 三种离子形态的平均离子活度系数，图 3-3（b）预测了 $Na_5HV_{10}O_{28}$ 和 $Na_6V_{10}O_{28}$ 两种离子形态的平均离子活度系数的变化趋势。所得结果都符合单一电解质溶液活度系数的趋势规律，在三种离子形态中 $Na_4V_4O_{12}$ 具有最多的负电荷数，所以下降较快 [图 3-3（a）]，$HV_{10}O_{28}^{5-}$ 和 $V_{10}O_{28}^{6-}$ 的总电子数相同，但 $V_{10}O_{28}^{6-}$ 的带电数更多，活度系数下降较快 [图 3-3（b）]。图 3-3（c）和图 3-3（d）展示了使用回归的热力学参数预测的有

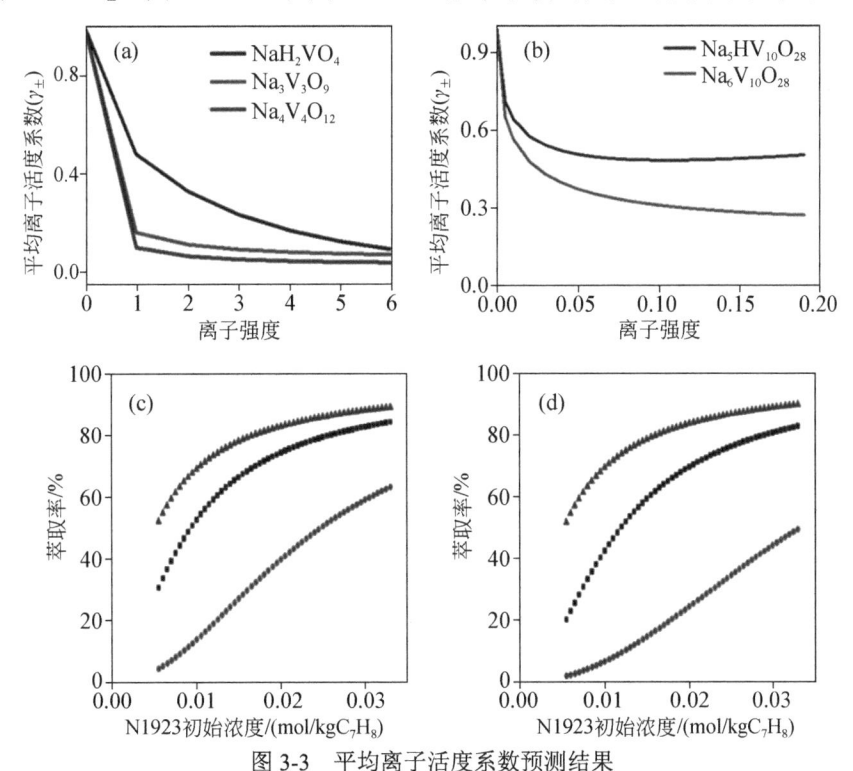

图 3-3 平均离子活度系数预测结果

（a）V_1、V_3 和 V_4 离子态单一电解质的水溶液；（b）V_{10} 离子态的单一电解质水溶液；伯胺初始浓度对萃取率的影响预测结果（0.003602 mol/kg V）：（c）Pitzer-Pitzer 模型；（d）Pitzer-Margules 模型
▲ pH=6.55；■ pH=6.95；● pH=7.35

机相伯胺初始浓度对萃取结果的影响。随着伯胺加入量的增多，反应的萃取率随之上升。较低的溶液平衡 pH 可以使得曲线更快地达到转折点，在溶液 pH 值为 7.35 时，萃取率很低，反应基本没有转折点。对比图 3-3(c)和图 3-3(d)，Pitzer-Pitzer 和 Pitzer-Margules 模型下的预测结果基本一致。热力学模型的建立和回归，不仅可以预测萃取反应趋势，还可预测特定平衡 pH 和摩尔浓度条件下的萃取率数值，对工业应用具有重要指导意义。

此外，本团队[14]对伯胺萃取钨体系的 Pitzer 模型进行改进，然后分别用 Margules 方程和 NRTL 方程计算伯胺萃取钨体系的有机相溶质的活度系数，建立 Pitzer-Margules 模型和 Pitzer-NRTL 模型，二者的模型误差相近且预测效果基本一致。与改进的 Pitzer 模型进行比较，三个模型的误差和预测效果并无很大的区别，说明误差主要是由水相中存在的微量钨同多酸根离子引起的体系的不稳定性。图 3-4（a）与图 3-4（b）展示了采用 Pitzer 模型预测 N1923 对钨的萃取效率，结果表明，钨萃取率随平衡 pH 值的减小而增大，且在较低的平衡 pH 值范围内，模型计算数据与实验数据偏差很小；钨萃取率是随着萃取剂 N1923 初始浓度增加而迅速增加的，当 N1923 浓度达到一定值后，萃取率开始缓慢增加至恒定值。图 3-4（c）和图 3-4（d）展示了采用 Margules 模型对钨萃取率变化的预测，结果与采用改进 Pitzer 模型预测值基本一致，说明采用 Margules 方程计算有机相各物质的活度系数并未能降低模型误差和提高模型预测效果。

3.1.4 固-液平衡

固液平衡是指在给定温度下，固体溶质在溶液中溶解和沉淀达到动态平衡的状态。溶度积是描述该平衡状态的一个重要概念。固液平衡不仅有溶解平衡，还有熔融平衡。前者的重点是固体在液体中的溶解度问题；后者则是相同化学物质的熔融和固体形式间的平衡。本节主要介绍溶解平衡。通过测量溶液中离解产物的浓度，可以计算出溶度积，并由此了解固液平衡中的溶解度。溶度积与溶解度之间存在直接的关系，它们可以互相转换。溶度积的大小可以提供关于溶质在溶液中溶解程度和固-液平衡的重要信息。

溶解平衡中的重要概念之一为溶解度，即在一定温度下，某固体物质在 100 g 溶剂里达到饱和状态时所溶解的质量。固体及少量液体物质的溶解度是指在一定的温度下，某固体物质在 100 g 溶剂里（通常为水）达到饱和状态时所能溶解的质量，单位一般可表示为"g/100g 水"。气体的溶解度通常指的是该气体（其压强为 1 标准大气压）在一定温度时溶解在 1 体积溶剂里的体积数，常用"g/100g 溶剂"作单位。根据物质在 20℃时的溶解度的大小，把它们在水中的溶解性分为以下等级：溶解度 10 g 以上易溶，1～10 g 可溶，0.01～1 g 微溶（如氢氧化钙），0.01 g 以下难溶。

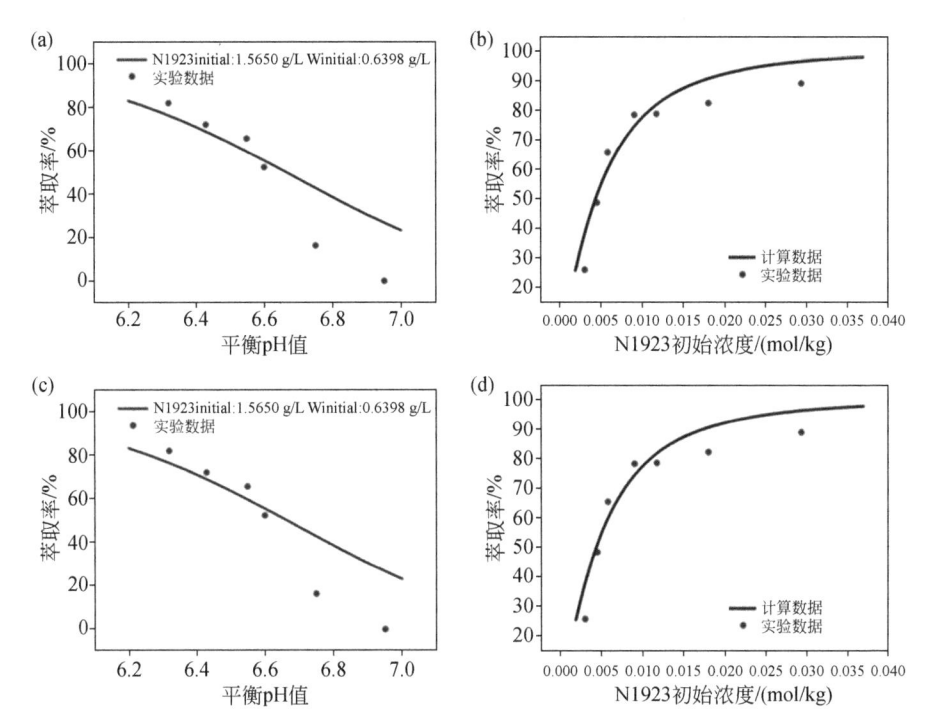

图 3-4 改进 Pitzer 模型（a，b）及 Margules 模型（c，d）对钨萃取效率预测结果
(a) pH 对萃取率的影响；(b) N1923 浓度对萃取率的影响；(c) pH 对萃取率的影响；(d) N1923 浓度对萃取率的影响

反应溶解度大小的具体指标可以使用溶度积常数。沉淀在溶液中达到沉淀溶解平衡状态时，各离子浓度保持不变（或一定），其离子浓度幂的乘积为一个常数，这个常数称之为溶度积常数，简称溶度积，用 $K_{sp}^{\ominus}$ 表示。

如果将 A_xB_y 代表一种难溶性的盐，虽然其溶解度较小但是在溶剂中还是有少量的解离。A_xB_y 在饱和溶液中的溶解反应可用下式表示：

$$A_xB_y \rightleftharpoons xA^{n+} + yB^{m-} \tag{3-56}$$

则溶度积公式为：

$$K_{sp}^{\ominus}(A_xB_y) = [A^{n+}]^x[B^{m-}]^y \tag{3-57}$$

可以将化学平衡移动原理应用到溶解平衡中，通过化学反应的反应热 Q 与溶度积 $K_{sp}^{\ominus}$ 比较：

如果 $Q < K_{sp}^{\ominus}$，则溶液不饱和，若体系中有沉淀物，则沉淀物将发生溶解。

如果 $Q = K_{sp}^{\ominus}$，则溶液饱和与沉淀物平衡。

如果 $Q > K_{sp}^{\ominus}$，则沉淀从溶液中析出。

这几条规则即为溶度积原理，利用它就可以在分离过程中判断某种沉淀是否能够生成。影响沉淀溶解度的因素很多，如同离子效应、盐效应、酸效应、配位效应等。

1916 年，美国化学家 Joel Henry Hildebrand 首次在理论上阐述了溶解度、气化热和内聚能量密度的关系，并在 1936 年进一步列出了溶解度参数的计算公式。1950 年后，溶解度参数成为一个由"δ"符号所代表的专有名词[15]。

当将某一溶质投入一溶剂中，两者的分子间将产生一定的作用力，设以 F_{12} 表示（1 代表溶剂，2 代表溶质）。若作用力 F_{12} 大于原来两者各自分子间的作用力 F_{11} 和 F_{22}，即不同分子的相互作用力大于同种分子的自聚力，则两者相溶，溶质溶解；若 F_{12} 小于 F_{11}、F_{22}，则两者趋于自聚，而不相溶。将作用力写成能量的形式，则溶解过程的能量变化为：

$$\Delta E_m = N_{12}\left(\frac{W_{11}}{2} + \frac{W_{22}}{2} - W_{12}\right) \tag{3-58}$$

式中，N_{12} 为溶解中 1、2 分子结合的分子数。对于非极性体系，混合过程无热或吸热，Hildebrand 等推导了这种情况下的 W_{12} 等于的几何平均值，即

$$W_{12} = \sqrt{W_{11}W_{12}} \tag{3-59}$$

于是得：

$$\Delta E_m = N_{12}\left(\frac{W_{11}}{2} + \frac{W_{22}}{2} - \sqrt{W_{11}W_{12}}\right) = N_{12}\left[\left(\frac{W_{11}}{2}\right)^{\frac{1}{2}} - \left(\frac{W_{22}}{2}\right)^{\frac{1}{2}}\right]^2 \tag{3-60}$$

最后得出溶解过程的混合热 ΔH_m（以克分子函数表示）：

$$\Delta H_m = \frac{n_1 V_1 n_2 V_2}{n_1 V_1 + n_2 V_2}\left[\left(\frac{\Delta E_1}{V_1}\right)^{\frac{1}{2}} - \left(\frac{\Delta E_2}{V_2}\right)^{\frac{1}{2}}\right]^2 \tag{3-61}$$

式中，n_1、n_2 分别为 1、2 的克分子数；V_1、V_2，分别为 1、2 的克分子体积；ΔE_1、ΔE_2 为各自的内聚能，通常采用可测求的克分子蒸发热表示。$\frac{\Delta E}{V}$ 叫作内聚能密度 (C、E、D)，而 $\left(\frac{\Delta E}{V}\right)^{\frac{1}{2}}$ 有一专门名称——溶解度参数，以 δ 表示。于是就有：

$$\Delta H_m = \frac{n_1 V_1 n_2 V_2}{n_1 V_1 + n_2 V_2}[\delta_1 - \delta_2]^2 \tag{3-62}$$

$$\delta = \left(\frac{\Delta E}{V}\right)^{1/2} \tag{3-63}$$

对于简单脂肪烃（如烷烃、烯烃等）和环烃（如脂环烃、芳香烃）或只带有单个官能团的脂肪烃（如简单的醇、酮、醚、醛、酯、酸、胺等）或单卤代烷，其 Hildebrand 溶解度参数计算公式如下：

$$\delta = \left(\sum_i \frac{E_i}{V}\right)^{1/2} + (n-3) \times 0.05 \quad (3\text{-}64)$$

式中，δ 为 Hildebrand 溶解度参数；E_i 为构成化合物的基团 i 的摩尔内聚能；V 为基团 i 的摩尔体积；n 为直链烷烃中碳原子数目，当 $n<3$ 时，该项取零。该化合物带有两个及以上的官能团和取代基，并且它们之间可以生成分子内氢键的时候，由于官能团互相影响，该官能团的 E_i 值降低，因此对形成氢键的官能团应该取其次级内聚能值 E'_i。

Hildebrand 溶解度参数是基于蒸发热和内聚能密度提出的，但未考虑分子间作用力类型，导致实际应用中溶解度参数相近但溶解性质差异显著的现象。该溶解度参数仅适用于非极性体系，对极性与氢键体系（如醇类、水溶液）的适用性有限。为此学者提出了 Hansen 三维溶度参数，其计算方程如下：

$$\delta^2 = \delta_d^2 + \delta_p^2 + \delta_h^2 \quad (3\text{-}65)$$

式中，δ_d^2、δ_p^2 和 δ_h^2 分别表示色散、极性和氢键贡献。

Hildebrand 和 Hansen 溶解度参数理论的建立，不仅深化了溶解机理的认知，更为废水处理技术的革新提供了重要理论支撑。如本团队[16]基于溶解度参数法，系统评估了 12 种萃取剂对焦化废水中焦粉焦油组分的萃取性能，开发了一种新型焦粉焦油协同脱除技术。

3.1.5 其他平衡

除了上述几种平衡过程，在分离过程中还存在其他复杂的平衡关系，如气-固平衡、气-液-液平衡等。其中，气-固平衡是指气体与固体之间达到动态平衡的状态，如气体分子与固体表面之间发生吸附和解吸附过程。气-固平衡的原理可以通过吸附解吸等温线来描述，这些等温线反映了吸附剂上气体分子表面覆盖度与气相浓度之间的关系。气-液-液平衡问题则多出现于烃类有机物的水蒸气精馏、恒沸精馏及萃取精馏中。在这些过程中，液-液溶解度曲线有时会与气-液平衡的泡点线相交，此时便产生了气-液-液平衡问题，如水-乙醇-正丁醇系统、水-乙醇-苯系统、水-丙醇-正丁醇系统、水-异丁醇-正丁醇系统等。二元气-液-液平衡系统中具有两个液相、一个气相，因此只有一个自由度。若给定压力 p，则平衡温度和三个相的组成都将是唯一确定的。

例如，通过实验测定了 200 mmHg 下水-环己烷-丙烯酸的气-液-液相平衡数据[17]，并将其绘制为气-液-液三元平衡相图（图3-5）。从图3-5中可以看出，平衡的气相点全部位于共轭液-液连接线的下方，没有跨越液-液连接线，这说明体系内没有三元最低共沸物存在。其次通过相图可以看出，随着体系中丙烯酸含量的增加，水相及有机相中的丙烯酸含量也均有所上升，且水相中的增加量大于有机相中的增加量，这说明丙烯酸组分的水相/有机相分配系数比较大，而气相中的丙烯酸增速则比较缓慢。整体来看，水-环己烷-丙烯酸体系的非均相区范围比较大，丙烯酸组分在水相中的摩尔分数达到65%左右时，非均相区消失。体系由非均相体系逐渐向均相体系转变。

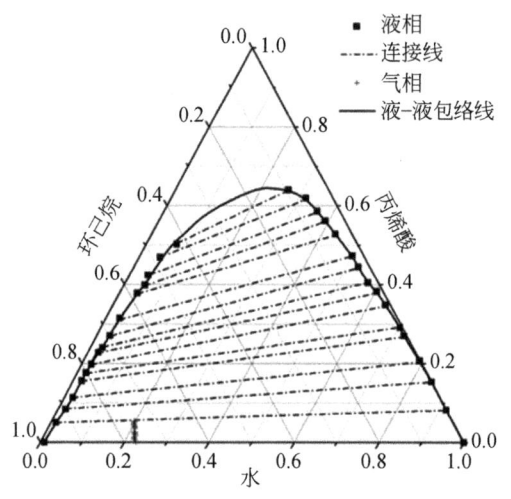

图3-5 200 mmHg下三元系统水+环己烷+丙烯酸的实验VLLE图

针对固液分离，可绘制固液三元相图来讨论溶剂对分离过程的影响[18]。例如，35℃下蒽（ANT）和咔唑（CAR）在离子液体[PM$_2$IM][TFAc]中的固液三元相图如图3-6所示。因为蒽和咔唑在离子液体中的溶解度较低，不饱和液相区的范围很窄。根据相图，可以预测提纯过程中分离蒽和咔唑所需的固液比。加入离子液体萃取剂之前，蒽和咔唑的固体混合物在M点。根据连线法则，加入离子液体后物系沿着MS的连线，逐步向S点方向移动，与液-固（L-S）线相交在D点。根据杠杆规则D点所代表的物系由S点所代表的离子液体和M点所代表的物系按照一定比例组成。对于该ANT-CAR-ILs体系，当固液比为1:6.1时，系统由M点移动到D点并获得A点产物。

3.1.6 相平衡主导的分离过程

研究多相体系的平衡在化学、化工的科研和生产中有重要的意义。在环境分离过程中，相较于化工热力学上的相平衡，除了在满足其基本热力学分离要求的

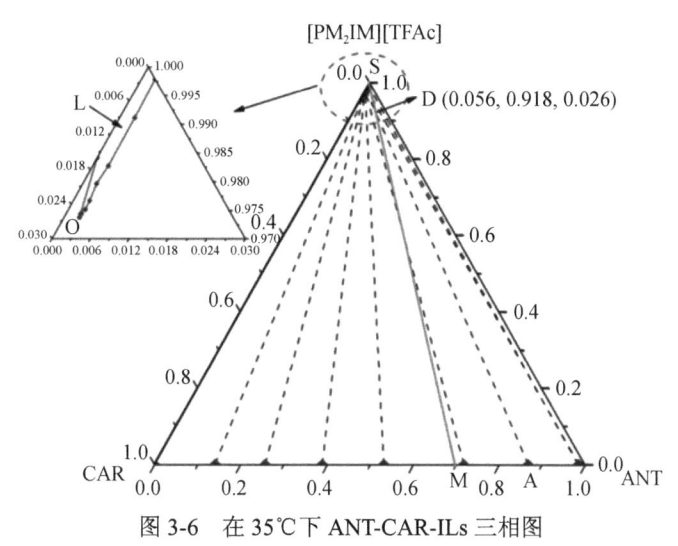

图 3-6 在 35℃下 ANT-CAR-ILs 三相图

◆，饱和液相点；▲，固相点；—◆—，饱和液相线；◆---▲，液固（L-S）线；O，共饱和点；M，原料的固相组成

基础上，更有自己的应用场景和分离体系。在本书第 4 章典型环境分离技术中，将介绍环境分离中常用的分离技术，如精馏、吸附、混凝、吸收、浸取、沉淀等，其中都会涉及相平衡过程，精馏涉及气液平衡，混凝、沉淀涉及固液平衡等，若在相平衡过程中基本不发生化学反应，则可以认为是相平衡主导的分离过程。

在大气污染控制工程中，工业上一般用吸收法、吸附法、催化法来净化气态污染物。最典型的是涉及气液两相的吸收净化法。工厂废气中 CO_2 含量较高，伴随着还有 SO_2 等大气污染物，CO_2 化学吸收系统可使用吸收剂捕集烟气中的 CO_2。大气污染防控方式与相平衡之间存在一定的联系，尤其是在涉及气相和固相或液相之间的相互作用平衡时。此外，大气中的气体与液体之间也存在平衡过程，如大气中的气态污染物与降水之间的平衡。通过增加大气湿度、提高降水量等措施，可以促使气态污染物转移到液态，从而实现大气中的气-液相平衡，减少污染物对人类和环境的影响。通过控制污染物的排放源、调节气相和液相的条件等措施，可以影响大气中的相平衡过程，从而实现对大气污染的防控。这些措施的实施可以减少污染物在大气中的存在和转移，从而改善大气质量，保护人类健康和环境。

水污染控制工程所面临的应用场景最多的便是工业废水和生活污水，其中工业废水因其量大，性质组成复杂，污染严重，含大量有害污染物，在满足环境要求的基础上，如何合理高效来处理，是环境分离体系中的重大议题之一。工业废水（包括放射性废水）的处理涉及许多种有效的单元处理方法（或称单元过程），如化学沉淀、离子交换、溶剂萃取、蒸发浓缩、电解、膜分离、氧化还原、高梯度分离、电泳等，以及重金属和放射性水处理后形成的浓缩产物的水泥固化、沥青固化或烧结固化等不溶性固化处理方法。根据各种工业废水的成分和性质的不同，可采用不同的处理流程和系统，如焦化厂或煤气发生站产生的含焦油和酚废水，可采用自然沉淀后进行溶剂萃取回收其中的酚，最后通过生物处理去除剩余的酚和氰物质。该过程涉及气-液、液-液等多种相平衡分离技术的复合应用与系统集成。

固体废弃物的处理方式一般可概括为物理处理、化学处理、生物处理、热处理、固化处理等，相平衡过程多存在于化学处理中。化学处理是采用化学方法破坏固体废弃物中的有害成分从而使其达到无害化。化学处理方法包括氧化、还原、中和、化学沉淀和化学溶出等。有些有害固体废弃物经化学处理后仍可能产生含毒性成分的残渣，需进一步实施解毒处理或安全处置。以固废处理副产物渗滤液为例，其在矿化垃圾生物反应床处理过程中，通过物理过滤吸附、化学分解沉淀及离子交换整合等非生物作用，可有效截留悬浮物、胶体颗粒和可溶性污染物，继而实现后续处理[19]。下面将相平衡细致分化，并对每一种平衡过程进行解释。

首先是气-液相平衡（吸收、吸附、精馏），在大气污染控制工程和水污染控制领域，主要应用于工业废气和废水的处理上，如渗透汽化、吸收、蒸发、蒸馏等技术。

当混合气体与液相吸收剂接触时，部分吸收质向吸收剂进行质量传递（即吸收过程），同时也发生液相中吸收质组分向气相逸出的质量传递过程（即解吸过程）。在一定的温度和压力下，吸收过程的传质速率等于解吸过程的传质速率时，气-液两相就达到了动态平衡，简称相平衡或平衡。平衡时气相中的组分分压称为平衡分压，液相吸收剂（溶剂）所溶解组分的浓度称为平衡溶解度，简称溶解度。吸收在废气治理中有广泛的应用，如废气中含有氨，通过与水接触，可使氨溶于水中，从而与废气分离；又如锅炉尾气中含有 SO_2，采用石灰/石灰石洗涤，使 SO_2 溶于洗涤液，并与洗涤液中的 $CaCO_3$ 和 CaO 反应，转化为 $CaSO_4 \cdot 2H_2O$，可使烟气得到净化[20,21]。化工生产中排放的一些废气常含有 SO_2、NO、HCN 等有害气体，造成严重的大气污染，可采用碱性吸收剂吸收废气中的酸性有毒气体，使气体得到净化。另外吸收法还能将气体中的污染物转化成有用的产品。例如，用吸收法净化石油炼制尾气中硫化氢的同时，还可以回收有用的元素硫[22]。

液-液相平衡在水污染控制领域主要应用于废水的处理。萃取是一种常用的分离和提取技术，涉及将目标物质从一个液相中转移到另一个液相中。在萃取过程中，液-液平衡是实现有效分离和传质的基础。例如，以萃取-反萃取工艺处理萘系染料活性艳红 K-2BP 生产废水，萃取剂采用 N235，使活性艳红 K-2BP 从水中分离出来，废水得到预处理，再经后续处理可达到排放标准；进入萃取剂中的活性艳红 K-2BP 通过反萃取可以回收利用，反萃取剂采用氢氧化钠水溶液，可以将浓缩液直接盐析回收活性艳红，萃取剂循环使用。该方法不仅能够减少环境污染，还使有用物质得到回收和利用。在环境工程领域，萃取法通常用于提取工业废水中有回收价值的溶解性物质，如从染料废水中提取有用染料、从洗毛废水中提取羊毛脂、从含酚废水中回收酚等[23]。

液-固相平衡在水污染控制和固废处理领域，主要应用于工业废水和固废的处理，如结晶分离法与树脂分离法。采用结晶法处理工业废水，是通过蒸发浓缩或者降温，使废水中具有结晶性能的溶质浓度超过其溶度积达到过饱和状态，先形成许多微小的晶核，然后再围绕晶核长大，从而将多余的溶质结晶出来。结晶法处理废水的主要目的是分离和回收有用的物质。例如，结晶法可以将废水中的盐蒸发结晶出来而使水回用。典型应用包括利用废水中氯化钠、硫酸钠和硫代硫酸钠的溶解度随温度变化的规律不同，实现硫代硫酸钠的选择性分离回收；采用蒸发结晶法处理焦化煤气厂含氰废水，可有效回收黄血盐等有价组分。为了实现水和土壤中重金属（如 Cd 等）和有机污染物（如多环芳烃等）的协同治理，可使用掺氮泡沫碳复合材料对其进行降解处理。该复合材料表面整体呈蜂窝状，可增加表面有效吸附面积，从而有助于污染物的吸附与降解[24]。

离子交换法是利用固相离子交换剂功能基团所带的可交换离子，与接触交换剂的溶液中相同电性的离子进行交换反应，以达到离子的置换、分离、去除、浓缩的目的。其操作可分为间歇式和连续式。在工业用水中，离子交换法用于制取软水或纯水，在工业废水处理中，主要用于去除废水中的氮、重金属离子及总溶解性固体。用于交换金属的离子交换剂包括沸石、强弱阴阳离子交换树脂及螯合树脂。例如，天然与合成树脂均可用于去除废水中的铵离子，但合成树脂由于其耐用性使用更广泛。天然沸石、斜发沸石（对 Cs 具有选择性）以及螯合树脂（对 Cr、Ni、Cu、Zn、Cd、Pb 具有选择性）均可用于去除废水中的金属混合物[25]。

3.2　化学平衡基础

化学平衡是指在封闭系统中，反应物与生成物之间的反应速率达到一个稳定状态的情况。在化学反应过程中，正向反应和逆向反应同时进行，直到达到平衡状态。很多环境分离过程是和化学反应过程耦合的，人们会关心分离时发生的化学反应进行的方向及平衡时的转化率，因为它将直接影响到最后的污染物处理结果，从而进一步影响环境分离过程。

3.2.1 化学平衡的基本概念

化学反应通常都发生在多相多组分系统中，因此通过热力学判据来判断化学反应过程的方向和限度时，可以用偏摩尔量来进行有关计算，而吉布斯函数的偏摩尔量即是化学势，即：

$$dG = \sum_B \mu_B dn_B \tag{3-66}$$

$$dG = \sum_B \nu_B \mu_B d\xi \tag{3-67}$$

$$\left(\frac{\partial G}{\partial \xi}\right)_{T,p} = \sum_B \nu_B \mu_B = \Delta_r G_m \tag{3-68}$$

式中，$\left(\frac{\partial G}{\partial \xi}\right)_{T,p}$ 表示在一定温度、压力和组成的条件下，反应进行了 $d\xi$ 的微量进度折合成每摩尔进度时所引起系统吉布斯函数的变化；也可以说是在反应系统为无限大量时进行了 1 mol 进度化学反应时所引起系统吉布斯函数的改变，简称为摩尔反应吉布斯函数，通常以 $\Delta_r G_m$ 表示。

根据恒温恒压条件下的吉布斯函数判据可有：

若 $\Delta_r G_m < 0$，即 $(\partial G/\partial \xi)_{T,p} < 0$，反应将正向进行，反应物自发生成产物；

若 $\Delta_r G_m > 0$，即 $(\partial G/\partial \xi)_{T,p} > 0$，反应不能自发正向进行（但逆反应可自发进行）；

若 $\Delta_r G_m = 0$，即 $(\partial G/\partial \xi)_{T,p} = 0$，反应达到平衡。

值得注意的是，式中 $\Delta_r G_m = \sum_B \nu_B \mu_B$，若 μ_B 不随浓度而改变，即不随反应进度而变化，则 $\sum_B \nu_B \mu_B$ 恒等于一常数，那么 $\Delta_r G_m$ 也将不随反应进度而改变。这样如果一个反应开始时的 $\Delta_r G_m < 0$，那么在反应进行中，$\Delta_r G_m$ 将始终小于 0，反应将一直进行到底，不存在化学平衡。但偏摩尔量不仅是 T、p 的函数，也是系统组成的函数。随着反应进度的增加，反应物的化学势将逐渐减小，产物的化学势将逐渐增加，因而 G 随 ξ 的变化不是一条直线，而是一条会出现最小值的曲线。

对于恒温恒压下的理想气体化学反应，其中任一反应组分的化学势为：

$$\mu_B = \mu_B^\ominus + RT\ln(p_B/p^\ominus) \tag{3-69}$$

代入式（3-68），可得：

$$\Delta_r G_m = \sum_B \nu_B \mu_B = \sum_B \nu_B \mu_B^\ominus + \sum_B \nu_B RT\ln(p_B/p^\ominus) \tag{3-70}$$

式中，$\sum_B \nu_B \mu_B^\ominus$ 为各反应组分均处于标准态（$p^\ominus = 100$ kPa 的纯理想气体）时每摩

尔反应进度的吉布斯函数变,用 $\Delta_r G_m^\ominus$ 表示,称为标准摩尔反应吉布斯函数,即:

$$\Delta_r G_m^\ominus = \sum_B \nu_B \mu_B^\ominus \qquad (3\text{-}71)$$

式中,$\Delta_r G_m^\ominus$ 只是温度的函数,可通过热力学基础数据计算得到。式(3-70)中后一项的加和可用乘积的形式表示:

$$\sum_B \nu_B RT \ln(p_B/p^\ominus) = RT \sum_B \ln(p_B/p^\ominus)^{\nu_B} = RT \ln \prod_B (p_B/p^\ominus)^{\nu_B} \qquad (3\text{-}72)$$

式中,$\prod_B (p_B/p^\ominus)^{\nu_B}$ 为各反应物及产物 $(p_B/p^\ominus)^{\nu_B}$ 的连乘积,又称为压力商 J_p。因反应物的化学计量数为负,产物为正,所以对于反应:

$$aA + bB \longrightarrow yY + zZ \qquad (3\text{-}73)$$

$$J_p = \prod_B (p_B/p^\ominus)^{\nu_B} = \frac{(p_Y/p^\ominus)^y (p_Z/p^\ominus)^z}{(p_A/p^\ominus)^a (p_B/p^\ominus)^b} \qquad (3\text{-}74)$$

将式(3-71)及式(3-74)代入式(3-70),可得:

$$\Delta_r G_m = \Delta_r G_m^\ominus + RT \ln J_p \qquad (3\text{-}75)$$

此式即为理想气体化学反应的等温方程。

已知反应温度 T 时的 $\Delta_r G_m^\ominus$ 及各气体的分压 p_B,即可求得该温度下反应的 $\Delta_r G_m^\ominus$。

随着反应的进行,反应系统中各组分气体分压将不断发生变化,使得式(3-75)中的 J_p 不断改变,进而使反应的 $\Delta_r G_m$ 不断改变。当反应达到平衡时有:

$$\Delta_r G_m = \Delta_r G_m^\ominus + RT \ln J_p^{eq} = 0 \qquad (3\text{-}76)$$

$$\Delta_r G_m^\ominus = -RT \ln J_p^{eq} \qquad (3\text{-}77)$$

式中,J_p^{eq} 为反应的平衡压力商。对某一确定的化学反应,由于 $\Delta_r G_m^\ominus$ 只是温度的函数,故平衡压力商 J_p^{eq} 也只是温度的函数,当温度确定后,$\Delta_r G_m^\ominus$ 为确定值,J_p^{eq} 也为确定值,与系统的压力和组成无关。以 $K^\ominus$ 表示 J_p^{eq},并称之为标准平衡常数,即:

$$K^\ominus = \prod_B \left(p_B^{eq}/p^\ominus\right)^{\nu_B} \text{(理想气体)} \qquad (3\text{-}78)$$

$K^\ominus$ 的量纲为1。将 $K^\ominus$ 代替 J_p^{eq} 代入式(3-77),可得:

$$\Delta_r G_m^\ominus = -RT \ln K^\ominus \qquad (3\text{-}79)$$

由此可得标准平衡常数 $K^\ominus$ 的定义式:

$$K^\ominus \xlongequal{\text{def}} \exp\left[-\Delta_r G_m^\ominus/(RT)\right] \qquad (3\text{-}80)$$

式(3-80)可称为 $K^\ominus$ 的定义式,它表示了 $K^\ominus$ 与 $\Delta_r G_m^\ominus$ 之间的关系,是一个普适的公式,不仅适用于理想气体化学反应,也适用于真实气体、液态混合物及溶液中的化学反应。将式（3-79）代入等温方程式（3-75），可得：

$$\Delta_r G_m = -RT\ln K^\ominus + RT\ln J_p = RT\ln\left(J_p/K^\ominus\right) \quad (3\text{-}81)$$

由此，通过比较可测量 J_p 与 $K^\ominus$ 的大小，可实现 $\Delta_r G_m$ 判据。在恒温恒压下：

当 $J_p < K^\ominus$ 时，$\Delta_r G_m < 0$，反应自发进行；

当 $J_p > K^\ominus$ 时，$\Delta_r G_m > 0$，反应不能自发进行（逆向反应可自发进行）；

当 $J_p = K^\ominus$ 时，$\Delta_r G_m = 0$，反应达到平衡。

显然，J_p 与 $K^\ominus$ 的相对大小决定了反应的方向和限度。

3.2.2 化学平衡的影响因素

气体混合物中某一组分的量可用摩尔分数 y_B 或物质的量 n_B 等来表示，为了计算方便，人们也经常用这些量来表示化学反应的平衡常数，可以得到：

$$K_y = \prod_B y_B^{\nu_B} \quad (3\text{-}82)$$

$$K_n = \prod_B n_B^{\nu_B} \quad (3\text{-}83)$$

这两个平衡常数与 $K^\ominus$ 的关系如下：

（1）$K^\ominus$ 与 K_y：根据分压定律 $p_B = y_B p$，所以：

$$K^\ominus = \prod_B \left(p_B/p^\ominus\right)^{\nu_B} = \prod_B \left(y_B p/p^\ominus\right)^{\nu_B} = \prod_B y_B^{\nu_B} \cdot \prod_B \left(p/p^\ominus\right)^{\nu_B} = K_y\left(p/p^\ominus\right)^{\Sigma \nu_B(\mathrm{g})} \quad (3\text{-}84)$$

（2）$K^\ominus$ 与 K_n：根据 $p_B = y_B p = n_B p/\sum_B n_B$，有：

$$K^\ominus = \prod_B \left(p_B/p^\ominus\right)^{\nu_B} = \prod_B \left[n_B p/\left(p^\ominus \Sigma n_B\right)\right]^{\nu_B} = \prod_B n_B^{\nu_B} \cdot \prod_B \left[p/\left(p^\ominus \Sigma n_B\right)\right]^{\nu_B}$$
$$= K_n\left[p/\left(p^\ominus \Sigma n_B\right)\right]^{\Sigma \nu_B(\mathrm{g})} \quad (3\text{-}85)$$

当反应方程式中气体的化学计量数之和 $\Sigma \nu_B(\mathrm{g}) = 0$ 时：

$$K^\ominus = K_y = K_n \quad (3\text{-}86)$$

1. 温度的影响

吉布斯-亥姆霍兹方程可以表示恒压下温度对吉布斯函数的影响，即：

$$\left[\frac{\partial(G/T)}{\partial T}\right]_p = -\frac{H}{T^2} \quad (3\text{-}87)$$

将其用于标准压力下的化学反应，可得到下式：

$$\frac{d(\Delta_r G_m^\ominus / T)}{dT} = -\frac{\Delta_r H_m^\ominus}{T^2} \tag{3-88}$$

将 $\Delta_r G_m^\ominus = -RT \ln K^\ominus$ 代入式（3-88），有：

$$\frac{d \ln K^\ominus}{dT} = \frac{\Delta_r H_m^\ominus}{RT^2} \tag{3-89}$$

上式称为范特霍夫（van't Hoff）方程，它是计算不同温度 T 下 $K^\ominus$ 的基本方程。该式表明温度对标准平衡常数的影响与反应的标准摩尔反应焓 $\Delta_r H_m^\ominus$ 有关：

$\Delta_r H_m^\ominus < 0$ 时，为放热反应，$K^\ominus$ 随 T 的升高而减小，升温对正反应不利；

$\Delta_r H_m^\ominus > 0$ 时，为吸热反应，$K^\ominus$ 随 T 的升高而增大，升温对正反应有利。

式（3-89）为 $K^\ominus - T$ 关系的微分式，利用它可进行 $K^\ominus$ 随 T 变化趋势的定性分析。但对于定量计算某一温度下的 $K^\ominus$，还需对该式进行积分。

2. 压力的影响

根据前面的 K_y 与 $K^\ominus$ 的关系可知，由于一定温度下 $K^\ominus$ 一定，所以恒温下：

对于气体分子数增加的反应，$\sum \nu_{B(g)} > 0$，增加系统的总压，K_y 将减小，平衡向左移动，不利于正反应进行，这时减压将有利于正反应；

对于气体分子数减小的反应，$\sum \nu_{B(g)} < 0$，增加系统的总压，K_y 将变大，平衡向右移动，有利于正反应进行；

对于气体分子数不变的反应，$\sum \nu_{B(g)} = 0$，改变压力 K_y 不变，所以压力变化不引起平衡移动。

3. 惰性组分对平衡移动的影响

惰性组分是指不参加化学反应的组分。其对反应平衡的影响，可以通过 K_n 与 $K^\ominus$ 的关系来分析。由式 $K^\ominus = K_n \left[p / \left(p^\ominus \sum n_B \right) \right]^{\sum \nu_{B(g)}}$ 可知，对于恒温恒压下的反应，$K^\ominus$ 恒定、总压 p 保持不变，加入惰性组分，将使系统中总的物质的量 $\sum n_{B(g)}$ 变大，其对反应平衡的影响根据 $\sum \nu_{B(g)}$ 的不同而不同：

对于 $\sum \nu_{B(g)} > 0$ 的反应，加入惰性组分，$\sum n_{B(g)}$ 变大，K_n 将变大，平衡向右移动，有利于正反应；

对于 $\sum \nu_{B(g)} < 0$ 的反应，加入惰性组分，$\sum n_{B(g)}$ 变大，而 K_n 将变小，平衡向左移动，不利于正反应；

对于 $\sum \nu_{B(g)} = 0$ 的反应，加入惰性组分对反应平衡无影响。

3.2.3 化学平衡参与的分离过程

在宏观条件一定的可逆反应中，化学反应的正逆反应速率相等，反应物和生成物各组分浓度不再改变时，达到化学平衡。可用 $\Delta_r G_m = \Sigma v_A \mu_A = 0$ 判断，μ_A 是反应中 A 物质的化学势。根据吉布斯自由能判据，当 $\Delta_r G_m = 0$ 时，反应达最大限度，处于平衡状态。根据勒夏特列原理，如一个已达平衡的系统被改变，该系统会随之改变来抗衡该改变。化学平衡可简单分为四类，氧化还原平衡、沉淀溶解平衡、配位平衡以及酸碱平衡。四类化学平衡之间的关系并非完全割裂开来，而是共同建立在可逆反应的基础上。

1. 氧化还原平衡

在化学平衡中，氧化还原平衡是指涉及电子转移的反应，其中发生氧化和还原的过程达到平衡态。在氧化还原反应中，一个物质失去电子（被氧化），同时另一个物质获得相同数量的电子（被还原）。在工业生产中所需的各种各样的金属，很多都是通过氧化还原反应从矿石中提炼而得到的。例如，生产活泼的有色金属要用电解或置换的方法；生产黑色金属和一些有色金属都是用在高温条件下还原的方法；生产贵金属常用湿法还原等。具体到环境分离领域，主要通过控制氧化还原反应，实现对污染物的降解、沉淀和转化，从而有效地改善环境质量和保护生态系统的健康。污水处理、土壤修复、水体保护、大气污染控制等过程都会涉及氧化还原平衡。例如，在污水处理过程中，通过引入氧化剂（如氧气、臭氧等）或还原剂（如硫酸亚铁等），可以促使有机物质的氧化降解或重金属离子的还原沉淀，从而实现污水的净化和有害物质去除。用于废水处理最多的氧化剂是臭氧、过氧化氢、二氧化氯、高锰酸根、氯和次氯酸，还有空气，这些氧化剂可以在不同情况下用于各种废水的氧化处理。通过化学氧化，可以使废水中溶解性的有机或无机污染物氧化分解，从而降低废水的 BOD 和 COD 值，或使废水中的有毒物质无害化[26, 27]。在土壤修复过程中，氧化还原平衡对于处理污染土壤中的有机物和重金属等污染物具有重要作用。通过控制氧化还原条件，可以促使有机物的降解和重金属污染物的沉淀，从而恢复土壤的健康状态。通过科学的氧化还原平衡控制策略，我们可以朝着更清洁、健康和可持续的环境发展方向迈进。

2. 沉淀溶解平衡

化合物在水中的溶解能力可用溶解度表示，如果化合物在溶液中浓度超过饱和浓度，该化合物就会从溶液中析出，称此过程为沉淀过程。沉淀溶解平衡是指在溶液中存在可溶性化合物的情况下，该化合物与其离解出的离子之间的动态平衡状态。在沉淀溶解平衡中，溶解和沉淀的过程同时进行，直到达到一个稳定的状态。化学沉淀分离是指向污水中投加化学药剂（沉淀剂），使之与污水中溶解态的污染物直接发生化学反应，形成难溶的固体生成物，然后进行固液分离，从而除去水中污染物的一种处理方法。化学沉淀的基本过程是难溶电解质的沉淀析出。前文已经介绍过溶度积公式和溶解度参数的相关概念。在环境分离领域，基于沉淀溶解平衡的化学沉淀分离是其重要组成部分。其在污水处理、重金属去除、水体保护、土壤修护等领域得到了广泛应用。

化学沉淀是污水处理中常用的方法之一，通过添加适当的沉淀剂，如铁盐或铝盐，可以使污水中的悬浮物、悬浮颗粒、胶体物质等形成沉淀物，从而实现固液分离和去除污染物的目的。但在实际应用中，由于许多因素的影响，情况要复杂得多，沉淀物溶解度大小与溶质本性、温度、盐效应、沉淀颗粒的大小及晶形等有关。在污水处理中，根据沉淀-溶解平衡移动的一般原理，可利用过量投药、防止络合、沉淀转化、分布沉淀等，提高处理效率，回收有用物质[28]。在重金属去除方面，通过添加适当的沉淀剂和调节 pH 值，可以使许多工业废水和废弃物中高浓度的重金属离子，如铅、镉、铬等与沉淀剂形成不溶性沉淀物，从而实现重金属的去除和回收。大多数过渡金属的硫化物都难溶于水，因此可用硫化物沉淀法去除污水中的重金属离子。各种金属硫化物的溶度积相差悬殊，同时溶液中 S^{2-} 浓度受 H^+ 浓度的制约，所以可以通过控制酸度，用硫化物沉淀法把溶液中不同金属离子分步沉淀而分离回收[29]。硫化物沉淀法常用的沉淀剂有 H_2S、Na_2S、$NaHS$、$(NH_4)_2S$ 等，根据沉淀转化原理，难溶硫化物 MnS、FeS 等亦可作为处理药剂。比如废旧印刷线路板蚀刻液经过电解回收金属铜后，盐度大、酸度高，仍有一定浓度的金属铜离子。可用三步沉淀法进行处理，首先分别加 $Ca(OH)_2$ 和 $CaCl_2$ 使 SO_4^{2-} 以石膏的形式资源回收，且保证 Cu^{2+} 不沉淀，再加入 NaOH 使 Cu^{2+} 以 $Cu(OH)_2$ 的形式沉淀下来。不但回收了 SO_4^{2-}，同时也实现了对 Cu^{2+} 的回收。

3. 配位平衡

配位平衡是指在化学平衡中，涉及配位化合物中的中心离子与配体之间的配位键形成和解离的过程。配位平衡在化学反应和配位化合物的形成中起着重要作用。通过了解配位平衡的原理，我们可以更好地理解配位化学、催化反应、配位聚合物的形成等现象。在环境分离领域中，吸附过程与萃取过程会涉及配位平衡。

配位平衡在典型环境分离技术中起着重要的指导作用。例如，萃取过程的配位平衡是指有机溶剂中的配体与目标物质形成配合物的平衡。在设计萃取过程时，选择适当的配体是关键。配体应具有与目标物质形成稳定配合物的能力。配体的选择取决于目标物质的性质和所需的选择性。通过了解目标物质的化学性质和与配体之间的配位反应，可以选择具有适当亲和力的配体。配位平衡直接影响相比和分配系数的大小。通过调节配位平衡，可以控制相比和分配系数的值，从而实现有效的分离和富集。

乙二胺四乙酸（EDTA）是一种常用的配体，在化学分析和萃取中广泛应用。EDTA 是一种含有四个羧酸基和两个氨基的螯合剂，可以形成稳定的络合物[30]。在萃取过程中，EDTA 的四个羧酸基是配位的活性位点，可与金属离子形成络合物。这种配位反应通常是通过 EDTA 的羧酸基中的羧酸氢离子与金属离子发生配位作用而发生的，形成的络合物可以是单一的金属-EDTA 络合物，也可以是多个金属离子与一个 EDTA 分子形成的多核络合物。配位反应达到平衡后，EDTA 与金属离子之间形成稳定的络合物。这种络合物的稳定性取决于金属离子的性质和 EDTA 的配位能力。EDTA 具有高亲和力和选择性，可以与多种金属离子形成稳定络合物。在 EDTA 配位的作用下，金属离子与其形成络合物，并从原始溶液中被萃取到有机相中。这种萃取过程可以用于分离和富集特定的金属离子[31]。EDTA 萃取在治理土壤重金属污染方面有重要应用。EDTA 对土壤中各种金属都有很强的螯合能力，对重金属的去除效果明显高于等量水平的水和阳离子表面活性剂，并且使用 EDTA 萃取重金属对土壤的物理结构及化学性质的影响远小于其他酸洗技术。不同浓度的 EDTA 对土壤中的重金属 Pb、Cd、Cu、Zn 均具有一定的萃取能力，EDTA 对土壤中重金属物质的萃取效率取决于污染土壤中重金属物质的种类及其各种形态分布情况。螯合物 Pb-EDTA、Zn-EDTA、Cu-EDTA、Cd-EDTA 的平衡常数分别为 18.0、16.4、18.8 和 16.5，在较低 pH 值下与 EDTA 螯合的趋势是 $Cu^{2+}>Pb^{2+}>Zn^{2+}>Cd^{2+}$。回收的 EDTA 溶液对土壤重金属仍旧具有一定的萃取能力，但由于浓度下降，回收的 EDTA 对污染土壤中重金属的萃取效率有所下降。

4. 酸碱平衡

酸碱中和原理主要是利用酸或碱的添加实现水的酸度调节，采用的工艺主要有石灰中和、石灰石过滤酸性废水等，或者是酸性物质中和碱性废水，工艺相对简单。在污水处理过程中，pH 调节是一项重要的操作。通过调节污水的酸碱性，可以改变废水中某些物质的溶解度和电离程度，促使其沉淀、析出或反应。这有助于去除污水中的悬浮物、沉淀物、金属离子等，提高污水处理的效果。环境中存在一些有害物质，如酸性或碱性废液、酸雨等。通过调节环境中的酸碱平衡，可以中和这些有害物质，使其转化为较为中性的物质，减少对环境的危害。与此同时，由于金属离子在不同 pH 值下存在形态不同，不同的离子形态会影响环境分离过程，因此在分离前需通过酸碱平衡将目标金属调节至合适的形态。对于酸性废水，最常采用的碱性药剂是氢氧化钠和碳酸钠，尽管其价格偏高，但由于使用方便，广泛地被污水处理站和小型污水处理厂使用；石灰由于其价格低廉，使用也比较广泛，使用时将石灰消解成石灰乳后投加，其主要成分是 $Ca(OH)_2$，对水中的杂质具有凝聚作用，因此适用于含杂质多的酸性废水。对于碱性废水，若存在酸性物质或产生酸性废气，可利用它们来处理。此外，也可采用硫酸进行中和处理。也有一些污水处理厂采用烟道气中和碱性废水。

综上所述，在环境分离过程中可有机结合氧化还原平衡、沉淀溶解平衡、配位平衡以及酸碱平衡多种化学平衡过程。如高价态的锰(Ⅳ)还可以通过吸附/共沉淀与金属离子作用，进一步氧化其他有机物，发生类芬顿反应；低价态的锰离子Mn(Ⅱ)～Mn(Ⅲ)则易与有机/无机配体发生络合反应。这涉及氧化还原、沉淀吸附、配合解离等过程。比如在污水中往往存在大量不易沉降的以胶态物质形式存在的污染物微粒，加入混凝剂可促使这些胶态微粒的沉降，该过程便结合了配位平衡、沉淀平衡、酸碱平衡等。最常用的混凝剂是铝盐和铁盐。以铝盐为例，铝盐溶于水后，Al^{3+}发生水解，发挥混凝作用的主要是 $Al(OH)^{2+}$、$Al(OH)_2^+$ 和 $Al(OH)_3$（该水解过程体现了配位平衡）[32]。它们可以从三个方面发挥混凝作用：①中和胶态污染物微粒的电荷；②在胶态污染物微粒之间起黏结作用并促使其长大；③自身形成的絮状体对污染物起吸附卷带作用（该过程体现了沉淀溶解平衡）。显然，在不同的 pH 值条件下，$Al(OH)^{2+}$、$Al(OH)_2^+$ 和 $Al(OH)_3$ 三种形态所占比例不同。因此，pH 值的控制非常重要，一般控制在 6.0～8.5 的范围内（该过程体现了酸碱平衡）。除此之外，温度和搅拌强度对混凝效果也产生一定的影响。铁盐也能够以类似的原理发挥混凝作用，其 pH 值的控制范围以 8.1～9.6 为最佳[33]。

化学平衡在环境分离过程中至关重要。通过了解和控制化学平衡条件，可以优化分离效率、中和有害物质、调控反应速率以及控制溶解度和沉淀等，从而实现环境分离的目标。

3.3 动力学基础

3.3.1 动量传递

动量传递与环境分离之间存在密切的联系，特别是在流体力学与环境工程领域。在环境分离过程中，如废水处理和大气净化，常常涉及水流和气流中的污染物分离。动量传递在这些过程中起着重要的作用。通过调节水流或气流的速度和方向，可以控制污染物的传输和分离效果。例如，在气体净化中，通过设计合适的风道和过滤装置，使气流中的颗粒物或气态污染物受到动量的影响被捕集或沉积下来，从而实现分离效果。

动量传递的两种机理包括分子动量传递和涡流动量传递。分子动量传递是由分子热运动和分子间的吸引力引起；涡流动量传递是由流体微团的脉动运动（或涡旋运动）引起。

雷诺数（Reynolds number）是流体力学中的一个重要无量纲参数，用于描述流体流动中惯性力和黏性力之间的相对重要性。雷诺数与动量传递之间存在密切的关系。流体的流动状况不仅与流体的流速 u 有关，而且与流体的密度 ρ、黏度 μ 和流体的几何尺寸（如圆形管道的管径 d）有关，可以用雷诺数 Re 来判别流体的流动状态：

$$Re = \frac{\rho u L}{\mu} \tag{3-90}$$

流体在圆管内的流动存在两种状态。①层流（滞流）：不同径向位置的流体微团各自以确定的速度沿轴向分层运动，层间流体互不掺混（流速较小时）。②湍流（紊流）：各层流体相互掺混，流体流经空间固定点的速度随时间不规则地变化，流体微团以较高的频率发生各个方向的脉动（当流体达到临界雷诺数时）。

对于圆管内的流动，当 $Re < 2000$ 时，流动总是层流，称为层流区；当 $Re > 4000$ 时，一般出现湍流，称为湍流区；当 $2000 < Re < 4000$ 时，有时出现层流，有时出现湍流，与外界条件有关，称为过渡区。过渡区的流体实际上处于不稳定状态，它是否出现湍流状态往往取决于外界条件的干扰。

边界层理论描述了在流体流动中，流体与固体表面相互作用形成的边界层区域。这个边界层区域的行为取决于流体的黏性和惯性力之间的相对重要性，而雷诺数正是用来比较和量化这两种力的相对大小。

实际流体的流动一般具有两个基本特征：一是在固体壁面上，流体与固体壁面的相对速度为零，这一特征称为流动的无滑移（黏附）条件；二是当流体之间发生相对运动时，流体之间存在剪切力（内摩擦力）。边界层理论揭示了壁面附近区域流体流动的特征，对于计算流动阻力以及研究传热和传质过程都具有非常重要的意义。

1. 平板内的雷诺数

在边界层流动中，由层流转变为湍流的判据仍是雷诺数。对于流体沿平板的流动，雷诺数中的特征长度是离板前缘的距离，特征速度为来流速度。流动状态转变时的临界雷诺数为：

$$Re = \frac{\rho x_c u_0}{\mu} \tag{3-91}$$

式中，x_c 表示流动状态转变的点与前缘的距离，称为临界距离，它与壁面粗糙度、平板前缘的形状、流体性质和流速有关，壁面越粗糙，前缘越钝，x_c 越短。对于平板，临界雷诺数的范围为 $3 \times 10^5 \sim 2 \times 10^6$。当 x_c 较小时，临界雷诺数取范围内的小值。通常情况下，临界雷诺数取 5×10^5。

当雷诺数超过临界雷诺数时，层流向湍流的转变首先发生于近尾缘处，然后逐渐向上游移动，同时伴随着平板总摩擦力的增大。在湍流边界层中，壁面上的摩擦力与同样外流速度下的层流边界层相比要大得多，因为湍流边界层内流体质点的横向脉动使外层中快速运动的质点达到壁面附近，因此动量交换比分子扩散时强烈得多。

2. 圆管内的雷诺数

平板上边界层的厚度随距离 x 而变化。对于圆管，若边界层已经汇合于管中心，则边界层的厚度等于管的半径，并且不再改变。由于管内流动充分发展后，流动的形态不再随流动距离 x 变换，故对于充分发展的管内流动，判别流动形态的雷诺数定义为：

$$Re = \frac{\rho d u_0}{\mu} \tag{3-92}$$

式中，d 表示管径，m；u_0 表示主体流速或平均流速，m/s。

如前所述，当 $Re<2000$ 时，管内流动状态为层流状态。

在工程和科学领域中，了解剪切力与动量传递的关系对于预测和优化流体流动过程至关重要。例如，在管道流动中，剪切力的大小决定了流体的黏性损失和阻力，而动量传递的效率则关系到能量的传输和输送效率。在设计和优化流体系统、涡轮机械、管道输送等方面，需要考虑剪切力对动量传递的影响，以实现更高效的流体运动和传递过程。对于大多数流体，剪切应力可以用牛顿黏性定律描述：

$$\tau = -\mu \frac{\mathrm{d}u_x}{\mathrm{d}y} \tag{3-93}$$

式中，τ 为剪切应力，N/m²；μ 为动力黏性系数，或称动力黏度，简称黏度，Pa·s；$\dfrac{\mathrm{d}u_x}{\mathrm{d}y}$ 为垂直于流动方向的速度梯度，或称剪切变形速率，s⁻¹；负号表示剪切应力的方向与速度梯度的方向相反。

3.3.2 热量传递

热量传递主要有三种基本方式：热传导、热对流和热辐射。传热可以以其中一种方式进行，也可以同时以两种或三种方式进行。环境分离过程与传热密切相关，因为在环境分离过程中的单元操作都会涉及加热与冷却，如污泥的厌氧消化和高浓度有机废水的厌氧降解通常在中温（35℃）下进行，因此需要对废水或污泥进行加热；而在冷却操作中，则需要移出热量，如采用冷凝法去除废气中的有机蒸气，这其中就涉及热量的传递。锅炉烟气中含有大量的余热，为了节约能源，在排放前先与需要加热的物料进行热交换，用烟气的余热对冷物料进行加热。同时，为了减少系统与环境的热量交换，如减少冷、热流体在输送或反应过程中温度变化，需要对管道或反应器进行保温。

环境分离中涉及的传热过程主要有两种：一是强化传热过程，如在各种热交换设备中的传热，通过采取措施提高热量的传递速率；二是削弱传热过程，如对设备和管道的保温，以减少热量的损失，即减少热量的传递速率。下面将详细介绍三种主要的传热方式。

1. 热传导

热传导是指依靠物质的分子、原子和电子的振动、位移和相互碰撞而产生热量传递的方式。例如，固体内部热量从温度较高的部分传递到温度较低的部分，就是以导热的方式进行的。热传导在气态、液态和固态物质中都可以发生，但热量传递的机理不同。气体的热量传递是气体分子做不规则热运动时相互碰撞的结果。气体分子的动能与其温度有关，高温区的分子具有较大的动能，即速度较大，当它们运动到低温区时，便与低温区的分子发生碰撞，其结果是热量从高温区转移到低温区。例如在蒸馏过程中，液体混合物通过加热，其中的成分根据其挥发性差异被分离出来。热传导在蒸馏塔中起到关键作用，通过加热和冷却作用，促使液体的汽化和冷凝，实现成分的分离。

2. 热对流

热对流指由于流体的宏观运动，冷热流体相互掺混而发生热量传递的方式。这种热量传递方式仅发生在液体和气体中。由于流体中的分子同时进行着不规则的热运动，因此对流必然伴随着导热。当流体流过某一固体壁面时，所发生的热量传递过程称为对流传热，这一过程在环境分离中广泛存在。在对流传热过程中，根据流体的流态，热量可能以导热方式传递，也可能以对流方式传递。根据引起流体质点位移（流体流动）的原因，可将对流传热分为自然对流传热和强制对流传热。自然对流传热是指由于流体内部温度的不均匀分布形成密度差，在浮力的作用下流体发生对流而发生的传热过程，例如暖气片表面附近空气受热向上流动的过程。强制对流传热是指由于水泵、风机或其他外力引起流体流动而发生的传热过程。流体进行强制对流传热的同时，往往伴随着自然对流传热。根据流体与壁面传热过程中流体物态是否发生变化，可将对流传热分为无相变的对流传热和有相变的对流传热。无相变的对流传热指流体在传热过程中不发生相的变化；而有相变的对流传热指流体在传热过程中发生相的变化，如气体在传热过程中冷凝成液体，或液体在传热过程中沸腾而转变为气体。

3. 热辐射

辐射是一种通过电磁波传递能量的过程。物体由于热的原因而放出辐射能的现象，称为热辐射。自然界中各个物体都不停地向空间发出热辐射，同时又不断地吸收其他物体发出的热辐射。在这个过程中，物体先将热能变为辐射能，以电磁波的形式在空中传播，当遇到另一个物体时，又被其全部或部分吸收而变成热能，这种以辐射方式发生的热量传递过程，称为辐射传热。因此，辐射传热不仅是能量的传递，同时还伴随有能量形式的转化。辐射传热不需任何介质作媒介，它可以在真空中传播，这是辐射传热与热传导和对流传热的不同之处。

热量传递过程中具体的热量变化主要通过傅里叶定律和牛顿冷却定律计算。傅里叶定律是控制固体热量传递的基本定律，它定量描述了热量如何因温差而流过固体介质。它构成了分析各种工程应用中热传导的基础，包括热交换器、绝缘材料、电子设备和建筑材料。虽然它可以在许多情况下准确预测传热，但在不均匀材料或瞬态传热过程的情况下假设稳态条件和线性热属性可能会出现偏差。尽管进行了简化，傅里叶定律仍然是传热分析的基石，并在工程设计和研究中发挥着至关重要的作用。傅里叶定律指出，通过材料的传热速率与负温度梯度（温度的空间变化）和垂直于热流方向的横截面积成正比，其数学表达式为：

$$q = \frac{Q}{A} = -\lambda \frac{\mathrm{d}T}{\mathrm{d}y} \tag{3-94}$$

式中，Q 表示 y 方向上的热量流量，也称为传热速率，W；q 表示 y 方向上的热量通量，W/m^2；λ 表示导热系数，W/(m·K)；$\frac{\mathrm{d}T}{\mathrm{d}y}$ 表示 y 方向上的温度梯度，K/m；A 表示垂直于热流方向的面积，m^2。

牛顿冷却定律是温度高于周围环境的物体向周围媒质传递热量逐渐冷却时所遵循的规律。当物体表面与周围存在温度差时，单位时间从单位面积散失的热量与温度差成正比，比例系数称为热传递系数。牛顿冷却定律是牛顿在 1701 年用实验确定的，用于计算对流热量的多少。其在强制对流时与实际符合较好，在自然对流时只在温度差不太大时才成立，是传热学的基本定律之一。虽然流体在不同情况下的传热机理不同，但对流传热速率可用牛顿冷却定律描述，即通过传热面的传热速率正比于固体壁面与周围流体的温度差和传热面积，其数学表达式为：

$$\mathrm{d}Q = \alpha \mathrm{d}A \Delta T \tag{3-95}$$

式中，$\mathrm{d}A$ 表示与传热方向垂直的微元传热面积；$\mathrm{d}Q$ 表示通过传热面 $\mathrm{d}A$ 的局部对流传热速率，W；ΔT 表示流体与固体壁面 $\mathrm{d}A$ 之间的温差（在流体被冷却时，$\Delta T = T - T_\mathrm{w}$；在流体被加热时，$\Delta T = T_\mathrm{w} - T$，K）；$T$，$T_\mathrm{w}$ 分别为流体和与流体相接触的传热壁面的温度，K；α 表示局部对流传热系数，或称为膜系数，W/(m^2·K)。

影响对流传热的因素包括：

（1）物性特征：通常情况下，流体的密度 ρ 或比热容 c_p 越大，流体与壁面间的传热速率越大；导热系数 λ 越大，热量传递越迅速；流体的黏度 μ 越大，越不利于流动，因此会削弱流体与壁面的传热。

（2）几何特征：主要包括固体壁面的形状、尺寸、方位、粗糙度，是否处于管道进口段，以及是弯管还是直管等。这些因素影响流体的流动状态或流体内部的速度分布，因而影响传热。

（3）流动特征：流动特征包括流动起因（自然对流、强制对流），流动状态（层流、湍流），有无相变（液体沸腾、蒸汽冷凝）等。

3.3.3 质量传递

在环境分离过程中，传质一般指以浓度差为推动力的过程。一个含有两种或两种以上组分的体系，若组分 A 的浓度分布不均匀，则组分 A 由浓度高的区域向浓度低的区域转移。

环境分离中去除水体、气体和固体中污染物的过程多为传质过程。例如，在吸收过程中，根据气体混合物中各组分在同一溶剂中的溶解度不同，使气体与液体充分接触，其中易溶的组分溶于溶剂进入液体，而与非溶解的气体组分分离，典型过程包括气体混合物中组分分离、吹脱去除液体中挥发性组分、汽提。在萃取过程中，利用液体混合物中各组分在不同溶剂中溶解度的差异分离液体混合物，典型过程包括液体混合物中组分分离、染料废水处理、测定样品中石油烃的预处理等。在吸附过程中，当某种固体与气体或液体混合物接触时气体或液体中的某一或某些组分能以扩散的方式从气相或液相进入固相，典型过程包括气体或液体混合物中组分分离、活性炭吸附水中有机物等。在膜分离过程中，以天然或人工合成的高分子薄膜为分离介质，当膜的两侧存在某种推动力（如压力差、浓度差、电位差）时，混合物中的某一或某些组分可选择性地透过膜，从而与混合物中的其他组分分离，如海水淡化过程等。

分子传质又称为分子扩散，简称扩散，它是由于分子的无规则热运动而形成的物质传递现象。描述分子扩散的通量或速率的方程为菲克第一定律。在一维稳态情况下，单位时间通过垂直于 z 方向的单位面积扩散的组分 A 的量为：

$$N_{Az} = -D_{AB}\frac{dc_A}{dz} \tag{3-96}$$

式中，N_{Az} 表示单位时间在 z 方向上经单位面积扩散的组分 A 的量，即扩散通量，也称为扩散速率，$kmol/(m^2 \cdot s)$；c_A 表示组分 A 的物质的量浓度，$kmol/m^3$；D_{AB} 表示组分 A 在组分 B 中进行扩散的分子扩散系数 m^2/s；$\dfrac{dc_A}{dz}$ 表示组分 A 在 z 方向上的浓度梯度，kmol/(m³·m)。

对于双组分气体物质，扩散系数与总压力成正比，与绝对温度的 1.75 次方成正比，即：

$$D_{AB} = D_{AB,0}\left(\frac{p_0}{p}\right)\left(\frac{T}{T_0}\right)^{1.75} \tag{3-97}$$

式中，$D_{AB,0}$ 表示物质在压力为 p_0、温度为 T_0 时的扩散系数，m²/s；D_{AB} 表示物质在压力为 p、温度为 T 时的扩散系数，m²/s。

对流传质速率方程：

$$N_A = k_c(c_{A,i} - c_{A,0}) \tag{3-98}$$

式中，N_A 表示组分 A 的对流传质速率，kmol/(m²·s)；$c_{A,0}$ 表示流体主体中组分 A 的浓度，kmol/m³；$c_{A,i}$ 表示界面上组分 A 的浓度，kmol/m³；k_c 表示对流传质系数，也称传质分系数。

3.3.4 污染物处理中的典型传递过程

1. 热量传递的典型过程

物体内部或者物体之间，只要有温差存在，就有热量自发地由高温处向低温处传递。自然界日常生活和工业生产领域中到处存在着温差，因此热量传递是一种极普遍的物理现象。根据不同的热量传递过程得出单位时间内所传递的热量与相应的温度差之间的关系，即研究热量传递的规律，对实际的环境分离技术研究及设备开发起着重要的作用。

海水淡化作为典型的环境分离技术，主要可分为热量传递驱动的传热法和传质驱动的膜法两大类技术。多级闪蒸法作为热法中的主流技术，其原理是由于闪蒸室内的压力低于热盐水温度所对应的饱和蒸气压，故热盐水进入闪蒸室后即因为过热而急速地部分汽化，从而使得热盐水温度降低。所产生的蒸汽冷凝后即为所需要的淡水，温度降低的热盐水再依次流经若干个压力逐渐降低的闪蒸室，随着热量交换，温度降低的同时，热盐水的浓度也在不断提高[34]。通常，海水淡化操作通过利用热电厂产生的余热来完成对海水的加热，如海滨的火电厂和核电厂，是非常节能和经济的综合生产方案。

除了用在海水淡化，多级闪蒸法也广泛用于工业废水和矿井苦咸水的处理与回收，以及印染、造纸工业废碱液的回收等[35]。高盐废水的处理是环境分离中遇到的典型问题，蒸发结晶工艺是处理高盐废水的有效手段。燃煤发电厂烟气脱硫产生的脱硫废水，含有大量来自于煤炭本身的氯化物和硫化物，常规化学沉淀处理后的烟气脱硫废水中仍含有较高浓度的盐分，直接排放到周围环境既是对水资源的浪费，也会引起土壤和水环境改变，从而造成二次污染[36]。随着污染物排放标准的日益严苛和水污染控制技术的不断发展，如今蒸发结晶法成了处理燃煤烟气脱硫废水的常用方法。其基本原理是，废水在蒸发器内经加热至沸腾后，水分逐渐蒸发成水蒸气，经冷凝处理后实现回用。废水中的溶解固体被截留在蒸馏萃余液中，并随着浓度的增加最终以结晶形式沉淀。蒸发结晶法在燃煤烟气脱硫处理中既能单独使用，也可以与其他工艺结合使用。这种方法具有操作灵活、传热系数高、预处理简单、能耗低等优点。基于相同的原理，蒸发结晶法也同样适用于含铬、镍、铜、铀的电镀污水，硫化氢副产物硫酸钠溶液等高盐废水的处理[37]。

冷凝也是典型的热量传递过程，分为膜状冷凝和滴状冷凝。若冷凝液能很好地润湿壁面，在壁面上形成一层连续的液膜，冷凝过程只在液膜与蒸气的分界面上进行，释放的相变焓必须穿过这层液膜才能传到冷却壁面上去，这种冷凝方式称为膜状冷凝。绝大部分的冷凝过程属于膜状冷凝，这时，液膜层就成为主要的传热阻力，液膜的传热系数越高或液膜的厚度越薄，传递的热量就越多。若冷凝液不能很好地润湿壁面，将在壁面上形成一个个小液珠，且不断成长变大，液珠变大之后，由于受重力作用，会不断地携带沿途的其他液珠沿壁流下，使壁面重复液珠的形成和成长过程，冷凝放出的气化潜热可直接传递给壁面，这种冷凝方式称为滴状冷凝。

冷凝净化法可应用于挥发性有机污染物的处理，其基本原理是在有机废气和冷凝液共存的系统中，有机废气和冷凝液借助换热器，通过热对流实现热量交换，进而改变废气温度。同时，对于某一浓度有机蒸气废气，经冷却后废气中有机蒸气的浓度保持不变，而其对应的饱和蒸气压随着温度的下降而下降。所以当废气降到一定温度，其对应的饱和蒸气压已经低于废气的组分，则此组分就会凝结成液态，废气中的组分就会减少，进而达到气体分离的目的。在烟气除尘技术中，冷凝在湿式相变冷凝装置中发挥着作用，其原理是烟气与低温冷凝装置相遇时，其中的水蒸气发生凝结形成水珠或液膜，凝结过程一方面促进了细微颗粒物之间碰撞的频率和团聚，另一方面使得颗粒物被液膜包裹捕获。烟气中的凝结性气体主要是水蒸气，其与低于饱和温度的固体表面接触时会发生冷凝现象。膜式输运冷凝器在运行时，冷热流体分居膜的两侧。在热流体侧，水蒸气在达到饱和状态后，会在膜表面冷凝形成凝结液。对于亲水型膜式输运冷凝器，形成的凝结液在压力梯度和温度梯度的协同作用下，向冷流体侧渗透，最终被冷流体带走，完成水蒸气捕集过程。膜式输运冷凝器流体的流动方向为错流型，既保证了对数平均温差足够大，维持了足够的传热推动力，同时也避免了冷凝器一端过热、一端过冷导致设备损坏的问题。

冷凝法也常与吸附、吸收等过程联合应用，以吸收或吸附手段浓缩污染物，以冷凝法回收该有机物，达到既经济、回收率又比较高的目的。例如，在粗乙烯精制时产生的含乙醚尾气，先用活性炭吸附浓缩乙醚蒸气，然后利用冷凝中的多级连续冷却降低乙醚温度，使得脱附的乙醚冷凝为液体加以回收；又如从环氧丙烷生产尾气中回收丙烷，是先将尾气中的其他污染物如氯化氢、二氯丙烷以及水蒸气等用吸收的办法脱除，然后压缩冷凝，回收丙烷。

2. 动量传递的典型过程

混凝是典型的动量传递过程。混凝就是在混凝剂的离解和水解产物的作用下，使水中的胶体和细微悬浮物脱稳并聚集为具有可分离性絮凝体的过程，其中包括凝聚和絮凝两个过程。水中胶体"脱稳"——失去稳定性的过程称为凝聚；脱稳胶体相互聚集成大颗粒絮体的过程称为絮凝。在实际生产过程中，存在胶体离子和细微悬浮物由于布朗运动、水合作用还有微粒间的经典斥力等原因，在水中长期保持悬浮，静置而不沉的情况。通常的处理是引入混凝剂，破坏其稳定性，使其相互聚集为数百微米以至数毫米的具有可分离性的絮凝体[38]。混凝的作用机理可以认为有三个方面：一是压缩双电层作用，在胶体分散系中投加能产生高价反离子的活性电解质，使得反离子压缩吸附层和扩散层，其合力由斥力为主变成以引力为主，胶粒得以迅速凝聚的过程；二是吸附架桥作用，主要是指链状高分子聚合物在静电引力、范德瓦耳斯力和氢键力等作用下，通过活性部位与胶粒和细微悬浮物等发生吸附桥联的过程；三是沉淀物网捕作用，水中的胶粒和细微悬浮物可被高铁盐类等沉淀物在形成时作为晶核或吸附剂所网捕，如 $Al(OH)_3$，$Fe(OH)_3$ 或金属碳酸盐 $CaCO_3$。水中胶粒本身可作为这些沉淀所形成的核心时，凝聚剂最佳投加量与被去除物质的浓度成反比[39]。

尽管混凝听起来像一个化学过程，但在实际中，要使水中悬浮物和胶体颗粒与混凝剂之间发生絮凝，必要的条件就是使颗粒相互碰撞。推动水中颗粒相互碰撞的动力来自两个方面：第一类是颗粒在水中的布朗运动所造成的颗粒碰撞聚集，称为异向絮凝；第二类是在水力或机械搅拌下流体运动所造成的颗粒碰撞聚集，称为同向絮凝[40]。

3. 质量传递的典型过程

活性炭吸附法是工业 VOCs 治理最常用的技术之一，也是典型的质量传递过程。VOCs 的吸附首先表现为 VOCs 分子被吸引到活性炭颗粒外表面，再从外表面扩散至活性炭颗粒的内表面，并在内表面吸附；VOCs 分子向活性炭内表面转移包括三个阶段：一是 VOCs 分子首先从流体主体通过流体界面膜扩散到活性炭颗粒外表面的外扩散过程，也称为膜扩散过程；二是 VOCs 分子再从活性炭颗粒外表面沿着颗粒的微孔深入到其内表面的内扩散过程，也称为孔扩散过程或颗粒扩散过程；三是 VOCs 分子在活性炭内表面的吸附过程。在以上三种过程中，由于吸附是瞬间完成的，相比于膜扩散速率和孔扩散速率，吸附速率的影响可以忽略不计。这样，整个吸附过程就成为一个传质过程，扩散速率为控制步骤，两个扩散过程满足基本的菲克定律和扩散定律[41]。

膜分离技术包括反渗透、电渗析、超滤、纳滤等，已经广泛应用于给水和污水处理领域，如高纯水的制备、膜生物反应器等。物质能选择性地透过膜的推动力有两种：一种是由外界提供能量，使物质能由低位向高位移动；另一种是因膜的存在造成被分离系统具有化学位差，使物质在位差的作用下由高位向低位移动。所以膜分离过程推动力是以膜两侧的浓度差为主，此外还有压力差、电位差、温度差等。

反渗透的分离机理目前普遍得到认可的是溶解-扩散理论，该理论由 Riley 等提出，他们将反渗透视作无孔的致密薄膜，假设溶质和溶剂均能在非多孔或是均质膜表面发生溶解，在化学位差的作用下，物质从膜的一侧扩散至另一侧。因此，物质透过膜的能力由其在膜表面的溶解度及扩散系数两方面决定。公认的反渗透传输是通过统计意义上的分布自由体积区域内扩散实现的，溶质可以溶解在膜材料中并在超过渗透压的压力下沿浓度梯度扩散而通过膜。Lonsdals 等通过菲克定律来描述溶剂在膜内的扩散，在等温情况下，假定溶剂在膜中的溶解服从亨利定律，可得以下方程：

$$J_w = \frac{D_w c_w V_w}{RT \Delta l}(\Delta p - \Delta \Pi) \quad (3\text{-}99)$$

令 $A = \dfrac{D_w c_w V_w}{RT \Delta l}$，则 $J_w = A(\Delta p - \Delta \Pi)$。式中，$A$ 为溶剂的渗透参数；Δp 为膜两侧压力差。在该方程的推导中，假定了 D_w、c_w 以及 V_w 与压力无关，在一般情况下当压力不超过 15 MPa 时是合理的。

不同于以上压力差为推动力的膜技术，电渗析技术是以电位差为推动力。以膜的选择透过性为基础，同时在外加电场的条件下，使带电物质发生定向迁移，并透过离子交换膜，从水溶液或者其他不带电组分中分离出来的一种电化学过程。它的本质是利用附加外场的作用，通过将膜分离技术与电场结合以实现分离过程的强化。

3.4　环境分离过程的能耗分析

3.4.1　能耗基本概念

能耗，即能源的消耗，单位能耗是反映能源消费水平和节能降耗状况的主要指标。能耗的衡量单位是焦耳（J），在 1 个大气压下将 1 kg 水加热 1℃所需的热量为 4.2 kJ。

1. 热力学系统

热力学系统（简称系统）必须是由大量微观粒子组成的宏观物体，可以对其发生影响（能量交换与物质交换）的外部环境称为外界。

根据系统和环境之间发生物质的质量与能量传递的情况，系统分为三类：

（1）敞开系统：系统与外部环境通过界面既有物质的质量传递也有能量（以热和功的形式）传递。

（2）封闭系统：系统与外部环境通过界面只有能量传递，而无物质的质量传递。因此封闭系统中物质的质量守恒。

（3）隔离系统：系统与外部环境通过界面既无物质的质量传递也无能量传递。因此隔离系统中物质的质量守恒，能量也守恒。

2. 平衡态

系统的状态是指系统所处的样子，热力学中采用系统的宏观性质来描述系统的状态，所以系统的宏观性质也叫作系统的状态函数。其中，在没有外界影响的条件下（隔离系统），系统各部分的宏观物理化学性质不随时间变化的状态叫作平衡态。但在微观上看，组成系统的大量微观粒子仍处于不断地热运动中。所谓"没有外界影响"的热力学平衡态是一种特殊状态。

3. 状态函数

对于处于平衡态的系统，热力学理论指出了若干个状态变量（如压强、体积、温度），这些状态变量之间必然存在确定的函数关系，可以从这些状态变量选取一个变量作为其他变量的状态函数（状态函数，指数值只和状态有关而和怎么达到这个状态的路径无关的函数，简称为态函数）。即可表示为：

$$V=f(T, p) \tag{3-100}$$

严格遵守玻意耳定律、焦耳定律和阿伏伽德罗定律的气体，称为理想气体。理想气体的概念是由稀薄气体的行为抽象出来的，对于稀薄气体来说，分子本身占有的体积与其所占的空间相比可以忽略。所以稀薄气体的体积、压力、温度和物质的量有如下关系：

$$pV=nRT \tag{3-101}$$

式中，p 表示理想气体的压强；V 表示理想气体的体积；n 表示气体物质的量；T 表示理想气体的热力学温度；R 为理想气体常数，被称作摩尔气体常量，$R≈8.3145$ J/(mol·K)。

若定义 $V_m = \dfrac{V}{n}$ 为摩尔体积，则：

$$pV_m = RT \tag{3-102}$$

式（3-101）和式（3-102）称作理想气体状态方程。

3.4.2 环境分离过程中的熵

1. 熵的定义

利用卡诺热机和卡诺循环可以得到推论：

$$\dfrac{Q_1}{T_1} + \dfrac{Q_2}{T_2} \leqslant 0 \quad \begin{matrix}\text{不可逆热机}\\\text{可逆热机}\end{matrix} \tag{3-103}$$

将式（3-103）推广到多个热源的无限小循环过程，我们可以证明如下的克劳修斯定理，即对任一闭循环，有：

$$\sum \dfrac{\delta Q}{T_{su}} \leqslant 0 \quad \begin{matrix}\text{不可逆热机}\\\text{可逆热机}\end{matrix} \quad \text{或} \quad \oint \dfrac{\delta Q}{T_{su}} \leqslant 0 \quad \begin{matrix}\text{不可逆热机}\\\text{可逆热机}\end{matrix} \tag{3-104}$$

式中，T_{su} 为系统的绝对温度，热温商 $\delta Q/T_{su}$ 沿任意可逆循环的闭积分等于零，沿任意不可逆循环的闭积分总小于零。

对于可逆过程（下标为 r），式（3-104）中被积变量 $\delta Q_r/T$ 是一个恰当微分，其积分与路径无关，即存在一个状态函数 S 使得：

$$dS \stackrel{\text{def}}{=\!=} \dfrac{\delta Q_r}{T} \tag{3-105}$$

此状态函数 S 被定义成熵，单位为 J/K。

将式（3-104）和式（3-105）联立，我们可以得到：

$$dS \geqslant \dfrac{\delta Q}{T_{su}} \quad \begin{matrix}\text{不可逆}\\\text{可逆}\end{matrix} \tag{3-106}$$

即为热力学第二定律的数学表达式，当且仅当可逆过程可以取等号。如果过程可逆，那么熵不变，如果过程不可逆，那么熵增加。即系统经绝热过程由一状态达到另一状态熵值不减少——熵增原理。

从一个自发进行的过程来考察：热量 Q 由高温（T_1）物体传至低温（T_2）物体，高温物体的熵减少 $dS_1 = dQ/T_1$，低温物体的熵增加 $dS_2 = dQ/T_2$，把两个物体合起来当成一个系统来看，熵的变化是 $dS = dS_2 - dS_1 > 0$，即熵是增加的。$dS < 0$ 的过程是不可能发生的。

2. 熵变的计算

1）单纯 p、V、T 变化过程熵变的计算

定压变温过程：

$$\delta Q_p = \mathrm{d}H = nC_{p,\mathrm{m}}\mathrm{d}T \tag{3-107}$$

$$\Delta S = \int \frac{\delta Q_p}{T} = \int_{T_1}^{T_2} \frac{nC_{p,\mathrm{m}}\mathrm{d}T}{T} \tag{3-108}$$

若为理想气体，将 $C_{p,\mathrm{m}}$ 视为常数：

$$\Delta S = nC_{p,\mathrm{m}}\ln\frac{T_2}{T_1} \tag{3-109}$$

$$\Delta S = nC_{p,\mathrm{m}}\ln\frac{V_2}{V_1} \tag{3-110}$$

定容变温过程：

$$\delta Q_V = \mathrm{d}U = nC_{V,\mathrm{m}}\mathrm{d}T \tag{3-111}$$

$$\Delta S = \int \frac{\delta Q_\mathrm{r}}{T} = \int_{T_1}^{T_2} \frac{nC_{V,\mathrm{m}}\mathrm{d}T}{T} \tag{3-112}$$

若为理想气体，将 $C_{V,\mathrm{m}}$ 视为常数：

$$\Delta S = nC_{V,\mathrm{m}}\ln\frac{T_2}{T_1} \tag{3-113}$$

$$\Delta S = nC_{V,\mathrm{m}}\ln\frac{p_2}{p_1} \tag{3-114}$$

当固体和液体定温时，若 p，V 变化不大，那么固体和液体的熵几乎没有变化，可忽略不计，即 $\Delta S = 0$。若为理想气体，同样情况下 $\Delta S = 0$。

2）相变化过程熵变的计算

平衡温度、压力下的相变化是可逆的相变化过程。因为定温定压且 $W' = 0$，所以 $Q_p = \Delta H$，又因为定温可逆，所以：

$$\Delta S = \frac{n\Delta H_\mathrm{m}}{T} \tag{3-115}$$

式中，ΔH_m 是摩尔相变焓。

非平衡温度、压力下的相变化过程是不可逆的相变化过程，所以 ΔS 需要寻找可逆过程途径进行计算，如图 3-7 和图 3-8 所示。

$$\Delta S_1 = \int_{T_1}^{T^\mathrm{eq}} \frac{nC_{p,\mathrm{m}}(\mathrm{H_2O,l})\mathrm{d}T}{T} \tag{3-116}$$

$$\Delta S_2 = \frac{n\Delta_\mathrm{vap}H_\mathrm{m}}{T} \tag{3-117}$$

$$\Delta S_3 = \int_{T^{eq}}^{T_2} \frac{nC_{p,m}(H_2O,g)dT}{T} \tag{3-118}$$

$$\Delta S = \Delta S_1 + \Delta S_2 + \Delta S_3 \tag{3-119}$$

式中，ΔS 为总熵变；ΔS_1，ΔS_2，ΔS_3 分别为各阶段的熵变。

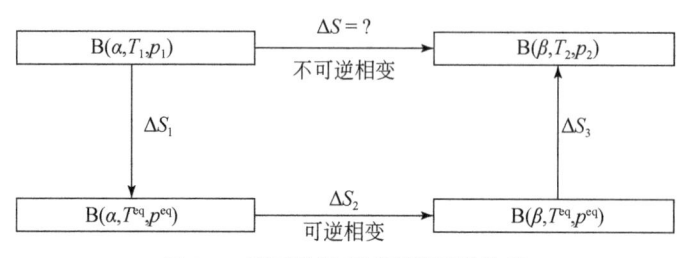

图 3-7 不可逆相变过程的可逆途径

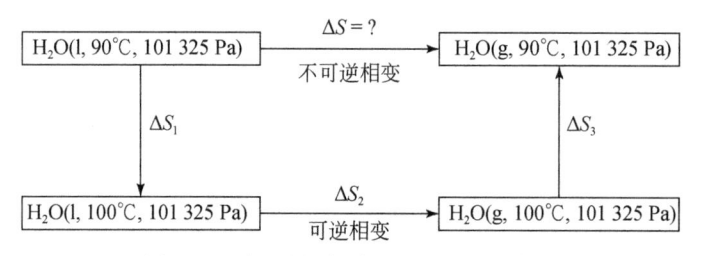

图 3-8 不可逆相变过程的可逆途径案例

3.4.3 环境分离过程中的功

1. 分离过程的最小功和有效能

物质的混合是不可逆过程，因此其逆过程分离必然要消耗能量才能进行。根据热力学第二定律，完成同一变化的任何可逆过程所需的功相等。因此，分离所需的最小功可通过假想的可逆过程计算。分离最小功是分离过程必须消耗能量的下限，只有当分离过程完全可逆时，分离消耗的功才是分离最小功。完全可逆指：①体系内所有的变化过程必须是可逆的；②体系只与温度为 T_0（绝对温度）的环境进行可逆的热交换。

例如空气是混合气体，气体分离过程不能自发地进行。为了实现氧、氮的分离，就必须消耗功。如果分离过程可逆，也就是没有任何能量损失时，所消耗的功为最小，即称为分离最小功。

参照图 3-9 所示的连续稳定分离系统。此系统中有若干单相物流流入系统，在无化学反应的情况下，分离成多股单相物流产品。设第 i 个物流的摩尔流量为 $q_{n,i}$，摩尔分数为 $z_{i,j}$，摩尔焓为 $H_{m,i}$，摩尔熵为 $S_{m,i}$，传入系统的总热量流量为 Q，

系统对环境做功为 W。

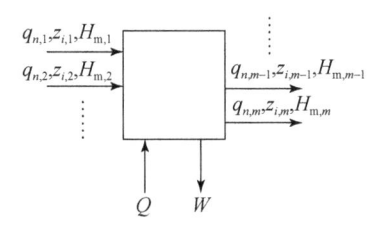

图 3-9 连续稳定分离系统

忽略过程引起的动能、位能、表面能和其他能量的变化，则按热力学第一定律：

$$\sum_{\text{in}} q_{n,j} H_{m,j} + Q = \sum_{\text{out}} q_{n,k} H_{m,k} + W \tag{3-120}$$

对于等温可逆过程，进、出系统的物流与环境的温度均为 T，根据热力学第二定律即可计算出等温下稳定流动的分离过程所需最小功的表达式：

$$-W_{\min,T} = \sum_{\text{out}} q_{n,k} H_{m,k} - \sum_{\text{in}} q_{n,j} H_{m,j} - T\left(\sum_{\text{out}} q_{n,k} S_{m,k} - \sum_{\text{in}} q_{n,j} S_{m,j}\right) \tag{3-121}$$

式中，$\sum_{\text{in}} q_{n,j} S_{m,j}$ 和 $\sum_{\text{out}} q_{n,k} S_{m,k}$ 分别为进入和流出系统的物流的总和。分离的最小功表示分离过程耗能的最低限，标志着物质分离的难易程度。当分离过程的产品温度和进料温度不同时，不能用自由能的增量计算最小功，而应根据有效能来计算。有效能定义为：

$$B = H - T_0 S \tag{3-122}$$

式中，T_0 为环境的温度；B 为自由焓，其中稳态过程最小分离功等于物流的有效能增量。

2. 热力学效率和净功消耗

把分离过程中系统有效能的改变与过程所消耗的净功之比定义为分离过程的热力学效率，热力学效率反映了过程中有效能被利用的程度，它是能量在数量上和品位上被利用的综合反映。即：

$$\eta = \Delta B_{\text{分离}} / (-W_{\text{净}}) \tag{3-123}$$

通常分离过程所需能量多是以热能的形式提供，在这种情况下最好是以过程所消耗的净功来计算消耗的能量。如图 3-10 所示，精馏操作依赖于从再沸器加入热流量 Q_R（温度为 T_R）和从冷凝器移出热流量 Q_c（温度为 T_c）。该过程所消耗的净功为：

$$-W_{\text{净}} = Q_R\left(1 - \frac{T_0}{T_R}\right) - Q_c\left(1 - \frac{T_0}{T_c}\right) \tag{3-124}$$

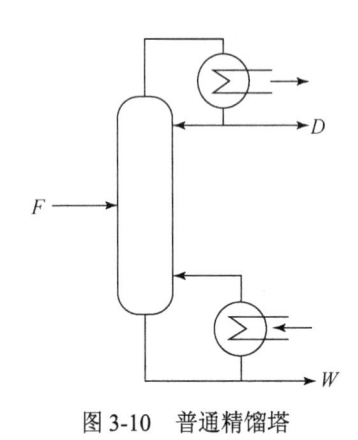

若分离过程产物的焓与原料的焓差别极小而可以忽略时，则 $Q_R=Q_c=Q$。实际分离过程不可逆，所以热力学效率必定小于 1。不同类型的分离过程，其热力学效率各不相同。

3. 理想功

理想功是指体系的状态变化是在一定的环境条件下按完全可逆的过程进行时，理论上可以产生的最大功或者必须消耗的最小功，记作 W_{id}，是一切实际过程功能损耗大小的比较标准。这里假设过程是完全可逆的，而且体系所处的环境构成了一个温度为 T_0 的恒温热源。因为体系与环境之间所有热传递必须在温度 T_0 下进行，则根据热力学第二定律，体系与环境的传热量应为：

$$Q = T_0 \Delta S \tag{3-125}$$

图 3-10 普通精馏塔

此方程式对于非流动过程和稳定流动过程都适用，但必须要求过程是可逆的。

非流动体系的理想功需要减去与四周大气所交换的功 $p_0 \Delta V$，将式（3-125）与热力学第一定律联立带入，得出非流动过程的理想功：

$$W_{id} = T_0 \Delta S - \Delta U - p_0 \Delta V \tag{3-126}$$

式中，$T_0 \Delta S - \Delta U$ 是体系对环境或环境对体系所做的可逆功；ΔS 和 ΔU 分别是体系的熵变和内能变化；T_0 是环境的绝对温度。

稳定流动的能量方程：

$$W_F = Q - \Delta H - \Delta E_k - \Delta E_p \tag{3-127}$$

式中，W_F 为流动功；ΔE_k 为动能差；ΔE_p 为势能差。在许多情况下，动能差和位能差可以忽略不计，得出稳定流动过程的理想功：

$$W_{id} = T_0 \Delta S - \Delta H \tag{3-128}$$

4. 损失功

损失功是指在给定状态变化过程中系统所提供的理想功与所做出的实际功差值，记作 W_L，且损失功的值为非负值（可逆过程的损失功为零）。

如果是稳定流动过程，根据定义 $W_L = W_{id} - W_F$，将式（3-127）和式（3-128）代入，损失功的表达式为：

$$W_L = T_0 \Delta S - Q \tag{3-129}$$

式中，Q 是相对体系而言的传热量；ΔS 是体系的熵变。

根据熵增原理，可逆过程 $\Delta S_T \geqslant 0$，所以式（3-129）可表示为：

$$W_L \geqslant 0 \qquad (3\text{-}130)$$

此结果的工程意义很明确，过程的不可逆性愈大，总熵的增加也愈大，表明损失功也愈大，故每个不可逆性都是有其代价的。

5. 表面功

由于表面层分子的受力情况与本体中的不同，如果要把分子从内部移到界面，或可逆的增加表面积，就必须克服体系内部分子之间的作用力，对体系做功。

温度、压力和组成恒定时，可逆地使表面积增加 dA 所需对体系做的非体积功，称为表面功。用公式表示为：

$$\gamma = \frac{dw}{ds} \qquad (3\text{-}131)$$

式中，γ 为表面自由能。对于液体，γ 数值与表面张力相同；对于固体，由于存在表面应力张量，二者数值不同。

3.4.4 环境分离过程中能耗的计算

1. 能耗计算

1）分离过程的能耗

纯组分的混合是一个熵增的自发过程，而分离是混合的逆过程，必须消耗功或热才能把各组分分离出来。把一个混合物分离可假想用一个可逆的过程去执行，所需的功就是分离所需的最小功，根据热力学第二定律这个最小功与过程无关，只与被分离混合物和产物的状态有关，但在大多数情况下，实际分离过程所需能量是最小功的若干倍。为了使实际的分离过程更为经济，要设法使能耗尽量接近最小功，因此能耗的大小也是评价分离过程优劣的一个重要指标[42]。

2）分离过程能耗的理论分析

设有一个分离过程为连续流动系统（图 3-11），流入的流体有 i 个，某组分的分子数分别是 $n_1, \cdots, n_i$ 个，对应的焓值分别为 $H_1, \cdots, H_i$，流出流体有 j 个，某组分的分子数分别是 $n'_1, \cdots, n'_j$ 个，对应的焓值分别为 $H'_1, \cdots, H'_j$，输入的总能量为 Q，对外做功为 W。

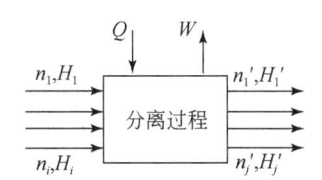

图 3-11 分离过程连续流动系统示意图

实际的分离过程中，分离装置通过输入热量来驱动分离过程的，输入的热量并不完全转化为功。设输入热量的温度为 T_H，在温度 T_L 下取出热量为 Q_L，此

时温度为 T_0，若热可以通过热机做功，则：

由 Q_L 可获得的功 $\qquad W_L = Q_L \dfrac{T_L - T_0}{T_L}$ （3-132）

由 Q_H 可获得的功 $\qquad W_H = Q_H \dfrac{T_H - T_0}{T_H}$ （3-133）

故系统获得的净功 $\quad W_n = W_H - W_L = Q_H \dfrac{T_H - T_0}{T_H} - Q_L \dfrac{T_L - T_0}{T_L}$ （3-134）

实际的过程都不可能是可逆的过程，故实际的能耗要比 $W_{\min}$ 大得多。

2. 能量衡算与热量传递

根据热力学第一定律，封闭系统经过某一过程时，其内部能量的变化等于该系统从环境吸收的热量与它对外所做的功之差，即：

$$\Delta E = Q - W \qquad (3\text{-}135)$$

对于稳流开放系统，系统内部的能量包括宏观形式的能量，如动能、位能，以及微观形式的能量，即内能。此外，流动着的物料内部任何位置上都具有一定的静压力，这部分能量作为静压能输入系统。即：

$$E = E_内 + E_动 + E_位 + E_{静压} \qquad (3\text{-}136)$$

对于任一衡算系统，能量衡算方程可以表述为：输出系统的物料的总能量-输入系统的物料的总能量+系统内能量的积累=系统从外界吸收的热量-系统对外界所做的功（非体积功）。

3.4.5 典型环境分离过程能耗

分离过程在工业中应用广泛，但也带来了巨大的能耗问题。有数据表明，分离过程的能耗占整个工业过程能耗的60%以上。为了响应国家"十四五"规划，实现节能降耗，我国在原有分离基础上创新发展出了节能、绿色、环保的新型分离方法，目前主要有7种绿色分离技术：新型精馏技术、新型萃取技术、结晶分离技术、新型吸附分离技术、色谱分离技术、膜分离技术及电化学分离技术。其中膜分离技术应用较为广泛，例如目前国内气相法聚丙烯装置排放气的处理工艺主要是采用压缩冷凝法回收其中的烃类，丙烯的回收率一般在50%以下，其余的烃类和氮气排放至火炬系统。所以该工艺排放至火炬系统的尾气含有大量烃类和氮气，丙烯等高价值的烃类没有得到有效的回收利用，氮气也没有回收利用，造成了环境污染和资源浪费。膜分离和深冷分离组合技术高效回收尾气中的乙烯、丙烯和氨气等组分，减少火炬排放，降低装置物耗和能耗，详细能耗如表3-2所示。实际应用效果显著，总烃回收率达到92%以上，氨气回收率75%，聚丙烯装置废气排放量减少 2591 t/a，平均能耗下降 0.24 kg/t，实现了节能降耗和清洁生产的目的[43]。

表 3-2 尾气回收系统装置能耗

类别	能耗系数	能耗系数（折标油）	吨产品消耗增量	吨产品能耗/MJ	吨产品能耗（折标油）/kg
氮气	6.28 MJ/m^3	0.15 kg/m^3	-1.7237 m^3	-10.8248	-0.2586
仪表风	1.59 MJ/m^3	0.038 kg/m^3	0.5879 m^3	0.9347	0.0223
电	3.6 MJ/kWh	0.086 kg/kWh	0.0306 kWh	0.1102	0.0026
蒸汽凝液	2763 MJ/t	66 kg/t	—	—	—
合计	—	—	—	-9.7799	-0.2337

注：蒸汽凝液为原装置自产不消耗，不参与能耗计算。

我国的膜分离技术也在不断创新发展，逐渐超过国际水平，如由某公司研究开发的我国第一套用于石油炼厂加氢裂化干气及变压吸附解吸气中氢气回收装置在中国石化镇海炼油厂投用成功。其采用先进的技术工艺与创新的流程设计，使我国气体分离膜技术达到了国际先进水平并打破了国外对该技术的垄断，经济效益和社会效益十分显著。此次推广的氢回收装置操作简单，仪表自控率达 100%；回收过程绿色环保，职业安全卫生各项指标较回收装置运行前无改变；公称处理量为 11000 Nm^3/h。可产氢气 6798 Nm^3/h（H$_2$，纯度 91% 收率＞85%），年设计开工时间 8400 h。使用该套装置不仅使干气中的氢气得到回收利用，而且使生产过程中的水、电、气等各类源消耗大大降低，经标定核算，每回收 1 Nm^3 氢气仅耗 0.00525 kWh 电能［制取每立方米气需消耗的原油质量（kg）］；使用膜法回收氢，每 1 t 氧成本只是原生产成本的 17.42%[44]。

精馏分离特点是重复地进行蒸发和冷凝，因而热效率很低，即意味着有效能量的减少。为了减小有效能损失，可以通过调整进料位置或采用多股进料的方式来优化精馏过程，从而降低能耗。当进塔物料组成与加料板的组成差别较大，应更换进料位置；如果被分离的物料来源不同，各组分的含量差异较大，可将各种物料进行一塔多股进料。实践证明，调节进料口位置或采用多股进料完成相同的分离任务，能耗较低。例如，在用精馏操作分离两股不同组成的甲醇-水溶液时，两股进料较单股进料节能 12.7%。这是因为混合过程是增熵过程，各组分不同的几股物料的混合，增加了过程的不可逆性，从而增加精馏过程的能耗。因此，通过调节进料口位置或多股进料完成相同的分离任务，可降低精馏操作能耗[45]。在采用精馏从空气中分离氧气和氮气时，加到系统中的（热）能 95% 以上是白白浪费的，真正发挥在分离功方面的能量不到 5%。如果采用渗透膜进行分离，功耗就有可能接近这一分离最小功，能耗最小。

在考虑氢气提纯的氢气网络中，除了氢气的消耗外，提纯氢气时所消耗的功也是主要的能耗。常用的氢提纯方法有变压吸附、膜分离和深冷分离。不同的提纯方法适用于不同的分离过程。即使在相同的提纯方法、提纯原料和产品条件下，受装置操作条件、运行状况的影响，不同的提纯装置能耗也不同。因此，在装置运行前，很难在氢网络的集成中考虑提纯装置的具体能耗。King 提出了最小分离功的概念，为计算分离过程能耗奠定了理论基础。例如，基于热力学分析和最小分离功可对油田气深冷分离装置分离 CH_4 的能耗进行研究，求得分离 CH_4 的最小分离功，结果表明热力学分析和最小分离功的分析结果一致，且用最小分离功的概念计算更简便[46]。

国家统计局相关数据显示，我国单位 GDP 能耗约为世界平均水平的 1.4 倍、发达国家的 2.1 倍。而在工业生产中，分离系统是能耗大户。我国传统分离技术能耗较高，尤其是精馏过程，存在节能技术落后、设备效能较低等问题，成为制约我国工业绿色发展的瓶颈之一。同时工业生产过程中主要消耗的能源为天然气和石油等化石能源，这些能源本身便属于产量少且珍贵的不可再生能源。而大量的化石能源消费，又会导致碳排放量增加，温室效应增强，进而造成全球气候变暖。虽然发展可再生能源已取得一定成绩，但要替代化石能源，还需要时间。所以在当前我国促进节能减排以及重视环境污染问题的大背景下，工业必须要将节能降耗放到发展的首要位置，加强对工业生产工艺的优化。同时优化分离工艺可以更加高效地将"三废"和环境介质中的有害物质分离出来，综合治理和回收利用"三废"，净化生存环境，保护生态平衡。本节介绍了有关环境分离过程节能降耗的相关知识，希望通过本节学习能够灵活掌握相关知识，创新技术，实现降低分离过程中的能耗。

参 考 文 献

[1] 赵庆祥，等. 环境科学与工程 [M]. 北京：科学出版社，2007.
[2] 胡洪营，等. 环境工程原理 [M]. 北京：高等教育出版社，2022.
[3] 郝吉明，马广大，王书肖，等. 大气污染控制工程[M]. 北京：高等教育出版社，2010.
[4] 赵庆良，任南琪，等. 水污染控制工程 [M]. 北京：化学工业出版社，2005.
[5] 蒋建国，等. 固体废物处理与资源化[M]. 北京：化学工业出版社，2012.
[6] 王吉坤，李阳，等. 磷酸三丁酯络合萃取煤气化废水中的酚[J]. 化工进展，2020，39(12)：5309-5315.
[7] 潘子彤，李青，王奎升，等. 离心-脉冲电场耦合破乳试验研究 [J]. 石油矿场机械，2014，43(8)：43-46.
[8] GONG H, LI W, ZHANG X, et al. Simulation of the coalescence and breakup of water-in-oil emulsion in a separation device strengthened by coupling electric and swirling centrifugal fields [J]. Separation and Purification Technology, 2020, 238: 116397.
[9] 李以圭，陆九芳. 电解质溶液理论 [M]. 北京：清华大学出版社，2005.
[10] KIM H T, FREDERICK W. Evaluation of Pitzer ion interaction parameters of aqueous electrolytes at 25.degree.C. 1. Single salt parameters [J]. Journal of Chemical and Engineering

Data, 1988, 33(2): 177-184.

[11] CHEN C C, EVANS L B. A local composition model for the excess Gibbs energy of aqueous electrolyte systems [J]. AIChE Journal, 1986, 32(3): 444-454.

[12] RENON H, PRAUSNITZ J M. Local compositions in thermodynamic excess functions for liquid mixtures [J]. AIChE Journal, 1968, 14(1): 135-144.

[13] XU W, NING P, CAO H, et al. Thermodynamic model for tungstic acid extraction from sodium tungstate in sulfuric acid medium by primary amine N1923 diluted in toluene [J]. Hydrometallurgy, 2014, 147-148: 170-177.

[14] WEN J, NING P, CAO H, et al. Modeling of liquid–liquid extraction of vanadium with primary amine N1923 in H_2SO_4 medium [J]. Hydrometallurgy, 2018: 177: 57-65.

[15] HILDEBRAND J H. SOLUBILITY [J]. Journal of the American Chemical Society, 1916, 38(8): 1452-1473.

[16] MENG X, NING P, XU G, et al. Removal of coke powder from coking wastewater by extraction technology [J]. Separation and Purification Technology, 2017, 175: 506-511.

[17] LIU L, ZHONG Y, ZHANG R, et al. Isobaric vapor-liquid-liquid equilibrium for water+cyclohexane+acrylic acid at 200 mmHg [J]. Journal of Chemical & Engineering Data, 2015, 60(11): 3268-3271.

[18] ZHAO D, LIU C, WANG Y, et al. Ionic liquids design for efficient separation of anthracene and carbazole [J]. Separation and Purification Technology, 2022, 281: 119892.

[19] 方梦祥, 狄闻韬, 易宁彤, 等. CO_2 化学吸收系统污染物排放与控制研究进展 [J]. 洁净煤技术, 2021, 27(2): 8-16.

[20] ASENSIO-DELGADO S, PARDO F, ZARCA G, et al. Absorption separation of fluorinated refrigerant gases with ionic liquids: Equilibrium, mass transport, and process design [J]. Separation and Purification Technology, 2021, 276: 119363.

[21] ZHANG R, LIU H, LIU R, et al. Speciation and gas-liquid equilibrium study of CO_2 absorption in aqueous MEA-DEEA blends [J]. Gas Science and Engineering, 2023, 119: 205135.

[22] LAMPREA PINEDA P A, BRUNEEL J, DEMEESTERE K, et al. Absorption of hydrophobic volatile organic compounds in renewable vegetable oils and esterified fatty acids: Determination of gas-liquid partitioning coefficients as a function of temperature [J]. Chemical Engineering Journal, 2024, 479: 147531.

[23] CAI W B, WANG H H, YANG Q G, et al. Extracting phenolic compounds from aqueous solutions by cyclohexanone, a highly efficient extractant [J]. Journal of Industrial and Engineering Chemistry, 116, 2022: 393-399.

[24] 李书贞, 杨雷. 泡沫碳复合材料的制备及其污染治理降解效果研究 [J]. 合成材料老化与应用, 2023, 52(4): 83-85+98.

[25] VASSILEVA P, VOIKOVA D. Investigation on natural and pretreated Bulgarian clinoptilolite for ammonium ions removal from aqueous solutions [J]. Journal of Hazardous Materials, 2009, 170: 948-953.

[26] CEGŁOWSKI M, SCHROEDER G. Preparation of porous resin with Schiff base chelating groups for removal of heavy metal ions from aqueous solutions [J]. Chemical Engineering Journal, 2015, 263: 402-411.

[27] DAI H, HAN T, CUI J, et al. Stability, aggregation, and sedimentation behaviors of typical nano metal oxide particles in aqueous environment [J]. Journal of Environmental Management, 2022, 316: 115217.

[28] CHI Y, REN W, JIN P, et al. Insight into microbial adaptability in continuous flow anaerobic

[29] WANG X, LU Y, YAN Y, et al. Pivotal role of intracellular oxidation by HOCl in simultaneously removing antibiotic resistance genes and enhancing dewaterability during conditioning of sewage sludge using Fe^{2+}/$Ca(ClO)_2$ [J]. Water Research, 2024, 254: 121414.
[30] 张文杰, 童雄, 谢贤, 等. 络合剂在溶剂萃取法中分离稀土的研究现状及展望 [J]. 中国稀土学报, 2022, 40(4): 550-560.
[31] 侍远. 基于 EDTA 及其回收溶液治理重金属污染土壤探究 [J]. 皮革制作与环保科技, 2023, 4(23): 104-106.
[32] MA J, WANG R, WANG X, et al. Drinking water treatment by stepwise flocculation using polysilicate aluminum magnesium and cationic polyacrylamide [J]. Journal of Environmental Chemical Engineering, 2019, 7(3): 103049.
[33] WANG X, ZHANG B, MA J, et al. Novel synthesis of aluminum hydroxide gel-coated nano zero-valent iron and studies of its activity in flocculation-enhanced removal of tetracycline [J]. Journal of Environmental Sciences, 2020, 89: 194-205.
[34] LI B, LIN M, CHENG C, et al. Three-dimensional freeze-casting solar evaporator for highly efficient water evaporation and high salinity desalination [J]. Desalination, 2024, 580: 117542.
[35] MISRA U, BARBHUIYA N H, RATHER Z H, et al. Solar interfacial evaporation devices for desalination and water treatment: Perspective and future [J]. Advances in Colloid and Interface Science, 2024, 327: 103154.
[36] CHEN J, TU Y, SHAO G, et al. Catalytic ozonation performance of calcium-loaded catalyst (Ca-C/Al_2O_3) for effective treatment of high salt organic wastewater [J]. Separation and Purification Technology, 2022, 301: 121937.
[37] JIA Z, LI F, ZHANG X, et al. Effects of cation exchange membrane properties on the separation of salt from high-salt organic wastewater by electrodialysis [J]. Chemical Engineering Journal, 2023, 475: 146287.
[38] WANG Z, TEYCHENE B, ABBOTT CHALEW T E, et al. Aluminum-humic colloid formation during pre-coagulation for membrane water treatment: Mechanisms and impacts [J]. Water Research, 2014, 61: 171-180.
[39] ŠKVARLA J, ŠKVARLA J. A swellable polyelectrolyte gel-like layer on the surface of hydrous metal oxides in simple electrolyte solutions: Hematite vs. silica colloids [J]. Colloids and Surfaces A: Physicochemical and Engineering Aspects, 2007, 513: 463-467.
[40] VOLKOVA A V, ERMAKOVA L E, GOLIKOVA E V. Peculiarities of coagulation of the pseudohydrophilic colloids: Aggregate stability of the positively charged γ-Al_2O_3 hydrosol in NaCl solutions [J]. Colloids and Surfaces A: Physicochemical and Engineering Aspects, 2017, 516: 129-138.
[41] JIA Y, CHEN D, JIANG Z, et al. Activated carbon preparation based on the direct molten-salt electro-reduction of CO_2 and its performance for VOCs adsorption [J]. Process Safety and Environmental Protection, 2023, 178: 456-468.
[42] 董军波, 黄维秋, 朱学佳, 等. 分离过程的能耗分析与节能 [J]. 煤矿机械, 2008, (2): 70-72.
[43] 于飞. 膜分离及深冷分离技术在聚丙烯装置的应用 [J]. 现代化工, 2020, 40(3): 217-220.
[44] 钱伯章. 膜分离节能技术的国内外应用进展 [J]. 化工装备技术, 2012, 33(4): 42-47.
[45] 周灵丹, 汤立新. 精馏过程节能技术浅谈 [J]. 山东化工, 2009, 38(7): 28-32+6.
[46] 窦维敏, 刘桂莲, 冯霄, 等. 变压吸附提纯氢装置最小分离功的研究 [J]. 石油化工, 2012, 41(7): 815-819.

第4章 典型环境分离技术

高质量生态环境是人类生存和社会发展不可或缺的自然根基。然而随着工业、农业迅速发展和人民生活水平的日益提高，全球生态环境正在遭受严重的破坏，多介质多尺度环境联动污染形势日益严峻。随着不断对各种污染源进行深度剖析，大量传统污染物[1-7]（如染料、重金属等）与抗生素、微塑料、放射性核素等新型污染物相继被解析[8-12]。同时，过分依赖化石燃料的重工业行业，大量具有高温室效应指数、高臭氧空洞指数以及致霾作用的气体，如二氧化碳氯氟烃、二氧化硫、氮氧化物、挥发性有机物等释放，严重威胁生态环境平衡、人类生存与健康以及社会的可持续发展。

现有减污降碳的方法主要包括生物降解法、化学氧化法以及物理转移法等。生物降解法主要利用活性污泥、生物膜等生物系统，通过微生物的新陈代谢对易降解的溶解性有机物进行吸收、分解。化学氧化法主要通过氧化或者外场强化诱导自由基产生的高级氧化方法，通过氧化还原反应破坏污染物的化学结构，实现可氧化性污染物高效分解去除。相对生物降解法和化学氧化法，物理转移法主要利用物理化学原理，如吸附、萃取、吹脱、离子交换、膜分离等手段实现去除污染物、分离和富集的目的。物理转移法对于水气固多相难降解有机污染物、重金属类污染物以及气态污染物均具有较好的去除能力，且具有广谱性、操作简单、抗污染负荷冲击能力强、无二次污染等优势。

本章围绕废水、废气、固废回收循环利用的现有技术，按照物理化学到化学法分离的顺序依次介绍精馏、吸附、混凝、吸收、浸取、膜分离、化学沉淀、电吸附等技术。通过对各技术的基本原理、在环境污染物分离中的应用特点及发展前景等方面进行介绍，使读者可以结合第2章和第3章的理论基础深入理解和应用环境分离技术。

4.1 精 馏

随着我国工业化的快速发展以及对能源需求量的不断增加，精馏技术作为化工生产中的重要单元操作之一，发挥着举足轻重的作用。精馏是可以有效地将液态混合物料进行加热并分离出挥发度不同的纯物质的复杂过程，同时还可根据产品所需性质及产量来选择性地除去易混溶物质或有毒有害物质。在工业生产过程中，为了实现对重质或液体物料的有效分离，需要采用不同技术、设备和工艺流程来达到要求。工业生产中不断提高自身产品质量要求、降低能耗标准、实现自动化控制成为当前企业追求利润最大化目标。目前，为了优化不同工艺条件下的生产过程，国内出现了许多新型精馏装置和设备的研发工作，其优点在于能够有效降低能耗，节约成本的同时提高产品质量及效率。

4.1.1 精馏技术与设备

1.精馏过程的基本原理

精馏通常在精馏塔中进行，气液两相通过逆流接触进行传热传质，基于混合物中各组分挥发度的不同，易挥发组分变为气相，难挥发组分则留在液相中，待产品纯度含量达到一定要求时实现了不同组分的分离。此流程主要包括两个方面：一是通过塔底物料受热后产生气相；二是塔顶冷凝产生液相。在精馏过程中塔底产生的气相与塔顶冷凝的液相逆流相互接触，通过液相和气相进行多次部分汽化和部分冷凝，最后在塔底和塔顶分别得到不同组分的纯组分。

精馏的 MESH 方程是平衡级分离过程的数学模型，主要包括物料衡算方程（M）、相平衡方程（E）、组分分率归一化方程（S）、热量衡算方程（H），是精馏过程模拟和优化的基础。MESH 方程通过整合这些基本的物理和化学原理，能够准确描述精馏塔内各组分在不同板上的分布、温度、压力以及流量等关键参数的变化情况。

1）物料衡算方程（M）

物料平衡原理是指在精馏过程中，进入塔的物料量与从塔中离开的物料量必须相等。这一原理确保了塔内物料总量的守恒，是精馏塔设计和操作的基本原则之一。物料平衡方程的一般形式可以表示为：

$$M_{i,j} = F_j z_{i,j} + L_{j-1} x_{i,j-1} + V_{j+1} y_{i,j+1} - y_{i,j}(V_j + S_{Vj}) - x_{i,j}(L_j + S_{Lj}) = 0 \quad (4-1)$$

式中，F_j 为进入第 j 个平衡级的总物料流量，kg/h；V_j 为离开第 j 个平衡级的气相物料流量，kg/h；L_j 为离开第 j 个平衡级的液相物料流量，kg/h；L_{j-1} 为离开第 $j-1$ 个平衡级的液相物料流量，kg/h；V_{j+1} 为离开第 $j+1$ 个平衡级的气相物料流量，kg/h；S_{Vj} 为第 j 个平衡级的气相采出量，kg/h；S_{Lj} 为第 j 个平衡级的液相采出量，kg/h；$z_{i,j}$ 为进入第 j 个平衡级的摩尔分数；$x_{i,j-1}$ 为离开第 $j-1$ 个平衡级的第 i 个组分的液相摩尔分数；$y_{i,j+1}$ 为离开第 $j+1$ 个平衡级的第 i 个组分的气相摩尔分数；$x_{i,j}$ 为离开第 j 个平衡级的第 i 个组分的液相摩尔分数；$y_{i,j}$ 为离开第 j 个平衡级的第 i 个组分的气相摩尔分数。

2）相平衡方程（E）

相平衡方程描述了离开某一级的蒸气和液体之间的组成关系。这通常通过气-液平衡方程来表示，对于二元混合物，它通常是基于气-液平衡数据（如活度系数或逸度系数）来建立的。相平衡方程的一般形式可以表示为：

$$E_{i,j} = y_{i,j} - k_{i,j}x_{i,j} = 0 \quad (4-2)$$

$$k_{i,j} = f_E(T_j, p_j, x, y) \quad (4-3)$$

式中，$k_{i,j}$为相平衡常数。

3）组分分率归一化方程（S）

组分分率归一化方程描述在平衡级中，所有组分的分率之和必须等于1。

$$S_{yj} = \sum y_{i,j} - 1 = 0 \quad (4-4)$$

$$S_{xj} = \sum x_{i,j} - 1 = 0 \quad (4-5)$$

4）热量衡算方程（H）

热量衡算是化工过程中非常重要的一部分，是确定在一个封闭系统内热量输入与输出之间的关系。在精馏过程中，热量衡算有助于了解塔内各点的温度、热量分布和热量传递情况，是优化操作、设计塔设备和预测性能的关键。热量衡算方程描述在平衡级中，进入和离开平衡级的热量必须相等。

$$H_j = \sum H_{i,j} y_{i,j} \quad (4-6)$$

$$h_j = \sum h_{i,j} x_{i,j} \quad (4-7)$$

$$H_{i,j} = f_H(T_j, p_j, y) \quad (4-8)$$

$$h_{i,j} = f_h(T_j, p_j, x) \quad (4-9)$$

$$Q_j = F_j H_{Fj} + L_{j-1} H_{j-1} + V_{j+1} H_{j+1} - H_j(V_j + G_j) - h_j(L_j + U_j) = 0 \quad (4-10)$$

式中，h_j^y为气相摩尔焓，h_j^x为液相摩尔焓，Q_j为能量。

以上方程共同构成了精馏过程的数学模型，用于描述和预测精馏过程中的各种物理和化学行为。

精馏工艺是一种分离效果好、效率高的工艺，在化工生产中使用得非常广泛。精馏过程是工业生产中常见的一种重要工序，主要包括两个方面：一是对液体混合物进行适当分离，使其得到不同程度的挥发度和纯度。二是将粗产品进一步加工后去除其中杂质。精馏过程是在一个塔内完成的，在此过程中，由于对物料性质要求严格所以要控制其质量以及温度以达到产品品质的要求。同时要考虑操作条件和物料特性等因素来设计合理工艺流程图（或流程说明书）并进行必要的试验检测工作，也应该对生产装置及管道系统、辅助设备以及安全防护措施进行试验分析研究。精馏技术是一种新型高效节能技术，它可以有效地提高产品收率，同时此方法操作简单、所需设备少且效果好。

2. 精馏技术及其应用

精馏技术按操作流程的不同可以分为间歇精馏和连续精馏两大类[13]。间歇精馏是工业上一种常见的分离技术，一般在化工生产过程中应用较为广泛。间歇精馏只有精馏段，没有提馏段，所以在间歇精馏过程中，将原料一次性加入闪蒸罐中，当塔壁温度升高到一定程度后上升蒸气气化凝结，之后将部分冷凝气体收集进入下一工艺流程，另一部分进行回流。间歇精馏的操作较为简单，可以简化工艺流程和设备设计，可通过改变回流比调节塔顶及产物浓度，同时也能使分离效果更为明显。但是间歇精馏操作有着生产能力有限、耗能大等问题，所以目前间歇精馏适用于生产量较少的精细化工等产业。

连续精馏是一种精制操作。其原理就是原料进入精馏塔后，塔顶冷凝器对气相进行冷凝，塔釜再沸器对液相进行气化，通过多次循环达到组分提纯的目的。在连续精馏过程中，塔底取出部分溶液作为产品。剩下部分液体经过再沸器进行气化，之后作为蒸气向上流动进行连续精馏操作。在上升过程中蒸气与向下的液体逆向接触，部分蒸气继续向上流动，剩下部分蒸气被冷凝为液体跟随向下的液体流向塔釜。继续向上流动的蒸气进入冷凝塔之后被冷凝为液体进行回流或采出。塔顶向下流动的液体与向上流动的蒸气逆向接触，部分液体继续向下流动，剩下部分液体被气化为气体跟随向上的蒸气流向塔顶。连续精馏有着效率较高且易于操作控制等优点。

精馏技术按原理的不同分为一般精馏和特殊精馏。其中特殊精馏包括共沸精馏、萃取精馏、加盐精馏，如图4-1所示[14]。

共沸精馏是一种常用的分离提纯方法，适用于具有较高沸点的物质，如高沸点有机物、高分子化合物等。共沸精馏原理是在原料混合物中加入第三组分，使第三组分与原料中的一个或多个组分形成共沸物，通过改变原有组分的相对挥发度从而分离原料中的组分。在共沸精馏中，共沸物与原料中的低沸点组分形成新共沸物从塔顶蒸出，高沸点纯组分从塔底馏出。在共沸精馏过程中，共沸剂的选择至关重要[20]。共沸剂是指能够与混合物中的一种或多种组分形成共沸物，从而使其分离的物质。共沸剂的选择原则为：①与待分离组分互溶从而形成均一的混合物。②沸点低、挥发性高。共沸物要与原料中的低沸点组分形成新共沸物，之后从塔顶蒸出，所以选取挥发性高的共沸剂有利于共沸组分的分离。③易于回收。良好的热稳定性使共沸剂在加热过程中不会分解及产生有害物质，且分离后易于回收进行再利用[21]。在共沸精馏过程中，共沸剂的使用量较大，因此其回收和再生至关重要。一般来说，共沸剂可以通过蒸馏和萃取的方法进行回收和再生。共沸精馏工艺的特点为所需设备少、投资小、反应温度高、热效率低。

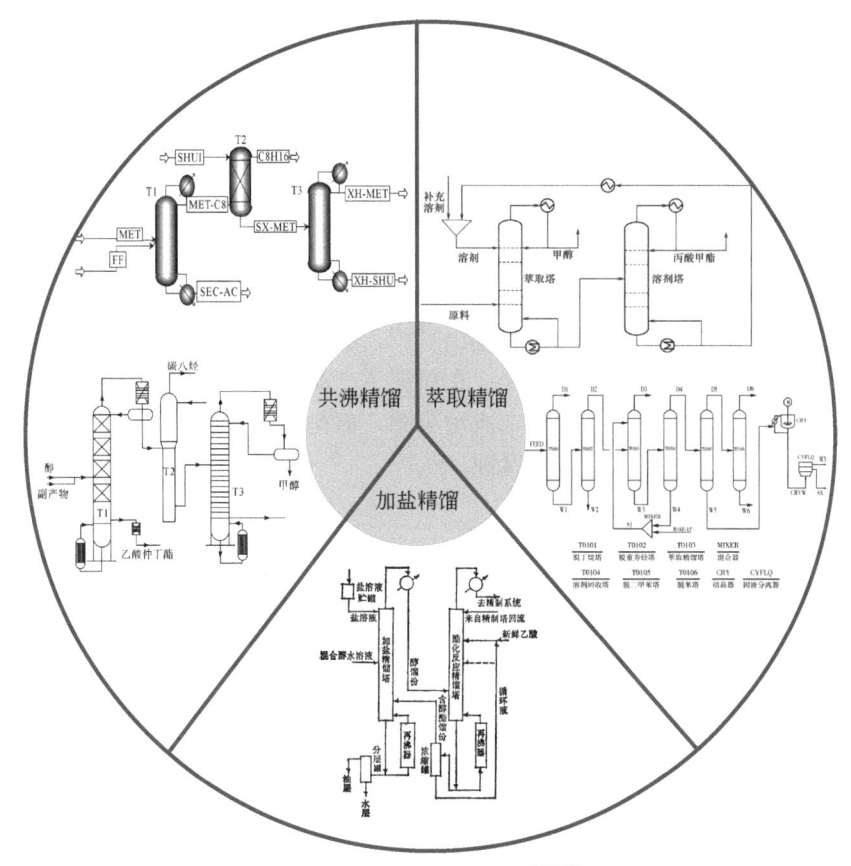

图 4-1 特殊精馏流程图[15-19]

萃取精馏是在原料混合物中加入第三组分（萃取剂），加入的萃取剂不与原料中的组分形成共沸物，而是改变了原有组分的相对挥发度从而实现共沸物的分离[22]。这种工艺常用于化工、石油化工、医药等领域，以实现高纯度产品的生产。在萃取精馏中萃取剂决定了共沸物分离的效果及分离中的操作成本，萃取剂可以根据性质分为中性萃取剂、酸性萃取剂和碱性萃取剂。萃取剂是一种重要的化工原料，不同的萃取剂以及同一萃取剂使用含量的不同导致精馏结果往往也不尽相同。必须要选择符合精馏工艺要求且能耗低的萃取剂以达到高萃取率和生产成本低的要求，因此萃取剂的选择尤为重要。萃取剂的选取原则是：①物理化学性能。溶解度较大，易溶于被分离的组分，在分离过程中不会出现分层现象；不与生成物发生反应而损失产品质量；不易挥发，沸点高，在分离过程中萃取剂不易挥发丢失；一定程度上具有较强吸附能力和稳定性、无毒性及耐腐蚀性。②选择性。根据被分离的组分不同，需要选用与其相适应的萃取剂进行分离才能保证所需目标产物纯度高且操作简单方便。③再生性。选取成本较低且可方便回收利用的萃取剂，以免造成资源浪费。④环境影响。所选用的萃取剂应具备良好稳定性以及抗生物降解性等特性，同时还要保证对操作环境污染小，不会造成二次污染问题。

加盐精馏是一种有效的分离技术，常用于化工、制药、食品等领域。加盐精馏是在精馏塔中加入可溶性盐，代替共沸精馏中的共沸剂、萃取精馏中的萃取剂，可溶性盐的加入可以改变原组分之间的相对挥发度，通过控制温度和压力，收集到不同的馏分，从而实现原组分的分离。加盐精馏的原理是将盐加入到混合溶液中，原溶液的溶解度发生变化，发生"盐溶效应"，降低了原混合溶液中的某一组分的相对挥发度，使此组分在塔釜馏出[22,23]。加盐精馏的产品质量稳定，操作简单，生产成本低，可以实现工业化；在保证了产品品质和经济效益的前提下可减少能源消耗；对环境污染小且无二次污染源。但是加盐精馏操作过程中盐的流动效果差且容易造成设备的堵塞和腐蚀。

3. 精馏设备

精馏塔是实现精馏过程的核心设备，主要包括塔釜、塔身、塔顶、冷凝器、回流罐、再沸器、泵和管道等部件，图 4-2 为连续精馏设备流程图。精馏塔的主要设备及其功能：①塔釜是精馏塔的底部设备，主要作用是盛放待分离的液体混合物。②塔身是精馏塔的主要部分，分为若干段，每段称为一个理论板。塔身一般由钢筋混凝土或钢材制成，内部设有筛板或填料，用于支撑液体流动和提供传热表面。③塔顶是精馏塔的顶部设备，主要作用是收集分离出的轻组分和部分重组分。④冷凝器的作用是将塔顶气体冷却液化，以便收集和回流。冷凝器一般分

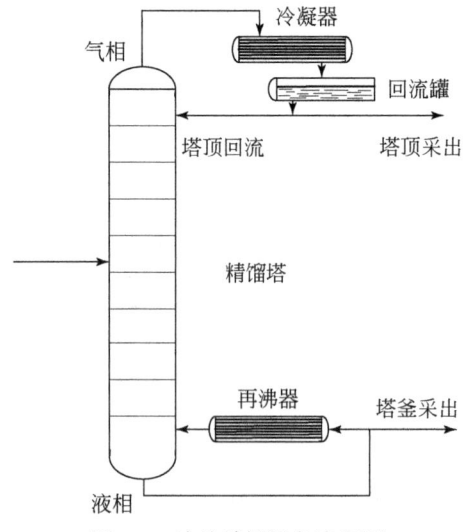

图 4-2 连续精馏设备流程图

为列管式、板式、螺旋板式等类型，根据不同工艺要求选择合适的类型。⑤回流罐的作用是收集冷凝器液相产物，并将其回流至塔内。⑥再沸器的作用是使塔底液体部分气化，产生上升蒸气，为精馏塔中精馏段、提馏段和塔板气液两相进行传热与传质提供所需的热量。⑦泵在精馏塔中主要用于输送液体物料，如进料泵、回流泵等。根据工艺要求，泵的型号和规格也有所不同。⑧管道在精馏塔中主要用于连接各个设备，使物料能够顺畅地流动。管道一般采用耐腐蚀、耐高温的材料制成，如不锈钢、合金钢等。

所有精馏过程均在精馏塔中进行。精馏塔根据塔内件结构不同可分为板式塔和填料塔。板式塔结构主要是由圆柱形的塔体和精馏过程所需的若干个塔板组成。其中的两股塔板平行排列组成了一个可以上下运动通道，再沸器产生的气相向上能快速地通过塔板，塔板另一侧冷凝器产生的液相通过降液管下降到塔板上并与气相进行逆向充分接触。板式塔具有分离效率高、操作弹性大、适应性强、能承受较大冲击压力和温度变化等特点。

板式塔根据塔板结构可分为筛孔塔板、泡罩塔板、浮阀塔板和其他新型塔板。①筛板塔是一种常见的板式塔，主要由一块多孔筛板和一块连接板组成。气体通过筛孔进入下一层塔板，而液体则通过溢流堰流入下一层塔板。筛板塔的优点是结构简单，制造方便，但不宜处理易结焦、黏度大的物料。②泡罩塔是一种比较古老的板式塔，主要由一块带有泡罩的塔板和一块连接板组成。气相通过泡罩上的开孔进入泡罩内，液相通过溢流堰流入下一层塔板。泡罩塔的优点是能够处理易起泡、高黏度的物料，但缺点是结构复杂，制造困难。③浮阀塔是板式塔中应用最广泛的一种，主要由两块平行塔板、一块多孔筛板、两块连接板和一套浮阀组成。在浮阀的特殊结构下，气体通过阀孔将阀片托起并沿水平方向喷出，与塔板上的液体接触传质。浮阀塔的优点是操作弹性大，能够处理高黏度、易起泡的物料，广泛应用于化工、石油化工、轻工、制药等工业。④舌形塔的结构与筛板塔类似，但其塔板上的开孔为舌形，使得液体的流动性更好。舌形塔的优点是处理能力大，操作弹性大，适用于处理高黏度、易起泡的物料。⑤转盘塔是一种新型的板式塔，主要由一块带有转盘的塔板和一块连接板组成。物料通过转盘上的开孔进入转盘内，随着转盘的旋转，物料进入下一层塔板。转盘塔的优点是处理能力大，操作弹性大，能够处理高黏度、易起泡的物料，但缺点是结构复杂制造困难。⑥喷射塔是一种比较特殊的板式塔，主要由一块带有喷嘴的塔板和一块连接板组成。物料通过喷嘴进入喷射室，然后通过溢流堰流入下一层塔板。喷射塔的优点是处理能力大，操作弹性大，能够处理高黏度、易起泡的物料。但缺点是喷嘴容易堵塞，需要定期清洗和维护喷嘴。

填料塔中壳体和塔内件之间的填料是塔式精馏中最重要的部分，它对物料有决定性作用。在塔中向下的液相沿填料表面向下流，气相沿填料之间的空隙逆流向上，气液两相相互接触。填料塔设计需根据所选用填料，对原料性质和操作条件进行研究，并确定合适的塔内参数。填料塔能使液体分布均匀，具有传质效果好、操作弹性较大、生产能力强、结构简单紧凑、制造方便等优点。但缺点是填料容易堵塞，需要定期清洗和更换填料。填料精馏塔可以根据装填方式分为散堆填料和规整填料。散堆填料有环形填料、鞍形填料和球形填料；规整填料有波纹型填料和隔栅型填料。表 4-1 为精馏塔填料种类。

表 4-1　精馏塔填料种类

填料方式	填料种类	填料名称
散堆填料	环形	拉西环
		鲍尔环
		阶梯环
	鞍形	弧鞍（贝鞍）
		矩鞍（英特洛克斯）
		金属环矩鞍
	球形	—
规整填料	波纹型	丝网波纹
		孔板波纹
	隔栅型	格利希隔栅

4.1.2　精馏技术在环境工程中的应用

环境工程是一个跨学科的领域，涉及大气、水、土壤和固体废弃物的管理与修复，以及生态系统的保护和可持续发展等方面内容。随着人们对环境保护和可持续发展的日益重视，环境工程已成为全球关注的焦点。精馏技术是一种重要的化学分离过程，已经在多个领域展现出其独特的优势。本小节将重点探讨精馏技术在环境工程中的应用，特别是在废气处理、水处理以及资源回收等方面的应用。

1. 氨氮废水精馏

氨氮废水主要来源于人类工业生产和生活过程产生的氨水、铵盐等废水。大量氨氮废水排入水体会引起水体富营养化以及对人群及生物产生毒害作用。因此，必须严格处理氨氮废水，降低污水中的氨氮指标。氨氮废水处理的工艺包括离子交换法、化学沉淀法和精馏法等。离子交换法是利用离子交换树脂中的离子与废水中的离子进行交换。化学沉淀法是通过向废水中投加特定的化学试剂，使其与氨氮发生化学反应生成难溶的沉淀物。精馏法是氨氮在蒸气的作用下挥发出来，进入冷凝器后冷凝成稀氨水从而实现氨氮的有效去除。

2. 有机污水汽提

有机污水根据来源可以被分类为生活污水、工业污水和农业污水等。有机污水中含有碳水化合物等有机物质以及硫化物和氰化物等有毒物质，部分有机污染物会在微生物的作用下分解产生硫化氢、氨等有害气体，恶化水质和环境，对人类健康构成威胁。针对有机污水的处理方法包括物理法、化学法和生物法等，有机污水的来源及处理方法见图 4-3。汽提法利用挥发性有机物的特性，通过蒸气或惰性气体与有机污水接触，使有机物从污水中挥发并随蒸气一同被提取出来。汽提法处理有机污水的过程主要包括加热、气化、挥发和提取四个步骤。

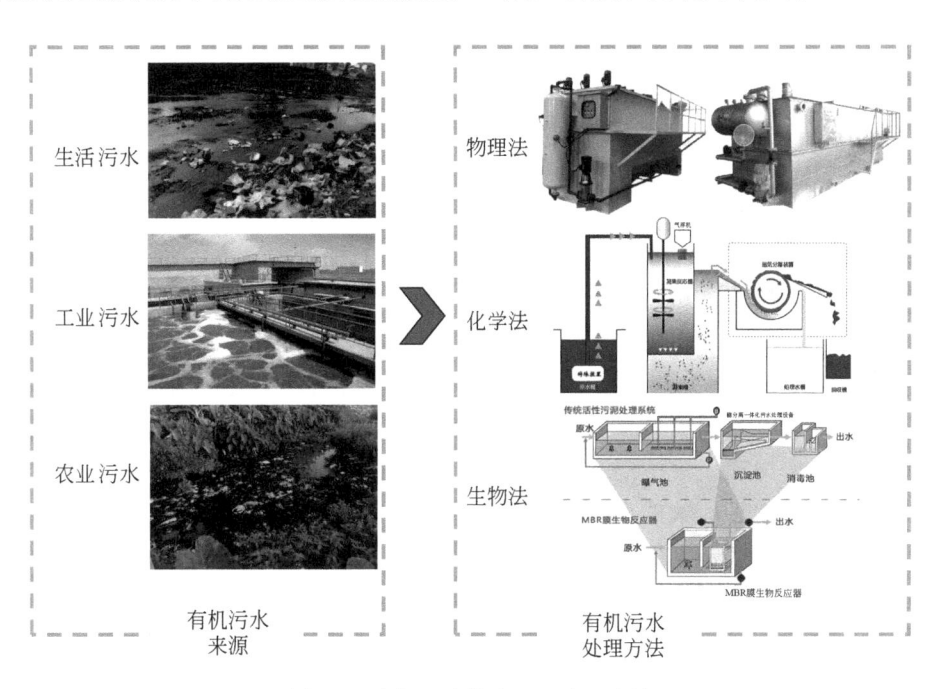

图 4-3 有机污水的来源及处理方法

3. 吸收富液精馏提纯

富液是指在吸收塔中经过吸收操作后，从塔底流出的含有被吸收组分的溶液。富液中有许多被吸收的目标组分，使得塔底溶液中的该组分浓度相对较高。富液一般来源于化学工业吸收，在处理富液过程中应根据富液的具体成分和性质选择合适的处理方法，确保处理效果和经济性并且不会对环境和人体健康造成危害。富液的处理方法有很多，包括中和法、沉淀法、氧化还原法、膜分离法、精馏法等方法。

4.1.3 展望

精馏是化学工程中最重要的分离技术之一，其发展趋势涉及多个方面。以下是一些可能的精馏发展趋势：①高效性。新型高效精馏技术，如微通道精馏、分子精馏和超临界精馏等正在逐步取代传统的常规精馏方法。这些新技术的应用能够显著提高精馏效率，降低能耗和操作成本。②环保性。新型的绿色精馏技术，如热集成精馏、能量回收和再利用等，能够降低精馏过程中的能源消耗和废弃物排放，实现节能减排的目标。③智能化。通过引入传感器、数据分析和优化算法等技术，实现对精馏过程的实时监控、优化和控制，提高精馏过程的稳定性和效率。④适应性。新型的精馏技术需要适应多种复杂的原料和产品，同时还需要适应不同的操作条件和环境变化。因此，开发具有高度适应性的精馏技术是未来的发展趋势之一。⑤精细化。新型的高效、高纯度精馏技术正在逐步得到应用，以满足市场对高质量产品的需求。

精馏行业的市场前景包括：①市场规模不断扩大：在化工、石油、食品、医药等领域，精馏的应用越来越广泛。同时，随着技术的进步和应用领域的拓展，精馏塔的效率和精度也不断提高，进一步推动了市场规模的扩大。②技术创新推动市场升级：新型高效、环保、智能的精馏技术不断涌现，推动了精馏行业的市场升级。③新兴市场发展机遇：在发展中国家和地区，化工、石油、食品、医药等领域的快速发展为精馏行业提供了广阔的市场空间。同时，随着这些国家和地区经济的发展和人民生活水平的提高，对精馏塔设备的需求也将不断增加，为精馏行业带来了巨大的市场潜力。④市场竞争加剧：各企业为了争夺市场份额，将不断进行技术创新和产品升级，提高产品的质量和性能。同时，市场竞争也将推动企业降低成本和提高服务水平，以获得更大的竞争优势。在这种情况下，企业需要不断提高自身的技术水平和管理能力，以应对市场竞争的挑战。

总之，未来精馏行业市场前景广阔，将更加注重高效性、环保性、智能化、适应性和精细化等方面的发展。企业需要抓住机遇，积极进行技术创新和产品升级，提高自身的核心竞争力，以适应市场的变化和发展需求。同时，政府和社会各界也需要加强对精馏行业的支持和关注，推动行业的健康发展。

4.2 吸附分离

吸附法作为一种相转移分离方法，具有分离效率高、操作简单、分离成本适中、再生能耗较低等优点，广泛应用于废水、废气的分离回收。其本质是利用吸附剂表面活性吸附位点与吸附质之间的相互作用力，将目标物质从液相或气体体相中吸附到固体吸附剂表面吸附位点,从而实现目标组分捕集、分离与富集。吸附分离效率取决于吸附剂与吸附质和吸附质间作用力,因此,构建具有理想化学微观环境与质构特性的吸附剂是实现高效吸附分离的核心。以分子/原子间作用力为驱动力,建立"数据-机理"双驱动模型,有助于提升吸附剂性能并升级吸附分离技术。

4.2.1 吸附分离技术原理

吸附过程中,吸附剂与吸附质以及吸附质与吸附质间作用力决定其吸附行为,进而产生不同形状吸附曲线。因此,可根据吸附曲线形状深入探讨吸附剂与吸附质以及吸附质与吸附质间作用力。常见的气体吸附曲线包括Ⅰ～Ⅴ型吸附等温线和台阶形Ⅵ型吸附等温线(图4-4)。Ⅰ型等温线在较低的相对压力下吸附量迅速上升,达到一定相对压力后吸附出现饱和值,类似Langmuir型吸附等温线。一般Ⅰ型等温线往往反映的是微孔吸附剂(如分子筛、微孔活性炭)上的微孔填充现象。Ⅱ型等温线反映非孔性或者大孔吸附剂上的典型物理吸附过程。由于吸附质与吸附剂表面存在较强的相互作用,在较低的相对压力下吸附量迅速上升,曲线上凸。等温线拐点通常出现于单层吸附附近,随着压力继续增加,多层吸附发生,吸附量持续增加。Ⅲ型等温线较为少见,等温线在低分压时,吸附质吸附量较低,随着吸附质分压增加,吸附质吸附容量持续增加,该过程以吸附质分子间相互作用为主导且作用力(色散力、诱导力、取向力)强于吸附质-吸附剂间作用力。Ⅳ型等温线与Ⅱ型等温线类似,但存在毛细凝聚引起的吸附回滞环,该回滞环产生是由于介孔毛细凝聚填满后,吸附剂中仍存在大孔径的孔或者吸附质分子相互作用强,引起进一步多分子层吸附。同样,Ⅴ型等温线所呈现的吸附行为与Ⅳ型类似,但是达到饱和蒸气压时吸附层数有限,吸附容量趋于稳定值。Ⅵ型等温线反映了无孔均匀固体表面多层吸附行为,但在实际过程中,绝大多数固体表面都是不均匀的。

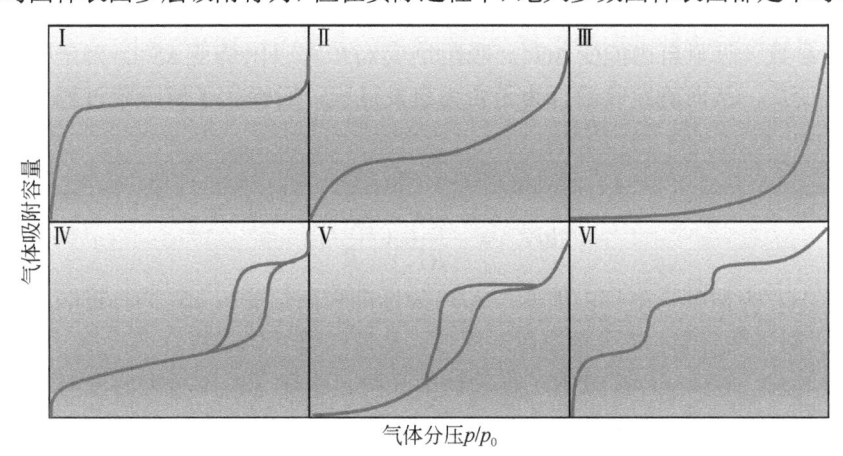

图 4-4 典型气体吸附等温线

对于液相吸附技术，在一定的温度下，当吸附达到平衡时，单位质量的吸附剂所能吸附的吸附质的量（平衡吸附量）与体系中吸附质的平衡浓度间存在一定的关系，即等温吸附。平衡吸附量与平衡浓度间的关系曲线称为等温吸附曲线。描述等温吸附特性的主要模型有 Langmuir 等温吸附模型、Freundlich 等温吸附模型、Dubinin-Radushkevich 等温吸附模型等。Langmuir 等温吸附模型是建立在单分子层吸附假设的基础上，即吸附剂表面的吸附位点分布均匀，各处吸附能相等；当达到吸附平衡时，各吸附位点间没有吸附质的迁移转化，吸附与脱附间达到动态平衡；当吸附达到饱和时，吸附量达到最大。Freundlich 等温吸附模型是于1907年由 Freundlich 提出的一种评价等温吸附特性的非线性经验方程。该模型的基本假设是吸附剂表面活性位点和表面吸附能分布是不均匀的，吸附过程不是均匀的单分子层吸附。一般地，当浓度指数的范围为 0.1~0.5 时，说明吸附过程容易发生，即随着吸附质浓度的增大，吸附自由能逐渐增大，吸附能力逐渐增强；而当浓度指数的值大于 2 时，吸附过程难以进行。Dubinin-Radushkevich 等温吸附模型最初是由 Dubinin 和 Radushkevich 于 1947 年提出的一种评价亚临界蒸气在微孔固体上的吸附过程的经验公式，主要基于孔填充理论。目前，该模型被广泛用于吸附机制评价，主要基于非均一表面的吸附自由能分布。Dubinin-Radushkevich 等温吸附模型适用于高溶解性吸附质在适中浓度范围内的等温吸附特性评价，可依据模型参数区分物理吸附过程与化学吸附过程。

本节将以吸附热力学与动力学为出发点，重点讲述具有孔结构的典型吸附材料吸附脱除污染物性能。

1. 热力学

在吸附过程中，吸附质通过扩散作用，从溶液环境中转移至吸附剂与溶液的相界面，体系的自由能、焓与熵也随即发生变化。吸附热力学，即主要通过计算热力学参数（吸附自由能变 $\Delta G°$、吸附焓变 $\Delta H°$ 和吸附熵变 $\Delta S°$）确定吸附过程的能量变化，从而确定吸附行为是否为自发过程，对深入了解吸附过程具有重要意义。

$$\Delta G° = -RT \ln K° \tag{4-11}$$

$$\ln K° = -\frac{\Delta H°}{RT} + \frac{\Delta S°}{R} \tag{4-12}$$

式中，$\Delta G°$ 为标准吸附自由能变；$\Delta H°$ 为标准吸附焓变；$\Delta S°$ 为标准吸附熵变；$K°$ 为吸附平衡常数；T 为体系绝对温度；R 为理想气体常数。

通过式（4-11）计算吸附过程的标准吸附自由能变；不考虑温度对体系焓值和熵值的影响，测定不同温度（T）下的 $K°$ 值，进一步通过 $\ln K°$ 对 $1/T$ 作图，通过截距和斜率确定吸附过程的标准吸附焓变和标准吸附熵变。

对于气体吸附过程，气体在吸附剂表面吸附热是判断吸附方式以及气体与吸附剂作用力大小的重要评判指标，其值可利用不同温度下吸附等温线并采用 Clausius-Clapyeron 方程求解吸附焓，也可以通过量热仪直接测量获得吸附热。

2. 动力学

吸附动力学，是指在一定的温度下，对于特定的吸附体系（一定的吸附剂量和初始吸附质浓度），单位吸附剂吸附的吸附质的量随时间的延长而不断增加，并逐渐趋于一个恒定的值（即平衡吸附量和平衡浓度）。描述吸附动力学特性的模型主要有拟一级动力学模型、拟二级动力学模型、吸附扩散模型等。

1）拟一级动力学模型

拟一级动力学模型［式（4-13）］亦称作 Lagergren 一级吸附动力学模型，其基本假设是吸附过程符合一级反应动力学，吸附速率取决于液相中吸附质的浓度。拟一级动力学模型是以膜扩散理论为依据的描述固体自液体中吸附溶解性物质的经典模型之一，其物理意义在于吸附过程的推动力为瞬时吸附量较平衡吸附量的差值。

$$\frac{dq_t}{dt} = k_1 \cdot (q_e - q_t) \tag{4-13}$$

$$q_t = q_e \cdot (1 - e^{k_1 \cdot t}) \tag{4-14}$$

式中，q_t 为 t（min）时刻的吸附量（mg/g）；q_e 为理论上的平衡吸附量（mg/g）；k_1 为一级吸附速率常数，min^{-1}。假设 $t_0=0$ 和 $t_\infty=+\infty$ 的吸附量分别为 0 和 q_e，对方程（4-13）积分可得到方程（4-14）。对吸附动力学数据 q_t 对吸附时间 t 进行非线性拟合，可以得到拟一级吸附动力学参数 q_e 和 k_1。

2）拟二级动力学模型

拟二级动力学模型［式（4-15）］，其基本假设是吸附过程符合二级反应动力学，吸附速率取决于吸附质浓度和吸附剂的活性点位。拟二级动力学模型是以吸附过程含有化学吸附机制为依据的、描述固体自液体中吸附溶解性物质的经典模型之一，其物理意义在于吸附过程的推动力为可利用活性点位的数量。

$$\frac{dq_t}{dt} = k_2 \cdot (q_e - q_t)^2 \tag{4-15}$$

$$q_t = k_2 \cdot q_e^2 \cdot t / (1 + k_2 \cdot q_e \cdot t) \tag{4-16}$$

式中，q_t 为 t（min）时刻的吸附量（mg/g）；q_e 为理论上的平衡吸附量（mg/g）；k_2 为二级吸附速率常数，min^{-1}。假设 $t_0=0$ 和 $t_\infty=\infty$ 的吸附量分别为 0 和 q_e，对方程（4-15）积分可得到方程（4-16）。对吸附动力学数据 q_t 对吸附时间 t 进行非线性拟合，可以得到拟二级吸附动力学参数 q_e 和 k_2。

3）吸附扩散模型

一般情况下，典型的固体对液体中溶质的吸附过程涉及液膜扩散、吸附剂孔内扩散和质量作用三个阶段。吸附扩散模型是建立在基于吸附过程受多个扩散过程控制的假设基础上的，主要有液膜扩散模型、粒子内部扩散模型和双指数模型等。其中，Weber-Morris 模型作为经典粒子扩散模型之一，被广泛应用于模拟多孔固体吸附剂对水中溶解性物质吸附过程，常用于解析吸附过程的限速步骤。

另外，对于气体吸附动力学的研究，除了可借鉴上述吸附模型外，还可采用重量分析仪，设定不同气体分压，记录吸附质吸附量随时间变化趋势，即可获得动力学参数。

4.2.2 吸附剂吸附分离特性

吸附法吸附分离的污染物主要来自气相和液相。因而，吸附分离设备也有一定的差异性。气体吸附工艺在工业上可以分为变压吸附（pressure swing adsorption，PSA）、真空变压吸附（vacuum swing adsorption，VSA）、变温吸附（temperature swing adsorption，TSA）、变电吸附（electric swing adsorption，ESA）等。

相较于 PSA，一般认为 TSA 和 VSA 更适合气体气流量大、目标组分含量相对较低的废气分离与纯化。与单一的真空吸附和变温吸附工艺相比，真空变温吸附（vacuum-temperature swing adsorption，VTSA）工艺可以有效拓展吸附剂的工作区间，有助于提高吸附剂利用率，减少气体吸附与捕集系统的吸附剂填充量，且目标组分捕集率和浓度高（设备示意图如图 4-5 所示）。液固吸附设备与气固吸附设备本质没有明显区别，一般吸附床反应器长径比较气固相反应器小，且多采用 PSA 工艺。吸附床反应器作为吸附和再生过程的主要场所，是系统内最重要、最耗能的单元。因此，吸附设备的核心是获得高性能吸附剂。目前，常见的吸附剂包括活性炭、天然矿物、沸石、多孔纳米晶等。

1. 活性炭

活性炭因具有丰富的微孔结构、高比表面积、强机械性能、高导电率，且表面易引入特定官能团，而对重金属、废水中有机污染物、挥发性有机物、温室气体等具有很强的吸附能力。同时，活性炭前驱体来源广泛，如煤基燃料、生物质等。目前，通常采用碳化与后处理方法获得高吸附性能的活性炭材料。具体来说，碳化过程首先将活性炭前驱体在无氧高温条件下（如直接碳化和微波辅助碳化）焙烧，除去前驱体中挥发性物质和水分，获得具有裂纹和凹坑的初始碳材料。由于该初始碳材料难以具有活性，需进一步采用气相刻蚀和化学腐蚀方法对其结构进行优化调控，从而获得活性炭材料。其中，气相刻蚀包括蒸气和二氧化碳活化，

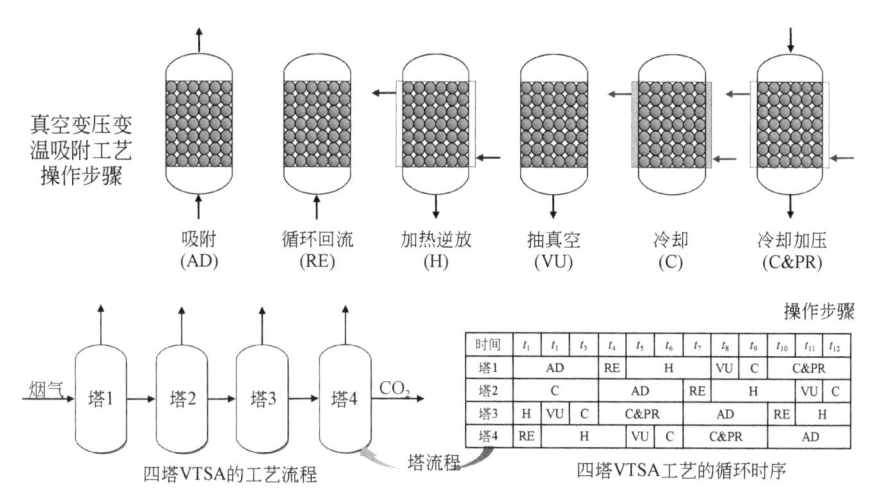

图 4-5 典型真空变压变温吸附工艺操作步骤、四塔真空变温吸附（VTSA）过程示意图以及四塔 VTSA 工艺的循环时序

该过程利用水汽和二氧化碳在高温条件（400～1000℃）下与碳材料反应，分别释放 CO/H$_2$ 和 CO。该过程释放气体的位置可形成孔道，通过调控气速、气体含量等条件参数，可对孔道结构进行调控。相对气相刻蚀，化学腐蚀焙烧温度相对较低（500～600℃）并且可选择腐蚀剂较多，包括酸（磷酸）、碱（氢氧化钠、氢氧化钾、碳酸钾）、盐（氯化锌）等。此外，气相刻蚀也可与化学腐蚀同步实现对碳材料的活化。为提升活性炭吸附性能，需对其进行表面修饰以提高孔结构的质构特性和改善表面化学功能。表面修饰方法与碳材料活化方法类似，均可采用气相刻蚀和化学改性的方法。相对气相刻蚀方法，化学改性的方法更具有反应条件温和、改性时间短等优点，因此得到广泛应用。化学改性的方法主要通过酸（硝酸、乙酸、硫酸等）、碱（氢氧化钾、氨气）、有机物（异丙醇、十二烷基苯磺酸钠、硅烷等）、盐（过硫酸铵）与活性炭反应，在活性炭表面构筑羟基、羧基、氨基、硅基等具有 Lewis 酸/碱功能的多功能表面官能团，进而提升污染物吸附容量和吸附选择性。正是由于活性炭具有来源丰富、灵活的活化与改性策略等优点，其在吸附分离过程有着巨大的优势。

2. 天然矿物

天然矿物材料来源广泛，具有多种活性组分，对多种污染物具有较高的吸附性能，被普遍认为在工业废水处理中具有较好的应用前景，尤其在含有机分子的污水/废水的治理方面表现更为突出。目前，常用作吸附剂的天然矿物主要有硅藻土、球黏土、膨润土、海泡石、耐火黏土、凹凸棒石、蒙脱石和高岭土等。由于天然矿物具有高比表面积、优异的孔道吸附能力和阳离子交换能力，其不仅自身具有吸附能力，而且可以通过表面改性强化目标污染物吸附容量。以硅藻土为例[24]，通过采用二苯基二氯硅烷对硅藻土进行表面修饰，甲苯、邻二甲苯以及萘吸附去除率可分别提高到51%、30%和16%。该性能提升主要来源于二苯基二氯硅烷中苯环与污染物中苯环间的π···π弱相互作用。

3. 沸石

沸石作为一种微孔铝硅酸盐矿物，具有孔道规则、表面亲疏水性与组成可调、热稳定性好以及可商业化应用等特点，尤其是孔道尺寸排阻效应可对目标分子进行高选择性吸附分离。能够进入沸石孔隙的分子或离子种类的最大尺寸由通道的尺寸控制。Licato等[25]采用具有不同尺寸与亲疏水性的合成沸石（13X，β型，Y-型，ZSM-5，5A）和天然沸石（斜发沸石）吸附药品和个人护理产品以及全氟烷基有机物。研究结果表明，合成型沸石更适合药品和个人护理产品以及全氟烷基有机物的吸附去除，主要原因归结于孔径效应与表面亲疏水性协同作用。同时，沸石空腔中阳离子自身碱度与其所产生的局部微电场强度对极性酸性分子或离子吸附性能具有调控作用。例如，沸石中掺杂金属离子（如铁、钠和钙等），有助于提升CO_2分子与沸石间四极-偶极相互作用力，从而提升CO_2吸附量和选择性[26]。

4. 多孔纳米晶

多孔纳米晶材料作为一类由结点与配体自组装而成的晶态多孔聚合物，由有机结构单元之间的可逆共价反应形成，具有有序结构、永久孔隙率和拓扑多样性。由于结点结构和配体官能团多样性，多孔纳米晶材料吸附功能可通过构建吸附质-吸附剂酸/碱对、极性对，调控孔径/孔隙率、孔化学、柔性结构、亲疏水性，靶向控制吸附质在吸附剂上的吸附性能（图4-6）。但是，由于水分子和酸性组分共存，多孔纳米晶金属结点水解作用、共存组分-有机链间氢键作用、孔道毛细作用等，导致多孔纳米晶在吸脱附过程结构坍塌，进而制约目标污染物吸附与富集效率。因此需要重点开发耐水、适用于宽pH范围的多孔纳米晶材料，如Zr基MOFs（UIO-66，MOF-808）、二维导电MOFs等，并应用于气体吸附、分离与纯化领域。

气体分子与吸附剂间和气体分子间作用力形式多样化，其强弱决定气体吸附容量和气体分离纯化效率（图4-7）。具体来说，当吸附剂上位点对气体分子具有很强的亲和力时，气体分子可通过强相互作用力实现快速吸附。但是，强相互作用力导致气体脱附过程需要输入大量的外源能量，如升温、降压，进而不能同时获得高分离效率（脱附效率）和稳定吸附剂结构。反之，对于弱相互作用力，尽管能够在较少外源能量输入条件下实现气体脱附分离富集，然而，有限的吸附容量制约气体分离效率。一般来说，在低分压范围内，气体吸附容量具有明显的提

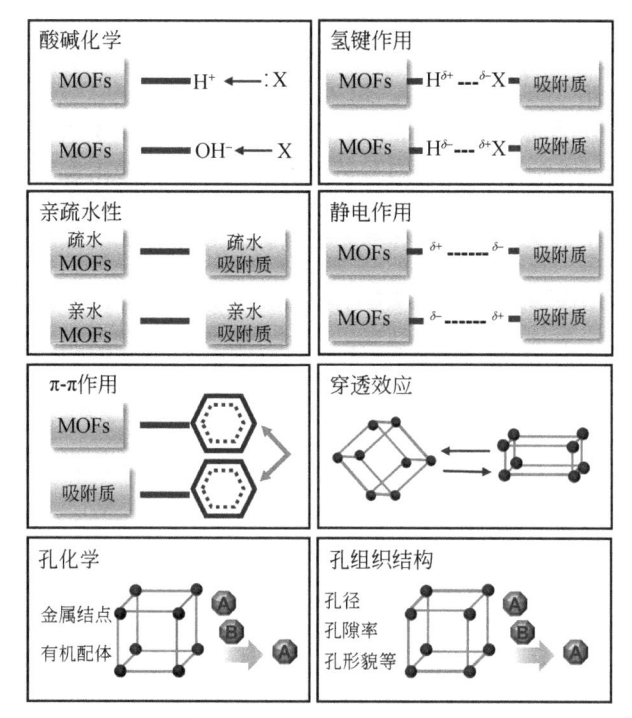

图 4-6　多孔纳米晶材料（以金属有机框架为例）吸附机理示意图

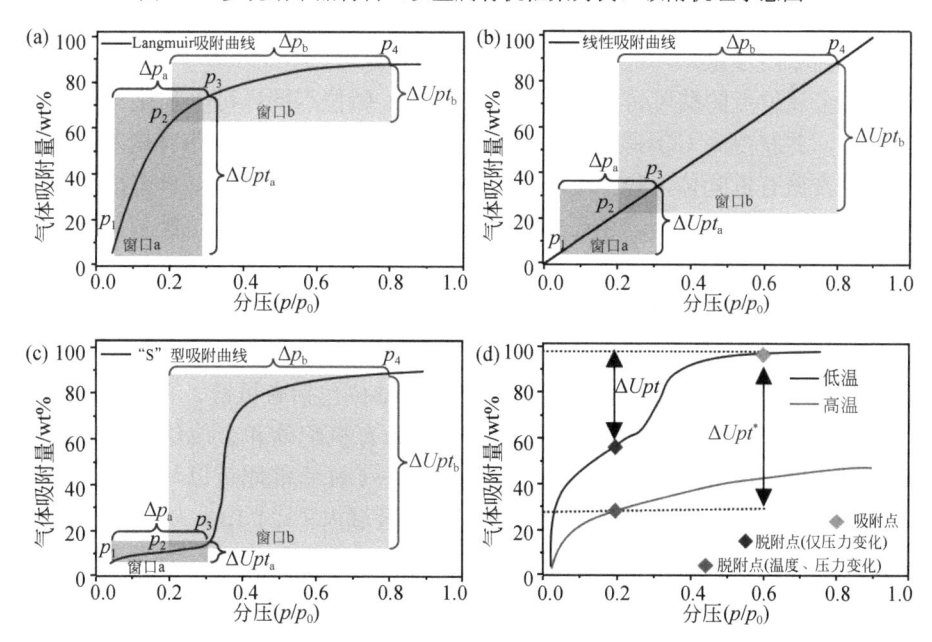

图 4-7　气体吸附脱附曲线：（a）气体与吸附剂作用力控制的吸附曲线；（b）气体与吸附剂作用力和气体与气体分子间作用力共同控制的吸附曲线；（c）气体与气体分子间作用力控制的吸附曲线；（d）变温变压吸脱附曲线[27]

升台阶，意味着气体与吸附剂间有较强的作用力，并且吸附位点数目越高，吸附容量越高（Langmuir吸附等温线）。随着气体分压增加，在孔体积允许的情况下，分压越大，气体分子通过分子间非共价相互作用力进一步富集在孔道中，从而在适中分压范围内（非近真空非近饱和蒸气压）再次获得吸附容量提升平台（线性吸附等温线、S型吸附等温线）。因此，获得合适的作用力有助于在温和气体分压范围实现高效吸附和分离气体组分。本节将以涵盖上述策略的多孔纳米晶为吸附剂，CO_2或氟碳化合物为吸附分离对象，简述其吸附分离性能。

MOFs作为一类典型的多孔纳米晶材料，通过调节金属结点中金属不饱和度和有机配体官能团可灵活实现结构和功能精准控制。作为Lewis酸位点，不饱和金属结点提供了更多的空轨道容纳孤电子对、π电子等，即通过配位作用、络合作用等方式提高气体分子与不饱和金属位点作用力。例如，有学者[28]采用不同孔径的Ni-MOF-74用于吸附氟碳化合物（1,1,1,2-四氟乙烷，R134a）。吸附性能显示Ni^{2+}不饱和位点有助于R134a在低分压下快速吸附，并随着Ni^{2+}不饱和位点密度增加，R134a吸附容量增加。同时，增加有机配体苯环数量（Ni-BPP, Ni-TPP）提高吸附剂孔径和孔隙率，R134a吸附容量得到进一步提高并高于Ni-MOF-74吸附容量。原位红外光谱证实了在低分压条件下CO_2吸附方式主要通过R134a中C—F键中F与Ni-MOF-74中高密度Ni^{2+}不饱和位点形成C—F$\cdots Ni^{2+}$键。随着分压提高，尽管Ni^{2+}不饱和位点密度降低，R134a与增加的苯环可通过C—H$\cdots$π键（苯环）获得高吸附容量。

除了金属位点的酸度可控，选择带有Lewis碱位点同样可以强化与CO_2的相互作用力，并获得高CO_2吸附容量。最常见的Lewis碱位点为带有氨基的有机配体。其他含氮有机配体，包括吡啶氮、三嗪类、唑类化合物，也具有很好的CO_2吸附性能。需要注意的是，由于缺乏亲核基团，芳香胺作为有机配体，难以通过化学吸附方式有效地捕获CO_2。

对于非Lewis酸碱位点MOFs，在有机配体中引入极性官能团（如—F，—Br，—Cl，—OH，—COOH，—NO_2和—SO_3），可通过极性官能团偶极矩与CO_2四极矩作用提高CO_2亲和性。常见引入极性基团的部位包括有机链、孔表面以及孔内部。例如，采用γ-环糊精和氢氧化铷分别作为有机配体和金属结点合成含羟基CD-MOF-2。固态核磁结果表明γ-环糊精配体上—OH官能团可以与CO_2通过化学吸附方式形成碳酸。该方式可使CO_2在低分压区域内（<1 Torr，273～298 K）获得约1.0 mmol/g CO_2吸附容量。采用有机磺酸配合物作为配体，制备高极性磺酸基团修饰的MOFs（TMOF-1）。在200～308 K，1 bar条件下，TMOF-1的CO_2吸附容量可达1.2～6.8 mmol/g，主要源于磺酸基团上氧原子的电负性和高极性促进其CO_2亲和性并具有适中吸附热（30.9 kJ/mol），提升了吸附性能。

与此同时，在氟碳化合物吸附体系中，也可通过分子极化率、偶极矩和沸点调控分子间作用实现氟碳化合物吸附性能提升。例如，采用多级孔金属有机框架物吸附氯氟烃[29]。研究结果表明，当采用 MIL-101 吸附剂，随着极化率提高（CF_2Cl_2 > $CHClF_2$ > CH_2F_2），氯氟烃吸附容量明显增加。其中，在气体分压为 2 bar 下，CF_2Cl_2 吸附容量可达 14 mmol/g，远高于 $CHClF_2$（11 mmol/g）和 CH_2F_2（8 mmol/g）吸附容量。该变化趋势可归因于极化率的提高，导致气体分子间具有较强的诱导力，从而有助于气体分子间进一步团聚，并获得高吸附容量。

吸附剂中质构特性，如孔径、孔隙率、比表面积、孔形貌等，均可影响气体吸附容量与分离效率。一般来说，孔径和孔隙率越大，孔的体积排阻效应越小，越容易接纳更多的气体分子（作用力调控机制需结合酸碱化学和分子内在特性），从而提高气体吸附容量。通过与孔环境和气体分子固有特性结合，可实现多组分气体选择性吸附和分离。例如，采用介孔 MOFs 可吸附 1,1,1,2-四氟乙烷并获得高达 1.19 g/g 的吸附容量[30]。通过扩孔、缺陷化学获得高比表面积和孔隙率的多级孔吸附剂，可进一步突破 1,1,1,2-四氟乙烷吸附容量（最高可达 1.8 g/g）并在温和压力范围内（0.2~0.8 p/p_0）获得高回收效率（1.1 g/g）[31,32]。结合分子动力学和同步辐射表征结果表明，温和条件下高效吸附与回收可归结为较为适中的吸附质-吸附剂作用力以及介孔环境下吸附质连续进行物理性孔填充。对于在动力学尺寸、极化性和沸点方面有相似性的气体分子，通过调控孔径、孔隙率和比表面积难以有效对不同组分气体实现高效吸附与分离。鉴于此，针对天然气中干扰组分氮气稀释甲烷并导致热值降低，法国蒙彼利埃大学 Guillaume Maurin 院士联合合作者[33]报道了具有特定孔形状的 MOFs 膜材料（Zr-fum67-mes33-fcu-MOF），该材料可以有效地从天然气中去除氮气。通过第一性原理计算对该膜结构中甲烷和氮气的扩散机理研究，孔形貌能改变气体扩散能垒，例如，甲烷扩散能垒增加了 150%而氮气的扩散能垒只增加了 33%，从而实现对含氮天然气高选择性高效分离与纯化。

作为酸碱化学和分子极性特性调控手段的延伸，孔化学策略可通过单位点、协同位点和联合多功能位点特定吸附官能团落位在吸附剂骨架内，从而可将客体分子锁定和富集在多孔材料的孔道中[34]。其本质区别在于是否存在位点间协同耦合作用。具体来说，对于单位点锚定在吸附剂骨架内，不仅可同步具备均相和非均相反应功能，还可将其与液相（如水组分）互为干扰的目标物固定在吸附材料骨架上，实现空间分离。此外，固定在骨架上的目标物可实现快速分离，例如，在色谱柱上固定特征官能团，可通过流动相冲洗实现色谱柱再生。因此，对气体吸附与分离，尽管单位点特征官能团锚定吸附剂骨架策略中各位点间不存在相互协同与耦合作用，但可以在不同尺寸、维度、空间效应的孔中构建特征吸附位点，从而实现混合气体吸附与分离。对于协同位点策略，当所落位官能团间的距离逐渐变小时，吸附过渡态构型转变过程熵减幅度变小、局部反应物分子吸附浓度增加以及中间体间电子传递增强，提高了相应的偶联反应速率。当所有铆钉的官能团均对单一客体分子吸附有效时，多重共价作用可提高客体分子在主体吸附剂上亲和性。此外，如果该单一客体分子被封装在紧凑的空间时，可降低分子传递所需的能量，从而提高传质动力学。不同于协同位点策略，联合多功能位点要求位点间距离保持在可与吸附质能够发生键合的有效范围内，通过优化组成、比例和空间排布，将各特定官能团协同与耦合功能最大化。对于能够参与反应的官能团，可通过协同耦合空间构型和电子分布，降低客体分子进入孔骨架的能垒。对于部分未参与实际反应的官能团，可作为电场调节器、门控效应节拍器以及位点吸附取向矫正器参与反应中，从而对主客体间作用调控，最终实现优异的气体吸附与分离效率。

柔性是 MOFs 多孔材料的一个重要的特性。换句话说，MOFs 属于一类软物质多孔材料，其结构流变性，如穿透效应引起的晶格溶胀或压缩，导致这类材料具有所谓的"门控效应"或者"呼吸效应"。当具有柔性 MOFs 暴露在一定的温度和压力下，MOFs 结构变化引起气体吸附窗口打开，从而在窗口压力下气体吸附容量迅速增加。以具有柔性和穿透特质的 MOFs（由 Zn_2 金属结点和四面体有机配体组成）为例，在压力 10 bar 下，CO_2 吸附容量具有明显的提升并且其脱附过程吸脱附曲线具有明显的迟滞环。变温变压粉末 X 射线衍射结果表明，MOFs 活化时，其结构处在收缩状态。当吸附 CO_2 后，原始结构复原。由于该"呼吸效用"的存在，在 30 bar 和 298 K 条件下，CO_2 吸附容量可达 7.1 mmol/g。

除了由穿透效应引起的柔性结构，有机配体自身对外场强化（如光敏材料和热敏材料）的敏感度是实现结构柔性的另一种方法。例如，以光敏性 2-[(1E)-2-苯基偶氮基]对苯二甲酸酯为有机配体，$Zn(NO_3)_2·6H_2O$ 为金属结点，合成 MOF-5 同构体。在光照或者加热驱动下，有机配体可实现反式-顺式构型可逆转变，进而引起结构屈伸，实现对 CO_2 吸附容量调控。

根据酸碱对和极性对策略，气体高效吸附、分离与纯化受控于气体与位点的作用力。因此，作用力调控策略与基于柔性特质的"门控效应"结合，可进一步提升气体吸附与分离效率。例如，作为典型的具有"门控效应"吸附剂 PCP（Mn(bdc)(dpe)），在低于乙炔门控压力时，乙炔的吸附容量可忽略不计，因此，对于乙炔/CO_2 混合气，由于 CO_2 与配体中亚苯基（Lewis 碱，极性基团）通过 p-π 强相互作用，可在低于乙炔门控压力区域内获得高 CO_2 选择性。同样，增加有机配体中烷基醚的数量，可提高吸附剂"门控效应"，同时，烷基醚有助于高效分离极性分子和非极性分子，如 CO_2/N_2 混合气。

此外，吸附剂亲疏水性对非水气体吸附与分离也具有较大影响。以 CO_2 为例，在实际 CO_2 吸附过程中，通常伴随水汽的存在。由于水分子具有较大的偶极矩，其更易于与 CO_2 等极性气体分子竞争吸附。因此，构建或者提高吸附材料疏水能力能够有效抑制水分子干扰。常用的方法包括采用疏水性有机配体或者通过引入疏水性官能团（如—CF$_3$，—OCH$_3$）。

5. 其他吸附材料

除了上述使用较为广泛的多孔吸附剂，零价铁、（类）水滑石等同样具有吸附分离污染物功能。例如，纳米零价铁材料[35]作为吸附材料，通过静电作用、离子交换、表面络合、还原作用和共沉淀作用等，有效去除水体中的重金属污染物（如砷、铅、铬、镍、镉、铜等）、有机物（如染料、农药、碳氢化合物等）以及生物类污染物（如病毒、细菌等）。（类）水滑石是由带正电荷的主体层板和层间阴离子通过非共价相互作用组装而成的化合物，因其具有主体层板的化学组成可调变、层间客体阴离子的种类和数量可调变以及插层组装体的粒径尺寸和分布可调控等特点，而广泛用于染料、抗生素、重金属、二氧化碳等吸附分离与纯化[36-39]。

4.2.3 展望

未来吸附分离技术的发展趋势除了以吸附剂开发和新型污染物去除为重点，还需利用吸附分离与富集特性同其他技术耦合，实现对低浓度污染物快速富集与高效低碳转化。

（1）现有吸附剂存在针对低浓度污染物吸附捕集效率与再生能耗无法兼容等突出问题，构建高稳定性、高选择性、高分配系数、高吸附容量吸附材料，并精准控制吸附剂与吸附质间作用力，实现高浓度有价组分或低浓度新型污染物高选择性吸附富集并在温和反应条件回收与吸附剂高效再生，是未来吸附技术发展的重要方向。

（2）以持续提高大宗固废等高值化利用水平，推进其减污降碳等领域应用为重点。现有粉煤灰、飞灰等大宗固废通过粗放型处置方式广泛应用于建筑建材、农业和陶瓷等低附加值领域，仍然有近75%的粉煤灰长期堆积，占用大量土地资源。同时，其成分复杂，现有填埋、螯合固化/稳定化等处理方法均面临多种问题，易造成重金属迁移，形成多介质复杂污染体系。构建以大宗固废为原料的短流程绿色高值化工艺，在实现大宗固废资源化利用的同时，促进减污降碳与工业过程深度耦合，极大缓解大宗固废导致的多介质复杂污染难题，形成跨行业、跨环节、跨空间的减污降碳协同网络。

（3）吸附分离技术除了自身可实现污染物去除与回收，还可作为协同手段与其他工艺耦合（如膜分离、高级氧化、电吸附），强化抗膜污染能力、超低浓度持久性污染物高效低碳去除以及高选择性分离与富集目标组分。主要包括：制约膜分离效率的关键因素是膜阻垢。膜阻垢主要由有机-无机复合污染物在膜表面沉积所形成。因此，膜分离前预处理环节至关重要。吸附作为一种重要的预处理环节，能够有效降低膜分离进水有机物浓度和无机盐浓度，有助于缓解膜阻垢。对于赋存浓度超低的新型污染物参与的反应，单纯依靠高级氧化技术，存在反应驱动力差，进而制约催化降解速率。因此，提高反应位点污染物覆盖度，有助于实现快速富集与去除。此外，以多孔吸附材料为基底，利用孔道限域效应，稳定纳米团簇和改变离子水合状态，可分别在高级氧化过程强化特定自由基产生路径和实现竞争离子选择性高效分离。

4.3 混凝分离

混凝是指通过向水中投加化学药剂（混凝剂），破坏水中胶体颗粒的稳定性，使这些颗粒能够相互聚集、集合，形成较大的絮体，进而通过沉降、过滤或其他物理方法，从水中分离出去，从而实现净水的目的。混凝包括凝聚与絮凝两个阶段，首先是凝聚阶段，加入混凝剂后胶体脱稳形成小絮体的过程，其次为絮凝阶段，失去稳定性的胶体颗粒在水中相互碰撞、吸附，形成大絮体的过程。混凝过程是一个复杂的物理化学过程。其中，混凝效果的差异性取决于混凝剂类型、投加量、水质条件等。因此，以混凝机理反馈混凝剂设计，推动混凝技术发展，一直是研究者关心的课题和研究重点。

4.3.1 混凝化学基础

1. 混凝机理

O'Melia 在前人的研究基础上提出了颗粒物混凝去除作用机理，认为混凝过程主要存在四种主要作用机理，即压缩双电层、吸附电中和、吸附架桥以及网捕卷扫作用[40]。其中压缩双电层和吸附电中和作用均可使胶粒电位降低，但二者的作用机理不同。压缩双电层通过增加溶液中异号粒子的浓度，减小胶体颗粒扩散层厚度，使得胶体颗粒的电位降低。其作用机制为物理作用，不改变胶粒颗粒电荷性质；吸附电中和作用是絮凝剂中带电颗粒吸附于异号胶体颗粒表面，中和胶体颗粒表面电荷，使得胶体颗粒脱稳。随着絮凝剂中带电颗粒浓度增加，胶体颗粒表面电荷可发生改变。吸附架桥作用是指线型高分子聚合物（包括有机絮凝剂和无机混凝剂的水解产物）在静电引力、氢键、范德瓦耳斯力以及配位键等各种物理化学作用力作用下，通过吸附和桥连作用使得胶体颗粒形成较大的絮体。影响吸附架桥作用的因素较多，主要包括水中胶体颗粒浓度，药剂投加量以及混凝搅拌速度和时间。网捕卷扫作用包括利用金属沉淀物，如氢氧化物或者碳酸盐，作为晶核或者吸附中心，通过吸附和网捕作用去除水体中污染物。其作用强度受沉淀物的过饱和度、沉淀表面电荷性质,溶液 pH 值以及溶液中引离子等因素影响。在实际混凝过程中,四种机理同时作用,共同促进胶体颗粒的聚集和去除。不同的水质条件和混凝剂的种类及剂量都会影响混凝效果。

2. 优势形态-污染物作用模型

1) 基于混凝吸附过程的经典 DLVO 和扩展 DLVO 模型

混凝过程中,絮凝剂优势形态与目标物作用力是引起目标污染物在溶液中脱稳的关键。20 世纪 40 年代,Derjaguin,Landau,Verwey 和 Overbeek 基于双电层理论,共同提出了经典 DLVO 理论,该理论很好地解释球形和片状纳米颗粒在电解质溶液中的脱稳现象。经典 DLVO 理论包含范德瓦耳斯力和双电层作用力两种作用力,并且两种作用力可以叠加,颗粒间的总势能(V_T)是各自作用力引起的势能总和,即式(4-17)。

$$V_T = V_A + V_{EDL} \tag{4-17}$$

$$V_A(h) = -\frac{A\alpha}{12h}\left[1 - \frac{5.32h}{\lambda}\ln\left(1 + \frac{\lambda}{5.32h}\right)\right] \tag{4-18}$$

$$V_{EDL}(h) = 32\pi\varepsilon_0\varepsilon_r\alpha\left(\frac{k_B T}{Ze}\right)\Gamma^2\exp(-\kappa h) \tag{4-19}$$

$$\kappa^{-1} = \sqrt{\frac{\varepsilon_0\varepsilon_r k_B T}{2IN_A e^2}} \tag{4-20}$$

$$\Gamma = \tanh\left(\frac{Ze\zeta}{4k_B T}\right)^2 \tag{4-21}$$

式中,V_A 代表范德瓦耳斯力作用势能;V_{EDL} 代表双电层静电力作用势能;κ^{-1} 是德拜长度;Γ 是一个无量纲的表面势。$V_A(h)$ 表达式[式(4-18)]的选择参考 Gregory 的讨论[41]。该公式准确性较高,适用于纳米颗粒间的范德瓦耳斯力作用势能的计算。此公式成功应用于大多数纳米颗粒的 DLVO 理论计算。在计算 $V_A(h)$ 时,Hamaker 常数(A)是一个重要参数。选择一个合理的 Hamaker 常数是 DLVO 作用势能计算的关键。

然而,在实际废水混凝处理单元中,除了范德瓦耳斯力和双电层作用力之外,还存在非 DLVO 作用力,包括水合效应、疏水作用力、空间位阻作用力和高分子架桥作用等,可能会影响体系总势能。因此,有必要对经典 DLVO 理论进行修正。在实际混凝过程中,由于有机污染物吸附作用,吸附态有机物的空间位阻效应以及絮体尺寸对各种絮体颗粒脱稳性能有显著影响。

目前,针对引入吸附态空间位阻效应以修正传统的 DLVO 理论,研究者首先利用大岛软体理论模型拟合吸附态有机物的吸附层厚度。通过对纳米颗粒的电泳迁移率（EPM，μ_e）测试数据进行拟合，得到吸附态有机物的吸附层厚度。拟合公式见式（4-22）～式（4-26）。将获得的吸附层厚度引入到传统 DLVO 理论模型中，并特别考虑了空间位阻效应引起的额外势能项[XDLVO 理论模型，式（4-27）～式（4-29）]，用以计算吸附了有机物后的纳米颗粒间的作用势能。

$$\mu_e = \frac{\varepsilon_0 \varepsilon_w}{\eta} \frac{\dfrac{\psi_0}{\kappa_m} + \dfrac{\psi_{DON}}{\lambda}}{\dfrac{1}{\kappa_m} + \dfrac{1}{\lambda}} f\left(\frac{d}{R}\right) + \frac{qZN}{\eta \lambda^2} + \frac{8\varepsilon_0 \varepsilon_w k_B T}{\eta \lambda z q} \tanh\left(\frac{zq\xi}{4k_B T}\right) \frac{\dfrac{e^{-\lambda d}}{\lambda} - \dfrac{e^{-\kappa_m d}}{\kappa_m}}{\dfrac{1}{\lambda^2} - \dfrac{1}{\kappa_m^2}} \quad (4\text{-}22)$$

$$\psi_{DON} = \frac{k_B T}{ze} \ln\left\{ \frac{ZN}{2zI} + \left[\left(\frac{ZN}{2zI}\right)^2 + 1\right]^{\frac{1}{2}} \right\} \quad (4\text{-}23)$$

$$\psi_0 = \frac{k_B T}{ze}\left(\ln\left\{ \frac{ZN}{2zI} + \left[\left(\frac{ZN}{2zI}\right)^2 + 1\right]^{\frac{1}{2}} \right\} + \frac{2ZN}{zI}\left\{ 1 - \left[\left(\frac{ZN}{2zI}\right)^2 + 1\right]^{\frac{1}{2}} \right\} \right)$$

$$+ 4\frac{k_B T}{zq} \exp(-\kappa_m d) \tanh\left(\frac{ze\zeta}{4k_B T}\right) \quad (4\text{-}24)$$

$$\left(\frac{d}{R}\right) = \frac{2}{3}\left[1 + \frac{1}{2\left(1 + \dfrac{d}{R}\right)^3}\right] \quad (4\text{-}25)$$

$$\kappa_m = \kappa\left[1 + \left(\frac{ZN}{2zI}\right)^2\right]^{\frac{1}{4}} \quad (4\text{-}26)$$

$$F_{Steric}(h) = \begin{cases} \pi\alpha\left(\dfrac{k_B T}{s^3}\right)\left\{\dfrac{8d}{5}\left[\left(\dfrac{2d}{h}\right)^{\frac{5}{4}} - 1\right] + \dfrac{8d}{7}\left[\left(\dfrac{h}{2d}\right)^{\frac{7}{4}} - 1\right]\right\} & (d \leqslant h) \\ 0 & (d > h) \end{cases} \quad (4\text{-}27)$$

$$V_{Steric}(h) = -\int_{\infty}^{h} F_{Steric}(h) \mathrm{d}h \quad (4\text{-}28)$$

$$V_{XDLVO}(h) = V_A(h) + V_{EDL}(h) + V_{Steric}(h) \quad (4\text{-}29)$$

在实际混凝体系中，由于非 DLVO 作用力共同作用造成在作用力势能图出现第二个明显能量"陷阱"（第一个能量"陷阱"的产生是由 DLVO 作用力，即范德瓦耳斯力和双电层作用力,共同作用的结果)。因此,在经典 DLVO 模型基础上,引入颗粒间渗透压导致势能和空间尺度上弹性碰撞-位阻效应协同作用引起的势能获得扩展 DLVO 模型。扩展 DLVO 模型公式如下,公式中关键参数示意及单位如表 4-2 所示。

球形颗粒间范德瓦耳斯作用力势能表达式为:

$$V_{A-SS} = -\frac{A_{121}}{6}\left[\frac{2R^2}{H(4R+H)} + \frac{2R^2}{(2R+H)^2} + \ln\frac{H(4R+H)}{(2R+H)^2}\right] \quad (4-30)$$

球形颗粒-片状颗粒间范德瓦耳斯作用力势能表达式为:

$$V_{A-SP} = -\frac{A_{123}R}{6h}\left[1 - \frac{5.32h}{\lambda_0}\ln\left(1+\frac{\lambda_0}{5.32h}\right)\right] \quad (4-31)$$

球形颗粒间双电层作用力势能表达式为

$$V_{EDL-SS} = 32\pi\varepsilon_0\varepsilon_w R\gamma_1^2\left(\frac{k_B T}{zq}\right)^2 e^{-\kappa H} \quad (4-32)$$

球形颗粒-片状颗粒间双电层作用力势能表达式为:

$$V_{EDL-SP} = 64\pi\varepsilon_0\varepsilon_w R\gamma_1\gamma_2\left(\frac{k_B T}{zq}\right)^2 e^{-\kappa h} \quad (4-33)$$

球形颗粒间渗透压引起的势能表达式为:

$$V_{osm} = 0 \quad 2d \geqslant H \quad (4-34)$$

$$V_{osm} = \frac{4\pi RN_A}{\bar{V}}\phi_P^2\left(\frac{1}{2}-\chi\right)\left(d-\frac{H}{2}\right)^2 \quad d \leqslant H \leqslant 2d \quad (4-35)$$

$$V_{osm} = \frac{4\pi RN_A}{\bar{V}}\phi_P^2\left(\frac{1}{2}-\chi\right)d^2\left[\frac{H}{2d}-\frac{1}{4}-\ln\left(\frac{H}{d}\right)\right] \quad H<d \quad (4-36)$$

球形颗粒-片状颗粒间渗透压引起的势能表达式为:

$$V_{osm} = \frac{2\pi RN_A}{\bar{V}}\phi_P^2\left(\frac{1}{2}-\chi\right)(d-H)^2 \quad d \geqslant H>0 \quad (4-37)$$

球形颗粒间弹性碰撞-位阻效应协同作用引起的势能表达式为:

$$V_{elas} = 0 \quad d \leqslant H \quad (4-38)$$

$$V_{elas} = \frac{2\pi RN_A}{M_W}\phi_P d^2\rho\left\{\frac{H}{d}\ln\left[\frac{H}{d}\left(\frac{3-\frac{H}{d}}{2}\right)^2\right] - 6\ln\left(\frac{3-\frac{H}{d}}{2}\right) + 3\left(1-\frac{H}{d}\right)\right\} \quad d>H$$

$$(4-39)$$

球形颗粒-片状颗粒间弹性碰撞-位阻效应协同作用引起的势能表达式为:

$$V_{\text{elas}} = \frac{2\pi R N_A}{M_W} \phi_P d^2 \rho \left[\frac{2}{3} - \frac{1}{6}\left(\frac{H}{d}\right)^3 - \left(\frac{H}{2d}\right) + \left(\frac{H}{d}\right)\ln\left(\frac{H}{d}\right) \right] \quad d \geqslant H > 0 \quad (4\text{-}40)$$

扩展 DLVO 模型作用能表达式为：

$$V_{\text{Total-XDLVO}} = V_{\text{VDW}} + V_{\text{EDL}} + V_{\text{osm}} + V_{\text{elas}} \quad (4\text{-}41)$$

表 4-2　式（4-17）～式（4-41）中关键参数示意及单位

参数	定义	单位
ε_0	真空介电常数	F/m
ε_w	水介电常数	C²/(N·m)
η	水黏度	Pa/s
λ	柔性度参数	m
q	电子电荷（1.6×10⁻¹⁹）	C
Z	吸附层带点官能团价态	—
N	带电官能团密度	—
k_B	玻尔兹曼常数	J/K
T	绝对温度	K
z	体相离子价态（例如 NaNO₃ 的 z=1）	—
ζ	Zeta 电位	mV
R	高岭石胶体半径	m
d	吸附层厚度	m
I	离子强度	mmol/L
κ	德拜长度倒数	
A_{123}	Hamaker 常数（高岭石-水-砂）（1.86×10⁻²⁰）	J
A_{121}	Hamaker 常数（高岭石-水-砂）（3.1×10⁻²⁰）	J
λ_0	特征长度	m
h	高岭石胶体与砂表面距离	m
H	高岭石胶体与高岭石胶体表面距离	m
N_A	阿伏伽德罗常数	mol⁻¹
χ	弗洛里-哈金斯溶度参数	—
ϕ_P	BSA 体积分数	—
$\bar{V}$	水的摩尔体积	m³/mol
$\Gamma_{\max}$	最大表面吸附浓度	kg/m²
ρ	BSA 密度（1.35×10⁻³）	kg/m³
M_W	BSA 分子量	kg/mol

2）团聚动力学数据处理方法

为了深刻揭示混凝过程作用力对混凝效率的实质性影响，需考察团聚动力学。

在初始团聚阶段，团聚动力学速率（k）与 $\dfrac{\mathrm{d}D_h(t)}{\mathrm{d}t}$ 成正比，因团聚曲线中水动力学直径随时间线性增长，可用其斜率计算 $\dfrac{\mathrm{d}D_h(t)}{\mathrm{d}t}$，具体见式（4-42）。其中，$D_h$ 是纳米颗粒水动力学直径，$D_h(t)$ 表示在团聚时间 t 时纳米颗粒的水动力学直径。

$$k \propto \frac{1}{N_0}\left(\frac{\mathrm{d}D_h(t)}{\mathrm{d}t}\right)_{t\to 0} \tag{4-42}$$

$$\alpha = \frac{1}{W} = \frac{k}{k_{\mathrm{fast}}} = \frac{\left(\dfrac{\mathrm{d}D_h(t)}{\mathrm{d}t}\right)_{t\to 0}}{\left(\dfrac{\mathrm{d}D_h(t)}{\mathrm{d}t}\right)_{t\to \mathrm{fast}}} \tag{4-43}$$

附着效率（α）（或者稳定率的倒数，$1/W$）用式（4-43）计算。用附着效率定量研究颗粒的初始团聚动力学。k_{fast} 是指扩散限制阶段的团聚速率。对于混凝体系，絮凝剂以较大颗粒物形态存在，式（4-42）分母中的 N_0（颗粒物数量浓度）随絮凝剂浓度的不同而变化，不适合用式（4-43）代表团聚动力学。这种情况下，直接用 $\dfrac{\mathrm{d}D_h(t)}{\mathrm{d}t}$ 代表团聚速率，单位是 nm/s。

通过运用扩展 DLVO 模型与动力学团聚数据结合，哈尔滨工业大学马军院士团队[45]系统研究锰氧化物纳米颗粒在水中的团聚动力学行为。研究结果表明，在 Al(Ⅲ)溶液中，Al(Ⅲ)的形态决定 MnO_x 团聚动力学机理。pH=5.0 和 7.2 条件下，Ferron Al$_a$（单体 Al(Ⅲ)）和 Ferron Al$_b$（聚合 Al(Ⅲ)）分别控制着 MnO_x 纳米颗粒的团聚，均能引发 DLVO 型团聚。Al$_a$ 和 Al$_b$ 均可以中和并逆转 MnO_x 的负电荷。相应地，团聚速率随 Al(Ⅲ)浓度增大分成三个阶段：脱稳阶段、扩散限制阶段和再稳阶段。Al(Ⅲ)使 MnO_x 脱稳能力远大于二价阳离子（如 Mg^{2+}、Ca^{2+} 和 Mn^{2+}）。pH=5.0 和 7.2 条件下，Al(Ⅲ)的临界聚集浓度（critical coagulation concentration，CCC）分别只有 2 μmol/L 和 7 μmol/L。当存在某些模型天然有机物[NOM，包括牛血清白蛋白、腐殖酸（HA）和海藻酸钠]时，其团聚过程受不同作用影响。Al(Ⅲ)浓度较低，这些 NOM 提高了 MnO_x 纳米颗粒的稳定性。例如，pH=5 时，HA 将 Al(Ⅲ)的 CCC 提高了十几倍（至 25 μmol/L）。Al(Ⅲ)通过架桥作用提高了 NOM 的吸附量，吸附态 NOM 带来空间位阻作用，进而提高了 MnO_x 的稳定性。在 Al(Ⅲ)浓度较高时，发现了最高团聚速率大幅提高的现象。在 pH=5.0 时，Al(Ⅲ)通过架桥作用，将海藻酸钠分子连接起来，形成空间结构更大的凝胶簇。该凝胶簇能够继续通过 Al(Ⅲ)的架桥作用捕获 MnO_x 纳米颗粒，符合架桥絮凝机理。在 pH=7.2 时，NOM 通过电性中和作用诱导 Al$_b$ 纳米团簇聚集形成尺寸更大的 NOM-Al(Ⅲ)团聚体。该团聚体和 MnO_x 纳米颗粒发生多相团聚，进而大幅提高团聚速率。

3. 絮体宏观性质

1) 混凝动力学

混凝过程包括微小颗粒形成絮体从无到有（絮凝）和从小变大（凝聚）两个过程。一般来说，絮体形成的首要条件是颗粒之间的相互碰撞，其与碰撞频率、碰撞速率等动力学因素有关。相应地，混凝动力学包括胶体颗粒的絮凝动力学和凝聚动力学两个方面。对于絮凝过程来说，絮凝剂脱稳是由于布朗运动相碰撞而聚集成絮体。由此建立了异向凝聚理论。随着絮体颗粒增大，当颗粒粒径超过 10 μm 时，布朗运动不能提供足够的能量给予絮体继续团聚，因此，需要借助外力如搅拌使该过程继续进行。通过外力使胶体颗粒继续碰撞并形成絮体的过程称为同向凝聚，由此建立了同向凝聚理论[40]。

2) 絮体宏观性质

混凝过程中，随着絮凝剂的加入，水体中胶粒物质形成絮体进而被去除。絮体形成过程包括异向凝聚和同向凝聚两个过程，即可分为颗粒相互碰撞和相互聚集两个阶段。随着反应的进行，需要通过在一定的外力作用（搅拌强度）下实现絮体进一步团聚。同时，外力的存在使得絮体受到一定的剪切力，在絮体团聚的同时对絮体造成了一定的破碎。因此，絮体的生长速率实际上是絮体聚集和絮体破碎之间的平衡。当絮体达到稳定状态后，粒径不再继续增大，进入稳定阶段。在实际混凝沉淀过程中，不可避免存在强剪区域。絮体强度以及破碎后絮体还原能力分别采用强度因子（strength factor）以及复原因子（recovery factor）进行衡量，其计算公式分别为

$$\text{strength factor} = \frac{d_2}{d_1} \times 100 \tag{4-44}$$

$$\text{recovery factor} = \frac{d_3 - d_2}{d_2 - d_1} \times 100 \tag{4-45}$$

式中，d_1 为絮体破碎前达到平衡时的颗粒水力粒径；d_2 为絮体被破碎后的最小粒径；d_3 为絮体复原后达到平衡时的粒径。

通常，絮体生长速度越快，形成的絮体越密实，进而更易于沉降；此外，在絮体密实度相同的情况下，絮体的粒径越大越易于沉降。值得注意的是，絮体粒径的复原能力，即在遭受机械破碎后重新恢复至原有粒径大小的能力，若表现较强，则表明絮体的生长过程主要受电中和作用的驱动。相对地，若絮体的复原能力较弱，则可能与吸附架桥等较弱的作用力机制密切相关。

4.3.2 药剂混凝分离特性

混凝沉淀包括脱稳、絮凝和沉淀三个过程，其装置示意图如图 4-8 所示。混

凝的过程是加入表面带正电的混凝剂以中和颗粒物表面的负电荷，从而使其脱稳。絮凝则是聚合物的高分子链在悬浮的颗粒物之间架桥，从而使颗粒物聚集的过程。所以，混凝剂多为分子量低而正电荷密度高的水溶性聚合物，絮凝剂则一般是具有特定电性和电荷密度的聚合物。因此，根据药剂作用和功能不同，可分为无机混凝剂、有机絮凝剂以及复配（有机-无机复合）混凝剂。

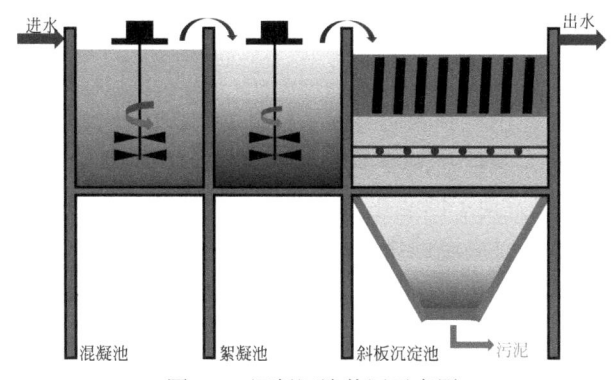

图 4-8 混凝沉淀装置示意图

1. 无机混凝剂

传统无机混凝剂主要是铝盐和铁盐，铝盐以硫酸盐和硅酸盐为主，铁盐以氯化物和硫酸盐为主。传统无机混凝剂在水处理过程中存在投加量大，污泥产生量大，且处理效果不佳等问题，通常需要配合有机絮凝剂应用于实际废水处理系统中。与传统的无机铝盐混凝剂相比，聚合铝盐在混凝过程中反应速度快，生成的絮体粒径较大，易于沉降，对原水水样 pH 值和水样温度的适用范围较广。一种是聚硫酸氯化铝、聚合磷酸氯化铝和聚合硅酸氯化铝等高分子混凝剂，另一种是将聚合铝与其他有机絮凝剂复合得到新型的复合絮凝剂。对溶液中铝的水解形态研究结果表明，聚合铝溶液中的多种铝形态存在一定的相互转化，其中聚十三铝（Al_{13}）较其他铝的水解形态能够取得较优的水质净化效果，是聚合铝中的优势形态，且 Al_{13} 的含量直接反映了混凝效能。虽然铝盐混凝剂在水处理工艺中得到了广泛应用，但是水体中的残余铝对水生生物、植物、微生物和人类均有一定的毒害作用。如人体进食后，在机体组织中积蓄并参与生物化学反应，导致阿尔茨海默病、骨病和贫血等病症。

铁盐作为另一种传统无机混凝剂，除了对人体没有危害作用外，其所形成的絮体更密实且沉降速度快，并且混凝效率不易受水质条件影响。但是铁盐对设备腐蚀性较大，且存在增加水体色度的可能性。与铝盐混凝剂的发展历程类似，铁盐混凝剂也经历了从简单的小分子混凝剂向高分子聚合态混凝剂发展的过程。简单的铁盐混凝剂主要是氯化铁和硫酸亚铁等,其水样适用 pH 范围较窄。近几年来,研究者们逐渐将研究重点转向对聚合铁盐混凝剂的研究。与传统铁盐相比,聚合铁盐絮凝剂适用范围较宽,受水温影响较小,投药量较少,其中以聚合态铁为优势形态。聚合硫酸铁和聚合氯化铁是两种主要的聚合铁盐混凝剂。目前,我国的生产技术已经达到了国外先进水平,年产量达万吨,已广泛应用于工业水处理工艺中。但是,产品存在稳定性较差,易沉淀,并且出水色度较高,出水腐蚀性较强等缺点。

近年来,作为一种较为新型的无机混凝剂,钛盐因其较优良的除浊及脱色效果被广泛研究。目前,已有学者研究发现钛盐在去除水中颗粒物及有机物方面的效果与铝盐铁盐相当,且钛盐混凝剂所生成的絮体较大,密度较高,沉淀性能较好[42]。Shon 等[43]不仅发现了四氯化钛(TiCl$_4$)的优良混凝效果,还发现 TiCl$_4$ 混凝后产生的化学污泥经过高温煅烧后可制得高活性的 TiO$_2$ 光催化材料,能够实现污泥资源化。上述的研究可以看出钛盐混凝剂不仅混凝效能优良,同时又为混凝污泥资源化提供了新方向,符合我国水处理市场的发展趋势,有着广阔的应用前景。由于 TiCl$_4$ 溶液本身的强酸性及钛离子水解生成大量的氢离子会造成混凝出水的 pH 值较低,这也会影响其混凝出水的后续处理过程。基于钛盐的水解特性,Zhao 等[44]人通过预加碱的方式成功制备出了聚合氯化钛(PTC)混凝剂,发现与四氯化钛相比,PTC 是一种性能更优异的混凝剂。例如 PTC 能更高效地去除不同水体中的浊度和溶解性有机物(DOM),混凝出水的 pH 较 TiCl$_4$ 略高,可在一定程度上缓解 TiCl$_4$ 混凝出水 pH 值过低对于后续处理过程的影响。另外,PTC 形成的絮体的粒径和生长速率明显比 TiCl$_4$ 形成的絮体的粒径和生长速率有所增大,并且絮体结构也更加密实。

2. 有机絮凝剂

尽管聚合无机混凝剂在一定程度上可以改善混凝效率和絮体性质,但是仍存在分子量小、架桥作用弱、稳定性差等缺点。相比之下,有机絮凝剂能够弥补无机混凝剂的短板,可通过提高架桥作用和电中和作用,促进絮体沉降,减少水力停留时间。此外,有机絮凝剂作用效果受处理环境影响较小。对于人工合成的有机聚合物,其具有分子量可控、电荷可调等优点,已被广泛应用于各种废水处理。但是,有机絮凝剂也存在难降解、引入额外有机物、成本高等缺点。因此,基于无机混凝剂和有机絮凝剂各自存在的优缺点,通常采用协同作用方式,使药剂最大限度地发挥优点,同时规避自身缺点,以显著提高混凝效率。

3. 新型混凝剂

近年来,新污染物造成的水环境问题引起广泛关注。新污染物的高效治理是水安全保障新的难点，也是当下生态环保工作的重点。我国"十四五"规划和 2035 年远景目标、2022 年政府工作报告中均明确要求加强新污染物治理；2022 年 5 月，国务院办公厅印发了《新污染物治理行动方案》，对新污染物的治理工作进行了全面部署；同年秋季，党的二十大首次在大会报告中明确提出"开展新污染物治理"的要求。

工业废水、饮用水地表水源水、生活污水、农业养殖废水等典型水体中的药物、内分泌干扰物、农药等有机新污染物的环境风险已引起水行业从业人员和公众的严重关切。然而，迄今为止，尽管有关水中特征有机新污染物环境风险的研究已很多，但对上述典型水体中有机新污染物净化去除的系统研究相对偏少；且已有的治理技术的研究多处于实验室规模，中试规模试验和工程示范更少之又少，技术集成类的实际工程应用更为鲜见。因此，加强针对典型有机新污染物净化的理论和技术的集成创新，攻克制约其高效去除的关键技术瓶颈尤为迫切。

对真实环境赋存浓度较低的有机新污染物而言，基于常规混凝剂对其去除能力十分有限（去除率<40%；常低于 20%）。在我国乃至世界范围内大力推动新污染物治理的背景下，传统混凝技术面临巨大挑战。然而，挑战与机遇并存，如若能够通过技术革新，使混凝技术能够高效去除水环境中的典型有机新污染物，则可在不大幅改变现有工艺装备和已建成的水处理构筑物、大幅节约投资及不增加新增占地的前提下，实现现有水处理设施的提质增效和水厂的提标改造。

针对煤化工废水生化出水中主要污染物为氰化物和难降解有机物，本团队[45]开发了有机功能化铁基复配混凝剂 KL-IPE。通过研究各组分形态、絮体结构和混凝性能，建立了混凝性能-絮凝剂特定构效关系。研究结果表明，有机正电荷位点能够与废水中 $Fe(CN)_6^{3-}$ 以及带有负电荷的絮体（$Fe(CN)_6^{3-}$ 吸附于 $Fe(OH)_3$）通过电中和以及静电簇作用实现脱稳沉降。高占比有机组分改性铁基复配混凝剂产生的絮体分形维数大且微小絮体（10~100 μm）少，具有生长速度快、粒径分布更均一、高强度以及絮体结构易复原等特点。对于煤化工废水特定水质条件（高离子强度），采用高占比有机组分改性铁基复配混凝剂时，有机组分以吸附作用为主；采用低占比有机组分改性铁基复配混凝剂时，有机组分的混凝机制主要是静电簇作用。由于多种混凝机制共同作用，高占比有机组分改性铁基絮凝剂在总氰和低浓度极性有机物去除方面具有很好的优势，其总氰和 COD 去除率可分别达 95%~97%和 50%~55%，其中，总氰指标（混凝出水总氰浓度低于 0.1 mg/L），达到 2012 年焦化企业废水排放新标准（GB 16171—2012）；COD 去除率也从 25%~30%提高至 55%~60%，残留 COD 浓度降低至 80~90 mg/L，大大降低后续处理压力。

针对新污染物及其与重金属构建的有机-无机复杂水污染体系，南京师范大学杨朕教授团队通过构建 pH/温度双转换开关型有机絮凝剂[46-48]和适度疏水性有机絮凝剂[49-52]打破传统有机絮凝剂对真实环境赋存浓度的有机新污染物去除率低的瓶颈，实现对含重金属-抗生素-无机离子典型复杂体系深度净化。例如以壳聚糖为原料，通过接枝 pH 值和温度响应性官能团，获得适合 Cu-四环素（TC）复合污染体系的 pH/温度双转换开关型有机絮凝剂（CDN）。其作用机制主要归结为：①铜(Ⅱ)的共存显著提高了 TC 的去除率，说明铜(Ⅱ)可能对 TC 的絮凝起到"辅助"作用；②CND 与污染物之间的电荷吸引和配位效应促进了桥接絮凝；③在铜(Ⅱ)-TC 复合污染的水体中，CND、铜(Ⅱ)和 TC 之间发生了两两的桥接絮凝作用。

采用亲/疏水性可转换的有机絮凝剂 CS-g-PNNPAM 处理铜-TC 金属有机废水，能够有效地促进污染物去除。该有机絮凝剂在温度小于 LCST 时，呈伸展状态的 CS-g-PNNPAM 可以成为更多的污染物形成聚集体的桥梁。同时，亲水性的有机絮凝剂也可以促进絮体均匀生长。在温度大于 LCST(35℃)时，CS-g-PNNPAM 的结构倒塌，难以产生足够大的絮体，并且此时由于絮凝剂的疏水性，也导致了絮体的不均匀生长。通过温度控制，实现对有机絮凝剂亲/疏水性调控，从而使得两种污染物的去除率都可以达到 90%以上。

4.3.3 展望

现有混凝技术已由传统的除浊（悬浮颗粒）、除大分子天然有机质等方面向新型污染物去除方向转移，并取得了突破性进展。由于混凝分离技术的本质是通过混合-凝聚-沉降模式实现污染物分离。因此，未来混凝分离技术不仅可进一步针对混凝剂结构设计脱除新型污染物，并可考察其对膜抗污染能力的影响[53-55]。南京师范大学杨朕教授团队研究复合疏水改性絮凝剂（HOC-M）对超滤膜的减污作用以及 HOC-M 优于无机絮凝剂的原因。用桑基图分析了 FSUF 运行 40 天期间主要物质的流动路径。在超滤池上，与金属氯化物相比，HOC-M 絮凝剂在絮凝和沉降过程中都能去除更多的污染物（包括 ISS、TOC、TP 和 NO_3^--N，这些污染物可能在后续超滤中成为污染物质）。这是 HOC-M 增强污垢缓解性能的原因之一。

混凝分离技术还可以利用催化反应改变污染物自身特性（如亲疏水性、聚合度），获得适合混凝分离技术的污染物形态，从而达到净化水质的目的。目前，具有代表性的催化技术有高级氧化技术、酶电催化聚合技术。例如，本团队[56,57]打破高级氧化技术只针对有机污染物矿化传统观念，创造性地提出以过硫酸盐协同湿式催化氧化工艺。该工艺可同步利用难降解有机物（如苯并噻唑）原位部分氧化与聚合，从而将可溶性难降解有机物转变为疏水性微球，达到快速高效脱除 COD 的同时将难降解有机物资源化为有机聚合物。同时，该疏水性微球溶液为后续混凝脱除提供理想的水质环境。与此同时，研究团队[58-60]将混凝分离技术与电化学聚合结合，以典型内分泌干扰物（EDCs）双酚 A（BPA）为模拟污染物，以腐殖酸（HA）为天然有机物（NOM）模拟物，研究酶-电耦合催化技术对水中的 BPA 和 NOM 的脱除。研究结果表明，当加入一定量的 HA 后，BPA 通过交叉偶联反应进入 HA 大分子结构中，增大 BPA 去除率。当 HA 量过大后，发生 HA 自聚合反应，抑制 HA 和 BPA 交叉偶联反应，降低 BPA 去除效率。在最优化条件下，在反应 2 min 后，BPA 去除率达 100%。高效液相排阻色谱（HPSEC）结果表明分子量从大到小依次为：HA+BPA 交叉耦合反应产物＞HA 自聚合产物＞HA。酶电聚合-电絮凝体系耦合之后，能够同时去除 BPA 和 HA，其中，酶电聚合对 BPA 去除率为 100%，电絮凝处理后 TOC 去除率达 95%。因此，酶电聚合-电絮凝耦合技术有望应用到含 EDCs 的饮用水或废水处理，具有较好的应用前景。

4.4 吸 收 分 离

吸收法作为一种技术成熟度高、适用范围广、分离效率高的物质分离与纯化技术，广泛应用于环境污染控制与资源循环利用。从广义的角度来说，吸收法是指吸收质（待吸收组分）与吸收剂相互融合与化合的过程，包含气液吸收和液固吸收。在环境分离过程，吸收主要指基于物理吸收和化学吸收的气液吸收过程，并广泛应用于工业废气（如二氧化硫、硫化氢、氮氧化物、氨气、挥发性有机物、二氧化碳等）净化；氨、挥发性有机物等大宗基础化工原料循环利用；温室气体减排等场景。因此，鉴于吸收法在环境分离过程具有重要实际价值，以基于原子尺度的吸收质与吸收剂热力学特性匹配度为准则，优化热力学模型反馈吸收剂结构设计与性能优化为核心，将是吸收分离过程强化的研究重点。

4.4.1 吸收分离技术原理

吸收法采用相似相溶原理，以液体作为吸收剂，通过物理与化学方式实现气体相迁移，从而达到分离与净化的目的。影响吸收法效果的关键因素是吸收质-吸收剂匹配性（热力学特性）与吸收装置的结构。因此，需了解吸收过程的热力学特性。

1. 吸收过程热力学基础

1）物理吸收过程热力学基础

组分 M 在物理吸收过程的方程如下所示：

$$M(g) \rightleftharpoons M(l) \tag{4-46}$$

当达到平衡后，气液两项的化学位 μ 相同，即：

$$\mu_{M(g)} = \mu_{M(l)} \tag{4-47}$$

对于液相溶解的 M，化学位表达式为：

$$\mu_{M(l)} = \mu_{M(l)}^0 + RT \ln x_i \gamma_i \qquad (4\text{-}48)$$

式中，$\mu_{M(l)}^0$ 为液相组分 M 的标准化学位；x_i 为组分 M 在液相的摩尔分数；γ_i 为液相 M 的活度系数。

对于气相中的组分 M，化学位表达式为：

$$\mu_{M(g)} = \mu_{M(g)}^0 + RT \ln p_i \phi_i \qquad (4\text{-}49)$$

式中，$\mu_{M(g)}^0$ 为气相组分 M 的标准化学位；p_i 为组分 M 在气相中的分压；ϕ_i 为气相组分 M 的逸度系数。以 CO_2 吸收为例，由式（4-47）～式（4-49）可以得到：

$$\mu_{CO_2(l)}^0 + RT \ln x_i \gamma_i = \mu_{CO_2(g)}^0 + RT \ln p_i \phi_i \qquad (4\text{-}50)$$

由式（4-50）和热力学基本公式可得：

$$-\Delta G^0 = \mu_{CO_2(g)}^0 - \mu_{CO_2(l)}^0 = RT \ln \frac{x_i \gamma_i}{p_i \phi_i} = RT \ln \frac{1}{H} \qquad (4\text{-}51)$$

即：

$$\frac{x_i \gamma_i}{p_i \phi_i} = \frac{1}{H} \qquad (4\text{-}52)$$

式中，H 为亨利常数。

2）化学吸收过程热力学基础

对于化学吸收过程的基本热力学公式，推导过程和物理吸收过程类似，以 M 和 N 分别代表吸收质和吸收剂，M_i 和 N_i 分别为吸收质在吸收剂中吸收之后的物种（$i=1,2,3,\cdots,n$），具体反应方程如下：

$$aM(l) + bN \rightleftharpoons cM_i + dN_i \qquad (4\text{-}53)$$

液相中各组分的化学位分别为：

$$\mu_{M(l)} = \mu_{M(l)}^0 + RT \ln x_M \gamma_M \qquad (4\text{-}54)$$

$$\mu_N = \mu_N^0 + RT \ln x_N \gamma_N \qquad (4\text{-}55)$$

$$\mu_{M_i} = \mu_{M_i}^0 + RT \ln x_{M_i} \gamma_{M_i} \qquad (4\text{-}56)$$

$$\mu_{N_i} = \mu_{N_i}^0 + RT \ln x_{N_i} \gamma_{N_i} \qquad (4\text{-}57)$$

当体系达到平衡时，

$$\Delta G = \sum c \mu_{M_i} + \sum d \mu_{N_i} - a \mu_M - b \mu_N = 0 \qquad (4\text{-}58)$$

$$\Delta G^0 = -RT \ln K_M \qquad (4\text{-}59)$$

式中，K_M 即为反应式（4-53）的平衡常数，不随浓度变化而变化，仅随温度变化而变化。但当忽略活度系数时，K_M 随浓度变化而变化，不再是常数。若组分浓度用 C（mol/L 或者 mol/kg N）表示，由于 N 的浓度变化很小（如水），故近似当作常数，合并至 K_M 中。此时，K_M 可表达为：

$$K_{\mathrm{M}} = \frac{C_{\mathrm{N},i}\gamma_{\mathrm{N},i}C_{\mathrm{M},i}\gamma_{\mathrm{M},i}}{C_{\mathrm{M}}\gamma_{\mathrm{M}}} \tag{4-60}$$

3）由过量函数导出热力学基础

过量函数即为两种纯液体混合而成实际溶液时热力学函数的变化值与其混合成理想溶液时热力学函数的变化值之差。例如过量 Gibbs 自由能 G^{E} 的定义为：

$$G^{\mathrm{E}} = \Delta G_{T,p,x\text{下的实际溶液}} - \Delta G_{T,p,x\text{下的理想溶液}} \tag{4-61}$$

该定义同样适用于过量体积 V^{E}，过量熵 S^{E}，过量焓 H^{E}，过量内能 U^{E} 和过量 Helmholtz 自由能 A^{E}。

以一个二元体系为例，将 n_1 摩尔纯液体 1 和 n_2 摩尔纯液体 2 混合为理想溶液时，其热力学函数变化为：

$$\Delta V^i = 0 \tag{4-62}$$

$$\Delta H^i = 0 \tag{4-63}$$

$$\Delta S^i = -R(n_1 \ln x_1 + n_2 \ln x_2) \tag{4-64}$$

$$\Delta G^i = \Delta H^i - T\Delta S^i = RT(n_1 \ln x_1 + n_2 \ln x_2) \tag{4-65}$$

由 n_1 摩尔纯液体 1 和 n_2 摩尔纯液体 2 混合为实际溶液时，其 Gibbs 自由能变化值 ΔG 为：

$$\Delta G = n_1\mu_1 + n_2\mu_2 - n_1\mu_1^0 - n_2\mu_2^0 = RT(n_1 \ln x_1\gamma_1 + n_2 \ln x_2\gamma_2) \tag{4-66}$$

由式（4-65）和式（4-66）可以得到：

$$G^{\mathrm{E}} = RT(n_1 \ln \gamma_1 + n_2 \ln \gamma_2) \tag{4-67}$$

将上式分别对 n_1 和 n_2 求偏导数，并采用 Gibbs-Duhem 公式，可得：

$$\sum_i n_i d\mu_i = 0 \tag{4-68}$$

$$\frac{\partial G^{\mathrm{E}}}{\partial n_1} = RT\ln\gamma_1 \tag{4-69}$$

$$\frac{\partial G^{\mathrm{E}}}{\partial n_2} = RT\ln\gamma_2 \tag{4-70}$$

由上式可知，若能知道液体混合过程的过量 Gibbs 自由能 G^{E} 随着 n_1 变化的函数关系，并对之求偏导数，即可求出溶液中组分 i 的活度系数，进而明确吸收效率。目前很多溶液理论都是从建立 G^{E} 的关系入手，算出活度系数。

2. 有机溶液的热力学模型

1）Margules 方程

Margules 方程是参照 Scatchard-Hildebrand 规则溶液理论简化而得，略去熵修正项并用组分摩尔分数代替体积分数，建立了活度系数关联式。为提高关联的精度，参照规则溶液理论，从过量 Gibbs 自由能函数出发，考虑两分子作用、三分子作用及四分子作用，分别推导得出了二元二尾标、二元三尾标、三元二尾标、三元三尾标、二元四尾标及三元四尾标方程式。其中二尾标是指考虑了两分子作用，三尾标是指考虑了三分子作用。

对二元体系，若仅考虑两分子间的相互作用，G^E 可表示为：

$$\frac{G^E}{RT} = (n_1 + n_2) A_{12} x_1 x_2 \quad (4-71)$$

式中，A_{12} 为二元体系的端值常数，也称为分子 1 和分子 2 之间的作用系数。此处的 A_{12} 相较于规则溶液理论中 $A_{12} = C_{11} + C_{22} - 2C_{12}$，它具有一定的物理意义，表示同种分子之间与异种分子之间作用能的差异。将上式分别对 n_1 和 n_2 求偏导，即得：

$$\ln \gamma_1 = \frac{\partial G^E}{RT \partial n_1} = A_{12} x_2^2 \quad (4-72)$$

$$\ln \gamma_2 = \frac{\partial G^E}{RT \partial n_2} = A_{12} x_1^2 \quad (4-73)$$

上式仅考虑两分子作用，称为 Margules 二元二尾标方程式。

对于三元体系：

$$\frac{G^E}{RT} = (n_1 + n_2 + n_3)(A_{12} x_1 x_2 + A_{13} x_1 x_3 + A_{23} x_2 x_3) \quad (4-74)$$

$$\ln \gamma_1 = \frac{\partial G^E}{RT \partial n_1} = \left[A_{12} x_2^2 + A_{13} x_3^2 + (A_{12} + A_{13} - A_{23}) x_2 x_3 \right] \quad (4-75)$$

$$\ln \gamma_2 = \frac{\partial G^E}{RT \partial n_2} = \left[A_{12} x_1^2 + A_{23} x_3^2 + (A_{12} + A_{23} - A_{13}) x_1 x_3 \right] \quad (4-76)$$

$$\ln \gamma_3 = \frac{\partial G^E}{RT \partial n_3} = \left[A_{13} x_1^2 + A_{23} x_2^2 + (A_{13} + A_{23} - A_{12}) x_1 x_2 \right] \quad (4-77)$$

上式仍仅考虑两分子作用，称为 Margules 三元二尾标方程式。

2）NRTL 方程

Renon 和 Prausnitz 由局部组成概念出发，在 Wilson 所提出的局部浓度与平均浓度间的关系式中加入有序特性常数 α_{12}（$\alpha_{12}=0.2\sim 0.47$）；假定溶液为规则溶液，采用双液体模型计算过量 Gibbs 自由能 G^E，提出了基于 NRTL（非随机双液）模型的活度系数方程（参考表 3-1）。

3. 水相溶液的热力学模型

水相溶液热力学模型主要包括 Kent-Eisenberg 方程、Pizter 方程、Clegg-Pitzer 方程和 Chen-NRTL 方程。Kent-Eisenberg 模型是由 Kent 和 Eisenberg 在 1976 年建立的第一个半经验热力学模型，假设化学反应常数为温度和浓度的函数，采用拟平衡常数方法表示与 H_2S 和 CO_2 气相压力平衡的酸气负荷。由于此模型能较好地关联实验数据，且计算简单，在气体负荷大于 0.1 时具有较好的准确性，因此一直被广泛使用。此方法适用于该体系中化学反应平衡常数未知，不能直接计算组分的活度系数的情况。该法不仅可用于单一溶剂的关联，也可用于混合溶剂的关联和预测。随着统计力学理论的发展，产生了 Pizter 方程、Clegg-Pitzer 方程、Chen-NRTL 方程。在 3.1.3 小节已重点讲解 Pizter 方程和 Chen-NRTL 方程适用范围及其渗透系数和离子活度系数表达式，本节不再重复阐述。Clegg-Pitzer 方程是由 Clegg 和 Pitzer 于 1992 年提出的一个计算电解质活度系数的非原始模型，其主要构造思想为，把体系中所有组分（包括溶剂水分子）都当作作用粒子，并用摩尔分数 x 代表分子及离子浓度。由于该模型将溶剂分子当作作用粒子，故称为电解质非原始模型。该方程的特点是不仅可用于单一溶剂也可用于混合溶剂。但在实际计算时非常复杂。为此 Li-Mather 方程对此进行了简化，只考虑两粒子及三粒子作用项，略去了含离子的三粒子作用项和各种四粒子作用项。与原 Pitzer 公式相比，Li-Mather 公式的优点是可用于高浓度及混合溶剂体系，目前此公式已成功应用于带有电离平衡的混合酸性气体在各种醇胺-水混合溶剂体系中活度系数的计算。

4. 热力学模型对吸收分离工艺的作用

建立热力学模型对化工过程计算有着重要的指导作用。

（1）使平衡常数维持常数，在建立好的模型基础上，预测一些例如高温高压下的实验数据，也可以从单一气体、单一溶剂的溶解度数据预测混合溶剂、混合气体的溶解度数据，从而减少实验成本和实验风险。

（2）可以通过实验测得压力和负载数据，预测平衡时各组分浓度，以及随温度、压力的变化，更详细地了解和掌握整个反应的情况。

（3）可以利用化学平衡常数和热力学函数之间的关系，应用组分的活度系数，对吸收过程的反应焓进行估算，获得能耗。

（4）可以通过诸如斜率法等方法对气液平衡数据作图，预测反应产物的组成，研究吸收机理。

（5）可以找到不同吸收剂的反应平衡常数及反应焓与吸收剂分子内部结构间的内在规律，为寻找新吸收剂提供理论依据。

5. 吸收剂设计与使用原则

化学吸收法中，吸收剂性能的优劣，往往直接成为决定吸收效果是否良好的关键。为了选择一种合理的吸收剂，需要对传统工业上回收气体所采用的吸收剂的吸收速率、吸收能力、净化度、选择性、再生能耗、腐蚀性和发泡情况以及溶剂的特性、来源、价格等进行深入比较。在选择吸收剂时需要掌握下列几点原则：

（1）气体在吸收剂中的溶解度：溶解度较高可直接提高吸收速率，减小吸收剂消耗量，一般而言，吸收剂需要循环使用，因此吸收反应应该是可逆的。

（2）吸收剂对被吸收气体的选择性：吸收剂要对被吸收的组分有较好的选择性吸收能力，即对被吸收组分吸收能力强，对其他组分基本不吸收或少量吸收，以实现有效分离。例如，在合成气净化中，因为 H_2S 会使催化剂中毒，需要优先去除，因此就要求吸收剂对 CO_2 等非关键组分吸收能力较弱，对 H_2S 吸收能力强，以节省能耗。

（3）吸收剂本身的物理化学性质：物理化学性质包括挥发性、腐蚀性、化学稳定性、黏度等。吸收剂应不易挥发，在操作温度下蒸气压低，挥发损耗较少，以降低运行成本。吸收剂应无腐蚀或腐蚀性小，以延长设备的使用寿命。吸收剂的黏度在操作温度下要低，使其在吸收反应器内有较好的湍流状态，保证吸收剂和被吸收气体可以充分接触，从而提高吸收速率，减小功耗，减小传热阻力。吸收剂的化学稳定性要高，不易分解，发生反应时不易产生副产物。

（4）吸收速率：体系的热力学平衡决定了溶液吸收能力的极限量，但实际上反应无法进行到平衡，吸收速率越大，越有利于提高吸收效率和净化程度。

（5）再生性：吸收气体后的富液一般通过加热进行再生解吸，如果吸收产生的化合物热稳定性很好，则需要非常高的温度才能解吸，导致运行成本提高。

（6）吸收剂选择的热力学原则：化学吸收法中重要的一环，是吸收化学反应平衡常数需具有较大的值，它决定了气体在不同溶剂中的溶解度。通过热力学模型的建立可以评估气体在不同溶剂中的热力学性质，从而为选择优良的吸收剂打下基础。

另外吸收剂应尽可能无毒、不易燃、不发泡、冰点低、价廉易得。除考虑以上因素外，在实际的工业应用中，还要根据具体情况如系统压力、配套工艺指标、生产起始原料路线、操作和管理水平等进行综合考虑。

4.4.2 吸收剂分离性能

气体吸收过程主要是通过吸收剂与废气进行充分接触从而将其中的目标组分从废气中分离的过程。吸收法的主体单元通常是能使气液相良好接触的设备如喷淋塔、填料塔等，如图 4-9（a）所示。同时，目标组分分离与吸收剂再生是系统内最重要、耗能最高的单元［图 4-9（b）］。因此，吸收设备的核心是针对不同类型气体成分获得高性能吸收剂。

1. 二氧化碳吸收剂

二氧化碳吸收剂主要包括固体吸收剂和液体吸收剂。固体吸收剂可进一步分为低温吸收剂、中温吸收剂和高温吸收剂。但是，从分离的角度看，固体吸收剂对低 CO_2 分压气源的碳捕集驱动力较差，难以处理大量气体，因此，液相吸收法的应用更为普遍。常见的液体吸收剂包括单胺吸收剂、混合胺吸收剂、非水胺吸收剂和相变吸收剂以及非胺类离子液体吸收剂等[61,62]。

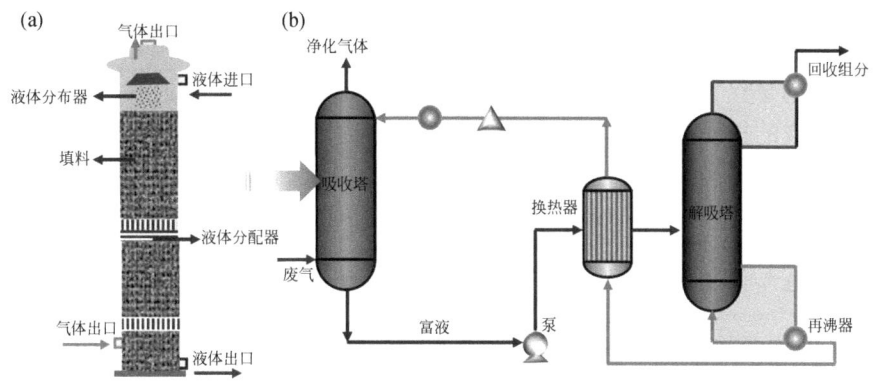

图 4-9 吸收塔结构示意图（a）和气体吸收与分离纯化工艺流程图（b）[65]

对于单胺吸收剂，伯胺与肼胺吸收 CO_2 时反应速率快，但吸收容量较低，会生成化学性质非常稳定的氨基甲酸盐，导致吸收剂的再生能耗较高；叔胺与 CO_2 反应的吸收容量大，但是产物不稳定，吸收速率慢且选择性差。以应用最为广泛的乙醇胺水溶液（MEA）为例，回收煤粉炉烟气中的 CO_2。MEA 吸收剂与 CO_2 反应速度快，但吸收剂再生过程能耗高，易氧化，产生腐蚀，且烟气中酸性干扰组分钝化吸收剂等，导致需要大量补充吸收剂。而采用 N-甲基二乙醇胺（MDEA）吸收 CO_2 法热耗较低、净化度高、操作弹性大、CO_2 回收率高，但与 CO_2 反应速度较低。

各种有机胺的单独使用，各有利弊，采用混合胺法结合 MDEA 高处理能力与 MEA 高反应速率的特点，是一种富集 CO_2 的新技术。此法吸收速率快，吸收容量大，尤其可明显降低再生热耗，具有很强的竞争性和广阔的应用前景。常用的混合胺主要有 MDEA+MEA、MEA+AMP（2-氨基-2-甲基-1-丙醇）、DEA+AMP（2-氨基-2-甲基-1-丙醇）、MDEA+PZ（哌嗪）以及 MDEA+DEA（二乙醇胺）等。对于常规有机胺吸收剂，需要添加一定水分作为稀释剂来降低胺类吸收剂的黏度，或促进吸收过程的两相传质，提高对 CO_2 的吸收动力学。但是含水有机胺溶液的加热解吸会导致水分汽化带走一部分热量，不利于吸收剂的高效再生。同时，吸收剂的水分也是引起管道设备腐蚀的重要因素。

采用非水胺吸收剂可以在确保较高的吸收速率与吸收容量的前提下，大幅降低饱和吸收剂的再生能耗，避免或缓解水溶性吸收剂流失及设备腐蚀问题。基于非水胺吸收剂原理，相变吸收剂吸收 CO_2 前为均相溶液，吸收 CO_2 后由于 CO_2

负载量发生变化使原本均相的溶液出现贫相（负载量低的区域）与富相（负载量高的区域）分层。再生只需对含水率较低的富相进行加热、加压等解吸操作，可显著降低再生能耗。但是，相变吸收剂的富相通常黏度较高，贫富相体积比过低会限制再生能耗的降低，含水率也会影响相变分离行为与 CO_2 吸收容量。

离子液体是由有机阳离子与无机、有机阴离子构成的离子化合物，其化学稳定性高、热容低、挥发性低、溶解性高、结构设计灵活，可以作为传统有机胺碳捕集工艺的替代吸收剂，在实际应用中减轻吸收剂对管道设备的腐蚀，降低吸收剂挥发造成的损失。另外，离子液体饱和蒸气压低，含水量低，在捕集 CO_2 后通过加热、抽真空等方式即可一步解吸 CO_2，完成吸收剂再生。通过构建 Lewis 碱官能团，可获得吸收速率较快、稳定性较高、再生能耗低的液相吸收剂。

2. 酸性气体吸收剂

与 CO_2 气体性质类似，H_2S、SO_2、NO_x 等酸性气体主要采用的吸收剂包括 MEA、AMP、DEA、二异丙醇胺（DIPA）、PZ、叔胺有三乙醇胺（TEA）、MDEA 等。其再生型工艺一般采用低温高压吸收、高温低压解吸的方法，适应性强，处理量大，目前应用较为广泛。然而，利用醇胺水溶液进行吸收也有一系列的缺点，包括再生过程中胺耗损较多、水蒸气容易进入气流、胺易分解并生成腐蚀性副产物等，这些缺点会增高脱硫费用。

近年来，高沸点有机溶剂开始受到关注，因为高沸点有机溶剂不易挥发进入气相，且具有较低的解吸温度从而避免因高温造成的热分解。以硫化氢为例，前期研究表明，大部分硫化氢在离子液体中的溶解为物理溶解，但也有部分学者认为，硫化氢在离子液体中可能存在氢键缔合反应。本团队[63]在研究中发现有机萃取剂 Primene JMT 具有一些优良性质，可能成为一种潜在的酸性气体吸收剂。因此，在测量酸性气体和温室气体在 JMT 的溶解度的基础上，进一步建立热力学模型并与传统吸收剂相比较以评价其吸收性能，并对其吸收机理作了进一步探究。开创性研究结果表明，对于 JMT-H_2S 体系，四组分二尾标 Margules 方程能较好地关联和预测气液平衡实验数据。通过对各组分在不同温度和气体负载下的浓度计算结果表明，在低温下以化学吸收为主，在高温下以物理吸收为主。推测 JMT 对 H_2S 的化学吸收是氢键缔合机理，并通过热力学函数计算氢键键能，得到了 S—H 键和 N—H 键的比例。从单一气体在 JMT 中溶解度数据及热力学模型入手研究 JMT 对 CO_2 和 H_2S 的竞争吸收，发现 $K_x(H_2S)$ 值随 H_2S 分压升高而增大，而 $K_x(CO_2)$ 值随 CO_2 分压升高而下降，因此在低负载下 CO_2 吸收占优势，在高负载下 H_2S 吸收占优势。在此基础上对 CO_2、H_2S 同时存在于 JMT 中的热力学模型进行研究，JMT 对 CO_2 和 H_2S 的竞争吸收是化学键、分子间作用力以及分子极性共同作用的结果。对于 MDA-CO_2-H_2O 体系，将反应进程分为 2 区段（即 $\alpha<1$ 和

$α>1$ 区域）并利用 KE 模型能够准确、简便地关联气液平衡实验数据。通过平衡常数的比较解释了在 MDA、MEA、MDEA、PZ、AMP 中的溶解度的差异主要由胺分子空间位阻效应决定。

3. VOCs 吸收剂

对于可回收利用的 VOCs，理想的吸收剂应具备以下特点：①对 VOCs 的饱和吸收量大；②黏度低且不易挥发；③抗氧化性、抗泡沫性好，能够长期使用；④对仪器和设备无腐蚀性；⑤来源广，价格低廉。常见的吸收剂包括矿物油、水复合吸收剂、高沸点有机溶剂以及离子液体。

目前常见的有机气体吸收剂主要是油类物质，如柴油、洗油等非极性矿物油。国内以柴油为主的吸收剂对三苯（苯、甲苯和二甲苯）废气净化吸收早在 20 世纪 70 年代末已开始研究，80 代初工程应用。但是柴油易挥发、易燃，存在很大安全隐患，进而开始对其他矿物油吸收剂进行开发研究。例如，利用废植物油和润滑油去除烟道废气中的苯、甲苯、四氯化碳和甲醇[64]，去除率分别可达到 90%、90%、80%和 70%。在填料塔中采用废机油作为吸收剂，废气中甲苯去除率达到 95%~98%。但是机油黏度大，对设备要求和功耗都较大[65]。

水的性能稳定，黏度小且易得，但绝大多数的 VOCs 在水中的溶解度较小。因此开发了以水为基础的复合吸收剂，强化对非水溶性 VOCs 组分的吸收效果。通常用矿物油等液体物质与水及表面活性剂组成混合吸收剂，如水-洗油、水-表面活性剂-助剂等复合吸收剂。水-洗油作为苯系物的吸收剂时，在水：油=6：4、添加一定量的表面活性剂、pH 值为 10 的条件下，吸收剂对甲苯的去除率能达到 75%~85%。以柠檬酸钠溶液为吸收剂，并添加柠檬酸、无机盐助剂和聚乙二醇（PEG-200），可显著提高甲苯净化效率和吸收容量。然而，柠檬酸钠溶液对甲苯的吸收容量很小，很难在实际工程中进行应用。

高沸点溶剂如 1,4-丁二醇（BDO）对甲苯废气的吸收率能达到 99%以上，类似的溶剂还有 N,N-二乙基羟胺（DEHA）、三甘醇二甲醚（TEGDME）、邻苯二甲酸二(2-乙基己基)酯（DEHP）等。但由于有机溶剂本身存在一定蒸气压，当废气的气量很大时，大量的吸收剂在气液接触过程中会被带出，造成经济损失的同时也会产生二次污染。

离子液体作为可设计的绿色溶剂，能够吸收很多有机无机分子。其选择性可调，使得离子液体在 VOCs 分离领域有一席之地。通常离子液体与 VOCs 之间的相互作用是物理过程，包含氢键、范德瓦耳斯力等分子间作用力。

4. 氨气吸收剂

氨气吸收主要包括化学吸收和物理吸收。以化学吸收为主的酸吸收剂可将氨气转变为有价化学原料，如铵盐。尽管酸吸收剂可充分吸收高浓度氨气，但是挥发性酸易引起二次污染和设备腐蚀。目前，实际工艺一般不采用此方法。物理吸收利用氨气在水系吸收液中溶解度较大的特性，通过吸收获得低浓度氨水并结合蒸馏、精馏、加压冷凝获得工业级液氨，实现氨气分离、回收与循环利用。但该法也存在吸收剂消耗量大、氨气回收率不高、提浓过程能耗较大、尾气处理会引起二次污染等问题。因此，急需开发新的高效绿色可回用的新型氨气回收剂。目前，离子液体和低共熔溶剂是现阶段处在研究阶段的理想溶剂。可通过设计合成不同阴阳离子或在阴阳离子上引入不同的官能团，构筑氢键或者 Lewis 酸碱对，实现对氨气高效吸收。虽然离子液体对氨气具有较好的吸收性能，然而原料成本高，合成方法复杂，生物降解难度大，使得离子液体在工业应用中受到了一定的限制。低共熔溶剂（DESs）是由氢键供体和氢键受体通过加热法、真空蒸发法、研磨法或冷冻干燥法制备的一种在室温下呈液态的混合物。相较于离子液体，除了存在阴阳离子外，低共熔溶剂还存在分子，故也称低共熔溶剂为离子液体类似物。低共熔溶剂除了具有和离子液体类似的物理化学特性，如蒸气压低、结构可调等优点，同时还具有以下优势：①原料易得，成本低廉；②合成简单，无须提纯；③生物毒性小，可生物降解[66]。例如，将三元低共熔溶剂 ChCl/Res/Gly 首次用于 NH_3 的吸收[67]。在 313.15 K、0.1 MPa 下，ChCl/Res/Gly（1∶3∶5）对 NH_3 的吸收量为 0.13 g/g（g NH_3/g DESs），远高于大部分已经报道的离子液体。

4.4.3 展望

未来吸附分离技术的发展趋势除了以吸收剂开发和过程强化吸收剂选择性为重点的分离与纯化，还需考虑高浓度目标组分在温和反应条件下的再生与富集，实现对目标组分的回收与回用。同时，对于低浓度目标组分，考虑多污染物协同减排的同时，进一步与温室气体协同减排，达到减污、降碳与资源化目的。

（1）吸收剂开发与优化：根据吸收剂设计与使用原则，单纯采用实验手段筛选吸收剂需要开展大量的实验工作，同时，对功能优化和性能提升存在片面性。可通过机器学习构建吸收剂结构与气体分子识别与统计模型软件包，以吸收剂-气体分子间作用力为吸收与分离描述符，建立气体分离过程控制与强化关键特性参数数据库，为新型、绿色吸收剂开发与优化提供数据支撑。

（2）寻求温和再生反应体系：气体吸收剂再生所需的热能占整个吸收分离工艺能耗的 70% 以上。为解决再生过程能耗高的问题，可在低于 100℃ 条件下，选择固体酸/碱催化剂来加速实现气体解吸[67,68]。如何设计高效稳定的催化剂是关键。目前，现有催化剂包括金属氧化物、分子筛以及负载型催化剂。尽管通过催化剂结构设计与酸碱位点调控已获得性能较好的气体解吸催化剂，但缺乏在原位/

工况条件下，对催化剂活性位点调控、位点动态结构演变特性与催化剂失活机制的深入认识，难以形成催化剂结构优化与性能强化反馈机制。

（3）吸收强化多污染物协同减排：《中国二氧化碳捕集利用与封存（CCUS）年度报告（2023）》倡导 CO_2 利用技术正在由地质利用向化工利用拓展，逐步实现高附加值化学品合成利用方式的新型降碳理念的积极响应。同时，《空气质量持续改善行动计划》要求到 2030 年，减污降碳协同能力显著提升，大气污染防治重点区域碳达峰与空气质量改善协同推进取得显著成效。我国"富煤、少气、缺油"的资源布局现状，决定了现阶段我国能源需求仍以煤基化石燃料为主（占比 60%）。因此，在不可能短期内完全放弃煤基化石能源的前提下，实现大气污染物与温室气体协同减排将成为我国应对气候变化和持续改善大气环境质量的重要策略，也是产业高质量发展的迫切需求。如何构建协同控制体系，即利用低浓度大气污染氧化/还原，协同温室气体高值转化是关键。作为可以串联氧化与还原反应的电化学方法理论上可以实现大气污染物与温室气体协同减排[69-71]。但是，现有研究缺乏对催化剂活性位点动态结构演变规律、反应关键参数与反应器核心组件对两级反应过程强化与协同作用机制的认识。

4.5 浸取分离

浸取又称固液萃取，是利用溶液从固体材料中选择性提取溶质以分离固体组分的过程，通常伴随着物理化学反应。它在湿法冶金、食品、药品等传统领域作用重大，也用于废弃固体处理与污染土壤修复。浸取工艺受多种因素制约，如固体粒子尺寸、溶剂、温度、搅拌及固液比等。在固体粒子尺寸方面，小颗粒虽能增大接触面积、缩短扩散距离、提升转移速率，但过细会阻碍溶液循环、影响固液分离等。在溶剂方面，宜选择低黏度、高浸取剂溶解度、无反应性且沸点低利于循环使用。温度升高一般会提升溶质溶解度与扩散系数，利于提高浸取速率。搅拌可增强涡流扩散，加速溶质转移并防止细颗粒沉淀。固液比也不容忽视，低固液比能缩短浸取时间、提高浸取率，高固液比会使混合液黏度增大，降低浸取速率。

在环境分离领域，浸取工艺意义非凡。它能从废弃固体如电池、矿渣等中回收有价金属与资源，去除有害物质，还可修复污染土壤，减少环境污染，助力资源回收利用，推动循环经济发展，为环境保护与可持续发展提供有力技术支撑。

4.5.1 浸取分离技术原理

浸取工艺由固体材料中可溶性成分的比例、其在整个固体中的分布、固体的性质和颗粒大小决定。如果溶质均匀分散在固体中，靠近表面的物质将首先溶解，在固体残留物中留下多孔结构。溶剂必须穿透外层，才能到达更深的溶质层。由于传质阻力增加，传递速率减小，浸取率下降。如果溶质在固体中所占比例非常高，浸取过程中形成的多孔结构几乎会立即破裂，形成一层不溶性残留物，有利于溶剂接近溶质。浸取原理见图 4-10。

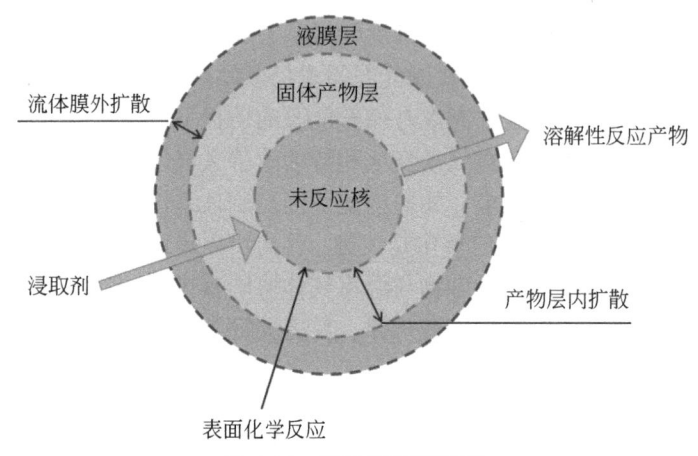

图 4-10　浸取原理示意图

浸取速率是衡量工艺效率的重要指标。由于浸取过程涉及溶质在多孔固体和本体溶液中的溶解与传质，浸取速率主要受以下几个关键因素影响：

（1）固体粒子尺寸。颗粒大小多方面影响浸出速率。尺寸越小，比表面越大，固体和液体之间的接触面积越大，溶质在固体中需扩散的距离越小，溶质的转移速率越高。但是，过细的固体颗粒会导致溶液循环受阻，降低比表面的有效性，且造成固液分离和固体残渣排出更加困难。

（2）溶剂。浸取溶液应选用低黏度的选择性溶剂。理想溶剂应具有较高的浸取剂溶解度。溶剂应无反应性，沸点较低，便于循环使用。浸取剂的合理选择也是浸取的重要控制参数，常用的浸取剂有水、各种无机/有机酸、碱、络合剂和氧化还原剂等。

（3）温度。在大多数情况下，溶质的溶解度随着温度的升高而增加，同时随着温度的升高，扩散系数增加，从而提高浸取速率。

（4）搅拌。溶液搅拌增加了涡流扩散，加速溶质从颗粒表面向主体溶液的转移。细颗粒悬浮液的搅拌可以防止沉淀，更有效地提升固体表面利用性。

（5）固液比。浸取中固体质量与浸取液体积的比值，常用 S/L 表示，单位可用 g/mL 表示。一般来说，低固液比可以缩短浸取时间，提高浸取率。随着固液比增加，混合液黏度增大，对流和扩散困难，扩散系数减小，浸取速率下降。

从技术原理上来讲影响浸取的因素主要包括热力学因素和动力学因素。其中热力学方面，浸取过程一般伴随氧化还原反应，有些反应还需要在高温下进行，其中两个最重要的参数是电位和 pH 值，常用电位-pH 图来判断浸出过程各组分的稳定存在范围，可能发生的反应及其平衡条件。浸取动力学包括颗粒反应动力学和反应器反应动力学，颗粒反应动力学是颗粒尺度上对浸出技术原理进行研究，根据浸取反应的性质和产物类型开发出不同的浸取模型。反应器反应动力学是从反应器尺度上研究浸取过程，可根据颗粒大小设计不同的浸取设备。下面分别从热力学、动力学和浸取设备方面进行阐述。

1. 热力学

1）浸取过程的标准自由能变化

浸取是固相原材料在液体（部分有气体参与）中发生的一系列物理化学变化过程。对于各类有价金属离子的浸取过程，常用标准反应吉布斯自由能变化ΔG^0、平衡常数 K 或电位-pH 图判断浸取过程的热力学条件[72]。电位-pH 图常用于判断浸出过程各组分的稳定存在范围，可能发生的反应及其平衡条件，据此可以设定合理的浸取工艺参数。

对于浸取反应 $aA+bB \longrightarrow cC+dD$，反应过程的 ΔG^0 可用如下表达式计算：

$$\Delta G^0 = \sum_i^n \upsilon_i \Delta G_{f,i}^0 = c\Delta G_{f,C}^0 + d\Delta G_{f,D}^0 - a\Delta G_{f,A}^0 - b\Delta G_{f,B}^0$$

式中，υ_i 为反应过程中各物质的化学计量系数，生成物取正值，反应物取负值；$\Delta G_{f,i}^0$ 为各物质的标准摩尔生成能，可以通过手册查阅。

2）离子熵的对应原理

从固体中浸取组分，有时候需要在加热或高温条件下进行。对这些反应过程进行热力学分析时，如绘制高温下电位-pH 图，需要利用各物质在对应高温时的热力学数据。

在温度 T 时，化学反应过程的标准自由能变化 ΔG_T^0 可由其标准焓变 ΔH_T^0 和熵变 ΔS_T^0 求得：

$$\Delta G_T^0 = \Delta H_T^0 - T\Delta S_T^0 \tag{4-78}$$

由标准摩尔反应焓-基尔霍夫公式：

$$\Delta H_{T_2}^0 = \Delta H_{T_1}^0 + \int_{T_1}^{T_2} \Delta C_p^0 dT \tag{4-79}$$

对于两个不同温度下，反应熵变之间的关系可以表示为：

$$\Delta S_{T_2}^0 = \Delta S_{T_1}^0 + \int_{T_1}^{T_2} \Delta C_p^0 d\ln T \tag{4-80}$$

式中，ΔC_p^0 是某一温度范围内反应的标准摩尔热容的变化：

$$\Delta C_p^0 = \sum\nolimits_{\text{产物}} \Delta C_{p,m,i}^0 - \sum\nolimits_{\text{反应物}} \Delta C_{p,m,i}^0 \qquad (4\text{-}81)$$

当 T_1=298 K，根据上述各式，可以得到：

$$\Delta G_T^0 = \Delta G_{298}^0 + \int_{298}^{T_2} \Delta C_p^0 dT - T\int_{298}^{T_2} \Delta C_p^0 d\ln T - (T-298)\Delta S_{298}^0 \qquad (4\text{-}82)$$

式中，ΔG_{298}^0 和 ΔS_{298}^0 可以从物理化学手册查得。

对于非离子组分，热容和温度之间的函数为：

$$C_p^0 = a + b \times 10^{-3} T + c \times 10^{-5} T^2 \qquad (4\text{-}83)$$

式中，a、b 和 c 各值可查阅手册。

对于离子组分的平均热容，理论计算高温下离子水溶液的热力学数据，需要有离子水溶液的热容值，这些热容值数据可以通过离子熵对应原理计算。Cobble 等指出，在某一任意温度下，一种类型离子的偏摩尔熵和某一参考温度时的熵之间存在线性关系，即离子熵对应原理。

习惯上，人为规定在任何温度下 H$^+$（水溶液）的离子熵为 0，即 $S_{H^+}^0$=0。同时人为选定 H$^+$ 在 25℃的绝对熵为-5 cal/(mol·K)。因此，其他离子在 25℃的绝对熵：

$$S_{i,\text{绝对}}^0 = S_{i,\text{习惯}}^0 - 5.0 Z_i \qquad (4\text{-}84)$$

式中，Z_i 为离子电荷，包括（±）号，阳离子为正数，阴离子为负数；$S_{i,\text{习惯}}^0$ 可以通过手册查得。经验表明，式（4-84）适用于任何温度，即：

$$S_{T(i,\text{绝对})}^0 = S_{T(i,\text{习惯})}^0 + S_{T(H^+,\text{绝对})}^0 Z_i \qquad (4\text{-}85)$$

从式（4-85）中可以看出，如果知道 $S_{T(i,\text{习惯})}^0$ 和 $S_{T(H^+,\text{绝对})}^0$，就能求出任何温度下 $S_{T(i,\text{绝对})}^0$。人们在对实验数据分析后，发现只要适当规定各种温度下 $S_{T(H^+,\text{绝对})}^0$ 数值，对 i 离子就有关系式：

$$S_{T(i,\text{绝对})}^0 = a_T + b_T S_{298(i,\text{绝对})}^0 \qquad (4\text{-}86)$$

式（4-86）即为"离子熵对应原理"数学表达式，式中，$S_{T(i,\text{绝对})}^0$ 与 $S_{298(i,\text{绝对})}^0$ 分别为温度 T 和 298 K 时的绝对熵，常用 25℃时查到的物质热力学数据，a_T 和 b_T 是与温度和离子类型有关的参数值。

离子熵对应原理，虽然是根据实验数据总结出来的经验公式，但是对简单离子以及某些类型的复杂离子具有较好的准确性，见表 4-3。对于简单离子，温度达 150℃时，其准确度在±2.1 J/mol 以内。当温度高于 200℃时，实验测得的标准偏摩尔熵与用"离子熵对应原理"计算的结果有严重的偏差，见图 4-11。因此，离子熵对应原理不适用于更高的温度（>200℃）。

表 4-3　各类离子的 a_T 和 b_T [a_T 的单位为 J/(mol·K)]

温度/K	简单阳离子		简单阴离子和 OH⁻		含氧阴离子 AO_n^{m-}		酸性含氧阴离子 $AO_n(OH)^{m-}$	
	a_T	b_T	a_T	b_T	a_T	b_T	a_T	b_T
298	0	1.000	0	1.000	0	1.000	0	1.000
333	16.3	0.955	−21.3	0.969	−58.8	1.217	−56.5	1.380
373	43.1	0.876	−54.8	1.000	−129.7	1.476	−126.8	1.894
423	67.8	0.792	−89.1	0.989	−192.5	1.687	−210.0	2.381
473	97.5	0.711	−126.8	0.981	−280.3	2.020	−292.9	2.960
523	125.1	0.630	−161.9	0.978	−361.9	2.320	−376.6	3.530
573	153.1	0.548	−205.8	0.972	−443.5	2.618	—	—

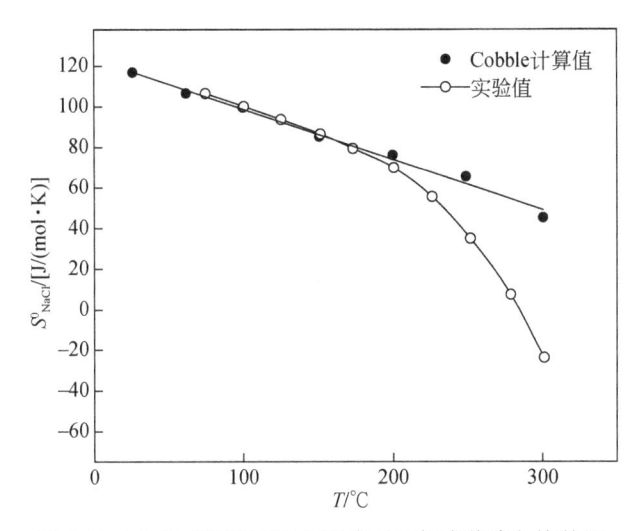

图 4-11　NaCl 水溶液在不同温度时的标准偏摩尔熵数据

根据离子熵对应原理求得不同离子在 T 温度下的熵后，离子的平均热容可以利用下式得到：

$$dS = \frac{C_p^0 dT}{T} = C_p^0 d\ln T \tag{4-87}$$

$$\int_{298}^{T} dS = \int_{298}^{T} C_p^0 d\ln T \tag{4-88}$$

在温度 298 K 与 T 之间，离子的平均热容定义为：

$$C_p^0 \big|_{298}^{T} = \int_{298}^{T} dS \Big/ \int_{298}^{T} d\ln T = \frac{S_{T,\text{绝对}}^0 - S_{298,\text{绝对}}^0}{\ln T - \ln 298} \tag{4-89}$$

将此式代入前面式（4-82），就能得到不同温度下反应的 ΔG_T^0。

3）电位-pH 图

从固体中浸取金属离子常涉及氧化还原过程，例如从废旧锂电池 LiFePO$_4$ 中提取 Li$^+$，涉及 Fe^{2+} 与 Fe^{3+} 的变化[73]。在这些过程中，热力学数据可以解释地质矿化、腐蚀和矿物溶解等，其中两个最重要的参数是电位和 pH 值。布拜图（Pourbaix）是一个非常有用的图形工具，以电位-pH 图形式表示不同物质形态之间的热力学平衡图，给出某一电位和 pH 值下，体系中能稳定存在的物质形态。由于缺少细节，布拜图不能提供物质形态与浓度的关系。

影响氧化还原半反应电对电位的参数除了电对本身固有的特性外，还包括温度、压力和溶液组成等。在半反应中，反应吉布斯自由能变的方程表达式是用物质形态的活度（固体/溶液）或气度逸度。为了简便计算，常省去活度系数/逸度系数的校正，直接采用溶质浓度或气体分压计算。

电位-pH 图的绘制步骤：①列出反应中各物质的存在状态及其对应的标准摩尔生成自由能；②确定体系中主要物质形态可能发生的各类反应，写出反应方程式；③根据热力学数据，写出反应的吉布斯自由能方程，利用半反应相对标准氢电极的电位与自由能的关系，$E_H = -\Delta G/nF$，得到电位与反应条件的关系；④绘出各个反应的 E_H-pH 线。

在布拜图中，如果 E_H 方程中涉及目标元素不同价态下的活度（浓度），可以将目标元素在两种价态的浓度设置为原子质量各占 50%，固相的活度可简化为 1。

4）反应平衡方程

通常在涉及氧化还原反应的半反应中，把氧化态、电子 e$^-$ 和 H$^+$ 写在方程式的左边，还原态写在右边。根据体系中是否涉及氧化还原和 H$^+$ 参与，可以分为以下三类。

I 类反应如 $a\text{A}+b\text{B}+ne^- \longrightarrow c\text{C}+d\text{D}$，在一定 T 和 p 下，有关系式：

$$\Delta G = \Delta G^0 + RT\ln\frac{\alpha_C^c \alpha_D^d}{\alpha_A^a \alpha_B^b} \tag{4-90}$$

式中，R 为气体常数，R=8.314 J/(mol·K)，有能斯特（Nernst）方程：

$$E = -\frac{\Delta G}{nF} = -\frac{\Delta G^0}{nF} - \frac{RT}{nF}\ln\frac{\alpha_C^c \alpha_D^d}{\alpha_A^a \alpha_B^b} = E^0 - \frac{RT}{nF}\ln\frac{\alpha_C^c \alpha_D^d}{\alpha_A^a \alpha_B^b} = E^0 - \frac{2.303RT}{nF}\lg\frac{\alpha_C^c \alpha_D^d}{\alpha_A^a \alpha_B^b} \tag{4-91}$$

式中，F 为法拉第常数，F=96485 C/mol；$E^0 = -\dfrac{\Delta G^0}{nF}$ 定义为半反应相对标准氢电极的标准电极电势。代入温度 T=298.15 K，可以算得 $2.303RT/F$=0.0592 V。

II 类反应如 $a\text{A}+b\text{B}+m\text{H}^+ \longrightarrow c\text{C}+d\text{D}$，这类反应常见的是酸碱平衡和有氢离子参与的沉淀-溶解反应。在一定 T 和 p 下，当反应达到化学平衡时：

$$G = \Delta G^0 + RT\ln\frac{\alpha_C^c \alpha_D^d}{\{H\}^m \alpha_A^a \alpha_B^b} = \Delta G^0 + 2.303RT\lg\frac{\alpha_C^c \alpha_D^d}{\{H\}^m \alpha_A^a \alpha_B^b} = 0 \quad (4-92)$$

$$\text{pH} = \frac{-\Delta G^0}{2.303mRT} - \frac{1}{m}\lg\frac{\alpha_C^c \alpha_D^d}{\alpha_A^a \alpha_B^b} \quad (4-93)$$

Ⅲ类反应如 $a\text{A}+b\text{B}+m\text{H}^++ne^- \longrightarrow c\text{C}+d\text{D}$，在一定 T 和 p 下，如Ⅰ类反应有关系式：

$$E = E^0 - \frac{2.303RT}{nF}\lg\frac{\alpha_C^c \alpha_D^d}{\alpha_A^a \alpha_B^b} - \frac{2.303mRT}{nF}\text{pH} \quad (4-94)$$

下面以 LiFePO$_4$ 为例，绘制其 E_H-pH 图。各物质形态在 298.15 K 时的标准摩尔生成自由能（单位：kJ/mol）为：Li$^+$（-293.69）、Fe^{2+}（-78.87）、Fe^{3+}（-4.61）、Fe(OH)$_2$（-492.05）、Fe(OH)$_3$（-705.58）、H$_3$PO$_4$（-1118.92）、Li$_3$PO$_4$（-1965.90）、FePO$_4$·2H$_2$O（-1657.45）、Fe$_3$(PO$_4$)$_2$·8H$_2$O（-4359.07）、LiFePO$_4$（-1480.97）和 H$_2$O（-237.14）。298~473 K 温度范围内其他热力学数据可参考文献[74]。根据各物质的标准摩尔生成自由能，可以得到各反应方程的 E_H-pH 关系式，具体见表 4-4。假定 LiFePO$_4$ 浸取回收 Li$^+$ 的过程中，初始 LiFePO$_4$ 总浓度为 1 mol/L，关注的目标元素如 Li 或 Fe 在 E_H-pH 平衡线上，两种形态的质量各占 50%，绘制其 E_H-pH 图，见图 4-12。

表 4-4　LiFePO$_4$-H$_2$O 体系中的反应和 E_H-pH 关系表（298.15 K，1 atm）

方程号	反应	E_H-pH 关系式
a	2H$^+$+2e$^-$══H$_2$	E=-0.0592pH-0.0296lgp_{H_2}/p^0
b	O$_2$+4e$^-$+4H$^+$══2H$_2$O	E=1.229-0.0592pH+0.0148lgp_{O_2}/p^0
1	Fe^{3+}+e$^-$══Fe^{2+}	E=0.7696-0.0592lg[Fe^{2+}]/[Fe^{3+}]
2	FePO$_4$·2H$_2$O+3H$^+$══Fe^{3+}+H$_3$PO$_4$+2H$_2$O	pH=-3.482-1/3lg[Fe^{3+}][H$_3$PO$_4$]
3	FePO$_4$·2H$_2$O+3H$^+$+e$^-$══Fe^{2+}+H$_3$PO$_4$+2H$_2$O	E=0.1515-0.0592lg[Fe^{2+}][H$_3$PO$_4$]-0.1776pH
4	Fe$_3$(PO$_4$)$_2$·8H$_2$O+6H$^+$══3Fe^{2+}+2H$_3$PO$_4$+8H$_2$O	pH=0.3650-1/3lg[H$_3$PO$_4$]-1/2lg[Fe^{2+}]
5	3FePO$_4$·2H$_2$O+2H$_2$O+3e$^-$+3H$^+$══Fe$_3$(PO$_4$)$_2$·8H$_2$O+H$_3$PO$_4$	E=0.1083-0.0197lg[H$_3$PO$_4$]-0.0592pH
6	3LiFePO$_4$+8H$_2$O+3H$^+$══Fe$_3$(PO$_4$)$_2$·8H$_2$O+3Li$^+$+H$_3$PO$_4$	pH=1.1112-lg[Li$^+$]-1/3lg[H$_3$PO$_4$]
7	LiFePO$_4$+3H$^+$══Fe^{2+}+Li$^+$+H$_3$PO$_4$	pH=0.6137-1/3lg[Li$^+$][Fe^{2+}][H$_3$PO$_4$]
8	FePO$_4$·2H$_2$O+Li$^+$+e$^-$══LiFePO$_4$+2H$_2$O	E=0.0426+0.0592lg[Li$^+$]
9	Li$_3$PO$_4$+Fe(OH)$_3$+3H$^+$══FePO$_4$·2H$_2$O+3Li$^+$+H$_2$O	pH=6.0831-lg[Li$^+$]
10	Fe(OH)$_3$+Li$_3$PO$_4$+3H$^+$+e$^-$══LiFePO$_4$+2Li$^+$+3H$_2$O	E=1.1224-0.1184lg[Li$^+$]-0.1776pH
11	Fe(OH)$_2$+Li$_3$PO$_4$+2H$^+$══LiFePO$_4$+2H$_2$O+2Li$^+$	pH=7.4167-lg[Li$^+$]
12	Fe(OH)$_3$+H$^+$+e$^-$══Fe(OH)$_2$+H$_2$O	E=0.2447-0.0592pH

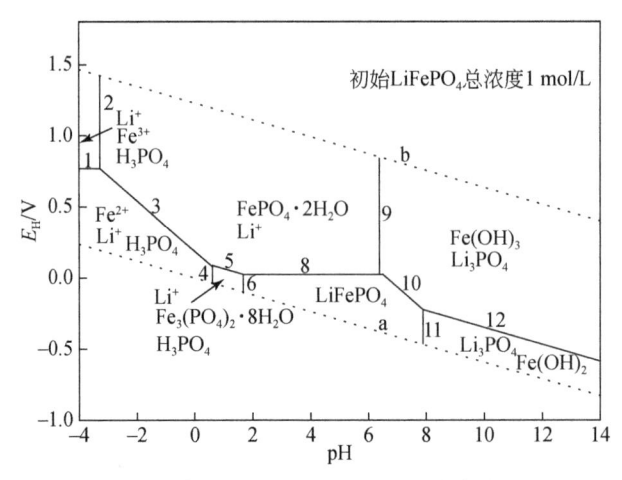

图 4-12 LiFePO$_4$-H$_2$O 体系 E_H-pH 图,总 LiFePO$_4$ 浓度为 1 mol/L(298.15 K)

下面以表 4-4 中的方程 8 说明 LiFePO$_4$-H$_2$O 体系 E_H-pH 图的绘制过程。方程 8 中,$\Delta G^0 = [-1480.97 + (-2 \times 237.14)] - (-1657.45 - 293.69) = -4.11$(kJ/mol),并将[Li$^+$]=0.5 mol/L 代入,得到:

$$E_8 = -\frac{-4.11 \times 1000}{1 \times 96485} - \frac{0.0592}{1} \lg 0.5 = 0.0248（V） \quad (4-95)$$

这表明 LiFePO$_4$ 与 FePO$_4$·2H$_2$O 之间的转化,不受 pH 值影响,而主要与氧化还原电位值有关。由于电位值 0.0248 V 较低(图 4-12 中曲线 8),常用的氧化剂如 O$_2$、O$_3$、H$_2$O$_2$ 和 NaClO 等都可将 LiFePO$_4$ 中的锂浸出。但随着 pH 值升高,Li$^+$ 将转化为固相 Li$_3$PO$_4$,不利于 Li$^+$ 的回收,如图 4-12 中曲线 9 所示。

根据各个方程绘制的平衡线中,难以避免出现两两相交线。这些相交线中 E_H 较高的线段是热力学不稳定的,应该舍去。此外,也常将 H$_2$O 的稳定区域绘制在图中,超出 a 和 b 线所夹的范围,即处于 a 线以下或者 b 线以上,则在热力学上 H$_2$O 将分解析出 H$_2$ 或 O$_2$。

从 LiFePO$_4$-H$_2$O 体系 E_H-pH 图可以看出,在弱酸性与一定氧化性浸出条件下,就能选择性地从 LiFePO$_4$ 中浸出 Li$^+$,而 Fe 主要以 FePO$_4$·2H$_2$O 固体形式存在。这有利于浸出 Li$^+$ 的分离,且反应的 E_H 与 pH 操作范围广,对反应工艺参数的设置要求更灵活。研究人员[73]采用 2.7 mol/L H$_2$O$_2$ 水溶液对 LiFePO$_4$ 浸出 4 小时后,锂的浸出率为 95.4%,而铁的浸出率仅为 0.05%。

2. 动力学

动力学与热力学一样,是科学研究的基础,也是工业装置设计和优化的基础。浸取是固相和液相之间的非均相反应,相界面大小、浸取剂浓度、浸取剂的传递效率以及浸取反应等因素综合决定了反应的速率,这种发生在固相界面上的反应称为浸取的本征反应。浸取动力学包括颗粒反应动力学和反应器反应动力学。这里主要介绍颗粒物的浸取反应动力学，涉及反应器类型的浸取动力学过程可参考文献[74]。浸取剂从主体溶液中通过液膜边界层扩散（外部扩散），到达固体颗粒的表面。这个过程受浸取反应可能存在的固体产物影响，浸取剂还需要通过该固体层扩散（内部扩散）。最后，浸取剂在颗粒未反应的表面发生反应，溶解目标元素，形成新产物。

浸取反应产物的类型，主要有三种可能的情形：①反应产物是覆盖在未反应中心核上的致密固体层，浸取剂需要扩散通过这层固体。②反应产物不粘在未反应的核心上（或产物溶解在液相中），未反应的核心表面没有固体产物层，颗粒被浸出，体积越来越小，直到最终消失。最后一种情况介于上述两种情况之间。在这种情况下，颗粒在浸取过程中变小，同时有一层固体产物层覆盖在颗粒上。

根据浸取反应的性质和产物类型，应用最广泛的几种模型包括渐进转化模型（progressive conversion model，PCM）、缩核模型（shrinking core model，SCM）和收缩颗粒模型（shrinking particle model，SPM）。在 PCM 中，高孔隙率的固体允许液相自由地穿透颗粒，反应发生在整个固体颗粒内，未溶解的金属化合物浓度在未改变的多孔基质上保持均匀。在 SCM 中，假设反应从粒子表面开始，一直持续到反应最终到达粒子中心。

一般地，浸取反应可考虑如下：

$$A_{(l)} + bB_{(s)} \longrightarrow cC \tag{4-96}$$

式中，A 是液体中的浸取剂；B 是固体中的反应化学成分；C 是产物；b 和 c 是化学计量系数。浸取剂 A 通常被认为是过量的，其浓度在浸取期间保持恒定。

浸取过程中 B 组分的浸取率定义为：

$$X = \frac{N_{B,0} - N_B}{N_{B,0}} \tag{4-97}$$

式中，$N_{B,0}$ 为浸取开始时颗粒中 B 的物质的量（mol）；N_B 为结束时颗粒中 B 的物质的量（mol）。

1）渐进转化模型

在 PCM 中，颗粒的大小在整个浸出过程中保持不变，由于高孔隙率，不存在物理阻力，浸出发生在整个颗粒。与反应速率相比，通过颗粒孔隙的扩散速率很高，浸取剂的浓度在颗粒上均匀分布。因此，化学反应是 PCM 中唯一的速率控制步骤。

假设浸取剂在颗粒表面的浓度恒定（与主体浓度相等），并在固体表面发生一级反应，则基于 PCM 的浸取过程中 B 组分浸取率可以用下式描述：

$$k_{R-PCM} t = X \tag{4-98}$$

式中，$k_{R\text{-}PCM}$ 是 PCM 模型的浸取反应速率常数。

如果扩散与反应速率为同一个数量级，浸取剂的浓度在整个颗粒中形成一个梯度剖面，浸取率仍然可以用式（4-98）描述。

2）缩核模型-恒定颗粒粒径

缩核模型是描述浸取过程动力学最常用的模型。其过程描述为：浸取剂通过颗粒周围的薄层液膜扩散，再通过固体产物层扩散，在颗粒中心未反应的表面进行反应。若存在可溶性产物，则需要通过产物层和液膜扩散到外面主体溶液。因此，液膜扩散、产物层扩散和化学反应三种主要机制影响颗粒的浸取动力学。

如果上述一个步骤明显慢于其他两个步骤，则该步骤成为浸取过程中的控制步骤，浸取速率与该步骤的速率相同。推导该模型方程的假设有：颗粒的形状和大小在浸取过程中不发生变化，浸取液中浸取剂的浓度在浸出过程中保持恒定，未反应核表面的化学反应是一级反应，流体通过产物层的扩散系数恒定。下面给出与 SCM 恒定尺寸球形颗粒的各个控制机制相关的方程。

液膜扩散控制：
$$k_{F\text{-}SCM}t = X \tag{4-99}$$

产物层扩散控制：
$$k_{P\text{-}SCM}t = 1 - 3(1-X)^{2/3} + 2(1-X) \tag{4-100}$$

化学反应控制：
$$k_{R\text{-}SCM}t = 1 - (1-X)^{1/3} \tag{4-101}$$

式中，$k_{F\text{-}SCM}$、$k_{P\text{-}SCM}$ 和 $k_{R\text{-}SCM}$ 分别为液膜扩散、产物层扩散和化学反应控制中浸取反应速率常数。

上述方程都是假设只有一个最慢的步骤控制的浸取动力学。然而，在某些情况下，可能两个或两个以上步骤的速率处于同一数量级，须同时考虑。例如，化学反应可能是过程开始时的控制机制。随着反应的进行，产物层的形成，其对浸取剂传质的阻力可能会增加，以至于通过产物层的扩散速率与化学反应的速率相同。一般来说，三种机制的同时效应可以通过将方程组合：

$$t = k_{F\text{-}SCM}X + k_{P\text{-}SCM}[1 - 3(1-X)^{2/3} + 2(1-X)] + k_{R\text{-}SCM}[1 - (1-X)^{1/3}] \tag{4-102}$$

浸取过程中，当颗粒的物理外观没有变化时，选择合适的模型是动力学分析的重要环节。SCM 因适合大多数情况而常被选用。然而，考虑到 PCM 和 SCM 的数学方程和假设存在差异，两种模型的主要区别在于颗粒的孔隙率。如果选择的模型错误，浸取动力学方程并不能真正描述浸取过程。因此，检查样品在浸取过程前后的结构至关重要，常用的分析手段有透射电子显微镜（TEM）、扫描电子显微镜（SEM）和比表面（BET）分析等。

3）缩核模型-收缩颗粒

浸取过程中，SCM 可能会遇到覆盖的固体产物层逐渐收缩。当化学反应为速率控制步骤时，式（4-103）也可表示浸取率与时间的关系。假设浸出过程中产物层厚度保持不变，通过产物层控制的扩散方程为：

$$k_{\text{P-SCSP}}t = 1 - (1-X)^{1/3} - \frac{\delta}{R_0}\ln\frac{(1-X)^{1/3}+\dfrac{\delta}{R_0}}{1+\dfrac{\delta}{R_0}} \quad (4\text{-}103)$$

式中，δ 为产物层厚度；$k_{\text{P-SCSP}}$ 为固体产物层扩散浸取反应速率常数。

如果浸取动力学是由液膜扩散控制，则粒度、相对速度和流体性质等会产生影响，需要通过传质系数量化计算，整体计算比较复杂，可以参考文献[74]。

由于 SCM-收缩颗粒模型中测量覆盖产品层的厚度非常困难，大多数研究人员更倾向于使用 SCM-恒定颗粒模型，而避免使用 SCM-收缩颗粒模型。

4）收缩颗粒模型

在 SPM 中，只出现颗粒收缩而没有固体产物覆盖其外表面，反应的产物或是溶解在浸取剂中，或是固体产物不黏附在颗粒表面。因此，在模型中只有液膜扩散或/和化学反应两个控制步骤。

由化学反应控制有关的方程与 SCM 中的方程（4-101）相同。

当液膜扩散控制浸取速率时，可以根据给出的颗粒大小，分别列出浸取速率方程。小颗粒液膜扩散速率控制的 SPM 方程为：

$$k_{\text{F-SPM1}}t = 1 - (1-X)^{2/3} \quad (4\text{-}104)$$

式中，$k_{\text{F-SPM1}}$ 为小颗粒液膜控制浸取反应速率常数。

当颗粒较大时，液膜扩散速率控制的 SPM 方程为：

$$k_{\text{F-SPM2}}t = 1 - (1-X)^{1/2} \quad (4\text{-}105)$$

式中，$k_{\text{F-SPM2}}$ 为大颗粒液膜控制浸取反应速率常数。

SCM、SPM 和 PCM 是金属浸取动力学分析中采用的主要模型，这是由于它们与大多数浸取操作的条件兼容。然而，在某些情况下，这些模型由于假设无效而无法使用。Avrami 模型是在上述方程无效时的一个替代模型。

3. 浸取设备

浸取工艺通常涉及三个不同的过程：①溶解可溶性成分；②将形成的溶液与不溶性固体残留物分离；③洗涤固体残渣，以去除不需要的可溶性物质或获得尽可能多的可溶性物质。浸取可以在间歇或非稳态条件下操作，也可以在连续或稳态条件下进行，所用设备类型取决于关于固体的性质，即粗颗粒还是细颗粒。粗颗粒和细颗粒的一般区别是，前者有足够大的沉降速度，容易进行固液分离，而后者只需稍加搅拌就可以保持悬浮状态。通常，粗颗粒层允许溶剂渗滤通过，而细颗粒则对溶剂流动阻力较大。

如前所述，浸取速率一般是液体和固体之间相对速度的函数。在一些操作中，固体静止，液体流经颗粒床，而在一些操作中，固体和液体逆向流动。

1）粗颗粒固体浸取

粗固体通常置于底部有孔的圆柱形容器中，形成固体床渗滤，渗出液从底部孔中排出。将多个反应罐串联可用于逆流浸取，新鲜溶剂从最接近完成固体浸取的反应罐中加入，串联流过系列反应罐，从充满新鲜固体的反应罐中流出。溶剂可以通过重力流动，也可以通过加压进料。反应罐设置多管道，从而可以在不移动罐体前提下进行逆流操作。这种系统也被称为善克（Shank）系统，广泛用于矿物和糖工业的各种产品制备。

获得逆流的连续装置是托盘分级器，如多尔（Dorr）分级器。固体在靠近底部的倾斜槽中引入，然后通过耙逐渐向上移动。溶剂从顶部进入，与固体相向流动，并通过挡板，最后通过溢流堰排出。在图 4-13 所示连续浸取罐中，在罐体的外部发生浸取反应，再加热的浸取母液上升并与下降的固体接触反应。在罐体中心，补充水向下与向上的固体接触进行逆流洗涤。罐体中心的空心轴以 0.005 Hz 的速度旋转，并携带螺旋输送机，将固体提升并最终通过开口排出。这种浸取罐体能达到 85%～90% 的浸取率，而相应间歇式反应器只有 50% 的浸取率。

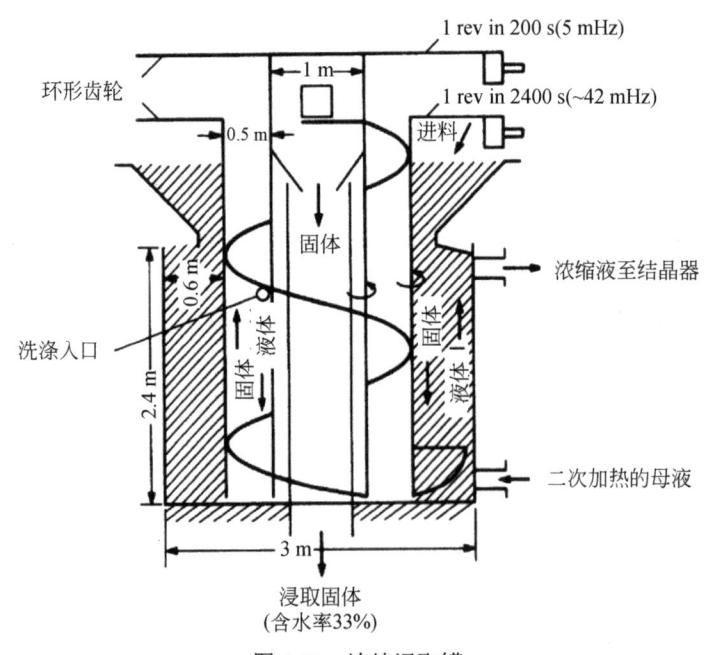

图 4-13 连续浸取罐

2）细颗粒固体浸取

尽管细颗粒固体流动阻力大，但只需少量搅拌，就可以使小于 200 目（0.075 mm）

的颗粒保持悬浮状态,且由于总表面积大,可以在合理时间内进行充分浸取。由于细颗粒沉降速度低且表面较大,与粗颗粒物料的分离和洗涤操作比,对细颗粒的分离和洗涤操作更加困难。

搅拌可以通过机械搅拌器或压缩空气实现。如果使用桨式搅拌器,必须采取预防措施,以防止整个液体被旋转,固体和液体之间发生很少的相对运动。搅拌器通常放置在中心管内,叶片的形状使液体通过管向上提升。然后,液体在顶部排出,并在管外向下流动,形成连续循环。Pachuca 罐是使用压缩空气的搅拌容器。

多尔(Dorr)搅拌器如图 4-14 所示,由一个圆柱形的平底罐组成,使用压缩空气进行搅拌,在一个缓慢旋转的空心轴内装有一个中央空气提升器。轴的底部装有耙子,当固体物料沉降时,耙子把它拖到中心,从而被空气提升器抬起。在轴的上端,空气提升器将固体排入穿孔洗涤器中,穿孔洗涤器再将悬浮液均匀地分布在反应器液面上。多尔搅拌器可以间歇/连续操作。

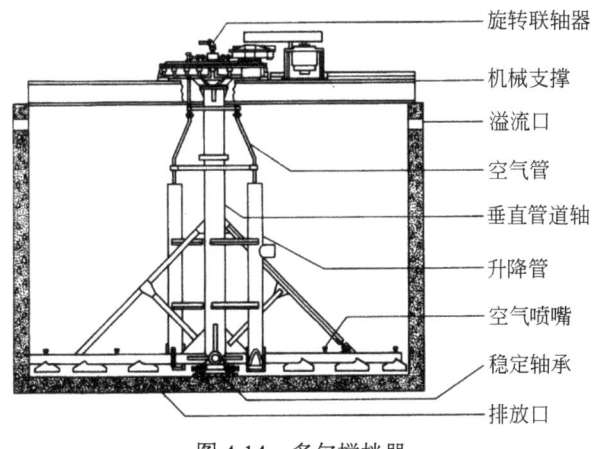

图 4-14 多尔搅拌器

4.5.2 浸取分离技术应用基础

1. 水浸取

水浸取是固体浸取技术中最简单的形式。单纯水浸取在一般矿物或固体产品资源回收中并不常见,一般需要经过预处理将浸取目标元素转化为水溶形态,再通过水溶液浸取到溶液中实现分离。比如在对废弃 Ni-Co-Mn(NCM)锂电池回收过程中,先将锂电池进行硫酸焙烧预处理,再通过水浸取,得到水溶性的硫酸锂和水不溶性氧化物($Ni_{0.5}Co_{0.2}Mn_{0.3}O_{1.4}$),从而实现常温下通过水浸取选择性分离回收锂[75]。此外，通过控制添加 Na_2O_2 焙烧镍铁矿渣作为预处理方式，镍铁渣中的 Cr_2O_3 转化为 $NaCrO_2$，而不是 Na_2CrO_4[76]。随后在水浸取温度50℃、浸取 1 h 和液固比为 10 mL/g 时，Cr 的浸出率达 92.33%，残渣中仅剩下 0.06%（质量分数），实现 Cr 的选择性回收。

2. 电解质离子交换浸取

电解质离子交换浸取是指利用电解质溶液通过离子交换的方式直接浸取固体中的目标元素。在我国离子型吸附稀土矿中，各种稀土元素不是以传统的稀土矿物存在，而是以"离子相"吸附于黏土矿物中。以风化壳淋积型稀土矿为代表，工艺多采用电解质溶液浸取稀土离子。现代发展的原位浸取工艺，更是在不开挖表土与矿石情况下，将高浓度阳离子溶液（通常是硫酸铵溶液）注入矿山，交换浸出稀土离子，稀土离子在上方注水压力和重力的作用下流向矿山底部被收集。例如，采用硫酸铵和甲酸铵组成的复合浸取剂对风化壳淋积型稀土矿进行浸取，甲酸铵可有效提高稀土浸出率，同时显著抑制铝的浸出[77]。0.1 mol/L 硫酸铵与 0.032 mol/L 甲酸铵复配时，稀土的浸出率可达到 92.97%，铝浸出率仅为 37.79%。

3. 酸浸取

酸浸取是在酸的作用下将难溶性化合物中的有价金属从固体中转化为可溶离子的过程。许多无机酸和有机酸可以作为有效的浸出剂。无机酸包括 HCl、H_2SO_4、HNO_3 和磷酸等，其中浓硫酸和硝酸还具有氧化性，也可用于氧化还原浸取。有机酸包括乙酸、柠檬酸、马来酸、苹果酸、抗坏血酸、琥珀酸、草酸、三氯乙酸、亚氨基二乙酸、酒石酸、苯磺酸和乳酸等都被用于研究固体中金属离子的浸取。酸浸取既可用于回收电子产品中的有价金属，也可用于焚烧飞灰中浸取回收磷或者有毒金属离子，达到减毒目的。例如，分别采用硫酸和草酸浸取焚烧污泥飞灰的磷[78]。对焚烧温度 700℃ 以下的污泥灰，在 H_2SO_4 浓度为 0.05 mol/L，L/S 比为 150 mL/g 时，磷的回收率可达 95%；但是，当焚烧温度高于 800℃ 时，由于灰颗粒的烧结和熔化，硫酸对磷的浸取率下降。对于 600~850℃ 下焚烧的污泥灰，草酸对磷的浸取率都能达到 100%。采用硫酸为浸取剂回收废弃选择性催化还原催化剂中的钨和钛时[79]，在 H_2SO_4/TiO_2 质量比为 3:1，浸取温度 150℃ 下浸取反应时间 60 min，Ti 和 W 的浸取率分别为 95.92% 和 93.83%。

4. 碱浸取

碱浸取是指使用碱性浸取液将固体中的有用组分选择性地溶解的过程，常用的碱有氢氧化钠、氨、碳酸氢钠、碳酸钠和硫化钠等。

废选择性催化还原（SCR）催化剂富含 V、As 和 W 等各种有价元素。通过碱压浸取法提取废 SCR 催化剂中以非晶氧化物形式负载在锐钛矿型 TiO$_2$ 晶粒上的 V、W 和 As[80]。在最佳加压浸取条件为 NaOH 质量分数 20%、反应温度 180℃、反应时间 120 min、L/S 为 10 mL/g 和搅拌速率 300 r/min 下，W、V 和 As 的浸出率分别达 98.83%、100%和 100%。其中 W 的浸取动力学符合缩核模型的变体，且 W 的浸出过程由化学反应和扩散过程控制。在浸出过程中，生成 Na$_2$Ti$_2$O$_4$(OH)$_2$ 产物粉末层，影响 W 的传质。

手机废印刷电路板可采用氨-硫酸铵浸取 Cu 和 Ni。在最佳条件氨浓度 90 g/L，硫酸铵浓度 180 g/L，H$_2$O$_2$ 浓度 0.4 mol/L，时间 4 h，液固比 20 mL/g，温度 80℃，搅拌速率 700 r/min 下，浸取了 100%的 Cu 和 90%的 Ni[81]。使用缩核模型进行动力学分析，表明内部扩散是 Cu 和 Ni 浸取速率的控制步骤。

LED 行业中，可利用相控转变回收行业产生的含镓废物，氮化镓和铟通过氧化煅烧转化为碱溶性氧化镓（Ga$_2$O$_3$）和碱不溶性氧化铟（In$_2$O$_3$）[82]。通过 NaOH 溶液选择性浸出，可回收近 92.65%的 Ga，浸出选择性为 99.3%。

5. 配位浸取

利用配体与金属离子形成配合物的特性，可增大金属离子在溶液中的溶解度。常见的配体是各种无机与有机酸盐，如氨、氰化物、氯离子、乙酸盐和柠檬酸盐等，其中有机配体种类繁多。例如铜、镍、钴的硫化矿中，采用氨浸，Cu、Ni、Co、Zn 和 Cd 等金属以氨的络合物形态溶解出来，而 Fe 则存在于矿渣中。氯化物常用的有盐酸、NaCl 和 CaCl$_2$ 等，其特点是氯化物溶解度大，且部分金属氯化络合物比较稳定。金和银等贵金属则可用氰化物进行络合浸取。

针对液晶显示面板中铟（In）和锡（Sn）回收，可在预处理去除与 In 竞争柠檬酸盐的过量 Sn 和 Fe 后，用 1 mol/L 柠檬酸盐、0.2 mol/L 的还原剂 N$_2$H$_4$、pH 5 和固/液比 20 g/L 浸取，在 16.6 h 获得了 98.9%的 In 回收率[83]。

针对当前大量钡渣（以氧化钡计约 35%~40%）堆存给周围生态环境造成潜在威胁，可采用 DTPA（二乙基三胺五乙酸）溶液浸出钡[84]。在 DTPA 浓度为 0.10 mol/L，pH 值为 12，固液比为 20 g/L，反应时间为 300 min，反应温度为 80℃的条件下，钡和钙的浸出率较为接近，分别为 78.64%和 80.84%。再通过酸化降低 pH 值可以选择性解络 Ba-DTPA 络合物，保留 Ca-DTPA 在溶液中；解络合释放的钡离子通过加硫酸酸化沉淀分离回收。最终实现钡与钙分离，制备亚微米级硫酸钡，实现钡渣中钡的增值利用，剩余残渣钡含量低。

去除重晶石（BaSO$_4$）矿中以萤石（CaF$_2$）形态赋存的 F，可利用 Al^{3+} 与 F$^-$ 的络合作用，采用 3 mol/L HCl 和 0.4 mol/L AlCl$_3$ 浸取，在浸取温度 90℃和搅拌 30 min 时，氟的浸出率可达 93.1%，提高了重晶石的产品质量[85]。

6. 氧化还原反应浸取

氧化还原反应浸取是利用氧化还原反应，将固体中的目标元素氧化或还原成可溶性更高的形态。利用酸性、碱性条件或配位作用，改变氧化还原电位，提高氧化还原浸取的效率。在浸取贵金属时，可利用其与氯的配位作用，降低半反应的电极电位，如 Pd^{2+}/Pd^0 的 E^0=0.987 V，而 $PdCl_4^{2+}/Pd^0$ 的 E^0=0.591 V，且随着氯离子浓度增大，电位减少，采用一些较弱的氧化剂如 $CuCl_2$ 就能将 Pd^0 氧化浸取[86]。常用的氧化剂有 Fe^{3+}、空气（氧气）、臭氧、H_2O_2、液氯、次氯酸钠、硝酸和王水等，还原剂有 SO_2、亚硫酸盐、焦亚硫酸钠、H_2O_2、$FeCl_2$、硫脲、甘油和蔗糖等。

废荧光粉中含有大量稀土和有毒金属，由于镁铝尖晶石结构，很难从废荧光粉中提取铈和铽。对废荧光粉采用 NaOH 焙烧预处理后[87]，在 3 mol/L HCl 溶液中以 $FeCl_2$ 为还原剂，控制氧化还原电位，对 Y、Eu、Ce 和 Tb 的浸取率分别高达 99.1%、99.4%、98.6%和 98.8%。

锂离子电池通常由贵重金属（Co、Li、Ni 和 Mn）、金属氧化物、有机化学品、金属外壳和塑料等组成。利用柠檬酸与水杨酸为酸性介质，H_2O_2 为还原剂，浸取 $LiCoO_2$ 中的 Li 和 Co，在最佳浸出条件 1.5 mol/L 柠檬酸、0.2 mol/L 水杨酸、固液比 15 g/L、6% H_2O_2（体积比）、90℃和 90 min 下，Co 和 Li 的浸取率分别为 99.5%和 97%[88]。H_2O_2 作为还原剂，将不溶性 Co(III)物质转化为可溶性 Co(II)，若没有 H_2O_2，Co 的浸取率很低。浸出的 Co 与柠檬酸和水杨酸形成溶解性络合物，如 $Co(H_2Cit)_2$、$Co_3(Cit)_2$ 和 $Co(C_7H_5O_3)_2$ 等。最后，通过动力学和热力学分析，很明显温度对浸出过程有很大的影响，而 Co 和 Li 的 E_a 值分别为 37.96 kJ/mol 和 25.82 kJ/mol。

7. 有机溶剂浸取

有机溶剂浸取是把湿法冶金扩展到使用除水以外的溶剂，将溶剂冶金与金属浸出和溶剂萃取整合为一个统一的系统，简化分离过程。与水浸出相比，溶剂浸取的一个重要优点是其具有更高的浸出选择性，可减少试剂消耗，且后续净化步骤也更少。有机溶剂浸取体系包括传统分子有机溶剂、离子液体、低共熔溶剂（deep eutectic solvents，DESs）和超临界二氧化碳等[89]。

对于传统有机溶剂[90]，通过对比 $FeCl_3$-乙二醇（EG）、$CuCl_2$-EG、$FeCl_3$-乙醇和 $FeCl_3$-丙二醇从硫化矿中浸取铜，发现 $FeCl_3$-EG 溶液对铜的浸取率最高，在固液比为 50 g/L，$FeCl_3$ 为 0.5 mol/L，温度 90℃时，铜在浸取 10 h 后浸取率达 90%。通过产物分析，黄铜矿的浸取产物为 $FeCl_2$、CuCl 和固体单质硫。

$$CuFeS_2+3FeCl_3 \longrightarrow 4FeCl_2+CuCl+2S \quad (4\text{-}106)$$

最近利用 DES 从废锂电池中提取金属的研究也受到了人们的关注。例如，用氯化胆碱（ChCl）-乙二醇作为溶剂，在180℃浸出$LiCoO_2$正极材料24 h后，Li和Co的浸取率分别为89.8%和50.3%。研究还发现，当$LiCoO_2$正极材料在170℃的ChCl-尿素中剧烈搅拌浸取12 h，Co的浸取率为89.1%[91]。

8. 生物浸取

与酸碱浸出相比，生物浸出因其低成本、低能耗和环境友好性而成为一种有吸引力的替代方法。生物浸出溶解金属通常有三种方式：①一步法。通过向含有浸取固体的浸出介质中添加培养介质和接种微生物进行生物浸出，这是经典的生物浸出方法。②两步法。通常先在培养基中培养产酸微生物，直到达到对数阶段，加入待浸取固体，产生的生物酸引发金属浸出。③无细胞废培养基法。首先在无浸取固体的培养基中培养产酸菌，进入稳定阶段后离心分离细胞，然后在无细胞废培养基中加入浸取固体进行浸取。大多数情况下，这种方法金属浸出率最高。

生物浸取工艺常见的微生物为化能自养嗜酸细菌，即氧化亚铁硫杆菌和氧化硫硫杆菌，以及真菌，即黑曲霉。生物浸取工艺已被广泛用于从焚烧飞灰、电子废料、废锂电池、冶金废渣和废催化剂中提取金属。比如，针对低品位金铜矿和铀矿等利用生物浸取技术提取有价金属可取得很好的成效，并适用于极低品位的铜尾矿[92]。

针对废锂电池，利用黑曲霉菌株MM1和SG1以及酸性硫氧化硫杆菌80191进行生物浸出[93]。发现真菌对金属的生物浸出与细菌或酸浸相当，甚至更好。菌株MM1对Co（82%）和Li（100%）的溶出量显著；菌株80191的金属溶解度较差，Co溶解度为22%，Li溶解度为66%。

虽然生物浸出是一项很有前途的技术，但由于其动力学慢、功能细菌培养难度大、浸出效率低、矿浆密度低等缺点，目前主要还是以实验室研究为主，工业化应用较少。

9. 外场强化浸取分离

1）微波辅助浸取

微波通过偶极子旋转和离子导电对浸取体系进行加热。因此，微波技术具有选择性和内加热性，微波敏感的材料产生更强的内部加热效应，从而在不同成分之间产生热应力和裂缝，有利于更多固体表面暴露于浸取剂。微波浸取的优点有：①固体物料内部分子直接产生热量，有利于缩小固体内部的温度梯度；②无须加热介质，能量利用率高；③加热速度快；④有利于选择性提取固体中较易获得更多微波能的分子；⑤在电磁场作用下，溶剂在固体物料表面的扩散速率加快，提高分子反应速率。微波辅助浸取，既可以用于样品的预处理，也可以直接用于浸取过程。

例如，针对传统废旧印刷电路板分离难度高、金属与非金属解离效果低、金属提取率低等缺点，可采用微波预处理，在较短的辐照时间内产生较大的破碎[94]。与传统的热辅助破碎方法相比，可大大节约能源。随着微波功率增加和时间延长，在微波功率 700 W，辐照时间 120 s 时，金属铜箔层与非金属环氧玻璃布板层分离效果最好。此条件下预处理的铜箔在 2~4 mm 和 1~2 mm 粒径得到富集，在浸出时间 15 min 时，铜的浸出率为 57.01%，比未处理条件下提高了 24.34%。

铜冶炼厂飞灰是由处理冶炼烟气的静电除尘器收集的细颗粒固体材料。精矿冶炼每冶炼 1 吨铜产生 0.2 吨灰烬。砷常见于铜精矿中，由于砷的气化点较低，在冶炼过程中极易富集于飞灰（含砷量为 5%~20%）。因此，可利用微波强化浸取对铜冶炼烟尘中的砷选择性脱除[95]。在微波输出功率 640 W，辐照 4.5 min 时，温度就达到 90℃。采用 0.5 mol/L 碱性溶液浸取 10 min，砷的浸出效率可达 98%，而常规电加热浸取在碱含量更高（1.0 mol/L）和浸取时间更长（1.5 h）下的砷浸出率为 86%。同时发现，在微波照射下，粉尘中的 As(Ⅲ)发生了快速氧化为 As(Ⅴ)，而 As(Ⅴ)也更容易溶解到碱液中。

微波辅助浸取[96]也可应用于废旧 $LiCoO_2$ 电池中 Li 和 Co 的回收。在常规方法中，使用柠檬酸和抗坏血酸的混合物在 80℃下提取约 90%的锂和钴需要约 6 h，通过微波（180 W）辅助浸取，25 min 就获得了超过 85%的 Li 和 Co。

2）超声波辅助浸取

近几十年来，利用超声波辅助浸取金属矿石和二次资源回收受到越来越多的关注[97]。超声波的空化效应、机械效应、热效应和活性物种生成等可以提高金属的浸取回收率，缩短浸出时间，减少药剂消耗。

在超声空化下，空化泡通常会形成、生长和崩塌，空化泡的破裂产生极高的温度和压力环境，导致局部微环境产生强烈的剪切应力。空化效应将改变颗粒的性质，例如，颗粒尺寸减小，表面形成裂缝或空隙，从而强化浸取剂在颗粒孔隙和裂纹中的传质和扩散，还可避免浸取过程中表面形成钝化层以及打开矿物包裹体，提高金属的浸取率。利用超声波辅助 HNO_3 对废催化剂中 Ni 浸取，在浸取温度 90℃、硝酸浓度 40%和固液比 0.1 g/mL 条件下，50 min 内可回收 95%的 Ni，而无超声时要 9 h 才获得 93%的最大 Ni 回收率[98]。

超声可以诱导活性物种（如·OH 和 H_2O_2）的生成，加快低价金属向高价金属的氧化转化。例如，利用超声辅助硫脲对银的浸取，超声生成的 H_2O_2，促进了 Fe^{2+} 生成 Fe^{3+}，浸取率达 94%[99]。

$$Ag + SC(NH_2)_2 + Fe^{3+} \longrightarrow Ag[SC(NH_2)_2]_3^+ + Fe^{2+} \quad (4\text{-}107)$$

$$Fe^{2+} + H_2O_2 + H^+ \longrightarrow Fe^{3+} + H_2O \quad (4\text{-}108)$$

3）电场强化浸取

在直流电场作用下，可以在电极上直接发生氧化还原反应，强化固体中目标元素的浸取。由于浸出率高，操作成本低，环境友好，而被用于浸取固体中金属，如从转炉炉渣中浸取钒，炉灰中浸取锰，以及重金属污染土壤修复，甚至直接用来原位浸取稀土。

三元锂离子电池的回收就可使用电场强化浸取的方法[100]。在 H_2SO_4/ $FeSO_4$/NaCl 电解质溶液中，Li、Ni、Co 和 Mn 迅速浸出到溶液中，浸出率分别超过 98%、97%、96% 和 93%。浸取过程中，Cl^- 被氧化为 Cl_2，Fe^{2+} 被氧化为 Fe^{3+}，再在外加电场下，Fe^{3+} 还原为 Fe^{2+}，进一步将 Cl_2 还原为 Cl^-，实现 Cl^- 和 Fe^{2+} 的循环。

4）其他强化浸取

机械化学强化浸取、脉冲超声耦合水力空化浸取等各种新型强化浸取技术都有报道[101]，但是这些技术目前主要也都是以实验室研究为主，实现工业化应用的较少。

4.5.3 展望

工业上应用的传统湿法浸取技术通常依赖于在强无机酸、无机碱或高度氧化还原条件下的氧化还原溶解，甚至使用一些毒性较大的物质如氰化物。这些浸取条件对设备的防腐/防爆等安全性要求高，还可能产生大量的有毒和/或腐蚀性废物。在这些条件下，浸取的选择性通常较低，时间长，后续分离提纯的难度与成本高；另外，能耗与化学品消耗高及其处理排放也对环境造成较大的潜在影响。这与当前以循环经济和绿色化学原则为核心的可持续发展目标相违背。

开发高选择性绿色的浸取剂与绿色浸取工艺，以及开展浸取液的循环利用具有重要意义。基于有机溶剂浸取的现代方法可能会发挥重要作用。由于有机介质中可溶的化合物种类繁多，可以应用更多样化的化学方法来解决分离问题，并可通过用绿色乙醇介质取代卤化和碳氢化合物溶剂来解决可持续性问题。在浸取液回收过程中不可避免地会产生各种废物排放。为了减少二次污染，需开发精确的"三废"（固体废弃物、废水和废气）监测和处理系统，真正做到系统最优，最低碳环保。

此外，各种强化浸取技术，如矿浆电解与萃取耦合技术、高温/加压条件下浸取、机械活化、超声活化和微波活化等[102]手段也都能提高浸取的效率，降低浸取液的消耗，开发与之相适应的工艺与设备，也是未来浸取技术的发展方向。

4.6 压力驱动膜分离

膜分离是以具有选择透过功能的薄膜微分离介质，通过在膜两侧施加一种或多种推动力，使原料中的某组分选择性地优先透过膜，从而实现混合物分离和产物的提取、浓缩、纯化等目的。压力驱动膜分离过程以膜材料两侧的压力差为推动力，混合料液在压力差的驱动下朝着垂直于膜表面的方向发生流动传质，含有细孔的膜材料依靠孔道尺寸限制或相互作用差异，对料液中的粒子、分子和离子产生不同的截留作用，从而实现物质的分离过程。在膜分离过程中，溶剂通常是水，可以通过半透膜，而溶质或悬浮物被截留。膜分离技术的优势在于其高效率、低能耗、操作简便和环境友好。它能够在常温下操作，避免了热敏性物质的分解，并且分离过程通常不需要添加化学物质，减少了化学污染。此外，膜分离技术可以提供高浓度的分离效果，因此被广泛应用于水处理、废水回用、海水淡化、工业分离和气体分离等领域。

4.6.1 压力驱动膜技术分类

1. 压力驱动膜分离过程类型

压力驱动膜分离过程的主要推动力是压力差，根据膜材料和推动力压力差的不同，常用的压力驱动膜主要分为微滤、超滤、纳滤和反渗透四种，其分离过程基本特征列于表 4-5。

表 4-5　压力驱动膜分离过程基本特征

膜分离过程(膜孔大小)	膜类型	推动力	传递机理	透过物	截留物
微滤 (0.05～10 μm)	均相膜 非对称膜	压力差 (0.015～0.2 MPa)	筛分	水、溶剂溶解物	悬浮物微粒、细菌
超滤 (0.001～0.05 μm)	非对称膜 复合膜	压力差 (0.1～1 MPa)	微孔筛分	溶剂、离子及小分子	生物大分子
纳滤 (0.0001～0.002 μm)	非对称膜 复合膜	压力差 (<1 MPa)	优先吸附-毛细孔流动、溶解-扩散、Donnan 效应	水、一价离子	溶剂、溶质大分子、多价离子
反渗透 (0.0001～0.001 μm)	非对称膜 复合膜	压力差 (2～10 MPa)	优先吸附-毛细孔流动、溶解-扩散	水	溶剂、溶质大分子、离子

与传统分离技术相比，压力驱动膜分离技术具有以下突出特点：

（1）不发生相变，与其他分离方法相比通常能耗较低，能量转化效率高；

（2）可在常温下进行，特别适用于热敏物质的分离；

（3）通常不需要投加其他物质，可节省化学药剂，有利于保持分离物质原有的属性；

（4）设备操作简便，规模和处理能力可在大范围内灵活变化，运行可靠度高。

2. 压力驱动膜材料

膜是膜分离技术的核心。衡量一种分离膜是否具有实用价值，需要考虑以下条件：①高截留率（高分离系数）和高通量（透水系数）；②强的抗物理、化学和微生物侵蚀的能力；③足够的机械强度；④使用寿命长，pH 适用范围广；⑤成本合理、制备方便，便于工业化生产。分离膜的性能由膜材料及其结构形态决定，膜材料的结构形态取决于制备方法。

1）聚合物分离膜的制备方法

由于聚合物性质和膜的结构、形状不同，膜的制备方法有热压成型法、相转化法、浸涂法、辐照法、表面化学改性法、等离子聚合法、拉伸成孔法等。

聚合物分离膜从形态结构上主要分为对称膜或均质膜和非对称膜两大类。其中均质膜包括致密均质膜、微孔均质膜和离子交换膜。致密均质膜一般指结构最紧密的膜，孔径在 1.5 nm 以下，由于膜厚度较大且通量太小，较少应用到实际工业生产中。微孔均质膜可通过拉伸法、溶出法和烧结法等制备。

非对称膜的通量一般较均质膜高，其结构是由分离层（致密皮层）和支撑层（多孔层）组成。有机高分子非对称膜主要分为相转化膜和复合膜两大类。

（1）相转化膜是将均相的高分子铸膜液通过各种途径使高分子从均相溶液中沉析出来，使之分为富相和贫相，贫相最后成为膜中之孔，如图 4-15 所示。相转化法的特点体现在：一是分离皮层与支撑层为同一种膜材料；二是分离皮层和支撑层是同时制备、形成的。相转化法制得的膜材料结构主要受高分子铸膜液组成和相转化条件的影响。

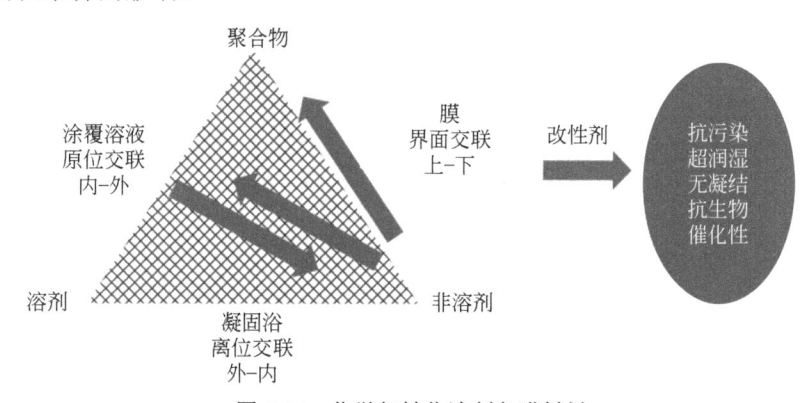

图 4-15 化学相转化法制备膜材料

相转化膜的制备方法主要有溶剂蒸发法、水蒸气吸入法、热凝胶法（TIPS）和沉浸凝胶法（L-S 法）。

溶剂蒸发法：将某一种高分子溶于双组分溶剂混合物，该溶剂混合物由一种易挥发的良溶剂（如氯甲烷）和一种相对不易挥发的非溶剂（如水或乙醇）组成。将此铸膜液在玻璃板上铺展成一薄层，随着易挥发的良溶剂不断蒸发逸出，非溶剂的比例越来越大，高分子沉淀析出，形成薄膜。

水蒸气吸入法：高分子铸膜液在平板上铺展成一薄层后，在溶剂挥发的同时，吸入潮湿环境中的水蒸气，使高分子从铸膜液中析出进行相分离。

热凝胶法（TIPS 法）：某些溶剂在高温时对高分子膜材料是溶剂，低温时是呈现非溶剂性质，具有这种特性的潜在溶剂也可称为高分子膜材料的稀释剂，利用潜在溶剂在高温时与高分子材料配成均相铸膜液，并制成膜，然后冷却发生沉淀、相分离。

沉浸凝胶法（L-S 法）：如图 4-16 所示，将高分子铸膜液浸入非溶剂中，通过相转化法形成非对称膜。沉浸凝胶法是应用最广泛的非对称膜制备方法，其典型应用为醋酸纤维素反渗透膜的制备。

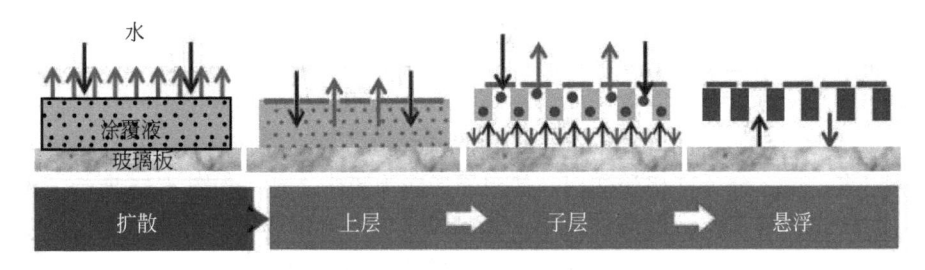

图 4-16 沉浸凝胶法制备膜材料

（2）复合膜是通过在多孔支撑层的表面覆盖一层致密薄层，与相转化膜的区别在于其致密皮层和多孔支撑层是分两次制成，且通常不是同一种材料。复合膜的致密层可通过高分子溶液涂覆、界面缩聚、原位聚合、等离子体聚合等方法形成，具体的反应如图 4-17 所示。

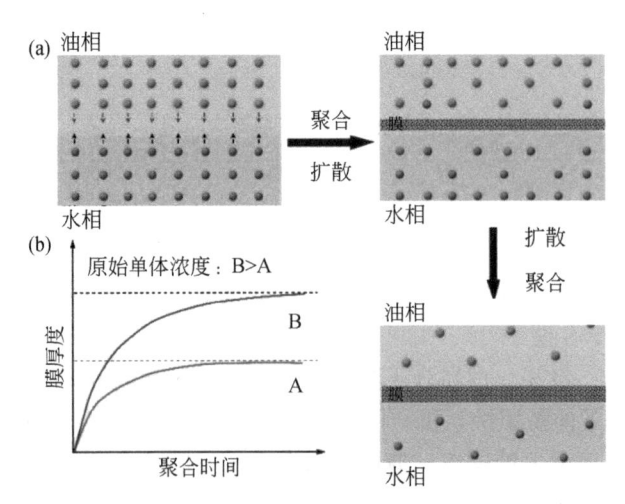

图 4-17 （a）典型界面聚合过程示意图；（b）界面聚合致密层厚度与反应单体浓度和聚合时间的关系曲线

与相转化法制备的非对称膜相比，复合膜具有以下特点：①可以通过优选不同的膜材料制备致密皮层和多孔支撑层，使各部分的功能分别达到最佳；②可以用不同方法制备高交联度和带离子性基团的致密皮层，从而实现膜材料对有机物，特别是对有机小分子具有良好的分离率，以及良好的物理化学稳定性和耐压密性；③大部分复合膜可制成干膜，有利于膜的运输和保存。

2）无机膜的制备方法

无机分离膜主要包括陶瓷膜、玻璃膜、金属膜和分子筛炭膜等类型，另外还可采用无机多孔膜作为支撑层，再与有机高分子致密薄层组成复合膜。无机分离膜的制备方法主要有烧结法、溶胶-凝胶法、分相法、压延法、化学沉淀法等，其中最常用的是溶胶-凝胶法，具体流程如图4-18所示。

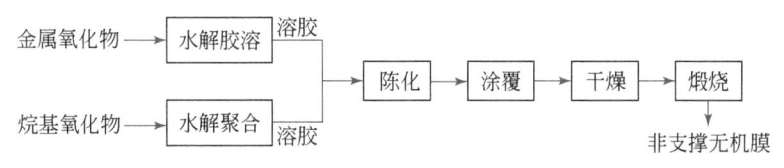

图4-18 溶胶-凝胶法制备无机膜过程[103]

3. 压力驱动膜组件

各种分离膜材料只有组装成膜器件，并与泵、过滤器、阀门、仪表及管路等装配在一起，才能完成分离任务。膜组件是指将膜材料以某种形式组装在一个基本单元设备内，在一定驱动力作用下可完成混合物中各组分分离的装置，这种单元设备称为膜组件或膜器件。目前，工业上常用的膜组件主要有5种，分别为板框式、圆管式、螺旋卷式、中空纤维式和毛细管式，不同膜组件类型的主要特征和适用膜过程列于表4-6中。

表4-6 不同膜组件类型及特点

膜组件类型	板框式	圆管式	螺旋卷式	中空纤维式	毛细管式
装填密度	低	低	适中	高	适中
产生压降	适中	低	适中	高	适中
抗污染能力	好	很好	适中	很差	好
高压操作	较难	较难	适合	适合	不适合
生产成本	高	高	高	较低	较低
能耗	中	高	低	低	低
应用膜过程	MF、UF、RO、PV	MF、UF、单级RO	RO、NF、PV、GP	RO、NF、PV	UF、GP

4.6.2 压力驱动膜技术原理

膜分离过程中的传递方式，包括膜内传递和膜外传递两种。膜内传递主要受两方面的影响，一是气体、蒸汽、溶质、溶剂或离子在膜表面吸附、吸收和溶胀等热力学过程的影响，主要体现在分离物质在主流体和膜中不同的分配系数；二是物质从膜表面进入膜内的传质动力学影响，膜两侧的化学势差造成的分子运动，即由扩散所产生的膜内传递过程。膜外的传递过程指物质在从膜表面进入膜内之前，因流动状况不同，受膜表面边界层传递阻力或逆扩散影响而产生的传递过程。

膜内传递模型可分为两大类，第一类以假定的传递机理为基础，主要包括适用于多孔膜的孔流动模型和适用于非多孔致密膜的溶解扩散模型，在这两种理想的基础模型之上，根据不同膜材料的结构性质和渗透物的性质发展出多种修正模型，如对于荷电膜需要额外考虑电位差梯度和 Donnan 效应的影响。第二类以不可逆热力学为基础，称为不可逆热力学模型，主要有用于非荷电膜的 K-K 模型和 S-K 模型。对于非荷电膜，从多孔及孔小而少直到非多孔，所涉及的分离过程例如 MF、UF、DA、RO、PV，其分离机理由筛孔、膜/溶剂/溶质间作用力-孔流动，直到溶解扩散，不是截然不同，而是有交叉、逐步变化的。同样对于荷电膜，从多孔到非多孔，所涉及的分离过程如 UF、DA、NF、RO、ED 等，其分离机理是由筛孔加上 Donnan 效应，直到以 Donnan 效应为主加上溶解-扩散（或指 NP 方程），也不是截然不同的，而是有所交叉、逐步变化的[103]。简要表达如图 4-19 所示。

非荷电膜：

多孔 ⎯⎯⎯⎯⎯⎯→ 非多孔
MF, UF, DA, RO, PV
筛孔→膜/溶剂/溶质间作用力→溶解扩散

荷电膜：

多孔 ⎯⎯⎯⎯⎯⎯→ 非多孔
UF, DA, NF, RO, ED
筛孔+Donnan→Donnan效应+溶解-扩散(NP方程)

图 4-19 压力驱动膜膜内传递模型

以下针对四种不同的分离过程进行介绍。

1. 微滤

微滤是以微孔膜为过滤介质，以压力为驱动力，利用多孔膜的选择透过性实现直径在 0.1~10 μm 之间的颗粒物、大分子及细菌等溶质与溶剂分离的过程。微滤膜具有比较整齐、均匀的多孔结构，在静压差的作用下，小于膜孔的离子通过滤膜，大于膜孔的离子则会被膜截留，从而实现尺寸大小不同的组分分离，作用原理与"过滤"类似。微滤主要用来从气相或液相物质中截留细小的悬浮物、微生物、微粒、细菌、酵母、红细胞、污染物等，实现净化、分离和浓缩的目的。其操作压差一般为 0.01～0.2 MPa。

2. 超滤

超滤的操作静压差一般为 0.1～0.5 MPa。超滤的膜孔径为 5～40 mm。截留分子量为 2000～300000 Da。在静压差推动力的作用下，原料液中溶剂和小溶质粒子从高压的料液侧透过膜进入低压侧，大粒子组分被膜拦截，通过膜孔筛分作用可以有效截留蛋白质、酶、病毒、胶体、染料等大分子溶质。超滤可在常温无相变的温和条件下进行密闭操作，具有操作简单、能耗低、装置和工艺流程简单、占地面积小、容易进行工艺集成等优点。在超滤过程中无须投加化学试剂，溶液中的物质不发生本质变化，无副产物生成，可实现绿色清洁高效的分离过程。通过采用不同截留分子量的超滤膜，可以实现有机化合物的分级或分离。

3. 纳滤

纳滤是一种介于超滤和反渗透之间的膜分离技术。通常，大多数纳滤膜的孔径为 1～2 nm，可以有效截留水中大部分离子和有机分子。相对于超滤，纳滤膜可以截留的物质尺寸更小，而操作压力又远低于反渗透，因此具有低能耗、高截留率等特点[104]。

纳滤膜对物质的分离机理包括尺寸筛分作用（空间位阻效应）、静电相互作用和吸附作用等。①尺寸筛分作用是指通过膜孔径对截留分子进行物理性筛分截留的作用。对于大部分溶质尤其中性溶质，尺寸筛分作用是纳滤膜最主要的去除机理。筛分效果取决于膜孔径大小和溶质的斯托克斯直径之间的相互关系，当膜孔径越小且溶质斯托克斯直径越大时，纳滤膜的筛分作用会越强。②带电溶质与膜之间的静电作用能显著影响其去除效能。对于带有与膜表面相同电荷的溶质，会与膜表面产生静电排斥作用阻碍溶质通过，而带有与膜表面相反电荷的溶质，可通过静电吸引作用更容易进入膜孔，静电作用的大小受溶液 pH 的影响。③吸附作用可以通过膜与目标物之间的疏水作用力、氢键等分子间作用力、配位作用（如 π-π 键等）来实现对目标物的吸附去除。吸附作用在过滤的初始阶段对疏水性有机物的截留率非常高，甚至接近 100%，之后随着时间的推移而下降，最终达到吸附平衡。

4. 反渗透

能够让溶液中一种或几种组分通过而其他组分不能通过的这种选择性膜称作半透膜。当用半透膜隔开纯溶剂和溶液（或不同浓度的溶液）时，纯溶剂通过膜向溶液相（或从低浓度溶液向高浓度溶液）自发流动，这一现象称作渗透（正向渗透）。若在溶液一侧（或浓溶液一侧）施加外压阻碍溶剂流动，则渗透速率将下降，当压力增加到使渗透完全停止时，渗透的趋向被所加的压力平衡，这一平衡压力称为渗透压。渗透压是溶液本身的一个性质，与膜无关。若在溶液一侧进一步增加压力，引起溶剂反向渗透流动，这一现象习惯上称为"反渗透"，如图4-20所示。

图 4-20 渗透过程原理示意图

4.6.3 压力驱动膜技术应用基础

1. 膜污染及防控

膜污染是指处理物料中的微粒、胶体粒子或溶质分子与膜发生物理化学相互作用或因浓差极化使某些溶质在膜表面或膜孔内吸附、沉积造成膜孔径变小或堵塞，使膜通量与分离特性发生不可逆变化的现象，如图4-21所示。对于一般含有孔道结构的压力驱动膜，膜污染主要有膜表面覆盖污染和膜孔内阻塞污染两种形式。膜表面污染层大致呈双层结构，上层为较大颗粒的松散层，紧贴于膜面上的是小粒径的细腻层，一般情况下，松散层对膜性能的影响较小，在水流剪切力的作用下可以冲洗掉，而附着在膜表面上的细腻层会导致有大量的膜孔被覆盖，并且该层内的微粒及其他杂质之间长时间的相互作用极易凝胶成滤饼层，增加了透水阻力，进而对膜的分离性能产生严重影响。

膜孔堵塞是指污染物塞入膜孔内，或者与膜孔内壁发生相互作用，形成沉淀而使膜孔变小或者完全堵塞，一般属于不可逆过程，大部分是由胶体或颗粒部分或完全堵塞膜孔造成的。当膜表面没有沉积物且颗粒可能与膜孔直接相互作用时，在过滤的初始阶段就会迅速地发生膜孔堵塞。如果膜的进水量保持不变，则膜孔堵塞会导致通过未被堵塞膜孔的局部流量的增加，同时也会导致传质速率的增加。

(a)完全堵塞　　　　(b)标准堵塞

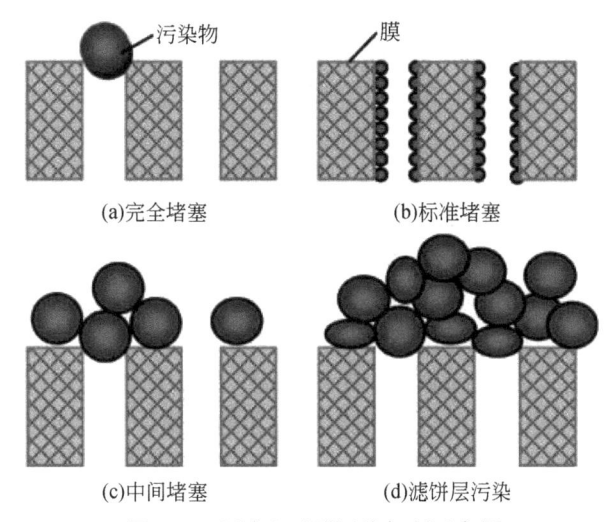

(c)中间堵塞　　　　(d)滤饼层污染

图 4-21　压力驱动膜污染机制示意图

滤饼层是膜外表面颗粒逐层堆积的结果，它增加了过滤的额外阻力，而增加的额外阻力称为滤饼层阻力。滤饼层由多种物质组成，包括化学惰性或活性胶体颗粒。最初的滤饼层是由膜表面附近的惰性胶体形成的，它可以阻止其他污染物与膜表面直接接触，拥有预过滤器的功能，可以过滤掉那些具有高污染潜力的物质，这种现象称为"助滤"。另一方面，活性污染物可能首先到达膜表面并桥接惰性沉积物，这样就会形成更致密的泥饼层，加剧了不可逆膜污染。当小分子进入由类似结构的颗粒形成的滤饼间隙时，会发生"过度堵塞"，从而引起更大的水力阻力。滤饼层的形态决定了通量的降低程度，滤饼层与膜表面的相互作用决定了膜污染的可逆性。另外，凝胶层是浓差极化在膜表面附近的高浓度的大分子物质固结而形成的。当静电引力大于静电斥力时，浓差极化和膜污染之间就会发生转变。此时，发生胶凝的通量称为"极限通量"，表示系统可以达到的最大稳态通量。在实际中，尤其是在处理成分较为复杂的原水时，膜污染机理同时涉及上述多种形式。不同膜污染机理的相对重要性取决于操作条件、原水水质和膜性能。

1）膜污染的类型

根据污染物种类的不同，膜污染可分为无机盐结垢、胶体污染、有机污染和生物污染。

（1）无机盐结垢主要发生在含有 Ca^{2+}、Mg^{2+}、CO_3^{2-}、OH^- 的溶液体系中，当水中存在的盐出现沉淀并沉积在膜表面和膜孔道内时，就会在膜上发生结垢现象。一般来讲，溶液的离子浓度和温度是溶液中沉淀生成的主要因素。同时溶液 pH 也会影响结垢。

（2）胶体是一种不溶解的悬浮物，常以黏土矿物、硅胶、氧化铁、氧化铝、氧化锰、有机胶体等形式存在于天然水体和工业废水中。胶体颗粒的粒径在 10 Å～

2 μm 范围内。胶体的主要特征是表面电荷过高（净电荷），从而导致周围溶液中离子会吸附在胶体颗粒表面。胶体颗粒的电荷层可以防止颗粒之间发生絮凝现象，保证胶体溶液的稳定性，同时也使得胶体颗粒更容易黏附在膜表面造成膜污染。

（3）有机污染物主要有蛋白质、脂肪、糖类、有机胶体及凝胶、腐殖酸、多羟基芳香化合物等。由于成分及化学结构复杂，往往与膜表面存在着多种结合力，易受到 pH 值、离子强度、温度等环境影响，导致其污染机理复杂、处理难度较大。

（4）生物污染是指微生物附着膜表面引起的膜污染。微生物附着在膜表面，生长并形成菌落，从而形成生物污染层。生物污染可能会成为膜过程的"致命要害"，因为微生物可以随时间成倍的繁殖，即使清除 99.9%的微生物，仍会有足够的微生物细胞可以生长繁殖。微生物附着在膜的表面，它们利用周围的营养物质迁移，在几乎整个膜表面形成聚集的"生物膜"，生物膜的生长和形成过程如图 4-22 所示。生物污染开始于细菌细胞穿过固液界面，并且细菌细胞通常通过静电相互作用继续黏附在膜表面。生物污染会影响系统的性能，如导致需要高的操作压力、增加能量和影响水通量等。

图 4-22 生物膜形成步骤

2）膜污染防治方法

在解决膜污染问题时，应根据不同污染类型的特点，采用不同的防治措施来消除或减小膜污染的影响。电渗析过程中离子交换膜污染的常见防治措施有原料液的预处理、膜材料选择、操作条件优化、膜清洗等。

（1）原料液预处理。预处理是指在原料液过滤前向其中加入一种或几种物质，使原料液的性质或溶质的特性发生变化，或进行预絮凝、预过滤、吸附、加阻垢剂、加热或改变料液 pH 值等方法，以脱除一些与膜存在相互作用的物质，从而提高膜通量。恰当的预处理有助于降低膜污染、提高膜通量和膜的截留性能，减少膜清洗的频次和难度。

（2）膜材料的选择。膜的亲疏水性、荷电性均会影响膜与溶质间相互作用的大小。可以通过对不同对象、在不同条件下对膜材质进行筛选，通常认为亲水性膜及膜材料电荷与溶质电荷相同的膜较耐污染。从理论上讲，在保证能截留所需粒子或大分子溶质的前提下，应尽量选择孔径或截留分子量较大的膜，以得到较高的膜通量。

为了获得具有耐污染性的膜材料，可在膜表面引入亲水基团，或采用复合膜手段复合一层亲水性分离层，增强膜材料的抗污染效果。膜表面的改性可分为物理改性和化学改性。物理改性是指用一种或几种对膜的分离特性不会产生很大影响的小分子化合物，如表面活性剂或可溶性的高聚物，将膜表面具有吸附活性的结构部分覆盖住，在膜表面上形成一层功能性预涂覆层，阻止膜与溶液中的组分发生作用，进而提高膜的抗污染性能。除纤维素、壳聚糖和聚乙烯醇外，大多数膜是由疏水材料制成的。而水体中常含一些有机物，容易吸附在疏水膜表面或孔内，形成不可逆的污染。一般蛋白质在疏水膜上比在亲水膜上更容易吸附且不易去除。因此，为防止这些污染发生，通常将膜表面亲水化，或使其具有自清洁能力、光催化或光降解能力。常采用以下三种化学改性的方法：①制备复合膜；②在膜表面引入亲水或疏水基团；③将某些物质加入制膜液中，如共混，使其在成膜过程中均匀分布于膜的内外表面以改变膜的表面性能、提高膜的抗污染性。

（3）组件结构选择。膜的污染程度随浓差极化减轻而减轻。通过提高传质系数和使用较低通量的膜可以减小浓差极化，从而减轻膜污染。当料液中悬浮物含量较低，且产物在透过液中时，用微滤或超滤分离澄清，则选择组件结构余地较大。但若截留物是产物，且要高倍浓缩，则选组件结构要慎重。一般来讲，带隔网作料液流道的组件，如卷式组件，由于固形物容易在膜面沉积、堵塞，而不宜采用；毛细管式与薄流道式组件设计可以使料液高速流动，剪切力较大，有利于减少粒子或大分子溶质在膜面沉积，能减轻浓差极化或避免凝胶层形成。

膜组件的选择需要考虑经济成本和应用场景。虽然管式膜最昂贵，但它特别适用于高污染体系，因为这种膜组件便于控制和清洗。相反，中空纤维膜组件很容易被污染且清洗困难。对于中空纤维膜组件，原料的预处理非常关键。复杂的预处理造成的费用可能在总费用中占相当高的比例。

（4）操作条件的调控。通过调节料液的浓度、温度、流速和压力等因素，可以防止膜污染的形成。无机盐及有些无机盐复合物会在膜表面或膜孔内直接沉积，同时也会改变溶液离子强度，进而影响到某些污染物（如蛋白质）的溶解性、构型与悬浮状态，从而对膜通量产生影响。温度对膜污染的影响尚不是很清楚，根据一般规律，溶液温度升高，其黏度下降，膜通量应提高。但对某些蛋白质溶液，温度升高，膜通量反而下降，这是因为在较高温度下，某些蛋白质的溶解度反而下降。当溶质浓度一定时，要选择合适压力（低于临界压力）与料液流速，避免凝胶层形成，可得到最佳膜通量。

（5）膜清洗。膜清洗可以去除膜表面或膜孔内的污染物，达到恢复膜通量、延长膜使用寿命的目的。膜清洗方法是国内外膜应用研究的热点之一，主要集中在膜清洗过程。常用的膜清洗方法包括物理清洗、化学清洗和生物清洗三大类。

物理清洗主要包括水力清洗、超声波清洗和机械刮除等。它们是仅依靠人工或机械来去除膜表面的污染物。常见的水力清洗有低压高速清洗、反冲洗等，主要是靠剪切力和反向压力去除膜表面的污染物。当物理清洗的效果有限时，就需要使用化学清洗。化学清洗被认为是恢复膜通量和去除不可逆污染的最有效方法。它是通过化学清洗试剂与膜面或膜孔内的污染物发生溶解、置换或化学反应来使污染层的结构和性质发生变化，并将其转变成可以清洗去除的状态。根据化学清洗剂的不同，化学清洗又可分为酸洗、碱洗、氧化剂清洗、络合剂清洗、盐洗、表面活性剂清洗等。酸洗主要用于无机污染物的去除，草酸、柠檬酸、硝酸、盐酸、磷酸和硫酸等是广泛使用的酸。碱洗液（氢氧化钠、氢氧化钾和碳酸钠等的水溶液）可把蛋白质和糖、胶体和微生物等溶解或分解成小分子、细颗粒或可溶性有机物，从而破坏凝胶层结构，然后加以去除。利用具有生物活性的清洗剂（如酶等）进行生物清洗，来去除80%~100%的污染物。使用酶清洗的优点是膜保持清洁的时间延长，还可减少有害化学清洗剂的用量。在实际应用中对于不同类型的膜和污染物，应该选择不同的清洗方法。可通过优化组合多种清洗方法，获得经济合理的清洗方式，大幅降低清洗过程的运行费用，达到节能降耗的目的。

2. 有机溶剂膜分离工艺和耐有机溶剂膜材料

在染料、涂料、药物等的合成、分离与纯化过程中会不可避免地用到有机溶剂，由此产生了大量的有机溶剂废液。大多数有机溶剂都具有毒性强、异味大、挥发性强等特征，若处理不当，会对环境造成极大的损害。有机溶剂的分离与纯化是近年来的研究热点，众多分离与纯化技术应运而生。传统分离纯化方法如蒸馏、萃取、蒸发等，在分离与纯化有机溶剂废液时存在能耗大、回收率低且成本高等缺点。由于膜分离技术具有节能、高效、低耗、低碳、过程简单、经济适用等优势，其在有机溶剂分离与纯化中的研究方兴未艾。常规的分离膜在有机溶剂体系的分离工艺中难以稳定运行，耐有机溶剂型分离膜分离技术为有机溶剂废液的分离与纯化提供了新的途径[105]。

1）有机溶剂膜分离技术

目前耐有机溶剂膜的分离技术主要包含有机溶剂超滤技术、有机溶剂纳滤技术和有机溶剂反渗透技术，具体的工艺对比如表4-7所示。

表4-7 不同有机分离膜工艺比较

分离工艺	分离机理	截留范围	应用领域
有机溶剂超滤	筛分作用	2.0~50 nm	含有极性溶剂的水处理，药物浓缩
有机溶剂纳滤	筛分作用	0.5~20 nm	润滑油脱蜡过程，催化剂回收
有机溶剂反渗透	溶液-扩散	0.1~1.0 nm	分离极性/非极性混合溶剂

有机溶剂超滤（organic solvent ultrafiltration，OSU）技术是一种应用领域最广的压力驱动型膜分离技术，在有机溶剂分离体系中可分离相对分子质量大于500 的大分子和胶体。OSU 膜广泛应用于化工行业中水溶性聚合物的浓缩，油品（燃料油、润滑油）的过滤澄清，乳胶、蛋白质的回收等。在水处理中 OSU 膜也存在着潜在应用，尤其是在含有极性溶剂的水处理方面。现有的超滤膜多采用聚砜、聚丙烯腈、聚酰亚胺等材料，制备技术成熟、能耗低、操作压力低，具有优异的稳定性和可分离性，但存在溶质截留率较低、制备工艺过于复杂等不足，需要对工艺进行更深一步的研究并开发新型的耐有机溶剂材料。

有机溶剂纳滤（organic solvent nanofiltration，OSN）技术作为一种高效、绿色的膜分离技术，是以压力驱动的方式，截留小分子物质（截留分子量为 200～2000 Da）从而进行有机溶剂中的物质分离。由于 OSN 技术具有分离效率高、节能无二次污染、操作简单等优势，在回收和再利用有机溶剂方面被广泛应用。如今市面上的 OSN 膜已经能满足润滑油脱蜡工艺所需要求及化工实验中的有机溶剂分离、纯化等要求。OSN 技术起步虽晚但发展迅速，近年来在有机溶剂分离体系中的应用受到越来越多的关注，然而 OSN 膜的低选择性限制了其在更精细分离中的应用。

有机溶剂反渗透（organic solvent reverse osmosis，OSRO）技术的分离机制是溶解-扩散机制。当外压力大于溶剂自然渗透压时，溶剂从高浓度的一侧流向低浓度的一侧，留下溶质并作为纯化溶剂渗透出来。OSRO 膜孔径小，可截留 0.1～1.0 nm 的小分子物质，在应用中具有较高的分离效率。有研究制备出一种 AF2400/聚酮复合有机溶剂反渗透膜，其对非极性溶剂（烷烃和甲苯）的通量为 1.0～4.0 kg/(m²·h)，在 4 MPa 以下对极性液体（醇）的通量为 0，这表明它具有分离极性和非极性液体的潜力，可用于分离化工领域中的混合有机溶剂。然而，在 OSRO 过程中需要相当高的操作压力，OSRO 膜的发展目前还处于起步阶段。

2）耐有机溶剂膜材料

耐有机溶剂型分离膜的膜材料是分离有机溶剂的关键，要求膜材料在长期分离的过程中，不被有机溶剂所损害，并能维持相对稳定的分离效率。耐有机溶剂型分离膜的制膜材料按照构成可分为有机膜和无机膜材料，其中有机膜材料包括天然有机膜和合成有机膜。天然有机膜材料主要有纤维素类和壳聚糖。纤维素类来源于植物，每个葡萄糖单元上有三个羟基，在催化剂的存在下，与冰醋酸、醋酸酐反应得到醋酸纤维素，具有透水速率快、制膜简单、生物相容性好的优点。但是纤维素膜易水解，不耐高温及微生物侵蚀，聚四氟乙烯、聚酰亚胺、聚丙烯腈等分离膜较纤维素类天然合成膜应用广泛。甲壳素在碱性溶液中发生脱乙酰化反应生成，具有制备简单、无毒副作用、亲水性强、通量大等优点。合成有机膜包括聚砜类、聚酰胺类、聚酰亚胺类、芳香杂环类、乙烯基聚合物类、聚烯烃类、含硅聚合物类等,一般具有较高的水通量与化学稳定性。无机膜主要有陶瓷膜、沸石膜等。无机膜具有对有机溶剂的抗性优良,化学稳定性好,耐酸碱和高温,力学强度高等优点。但同时也存在质脆、成本高且不易成型的缺点。相比无机膜,有机膜的材料容易获得,制备容易,成膜性良好,但有机膜的刚性基团在有机溶剂的过滤中易发生溶胀。

发展应用于有机溶剂体系的膜分离技术的核心在于开发具有良好耐溶剂性的制膜材料。其难点之一在于聚合物膜材料的可加工性和耐溶剂性之间的矛盾。一些聚合物膜材料如聚四氟乙烯、尼龙、聚对苯二甲酸酯、聚丙烯等本身具有良好的耐溶剂性,难以溶解在常规的有机溶剂中进行溶液加工,只能通过熔融加工制备成膜。熔融加工往往存在聚合物溶体黏度大、可控性差等问题,导致难以获得具有良好分离性能的耐溶剂分子级分离膜。因此,如何平衡膜材料耐溶剂性与加工难度,是开发兼具优异耐溶剂性、分离性的聚合物膜材料的关键。此外,也有研究探索制备具有耐有机溶剂性能的无机/有机复合膜,主要有二氧化硅/聚合物复合材料、金属/聚合物复合材料等。复合膜兼具无机膜和有机膜的优点,有望弥补单种膜材料的缺陷,具有良好的耐溶剂性能[106]。

4.6.4 展望

对于微滤、超滤、纳滤和反渗透等压力驱动膜,目前已有应用广泛、性能稳定的商业化膜材料。对于某些特定的应用领域,须考虑具体溶液体系和工艺过程的特点,强化膜材料和膜组件的抗污染性能和耐化学稳定性,包括研发具有抗污染、易清洗、长寿命优势的微滤膜;可适用于高温、强酸/碱和氧化性环境的超滤膜;具有耐氯性能的反渗透膜;具有高水通量和高截留率的纳滤膜材料,提高纳滤膜的单/双价选择性;耐有机膜材料的制备;探索新型制膜方法,筛选有机膜基质的聚合反应单体和绿色溶剂反应体系,优化膜材料结构和性能,应用绿色高效的制膜技术生产低成本膜材料。

除优化膜材料外,还可以从工艺过程方面探索多种膜工艺组合、其他分离处理技术结合膜分离工艺,优化分离效果和降低能耗成本,尤其对于复杂溶液体系,实现分级精确高效分离,同时降低膜污染的影响;拓展膜分离工艺的应用领域,应用理论模拟和在线监测技术,优化工艺过程。

4.7 电驱动膜分离

电驱动膜(电膜)分离技术是在直流电场的作用下,离子透过选择性离子交换膜而迁移,使带电离子从水溶液和其他不带电组分中分离出来的一种电化学分离过程。该技术由于具有能耗低、操作简单、使用寿命长、无污染等特点，可广泛应用于海水淡化、苦咸水脱盐、化工分离和废水处理等领域。

4.7.1 电驱动膜分离技术分类

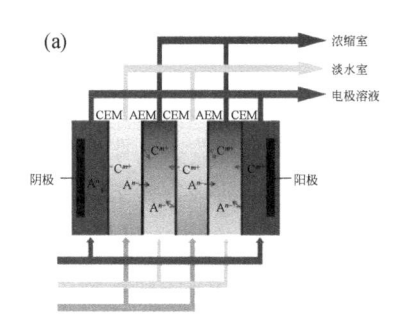

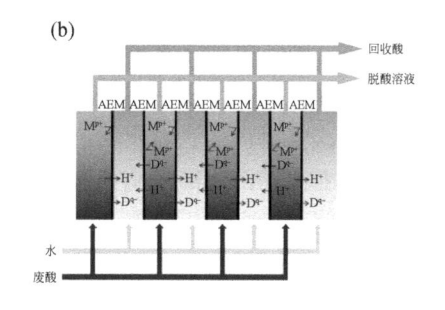

1. 电膜分离技术的类型

与环境相关的电膜分离技术主要包括电渗析（electrodialysis，ED）、倒极电渗析（electrodialysis reversal，EDR）、扩散渗析（diffusion dialysis，DD）、电去离子（electro-deionization，EDI）、双极膜电渗析（bipolar membrane electrodialysis，BMED）和膜电容去离子（membrane capacitance deionization，MCDI）等，不同电膜分离技术的基本原理及其用途见表4-8，原理示意图见图4-23[107-110]，其中膜电容去离子技术将在4.10节电吸附分离技术具体介绍。

表4-8 电膜分离技术的主要类型及基本原理

类型	基本原理	用途
电渗析（ED）	在外加直流电场驱动下，阴、阳离子分别向阳极和阴极移动，利用离子交换膜的选择透过性，在离子迁移过程中阳离子透过阳离子交换膜，阴离子透过阴离子交换膜，从而实现溶液淡化、浓缩、精制或纯化等目的	用于海水淡化、苦咸水脱盐、废水处理、药品与化学品的纯化等
倒极电渗析（EDR）	膜堆结构与传统电渗析相同，只是在运行时进行循环倒极，可抑制膜表面结垢或形成膜污染	同上
扩散渗析（DD）	以浓差为推动力的自发分离过程。利用 H^+/OH^- 和金属离子/酸根离子在溶液中的扩散速率不同而达到将其分离及回收的目的	用于酸、碱回收
电去离子（EDI）	借助离子交换树脂的离子交换作用和离子交换膜对离子的选择性透过作用，在直流电场的作用下使离子定向迁移，从而完成对水持续、深度的去盐	深度除盐制备高纯水
双极膜电渗析（BMED）	在直流电场作用下双极膜可使水分子解离，在膜两侧分别得到 H^+ 和 OH^- 离子。双极膜电渗析能够在不引入新组分的情况下将水溶液中盐转化为对应的酸和碱	用于盐直接制酸碱
膜电容去离子（MCDI）	通过在电极两端施加一定电压，溶液中阴、阳离子在电场作用下分别向正、负极迁移，并储存在电极表面的双电层上，实现了废水中盐和有机物等杂质的去除	废水脱盐及去除微生物和有机物等

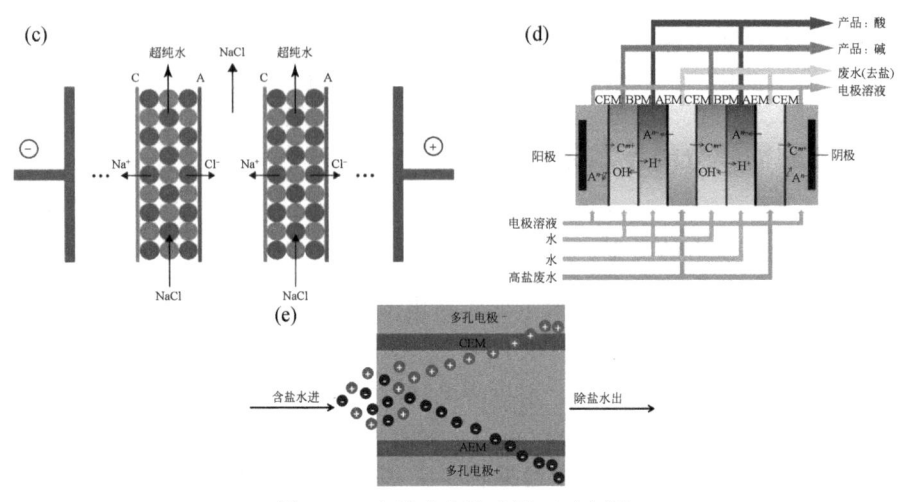

图 4-23 电膜分离技术原理示意图

(a) 电渗析和倒极电渗析； (b) 扩散渗析； (c) 电去离子； (d) 双极膜电渗析； (e) 膜电容去离子

2. 电膜分离体系的基本组成与构造

常规电膜分离设备包括离子交换膜、隔板、电极、固定组件、稳压直流电源和 PLC 控制单元等主体部分，以及料液槽、水泵及预处理设备等附属设备。电极区是提供电渗析电源的主要设备，常用电极材质为钛、不锈钢、石墨等，其中阳极通常采用钛涂钌/铱电极；膜堆由交替排列的阴、阳离子交换膜和交替排列的浓、淡室隔板组成，是由若干个膜对组成的集合体。

（1）离子交换膜（ion exchange membrane）：是具有离子交换能力的薄膜状材料，一般包括三个基本组成部分：高分子骨架、固定在骨架上的功能基团和功能基团上可移动的离子（也被称为反离子）。常见的离子交换膜由苯乙烯和二乙烯基苯交联形成碳链骨架，再经磺化形成带负电荷的磺酸基团，由此构成阳离子交换膜；经季铵化形成带正电荷的季铵基团，则形成阴离子交换膜。按照功能基团带电荷的不同主要分为阳离子交换膜（简称阳膜）和阴离子交换膜（简称阴膜），膜上功能基团带负电荷能交换阳离子的为阳膜，反之为阴膜。其中阳膜能选择性通过阳离子，而阴膜能选择性透过阴离子。

（2）电渗析隔板（electrodialysis spacer）：由隔板框和隔板网组成，包括进出水的布水孔、密封周边、布水槽和网格等部分，其作用包括为阴、阳离子交换膜的隔离物和支撑物；与离子交换膜一起构成液流流道，使其按规定方向流动并形成浓室和淡室；使液流分配趋于均匀，促进液流搅拌混合，减小浓度扩散层厚度，强化传质作用；隔板框与离子交换膜一起构成隔室的密封周边，保证隔室内液体不外漏。

(3）锁紧件（locking piece）：电膜分离装置有压机锁紧和螺杆锁紧两种方式。压机锁紧方式装拆方便，容易对膜堆进行检查和更换部件，一般用于大型电渗析器，而中、小型电渗析器多用螺杆锁紧。锁紧板有钢板、铸铁板和玻璃钢板等，金属锁紧板必须涂防锈漆，以延长使用寿命。双头螺杆和螺帽用合金钢加工，使用时螺杆的非螺纹部分应预先涂刷防锈漆并套上绝缘材料做的套管（如聚乙烯、聚氯乙烯、橡皮管），以利于绝缘和防止生锈。

（4）配水板（框）（water distribution plate/frame）：其作用是引导浓、淡液流进、出膜堆。膜堆的进、出水内流道孔通过配水板与外管连接在一起，配水板位于膜堆的两侧或一侧。配水板的内框可兼做电极框或保护框，配水板一般用硬质聚氯乙烯加工，有直管式和弯管式两种结构。

3. 电膜分离技术的用途

电膜分离技术具体占地面积小，基建投资少，节省劳动力，维修方便，易实现自动化等优点。在电膜分离过程中，既无物态的改变，也无相变，只有少量的电解质从溶剂中分离出来，不像蒸发结晶技术要将90%以上的水变成蒸汽需消耗大量能量，也不同于反渗透用高压泵将大量的水分子挤出半透膜，或离子交换需频繁再生产生酸碱废液和产生大量高盐废水。电膜分离技术除已应用于海水脱盐及苦咸水淡化外，还用于纯水、超纯水的制备、工业废水的处理、电厂与其他锅炉用水的前处理，以及化工过程的浓缩、提纯、分离和精制等（表4-9）[107-112]。该技术用于废水处理，兼有开发水资源、防治环境污染、回收有用成分等多种意义，目前已在化工、冶金、造纸、纺织、轻工、制药等工业废水处理中得到应用，取得了较好的社会和经济效益，其应用范围还在不断扩大。

表4-9　电膜分离技术在工业废水处理中的应用

处理对象	处理技术	处理效果
化工废水	电渗析处理含锌废水	使原水中Zn^{2+}浓度由120 ppm下降到2 ppm以下，电流效率约90%；可使含氯化锌5213 mg/L和43003 mg/L的原水浓缩至14595 mg/L和91219 mg/L
	电渗析处理化纤厂黏胶单丝淋洗废水	采用电渗析可将废水中的酸和盐浓缩到200 g/L左右，为蒸发回收固体Na_2SO_4和H_2SO_4、$ZnSO_4$浓缩液奠定基础
	电渗析法处理联碱废水	将含盐1%（质量分数）联碱废水分成浓液和淡液，浓液含盐可达9%~10%（质量分数）、淡液含盐约0.05%（质量分数），浓液经多效蒸发再提浓后回联碱液系统；淡液过滤作为冲洗水，从而实现联碱生产系统污水排放量为零
	电渗析处理天然气田废水	用电渗析法对天然气田水100万m^3进行脱盐和浓缩效果较好，脱盐淡水符合农业灌溉用水标准，浓缩可得浓缩液37万m^3，高含盐量浓缩液具有综合利用价值
冶金废水	电渗析处理铝制品漂洗废水	针对含NaOH和Na_2CO_3的碱性废水，电渗析处理后废水可回用或排放，每处理1 m^3废水可回收3 kg的NaOH和2.5 kg的Na_2CO_3，效益显著

续表

处理对象	处理技术	处理效果
造纸废水	电渗析治理草浆造纸黑液	采用单阳膜电渗析法回收碱,可回收碱和木质素等有用物质,处理后的水可回用,每吨固碱耗电量从 3000 kWh 降到 2280 kWh,比燃烧法节省投资,耗能也低
电镀废水	电渗析法处理电镀废液	采用电渗析技术处理含铬废水,有效地净化了漂洗废水,使 Cr(Ⅵ)离子得到回收,且废水中的 Cr(Ⅵ)达到国家废水排放标准
放射性废水	电渗析处理放射性废水	国外有人用电渗析处理放射性废水,表明此项技术具有可行性。国内用电渗析法处理该类废水,也取得了比较好的效果
制药废水	电渗析处理含氨基酸制药废水	使氨基酸和 COD 脱除率均可达到 80%,废水经一级处理即可达排放标准,氨基酸浓淡比可达 20 倍,浓水中氨基酸浓度可接近其饱和浓度
其他行业废水	电渗析处理印刷厂含铜废水	处理后淡水水质达到国家废水排放标准,水回收率达 90%,浓缩液中含铜量达 20 g/L,可回收品位达 98%的金属铜粉。与其他工艺相比,具有投资省、水可回用、占地面积小等优点
	双极膜电渗析处理不锈钢酸洗废液	双极膜电渗析技术在美国宾夕法尼亚华盛顿钢厂首次实现工业应用,从不锈钢酸洗废液中再生 HF/HNO$_3$ 进行酸的回收
	扩散渗析处理酸性废水	扩散渗析法用于处理化成箔行业的酸性废液,可实现硫酸 95%以上的回收率,铝离子的截留率达 96%以上
	双极膜电渗析再生烟气脱硫废液	用双极膜电渗析法可以实现烟气脱硫废液中 NaHSO$_3$ 转化率达到 80%以上
	双极膜电渗析用于从黏胶纤维硫酸钠废液制取酸碱	将硫酸钠浓度为 5%~20%的黏胶纤维硫酸钠废液经过除杂预处理后,采用双极膜电渗析技术制得硫酸溶液和氢氧化钠溶液,提高了黏胶纤维废液中酸和碱的再生回收率

4.7.2 电驱动膜分离技术原理

1. 电膜分离体系的传质过程与工作原理

电膜技术的基本过程是在电场作用下反离子的迁移,同时还伴随其他过程发生。主要由电解质溶液性质、膜性能及运行条件的不同引起。这些过程可分为主要过程(反离子迁移)、次要过程(同名离子迁移、渗析和渗透)与非正常过程(渗漏和极化)(图 4-24)[113]。

(1)反离子迁移:反离子是指与膜的固定活性基团所带电荷相反的离子,也称平衡离子。在直流电场的作用下,反离子透过膜的迁移是电渗析唯一需要的基本过程。一般简单定义的电渗析过程就是指反离子迁移过程。在这一过程中,离子迁移的方向与浓度梯度的方向相反,所以才能产生脱盐效果。

(2)同名离子迁移:同名离子是指与膜的固定活性基所带电荷相同的离子。在直流电场的作用下,同名离子透过膜的迁移为同名离子迁移。其原因是唐南平衡使离子交换膜的选择透过性不可能达到 100%。同名离子迁移的方向与浓度梯度的方向相同,因此降低了电渗析过程的效率。

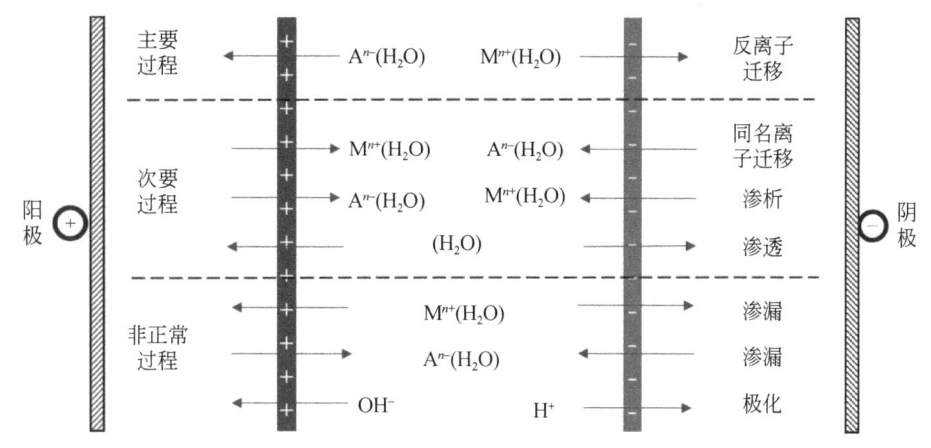

图 4-24 电膜分离体系的主要过程、次要过程与非正常过程

（3）电渗失水：在电膜分离体系中离子迁移实际上是水合离子的迁移。即离子在跨膜迁移时必然同时引起水的流失。这部分失水即电渗失水。当采用电膜处理高浓度含盐水时,电渗失水不可忽略。

（4）渗析：又称浓差扩散,是指电解质离子透过膜的现象。膜两侧的浓度差是渗析的动力。渗析方向与浓度梯度一致,会降低电渗析过程的效率,同时伴随水的流失。

（5）渗透：是指水透过膜的现象。渗透力图减小膜两侧的浓度差,因此渗透会引起水的流失。如果同时发生渗析,则渗析会减弱渗透过程。

（6）渗漏：是溶液透过膜时由膜两侧溶液中的压力差引起。通常可以避免。由于电渗析装置水流分布的不均匀与流程的增长,渗漏过程总有发生,而且渗漏方向与压力梯度一致。

（7）极化与水解离：极化现象在电膜分离过程中是一个非常重要的问题。电渗析过程中的极化现象与一般化学上的概念不同,它是指在一定电压下迫使膜-液界面上的水解离为 H^+ 与 OH^- 的现象。水分解反应通常发生在离子交换膜的离子耗尽侧膜界面附近的薄层内,而且离子交换膜的固定荷电基团也可以作为催化剂参与反应。有研究者报道离子交换膜荷电官能团促进水分子解离的顺序为：

$$-N^+(CH_3)_3 < -SO_3^- < -PO_3H \leqslant NH, -NH_2^+ < -COO^- < -PO_3^{2-}$$

在金属氢氧化物如 $Mg(OH)_2$ 和 $Fe(OH)_3$ 的存在下,水的离解变得更快,这些金属氢氧化物通常沉淀在阳膜表面上并作为水离解反应的催化剂[114]。溶液中水分子解离为 H^+ 与 OH^- 以后会发生跨膜迁移,由此引起浓水/淡水液流的中性紊乱,会带来若干难以解决的问题。一般认为,电膜分离体系不宜在极化状态下运行。

除反离子迁移是电渗析的主要过程外,其他过程均会影响电膜分离体系的除盐或浓缩效率以及电耗。为了提高电膜分离过程的效率,必须强化主要过程,抑制次要过程,尽量避免非正常过程;选择理想的离子交换膜和设计可靠的工艺系统与合理选用操作参数,能够消除或改善这些不良因素的影响。

2. 电膜分离体系基础与离子传递理论

1)电化学势和 Donnan 平衡

在电化学电位梯度驱动下,离子通过离子交换膜或在电解质溶液发生传输。电化学势 $\tilde{\mu}_i$ 是离子的电势 φ 和化学电位 μ_i 的函数,在恒定温度下化学电位 μ_i 是总压 p 和离子活性 a_i 的函数,可以表示为:

$$\tilde{\mu}_i = \mu_i + Fz_i\varphi = \mu_i^\circ + V_{m,i}p + RT\ln a_i + Fz_i\varphi \qquad (4\text{-}109)$$

式中,μ_i° 是标准条件下的化学势;$V_{m,i}$ 是组分 i 的偏摩尔体积;R 是气体常数;T 是温度。离子通过膜传输的驱动力,即垂直于膜表面 x 方向上的电化学电位梯度,由下式给出:

$$\frac{d\tilde{\mu}_i}{dx} = \frac{d\mu_i}{dx} + Fz_i\frac{d\varphi}{dx} = V_{m,i}\frac{dp}{dx} + RT\frac{d\ln a_i}{dx} + Fz_i\frac{d\varphi}{dx} \qquad (4\text{-}110)$$

当电解质溶液和离子交换膜中离子的电化学电位相等时,电解质溶液和离子交换膜之间存在电化学平衡。因此,对于处于平衡状态的每个离子可表示为:

$$\tilde{\mu}_i^m = \tilde{\mu}_i^s = \mu_i^m + Fz_i\varphi^m = \mu_i^s + Fz_i\varphi^s \qquad (4\text{-}111)$$

式中,上标 m 和 s 分别表示膜和溶液。因此,离子的电化学电位由两个加性项组成;第一个是化学势,第二个是电势乘以法拉第常数和离子的电荷数。将定义的化学势 μ_i 引入并重新排列,可得到达到电化学平衡时膜与相邻溶液之间的电位差。该平衡势称为 Donnan 电势 φ_{Don},由下式给出:

$$\varphi_{Don} = \varphi^m - \varphi^s = \frac{1}{Fz_i}RT\ln\frac{a_i^s}{a_i^m} + V_{m,i}(p^s - p^m) = \frac{1}{Fz_i}\left(RT\ln\frac{a_i^s}{a_i^m} + V_{m,i}(\Delta\pi)\right) \qquad (4\text{-}112)$$

式中,$\Delta\pi$ 是膜与相邻溶液之间的渗透压差,也称为膜的溶胀压力。Donnan 电势 φ_{Don} 不能直接测量,但可以由溶液和膜中的离子活度和溶胀压力 $\Delta\pi$ 来计算。

Donnan 电势(φ_{Don})的数值可由阳离子或阴离子活度计算。就一种盐而言可表示为

$$\varphi_{Don} = \frac{1}{Fz_c}\left(RT\ln\frac{a_c^s}{a_c^m} + V_{m,c}(\Delta\pi)\right) = \frac{1}{Fz_a}\left(RT\ln\frac{a_a^s}{a_a^m} + V_{m,a}(\Delta\pi)\right) \qquad (4\text{-}113)$$

式中,下标 a 和 c 表示阴离子和阳离子。离子交换膜的特点是其固定电荷的性质,既可以是阳离子交换膜,也可以是阴离子交换膜。上述方程提供了平衡溶液和离子交换膜界面处同离子和反离子分布的一般关系。这种平衡称为 Donnan 平衡,

在电膜过程中非常重要。这是估算膜中同离子的截留率随溶液中离子浓度变化的基础。

在实际条件下,多组分电解质膜中同离子浓度的计算相当复杂。然而,对于单价电解质,离子交换膜中同离子浓度可以在假定溶液和膜中的活度系数近似为1,膜中同离子浓度远低于溶液中同离子浓度,以及渗透效应可以忽略的情况下,与电解质溶液接触的均质膜中的同离子浓度可表示为一级近似值,具体如下:

$$C_{co}^m = \frac{C_s^{s^2}}{C_{fix}} \tag{4-114}$$

式中,下标 co、fix 和 s 表示同离子、固定离子和盐离子。因此,离子交换膜中同离子浓度随固定离子浓度的增加而降低,随电解质溶液浓度的增加而增加。

2)电膜分离体系中的离子传输

由于离子和水通过膜的传输是决定电膜分离效果的关键因素,有研究者对电膜分离过程中离子和水通过膜的传输进行探讨,并发展了一些用于描述电膜分离过程的模型。在描述离子通过离子膜传输的理论研究中,主要采用 Nernst-Planck 方程、Maxwell-Stefan 方程和不可逆过程热力学三种方法[115,116]。

(1)Nernst-Planck 方程是电渗析过程中描述离子迁移过程应用较为广泛的经验方程,并且考虑了流通的水动力学特征以及离子的反向扩散对于离子传质的影响,其方程如下:

$$J_i = -D_i \frac{dC_i}{dx} - D_i \frac{z_i C_i F d\varphi}{RT dx} + v_k C_i \tag{4-115}$$

式中,J_i 为离子 i 在电渗析过程中的通量,mol/(m²·s);D_i 为离子 i 的菲克扩散系数,m²/s;C_i 为离子 i 的浓度,mol/L;F 为法拉第常数,96500 C/mol;R 为气体常数;T 为溶液温度;v_k 为膜两侧压力差异造成的溶液流道;φ 为电势;$-D_i \frac{dC_i}{dx}$ 表示与电场下离子迁移反向相反的离子扩散通量,因此离子的扩散对电渗析传质过程不利;$-D_i \frac{z_i C_i F d\varphi}{RT dx}$ 为电场推动下的离子迁移通量;$v_k C_i$ 为由溶液两侧压力差引起的离子传递,通常电渗析过程中采用致密的荷电膜,压力差造成的溶液渗透基本可以忽略。Nernst-Planck 方程较适合用于单电解质体系的电渗析过程,而 Maxwell-Stefan 理论更适合描述多体系的电渗析传质过程。

(2)在 Maxwell-Stefan 理论的建立过程中做出以下假设:元素 i 以稳定通量流动,其受到的溶液阻力与溶液中其他元素所受阻力相等,同时流体流动为理想状态,黏滞现象可忽略不计。基于这些假设得到其方程原型如下:

$$X_i = \sum_k \frac{f_{ik}}{C_i}(V_i - V_k) = \sum_k \frac{RT}{D_{ik}C_i}(V_i - V_k) \tag{4-116}$$

式中，X_i 为元素 i 所受到的电场推动力；f_{ik} 为元素 i 和 k 在溶液中所受到的迁移阻力系数；V_i 为元素 i 在溶液中的迁移速率；V_k 为元素 k 在溶液中的迁移速率；D_{ik} 为 Maxwell-Stefan 扩散系数。由于离子在膜内的扩散不同于游离溶液状态下中扩散，离子在膜内的扩散系数很难获得，而且缺乏可利用的扩散系数和热力学性质，因此限制了 Maxwell-Stefan 方程应用于电膜分离过程。

（3）不可逆过程热力学可以耦合特种离子通过膜或滞留层的通量与膜两侧的界面浓度、施加的电压。该方法使用了膜-溶质-溶剂体系的唯象描述方法而避免了 Nernst-Planck 方程和 Maxwell-Stefan 方程的应用局限，因此可以较为方便地描述离子通过膜的传输过程。例如，可采用不可逆过程热力学方法分析流和场的耦合作用，推导出混合电解质溶液电渗析生产酸碱过程中离子和水通过膜的传递方程[117]。在电流一致性条件下，结合离子和水通过膜的传递方程建立了沿腔室流动方向的离子浓度及流速变化的过程模型。模拟结果表明，双极膜性能是影响电渗析再生酸碱过程效率的主要因素。适当提高初始进料溶液浓度、选择性能优良的离子交换膜和电渗析器结构可以提高脱盐效果和再生酸碱的效率。

3. 极化现象与极限电流密度

在直流电场作用下，水中正负离子分别透过阳膜和阴膜进行定向移动，并各自传递一定的电荷。根据离子交换膜的选择透过性，反离子在膜内的迁移数大于它在溶液中的迁移数。当操作电流密度增大到一定程度时，离子迁移被强化，膜的滞留层内出现离子的"真空"，即膜附近界面内反离子浓度趋于零，从而由水分子电离产生的 H^+ 和 OH^- 来负载电流。由于 H^+ 离子迁移，膜两侧滞留层的 pH 值发生变化[118-120]。在电膜分离体系中，把这种现象称为浓差极化。

电膜分离体系中极化现象对体系运行有很大的影响，主要表现在：①极化时一部分电能消耗在水的电离与 H^+ 和 OH^- 离子的迁移上，使电流效率下降。②OH^- 透过阴膜进入浓水室，与 Mg^{2+} 和 Ca^{2+} 反应生成沉淀会堵塞水流通道，导致水流阻力增加，电耗增加，影响出水水质、水量和电渗析器的安全运行。③沉淀和结垢会影响膜的性能，如膜易裂，机械强度下降，膜电阻增大，进而缩短膜的使用寿命。

在电膜分离过程中，膜内反离子的迁移数大于溶液中的迁移数，造成淡水隔室中在膜与溶液的界面处形成离子亏空现象，当操作电流密度增大到一定程度时，主体溶液内的离子不能及时补充到膜的界面上，从而迫使水分子电离产生 H^+ 和 OH^- 来参与负载电流，这种膜界面现象称为浓差极化，此时的电流密度称为极限电流密度。这个极限电流密度 i_{lim} 的计算，与溶液流速和离子的平均浓度均有关：

$$i_{\text{lim}} = K_p C v^n \tag{4-117}$$

式中，v 是淡水隔板流水道中的水流速度，cm/s；n 是隔板对水流紊乱的影响程度，0.3～0.9，n 值越接近 1，隔板造成的水流紊乱效果越好；C 是淡室中水的对数平均离子浓度，mmol/L；K_p 是水力特征系数：

$$K_p = \frac{FD}{1000(\overline{t_+} - t_+)k} \tag{4-118}$$

式中，D 为膜扩散系数，cm^2/s；F 为法拉第常数，96500 C/mol；k 与隔板形式及厚度等因素有关。

防止极化现象最有效的方法是控制电渗析器在极限电流以下操作。减轻电渗析浓差极化的措施：①使用适当的离子交换膜，提高离子跨膜迁移的选择透过性，以减少离子迁移带来的浓差极化；②优化电场分布，通过调整电场强度和方向，使离子更均匀地分布在膜表面附近；③定期进行清洗和维护，防止膜表面堵塞；④调整流速和电压，以降低浓差极化的影响。综合考虑上述因素，可以最大限度地减轻极化现象对电膜分离过程的影响，提高系统的运行效率和稳定性。

4.7.3 电驱动膜分离技术应用基础

离子交换膜是电膜分离技术的核心，是影响电渗析器性能的关键因素。一般要求膜平整、均一、光滑，无针孔，厚度要适当，有良好的强度和韧性；能承受一定的温度不变形，且能耐受一定浓度的酸和碱；有较高的离子交换容量，电化学性能好，膜电阻低；具有良好的选择透过性，且对水的透过性小。

1. 离子交换膜的基本类型与物化性质

根据碳链骨架与荷电基团的结合形式，离子交换膜的类型主要包括阳离子交换膜、阴离子交换膜、双极膜、两性膜和镶嵌膜等，其中阴/阳离子交换膜常用于脱盐，双极膜同时包含阴/阳离子交换层，主要用于盐制酸碱；两性膜可用于钒液流电池，而镶嵌膜目前还没有获得实际应用。离子交换膜按照结构可分为异相膜、半均相膜和均相膜，其微观结构如图 4-25 所示[121]，其中半均相膜从微观结构上与异相膜相似。其中异相膜的膜体结构是由含有活性基团的高分子材料（如离子交换树脂）粉末和作为黏合材料的线型聚合物混炼而成的两种高分子材料间无关联的离子交换膜，均相膜的膜体结构由离子交换树脂形成，除增强材料外，未混入其他黏结材料的离子交换膜。

离子交换膜性质主要取决于膜材料和膜所形成的微观结构；膜材料决定膜的机械和物理化学稳定性；固定离子交换基团的种类、浓度和分布所形成的微观形态则决定膜的电化学性能。离子交换膜物化性质主要包括溶胀率、离子交换能力、化学稳定性和对离子的渗透性。溶胀度的大小直接影响尺寸的稳定性、离子透过的选择性。膜的电化学性能直接影响膜电阻、离子通量和渗透选择性。增加膜的离子交换能力可以提高膜的导电性，改善反离子通道，但也会导致膜的溶胀度升高，Donnan 排斥效果降低，从而导致反离子选择性降低[122-124]。离子交换膜物理化学性质的测试方法如下：

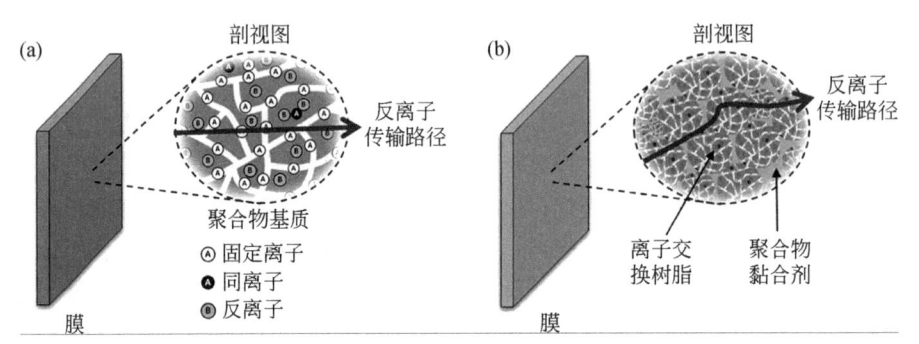

图 4-25 不同离子交换膜的微观结构

（a）均相膜；（b）异相膜

（1）含水量：在特定时间间隔内保留的水分子量与膜的干重之比称为膜的吸水率。测量方法是将膜样品在 60℃下真空干燥 12 小时，使膜完全干燥后进行称重（W_d）。然后将膜样品浸入去离子水中约 12 小时后进行称重（W_w）。膜的含水量可以通过以下表达式计算：

$$含水量(\%) = \frac{W_w - W_d}{W_d} \times 100 \qquad (4-119)$$

（2）溶胀率：溶胀率可以称为溶剂和膜之间的相互作用。通过在 30℃下将膜在去离子水中浸泡 24 小时并擦拭表面来确定膜的溶胀率，采用以下表达式计算：

$$溶胀率(\%) = \frac{L_w - L_d}{L_d} \times 100 \qquad (4-120)$$

式中，L_d 和 L_w 分别表示干燥膜和水合膜的长度。

（3）离子交换容量：离子交换容量（IEC）通常被定义为膜内不溶性官能团发生离子迁移的能力，这些离子被周围溶液中带相反电荷的离子松散地结合和附着在其结构中，主要取决于促进离子转移的可用官能团的数量，以每克干膜所含的交换基团的毫克当量数表示；一般通过离子交换法进行测定，即将阳膜转化为 H 型，用 0.1 mol/L NaOH 进行反滴；将阴膜转化为 Cl 型，用 0.1 mol/L $AgNO_3$ 溶液进行滴定。IEC 采用以下表达式计算：

$$IEC(meq/g) = 0.1 \times \frac{V}{W_g} \qquad (4-121)$$

式中，V 是以 mL 为单位的滴定体积；W_g 为干燥聚合物膜的重量。

（4）反离子与同离子的选择性：

$$\alpha_{g/c} = \frac{z_g^2 C_g^{m,t} D_g^m}{z_c^2 C_c^{m,t} D_c^m} = \frac{t_g}{t_c} \tag{4-122}$$

式中，z_i，$C_i^{m,t}$ 和 D_i^m 是离子价态、浓度（单位水合膜体积）和离子 i 在膜中的扩散系数（g 表示反离子，c 表示同离子）。参数 $\alpha_{g/c}$ 是反离子相对于同离子携带电流的测量值，也是反离子与同离子的迁移数（t_i）比率。根据能斯特-爱因斯坦（Nernst-Einstein）准则，离子交换膜电导率（k）取决于膜内可移动离子的浓度（$C_i^{m,t}$）和扩散系数（D_i^m）：

$$k = \frac{F^2}{RT} \sum_i z_i^2 C_i^{m,t} D_i^m \tag{4-123}$$

因此，离子交换膜的离子电导率和选择性主要受到膜电荷和水含量的显著影响，同时膜形态等其他因素也影响离子膜的传输特性。

（5）膜面电阻：离子交换膜的电阻是表征膜电化学性能的重要指标，通常表示为单位膜面积所具有的电阻（$\Omega \cdot cm^2$），即膜面电阻。膜面电阻与膜结构和膜厚度有关，还与外界溶液温度有关。通常规定 25℃时，在 0.1 mol/L KCl 溶液或 0.1 mol/L NaCl 溶液中测定的膜面电阻作为比较标准。

（6）选择性分离系数：单价离子选择性透过膜可以用于把如 Na^+、Cl^- 等单价离子与如 Ca^{2+}、Mg^{2+} 和 SO_4^{2-} 等二价离子进行分离，其分离效率可用选择性分离系数表示，定义为：

$$\alpha = \frac{J_m C_d}{J_d C_m} \tag{4-124}$$

式中，C_d 和 C_m 是浓水中二价和一价离子的浓度；J_d 和 J_m 分别是单价离子和二价离子各自通过膜的摩尔流量，可以通过质量平衡计算得出。如用于 Na^+、Mg^{2+} 离子的分离，则两种离子的摩尔流量变化可表示为[125]：

$$J_{Na^+} = \frac{(C_t - C_0)V}{A_m \cdot t} \tag{4-125}$$

$$J_{Mg^{2+}} = \frac{(C_t - C_0)V}{A_m \cdot t} \tag{4-126}$$

2. 离子交换膜的制备

1）异相离子交换膜的制备

异相膜是把粉状树脂与黏结剂混合后制成的片状膜。黏结剂可以采用热缩线型聚烯烃及其衍生物，也可采用聚氯乙烯、聚过氯乙烯、聚乙烯醇等可溶于溶剂的聚合物及天然或合成橡胶。根据黏结剂的性能，异相膜制备方法有：延压和模压法成膜、溶液型黏合剂成膜和树脂分散成膜再聚合等。典型的异相膜配方中聚乙烯是黏结剂，树脂粉是膜的基团，聚异丁烯起黏合、增柔作用，赋予膜弹性，硬脂酸钙为脱模剂和稳定剂。酞青蓝使阴膜带上天蓝色，以区别于阳膜的本色。还可以根据使用要求，添加防老剂、抗氧化剂等。工艺流程如下：将聚乙烯放入双辊混炼机中，在 110~120℃下混炼，塑化完全后，加入聚异丁烯进行机械接枝。混合均匀后加入硬脂酸钙，然后加入树脂粉，反复混炼均匀。将其在延压机上拉成所需厚度的膜片。再将两张尼龙网分别覆盖在膜片的上下，然后送入热压机中，于 10.0~15.0 MPa 压力下热压约 45 min，即成实用的异相膜。

2）均相离子交换膜的制备

均相离子交换膜的制备方法是直接使离子交换树脂薄膜化，即使离子交换树脂的合成与成膜工艺相结合。均相膜的制造大致可分为四个过程：膜材料的合成反应过程、成膜过程、引入可反应基团、与反应基团发生作用形成荷电基团。根据成膜和引入离子交换基团的次序和方法不同，制备均相离子交换膜的方法可以概括为三个不同类别：单体聚合或缩聚、将固体膜进行磺化或季铵化、聚合物中导入离子交换基团（磺化或季铵化）再成膜等。

3）双极膜的制备

目前双极膜的制备研究主要集中在膜的阴/阳离子交换层（AEL/CEL）、界面层的制备和改性方法。双极膜制备主要有三种方法：①通过热压过程，使阳离子交换层和阴离子交换层进行复合；②将带负电的固定基团和带正电的固定基团分别引入膜的两个侧面；③浇铸法。浇铸法最具有吸引力，主要优势在于成本低廉、操作简单，且通过调控 CEL 和 AEL 的组成，可以轻松实现所需膜性能的精确控制。在浇铸过程中，确保 CEL 和 AEL 之间的有效连接是制备理想双极膜的关键环节[119,120]。

除了以上三种典型的离子交换膜外，还有对特定离子具有选择性透过或吸附能力的螯合膜、同时带阳离子交换基团和阴离子交换基团的两性膜、利用阳离子高聚物电解质同阴离子高聚物电解质互相交错组合而成的镶嵌离子交换膜，以及抗污染膜、抗极化膜、无机-有机杂化离子交换膜等，都是近年来受到广泛关注的新型离子交换膜的研究方向。

3. 电膜分离体系的膜污染及防治

通常认为，电膜分离体系在运行一段时间后，离子交换膜表面或内部被堵塞，引起膜电阻增大，隔室水流阻力升高，从而影响交换容量和脱盐率，这种现象称为膜污染。膜污染的直接影响是改变离子交换膜的理化性质，如膜电阻增大、膜结构破坏、膜交换容量减小、疏水性/亲水性改变等,进而引起电渗析膜堆脱盐性能降低、电耗增大、电流效率下降等。当电渗析膜污染沉积在膜表面一定程度后,会造成流道堵塞、隔室水流阻力升高、液流分布不均匀,甚至造成装置不能正常运行[117,126,127]。由于不同废水的来源与性质存在差别,造成电膜体系中离子交换膜污染的类型和性质多种多样,其形成机制也存在差别。

根据污染物与离子交换膜的作用形式不同,膜污染可分为多种类型。根据污染物在离子交换膜上的附着位置分为表面污染和内部污染,即污染物沉积在膜表面或进入膜内部造成离子迁移通道的堵塞;根据污染物性质分为有机污染、无机污染、微生物和胶体污染等,通常阴离子交换膜易发生有机污染,而阳离子交换膜易发生无机污染和结垢;根据膜污染的可逆性分为可逆污染和不可逆污染,其中可逆污染表示污染物通过物理作用沉积在膜表面,可被化学清洗洗脱和恢复膜性能;不可逆污染表示污染物通过化学作用沉积在膜表面或进入膜内部,很难通过化学清洗去除[126,127]。

(1) 无机污染:通常是指溶液中 Ca^{2+}、Mg^{2+} 等二价或高价离子在离子膜表面或内部形成的结垢现象。由于极化导致形成的垢物通常出现在离子膜的浓水侧及内部;因溶液过饱和形成的垢物出现在阴膜和阳膜的浓水侧,主要是由于膜与溶液界面处的离子浓度超过本体溶液中的离子浓度,容易造成阴、阳膜浓水侧因过饱和形成沉淀,其沉淀种类随处理水质而定。在电膜分离体系中无机污染通常发生在阳膜上,而阴膜表面形成结垢的原因是溶液中 Ca^{2+} 等阳离子通过阳膜进入浓室后,被阴离子膜拦截而保留在浓水,由此造成阴膜浓室侧浓度较高而形成 $Ca(OH)_2$ 沉淀[126-131]。

(2) 有机污染:废水中大部分有机物带有负电荷,在外加电场的驱动力下向阴离子交换膜表面迁移,而阴离子交换膜含有季铵基团等带正电荷的固定基团,因此有机物容易与阴离子交换膜发生吸附等作用而造成有机膜污染。本研究团队对多种代表性有机物和实际工业废水的电渗析膜污染行为及机理开展了深入研究,探讨了有机物分子结构对阴离子交换膜有机污染的影响,发现有机物形成膜污染会使膜表面微观形貌发生一定程度的变化,而且不同有机物呈现不同特征(图4-26)。其中阴离子型表面活性剂如 SDBS 可在膜表面上形成致密污染层而造成严重的膜污染,导致膜表面形貌明显改变以及膜面电阻急剧增大,完全限制离子的跨膜迁移过程;而小分子有机物体积较小,只有少量吸附在膜表面,对膜性质几乎没有负面影响[128,132]。

(3) 微生物和胶体污染:许多存在于天然水体和工业废水中的硅胶颗粒带负电荷,且与废水 pH 值有关,这些胶体物质沉积在离子膜表面而造成膜污染。离子交换膜表面胶体膜污染趋势与硅胶颗粒和阴膜的物理和电化学性质相关,电膜分离过程中硅胶的沉积、迁移与分散的硅胶稳定性有关。本研究团队采用电膜分

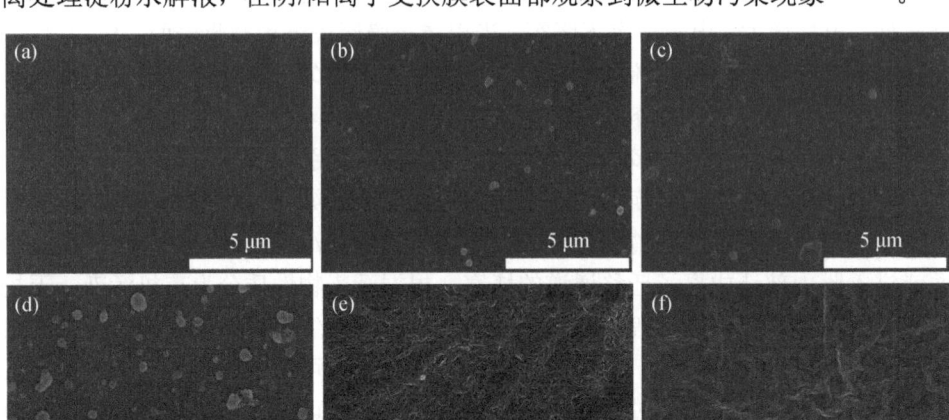

离处理淀粉水解液，在阴/阳离子交换膜表面都观察到微生物污染现象[117,126]。

图 4-26 不同分子结构有机物在阴离子交换膜表面形成的膜污染 SEM 照片
（a）原始膜；（b）甲基磺酸钠（MS）；（c）苯磺酸钠（BS）；（d）2-萘酚-6-磺酸钠（NSS）；
（e）十二烷基硫酸钠（SDS）；（f）十二烷基苯磺酸钠（SDBS）

4. 电膜分离体系的膜污染防治

电膜分离体系中影响离子交换膜污染形成的因素是多方面的，不同类型的组分在离子交换膜上形成污染的性质和机理也有所差异，因此可以通过不同的方法来减轻离子交换膜污染的发生，通常电渗析中离子交换膜污染的防治措施包括原料液的预处理、操作条件的优化、离子交换膜的改性、膜清洗等几个方面，同时需要考虑不同方法的经济性。

1）废水预处理

工业废水或原料液进入电膜分离系统前，通常需进行一系列预处理步骤，以确保进水水质符合电膜分离单元的运行要求。预处理措施包括过滤和吸附等物理或化学方法。具体而言，超滤技术可用于去除溶液中的颗粒物；活性炭等吸附剂可用于去除水中的色素成分；螯合树脂等材料可用于吸附溶液中的 Ca^{2+}、Mg^{2+} 及其他高价离子，以减少离子交换膜上无机污染的形成。然而，工业废水中残留的少量难降解有机物在进入电膜分离系统后，可能导致严重的膜污染问题。因此，有必要采用臭氧氧化等高级氧化技术对废水进行预处理，以实现难降解有机物的氧化分解，将其转化为小分子有机物或完全矿化，从而有效抑制这些有机物对电膜系统的污染潜力[133,134]。

2）优化膜堆结构与操作工艺

电膜分离体系通过优化操作条件也可以有效减轻膜污染，如控制电渗析系统的电流密度低于极限电流密度，避免极化造成的膜污染；增加原料液的流速及在膜堆中放置隔板可增大湍流，也有利于减轻膜污染的发生，或通过曝气增大流道中溶液的湍流现象，减少了污染物在膜表面的沉积；电渗析过程中通过频繁倒极也可以有效减轻膜污染[121,135,136]。

3）离子交换膜表面改性

改性离子交换膜指采用物理或化学方法使离子交换膜表面性质发生变化，或在离子交换膜制造过程中采用特殊工艺所得到的膜。国内外研究者发现，通过膜表面改性减少污染物与膜之间的相互作用，是提高离子交换膜抗污染性能的有效措施。本团队通过对离子膜进行表面改性提高其对有机物的抗污染性能，并展开了较为系统的研究，且取得了大量研究成果。

（1）电辅助沉积（electrodeposition）：电辅助沉积是修饰组分在外加电场作用下发生定向迁移，通过静电吸引等相互作用吸附在膜表面形成修饰层。研究团队分别以聚苯乙烯磺酸钠（PSS）、聚乙烯磺酸钠（PVS）、聚丙烯酸钠（PAAS）三种聚电解质及聚乙烯醇（PVA）作为修饰组分，考察修饰组分所含官能团对电沉积修饰膜性质及抗污染性能的影响，发现 PSS、PVS 可以修饰膜，显著改善膜的抗污染性能，且优于其他修饰组分的改性膜[128]。

（2）化学接枝（chemical grafting）：化学接枝是膜表面官能团与修饰组分单体或官能团之间发生化学反应形成化学键。通过化学接枝在膜表面形成的修饰层比较稳定。研究团队考察了酒石酸(TA)-H_2O_2 引发对苯乙烯磺酸钠接枝阴离子交换膜，可提高改性膜亲水性而不增加其膜电阻，而且改性膜对十二烷基苯磺酸钠（SDBS）抗污染稳定性良好[137]。

（3）低温等离子体技术（low temperature plasma technology）：当通入气体受到激发后形成激发态分子或原子、离子、电子和自由基等，这些活性基团与激活的膜表面反应形成新的极性基团或自由基，从而对膜表面进行改性。中国科学院过程工程研究所利用 N_2 和 O_2 低温等离子体对阴离子交换膜进行表面改性，发现 N_2 等离子体改性膜表面形成含氮官能团、O_2 等离子体改性膜表面形成含氧官能团，可使改性膜表面亲水性提高、表面电荷密度变为负值，而且 O_2 低温等离子体改性膜的抗污染性能优于 N_2 等离子体改性膜[128]。

（4）层层组装（layer-by-layer assembly，LBL）：利用带电基板在带相反电荷的聚电解质溶液中交替沉积制备聚电解质自组装多层膜，包括将聚电解质吸附到表面上，然后吸附带相反电荷的聚电解质。该过程可以重复进行，直到达到所需的膜厚度。研究团队以聚苯乙烯磺酸钠（PSS）和聚二甲基二烯丙基氯化铵（PDADMAC）分别作为聚阴离子电解质和聚阳离子电解质，发现层层组装修饰阴膜能够减轻有机污染物 SDS 对电渗析脱盐性能的负面影响，且当膜表面 PSS/PDADMAC 双分子层数为 5.5 时抗污染性能最佳[128]。

（5）表面共聚合改性（surface co-polymerization modification）：受贻贝蛋白质类具有黏附性的启发，利用多巴胺（DA）聚合或类多巴胺聚合在膜材料表面构筑稳定抗污染修饰层。研究团队通过引入 PSS 与 DA 共聚合，制备了负电荷密度和光滑程度更优的改性阴膜，有效增强了抑制 SDBS 污染的能力[138]；通过调控聚多胺-聚多酚共聚合过程协助 GO 沉积到 AEM 表面以增强 GO 改性层的稳定性，发现由单宁酸（TA）、聚乙烯亚胺（PEI）与 GO 组成的共聚合体系形成的改性层具有优异的抗污染性能和耐碱稳定性[139]。

（6）界面聚合（interfacial polymerization）：指两种或两种以上高反应性能的单体分别溶于两种互不相容的溶剂中，在两个液相界面处进行快速且不可逆的缩聚反应。研究团队以单宁酸（TA）和氧化石墨烯（GO）的混合溶液作为水相，以均苯三甲酰氯（TMC）的正己烷溶液作为油相，进行多层界面聚合反应。发现 GO@TA/TMC 改性膜表现出了比 GO@TA 改性膜和 GO@TA/TMC 改性膜更多的褶皱结构，表明通过层层界面聚合可以增大膜表面沉积的 GO 片层量[137]；还通过调控水相单体组成［TA、哌嗪（PIP）、TA+PIP］制备了具有不同结构的界面聚合改性阴膜，以探究水相单体组成对改性效果影响规律。结果表明 TA 为水相单体的改性层更致密、表面更亲水且具有最优的负电荷密度，使得该改性膜具有较高的抗污染性能，而且在实际废水测试中的使用寿命比商业膜延长了 1 倍以上[140]。

（7）浸渍吸附改性（impregnation adsorption modification）：将膜放入含有修饰组分的溶液中，修饰组分通过静电吸附在膜表面上并形成修饰层。将膜在含有不同修饰组分的溶液中循环浸泡，通过改变浸泡的循环次数，膜表面会形成不同层数及厚度的修饰层与吸附和电沉积方法相比，表面涂覆改性方法更具有"强制性"，可适用于多种改性材料，改性层牢固性好，但一般改性层厚度较大，可能会影响离子交换膜的脱盐性能，并且改性层与基膜表面层也可能发生开裂分层的问题。

（8）表面涂覆改性（surface coating modification）：将聚合物溶液涂覆在膜表面上，并对涂层厚度、性质及结构进行调节。为了增大涂层与基膜之间的作用力，在改性之前，将基膜放入含有浓硫酸的氧化铬中进行氧化而使膜表面活化，可将改性膜涂层的稳定性提高。利用表面涂覆方法对膜进行改性可以提高涂层与基膜之间的作用力与改性膜的稳定性，用于膜表面涂覆的溶液含有有机溶剂，也可能会对膜结构及性质产生影响。

（9）原位表面改性（in-situ surface modification）：通过更换料液的方式在膜组件中原位构筑稳定的抗污染改性层，该类方法能够有效避免拆卸膜堆对离子交换膜的损害，并保证电膜系统的连续化生产。研究团队构建了基于带负电荷（PSS和 DA）/正电荷［聚乙烯亚胺（PEI）和 DA］的原位层层自组装共沉积改性方法，发现通过 DA 和聚电解质的共聚合反应不仅增加了改性组分的沉积量，还增强了改性层与基膜之间的键合作用，从而有效提高了阴膜的抗污染性能和改性层的耐碱稳定性；以 TA 为水相单体的原位界面聚合改性方法，通过直流电场保证了水相单体的定向附着，利用界面聚合反应中形成聚酯类物质增强改性层的稳定性，发现致密且酯化程度高的界面聚合改性层更有利于增强 AEM 的抗污染性能[137]。

4）膜污染清洗

在电膜分离过程中，当离子交换膜发生污染后，膜清洗能够部分去除沉积在膜上的污染物，缓解膜污染造成的负面作用，而不同污染物造成膜污染的性质和机理有所差异，因此需要根据不同的污染类型选用合适的清洗剂和清洗方法。化学试剂通常对膜清洗可能会造成负面效果，如采用碱液清洗离子交换膜时，可能会导致离子交换基团的降解。因此，应尽可能选择对离子交换膜产生负面影响较小的清洗剂和清洗方法[141,142]。此外，针对电膜体系膜污染类型和性质，可以通过研究合适的膜污染原位清洗方法，以减小膜堆拆卸对离子交换膜造成的损害。

4.7.4 展望

随着电膜分离技术的不断发展，目前该技术已逐步应用于化工、冶金、造纸、纺织、轻工、制药等行业废水的处理，并取得了较好的效果，具有显著的社会效益。近几年来，我国电膜分离技术发展有了重大突破，主要性能指标都有了大幅度提高，运行稳定性也得到显著改善。随着对传统电渗析过程的改进，尤其是双极膜电渗析技术和填充床电渗析技术的发展，使电膜分离技术成为新的热门研究领域。

离子交换膜是电膜分离技术的核心，是决定电膜分离技术性能的关键因素，也对电膜分离技术应用领域的拓展至关重要。目前我国使用的离子交换膜主要是 30 年前研制成功的聚乙烯异相离子交换膜，近年来均相膜虽有研制成功，但因其成本高而未投入大规模生产和应用，而性能较好的进口均相膜存在价格昂贵和供应链不足的问题，因而使电膜分离技术的应用范围受到很大的限制。因此，离子交换膜的研制和规模化生产仍然是今后努力的方向。需要继续深入开发满足不同应用需求的高性能离子交换膜，如用于盐制酸碱的双极膜，用于不同价态离子分离和选择性提锂的选择性分离膜，用于工业废水脱盐的抗污染离子膜，以及用于特殊场景的耐酸、耐碱和耐高温离子交换膜等。需要改进膜的制备工艺，特别是开发适合工业应用的大面积膜的制造工艺，并降低膜的生产成本。需要从离子交换膜的聚合分子单体、骨架结构、功能基团、聚合交联与成膜方式等进行优化设计，进一步提高膜的耐久性，以降低应用过程中膜的消耗。还需加大工业规模的电膜装备组件设计和开发力度，推进工业化应用的步伐。

为了推动电膜分离技术的应用，除了大力开展高性能离子交换膜材料的研发外，还需要深入开展电膜分离体系的基础理论研究，包括研究离子交换膜中离子迁移及水传递的跨膜迁移动力学与过程模拟；双极膜界面层中水分子的催化解离机理与过程强化，建立有实际应用价值的双极膜理论工作曲线模型，指导膜材料的筛选与制备；探讨新型离子交换膜的纳微空间构建及限域传递机制，指导选择性分离膜的研制等。

膜污染是限制电膜分离技术大规模应用的瓶颈问题，是影响电膜分离体系长期运行稳定性的决定性因素。随着电膜分离技术应用领域的拓展，进入电膜分离体系的污染物成分更加复杂多样，会加剧电膜分离体系的膜污染现象。抑制和避免电膜分离体系的膜污染形成，除了研制新型抗污染膜外，还需要进一步研究不同电膜分离体系中污染物种类、性质和赋存状态，污染物与离子膜表面的相互作用，膜-污染物的相互作用，膜污染形成机制及其性质等。对于已形成膜污染的电膜分离体系，需要进一步探讨膜污染的在线清洗方法、清洗药剂和优化工艺等，尽量避免拆膜堆带来的膜损害和工作量繁重的问题。进一步探讨电膜分离体系的膜污染综合防控策略。

目前我国电渗析技术用于水的脱盐比较多，而用于废水处理和特种化工分离还较少，加强电膜分离技术的应用研究将有助于推动其应用领域的扩展。探讨双极性膜电渗析过程与反应过程耦合，例如与发酵过程耦合，提取发酵液中的有机酸，使发酵过程连续进行；探讨同电性不同价态离子之间的电膜分离技术，可用于盐湖卤水选择性电渗析提锂、电渗析除硼、氯化物与硫酸盐分离等。近年来，中国科学院过程工程研究所通过加强抗污染膜研制与膜污染防控技术研究，把电膜技术成功应用于煤电脱硫废盐和煤化工高盐废水的资源化处理，已建成国内首套示范工程。随着新型离子交换膜材料研发和电膜分离技术的发展，该技术与其他膜技术进行集成，已逐步应用到 CO_2 捕集、工业盐高值化和能量转换与储存等新兴领域。尤其是双极膜技术可进行废水废气处理等并实现资源回收，不但有经济效益，还同时具有环境效益，市场潜力极大。

4.8 热驱动膜分离

热驱动的膜分离技术是在温度梯度作用下，以膜两侧的蒸汽分压差为驱动力的分离技术。该技术具有能耗较低、无污染等特点，可以充分利用废热、余热以及低品位的能源，从而广泛应用于海水淡化和废水处理等领域。

4.8.1 热驱动膜分离技术分类

1. 热驱动膜分离技术的类型

目前热驱动膜分离技术可分为膜蒸馏（membrane distillation，MD）和渗透汽化（pervaporation，PV）等。

1）膜蒸馏

膜蒸馏是热驱动的分离过程，疏水微孔膜两侧因存在温度梯度而产生一定的蒸汽压差，待处理料液中的水蒸气分子以蒸汽压差为推动力，穿过疏水微孔膜，进入膜的另一侧，直接或间接与冷凝液接触，从而实现分离的目的。膜蒸馏过程中盐离子和其他非挥发性物质被截留在原料液侧被浓缩，理论上截留率接近100%。膜蒸馏通常在低于溶液沸点的温度下运行，可以利用废热、余热以及低品位的能源如地热能、太阳能进行有效地使用。反渗透膜处理的废水含盐量通常在80 g/L 以下，而膜蒸馏可以处理极高含盐量的废水[113,143-145]。

根据馏出液侧对蒸汽冷凝和诱导蒸汽压差的方式的不同，膜蒸馏过程有不同的操作方式，经典的四种方式有直接接触式膜蒸馏（DCMD）、真空膜蒸馏（VMD）、气隙式膜蒸馏（AGMD）和气扫式膜蒸馏（SGMD）。DCMD 是高温进料液直接接触膜，蒸发过程发生在进料侧膜表面处，蒸汽在跨膜压差的驱动下进入透过侧。DCMD 是结构最简单的膜蒸馏工艺，缺点是热效率低。VMD 是高温进料液直接接触膜，通过抽真空的方式将透过膜孔的蒸汽带出系统，冷凝发生在系统外。AGMD 只有高温进料液直接接触膜，透过侧附加很薄的空气层间隙装置，穿过膜孔的蒸汽经过空气隙段扩散到达低温的冷凝壁面（如金属板）被收集。SGMD 是高温进料液直接接触膜，透过侧增加载气吹扫装置，蒸汽通过载气的吹扫作用离开膜组件，在组件外冷凝。

2）渗透汽化

渗透汽化也称渗透蒸发，是一种以膜两侧的蒸汽分压差为驱动力，利用膜对料液中不同组分的亲和性和传质阻力的差异实现选择性分离的新型膜分离技术。与其他膜过程相比，渗透汽化的最大特点是渗透组分发生相变。渗透汽化技术主要用于液体混合物分离，对于恒沸或近沸混合物有着显著的分离能力。相较于传统的蒸馏、萃取、吸附等分离工艺，其具有分离选择性高、能耗低、无须有机溶剂介入、易于耦合和放大等技术优点，在共沸物分离、有机溶剂脱水、废水中挥发性有机物回收、脱盐等领域展现出了巨大的应用潜力[146-149]。

2. 热驱动膜分离技术的应用

由于膜蒸馏相比反渗透等技术更适合处理更高盐度的废水，高盐废水脱盐和海水淡化是膜蒸馏技术研究和实际应用最广泛的领域。另外膜蒸馏技术还可以用于废水中重金属和油类等污染物脱除以及废水中资源回收等。膜蒸馏技术应用见表4-10。

表 4-10　膜蒸馏技术的应用

应用领域	应用效果
脱盐/海水淡化	以具有规整贯穿纳米孔道的二维 COFs 薄膜为基础，通过引入竞争性可逆共价键合策略，实现了孔道大小和孔内亲疏水环境随深度梯度变化的 COFs 薄膜的制备，COFs 复合膜（COFDT-E18@cPVDF）具有高通量的膜蒸馏海水淡化性能，在保证 NaCl 截留率为 99.99% 的同时，通量可达 220 L/(m²·h)，是目前商业 MD 膜通量的 3 倍（质量分数 3.5% NaCl 溶液为进料液，测试温度 65℃）[150]
	采用非溶剂诱导相分离（NIPS）法制备用于膜蒸馏脱盐的平板 PVDF/聚甲基丙烯酸甲酯（PMMA）复合膜，最高通量为 26.04 L/(m²·h)[151]
废水中资源回收	采用 PTFE 膜蒸馏法从钯浸出液中回收氨氮，研究发现主要影响因素是溶液 pH 值和温度，最终氨氮以氯化铵形式得到回收，纯度达到 97.4%[152]
	通过静电纺丝制得 PTFE 和 PVDF-HFP 超疏水膜，均应用于模拟氨氮废水膜蒸馏过程，相比商业膜的效率更高[153,154]
	采用膜吸收法处理黄金冶炼含氰废水，NaOH 溶液作为吸收液，可将废水中氰化物质量浓度由 1000 mg/L 降至低于 0.5 mg/L，传质系数为 0.53×10⁻⁵ m/s[155]
	采用 PTFE 膜对废旧锂离子电池回收过程中排出的渗滤液进行浓缩，比较了 DCMD 和 VMD 两种膜蒸馏操作方式回收锂的可行性。氯化锂溶液在 VMD 中体积浓缩系数达到 45，在 DCMD 中体积浓缩系数为 25，并且 VMD 的水通量比 DCMD 高 50%。相反，Li₂SO₄ 溶液采用 VMD 和 DCMD 方式，体积浓缩系数分别达到 15 和 17，由于 Li₂SO₄ 结垢的形成，这两个过程都经历了通量降低和膜润湿[156]
废水中重金属污染物脱除	采用商业的 PTFE 膜用于气隙式膜蒸馏过程处理含有汞、砷、铅等重金属的模拟工业废水，研究发现 TF200 和 TF450 对三种重金属的去除率为 99%以上[157]
	采用太阳能驱动膜蒸馏过程去除含 As 的地表水，40℃ 和 60℃ 温度下膜通量分别达到 74 L/(m²·h) 和 95 L/(m²·h)，As 去除率达到 100%[158]
除油	开发了一种新型 Janus 膜，该膜采用植物衍生的多酚涂层和聚电解质逐层组装策略，在长期处理非离子/阳离子表面活性剂和 Tween®20 稳定的水包油（O/W）乳液时表现出了显著稳定的水蒸气通量和高质量的出水[159]
	采用化学还原法制备了 Ag/a-PVDF-PDMS Janus 复合膜，具有更好的力学性能、水下疏油性能和长期运行稳定性，原油/NaCl 乳化液经真空膜蒸馏处理 10 h 后，通量回收率可达 85%[160]

按照应用领域划分，渗透汽化膜分为优先透水膜、优先透有机物膜和有机物分离膜。根据不同的体系，渗透汽化技术主要应用于有机溶剂脱水、水中脱除有机物、有机混合物分离、废水脱盐/海水淡化等方面，如表 4-11 所示。

表 4-11 渗透汽化技术的应用

应用领域	应用效果
有机溶剂脱水	有机溶剂脱水需要选择亲水性好的膜材料,例如聚乙烯醇(PVA)和壳聚糖(CS)等材料。无水乙醇的生产是渗透汽化脱水的典型。Heisler 等在 1956 年采用渗透汽化法对乙醇脱水进行了实验研究。20 世纪 70 年代中期,德国的 GFT 公司率先开发出优先脱水的聚乙烯醇/聚丙烯腈复合膜(GFT 膜),在欧洲完成中试试验后,于 1982 年在巴西建立了乙醇脱水制备无水乙醇的小型工业生产装置。随后,在 1984~1996 年间,GFT 公司在世界范围内共建造了 63 个渗透汽化装置。到 2000 年,Sulzer Chemtech 公司及以前的 GFT 公司共同建造安装了超过 100 套的渗透汽化和蒸气渗透工业装置,极大地推动了渗透汽化技术的工业应用
水中脱除有机物	渗透汽化法用于从废水中脱除挥发性有机物,如苯酚、乙酸乙酯、环己烷、氯甲烷、芳香族化合物等,水中有机物比例在 0.1%~5%时采用渗透汽化膜脱除有机物比较经济,需要选择疏水性好的膜材料。Wu 等[161]制备了高渗透性的自具微孔高分子(PIM-1)并用于渗透汽化脱除水中 VOCs,研究了 PIM-1 膜对 10 种 VOCs 的分离性能,揭示了膜分离性能与 VOCs 物化性质间的内在关系。结果表明,该膜对乙酸乙酯、二甲醚、乙腈分离效果最好。在摩尔分数为 1.0%乙酸乙酯水溶液中,膜通量达到 39.5 kg/(m²·h),分离系数达到 189
	聚醚酰胺嵌段共聚物(PEBA)膜在渗透汽化过程中可以高效地分离水中的多种酚类物质,如苯酚、对甲酚、对氯酚、对硝基酚。膜对酚类物质优异的渗透选择性主要归因于其对酚类物质良好的吸附选择性,四种酚类物质在该膜中有较高的溶解度,而水在膜中的溶解度很小[162]
	在 PDMS 链中引入苯基刚性侧基作为分子间隔物来重建具有可调侧基迁移率的 PDMS 构象,以减轻大尺寸芳族分子的空间位阻,将重建分子结构的 PDMS 改造成亚微米厚的薄层复合膜,对芳香族有机物的渗透汽化通量达到 11.8 kg/(m²·h),分离系数达到 12.3[163]
废水脱盐	用于脱盐及海水淡化的材料主要是亲水性材料,如聚乙烯醇(PVA)、氧化石墨烯(GO)、分子筛、二氧化硅、聚醚酰胺嵌段共聚物(PEBA)、壳聚糖(CS)、纤维素等。Li 等[164]总结了常用脱盐渗透汽化膜的性能,其中 PVA 膜的通量最高,达到 256 kg/(h·m²·bar),而氧化石墨烯膜通量可达 89 kg/(h·m²·bar)
	在聚丙烯腈(PAN)基体上通过真空过滤的方法制备 GO/PVA/PAN 复合膜,在 35 g/L NaCl 盐溶液、70℃条件下,水通量 69.1 L/(m²·h),脱盐率达到 99.9%[165]

4.8.2 热驱动膜分离技术原理

1. 膜蒸馏技术的基本原理和传质传热过程

膜蒸馏过程中同时存在热量和质量的传递,并且传质和传热相互影响。膜蒸馏的传质过程包括透过组分在热侧边界层内的传递及蒸汽在膜孔内的传递过程。具体的过程是:料液中的易挥发组分穿过热侧边界层到达膜表面,在膜面处汽化,蒸汽扩散通过膜孔到达膜的另一侧,直接冷凝或借助外力被带出膜组件冷凝。不同形式膜蒸馏的传质过程在热侧边界层及膜孔内的传质路径相同,而蒸汽到达膜的另一侧后的传质过程各不相同。膜蒸馏的传质机理可以用克努森扩散和分子扩散机理来描述。当气体分子运动自由程远大于膜孔的尺寸时,分子和膜孔内壁的碰撞占据主导地位,分子间的碰撞可忽略,发生克努森扩散。

膜蒸馏的传热过程主要包括汽化潜热和跨膜导热两部分。DCMD 传热过程为:热量从热侧料液主体以对流的方式穿过热侧边界层到达热侧膜面;热量从热侧膜面传递到冷侧膜面，其中包括跨膜导热和汽化潜热；热量从冷侧膜面以对流的方式穿过冷侧边界层到达冷凝液主体。水蒸气接触冷凝液，放出冷凝热。DCMD中热量从膜的冷侧表面传递到冷水主体；VMD中，水蒸气被真空泵抽至外置的冷凝器中冷凝并放出冷凝热；AGMD中水蒸气扩散穿过空气隔离层后在冷凝板上冷凝并放出冷凝热；SGMD中水蒸气被吹扫到外置的冷凝器中冷凝并放出冷凝热。

2. 渗透汽化技术的基本原理和传质传热过程

通常认为渗透汽化的分离机理是溶解-扩散机理，即组分在蒸汽分压差（化学位梯度）的推动下，利用各组分在致密膜中溶解和扩散速度的差异来实现分离过程。根据溶解-扩散模型，渗透汽化的传质过程可分为三步：渗透物小分子在进料侧膜表面溶解（吸附）；渗透物小分子在化学位梯度的作用下从料液侧穿过膜扩散到膜的透过侧；渗透物小分子在透过侧膜表面解吸（汽化）。

渗透汽化过程的推动力是组分在膜两侧的蒸汽分压差，组分的蒸汽分压差越大，推动力越大，传质和分离所需的膜面积就越小。因此，在可能的条件下要尽可能地提高膜两侧组分的蒸汽分压差。一般采取加热料液的方法来提高组分在膜料液侧的蒸汽分压，通过冷凝法、抽真空法、冷凝-抽真空组合、载气吹扫法、溶剂吸收法等方式来降低膜渗透物侧的蒸汽分压。

4.8.3 热驱动膜分离技术应用基础

1. 膜蒸馏技术

1）膜材料

（1）有机聚合物膜。MD膜常用的聚合物材料有聚四氟乙烯（PTFE）、聚偏氟乙烯（PVDF）、聚丙烯（PP）等。PTFE是一种结晶度较高、具有良好的热稳定性和化学稳定性的聚合物材料，通常采用熔融拉伸法制备。在大多膜蒸馏过程中，PTFE膜表现出高抗润湿性、优异的通量和良好的稳定性。PVDF膜材料的长期使用温度为120℃，具有良好的疏水性、耐热性、可溶性、化学稳定性和优异的机械强度，能溶于多种有机溶剂，可通过非溶剂致相转化法（NIPS）、热致相转化法（TIPS）等方法制备。PP具有较高的结晶度，表面能高于PTFE，可通过拉伸法、TIPS法制备，然而相比PTFE和PVDF，PP膜的疏水性、抗氧化性、抗污染性等都较差，因此使用范围受限。

（2）无机膜。与聚合物膜相比，无机陶瓷膜（由Al_2O_3、TiO_2、ZrO_2等氧化物制成）具有更好的热稳定性、化学稳定性和机械稳定性，可用于处理具有高腐蚀性（如极端pH值、含溶剂和氧化剂等）的溶液。然而由于无机膜比聚合物膜具有更低的孔隙率和更高的导热率，使得其通量较低，同时高制造成本也限制了其推广应用[166]。

碳基膜材料也被用于膜蒸馏材料。例如，利用多孔铜中空纤维和石墨炔制备复合膜材料，在质量分数3.5% NaCl溶液的真空膜蒸馏中，可实现高的NaCl截留率（>99.9%）和超高水通量[（742±32）L/(m²·h)]，远高于商业聚偏氟乙烯-氯代三氟乙烯膜的水通量[62 L/(m²·h)][167]。

（3）金属有机骨架（MOFs）和共价有机框架（COFs）膜。金属有机骨架材料是一种新兴的有机-无机杂化多孔材料，亚纳米级空隙可为水分子提供了一个额外的运输通道，以促进水的渗透，具有均匀纳米级通道的材料被认为是下一代过滤膜应用的候选材料。目前用于膜蒸馏的MOFs通常是铝基和铁基MOFs。例如，一种掺富马酸铝金属有机骨架（AlFu MOF）的新型疏水杂化PVDF中空纤维膜，50小时的稳定阻盐率为99.9%[168]。一种以AlFu MOF掺杂聚乙烯醇纳米复合材料为亲水层的双层膜，具有可调的输运性，能够避免SDS引起的膜润湿现象，其盐去除率几乎达到99.9%[169]。以壳聚糖为交联剂对UiO-66-NH$_2$进行改性的复合膜，可有效分离各种油水乳液，与混合纤维素膜相比，过滤通量大大提高，截留率达到99%[170]。

COFs膜在MD中的应用研究较少，但其超薄疏水分离层（传质路径短）以及垂直贯穿的纳米孔道（曲率低），使水蒸气的跨膜阻力大幅下降；同时，其限域纳米孔道可作为污染物的分子筛选屏障。Zhao等[150]通过引入竞争性可逆共价键合策略，实现了孔道大小和孔内亲疏水环境随深度梯度变化的COFs膜的制备，利用COFs膜限域纳米孔道中水蒸发的增强效应，实现了在85℃进料、16 kPa绝对压力下的通量为600 L/(m²·h)，几乎是目前最先进的脱盐膜蒸馏膜的3倍。

2）制备方法

（1）拉伸法。将晶态材料在较低的熔融温度和较高的熔融应力下挤出成膜，无张力条件下退火，使高聚物沿挤出方向形成平行排列的片晶，然后再通过拉伸机在垂直于挤出的方向上进行拉伸，使片晶结构分离，平行于挤出方向的结晶区域先形成裂纹，然后被拉开进而形成一种沿机械方向的具有狭窄缝隙的多孔互联网络。

（2）非溶剂致相转化法。常温下将聚合物与高沸点的极性溶剂配置成铸膜液，再将铸膜液浸入非溶剂凝固浴中进行固化。此时聚合物溶液内的溶剂和非溶剂之间互相扩散，当扩散进行到某程度时，铸膜液便成为热力学不稳定状态，随之溶液就会发生热力学液-液相分离行为。聚合物富相固化形成微孔膜的主要支撑部分，聚合物贫相形成膜孔，从而形成不同形态和结构的聚合物膜。该法的制膜体系一般为聚合物溶剂/非溶剂体系，而有时往往需要针对不同的制膜要求，在铸膜液中加入添加剂，或者调节制膜工艺。

（3）热致相转化法。该法制备微孔膜的过程一般包括以下步骤：首先将聚合物与低分子量、高熔点的稀释剂在较高的温度下混合至均相溶液，将溶液在高温条件下浇铸成所需的形状，然后以一定的速度冷却，诱导相分离。在相分离之后，体系形成以聚合物为连续相，溶剂为分散相的两相结构。最后用合适的萃取剂将稀释剂从膜中萃取出来，再去除萃取剂，从而获得微孔膜。

（4）静电纺丝法。静电纺丝是一种制备高比表面积和高孔隙率纳米纤维膜的方法。静电纺丝的主要过程包括外界静电场力克服表面张力产生射流，然后射流经过拉伸和伸长产生纤维，最终形成纤维状物质。在该过程中，液体从喷丝器中挤出，产生垂滴。表面电荷之间具有相同符号的静电斥力使液滴变形为泰勒锥，同时在力的作用下从中喷射出带电射流。由于弯曲的不稳定性，射流最初沿直线扩展，然后经历剧烈的摆动运动。当射流被拉伸成更细的直径时，它会迅速凝固，最终随机地落在接收板上形成纳米纤维膜。静电纺丝纤维膜具有优异的渗透通量和脱盐性能，与相转化法制备的膜相比，静电纺丝膜具有更高的孔隙率和相互连接的孔道结构，有利于提高膜的渗透性。中国科学院过程工程研究所李玉平研究组通过静电纺丝法制备了 PTFE 纳米纤维膜、PVDF 纳米纤维膜、偏氟乙烯-六氟丙烯共聚物（PVDF-HFP）纳米纤维膜、氟聚倍半硅氧烷/偏氟乙烯-六氟丙烯共聚物双疏复合纳米纤维膜（F-POSS/PVDF-HFP）、超疏水聚乙烯醇（PVA）纳米纤维膜等，用于膜蒸馏过程均显示出良好的脱盐性能[171-178]。

3）膜蒸馏的膜污染问题及控制

与前文提到的压力驱动膜和电驱动膜等膜过程相同，膜蒸馏工艺的膜污染类型也包括有机污染、无机污染、微生物污染等。由于废水中往往含有多种有机污染物，包括疏水污染物（如油滴和疏水有机物）和表面活性剂，前者容易堵塞疏水膜的膜孔，后者会使疏水膜被润湿从而导致原料液穿透膜孔进入透过液侧，导致脱盐率下降。此外，浓缩高盐废水的过程中无可避免的盐的结晶和结垢，也会导致通量下降甚至润湿[179]。

通过废水预处理工艺或者阻垢剂等可以减轻膜污染和膜结垢问题。Yin 等[180]使用了三种不同的高分子作为阻垢剂抑制硫酸钙和硅在膜蒸馏过程中的结垢，包括带负电的聚丙烯酸（PAA）、带正电的聚乙烯亚胺（PEI）和具有电中性的聚氧化乙烯（PEO）。研究表明阻垢剂的有效性主要取决于阻垢剂的官能团是否可以和水垢的前驱体产生特异性结合。带负电的 PAA 分子可以作为硫酸钙溶液的有效阻垢剂，而过饱和的硅溶液则需要带正电的 PEI 作为有效阻垢剂。使用微/纳米气泡、间歇式反充气以及脉冲流等新工艺，也可以缓解膜污染。Liu 等[181]以商业 PVDF 膜为基础，系统研究脉冲流和稳态流两类典型流态对直接接触式膜蒸馏（DCMD）中硫酸钙和二氧化硅结垢行为的差异，发现稳态流条件有利于异相成核和均相成核的晶核在表面生长和堆积，从而使得硫酸钙和二氧化硅结垢严重，在脉冲流条件下,外部能量使得膜与膜表面料液处于扰动状态,有效地减缓了结垢的发生。

通过构建具有特殊浸润性表面的 MD 膜,例如全疏膜和 Janus 膜等,可以提高膜抗污染能力。全疏膜(疏水疏油)具有特殊的表面重入结构,使得不同大小表面张力的液滴能够在界面上呈现稳定的 Cassie-Baxter 状态,具有很强的抗润湿性;另外全疏膜极低的膜表面能,保证膜能够排斥几乎所有表面张力低的液体。Janus 复合膜具有不对称超润湿性,如具有亲水表面层和疏水或者全疏基层,可以实现膜的耐润湿性和抗污染性。Feng 等[182]在商品化的 PVDF 膜表面喷涂一层聚乙烯醇(PVA)并进行表面交联,制备了一种具有超亲水的致密 PVA 表面皮层、疏水微孔膜基底的 Janus 膜,在复杂溶液(含 35 g/L NaCl,1000 mg/L 矿物油和 0.1 mmol/L 十二烷基磺酸钠)中运行 100 h,通量和脱盐率保持稳定。Su 等[183]首先通过静电纺丝来制备高孔隙率的 PVDF-HFP 纳米纤维基层,然后以同步电纺丝/喷雾技术沉积二氧化硅微球-纳米纤维复合层,再采用溶剂 DMF 对膜进行焊接增强处理,最后对膜进行硅烷化处理,降低膜的表面能。复合层特殊的纤维缠绕多级微球的结构和焊接后形成的焊接点使得该膜在保留高孔隙率(80.7%)的同时具有优异的超疏水性(接触角:161°;滚动角:7.1°),由于超疏水表面气层的存在,能够缓解无机盐在膜面结晶和结垢。

2. 渗透汽化技术

1)膜材料

(1)有机聚合物膜。聚合物膜材料分为疏水性膜和亲水性膜材料。疏水性聚合物如聚二甲基硅氧烷(PDMS)是使用最广泛的硅基有机聚合物,可用于从混合物中移除低浓度的有机物和有机-有机体系的分离。聚醚酰胺嵌段共聚物(PEBA)、聚偏氟乙烯(PVDF)、聚-1-三甲基甲硅烷基-1-丙炔(PTMSP)、微孔性聚合物(PIMs)等具有疏水性,可用于从水溶液中分离醇类物质。亲水性聚合物材料包括聚乙烯醇(PVA)、壳聚糖(CS)、纤维素、聚苯并噁唑(PBO)、聚苯并噁嗪酮(PBOZ)、聚苯并咪唑(PBI)等,用于有机溶剂脱水、废水脱盐等领域。

(2)无机膜。用于优先透水的无机膜材料主要是沸石分子筛材料,如 FAU 沸石分子筛膜、silicalite-1 膜、MCM-48 膜等,其主要优点是膜的渗透通量较大,机械强度、热稳定性和化学稳定性好。其他无机膜材料还包括氧化石墨烯(GO)、二氧化硅等。

(3)有机/无机杂化混合基质膜。其主体一般是聚合物相,分散相为无机颗粒,将无机颗粒均匀地分散到聚合物基质中,通过两者的体相复合制备而成。有机/无机杂化膜通过杂化材料的表面与孔道特性改变相邻聚合物链的性质、动态构象以及聚合物层的自由体积等,调整有机膜的微观结构和亲和性能,从而提高渗透汽化膜的选择性和渗透通量。可作为杂化粒子用于有机/无机杂化膜制备的颗粒包括金属氧化物、分子筛、氧化石墨烯、碳纳米管、金属有机骨架材料等。文献报道的混合基质膜包括 ZSM-5 分子筛/PDMS 膜、ZIF-71/PEBA 膜、GO/PEBA 膜、GO/PAN 膜等[184-187]。

2）制备方法

（1）刮膜法常用于制备平板膜。将聚合物和添加剂溶解于溶液中形成铸膜液，然后用刮刀将铸膜液涂覆于平板基膜表面，通过相转化法或溶剂蒸发法形成分离膜，该方法可以在不需要多孔支撑体的情况下形成多层分离膜。刮膜法主要是通过缓慢蒸干铸膜液中的溶剂来制备均质致密膜。

（2）同步挤出法常用于制备中空纤维膜。在纺丝过程中，初期的纤维从接触到凝结剂开始通过相转化形成分离膜。由于聚合物膜液和初生纤维内腔一侧的膜液同时被挤出，从喷丝头出现新生纤维之后，其内表面立即发生凝结。同时，由于湿气存在于空气中，新生纤维通过气隙区域时，从外表面开始部分凝结。当纤维在外部凝胶浴中完全沉淀，就完成了整个相转化过程。分离层的厚度和形貌可以通过改变纺丝液、孔流体和外部凝结剂的组成以及吸收速度来进行调节。

（3）浸渍涂覆法常用于制备复合膜。主要通过在多孔支撑体（如平板基底、中空纤维或管式基底）上涂覆较薄的选择性分离层来制备成膜。其中，多孔支撑体起到机械支撑作用并极大程度地降低了分离组分的传质阻力，因此，利用该方法制备的复合膜其传质阻力主要由支撑体表面的致密分离层决定。

（4）原位水热合成法主要用于制备分子筛等无机膜。主要通过水热反应使得分子筛在多孔基底表面原位结晶，从而形成致密的分离膜，利用分子筛晶体的孔道进行分离。为了避免晶体生长过程中产生的晶间缺陷，也常采用二次生长法进行分子筛渗透汽化膜的制备。

（5）辐照接枝法是通过紫外线或γ射线对基膜表面进行活化处理，从而在基膜表面产生一定的活性基团，然后将基膜与含有分离层活性材料的试剂接触使其发生化学反应，从而在基膜表面形成活性皮层。

（6）气相沉积法常用于制备复合膜。在高真空的条件下使单体蒸发，然后沉积到基膜表面，最后通过单体间的聚合反应在基膜表面形成分离层。这种方法的优点是制备出的分离层很薄，而且可以通过改变操作条件和单体组成方便地改变分离层的性能。

（7）等离子体聚合法是采用等离子体技术，在高真空的条件下，通过气体放电产生的等离子体对单体蒸气和基膜表面进行处理，从而在基膜表面形成活性分离层。通过改变操作条件可以方便地制备出不同性能的渗透汽化复合膜。

（8）同步喷涂自组装法是将催化剂、交联剂、聚合物与纳米颗粒分开，同时喷涂于基膜表面，从而实现界面交联，避免纳米颗粒在预交联过程中的团聚以及成膜过程中的二次团聚，保证分离层中杂化粒子高负载性和均匀分散性。

3）渗透汽化的膜污染问题及控制

在高盐废水脱盐和海水淡化等领域，渗透汽化膜工艺采用亲水膜材料，相比膜蒸馏工艺，其膜污染和膜润湿问题相对不严重。通过比较PVA、二氧化硅、GO和PVDF四种不同膜材料的抗污染和结垢性能，发现PVA膜材料抗硫酸钙结垢的性能较差，抗二氧化硅、碳酸钙结垢和牛血清蛋白污染的性能较好，而PVDF膜材料仅能抗碳酸钙结垢，不能耐受二氧化硅、硫酸钙结垢和牛血清蛋白污染。因此针对不同废水水质，合理选择渗透汽化膜材料最为关键。通过提高膜的亲水性，可以提升膜的抗污染性能。

4.8.4 展望

膜蒸馏在海水淡化、工业废水处理等多个领域都具有广阔的应用前景，然而在处理复杂高盐废水时，疏水微孔膜的润湿性、结垢和膜污染问题是制约膜蒸馏长期稳定运行的瓶颈。因此制备更强抗污染性能的膜材料至关重要，如制备纳米复合水凝胶Janus膜、双疏PTFE纳米纤维膜等。另一方面，无氟疏水膜（疏水涂层采用有机硅聚合物、改性壳聚糖、含有长烃链的超支化聚合物、疏水纳米颗粒等）和生物基聚合物膜[如聚乳酸（PLA）、聚羟基乙酸（PGA）、聚己内酯（PCL）、纤维素、壳聚糖等]也受到越来越多的研究者关注[188-192]。

渗透汽化在环境分离方面的应用前景广阔，如工业废气中VOCs的分离、溶剂回收、高盐废水减量等，目前渗透汽化工艺面临膜通量较低、分离效率低的问题，新兴的纳米材料如金属有机骨架（MOFs）和共价有机骨架（COFs）与聚合物膜结合，可以为聚合物通过提供额外的通道，有效提高膜的渗透性、选择性和长期稳定性，是未来渗透汽化关注的重要方向。

4.9 化学沉淀分离

化学沉淀是环境化工领域一种非常重要的分离和纯化手段，通过在溶液中加入适当的沉淀剂，使待分离的目标离子或化合物转化为难溶性固体沉淀，而从溶液中分离出来的过程。沉淀可以通过过滤、离心或其他固液分离技术去除，有时还需要经过洗涤、干燥、煅烧等步骤以获得纯净的固体产物。在水处理领域，化学沉淀法主要用于去除水或废水中的溶解性污染物，如重金属离子、磷酸盐、硫酸盐等。通过向废水中添加化学试剂（如酸、碱、盐或特定沉淀剂），使得目标污染物转化为不溶于水的沉淀物，随后通过沉淀、过滤或澄清等方法将其分离[193]。在资源回收领域，化学沉淀法主要用于回收二次资源中的锂、镍、钴等有价金属，通过分步沉淀法使其中的金属分离回收，或者通过共沉淀法将不同有价金属以共沉淀物的形式回收。

4.9.1 化学沉淀分离技术原理

沉淀技术本质上是通过采取精准措施，促使溶液中的溶质达到过饱和状态，进而以固态形式析出，随后实现高效分离的过程。主要分为两大策略：①杂质去除法：旨在从目标溶液中剔除杂质成分，通过调控使杂质以固态形式析出并分离，确保主要金属元素得以保留在纯净的溶液中。②主金属纯化合物析出法：聚焦于从溶液中提取并析出高纯度的主要金属化合物，而将杂质成分留存在溶液中，从而实现对目标金属的精炼与提纯[193]。以下主要从沉淀分离的化学基础和沉淀分离机理进行详细阐述。

1.沉淀分离的化学基础

1）溶度积和溶解度

在恒定的温度条件下，难溶盐于其饱和溶液中所包含的各溶解组分，其浓度按照各自化学计量系数的幂次相乘，所得结果保持为一个恒定的数值，这一数值被定义为溶度积（K_{sp}）。溶度积不仅是衡量难溶化合物溶解特性的关键指标，也是精确计算其溶解度以及预测和判断其在水中生成沉淀条件的重要依据。

对于难溶化合物 AB 而言，在达到饱和状态的溶液中，其溶解过程可以通过特定的化学方程式来准确描述，该方程式直接关联到溶度积 K_{sp} 的概念。难溶化合物 AB，在饱和溶液中的溶解反应可用下式表示：

$$A_xB_y(s) \rightleftharpoons xA^{n+} + yB^{m-} \tag{4-127}$$

按质量作用定律可以写出溶度积的通式：

$$K_{sp} = (A^{n+})^x \cdot (B^{m-})^y \tag{4-128}$$

当溶液浓度达到较高水平时，直接采用浓度进行计算可能不再适用，此时需转而采用活度来替代浓度。此时，各溶解组分依据其化学计量系数所确定的幂次相乘得到的活度乘积，被定义为活度积（K_{ap}），用以准确表征高浓度溶液中的溶解平衡状态。

$$K_{ap} = (a_{A^{n+}})^x \cdot (a_{B^{m-}})^y \tag{4-129}$$

显然，溶度积（K_{sp}）与活度积（K_{ap}）作为难溶化合物溶解反应达到平衡状态时的核心平衡常数，其值不仅反映了难溶物质的固有特性，还受温度等外部条件的影响，与其他化学反应中的平衡常数具有相似的性质。这两个常数是评估难溶物质溶解与沉淀难易程度的重要标尺。具体而言，K_{sp} 或 K_{ap} 的值越大，表明该难溶物质在水中的溶解能力更为显著，因此，在相同条件下，要促使其从溶液中析出形成沉淀所需的条件则更为苛刻；反之，若 K_{sp} 或 K_{ap} 的值较小，则表明该难溶物质的溶解度相对较低，其沉淀生成过程在相对较为宽松的条件下即可实现，显示出较为容易的沉淀趋势。

在进行溶度积与溶解度之间的换算时，首要确保的是浓度单位的一致性，即应采用摩尔每升（mol/L）作为统一标准。此外，还应注意这种换算本质上是一种近似计算，其适用范围仅限于溶解度极低的难溶物质，并且假定这些物质在溶液中的离子不发生显著的水解、配合物形成等副反应，或这些副反应的程度可以忽略不计，如 $BaSO_4$ 和 AgCl 等典型例子。然而，在处理某些难溶硫化物、碳酸盐及磷酸盐的水溶液时，离子的水解反应往往不可忽略，否则将引入较大的误差。鉴于溶度积实质上是矿物溶解反应平衡常数的体现，我们同样可以依据溶解反应过程中的自由能变化来推算溶度积的数值，这为深入理解溶度积与溶解度之间的关系提供了另一种理论视角[194]。

$$\ln K_{sp}^{\ominus} = \frac{\Delta_r G_m^{\ominus}}{RT} \tag{4-130}$$

在恒定温度的条件下，难溶电解质的溶度积保持为一个定值。然而，当环境温度发生变化时，尽管大多数难溶电解质的溶度积会随着温度的上升而有所增大，但这种增大的幅度通常是有限的。常见难溶电解质在 25℃ 下的溶度积常数以及氢氧化物和氧化物这类特殊类型难溶物质在水溶液中的活度积 $\ln K_{ap}^{\ominus}$ 可通过查阅相关手册获得[195]。

溶解度的变化受多种复杂因素影响，其中包括但不限于同离子效应、盐效应以及络合效应等化学现象。此外，外部条件如温度、pH 值，以及沉淀物的颗粒大小与内部结构，均对难溶物质的溶解度有显著作用。以下重点介绍同离子效应、盐效应、络合效应、温度条件以及难溶物粒度等因素如何具体影响溶解度的原理及其程度。

（1）同离子效应。在沉淀反应中，若存在与难溶物质共享相同离子的电解质，该电解质能够显著降低难溶物质的溶解度，此现象被称为"同离子效应"。具体而言，当向难溶电解质的饱和溶液中引入含有相同离子的强电解质时，难溶电解质的溶解平衡会因此发生偏移。同离子效应的应用在环境分离过程及化学分离过程中尤为关键，它能有效减少沉淀过程中的溶解损失。为实现这一目标，在沉淀反应中常采取的策略是适当加入过量的沉淀剂，通常过量比例控制在 20%~50%，以增强沉淀的完全性。同时，在沉淀的洗涤阶段，选择适宜的洗涤剂也至关重要，可减少洗涤过程中的额外溶解损失。通常认为，当沉淀后溶液中被沉淀离子的浓度降低至 10^{-5} mol/L 或以下时，即可视为该离子已定性沉淀完全[196]。然而，在利用同离子效应增加沉淀完全度的同时，也需警惕过量沉淀剂可能与金属离子形成络合物,反而促进沉淀溶解的风险。因此,合理且有效地利用同离子效应,对于确保沉淀反应的成功与效率至关重要。

(2)盐效应。在难溶性电解质的饱和溶液中,加入另一种强电解质,可以观察到难溶性电解质的溶解度相对增加,这一现象被称作"盐效应"。盐效应的机理可以通过溶度积常数来阐释。具体而言,溶度积常数在一定温度下是难溶性电解质离子活度的乘积。对于任意一种难溶电解质的溶解平衡而言,其平衡状态可通过式(4-131)表示:

$$A_xB_y(s) \rightleftharpoons xA^{n+} + yB^{m-} \quad (4\text{-}131)$$

当 A_xB_y 固体溶解为 A^{n+} 和 B^{m-} 离子时,这些离子的活度乘积将决定其溶解度的大小。在纯水中,由于离子活度接近 1,溶解度相对较低;而在加入强电解质后,由于共同离子的影响,溶度积常数会发生变化,从而增加了难溶性电解质的溶解度。

当溶液中加入强电解质时,由于离子浓度的增加而增大了离子强度,根据德拜-休克尔极限定律[194]:

$$\lg \gamma_\pm = -A|Z^+ \cdot Z^-|\sqrt{I} \quad (4\text{-}132)$$

由式(4-132)可知,离子强度 I 增加,平均活度系数就会减小。在一定温度下,溶度积不变:

$$K_{sp} = (a_{A^{n+}})^x \cdot (a_{B^{m-}})^y \quad (4\text{-}133)$$

$$K_{sp} = (\gamma_{A^{n+}} c_{A^{n+}})^x \cdot (\gamma_{B^{m-}} c_{B^{m-}})^y \quad (4\text{-}134)$$

为使式(4-134)右边各项之积仍等于 K_{sp},$\gamma_{A^{n+}}$ 和 $\gamma_{B^{m-}}$ 变小,离子浓度 $c_{A^{n+}}$ 和 $c_{B^{m-}}$ 就要增大,即难溶电解质的溶解度要增大。

盐效应的产生并不局限于在加入盐类时发生,任何强电解质的加入都会增加离子强度。在不引发其他化学反应的前提下,这将导致离子的活度系数降低,进而增加难溶电解质的溶解度,这种现象通常被归类为盐效应。此外,当加入含有相同离子的电解质以产生同离子效应的同时,盐效应亦会伴随发生。然而,在较低浓度范围内,盐效应对系统的影响相较于同离子效应通常较为微弱,因此在这种情况下,盐效应的影响往往可以视为次要,乃至忽略不计。

(3)络合效应。当溶液中溶解有络合剂时,这些络合剂能够与目标离子(即那些原本可能参与沉淀反应的离子)结合,形成稳定的络合物。这些络合物通常不具备直接参与沉淀反应的能力,从而导致了沉淀物溶解度的显著提升,有时甚至会完全抑制沉淀的生成。这种通过络合作用影响沉淀溶解度的现象被称为络合效应。

通过精确控制络合剂的种类和浓度,可以有效地调节沉淀反应的动力学和热力学条件,实现对化学反应过程的精细调控。值得注意的是,络合效应的显著性与沉淀物的溶度积以及形成络合物的稳定常数密切相关。沉淀物的溶度积常数越大，形成的络合物越稳定，络合效应就表现得越为突出。因此，在进行金属离子的沉淀分离操作时，为了确保金属离子能够完全沉淀，需精准控制沉淀剂的加入量，以达到经济有效的分离效果。

（4）温度对溶解度的影响。温度对难溶物质的 K_{sp} 的影响与标准溶解热有很大关系，根据 Gibbs-Helmholtz 公式推导出的等压方程，在溶液很稀时，K_{sp} 与温度的关系为

$$\left[\frac{\partial \ln K_{sp}}{\partial T}\right]_p = \frac{\Delta H^{\ominus}}{RT^2} \quad (4-135)$$

式中，$\Delta H^{\ominus}$ 为难溶物质溶解反应的标准热效应。

如果溶解过程为吸热反应，温度升高 K_{sp} 增大，即溶解度增加。如果为放热反应，温度升高 K_{sp} 降低，溶解度减小。

将上式进行定积分后，可得范特霍夫方程：

$$\ln \frac{K_{sp,T_2}}{K_{sp,T_1}} = \ln \frac{S_2}{S_1} = \frac{\Delta H^{\ominus}}{R}\left[\frac{1}{T_1} - \frac{1}{T_2}\right] \quad (4-136)$$

式中，S_1 为难溶物质在温度 T_1 时的溶解度；S_2 为难溶物质在温度 T_2 时的溶解度。

根据式（4-136），可以直接讨论难溶物质溶解度与温度的关系。在稀溶液且低于溶液沸点的温度范围内，大多数盐类的溶解度是随温度升高而增大的。

上述公式所用的 K_{sp}，可以由实验测得，也可以由 Gibbs 生成自由能计算，对于难溶物质体系：

$$\Delta_r G_m^{\ominus} = \sum v_i \Delta_f G_m^{\ominus} = -RT\ln K_{sp} \quad (4-137)$$

（5）难溶物质的颗粒大小对溶解度的影响。难溶物质的颗粒大小对其溶解度有较大的影响，Ostwald 和 Freundich 曾经导出下列公式：

$$\ln \frac{S_2}{S_1} = \frac{2\sigma M}{RTd}\left[\frac{1}{r_2} - \frac{1}{r_1}\right] \quad (4-138)$$

式中，r_1，r_2 分别为固体 1 和固体 2 颗粒的半径；S_1，S_2 分别为固体 1 和固体 2 的溶解度；M 为该物质的相对分子质量；d 为固体密度；σ 为固-液界面张力。

如果 $r_1 \gg r_2$，$\dfrac{1}{r_2}$ 可忽略不计，则上式可简化为：

$$\ln \frac{S_2}{S} = \frac{2\sigma M}{RTdr_2} \quad (4-139)$$

式中，S 为大颗粒的溶解度；S_2 为颗粒平均半径为 r 的难溶电解质的溶解度。

由于电解质溶解时生成离子，所以式（4-139）修正后可得

$$\ln\frac{K_{sp}}{K_{sp}^{\ominus}} = \ln\frac{S_2}{S} = \frac{2\sigma M}{RTdr_2} \quad (4\text{-}140)$$

式中，K_{sp} 为平均半径为 r_2 的难溶电解质微小颗粒溶解平衡时的溶度积；$K_{sp}^{\ominus}$ 为大颗粒难溶电解质溶解平衡时的溶度积。

通过式（4-139）、式（4-140）可知，随着颗粒半径减小，溶解度增加。由于难溶电解质溶解度的影响因素比较复杂，故上式仅能对溶解度作定性的讨论。难溶物质粒度适用范围为 0.01～1 μm 之间的颗粒。

2）溶解与沉淀平衡

（1）平衡移动。当系统达到稳定平衡状态后，如果浓度、压力或温度等外界条件发生改变，系统则会自发地调整其内部状态，平衡就向着能减弱这种改变的方向移动，以趋向于抵消这一外界变化所带来的影响，即为平衡移动原理。该原理仅适用于已经达到平衡状态的系统，对于尚未平衡的系统则不适用。

平衡的移动，本质上是指可逆反应在外界条件变化驱动下，从一个稳定平衡状态过渡到另一新的稳定平衡状态的过程。平衡状态的主要特征在于保持外界条件的稳定，即在既定的外界条件（浓度、压力、温度）下，各反应物与生成物的组成（即平衡浓度）将保持恒定，不再随时间发生显著变化。平衡状态的条件是保持外界条件（浓度、压力、温度）不变，一旦这些条件中的任何一项发生变化，原有的平衡状态将被打破，进而触发系统的重新调整与平衡移动。

（2）浓度对平衡的影响。在一定温度下，当一个可逆反应达到平衡后，任何对反应物或生成物浓度的调整都会引起平衡的重新调整。例如：

$$a\text{A} + b\text{B} \rightleftharpoons d\text{D} + e\text{E} \quad (4\text{-}141)$$

在任意条件下，将各生成物浓度化学计量系数次幂的乘积除以反应物浓度化学计量系数次幂乘积用 Q 表示，即：

$$Q = \frac{[\text{D}]^d[\text{E}]^e}{[\text{A}]^a[\text{B}]^b} \quad (4\text{-}142)$$

在特定的温度条件下，体系仅当反应熵 Q 等于其对应的平衡常数 K 时，方能达到并维持在平衡状态。此时，各反应物与生成物的浓度即为该条件下的平衡浓度。可用下式表示：

$$K = \frac{[\text{D}]_e^d[\text{E}]_e^e}{[\text{A}]_e^a[\text{B}]_e^b} \quad (4\text{-}143)$$

式中，各物质的浓度均为平衡浓度，用下角标 e 代表平衡。

体系达到平衡状态后，若外部环境条件保持不变，则反应物与产物的浓度将维持恒定，不会发生自发性的变化。然而，如果增加反应物的浓度或降低生成物的浓度，会使得 $Q<K$，从而促使平衡会自发地向右移动，即倾向于生成更多的

产物以恢复平衡。相反地，若增加生成物的浓度或减少反应物的浓度，导致 $Q>K$，平衡则会自动向左移动，以消耗过量的生成物并补充减少的反应物，直至恢复平衡状态[194]。

（3）压力对平衡的影响。由于压力对固态和液态物质的体积影响极小，所以压力的改变对液态和固态反应的平衡体系影响很小，因此可忽略不计。

但是在有气态物质参加的反应中，在恒温条件下，改变平衡体系的总压力将会引起平衡的移动。根据热力学研究方法，摩尔分数的平衡常数 K_x 与压力平衡常数 K_p 间的关系：

$$K_x = K_p p^{-\Sigma v_B} \tag{4-144}$$

取对数后：

$$\ln K_x = \ln K_p - \sum v_B \ln p \tag{4-145}$$

在等温下对总压 p 求偏导得：

$$\left[\frac{\partial \ln K_x}{\partial p}\right]_T = -\sum v_B \left[\frac{\partial \ln p}{\partial p}\right]_T = \frac{-\sum v_B}{p} \tag{4-146}$$

式中，p 为体系的总压；K_x 为物质的量分数平衡常数；$\sum v_B$ 为气体产物的计量系数之和与气体反应物的计量系数之和的差值。

当 $\sum v_B >0$ 时，$\left[\frac{\partial \ln K_x}{\partial p}\right]_T <0$，$p\uparrow$，$K_x\downarrow$，平衡向左移动，不利于生成产物。

当 $\sum v_B <0$ 时，$\left[\frac{\partial \ln K_x}{\partial p}\right]_T >0$，$p\uparrow$，$K_x\uparrow$，平衡向右移动，有利于生成产物。

当 $\sum v_B =0$ 时，$\left[\frac{\partial \ln K_x}{\partial p}\right]_T =0$；总压的变化对平衡没有影响。

总之，体系总压对凝聚系反应的影响可忽略不计，但对有气态物质参与反应的平衡有影响，这其中对反应气态物质的计量系数之和与产物气态物质的计量系数之和相等的反应也没有影响。具体的影响程度可用式（4-146）来计算[194]。

2. 沉淀分离净化机理

在环境分离过程的工艺链中，矿物的浸出和浸出液的净化是两个不可或缺的环节。在浸出过程中，目标金属离子虽然从矿石中被成功提取，但同时，一系列伴生杂质也会随之溶解进入溶液中，这些杂质金属有 Cu、Pb、Fe、Cd、Mn、As、Ni、Co、Bi 和 Sb 等，此外还有 SiO_2、Al_2O_3、CaO 和 MgO 等，某些矿石中还可能含有贵金属。鉴于上述杂质的存在，为确保电解冶炼过程的顺利进行及最终产品的纯净度，对浸出液进行彻底的杂质去除处理显得尤为关键，这一过程被业界称为"浸出液净化"。净化工作的成功与否，直接关系到电解液能否满足后续工艺的标准要求。

浸出液的净化方法多种多样，从原理上可以大致归纳为五种主要类型：化学沉淀法、置换沉淀法、胶体聚沉法、有机溶剂萃取法和离子交换法。重点对化学沉淀分离涉及的化学沉淀、置换沉淀和胶体沉淀三种净化方法进行讨论。

1）化学沉淀净化法

在化学沉淀法中，通过沉淀剂的作用，溶液中的特定离子与沉淀剂结合，形成难溶化合物并从溶液中沉淀出来。这一过程是实现金属离子与杂质分离的关键技术。在工业生产中，根据目标和需求，可以采用两种不同的策略：①将待电解沉积的金属离子保留在溶液中，而使杂质以难溶化合物的形式沉淀下来，这个过程称为沉淀净化法，该方法有助于净化溶液，为后续的电解冶炼过程提供更纯净的金属离子；②使待电解沉积的金属离子以难溶化合物的形式沉淀，而将杂质留在溶液中，这种过程被称为纯化合物沉淀法，该方法更侧重于从溶液中直接提取纯净的金属化合物。

在环境分离过程中，常见的难溶化合物包括氢氧化物、硫化物、碳酸盐、硫酸盐和草酸盐等。其中，水解沉淀法因其高效性和广泛应用而备受青睐。该方法通过金属离子的水解反应生成难溶的氢氧化物沉淀。其次是硫化物沉淀法，它利用 S^{2-} 离子与金属离子结合生成难溶硫化物沉淀的特性，实现金属离子的有效分离与富集。

（1）水解沉淀法。除了少数碱金属的氢氧化物，大多数金属的氢氧化物都是难溶于水的化合物。在工业生产过程中常采用水解沉淀法来分离金属杂质，这种方法主要有两种实施方式，分别为沉淀净化法和纯化合物沉淀分离法。

沉淀净化法是通过加入碱性化合物或调节 pH 值，并控制适当的反应条件，选择性地使杂质（金属离子）水解生成氢氧化物沉淀，从浸出液中分离并除去，从而净化浸出液，主要目的是从溶液中除去有害杂质。例如，在锌冶金中利用焙砂（主要为 ZnO）中和含有 Fe^{3+} 的 $ZnSO_4$ 溶液，使 Fe^{3+} 变成 $Fe(OH)_3$ 沉淀[197,198]。

$$Fe_2(SO_4)_3 + 3ZnO + 3H_2O \rightleftharpoons 2Fe(OH)_3 \downarrow + 3ZnSO_4 \quad (4\text{-}147)$$

分离 $Fe(OH)_3$ 沉淀，除去杂质铁离子，从反应原理的角度来看，沉淀净化法与水解沉淀法的反应原理是基本相同的，都是生成难溶的氢氧化物。其反应可以用下列通式表示：

$$M^{n+} + nOH^- \rightleftharpoons M(OH)_n(s)$$

反应的标准吉布斯自由能变化为

$$\Delta_r G_m^\ominus = \Delta_f G_{m,M(OH)_n}^\ominus - \Delta_f G_{m,M^{n+}}^\ominus - n\Delta_f G_{m,OH^-}^\ominus \quad (4\text{-}148)$$

$$\ln K_{sp}^\ominus = -\frac{\Delta_r G_m^\ominus}{RT} \quad (4\text{-}149)$$

式中，$K_{sp}^{\ominus}$ 为难溶物质的溶度积；$\Delta_f G_m^{\ominus}$ 为难溶物质或离子的标准吉布斯自由能。

将难溶物质或离子的标准吉布斯自由能 $\Delta_f G_m^{\ominus}$ 计算出来后，就可以计算沉淀反应的溶度积 K_{sp}。

因为是水解反应，所以沉淀反应的溶度积 K_{sp} 与水的离子积 K_w 有关：

$$\ln K_{sp} = \ln(a_{M^{n+}} \cdot a_{OH^-}^n) = \ln a_{M^{n+}} + n\ln a_{OH^-} \tag{4-150}$$

$$\ln K_{sp} = \ln a_{M^{n+}} + n(\ln K_w - \ln a_{H^+}) \tag{4-151}$$

式中，K_w 为水的离子积。整理后得

$$\mathrm{pH} = \frac{1}{2.303n}[\ln K_{sp} - n\ln K_w - \ln a_{M^{n+}}] \tag{4-152}$$

由式（4-152）可计算金属离子水解沉淀平衡时的 pH 值。由此也可以看出，氢氧化物沉淀水解平衡时的 pH 值与难溶氢氧化物的溶度积和金属离子的活度有关。

分离法通常用于从溶液中提取主要金属的纯化合物。这种方法的核心在于促使待电解沉积的金属离子转化为纯氢氧化物的形式，从而从溶液中沉淀出来。随后，这些沉淀物可以通过电解过程进一步精炼。以生产氧化铝为例，铝就是通过从铝酸钠溶液中以氢氧化铝的形式沉淀出来，然后进行分离和电解[199]。这种方法同样也广泛应用于钨、钽、铌、锆等金属的提取过程中。

从反应原理角度来看，纯化合物沉淀法与沉淀净化法的反应原理是基本相同的，都是生成难溶氢氧化物的反应。计算金属离子水解沉淀平衡时的 pH 值见式（4-152）。氢氧化物沉淀的水解平衡 pH 值不仅与难溶氢氧化物的溶度积 K_{sp} 有关，还受到水的离子积 K_w 以及金属离子的活度的影响。

在金属相同但其离子价态不同的体系中，高价阳离子总是比低价阳离子在 pH 值更小的溶液中形成氢氧化物，这是因为高价氢氧化物比低价氢氧化物的溶解度更小。这个规律决定了氢氧化物沉淀的顺序，也是环境分离过程中常用的规律之一。

假设碱式盐的分子式为 $\alpha MA_{x/y} \cdot \beta M(OH)_n$，其形成反应可用下式表示：

$$(\alpha + \beta)M^{n+} + \frac{x}{y}\alpha A^{m-} + n\beta OH^- \rightleftharpoons \alpha MA_{x/y} \cdot \beta M(OH)_n \tag{4-153}$$

式中，α，β 为系数；n 为阳离子 M^{n+} 的价数；m 为阴离子 A^{m-} 的价数；x/y 为阴离子 A^{m-} 的化学式计量系数。

根据反应标准吉布斯自由能的变化 $\Delta_r G_m^{\ominus}$ 可以推导出形成碱式盐的平衡 pH 值与金属离子的活度 $a_{M^{n+}}$ 之间的关系：

$$\mathrm{pH} = \frac{1}{2.303n}\left[-\frac{\Delta_r G_m^{\ominus}}{n\beta RT} - \ln K_w - \frac{\alpha + \beta}{n\beta}\ln a_{M^{n+}} - \frac{\alpha}{m\beta}\ln a_{A^{m-}}\right] \tag{4-154}$$

环境分离过程中常用的氧化剂有 MnO_2、$KMnO_4$、H_2O_2、Cl_2、$NaClO_3$、O_2 等，它们的氧化电位顺序是 $H_2O_2 > KMnO_4 > NaClO_3 > Cl_2 > MnO_2 > O_2$，环境分离过程中常用氧化剂的标准电极电势可通过查阅相关手册获得[200]。

在所讨论的氧化剂中，H_2O_2、$KMnO_4$、$NaClO_3$ 通常成本较高，而 $O_2(g)$ 在常压下的反应速率相对较慢。因此，在锌和铜的环境分离过程中，主要倾向于使用 MnO_2 作为氧化剂。对于镍和钴的环境分离过程，$Cl_2(g)$ 则被广泛采用作为氧化剂。

（2）硫化物沉淀法。硫化物沉淀分离法的机理主要是利用许多金属离子的硫化物在水溶液中难溶这一性质进行主要金属和杂质金属的分离。硫化物沉淀法进行浸出液净化的途径有两个：①从稀溶液中将主要金属沉淀出来，优点是所得到的硫化物产品纯度较高，然后再做进一步回收处理；②将杂质金属呈硫化物形态沉淀后除去，使主要金属在溶液中得到净化。下面将对金属硫化物沉淀反应从热力学角度进行讨论[201,202]。

当溶液中有金属离子 M^{n+} 时加入 S^{2-} 将发生沉淀反应。

$$2M^{n+} + nS^{2-} \rightleftharpoons M_2S_n(s) \tag{4-155}$$

在环境分离过程中，可以用 $H_2S(g)$ 作为硫化剂沉淀金属离子，此方法不仅经济而且效率也高。常见的硫化物溶度积 K_{sp} 可通过查阅相关手册获得。

除碱金属外，一般金属硫化物的溶度积都比较小，溶度积越小的硫化物越稳定，沉淀越完全，溶液中剩余的金属离子越少，分离效果越好。

例如，

$$M_2S_n \rightleftharpoons 2M^{n+} + nS^{2-}$$

$$K_{sp(M_2S_n)} = [M^{n+}]^2 \cdot [S^{2-}]^n \tag{4-156}$$

溶液中的硫离子浓度 $[S^{2-}]$ 是由 H_2S 经下列两次电离产生的，在 298 K 时，

$$H_2S \rightleftharpoons H^+ + HS^- \qquad K_1 = 10^{-7.6}$$

$$HS^- \rightleftharpoons H^+ + S^{2-} \qquad K_2 = 10^{-14.4}$$

总反应：

$$H_2S \rightleftharpoons 2H^+ + S^{2-}$$

$$K = K_1 \cdot K_2 = \frac{[H^+]^2 \cdot [S^{2-}]}{[H_2S]} = 10^{-7.6} \times 10^{-14.4} = 10^{-22} \tag{4-157}$$

在 298 K 时，溶液中 H_2S 的饱和浓度约为 0.1 mol/L，代入式（4-157）可得

$$[H^+]^2 \cdot [S^{2-}] = 10^{-23} \tag{4-158}$$

由式（4-157）、式（4-158）导出一价金属硫化物（M_2S）沉淀的平衡 pH 值的计算式为：

$$pH = 11.5 + \frac{1}{2}\lg K_{sp(M_2S)} - \lg a_{M^+} \tag{4-159}$$

二价金属硫化物（MS）沉淀的平衡值的计算式为：

$$pH = 11.5 + \frac{1}{4}\lg K_{sp,MS} - \frac{1}{2}\lg a_{M^{2+}} \tag{4-160}$$

三价金属硫化物（M_2S_3）沉淀的平衡 pH 值的计算式为：

$$pH = 11.5 + \frac{1}{6}\lg K_{sp,M_2S_3} - \frac{1}{3}\lg a_{M^{3+}} \tag{4-161}$$

通式为：

$$pH = 11.5 + \frac{1}{2n}\lg K_{sp,M_2S_n} - \frac{1}{n}\lg a_{M^{3+}} \tag{4-162}$$

在式（4-162）中，系数 11.5 是基于 H_2S 浓度为 0.1 mol/L 的条件下计算得出的。如果溶液中 H_2S 浓度超过 0.1 mol/L，该系数将相应减小。这种变化意味着硫化物沉淀析出的 pH 值会降低。为了准确确定 pH 值的降低幅度，需要重新计算这一系数。硫化物沉淀生成的 pH 值不仅受到系数 11.5 的影响，还与硫化物的溶度积、金属离子的活度以及离子的电荷数密切相关。这些因素共同作用，决定了硫化物沉淀在特定条件下的生成条件。因此，为了精确控制硫化物沉淀的生成，需要综合考虑这些关键参数，并通过实验或计算来优化相关系数，确保沉淀过程的效率和效果。

2）置换沉淀净化法

（1）置换沉淀热力学。如果将电极电势较负的金属固体粉末加入到电极电势较正的金属盐溶液中，就会发生氧化还原反应。例如将锌粉（$\varphi^{\ominus}$=-0.763 V）加入到硫酸铜（$\varphi^{\ominus}$=0.337 V）溶液中，铜就会还原析出，而锌则氧化成离子进入溶液，反应式如下：

$$CuSO_4 + Zn(s) \rightleftharpoons Cu(s) + ZnSO_4 \tag{4-163}$$

或用离子式表示：

$$Cu^{2+} + Zn(s) \rightleftharpoons Cu(s) + Zn^{2+}$$

同理，用铁粉（$\varphi^{\ominus}$=-0.44V）也可以还原溶液中的铜离子（$\varphi^{\ominus}$=0.337 V），用锌粉（φ=-0.763 V）还可以还原溶液中的镉离子（$\varphi^{\ominus}$=-0.401 V）和金离子（$\varphi^{\ominus}$=1.40 V）。

$$Cu^{2+} + Fe(s) \rightleftharpoons Cu(s) + Fe^{2+} \tag{4-164}$$

$$Cd^{2+} + Zn(s) \rightleftharpoons Cd(s) + Zn^{2+} \tag{4-165}$$

$$Au^{2+} + 3Zn(s) \rightleftharpoons 2Au(s) + 3Zn^{2+} \tag{4-166}$$

上述几个反应都称为置换反应或置换沉淀。根据热力学氧化还原条件，任何金属离子都可能被电极电势更负的金属从溶液中置换出来：

$$n_2M_1^{n_1+} + n_1M_2 \rightleftharpoons n_2M_1 + n_1M_2^{n_2+} \tag{4-167}$$

式中，n_1，n_2 分别为被还原金属 M_1 和还原金属或称被氧化金属 M_2 的价数。

（2）置换沉淀过程动力学。置换沉淀是一种自发的氧化还原反应，其理论基础是电化学原理。根据电化学中的电极反应理论，当金属表面与水溶液电解质接触时，电化学反应在金属的等电位表面上同时进行，涉及阴极和阳极反应的同步发生。

如果将一种金属置于具有更高电极电势的另一种金属离子溶液中，根据电化学和热力学的原理，由于电极电势差的存在，置换反应会立即在金属与溶液之间发生。在这个过程中，金属开始溶解，同时溶液中的金属离子在金属表面或溶液中沉积。这意味着同一块金属可能同时充当阴极和阳极的角色，金属内部的电子将从置换金属（阳极区域）流向被置换金属（阴极区域）。

在阳极区域，发生金属溶解生成金属离子的反应；而在阴极区域，溶液中的金属离子发生还原并沉积。两电极区域的氧化还原反应交换的电量是相等的。如果涉及的两种金属具有相同的价态，那么在两极区域发生的氧化还原反应的物质的量也将相同，如图 4-27 所示[193]。

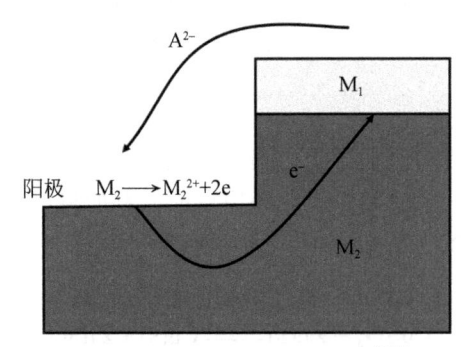

图 4-27 置换反应过程示意图[197]

在置换沉淀过程中，两种金属（被置换金属和置换金属）的浓度不断变化导致它们各自的电极电势也发生相应的变化。同时，由于浓度、电阻和金属表面状态的变化，阴极和阳极的极化现象也在动态变化中。这些因素共同作用导致了氧化还原反应的速度随着时间的推移而发生变化，尤其是在系统规模较小且初始反应速度较快的情况下，速度的变化可能会非常剧烈。

由于置换反应过程中的反应速度始终受到极化、电阻和浓度等因素的影响，其动力学规律显得相当复杂。氧化还原反应的速率控制步骤是电化学反应中的主要阻力所在，电化学反应的最大活化能也主要发生在该步骤。在较为简单的情况下，反应阻力可能由阴极沉积过程的速率控制步骤、传质过程或电解质的电阻电势降引起。

对于由阳极过程控制的置换反应，被置换金属表面上测得的电势会随着反应的进行而向更正的电势方向移动，逐渐接近阳极电势。而当置换反应由阴极过程控制时，被置换金属的电势则会向更接近阴极金属电势的方向变化。实验结果表明，在用镍粉置换铜离子的过程中，被置换的铜的电位向更正的方向移动，该现象表明阳极过程控制着整个电化学反应的速度。镍置换铜离子的反应速度取决于阳极镍的氧化速率[203]。相反，在使用锌粉置换铜离子时，被置换的铜的电位向更负的方向移动，而锌作为阳极的电位实际上保持不变，这表明置换反应的速率控制步骤位于阴极铜的还原反应过程中。

经实验研究，大多数情况下置换反应的动力学行为服从一级反应的速率方程，所以，置换过程的动力学方程为：

$$-\frac{dc_{M_1}}{dt} = Kc_{M_1}^n \tag{4-168}$$

式中，c_{M_1} 为被置换的较正电性金属离子的浓度；n 为反应级数，在大多数置换反应中，$n=1$。

3）共沉淀净化法

（1）胶体分散体系及分类。在沉淀过程中，某些未饱和组分伴随胶体粒子的沉降而被一并吸附并沉淀下来，这种现象称为共沉淀。在环境分离的操作中，经常可以观察到物质以胶体形式分散于溶液中。例如，在锌焙砂的中性浸出过程中，生成的氢氧化铁 $Fe(OH)_3$ 就是一种典型的胶体物质。在沉淀过程中，$Fe(OH)_3$ 能够吸附诸如砷、锑等金属，实现共沉淀。

利用胶体的吸附特性来清除溶液中的杂质，这种方法被称为共沉淀净化法。这种方法不仅能有效去除溶液中的多种杂质，而且操作简便，成本低廉。因此，深入理解共沉淀的机理和胶体的性质，对于优化环境分离工艺流程、提高材料制备的质量和纯度具有极其重要的意义。通过精确控制共沉淀条件，可以显著提升产品的纯度和性能，满足工业生产的高标准要求[193]。

在溶液中，溶质以分子或离子的形式均匀分散于溶剂中，构成一个均质体系。这种体系中，溶质与溶剂之间不存在物理相界面，表现出良好的稳定性。相比之下，溶胶和悬浊液中的分散粒子是由许多分子聚集而成的聚合体，它们属于胶体的范畴。胶体溶液是一种多相体系，其中分散质与分散剂之间存在物理相界面。这种体系相对不稳定，分散质的粒子尺寸介于溶液中的分子或离子与悬浊液中的大颗粒之间。胶体体系中的分散质和分散剂可以是固体、液体或气体，分别构成固溶胶、液溶胶和气溶胶[204]。

在环境分离领域，经常遇到的是固体分散质在水溶液中形成的水溶胶，也称为液溶胶。例如，在制备纳米材料时，通过精确控制溶胶-凝胶过程中的分散体系特性，可以获得具有特定尺寸和形态的纳米颗粒，这些颗粒在催化[205]、传感[206]和生物医药[207]领域展现出优异的性能。在涂料[208]和食品工业[209]中，通过优化分散体系的稳定性，可以提高产品的均匀性、稳定性和口感。

（2）胶体的聚沉。在环境分离过程中，胶体溶液的产生是一个常见的现象，但这也为随后的液固分离步骤，包括沉降和过滤等，带来了一系列挑战。为了解决这些问题，需要采取措施促进胶体溶液中的微小胶粒相互碰撞并聚结成较大的颗粒，以便它们能够快速从溶液中沉降出来或更容易被过滤。这一促使胶体迅速沉降的过程被称为胶体的聚沉，有时也称为胶体的破坏。

胶体稳定性受多种因素影响，包括电解质的存在、温度的变化、胶体的浓度以及胶体粒子间的相互作用等。在环境分离过程中，常用的破坏胶体的方法主要包括以下三种[204]：①加电解质聚沉。在胶体溶液中，由于胶体粒子表面带有相同类型的电荷，它们之间会产生相互排斥的作用，这阻碍了它们聚结成足够大的颗粒以实现沉降。为了促使胶体粒子聚集，可以通过向溶液中加入电解质来实现。电解质的添加增加了溶液中的离子浓度，为胶体粒子与相反电荷的离子相遇和相互作用创造了条件。当胶体粒子与这些离子接触或吸引时，它们表面的电荷会被部分或全部中和，从而削弱了胶体粒子维持稳定性所需的电荷排斥力。这种电荷中和作用导致胶体粒子在运动中更容易发生碰撞和结合，最终形成较大的颗粒，引发聚沉现象。②加热聚沉。加热也是一种有效的聚沉方法。通过加热电解质溶液，可以降低胶体对离子的吸附能力，减少胶粒所带的电荷数量。同时，加热还能提升胶粒的运动能量，增加它们之间的碰撞频率，从而促进聚沉的发生。此外，胶粒周围的水化膜，由于其溶剂化作用，对胶体粒子产生了一种排斥力，通常被称为"水化膜斥力"。这种斥力有助于维持胶体的稳定性，阻碍胶粒的聚沉。水化膜的厚度接近扩散双电层的厚度，一般约为 1~10 nm。当水化膜厚度减小时，胶体聚沉更易发生。随着温度的升高，水化膜结构会遭到破坏，这有助于胶粒之间的接近和聚沉。因此，在工业生产中，加热是一种常用的手段，可破坏水化膜，促进胶粒聚沉，使溶液更容易澄清和过滤。③加凝聚剂聚沉。在环境分离过程中，加入凝聚剂是一种促进胶体粒子聚沉的有效手段。有机物离子由于其强大的吸附能力，通常具备显著的聚沉效果。通过向胶体溶液中引入特定的有机物，可以迅速地将细小的胶体粒子凝聚成较大的颗粒，加速沉降过程。目前，在环境分离领域，常用的凝聚剂包括聚丙烯酰胺和多种动物胶。然而，在选择凝聚剂时，除了考虑其加速沉降的能力，还需综合评估其对整个环境分离流程，尤其是电解过程的潜在影响，从而保障整个生产过程的顺利进行和最终产品的质量。通过精心选择和控制凝聚剂的用量，可以优化聚沉效果，实现胶体溶液的快速澄清和过滤，为后续工艺步骤创造有利条件。

4.9.2 化学沉淀分离技术应用基础

1. 氢氧化物沉淀分离技术

除碱金属和部分碱土金属外,大多数金属的氢氧化物具有较低的溶解性。这一特性使得氢氧化物沉淀法成为从废水中去除重金属离子的有效手段。在这一过程中,碱性药剂作为沉淀剂,能够促使金属离子转化为不溶性的氢氧化物沉淀。常用的碱性药剂包括石灰、碳酸钠、苛性钠、石灰石和白云石等,它们通过与废水中的金属离子反应,形成易于分离的沉淀物,从而达到净化废水的目的[210]。

对于特定浓度的金属离子 M^{n+} 而言,其是否形成难溶的氢氧化物沉淀,关键在于溶液中 OH^- 离子的浓度,换言之,溶液的 pH 值是促成金属氢氧化物沉淀的关键因素。如果 M^{n+} 与 OH^- 仅反应生成 $M(OH)_n$ 沉淀,而未生成可溶性的羟基络合物,那么依据金属氢氧化物的溶度积 K_{sp} 以及水的离子积 K_w,可以计算出导致氢氧化物沉淀生成的 pH 值:

$$\mathrm{pH} = 14 - \frac{1}{n}(\lg[M^{n+}] - \lg K_{sp}) \tag{4-169}$$

或
$$\lg[M^{n+}] = \lg K_{sp} + npK_w - n\mathrm{pH} \tag{4-170}$$

由此可知,在金属离子浓度 $[M^{n+}]$ 相同的情况下,溶度积 K_{sp} 越小,氢氧化物开始沉淀的 pH 值越低;对于同一金属离子,其浓度越高,沉淀开始形成的 pH 值也越低。根据各种金属氢氧化物的 K_{sp} 值,由式(4-170)可计算出在特定 pH 值下溶液中金属离子的饱和浓度。通过将 pH 值设为横坐标,以负对数浓度 $-\lg[M^{n+}]$ 作为纵坐标,可以绘制出溶解度对数图(图 4-28)。

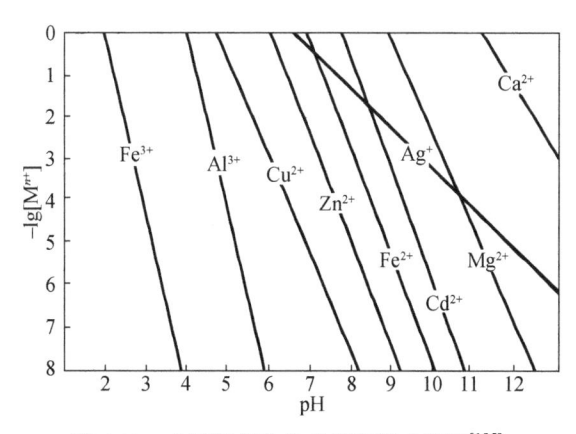

图 4-28 金属氢氧化物的溶解度对数图[195]

当重金属离子与氢氧根离子反应时,除了生成难溶的氢氧化物沉淀外,还可能形成多种可溶性的羟基络合物,这在重金属离子溶液中是一种普遍现象。这时,与金属氢氧化物沉淀平衡共存的饱和溶液中,不仅包含游离的金属离子,还包含不同配位数的羟基络合物,它们共同参与沉淀-溶解平衡。图 4-29 为氢氧化镉溶解平衡区域图,在 pH 值为 10~13 范围内,氢氧化镉的溶解度最低,大约等于 $10^{-5.2}$ mol/L。因此,在采用氢氧化物沉淀法去除废水中的镉离子 Cd^{2+} 时,pH 值通常控制在 10.5~12.5 之间。其他许多金属离子,如 Cr^{3+}、Al^{3+}、Zn^{2+}、Pb^{2+}、Fe^{2+}、Ni^{2+}、Cu^{2+}等,在碱性条件下都可能形成络合阴离子,从而使氢氧化物的溶解度再次增加。这类既溶于酸又溶于碱的氢氧化物,通常被称为两性氢氧化物。

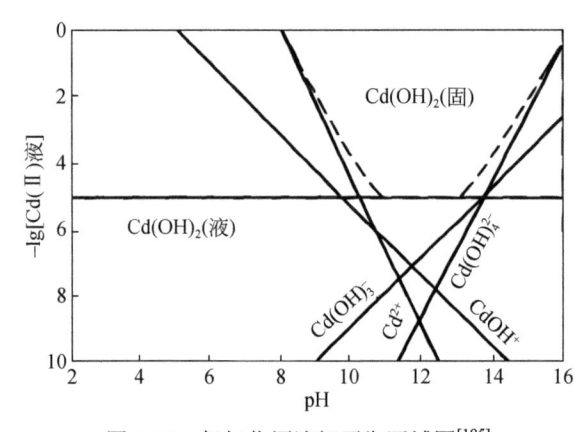

图 4-29 氢氧化镉溶解平衡区域图[195]

当废水中含有 CN^-、NH_3、S^{2-} 等配位体时,它们能够与重金属离子形成可溶性的络合物。这种络合作用会显著增加金属氢氧化物的溶解度,从而对沉淀法去除重金属离子产生不利影响。因此,在进行沉淀处理之前,通常需要通过预处理将这些配位体去除。

废水中常常为多种重金属离子共存。此时,即使 pH 值低于理论上所需的水平,有时也会观察到氢氧化物沉淀的形成。这种沉淀现象的发生,可归因于在较高 pH 值下沉淀的重金属离子与在较低 pH 值下形成的沉淀物之间的共沉淀效应。对多种重金属离子共存的情况,由于它们生成氢氧化物沉淀的最佳 pH 值条件各异,可以采取分步沉淀的处理策略。以锌冶炼厂排放的含锌和镉废水为例,Zn^{2+} 在 pH 值约为 9 时形成的 $Zn(OH)_2$ 溶解度最低,而 Cd^{2+} 在 pH 10.5~11 时沉淀效果最佳。然而,由于氢氧化锌是一种两性化合物,当 pH 值达到 10.5~11 时,它可能会重新溶解。因此,在处理这种废水时,应首先加入碱性物质调节 pH 值至约 9,使氢氧化锌沉淀并被去除,然后再增加碱性物质,将 pH 值提升至 11 左右,以便沉淀并去除氢氧化镉。这种分步沉淀的方法可以有效地分离和去除废水中的不同重金属离子。

2. 硫化物沉淀分离技术

硫化物沉淀法是一种有效的废水处理技术，特别适用于去除废水中的重金属离子。由于大多数过渡金属的硫化物在水中的溶解度极低，这种方法能够通过生成不溶性硫化物沉淀来实现重金属离子的去除。不同金属硫化物的溶度积存在显著差异，同时溶液中硫离子 S^{2-} 的浓度也受到氢离子 H^+ 浓度的影响。因此，通过精细调节溶液的酸度，可以利用硫化物沉淀法分步沉淀并分离回收溶液中的不同金属离子。常见金属硫化物的溶解度与溶液 pH 值的关系如图 4-30 所示[210]。

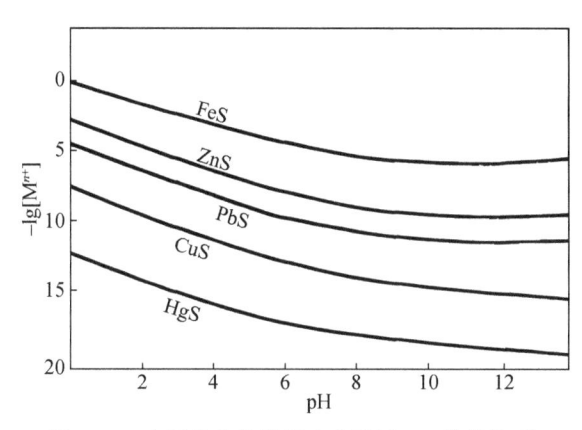

图 4-30 金属硫化物溶解度和溶液 pH 值的关系

在硫化物沉淀法中，常用的沉淀剂包括 H_2S、Na_2S、$NaHS$、CaS 和 $(NH_4)_2S$ 等。根据沉淀转化原理，一些难溶的硫化物如 MnS 和 FeS 也可以作为沉淀药剂。

硫离子 S^{2-} 和 OH^- 一样，能够与多种金属离子形成络阴离子，这会提高金属硫化物的溶解度，从而不利于重金属离子的沉淀去除。因此，在处理过程中必须严格控制沉淀剂中硫离子的浓度，避免过量。此外，其他配位体如 X^-、CN^- 和 SCN^- 等也能与重金属离子形成可溶性络合物，干扰金属离子的去除。为了提高处理效率，应在预处理阶段去除这些干扰物质。通过这些精细的控制和预处理措施，硫化物沉淀法可以成为一种高效且可靠的重金属废水处理方法。

1）硫化物沉淀法除汞(Ⅱ)

硫化汞的溶度积极小，这使得硫化物沉淀法在废水处理中对汞离子的去除效率非常高，因而在实际中应用广泛。该方法主要针对无机汞的去除；对于有机汞，则需要先使用氧化剂（例如氯）将其转化为无机汞，然后才能利用此法进行去除。

提高沉淀剂（硫离子 S^{2-}）的浓度有助于硫化汞的沉淀析出。然而，过量的硫离子不仅可能导致水体缺氧，增加 COD，还可能与硫化汞沉淀生成可溶性的络阴离子$[HgS_2]^{2-}$，从而降低汞的去除效率。因此，在反应过程中，需要适时补充 $FeSO_4$ 溶液，以去除过量的硫离子（反应方程式为：$Fe^{2+}+S^{2-} \longrightarrow FeS\downarrow$）。该方法不仅有利于汞的去除，还有助于沉淀物的分离。在处理浓度较低的含汞废水时，沉淀往往形成微细的 HgS 颗粒，这些颗粒在水中悬浮难以沉降。而 FeS 沉淀可以作为 HgS 的共沉淀载体，促进其沉降。同时，在水中补充的一部分 Fe^{2+} 可能生成 $Fe(OH)_2$ 和 $Fe(OH)_3$，对 HgS 悬浮微粒起到凝聚共沉淀的作用。此外，为了加快硫化汞悬浮微粒的沉降，有时还会加入焦炭末或粉状活性炭，通过吸附硫化汞微粒，促进其沉降[211]。

沉淀反应应在 pH 值约为 8～9 的碱性条件下进行。pH 值若小于 7，将不利于 FeS 沉淀的生成，同时若碱度过大，将生成难以过滤的氢氧化铁凝胶。

此外，废水中 X^-、CN^-、SCN^- 等离子可与 Hg^{2+} 离子形成一系列稳定的络合离子，如$[HgCl_4]^{2-}$、$[HgI_4]^{2-}$、$[Hg(CN)_4]^{2-}$、$[Hg(SCN)_4]^{2-}$等，这些络合物对汞的沉淀析出是不利的，因此在处理前应予以去除。理论上，由于 HgS 的溶度积非常小，硫化物沉淀法可以将溶液中的汞离子降至极低的水平。但由于硫化汞悬浮微粒沉降困难，加之各种固液分离技术的局限性，实际上残余汞浓度只能降至约 0.05 mg/L。

2）硫化物沉淀法处理含其他重金属废水

硫化物沉淀法在工业生产中已被成功应用于处理含 Cu^{2+}、Cd^{2+}、Zn^{2+}、Pb^{2+}、As^{2+} 等重金属离子的废水。这种方法以其高效的去除率、分步沉淀的灵活性、沉淀物中高金属含量以及对 pH 值变化的广泛适应性，赢得了业界的青睐，并在特定领域实现了实际应用。

然而，该方法也存在一些局限性。例如，处理过程中残留的 S^{2-} 可能会增加水体的 COD，从而影响水质。在酸性环境中，还可能产生硫化氢气体，这种气体不仅对环境有害，还可能对大气造成污染。此外，沉淀剂的供应可能受限，且成本相对较高，这些因素共同制约了硫化物沉淀法在更广泛领域的应用。尽管如此，通过不断地技术创新和工艺优化，硫化物沉淀法仍有望在未来发挥更大的作用。

3. 草酸盐沉淀分离技术

草酸盐沉淀法通过使用草酸及其衍生盐类作为沉淀剂，从溶液中有效沉淀并分离出特定的金属离子，尤其在稀土元素的沉淀中显示出其独特优势。在这一过程中，向稀土元素的微酸性溶液中加入适量的草酸，可以生成白色沉淀的稀土草酸盐，其化学式通常表示为 $RE_2(C_2O_4)_3 \cdot nH_2O$，其中 n 一般取值 5、6、9、10。同时，由于该类稀土草酸盐极低的水溶性，易于从溶液中分离出来[193]。

稀土草酸盐在不同的无机酸介质中的溶解度表现出显著差异，它们在盐酸介质中的沉淀效果优于硫酸，而在硝酸介质中的溶解度则介于盐酸和硫酸之间。这种特性为稀土元素的沉淀和回收提供了灵活的操作空间，使得草酸盐沉淀法在稀土元素的提取和纯化过程中具有重要的应用价值。通过精确控制沉淀条件，可以优化稀土草酸盐的沉淀过程，从而实现稀土元素经济高效的回收。

1）稀土浓度的影响

稀土草酸盐相较于稀土氢氧化物具有相对较高的溶解度，这一特性要求在采用草酸沉淀法时，溶液中的稀土浓度应保持在适中水平。过低的稀土浓度会导致溶液体积膨胀，这不仅会增加草酸的用量，还可能降低稀土的沉淀效率。

2）草酸活度的影响

在溶液体系中，特定稀土元素如铈、钕、镱和钇的草酸盐溶解度会随着草酸根活度的提高而呈现变化趋势：初始时溶解度逐渐降低，达到最低点后，随着草酸根活度的继续增加，溶解度又逐渐升高（图 4-31）。实验数据表明，沉淀稀土草酸盐的最佳草酸根活度范围大约在 $\lg a_{C_2O_4^{2-}} = -3.5 \sim 5.5$。

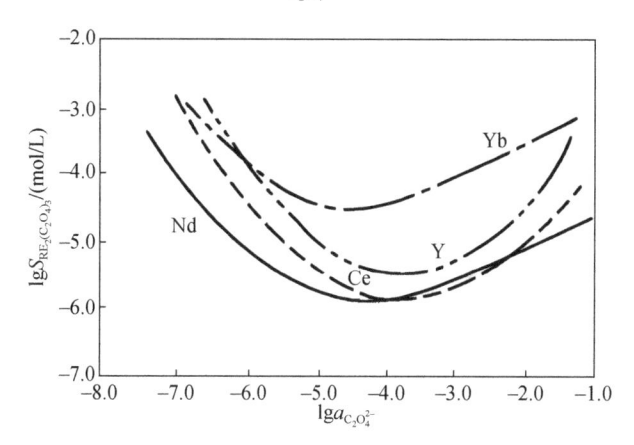

图 4-31 草酸盐溶液中草酸根活度对草酸稀土溶解度的影响[193]

3）pH 值的影响

介质的 pH 值在稀土草酸盐沉淀过程中扮演着至关重要的角色，它不仅决定了草酸的消耗量，还直接影响稀土的沉淀效率以及沉淀物的纯净度。当介质 pH 值较高时，草酸钙的溶解度降低，这可能导致大量钙离子与稀土一同沉淀，从而稀释了稀土沉淀物的浓度，降低了纯度，并迫使增加草酸的使用量。相反，如果介质 pH 值过低，草酸稀土的溶解度会增大，从而减少稀土的沉淀效率。为了达到相同的沉淀效率，就需要相对增加草酸的用量。

在工业生产实践中，为了确定草酸的最佳添加量，通常控制草酸沉淀稀土后的最终 pH 值在 1.5 左右，并监测沉淀后上清液中的稀土含量，以确保稀土的有效沉淀，同时保持沉淀物的高纯度。通过精确调节 pH 值和草酸的用量，可以优化沉淀条件，实现稀土的高效回收和利用。

4）稀土浓度、杂质组成及其含量的影响

草酸的添加量需精准匹配稀土溶液的特性,这包括稀土的浓度、杂质的种类及其含量。在稀土沉淀过程中,草酸与稀土质量的比值,即草酸用量比,会随着浸出液中稀土浓度的提高而轻微下降。这意味着,当浸出液中的稀土含量较高时,不仅可以提升稀土的沉淀效率,还能相对减少草酸的使用量,从而降低操作成本。

在草酸盐沉淀过程中,某些金属离子的行为表现各有特点:Pb^{2+} 和 Ca^{2+} 主要形成难溶的草酸盐沉淀,而 K^+、Na^+、Mg^{2+} 则倾向于生成难溶的复盐沉淀。因此,确定沉淀稀土时草酸的适宜用量,不仅需考虑稀土元素的含量,还必须顾及浸出液中非稀土杂质如 Pb^{2+}、Ca^{2+}、K^+、Na^+、Mg^{2+} 等的含量。

在稀土元素的草酸沉淀操作中,通常直接使用草酸作为沉淀剂,而不采用铵或碱金属草酸盐,原因在于稀土草酸盐可能与这些盐类反应生成可溶性络合物,降低稀土的沉淀效率。

在含有铵和碱金属草酸盐的溶液中,稀土草酸盐的溶解度随着稀土离子半径的减小而增加。特别是对于钇组稀土元素的草酸盐,在这类溶液中的溶解度远高于铈组稀土草酸盐。因此,在沉淀钇组稀土元素时,更推荐使用草酸而非草酸铵作为沉淀剂。此外,当溶液中的铵根、钾离子、钠离子含量较高时,采用草酸盐沉淀法从溶液中沉淀稀土元素可能会形成过多的可溶性络合物,影响沉淀效果。

4. 碳酸盐沉淀分离技术

碱土金属(如 Ca、Mg 等)和重金属(如 Mn、Fe、Co、Ni、Cu、Zn、Ag、Cd、Pb、Hg、Bi 等)的碳酸盐等难溶于水,因此可用碳酸盐沉淀法将这些金属离子从废水中去除。

碳酸盐沉淀法是一种灵活多样的废水处理技术,它根据不同的处理需求,可以采取三种不同的应用策略:①难溶碳酸盐的投加:通过加入如碳酸钙这样的难溶碳酸盐,利用沉淀转化原理,促使废水中的重金属离子(例如 Pb^{2+}、Cd^{2+}、Zn^{2+}、Ni^{2+} 等)转化为溶解度更小的碳酸盐沉淀,从而实现沉淀析出。②可溶性碳酸盐的投加:投入碳酸钠等可溶性碳酸盐,使水体中的金属离子形成难溶碳酸盐沉淀,通过沉淀析出的方式从溶液中分离。③石灰的投加:加入石灰,与水中造成碳酸盐硬度的 $Ca(HCO_3)_2$ 和 $Mg(HCO_3)_2$ 反应,生成难溶的碳酸钙和氢氧化镁沉淀析出。

以蓄电池生产过程中的含铅(Ⅱ)废水处理为例,通过投加碳酸钠后,再经过砂滤处理,在 pH 值为 6.4～8.7 条件下,出水中的总铅含量可降至 0.2～3.8 mg/L,而可溶性铅的含量更是低至 0.1 mg/L。另一个例子是处理含锌废水(锌含量为 6%～8%),通过投加碳酸钠,可以生成碳酸锌沉淀,沉淀后的沉渣经过漂洗和真空抽滤,便可实现回收利用[212]。

5. 金属卤化物沉淀分离技术

1）氯化物沉淀法除银

氯化物通常具有较高的溶解度，但 AgCl 是个例外，其 K_{sp} 非常小，仅为 1.8×10^{-10}，为废水中银的提取和回收提供了有效途径。

含银废水主要源自镀银和摄影冲洗工艺。例如，在氰化银电镀槽中，银浓度可能高达 13000~45000 mg/L。在镀银工序之后的清洗过程中，会产生含银废水。对于这类废水的处理，通常会首先采用电解法来回收银，将银浓度降至 100~500 mg/L。随后，通过氯化物沉淀法进一步将银浓度降至接近 1 mg/L。当废水中含有多种金属离子时，通过调节 pH 值至碱性并同时加入氯化物，可以使其他金属离子形成氢氧化物沉淀，而银离子则形成不溶的氯化银沉淀，实现共沉淀。通过酸洗沉淀物，可以溶解金属氢氧化物沉淀，留下氯化银沉淀，从而实现银的分离和回收。这一过程可以将废水中的银离子浓度降至 0.1 mg/L[213]。

在镀银废水中，通常还伴有氰化物的存在，它与银离子形成 $[Ag(CN)_2]^-$ 络离子，这对银的沉淀回收不利。因此，一般会先采用氯氧化法将氰化物氧化，同时产生的氯离子又可与银离子反应生成沉淀。实验数据显示，在银和氰的质量相等的情况下，所需的氯投加量为 3.5 mg/mg(氰)。氧化 10 分钟后，将 pH 值调节至 6.5，确保氰化物完全氧化。接着投入三氯化铁，并用石灰将 pH 值调至 8，形成氯化银和氢氧化铁的共沉淀。沉降分离后倾出上清液，可使银离子浓度从最初的 0.7 mg/L 升高至 40 mg/L。

2）氟化物沉淀法

当废水中除氟离子外无其他杂质时，通过投加石灰并调节 pH 值至 10~12，可以促使氟离子与钙离子反应生成 CaF_2 沉淀，从而有效降低含氟浓度至 10~20 mg/L。

如果废水中还包含其他金属离子，如 Mg、Fe、Al 等，在加入石灰后，除了形成氟化钙沉淀外，还会生成金属氢氧化物沉淀。这些金属氢氧化物因其吸附共沉淀作用，能够进一步将氟浓度降至 8 mg/L 以下。若继续将 pH 值调节至 11~12 后，再加入硫酸铝，进一步将 pH 值降至 6~8，此时生成的氢氧化铝能进一步将含氟浓度降至 5 mg/L 以下。此外，如果在投加石灰的同时加入磷酸盐（如过磷酸钙、磷酸氢二钠），这些磷酸盐将与水中的氟离子反应，形成难溶的磷灰石沉淀，化学方程式为：

$$3H_2PO_4^- + 5Ca^{2+} + 6OH^- + F^- \rightleftharpoons Ca_5(PO_4)_3F\downarrow + 6H_2O \quad (4\text{-}171)$$

当石灰的投量达到理论投量的 1.3 倍，过磷酸钙的投量为理论量的 2~2.5 倍时，可以进一步将废水中的氟浓度降至大约 2 mg/L。

6. 螯合沉淀法

螯合沉淀法是一种高效的水处理技术，它通过特定的螯合剂与水中的重金属离子发生反应,生成不溶于水的螯合物沉淀,进而通过固液分离技术将这些重金属离子从水中去除。这种方法能够在常温条件下及广泛的 pH 值范围内进行,适用于处理含有 Cu^{2+}、Cd^{2+}、Hg^{2+}、Pb^{2+}、Mn^{2+}、Ni^{2+}、Zn^{2+}、Cr^{2+} 等多种重金属离子的废水。螯合沉淀反应不仅反应时间短,而且生成的沉淀污泥含水率低,便于后续处理。

螯合剂的来源主要有两种途径:①利用合成的或天然的高分子物质,通过高分子化学反应引入具有整合功能的链基来合成;②通过含有整合基的单体,经过加聚、缩聚、逐步聚合或开环聚合等方法制取。这些螯合剂能够有效地与重金属离子形成稳定的螯合物,从而实现重金属离子的高效去除[210,214,215]。

4.9.3 展望

为了推动化学沉淀法的应用与发展,除了不断探索高效的沉淀剂和优化沉淀工艺外,深入进行化学沉淀体系的基础理论研究同样至关重要。这包括沉淀动力学与过程模拟,研究沉淀反应的动力学机制,通过建立数学模型对沉淀过程进行模拟,以预测不同操作条件下的沉淀效率和选择性;深入探讨沉淀剂与水中特定离子的作用机理、沉淀剂的化学结构如何影响其沉淀性能,以及沉淀过程中的离子选择性和配位化学;研究沉淀物的物理化学特性,如颗粒大小、形态、密度和稳定性,以及这些特性如何影响沉淀的分离效率和后续处理;研究化学沉淀法与吸附、离子交换、膜分离等其他水处理技术的集成应用,以实现更高效的污染物去除和资源回收等。

在水处理领域,化学沉淀过程中的污染防控是确保其有效性和可持续性的关键因素。随着化学沉淀法在废水处理领域的广泛应用,处理对象的多样性和复杂性不断增加,沉淀剂和沉淀物的污染问题也随之增加。为了有效预防和控制化学沉淀过程中的污染,除了开发新型环保沉淀剂,还需深入研究废水中污染物的种类、特性及其与沉淀剂的相互作用,明确污染物在沉淀过程中的转化机制和沉淀物的形成特性。需要重点研究沉淀过程中污染物与沉淀物之间的相互作用,了解沉淀物的物理化学特性如何影响污染物的去除效率,以及沉淀过程中可能产生的二次污染问题。此外,对于已经发生沉淀污染的系统,探索有效的在线清洗方法、清洗药剂和优化工艺,以减少化学沉淀设备的清洗频率和维护成本,避免因设备拆洗带来的损害和工作量也至关重要。

近年来,随着新型沉淀剂和沉淀技术的不断研发,化学沉淀法已成功应用于多种工业废水的处理和资源回收,如在电镀废水金属回收、矿山废水处理等方面建立了示范工程。随着技术的不断进步,化学沉淀法与其他技术的集成应用,正在逐步拓展到新兴领域,如工业废水的深度处理、CO_2 捕集与利用、工业副产品的高值化利用等。

4.10 电吸附分离

电容去离子（capacitive deionization，CDI）也称电吸附，是一种新型电化学脱盐技术，其基于电极材料表面形成双电层或者发生可逆电化学反应的原理而实现离子去除。CDI 的主要特点如下：与膜分离法相比，对预处理要求不高；电极容易再生，无二次污染；工作电压低（一般低于 1.2 V）。相比目前主流的除盐方法，如蒸馏法、反渗透法、电渗析法，其能耗更低（可低至 0.5 kWh/m^3 淡水），操作更加简单。

CDI 技术于 20 世纪 60 年代开始研究，20 世纪 70 年代，Johnson 等提出"电容离子吸附"理论，即"双电层理论"，揭示了 CDI 技术对离子去除的主要机理是由于电容的储存作用；1995 年，碳气凝胶材料的出现显著提升了 CDI 反应器的吸附能力，被认为是 CDI 技术发展历程中里程碑意义的事件。2010 年以后，离子嵌入材料和转化材料在脱盐领域的应用，进一步拓宽了 CDI 的内涵和应用范围，其在工业含盐废水脱盐、离子分离与资源回收、重金属去除、水消毒、离子型有机物去除等领域展现出很好的应用前景[216-222]。

4.10.1 电吸附分离技术分类

1. 电吸附分离技术的类型

根据电极的形态以及是否负载离子交换膜，可以将电吸附分为经典 CDI、膜电容去离子(membrane-assisted CDI，MCDI)和流动电极电容去离子(flow-electrode CDI，FCDI)三大类。

经典 CDI 模块的电极材料为固定电极。根据进料溶液的流动方向，又可以将经典 CDI 分为流经式 CDI（flow-by CDI）和流通式 CDI（flow-through CDI）[217]。前者进料液流动方向与所加电场方向垂直［图 4-32（a1）］，后者进料液流动方向与所加电场方向平行［图 4-32（a2）］。相比之下，以连续式运行模式操作时，流经式 CDI 的脱盐容量和电荷效率更高而流通式 CDI 的脱盐速率更快[223]。根据电极材料不同，又可将经典 CDI 分为多孔炭电容去离子系统、杂化电容去离子系统（hybrid CDI，HCDI）和摇椅电容去离子系统（rocking-chair capacitive deionization，RCDI）等类型。HCDI 通常将离子嵌入材料与碳基材料组成电极对使用[224]，而 RCDI 通常将离子嵌入材料组成电极对使用，采用离子交换膜将阴极室和阳极室隔开[225]。

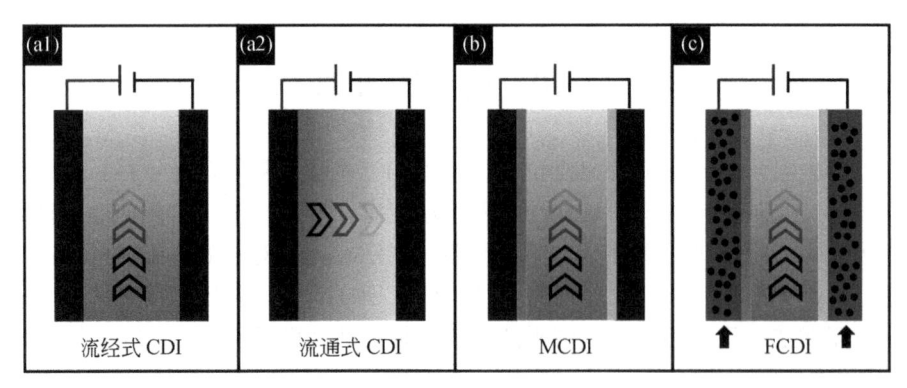

图 4-32 CDI 的分类

(a) 经典 CDI，分为流经式 CDI (a1) 和流通式 CDI (a2)；(b) 膜电容去离子 (MCDI)；
(c) 流动电极电容去离子 (FCDI)

MCDI 最早由韩国 Lee 团队在 2006 年提出[226]，即在正、负电极前面分别添加阴离子交换膜和阳离子交换膜 [图 4-32 (b)]。离子交换膜 (IEM) 的作用主要有三个：第一，IEM 具有离子选择透过性，限制同离子效应进而提高电荷效率[227,228]；第二，IEM 可阻挡溶液与电极直接接触，减少水的电化学反应，进而提高电荷效率并增强电极的长期循环稳定性[229,230]；第三，增大电极材料大孔中的离子储存量进而增强脱盐容量[231]。

FCDI 最早由 Kim 团队在 2013 年报道[232]。与电极材料固定在集流板上不同，FCDI 中的电极材料分散在溶液中，是具有流动性的流体电极。流动电极在集流板中的流道内流动，IEM 将流动电极和进料液分隔开，防止二者混合 [图 4-32 (c)]。FCDI 有两大创新性的突破。第一，经典 CDI 中，固定电极达到饱和后必须进行放电使电极再生，因此脱盐过程必须中断，而 FCDI 中电极的流动性可以将电极的再生引入到其他装置中进行，充电不中断，可实现连续化操作；第二，固定电极 CDI 中电极通常较薄，电极质量有限导致电容量低，而 FCDI 可以通过增大电极液体积来增大电极材料量，从而提高电容量，因此 FCDI 可以处理高浓度盐水甚至海水。FCDI 主要有以下三种电极液循环模式：闭合独立运行 (ICC)、短路闭合运行 (SCC)、开路运行 (OC)。ICC 模式指的是每侧电极浆液在流动电极室和储存容器之间循环。SCC 模式是储液器中的电极浆液流过阳极和阴极流动通道后，返回储液器中混合以使电极浆液电荷中和再生。OC 模式是每侧电极浆液连续流过流动电极室，无须循环[233]。

2. 电吸附分离技术的基本组成与构造

按照隔室的数量划分，电吸附分离技术单元分为单室、两室、三室、四室等，如图 4-33 所示。单室和两室结构的电极活性材料通常为固体平板电极，而三室和

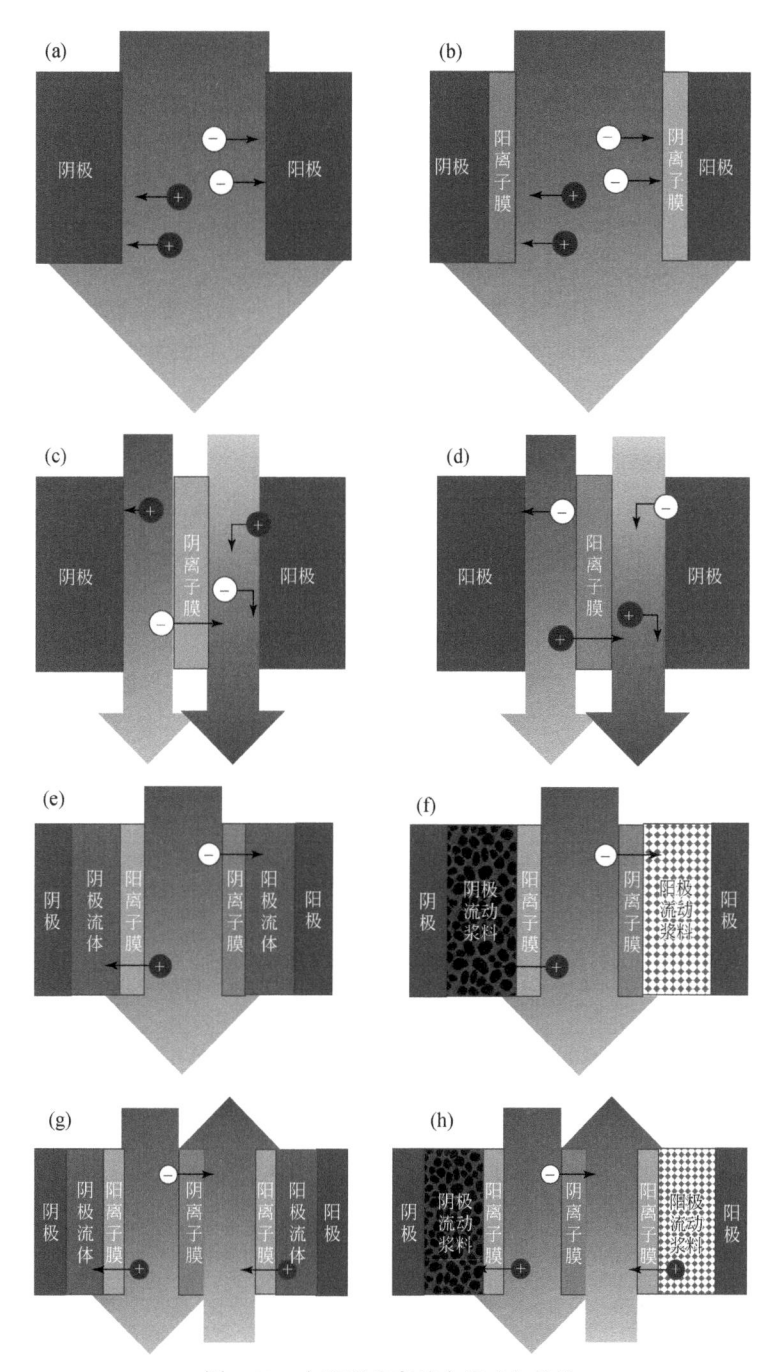

图 4-33 电吸附分离基本组成与构造

单室：(a) 无离子膜，(b) 含阴离子膜；双室：(c) 含阴离子膜，(d) 含阳离子膜；三室：(e) 含阴阳离子膜，采用氧化还原液流电极，(f) 含阴阳离子膜，采用流动浆料电极；四室：(g) 含阴阳离子膜，采用氧化还原液流电极，(h) 含阴阳离子膜，采用流动浆料电极

四室结构的电极活性材料通常采用液流电极或者流动浆料电极。单室结构常见于常规的 CDI 装置，由于电吸附装置吸附饱和后需要再生，单室装置不能实现连续的脱盐或分离过程。两室装置通过利用阴离子交换膜或者阳离子交换膜将装置分隔为浓水室和淡水室，电极材料采用嵌入反应材料，阴离子或者阳离子可以在材料内部发生可逆的电化学嵌入或者脱嵌反应，其过程类似于"摇椅电池"。三室装置采用阴阳离子交换膜将装置分为流动阴极室、流动阳极室和浓水室（或淡水室），其中浓水室和淡水室共用，通常见于氧化还原液流脱盐电池或者流动电极脱盐装置中。四室装置是在三室装置基础上增加离子交换膜，单独设置浓水室和淡水室，从而实现废水连续脱盐和浓缩。

3. 电吸附分离技术的应用

电吸附分离技术主要应用于废水脱盐、海水淡化、离子分离与资源回收、废水中重金属或者带电有机物的脱除等方面（表 4-12）。CDI 具有工作电压低、操作维护简单、能耗低等优势，在苦咸水脱盐等领域相比反渗透膜（RO）分离技术具有一定的优势。Porada[217]指出，MCDI 的能耗与进水盐浓度成正比，当 NaCl 浓度低于 30 mmol/L（或 1755 mg/L）时，MCDI 的能耗相比 RO 能耗更低。Lim 等[234]研究认为低盐度条件下（<5000 mg/L）FCDI 相比 RO 技术能耗更低，但盐

表 4-12　电吸附分离技术的应用

应用领域	应用效果
废水脱盐与海水淡化	1996 年，美国 Lawrence Livermore 国家实验室开发出电吸附脱盐装置，采用碳气凝胶材料作为电极，连续运行数月发现，反应器对 NaCl 和 NaNO$_3$ 的去除效果良好[235]
	2001 年，爱思特净化设备有限公司孙晓慰等较早研制出国内的电吸附除盐装置，此后在地下水、炼油污水、再生水厂出水、钢铁工业污水厂二级出水等领域进行了工业试验，工作电压约 1.5 V，进水电导率 1400~3300 μS/cm，脱盐率 58%~82%，产水率为 68%~78%，吨水耗电量为 0.57~1.25 kWh，取得了不错的脱盐效果[236-239]
	David Waite 教授团队一直关注 MCDI 技术在偏远地区地表苦咸水和地下水脱盐中的应用。通过开发高性能的 MCDI 设备，中试系统的水回收率可达 85%。通过采用光伏供电方式并通过能量回收系统可将 MCDI 能耗降低约 40%，使 MCDI 总能耗降低为 1.1~1.2 kWh/m^3[240,241]。建立了 MCDI 脱盐过程的长期运行性能预测和过程控制参数优化的机器学习模型[242]。通过运用数字孪生技术，可实现增强现实（AR）以及虚拟现实（VR）操控、远程控制、监测设备运行实况[243]
	Xu 等[244]通过共沉淀法制备了六氰合铁酸镍（NiHCF）材料，研究了 FCDI 脱盐性能。在 10 g/L NaCl 溶液中，当电压为 1.2~2.0 V 时，AFCDI 装置（阴极为 NiHCF 材料，阳极为活性炭 AC）平均盐吸附速率和除盐率均低于 FCDI 装置（阴阳极均为活性炭 AC）；只有当电压为 2.4~2.8 V 时，AFCDI 装置（阴极为 NiHCF 材料，阳极为活性炭 AC）平均盐吸附速率和除盐率均大于 FCDI 装置（阴阳极均为活性炭 AC）。对于阴极为 NiHCF 材料来说，脱除的 Na$^+$离子 80%以上存在于 NiHCF 材料孔道或晶格中，而对于阴极为 AC 材料来说，脱除的 Na$^+$离子只有约 20%存在于材料孔道中，80%以上存在于阴极溶液中。Xu 等[245]进一步通过将铁氰化钾、乙酸镍和碳纳米管混合，采用机械活化的方式制备了 NiHCF/CNT 复合材料，碳纳米管的添加提高了 NiHCF 的导电性能，在电压 1.2~2.8 V 时，AFCDI 装置（阴极为 NiHCF/CNT 复合材料，阳极为活性炭 AC）平均盐吸附速率和除盐率均高于 FCDI 装置（阴阳极均为活性炭 AC），在电压 2.0 V、NaCl 初始浓度为 2.925~29.25 g/L、反应 2 h 时，脱盐率为 9.8%~90.7%

续表

应用领域	应用效果
离子分离与资源回收	采用 LiFePO$_4$、LiMn$_2$O$_4$ 等材料[246,247]从盐湖卤水或海水中电化学选择性提锂研究较多。为了进一步提高材料的性能,Hu 等[248]以 MnCo-PBA 为起始物和结构导向剂,在 LiOH 存在下焙烧得到尖晶石 LiCoMnO$_4$(LCMO)纳米立方体材料,在 MnCo-PBA 和 LiOH 的质量比为 5∶1 时,得到的 LCMO-2 可保留原有的三维立方结构。LCMO-2 对 Li$^+$具有良好选择性,在 $C_{Mg^{2+}}/C_{Li^+}$为 30 时,选择性系数达到 88.7。模拟高镁锂比盐湖卤水测试证明,LCMO-2 电极对 Li$^+$保持较高的吸附容量(510 μmol/g)和良好的选择性,经过 100 次循环后 LCMO-2 对 Li$^+$吸附容量仍能保持 80%
	废水中氮和磷的回收具有重要的意义。He 等[249]使用低成本的钠改性沸石(钠沸石)与高导电性炭黑制备成流动电极浆料,从合成和实际废水(200 mg-N/L)去除和回收 NH$_4^+$,与规范性炭 AC 相比,钠沸石电极具有较高的 NH$_4^+$吸附容量(6.0 vs. 0.2mg-N/g)。Xu 等[250]通过 FCDI 装置从含高浓度 Cl$^-$的合成尿液中选择性地分离磷。在充放电过程中,带电的磷离子转化为不带电的 H$_3$PO$_4$ 而与 Cl$^-$分离
重金属和有机物等污染物去除	Wang 等[251]研究提出一种高效 CuSe 电极,构建了 HCDI 装置选择性去除电镀废水中的 Cu。在强酸条件下,CuSe 电极对 Cu^{2+}的最佳吸附容量为 357.36 mg/g,在含有盐离子、重金属和实际电镀废水的系统中,CuSe 电极对 Cu^{2+}具有高达 90%的去除效率,且具有高分配系数
	电吸附有望以高能量效率和低成本脱除有机物,尤其是离子型有机物,如离子液体、双氯芬酸和全氟辛酸(PFOA)。Du 等[252]设计了以活性炭布(ACC)为电极的 MCDI 装置分离咪唑类化合物 IM12Cl、IM12Ntf2、IM18Cl、双氯芬酸和 PFOA,在 1.6 V 外加电压下,IM12Ntf2 的总盐吸附量最高,为 8.83 μmol/g,而 PFOA 的总盐吸附量最低,为 5.12 μmol/g

度更高时表现较差。随着 FCDI 技术的发展,FCDI 应用于高盐废水脱盐和海水淡化也具有可行性。另外,电吸附技术可以从废水或者盐水中选择性回收有价值的资源(如锂、钾、钒、氮、磷等),例如从盐湖卤水或海水中选择性提锂,从废水中选择性脱氮和除磷。

4.10.2 电吸附分离技术原理

早期的 CDI 建立在多孔碳材料的双电层理论基础之上,即非法拉第过程。随着研究的深入,CDI 逐渐拓展到电极和电解质之间液固界面上的电荷转移过程(即法拉第过程),发展出了嵌入反应机理(intercalation mechanism)和转化反应机理(conversion reaction mechanism)等。

1. 双电层脱盐机理

当电极与溶液接触时,在固-液界面会产生带相反过剩电荷的电荷层,即为双电层。目前广泛采用的双电层理论是 Gouy-Chapman-Stern 理论,即固-液界面存在紧密电荷层和扩散电荷层,固-液界面的总电容由紧密层电容与扩散层电容串联而成[253]。当电极充电时,多孔材料与主体溶液的界面上存在电荷差,主体溶液中的阳离子进入负极-溶液界面双电层中,阴离子进入正极-溶液界面双电层中,致使主体溶液中离子浓度降低。离子的吸附是在扩散层中完成的。另外，部分与电极材料所带电荷相同的离子位于电极材料表面附近时，会受到静电斥力而向主体溶液中迁移，即为同离子效应，此时整个反应器的电流效率小于100%。双电层脱盐机理主要应用于以多孔碳基材料为电极的CDI过程中。

2. 电荷转移脱盐机理

电荷转移脱盐机理包括嵌入反应、转化反应、表面氧化还原电荷补偿以及氧化还原活性电解质电荷补偿等。

嵌入反应机理是将阳离子或者阴离子嵌入到电极材料结构中而实现分离[254]。离子嵌入分离是常见的分离方式。以锂离子在磷酸铁材料中嵌入为例，磷酸铁具有橄榄石型三维结构，充电时，锂离子嵌入到磷酸铁材料结构中反应形成磷酸铁锂，材料中铁元素的化合价由三价转变为二价：

$$FePO_4 + Li^+ + e^- \longrightarrow LiFePO_4 \tag{4-172}$$

转化反应机理是指阳离子或者阴离子与电极材料发生转化反应而实现分离，例如Cl^-与Ag电极或者Bi电极发生电化学反应：

$$Bi + Cl^- + H_2O \longrightarrow BiOCl + 2H^+ + 3e^- \tag{4-173}$$

表面氧化还原电荷补偿机理是指具有氧化还原活性的电极材料在电化学反应过程中，阳离子或者阴离子通过电荷补偿而被分离。常见的具有氧化还原活性的电极材料包括聚（乙烯基）二茂铁和有机导电聚合物（聚苯胺、聚吡咯等）。例如氯离子通过聚吡咯电极材料的分离过程[255]：

$$PPy^0 + Cl^- - e^- \longrightarrow PPy^+Cl^- \tag{4-174}$$

氧化还原活性电解质电荷补偿机理是指具有氧化还原活性的电解质溶液在发生电化学反应时，阳离子或者阴离子通过电荷补偿而被分离。常见的氧化还原电对包括$[Fe(CN)_6]^{4-}/[Fe(CN)_6]^{3-}$、$I_3^-/I^-$、$Fe^{3+}/Fe^{2+}$、$Cu^{2+}/Cu^+$、$TiO^{2+}/Ti^{3+}$等。

$$NaI_3 + 2Na^+ + 2e^- \longrightarrow 3NaI \tag{4-175}$$

4.10.3 电吸附分离材料

依据电吸附分离机理的不同，可以分为碳基材料、嵌入反应材料和转化反应材料等。

1. 碳基材料

碳基材料包括活性炭、有序介孔碳、碳气凝胶、碳纳米管、石墨烯、碳球和碳纳米纤维等，由于具有丰富的孔结构、良好的导电性和稳定的物化性质被广泛研究[256]。

(1) 活性炭 (activated carbon, AC) 价格低廉, 来源广泛, 在 CDI 研究中应用最广。其比表面积一般为 1000~2000 m²/g[257]。为了更好地揭示比表面积和孔径与脱盐性能的关系, 可利用银合欢木作前驱体, 通过 KOH 刻蚀和 CO_2 活化的方法得到活性炭, 经对比发现具有分级孔道结构[即同时含有微孔(孔径小于 2 nm)和介孔(孔径介于 2~50 nm)]的活性炭脱盐效果最好[258]。

(2) 有序介孔碳 (ordered mesoporous carbon, OMC) 具有高度有序的孔道, 孔径分布窄, 相比 AC 中随机排列的微孔和介孔, 离子在 OMC 中的吸附和解吸速率更快[259,260]。OMC 一般采用模板法制备, 包括硬模板法、软模板法和单胶束组装法。

(3) 碳气凝胶 (carbon aerogel, CA) 是由 3~30 nm 的颗粒和纳米级的多孔结构 (小于 100 nm) 组成的整块状结构。其质量轻、孔隙率高, 比表面积在 400~1000 m²/g 范围内。由于其制备过程简单, 孔道结构易调控, 在电池和脱盐领域应用广泛[216]。

(4) 碳纳米管 (carbon nanotubes, CNTs) 中碳原子呈六边形排列成一维管状结构, 管径最大可达 100 nm, 长度可达数厘米, 是目前为止强度重量比最大的材料[261]。CNTs 中的孔多为介孔, 还含有少量大孔。CNTs 中碳的六边形结构造成电子局部化, 电荷可以自由移动, 因此 CNTs 具有优异的光学和电学性能。但其制备过程复杂, 价格高昂, 加之其不易分散, 因此在用作 CDI 电极时通常与其他材料复合或进行预处理。例如, 用 HNO_3 和 H_2SO_4 混合酸酸化后, CNTs 长度变短且末端的封闭结构打开, 同时表面含氧官能团增多促使其亲水性增强, 电容值由 17.8 增大到 55.8 F/g, 在 1.2 V 下的除盐率也提高近 1 倍[262]。此外, 用等离子气体处理 CNTs 电极亦可增强其亲水性, 增大其比表面积[263,264]。

(5) 石墨烯 (graphene) 是由碳原子组成的二维碳纳米材料, 理论比表面积高达 2600 m²/g。石墨烯片可自组装成三维网络结构, 为离子储存提供高电活性区域和开孔[265]。最常用的制备方法是通过 Hummer 法由石墨 (graphite) 制备氧化石墨烯 (graphene oxide, GO) 再还原得到石墨烯或还原氧化石墨烯 (reduced graphene oxide, RGO)。采用石墨烯用于 CDI 处理 25 mg/L NaCl 溶液时, 脱盐容量仅为 1.4~1.9 mg/g[266]。因为石墨烯片之间严重的团聚和堆积造成其有效比表面积降低。如果在原材料中加入某种物质防止石墨烯片堆积, 之后将模板去除, 可以得到三维多孔石墨烯。例如, 在石墨烯分散液中加入 $FeCl_2$ 溶液, 热处理使其在石墨烯片上形成 Fe_3O_4 纳米颗粒, 后用 HCl 洗去 Fe_3O_4 纳米颗粒, 得到未发生团聚并且含有介孔的石墨烯[267]。其电容量为 128 F/g, 脱盐容量为 10.3 mg/g (300 μS/cm NaCl, 1.6 V)。而不加 $FeCl_2$ 溶液制备的石墨烯的电容量仅为 54 F/g, 脱盐容量为 6.5 mg/g。将三聚氰胺-甲醛树脂纳米球分散到 GO 片层中, 在 700℃、N_2 气氛下碳化除去纳米球后, 得到含大量大孔的 N 掺杂石墨烯, 2.0 V 下处理

150 mg/L NaCl 时，脱盐容量可达 23.2 mg/g[268]。

（6）碳球（carbon spheres）是具有各向同性的球形结构。球体尺寸小，可缩短离子的扩散路径[269]，有多孔碳球（porous carbon spheres）和中空碳球（hollow carbon spheres）两大类。多孔碳球一般通过聚合诱导胶体凝聚法、水热法和微波合成法等方法制备。通过控制合成条件，可得到含有分级孔道结构的碳球。例如，采用微波合成法制得直径为 800 nm、比表面积为 1321 m^2/g 的多孔碳球，在 1.6 V 电压下处理 500 mg/L NaCl 溶液时，脱盐容量为 5.81 mg/g，均高于相同条件下 AC（2.48 mg/g）、CNTs（2.79 mg/g）、石墨烯（4.73 mg/g）和 CA（3.57 mg/g）的脱盐容量[270]。除多孔外表面外，中空碳球内部的中空结构也为离子储存提供新场所。比表面相当的中空碳球和 AC（618 m^2/g vs. 667 m^2/g）分别用作电极处理 500 mg/L 以下的 NaCl 溶液时，中空碳球的脱盐容量几乎是 AC 的两倍[271]。

（7）碳纳米纤维（carbon nanofibers，CNFs）是纤维状的炭材料，有化学气相沉积和有机前驱体碳化两种制备方法。通过静电纺丝法结合高温碳化可以轻松且有效地控制纤维的直径和表面积[272]。另外，前述粉状炭材料在制成电极时，需要加入有机黏结剂，会导致电极材料比表面积减小、孔容降低和电阻增大。采用静电纺丝法结合高温碳化所制备的碳纳米纤维是自支撑材料，用作 CDI 电极时无须加入黏结剂，保持了材料最原始的孔道结构。CNFs 比表面积较低，通过在聚丙烯腈纺丝液中添加聚甲基丙烯酸甲酯等可制备多通道 CNFs，脱盐容量为原 CNFs 的 1.5 倍[273]。

2. 嵌入反应材料

嵌入反应材料在电池领域应用普遍，用于 CDI 领域的时间相比碳基材料晚。嵌入反应材料容量高，在较低的电压下，即可达到与碳基材料相当的脱盐容量，能耗进一步降低。目前常用的嵌入反应材料有氧化锰钠、聚阴离子型材料、普鲁士蓝及其衍生物和过渡金属碳化物或氮化物（MXene）等。

（1）氧化锰钠 [sodium manganese oxide，Na$_x$MnO$_2$（$0<x\leqslant 1$），NMO]：根据 x 值的大小，可将氧化锰钠分为两类。当 $0.34<x\leqslant 1$ 时，氧化锰钠具有二维层状结构，当 $x\leqslant 0.44$ 时，氧化锰钠具有三维"S"形空间隧道结构[274]。

（2）聚阴离子型材料：用于脱盐领域的此类材料主要有焦磷酸铁钠（sodium iron pyrophosphate，Na$_2$FeP$_2$O$_7$）和超离子导体型（NASICON 型）磷酸钛钠（NaTi$_2$(PO$_4$)$_3$，NTP）。例如，采用固相反应法制备 Na$_2$FeP$_2$O$_7$，与活性炭 AC 构成 HCDI，获得 30.2 mg/g 的脱盐容量（10 mmol/L NaCl，1.2 V）[275]。通过分析 CDI Ragone 图，认为 HCDI 的高性能源于低电流密度下 Na$_2$FeP$_2$O$_7$ 的高容量和高电流密度下超级电容器系统的快速充放电特性。NTP 是 LiTi$_2$(PO$_4$)$_3$ 的类似物，表现出三维开放式框架晶体结构，含两种间隙空间可供钠离子储存[276]，其理论容量为 133 mAh/g。

（3）普鲁士蓝和普鲁士蓝衍生物（Prussian blue，PB 和 Prussian blue analogues，PBAs）：PB（$Fe_4[Fe(CN)_6]_3$ 或 $KFeFe(CN)_6$），为立方晶系，由 $Fe^{2+}(CN)_6$ 和 N 配位的 Fe^{3+} 组成。立方体体心位置为阳离子的储存和迁移提供位置和通道[277]。在 PBAs（$A_xM[Fe(CN)_6]$，A 为阳离子，M 为过渡金属，通常为 Cu 或 Ni 等）中，过渡金属占据原 Fe(Ⅲ) 的位置，原 Fe(Ⅲ) 的位置变成 Fe(Ⅱ)。Yang 等[278]采用 PB 纳米颗粒作储钠电极，AC 作储氯电极，在 AEM 和 CEM 辅助下，得到 101.7 mg/g 的脱盐容量（1530 μS/cm NaCl，125 mA/g，流速 650 mL/min）。Yoon 等[279]构建两极均为离子嵌入材料的脱盐电池，正极为富钠态插层电极，负极为贫钠态插层电极，两电极间的区域被分隔成两个料液室。在第一个加压过程中，脱盐室中的钠离子通过插层反应储存在贫钠态负极中，氯离子在电场力作用下透过分隔板迁移至浓缩室，富钠态正极中的钠离子脱嵌也进入浓缩室。最终，分别得到脱盐液和浓缩液，而贫、富钠态电极发生相互转化。将电压信号反向进入第二个除盐阶段，上述各过程重复但离子迁移方向相反。该装置的优点是离子储存和电极再生同步进行，可实现连续化脱盐。Logan 等[280]也采用贫、富钠态六氰合铁酸铜（CuHCF）分别作正、负极，并利用 AEM 和 CEM 分成多个料液室，与 ED 过程相似，分别产浓水和淡水。

（4）过渡金属碳化物和氮化物（MXene）：为二维纳米薄片材料，具有层状结构，阴、阳离子均可储存在层状结构内。MXene 以 $M_{n+1}AX_n$（n=1、2 或 3，M 为过渡金属，A 通常为 Al 或 Si，X 为 C 或 N）为前驱体，通过氢氟酸（HF）剥离或电化学方法制备。Presser 等[281]用 Ti_3AlC_2 和 HF 制备的 MXene 比表面仅为 6 m^2/g，电容量却高达 132 F/g。在多孔分隔板上滴铸 MXene 的乙醇分散液后，经干燥得到不含黏结剂的 MXene 电极。用两个 MXene 电极组装成 CDI，在 1.2 V 下处理 5 mmol/L NaCl 溶液，脱盐容量为 13.2 mg/g。Wang 等[282]则用有机物二甲亚砜剥离前驱体同时采用真空冷冻干燥制备气凝胶状的 MXene，比表面积可达 290 m^2/g，电容量为 156 F/g，脱盐容量提高至 45 mg/g（1000 mg/L NaCl，1.2 V）。

3. 转化反应材料

目前报道的基于转化反应机理的电极材料有银[283]和铋[284]两种。

（1）Ag 的理论容量为 248 mAh/g。充电时，Ag 与 Cl^- 发生氧化反应，将 Cl^- 储存到 AgCl 中；放电时，AgCl 发生还原反应，释放 Cl^-。Yang 等[285]采用 NMO-Ag 电极对组装脱盐电池，获得 57.4 mg/g 的脱盐容量（890 mg/L NaCl，100 mA/g）。随后，作者又开发基于 NTP-Ag 电极对的脱盐电池，其充/放电电压仅为 0.86/0.76 V[286]。Ag 材料的电位稳定性好，耐腐蚀性强同时具有杀菌性能。然而，Ag 价格高昂，且 AgCl 导电性差，这两个主要缺点制约 Ag 的进一步应用。

（2）Bi 的理论容量为 128 mAh/g。相比 Ag 来说，Bi 的价格较低，有望成为脱盐电池储氯电极的主要材料。Bi 与 Cl⁻发生氧化反应，将 Cl⁻储存到 BiOCl 中。pH-电势图显示 BiOCl 在较宽的电位和 pH 范围内均能稳定存在[284]。Choi 等[284] 将采用溶胶-凝胶法制备的 NTP 和采用电沉积法制备的 Bi 构成电极对，用海水（600 mmol/L NaCl）作进水，电荷效率可接近 100%。Yang 等[287]采用 NMO-Bi 电极对，在添加 AEM 和 CEM 的情况下，脱盐容量达 68.5 mg/g（780 mg/L NaCl，100 mA/g），为用 NMO-AC 组成 HCDI 的两倍。

4.10.4 展望

电吸附技术是一项具有前景的脱盐和离子分离技术，随着电池材料等赝电容材料的开发应用，目标离子的资源化回收成为热门的发展方向，如铀、锂、氨氮、磷酸根等资源的回收。目前，对新电极材料、工艺和设备结构设计以及操作模式的研究在不断深入，如使用悬浮电极（如 FCDI）或不断补充的氧化还原活性电解质的脱盐工艺使得连续脱盐操作成为可能。通过机器学习等方法，定向设计脱盐系统的电极材料、设备结构和操作参数可以实现特定废水的脱盐需求。电化学脱盐还提供了将脱盐过程和能量存储相结合的机会。例如，可以设计脱盐/储能耦合单元作为电网的缓冲器，在有剩余电力时用于脱盐生产饮用水，而在电力短缺期间通过逆向操作提供电化学能量。

4.11 多场协同强化分离

随着国家对资源节约、环境保护等方面的日益重视，充分利用各种资源，尽可能减少对环境的污染已成为各行业追求的目标。在单一工艺无法较好地完成液-液、固-液、液-液-固等多相流高效分离的背景下，借助多个物理场，如高压电场、旋流离心场、温度场等，实现分离处理工艺的各自优势、取长补短，通过耦合集成完成单一工艺无法完成的分离过程。

多场协同强化分离技术就是多种技术耦合或集成，将污染物与污染介质或其他污染物分离开来，从而达到去除污染物或回收有用物质的目的。例如，在水处理中，需要联合多种技术从水中分离去除悬浮颗粒、各种化学污染物和病原体微生物；在废气净化中，需要多场协同分离去除废气中的粉尘和各种气态污染物；在固废回收中，需要多个工艺联合实现废物与产物分离，去除污染物的同时实现产物回收利用，实现资源可持续性。因此，多场协同强化分离技术是去除污染物、净化环境、废物回收利用、实现资源循环利用的重要手段，在达到较好分离效果的同时考虑了技术的环境友好性和经济性，确保分离方法安全、无毒害、高效、节能、经济。

4.11.1 多场协同强化分离理论

1. 基本概念

多数分离过程都是由多个分离单元操作构成的，单纯依靠一种技术或者一个单元操作很难达到高效分离的目的。为了达到更好的效果，满足经济和环保要求，多种分离方法的协同强化是主要的发展方向。

多场协同强化分离技术是将两种及以上的工艺方法或单元操作通过耦合集成，实现物料和能量消耗以及环境污染的最小化、分离效率最大化，或为达到清洁生产及实现混合物的最优分离，获得最佳产物浓度的目的。主要应用于环境科学与资源利用、环境工程、动力工程及工程热物理、环境化学、物理学、化学、无机化工、有机化工等学科。

2. 分类

多场协同强化分离可分为物理协同分离、化学反应协同分离以及物理+化学反应协同分离，目前典型的应用有反应精馏、机械研磨强化浸出、能量共同施加强化等，在环境污染物分离中均有显著的处理效果。

物理协同分离是两个或多个物理工艺的协同，只改变外部形貌，未破坏内部结构进行协同处理增强分离效率。例如多物理场协同可以进行含油污水处理，其中前处理单元包括旋流模块、紧凑微气浮模块、第一介质聚结模块、多介质过滤模块的单一或组合；深度处理单元为电-介协同强化破乳模块，适用于高乳化、高悬浮物的含油污水的深度净化处理。该方法为物理法破乳，具有化学药剂近零消耗、抗物料波动性强等优点[288]。此外，摩擦和电场结合效果更好，摩擦方式的变化不会改变荷电过程中电荷转移的极性，但会改变电荷转移的大小，且在颗粒粒度较小时，滑动摩擦荷电的电荷转移强度小于颗粒低速碰撞时的电荷转移强度，当颗粒粒度较大时，滑动摩擦荷电的电荷转移强度则大于颗粒低速碰撞时的电荷转移强度[289]。

化学反应协同分离是破坏内部结构，且分子间发生反应，从而增强分离效率。在两种物质相互接触、分离的过程中，其接触面上会产生电荷，物质间电子的转移会发生静电现象，而静电的产生主要是由于各个物质的原子核对电子的束缚能力不同。离子的吸附作用、表面离子的置换作用等常见的电荷转移现象都是界面产生电荷的机理。在产生静电的过程中，多种因素都会对物体的带电量产生影响，例如物体相互之间的接触面、接触和分离时的速度、相互接触的物体材质以及温度、相对湿度等。目前发现通过液滴表面所产生的特殊的静电作用也可以使得溶液中的胶体保持稳定状态。例如在无添加剂、可结晶的水-油乳状液中，由于离子的运动会对一些可移动的液滴进行充电，从而使其保持稳定。同时，对于粒子处于稳定状态的乳化剂，即使其有强烈的疏水性，非润湿颗粒也会吸附于油-水界面层，产生此现象的原因是电荷的相互作用[290]。此外，液滴表面所带电荷一般情况下是由特殊的带电离子吸附在气-液界面所产生的，比如纯水溶液在空气中所形成的液滴带负电荷是其气-液界面所吸附的阴离子（OH^-）所导致的。绝缘体直接的碰撞电荷转移取决于接触面的疏水性，与疏水性表面接触后，亲水性表面带有明显的正电。

物理+化学反应协同分离是既改变了外部形貌，又破坏了内部结构，发生了分子间反应促进物质分离。例如使用多场协同强化萃取分离技术回收钼的方法：①在萃取过程中，在含钼酸性浸出液中加入萃取有机相，引入物理外场对萃取过程进行强化，所述的物理外场为磁场、静电场、超声外场、微波场中的一种或多种组合；②在反萃过程中，在负载有机相中加入碱性溶液，反萃得到钼酸钠溶液和反萃后有机相。该技术在萃取过程和反萃过程中通过加入物理外场进行协同强化萃取和反萃，可增强萃取和反萃效果，钼回收率可达99.5%以上，同时可以缩短反应时间，减少萃取剂用量[291]。例如大气污染物的去除可以使用光催化及多场力耦合协同处理，采用五电场电除尘器脱除VOCs，其中阳极板采用水冷方式，清灰方式为声波清灰，在两块电场阳极板上下两端设置紫外灯对烟气进行照射，使得烟气中的VOCs被光解转化，并使冷极板提供的温度场耦合电场作用促使VOCs及其分解产物更强烈地发生凝结以及团聚效应，最终沉积在冷极板上被捕集，光解产生的臭氧及不完全氧化的副产物被除尘器出口活性炭材料的槽形板吸收，从而大大提高协同脱除VOCs的效率[292]。

4.11.2 多场协同强化分离技术基础

多场协同强化分离技术涉及原理广泛，其中最重要的有热力学协同强化原理、动力学协同强化原理、多场协同强化反应原理等。热力学、物理学、化学等多方面结合，促使能量互补、相互配合，实现处理效率最大化、能量消耗减量化。多场协同强化分离技术中可能是几种机理的耦合也可能是几种机理的协同，在单一技术的基础上进行更深一步的机理演变。

1. 热力学协同强化基础

协同强化的热力学基础可从分子的角度进行分析。分子识别过程中的能量变化可用Gibbs自由能来定量表述。从结合熵变、键结合自由能与键自由能的加和、空间效应与诱导匹配三方面考虑。结合熵变是分子识别的结果，具体表现为受体与配体结合形成复合物时，由于系统自由度减少造成熵减。分子识别过程的结合熵变大小可通过 Scaku-Tetrode 方程来估算。键结合自由能与键自由能的加和，反映了受体与配体通过非共价键结合所产生的负自由能。这部分负自由能可以用来补偿结合熵变以及诱导配合过程中产生的正自由能，从而使整个分子识别过程能够自发进行。空间效应与诱导匹配是分析识别过程的空间互补性而得以实现。在分子识别过程中，诱导匹配的自由能贡献是正值，将分子识别转化为特定的效应。往往不止一种或者两种键合作用存在，需要全面考虑分子识别中的键合。利用热力学效应进行物质的协同强化分离，分子间的热力学机理研究目前仍处于定性和定量的水平，利用热力学元素在非平衡态下进行物质的热力学分离还有待进一步研究和开发[293]。

2. 动力学协同强化基础

由于金属的分离过程伴随着化学键的生成和破坏，在这些键的生成和破坏过程中总是伴随着一步或者几步的化学反应在相内或相界面发生。当这些反应的某一步骤很慢时，将控制分离过程的总速率。另一方面，由于溶质必须从一相转入另一相，因此相内和界面的物质传递过程也是相当重要的。为了研究传质速率，控制传质步骤和化学反应机理，多种动力学方法应运而生[294,295]。作为一种研究手段，首先要考虑的是实验结果的可靠性和重现性，其次考虑实验操作的方便性。在大多数的实际分离过程中，两相或多或少都会被搅动，扩散过程一般局限在靠近界面层附近的薄膜内，因此，在界面两边的两个稳定的液层控制着整个扩散过程。这两个稳定层的厚度，即扩散膜的厚度是随着分离设备内的流体力学条件变化而变化的。当厚度趋于零时，扩散过程对分离速率的影响才会完全消失[296]。多场协同强化分离技术需要在考虑化学反应速率的同时考虑扩散速率。简化后的分离过程可分为三种类型：①化学控制过程；②扩散控制过程；③混合控制过程。以上三种类型可以通过不同的方法来判别，有时需要综合考虑才能得出正确的结论[297]。

3. 多场协同强化反应机理

多场协同强化分离技术不仅具有热力学的协同效应，同时还有动力学的协同效应，根据实验结果研究分离反应过程机理是非常必要的。协同反应的机理比较复杂，原则上来说，无论酸性螯合体系，还是离子缔合体系，两两组合或者各自组合均能形成协同体系[297]，但事实并非如此。一般认为，协同效应的产生有两个原因：两种或两种以上的萃取剂与被萃金属离子生成疏水性更强的配合物，或者生成一种更稳定的多元配合物。目前许多技术都在研究之中，尤其是对使用多种技术耦合来达到分离目的的研究,更是关注的热点。虽然分离的目的有多种多样,但大体可分为回收和去除。例如,如果所使用的反应媒体(如催化剂)价格昂贵,就应该考虑回收再利用的问题,操作上则应该使用可逆反应。如果是价格低廉易得的反应媒体,不顾及再利用也是允许的。但从分离的角度出发,对可逆反应、沉淀反应以及生物化学反应进行研究是非常必要的。所谓可逆反应,正向反应一经进行,就会有反应生成物产生,因而反应生成物会立即进行逆向反应。随着正向反应的进行,反应物质减少了,正向反应的速度也逐渐降低。另一方面生成物质越来越多,逆向反应的速度也相应会增大,最终正向反应与逆向反应的速度一致,反应达到化学平衡。当固体盐类与水处于平衡状态时,溶解于水中的各离子浓度的积为溶解度积。水中的阴离子浓度增大时,溶解于水中的阳离子(金属离子)就会与之发生反应,变成固体盐类而沉淀,完成沉淀反应[298]。自然界生物体内所发生的化学反应都是在常温下进行的。这是因为有机触媒-酶的作用可以使活化能降低,酶只对特定的化学反应有催化作用,具有发生酶反应对象物质所决定的反应及基质特异性。综上,多场协同强化分离技术中通常存在多个机理。

4.11.3 典型多场协同强化技术案例

不同原理相结合产生不同的多场协同处理技术,各个技术在运行时的重点各不相同,本小节重点介绍反应精馏、机械活化强化浸出、能量共同施加强化、离心萃取、定向反应混凝强化分离、多场耦合强化六种典型技术的侧重点及重要性,并介绍各个技术的应用案例。

1. 反应精馏

在化工生产中,反应和分离两种操作通常分别在两类单独的设备中进行。若能将两者结合起来,在一个设备中同时进行,将反应生成的产物或中间产物及时分离,则可以提高产品的收率,同时又可利用反应热供产品分离,达到节能的目的,反应精馏就是这样的一种技术。

反应精馏的技术重点是结合了化学反应和精馏过程。在反应精馏中,化学反应在精馏塔内进行,利用精馏的操作将不同组分的物质进行分离。在反应精馏塔中,反应物在塔内由上至下流动,同时与塔内催化剂发生化学反应。由于不同物质的挥发度不同,轻组分(如反应物或某些产物)会向塔顶移动,而重组分(如未反应的反应物或某些产物)则会向塔底移动。基于可逆反应的特性,在反应物和生成物之间存在一定的平衡关系。当某一产物的挥发度大于反应物时,将该产物从液相中蒸出,反应物浓度降低,生成物浓度增加,从而破坏了原有的平衡状态。为了重新达到平衡,反应将继续向生成物的方向进行,从而提高单程的转化率和产能。

与传统的工艺相比，反应精馏技术可以在同一设备内同时完成反应和分离过程，从而实现反应的高效性和产物的高纯度。此外，反应精馏还可以在一定程度上将可逆反应变为不可逆反应，进一步提高反应转化率和产物的选择性。根据反应类型和操作方式的不同，反应精馏可以分为多种类型，如均相反应精馏、非均相反应精馏、催化反应精馏等。其中，催化反应精馏是最常用的一种类型，它通过在反应精馏塔中添加催化剂，促进反应的进行。反应精馏技术的应用非常广泛，例如酯化、酯交换、皂化、胺化、水解、异构化、烃化、卤化、脱水、乙酰化和硝化等反应。然而，由于催化剂的活性和选择性相差较大，因此必须开发出适合的催化剂。反应精馏技术还可以应用于烯烃选择性加氢、酯转移等化学反应中。

反应精馏的优点是不仅能降低投资费用，还通过破坏可逆反应平衡，增加反应的选择性和转化率，使反应速度提高，从而提高生产能力；反应过程中释放的反应热可以直接被精馏过程利用，从而进一步节约能源，实现经济效益与能源效率的双重优化；对某些难分离的物系，可以获得较纯的产品；生成物的沸点必须高于或低于反应物；在精馏温度下不会导致副反应等不利影响的增加。1984 年美国 Eastman Kodak 公司首次开发并成功应用了反应精馏技术生产高纯及超高纯的乙酸甲酯，该技术用一个反应精馏塔代替了传统工艺中采用的两个反应器和八个精馏塔，从而极大地缩短了工艺流程和降低了设备投资和操作费用，如图 4-34 所示。甲基叔丁基醚的生产是将甲醇与异丁烯混合物在预反应器预反应后从反应精馏塔反应段中部进料，塔釜可得到甲基叔丁基醚产品，塔顶为多余甲醇和惰性气体形成比甲基叔丁基醚沸点更低的共沸物。美国 CR&L 公司率先采用了甲基叔丁基醚反应精馏工艺全过程，该过程省去了预反应器可使得异丁烯转化率高于 99.9%，

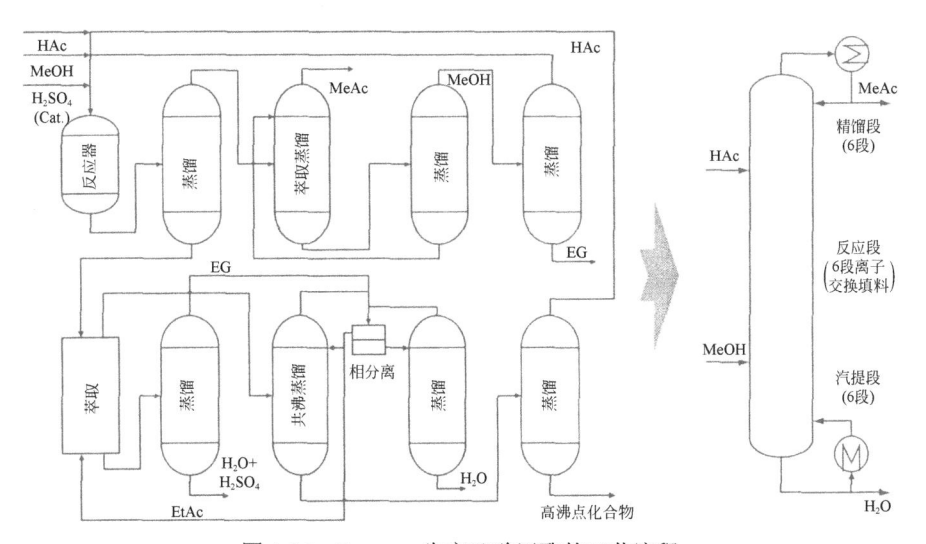

图 4-34 Eastman 生产乙酸甲酯的工艺流程

比固定床反应器转化率高 3%～4%[299]。

反应精馏按所分离的目的产物可以分为以下几类情况：

（1）在反应的同时不断地把产物分离。对于可逆反应、连串反应或产物对反应有抑制作用的大部分生物反应都可提高产率和处理能力。

（2）在反应过程中不断清除对反应特别是对催化剂有害的物质，维持较高的反应速率。

（3）对于生成共沸物的分离体系可通过引入反应以消除精馏边界达到分离目的[300]。

反应精馏在工业中的应用主要可分为两类：

（1）反应型反应精馏：主要应用于连串反应和可逆反应。在连串反应中由于精馏的作用使目标产物不断地离开反应区从而抑制副反应的发生，于是反应的选择性得以提高；对于可逆反应破坏化学平衡使反应向目标产物进行反应可趋于完全。现在已完全工业化的工艺主要有以下 4 种：乙酸和乙醇的酯化、甲醛和甲醇在酸性催化剂作用下生成甲缩醛、甲醇和乙酸在一定浓度的 H_2SO_4 作用下生成乙酸甲酯、异丁烯和甲醇在固体强酸性的离子交换树脂催化作用下生成 MT-BE（甲基叔丁基醚）。反应精馏最适用于醚类产品如 MT-BE（甲基叔丁基醚）、TAME（叔戊基甲基醚）、ETBE（乙基叔丁基醚）的生产。SUNKYONG 工业公司开发了具有反应精馏操作的乙酸甲酯水解新型工艺，其流程可由图 4-35 简示之。乙酸甲酯生产对苯二甲酸和聚乙烯醇的工业副产品水解时生成乙酸和甲醇，而乙酸甲酯与甲醇和水可形成恒沸物，故以传统生产工艺水解乙酸甲酯所得产物的产率很低且纯度也不高。采用反应精馏操作且以强酸性离子交换树脂代替过去使用的液体催化剂可破坏水解中形成的共沸物，使乙酸甲酯的转化率可达到 99.5%。

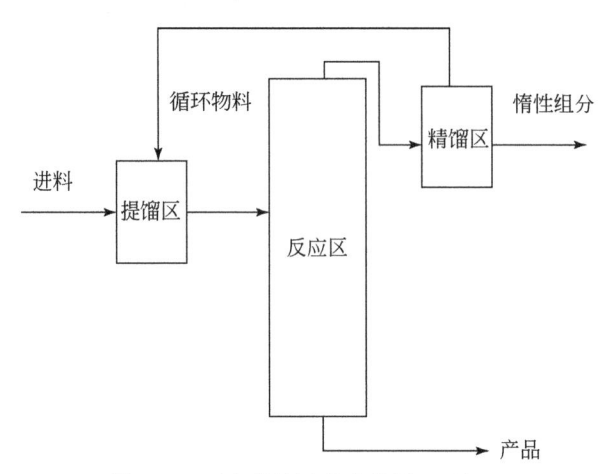

图 4-35 反应精馏过程流程图（局部）

（2）精馏型反应精馏：对于极难分离的共沸物系，反应精馏过程是非常有效的分离手段。引入反应挟带剂使其和某一组分发生快速可逆反应，从而增大欲分离组分的相对挥发度而达到分离目的。例如，对二甲苯和间二甲苯体系以对二甲苯钠作为挟带剂，只用六块理论板就可以获得满意的分离效果，若采用传统工艺，则所需理论板数一般会超过 200 且回流比非常大。许多石油化工过程中存在着许多伴有化学反应的分离过程皆可采用催化蒸馏操作，如能使催化剂有效地分布于精馏塔内，既起加速反应的作用，又起填料的作用，这将会产生极大的经济效益[301]。

反应精馏技术广泛应用于酯化、醚化、烷基化、水解、水合等反应体系，具有克服化学反应平衡限制、提高反应过程选择性、充分利用反应过程热量、突破精馏边界限制等优势，有较大的发展潜力。

2. 机械活化强化浸出

浸出是湿法冶金中提取有价金属元素的一项重要的单元操作，但某些矿物结构复杂、杂质反应活性差，使得这些矿物的浸出率较低，影响工业生产。机械活化作为一种新兴的强化浸出手段受到了广泛的关注。

众多研究结果表明，在机械活化的作用下，固体物料受到强烈的机械力作用致使矿物质粒径变小，比表面积增大，非晶化程度增加，热稳定性降低；在浸出反应中，可提高矿物的反应活性，改变浸出反应控制因素，有效地回收其中的有价元素，因此浸出过程已获得了许多工业应用[302]。

机械活化的技术重点是固体物料在机械力的作用下，受到撞击、挤压、碰撞等作用而产生破碎、变形以及各种晶体缺陷，导致物料内能增大，从而提高反应活性。为了强化浸出过程，通常采用高温、高浓度和强搅拌等机械方法，究其本质是强化浸出反应的外部过程。而将机械能施加到固体物料的表面和内部，使晶体结构和物化性质发生质的变化，使固体的反应活性提高，实际上是强化了反应的内部过程。机械作用可以从内部、外部两种过程同时促进浸出反应的进行，强化反应效率。

机械活化处理固体物料的方法一般有两种。第一种是原料先在特定的研磨设备中进行一定的机械活化处理，然后再进行化学反应。这种方法操作简单，设备耗损小，但是在活化过程中容易发生颗粒团聚等现象，并且一些矿物颗粒在机械活化过程存储的能量会随着时间和储存环境的改变而减小，影响后续试验的反应效果。因此，若采用这种方法进行活化处理，应注意活化后的物料的置放环境以及活化处理与后续试验的间隔时间，避免物料的失活问题。第二种方法是边活化处理边反应，这种方法可以避免物料的团聚以及失活问题，并且边活化边反应使得反应体系处于更为激活的状态，使反应更加彻底地进行。但是这种方法对设备的要求很高，并且需要考虑设备的腐蚀和磨损以及反应的加热恒温等问题。目前，在湿法冶金中，先活化固体物料再进行反应的方式比较普遍[303]。

本团队[304]对锂云母进行了系统的矿物学表征，引入了机械化学活化方法强化，系统地研究了提锂工艺参数进行，对相关过程的反应机理进行了阐述。研究发现，通过机械力化学强化使稳定结构中的锂原位转化为可溶性的含锂盐相，实现从锂云母中高效提锂，通过对锂云母浸出前后的物料进行物相的表征对比亦发现含锂物相已经消失，表明锂被完全浸出。机械活化强化方法也可用于硫化镍精矿常压浸出镍，通过机械力化学可以破坏硫化镍精矿的结构，显著提高了常压条件下的有价金属浸出效率。先将硫化镍精矿置于高能球磨机中进行机械活化，活化后分离球和粉料，得到机械活化的硫化镍精矿，将得到的硫化镍精矿在含氧化剂的硫酸浸出体系中浸出，待反应结束后过滤得到滤渣和滤液，常压浸出以提高其中的有价金属元素的提取效率，克服了传统加压氧浸的缺点，具有反应条件温和、设备投资小、能耗低、环境危害低以及浸出效率高的特点。针对废荧光灯中稀土元素，机械活化强化浸出能够显著加强废荧光粉中难浸出的铽、铕和镧的浸出，浸出率由未活化时的不足 1%，提高至 90%以上；同时还能明显改善铈和钇的浸出，浸出率由未活化时的 80%和 85%左右，提高至 90%和 95%以上[305]。机械活化能够显著降低废荧光粉颗粒粒径，产生新的表面，增大颗粒比表面积，从而显著降低表观活化能。

难浸矿物浸出处理所采用的方法主要是升高温度，增加浸出剂浓度以及加强搅拌强度等，其本质是改变物料的外部环境以达到提高浸出率的目的，而机械活化则是通过改变固体物料的物理化学特性等以增强矿物的浸出反应活性，提高浸出率。实验证明，矿物的物理化学性质以及晶体结构会因为机械活化的作用发生改变，进而对矿物的浸出反应产生不同程度的影响，改变浸出控制因素，降低表观活化能，增加浸出率，在难浸矿物的处理上，机械活化的作用越来越大。但就目前而言，有关于机械活化的研究还处在初级阶段，机械活化原理、机械活化能储备等问题还需要进一步深入探讨，以期在实际生产中发挥作用。

3. 能量共同施加强化

场协同现象广泛存在于自然界，表现为不同物理场或化学势场之间的相互作用和协同效应。例如，机械波与流场及温度场的协同可用于机械波传热强化；电场与流场及温度场的协同实现了电场强化传热；电磁场与化学势场的协同则广泛应用于微波结晶、微波萃取和微波化学等过程。这些协同现象充分体现了多场作用在物质传递和能量转化中的显著强化效果。能量共同施加强化技术重点是通过将不同的能量场进行共同作用、相互促进、共同强化，弥补另一种能量处理时的缺陷，不同场之间可控制某些参量使其协同，实现按目的过程进行或能量有效传输和转换，达到最好的处理效果。因此，深入研究场协同规律，为强化传递过程提供了新途径。从场协同理论角度去揭示传递过程中具有的共性和本质规律，有可能让传热研究从实验科学阶段上升到理论科学阶段。

20 世纪 70 年代，由于能源危机的进一步加剧，世界各国的科研工作者逐渐加强了对传热强化机理的研究，并逐步改善了之前以实验为主的强化传热的研究方式，形成了以降低能耗和优化传热强化过程为主的第二代传热技术。过增元院士[306]基于传热过程的能量方程研究了对热流矢量和速度矢量之间的内在联系，得出通过优化热流矢量和速度矢量之间的内在协同关系可以极大地强化传热这一重要结论，从而提出了基于温度梯度和速度场的场协同基本思想，不同能量场之间可控制某些参量使其协同，按目的过程进行或能量有效传输和转换，增强分离效率。针对铈-锰催化剂微粒捕集器过滤体复合再生[307]，基于场协同理论，采用数值仿真优化与实验相结合的方法，在研究适量铈-锰基催化剂对微粒在过滤体内起燃温度影响规律的基础上，辨析微波加热和铈-锰基催化剂的复合再生方式下微粒捕集器过滤体复合再生性能与多场协同性能，确保温度场、速度场与复合再生过程协同一致，强化微粒捕集器过滤体复合再生过程传热传质以及微粒燃烧作用，以期能够实现降低微粒的起燃温度和电能的消耗，提高微波能的利用率和再生效率，扩大其再生窗口，并延长其使用寿命。针对场协同太阳能海水淡化系统研究[308]：超声波技术的空化效应、热效应和机械效应等多种效应使其作用在液态水时，可以使水雾化成微小颗粒；磁场的洛伦兹力、电磁感应效应和与水分子键的共振效果等效应使其作用于液态水时，影响水分子氢键的排列或使其断裂。

4. 离心萃取

离心萃取技术是一种借助离心力场实现液-液两相的接触传质和相分离的实用技术。它是液-液萃取和离心技术相结合的一种新型高效分离技术，相对于其他萃取技术具有两相物料接触时间短、分相速度快、在设备中存留量小、操作相比范围宽等特点。

离心是一种常用的分离技术，它的技术重点是利用样品中成分的不同密度进行分离。在分子生物学、生物化学、药学和其他科学领域中，离心通常用于强化萃取，利用样品中成分的不同密度和大小来实现分离，即从混合物中分离出细胞、蛋白质、DNA 或 RNA 等目标成分。目前，此项技术现已被广泛应用于钒铬资源化、医药、环保、原子能、石油化工、精细化工、生物和新材料等领域，也成功应用于放射性化学领域、新元素发现和核燃料处理方面，以充分实现资源的回收再利用。

1）在钒铬资源化中的应用

在钒铬资源化采用离心萃取工艺时，相对于其他萃取工艺，此项技术有良好的前景。离心萃取使两相接触时间很短，从而使传质速度很快的一种元素被萃取，而传质速度很慢的一种元素基本上不被萃取，实现了两种元素的分离。此时如果采用混合澄清槽，则两者将很难分离。采用离心萃取工艺对减少萃取设备所占厂房面积、减少萃取流程中萃取剂存留量、缩短萃取系统从启动到稳定的时间和利于自动控制等方面有显著的效果。这里以重金属钒铬和稀土分离铷铯为例加以说明。

针对钒铬资源化处理中的存在问题和难点，研究钒铬氢键缔合溶剂萃取机理[309]，采用工业萃取剂伯胺 N1923 和碳数接近的纯净烷基伯胺化合物十八胺进行钒酸的中性络合萃取反应，并平行表征络合产物，讨论分析官能团和结构。结果表明，伯胺以氢键缔合萃取分离的工艺更加适合于深度分离浸出液中的钒铬，萃取分离新工艺可以使浸出液中的钒铬几乎完全分开，二步法分离钒铬并制备高纯钒产品的工艺可以显著减少萃取过程中两相的接触时间，提高萃取效率并阻止六价铬对伯胺的氧化。这对指导改进萃取技术，提高回收钒铬产品纯度，以及满足日益增长的市场需求，具有重要的意义。

2）在环境污染治理中的应用

离心萃取可以用于废水处理。在很多工业过程中，废水中含有各种有害物质，如重金属、有机化合物等。离心萃取可以通过不同溶剂与废水中的目标物质发生反应，实现其快速分离。通过调整离心的转速和时间，可以精确控制目标物质的萃取程度，达到高效、低成本的废水处理效果。

离心萃取在大气污染治理中也具有重要作用。大气污染物主要包括颗粒物、有机物、无机盐等。离心萃取可以将大气中的颗粒物与气体分离，降低颗粒物对人体健康和环境的危害。此外，离心萃取还可以用于有机废气的处理，通过调整离心机的参数，将有机物与废气分离，达到净化空气、减少 VOCs 排放的目的。

在固体废弃物处理时，例如在垃圾处理过程中，离心萃取可以将有机废物和无机废物分离，从而更好地利用资源。离心萃取还可以对有机废物进行回收利用，降低资源浪费，减少环境污染。

此外，离心萃取可以应用于植物提取物的制备。许多植物含有药用成分，在药物研发和生产中起着重要作用。离心萃取能够在温和条件下提取植物中的有效成分，高温处理对植物活性成分避免破坏性的影响。这样不仅能够提高药物的质量和疗效，还能减少对植物资源的消耗，具有较好的环境保护效果。

离心萃取技术增加传质速率、减少接触时间、强化分离效率，是一种新型高效技术，将在未来广泛推广。

5. 定向反应混凝强化分离

随着人类生产活动范围的扩大，人工合成有机物的产量与需求不断上升，大量外源性有机污染物进入水环境，所述外源性有机污染物包括但不限于新兴污染物、生产过程中产生的副产物以及有机物中间体等。这些污染物在水中的浓度相对较低，但具有较高的毒性，能通过摄入、累积、激发变异等各种途径对生物生理系统产生异常影响，对人体更是具有潜在的"致癌变、致畸变"效应，长期暴露于污染环境中会使人体的代谢紊乱或是产生抗药性。这种生物生理系统的异常会随着生物链累积，逐级扩大，从而给生态系统和人体健康带来大量危害。

本团队[310]发明了废水定向重构-强化分离耦合的方法，其技术重点是定向重构和强化分离。①定向重构：氧化条件下在废水中添加偶联模板剂，使废水中的污染物分子定向重构至分子量 3000 Da 以上。②强化分离：投加絮凝剂，将所得废水通过絮凝沉淀实现固液分离。所述方法通过定向重构调控了污染物的结构，强化促进有机污染物在水中的氧化降解，从而达到有机污染物的高效解毒，具有对有机污染物选择性好、处理效果佳、不易产生氧化副产物、成本低等优点。研究团队[310]针对不同药物与不同氧化态腐殖酸的结构特点，开展了药物新污染物与腐殖酸类共存环境下氧化偶联反应机理研究，提出的"金属耦合电子转移"强化氨基类药物的新去除方法，显著提高了磺胺的氧化偶联反应速率常数，提出的"腐殖酸预偶联-强化氧化"的处理方法与芬顿氧化和臭氧氧化法相比，在总有机物去除率和成本方面均具有明显优势。

定向反应混凝强化分离方法大大增强了有机污染物的去除效率以及解毒效率，用途广泛，通过定向反应可以改变污染物的结构，更适应于絮凝剂混凝剂的作用条件，从而提高混凝时的分离效率，适用于各种含有机污染物的天然水体、饮用水、污水、废水的处理，该处理方法可以极大提高水处理领域内较难降解污染物的处理效率。

6. 多场耦合强化

除了单一外加场强化分离外，两场及多场耦合技术也在近年来取得一些进展，其技术重点是两种能量场相互配合、互补，实现更好的效果。其中，在固废有价金属浸出过程中，电场-温度场、真空-温度场、机械-电场等耦合技术皆有报道。焦耳热反应在近年来受到广泛关注，其核心为通过外加电场与热能之间的转化，实现毫秒级的快速升温。例如，将焦耳热方法应用于处理电子废弃物，实现了贵金属与杂质金属的高效分离[311]。这种快速加热方式也可用于处理废锂离子电池中的负极石墨。由于反应温度可以达到 1200 K[312]，大部分负极石墨中的非碳杂质被快速气化去除，石墨的纯度得到大幅提高，结构也在高温下发生明显的重构。

最终可实现废石墨的快速除杂与再生。碳热还原反应是废锂离子电池的回收过程中的常见反应，由于该反应的反应产物中存在 CO 和 CO_2 气体，因此，真空场的耦合往往会强化反应的进行，提高后续金属分离效率。采用真空碳热还原方法将废钴酸锂正极转变为可溶性锂盐和钴单质或金属氧化物，可实现废正极中锂和钴的分离回收[313]。由于接触起电效应可以在液-固甚至液-液界面上发生电子转移来促进氧化还原反应，因此，在引入机械力的同时可以通过接触起电将电场耦合。王中林院士团队基于此方法分别在废锂离子电池中有价金属提取、废弃塑料的催化转化等方面提出了多种先进技术[314]。此外，在水溶液中的污染物去除方面，将电场与湿式氧化耦合，两场共同作用可以在比单一场反应温度更低的条件下实现更高的污染物去除效率[315]。各个能量场的相互配合，产生"一加一大于二"的效果，实现高效、低能、环保等多方面的进步。

4.11.4 展望

目前，多场协同强化技术在相关案例中已经表现出比较突出的优势。因此若需进一步提高多场协同强化分离技术的水平，降低生产成本和提高产品质量，还应加强低成本的多场协同强化技术研发，进一步探索高效、廉价的反应材料（比如催化剂、萃取剂、混凝剂等），实现工艺的高效分离、节能环保和经济性。

（1）实现物质的深度分离：经典的分离技术在理论和实践上不断完善发展，新的多场协同强化技术的发展充满活力。在精馏分离方面，国外蒸馏装置工艺和设备又有了新的进展，一些新的改良设备应运而生，提高了产品质量，具有节能减排和减少设备投资的优势，可以满足分离过程的绿色低碳的效果。快速、安全和更加环境友好的提取工艺是发展趋势。环境友好型溶剂的应用极大地降低了传统有机溶剂的危害。耦合工艺-酶反应精馏是将酶催化反应与精馏过程进行耦合，可有效打破反应化学平衡的限制，提高酶反应转化率和选择性，可以实现物质的深度分离，是一种新型化工过程强化技术。离心萃取技术具有两相物料接触时间短、分相速度快、在设备中存留量小、操作相比范围宽等特点。在湿法冶金、医药、环保、原子能、石油化工、精细化工、生物和新材料等领域广泛应用，极大程度上提高了分离效率。

（2）满足绿色低碳的效果：场协同作用广泛存在于自然界和实验过程中，由最初的速度场与温度场协同延伸到各种其他场的协同作用，能量共同施加强化满足绿色低碳的效果，具有广泛的应用前景。

（3）实现产品的高值化：定向反应混凝强化分离方法可以大大增强有机污染物的去除效率以及解毒效率，用途广泛，适用于各种含有机污染物的天然水体、饮用水、污水、废水的处理，对废物资源化具有较大作用。

（4）缩短工艺流程：机械研磨强化浸出是固体样品中当今研究最活跃、发展最快的分离技术。对于固体产物，机械研磨强化浸出脱颖而出，通过机械力化学可以破坏内部的结构，克服了传统加压氧浸的难题，提高了浸出性能。通过添加其他化学物质强化和改变氧传递过程促进了物质的分解，具有工艺流程短、分离效率高的优势。

多场协同强化技术具有转化率高、反应速率快、选择性高、工艺简单、低能耗、经济环保的优势，顺应了未来的发展潮流，同时能够促进分离技术的革新。多场协同强化技术的研究领域非常广阔，但许多二元、三元体系均未开发，协同反应机理问题和协同络合物的结构还须深入研究。

参 考 文 献

[1] ANASTOPOULOS I, AHMED M J, OJUKWU V E, et al. A comprehensive review on adsorption of Reactive Red 120 dye using various adsorbents[J]. Journal of Molecular Liquids, 2024, 394: 123719.

[2] ARUNKUMAR G, DEVIGA G, MARIAPPAN M, et al. Natural tea extract coated porous MOF nano/microparticles for highly enhanced and selective adsorption of cationic dyes from aqueous medium[J]. Journal of Molecular Liquids, 2024, 394: 123747.

[3] KOLI A, PATTANSHETTI A, MANE-GAVADE S, et al. Agro-waste management through sustainable production of activated carbon for CO_2 capture, dye and heavy metal ion remediation[J]. Waste Management Bulletin, 2024, 2(1): 97-121.

[4] MAHMOUD M E, EL-SHARKAWY R M, ALLAM E A, et al. Recent progress in water decontamination from dyes, pharmaceuticals, and other miscellaneous nonmetallic pollutants by layered double hydroxide materials[J]. Journal of Water Process Engineering, 2024, 57: 104625.

[5] QAMAR M A, AL-GETHAMI W, ALAGHAZ A-N M A, et al. Progress in the development of phyto-based materials for adsorption of dyes from wastewater: A review[J]. Materials Today Communications, 2024, 38: 108385.

[6] RUAN T, LI P, WANG H, et al. Identification and Prioritization of Environmental Organic Pollutants: From an Analytical and Toxicological Perspective[J]. Chemical Reviews, 2023, 123(17): 10584-10640.

[7] ROJAS S, HORCAJADA P. Metal-organic frameworks for the removal of emerging organic contaminants in water[J]. Chemical Reviews, 2020, 120(16): 8378-8415.

[8] ZHANG K, LUO X, YANG L, et al. Progress toward hydrogels in removing heavy metals from water: Problems and solutions—A review[J]. ACS ES&T Water, 2021, 1(5): 1098-1116.

[9] DENG H, TIAN C, LI L, et al. Microinteraction analysis between heavy metals and coexisting phases in heavy metal containing solid wastes[J]. ACS ES&T Engineering, 2022, 2(4): 547-563.

[10] KAUR J, SENGUPTA P, MUKHOPADHYAY S. Critical review of bioadsorption on modified cellulose and removal of divalent heavy metals (Cd, Pb, and Cu)[J]. Industrial & Engineering Chemistry Research, 2022, 61(5): 1921-1954.

[11] GUO L, XU X, NIU C, et al. Machine learning-based prediction and experimental validation of heavy metal adsorption capacity of bentonite[J]. Science of The Total Environment, 2024,

926: 171986.
[12] HSU C-Y, AJAJ Y, MAHMOUD Z H, et al. Adsorption of heavy metal ions use chitosan/graphene nanocomposites: A review study[J]. Results in Chemistry, 2024, 7: 101332.
[13] 张兴会, 顾丽莉. 精馏技术研究进展[J]. 化工科技, 2008, 16(6): 57-59.
[14] 付强, 王建刚, 张吉波. 特殊精馏的应用及进展[J]. 山东化工, 2017, 46(24): 67-68.
[15] 陈卓, 张治青, 王伟, 等. 共沸精馏回收乙酸仲丁酯的工艺流程参数优化[J]. 化学化工资源, 2023, 50(9): 115-118.
[16] 刘艳杰, 林海尚, 李文宇, 等. 萃取精馏石脑油重整液中芳烃与非芳烃[J]. 江西化学, 2023, 5: 100-103.
[17] 王俐智, 杭钱程, 郑叶玲, 等. 离子液体萃取剂萃取精馏分离丙酸甲酯+甲醇共沸物[J]. 化工学报, 2023, 74(9): 3731-3741.
[18] 张景航, 武向红. 加盐精馏与酯化反应精馏的联合[J]. 石油化工, 1990, 19: 82-87.
[19] 张娟娟, 王伟, 刘芬, 等. 共沸精馏分离富含乙酸仲丁酯副产物体系的 ASPEN 模拟[J]. 化学化工资源, 2023, 50(6): 111-114.
[20] 李珞, 李倩倩. 精馏技术的发展及应用[J]. 现代经济信息, 2010, 4: 204.
[21] 隋振英, 邹东雷. 共沸精馏中共沸剂的选择[J]. 继续教育, 1996, 3: 27-29.
[22] 郗鹏, 吴保国, 赵晓. 萃取精馏绿色高效分离共沸物的研究进展[J]. 山东化工, 2023, 17: 95-100.
[23] 孙玉玉, 蔡鑫磊, 汤吉海, 等. 反应精馏合成甲基丙烯酸甲酯工艺优化及节能[J]. 化工进展, 2023, 42(S1): 56-63.
[24] HUTTENLOCH P, ROEHL K E, CZURDA K. Sorption of nonpolar aromatic contaminants by chlorosilane surface modified natural minerals[J]. Environmental Science & Technology, 2001, 35(21): 4260-4264.
[25] LICATO J J, FOSTER G D, HUFF T B. Zeolite composite materials for the simultaneous removal of pharmaceuticals, personal care products, and perfluorinated alkyl wubstances in water treatment[J]. ACS ES&T Water, 2022, 2(6): 1046-1055.
[26] 竹涛, 苑博, 郝伟翔, 等. 煤基固废合成沸石分子筛捕集 CO_2 研究进展[J]. 洁净煤技术, 2022, 28.
[27] SHEN J, KUMAR A, WAHIDUZZAMAN M, et al. Engineered nanoporous frameworks for adsorption cooling applications[J]. Chemical Reviews, 2024, 124(12): 7619-7673.
[28] ZHENG J, VEMURI R S, ESTEVEZ L, et al. Pore-engineered metal-organic frameworks with excellent adsorption of water and fluorocarbon refrigerant for cooling applications[J]. Journal of the American Chemical Society, 2017, 139(31): 10601-10604.
[29] MOTKURI R K, ANNAPUREDDY H V R, VIJAYKUMAR M, et al. Fluorocarbon adsorption in hierarchical porous frameworks[J]. Nature Communications, 2014, 5(1): 4368.
[30] MO Z-W, ZHOU H-L, ZHOU D-D, et al. Mesoporous metal-organic frameworks with exceptionally high working capacities for adsorption heat transformation[J]. Advanced Materials, 2018, 30(4): 1704350.
[31] ZHENG J, BARPAGA D, TRUMP B A, et al. Molecular insight into fluorocarbon adsorption in pore expanded metal-organic framework analogs[J]. Journal of the American Chemical Society, 2020, 142(6): 3002-3012.
[32] ZHENG J, WAHIDUZZAMAN M, BARPAGA D, et al. Porous covalent organic polymers for efficient fluorocarbon-based adsorption cooling[J]. Angewandte Chemie International Edition, 2021, 60(33): 18037-18043.
[33] ZHOU S, SHEKHAH O, RAMíREZ A, et al. Asymmetric pore windows in MOF membranes for natural gas valorization[J]. Nature, 2022, 606(7915): 706-712.

[34] JI Z, WANG H, CANOSSA S, et al. Pore chemistry of metal-organic frameworks[J]. Advanced Functional Materials, 2020, 30(41): 2000238.

[35] ALI I. New generation adsorbents for water treatment[J]. Chemical Reviews, 2012, 112(10): 5073-5091.

[36] KAWASHIMO M, MATSUDA K, OKUMIYA R, et al. Layered double hydroxide nanoparticles/microparticles (Mg/Al=2) as adsorbents for temperature swing adsorption: Effect of particle size on CO_2 gas evolution behavior[J]. The Journal of Physical Chemistry C, 2024, 128(6): 2435-2448.

[37] RAHEEM A, RAHMAN N, KHAN S. Monolayer adsorption of ciprofloxacin on magnetic inulin/Mg–Zn–Al layered double hydroxide: Advanced interpretation of the adsorption process[J]. Langmuir, 2024, 40(25): 12939-12953.

[38] WIJITWONGWAN R P, OGAWA M. NiFe layered double hydroxides with controlled composition and morphology for the efficient removal of Cr(VI) from water[J]. Langmuir, 2024, 40(2): 1408-1417.

[39] SHEN J, YUAN Y, DUAN F, et al. Performance of resin adsorption and ozonation pretreatment in mitigating organic fouling of reverse osmosis membrane[J]. Journal of Water Process Engineering, 2023, 53: 103688.

[40] CRITTENDEN J C, TRUSSELL R R, HAND D W, et al. MWH's Water Treatment: Principles and Design[M]. Third Edition. Wiley, 2012: 541-639.

[41] 程海军. 锰氧化物纳米颗粒在水中的团聚动力学研究[D]. 哈尔滨: 哈尔滨工业大学, 2020.

[42] 黄鑫. 聚合钛盐混凝剂的研究[D]. 济南: 山东大学, 2017.

[43] SHON H K, VIGNESWARAN S, KIM I S, et al. Preparation of titanium dioxide (TiO_2) from sludge produced by titanium tetrachloride ($TiCl_4$) flocculation of wastewater[J]. Environmental Science & Technology, 2007, 41(4): 1372-1377.

[44] ZHAO Y X, PHUNTSHO S, GAO B Y, et al. Preparation and characterization of novel polytitanium tetrachloride coagulant for water purification[J]. Environmental Science & Technology, 2013, 47(22): 12966-12975.

[45] 沈健. 复配絮凝剂协同去除焦化废水中难降解有机污染物和氰化物的研究[D]. 北京: 中国科学院研究生院, 2014.

[46] YANG Z, JIA S, ZHUO N, et al. Flocculation of copper(II) and tetracycline from water using a novel pH- and temperature-responsive flocculants[J]. Chemosphere, 2015, 141: 112-119.

[47] YANG Z, REN K, GUIBAL E, et al. Removal of trace nonylphenol from water in the coexistence of suspended inorganic particles and NOMs by using a cellulose-based flocculant[J]. Chemosphere, 2016, 161: 482-490.

[48] REN K, DU H, YANG Z, et al. Separation and sequential recovery of tetracycline and Cu(II) from water using reusable thermoresponsive chitosan-based flocculant[J]. ACS Applied Materials & Interfaces, 2017, 9(11): 10266-10275.

[49] JIA S, YANG Z, YANG W, et al. Removal of Cu(II) and tetracycline using an aromatic rings-functionalized chitosan-based flocculant: Enhanced interaction between the flocculant and the antibiotic[J]. Chemical Engineering Journal, 2016, 283: 495-503.

[50] JIA S, YANG Z, REN K, et al. Removal of antibiotics from water in the coexistence of suspended particles and natural organic matters using amino-acid-modified-chitosan flocculants: A combined experimental and theoretical study[J]. Journal of Hazardous Materials, 2016, 317: 593-601.

[51] WANG Z, LI Y, HU M, et al. Influence of DOM characteristics on the flocculation removal of

[51] trace pharmaceuticals in surface water by the successive dosing of alum and moderately hydrophobic chitosan[J]. Water Research, 2022, 213: 118163.

[52] DU H, YANG Z, TIAN Z, et al. Enhanced removal of trace antibiotics from turbid water in the coexistence of natural organic matters using phenylalanine-modified-chitosan flocculants: Effect of flocculants' molecular architectures[J]. Chemical Engineering Journal, 2018, 333: 310-319.

[53] YANG Z, HOU T, MA J, et al. Role of moderately hydrophobic chitosan flocculants in the removal of trace antibiotics from water and membrane fouling control[J]. Water Research, 2020, 177: 115775.

[54] WANG Z, CHEN R, LI Y, et al. Protein-folding-inspired approach for UF fouling mitigation using elevated membrane cleaning temperature and residual hydrophobic-modified flocculant after flocculation-sedimentation pre-treatment[J]. Water Research, 2023, 236: 119942.

[55] LI Y, WANG Y, JIN J, et al. Enhanced removal of trace pesticides and alleviation of membrane fouling using hydrophobic-modified inorganic-organic hybrid flocculants in the flocculation-sedimentation-ultrafiltration process for surface water treatment[J]. Water Research, 2023, 229: 119447.

[56] ZHOU L, XU Z, HUA C, et al. Facile synthesis of nitrogen and sulfur co-doped hollow microsphere polymers from benzothiazole containing wastewater for water treatment[J]. Chemosphere, 2022, 287: 131982.

[57] ZHOU L, XIE Y, CAO H, et al. Enhanced removal of benzothiazole in persulfate promoted wet air oxidation via degradation and synchronous polymerization[J]. Chemical Engineering Journal, 2019, 370: 208-217.

[58] DU P, ZHAO H, LI H, et al. Transformation, products, and pathways of chlorophenols via electro-enzymatic catalysis: How to control toxic intermediate products[J]. Chemosphere, 2016, 144: 1674-1681.

[59] ZHAO H, ZHANG D, DU P, et al. A combination of electro-enzymatic catalysis and electrocoagulation for the removal of endocrine disrupting chemicals from water[J]. Journal of Hazardous Materials, 2015, 297: 269-277.

[60] LI H, ZHAO H, LIU C, et al. A novel mechanism of bisphenol A removal during electro-enzymatic oxidative process: Chain reactions from self-polymerization to cross-coupling oxidation[J]. Chemosphere, 2013, 92(10): 1294-1300.

[61] GAO W, LIANG S, WANG R, et al. Industrial carbon dioxide capture and utilization: State of the art and future challenges[J]. Chemical Society Reviews, 2020, 49(23): 8584-8686.

[62] 殷俊. 有机胺对烟气中二氧化碳的吸收及再生性能的研究[D]. 上海: 华东理工大学, 2017.

[63] 李杰. 叔烷基伯胺溶剂吸收 CO_2 和 H_2S 气体的热力学及机理研究[D]. 北京: 中国科学院研究生院, 2014.

[64] OZTURK B, YILMAZ D. Absorptive removal of volatile organic compounds from flue gas streams[J]. Process Safety and Environmental Protection, 2006, 84: 391-398.

[65] 林宇耀. 吸收法处理医药化工行业 VOCs 实验研究[D]. 杭州: 浙江大学, 2014.

[66] 罗奇. 间苯二酚低共熔溶剂对氨气的捕集性能研究[D]. 大连: 大连工业大学, 2021.

[67] LI Y, ALI M C, YANG Q, et al. Hybrid deep eutectic solvents with flexible hydrogen-bonded supramolecular networks for highly efficient uptake of NH_3[J]. ChemSusChem, 2017, 10(17): 3368-3377.

[68] AN S, XU T, XING L, et al. Recent progress and prospects in solid acid-catalyzed CO_2 desorption from amine-rich liquid[J]. Gas Science and Engineering, 2023, 120: 205152.

[69] FOUZAI I, RADAOUI M, DíAZ-ABAD S, et al. Electrospray deposition of catalyst layers with ultralow Pt loading for cost-effective H_2 production by SO_2 electrolysis[J]. ACS Applied Energy Materials, 2022, 5(2): 2138-2149.

[70] PEI Y, WANG C, ZHONG H, et al. Concurrent electrolysis under pressured CO_2 for simultaneous CO_2 reduction and hazardous SO_2 removal[J]. ACS Sustainable Chemistry & Engineering, 2022, 10(38): 12670-12678.

[71] ZHU P, WU Z-Y, ELGAZZAR A, et al. Continuous carbon capture in an electrochemical solid-electrolyte reactor[J]. Nature, 2023, 618(7967): 959-966.

[72] RAY A K. Chapter 12-Leaching[M]//RAY A K. Coulson and Richardson's Chemical Engineering. Sixth Edition. Butterworth-Heinemann, 2023: 727-756.

[73] JING Q, ZHANG J, LIU Y, et al. E-pH Diagrams for the Li-Fe-P-H_2O System from 298 to 473 K: Thermodynamic analysis and application to the wet chemical processes of the $LiFePO_4$ cathode material[J]. The Journal of Physical Chemistry C, 2019, 123(23): 14207-14215.

[74] FARAJI F, ALIZADEH A, RASHCHI F, et al. Kinetics of leaching: A review[J]. Reviews in Chemical Engineering, 2022, 38(2).

[75] LIN J, LI L, FAN E, et al. Conversion mechanisms of selective extraction of lithium from spent lithium-ion batteries by sulfation roasting[J]. ACS Applied Materials & Interfaces, 2020, 12(16): 18482-18489.

[76] GU F, ZHANG Y, PENG Z, et al. Selective recovery of chromium from ferronickel slag via alkaline roasting followed by water leaching[J]. Journal of Hazardous Materials, 2019, 374: 83-91.

[77] 刘琦, 周芳, 冯健, 等. 我国稀土资源现状及选矿技术进展[J]. 矿产保护与利用, 2019, 39(5): 76-83.

[78] LIANG S, CHEN H, ZENG X, et al. A comparison between sulfuric acid and oxalic acid leaching with subsequent purification and precipitation for phosphorus recovery from sewage sludge incineration ash[J]. Water Research, 2019, 159: 242-251.

[79] ZHAO C, WANG C, WANG X, et al. Recovery of tungsten and titanium from spent SCR catalyst by sulfuric acid leaching process[J]. Waste Management, 2022, 155: 338-347.

[80] LIU J, WANG C, HOU X, et al. Extraction of W, V, and As from spent SCR catalyst by alkali pressure leaching and the pressure leaching mechanism[J]. Journal of Environmental Management, 2023, 347: 119107.

[81] JADHAO P R, PANDEY A, PANT K K, et al. Efficient recovery of Cu and Ni from WPCB via alkali leaching approach[J]. Journal of Environmental Management, 2021, 296: 113154.

[82] YANG Y, ZHENG X, TAO T, et al. A sustainable process for selective recovery of metals from gallium-bearing waste generated from LED industry[J]. Waste Management, 2023, 167: 55-63.

[83] LóPEZ-YáñEZ A, ALONSO A, VENGOECHEA-PIMIENTA A, et al. Indium and tin recovery from waste LCD panels using citrate as a complexing agent[J]. Waste Management, 2019, 96: 181-189.

[84] GUO T, GU H, WANG N. Dissolution behavior of DTPA-promoted barium slag and synthesis of submicron $BaSO_4$ particles[J]. Journal of Cleaner Production, 2022, 362: 132482.

[85] FAN Z-Y, WU Y-Y, NIE D-P, et al. Occurrence state of fluoride in barite ore and the complexation leaching process[J]. Chemosphere, 2023, 344: 140437.

[86] NOGUEIRA C A, PAIVA A P, OLIVEIRA P C, et al. Oxidative leaching process with cupric ion in hydrochloric acid media for recovery of Pd and Rh from spent catalytic converters[J]. Journal of Hazardous Materials, 2014, 278: 82-90.

[87] XIE B, LIU C, WEI B, et al. Recovery of rare earth elements from waste phosphors via alkali fusion roasting and controlled potential reduction leaching[J]. Waste Management, 2023, 163: 43-51.

[88] XU M, KANG S, JIANG F, et al. A process of leaching recovery for cobalt and lithium from spent lithium-ion batteries by citric acid and salicylic acid[J]. RSC Advances, 2021, 11: 27689-27700.

[89] LI X, BINNEMANS K. Oxidative dissolution of metals in organic solvents[J]. Chemical Reviews, 2021, 121(8): 4506-4530.

[90] LI X, MONNENS W, LI Z, et al. Solvometallurgical process for extraction of copper from chalcopyrite and other sulfidic ore minerals[J]. Green Chemistry, 2019, 22: 417-426.

[91] WANG M, LIU K, XU Z, et al. Selective extraction of critical metals from spent lithium-ion batteries[J]. Environmental Science & Technology, 2023, 57(9): 3940-3950.

[92] 邱冠周, 刘学端. 用生物技术的钥匙开启矿产资源利用的大门[J]. 中国有色金属学报, 2019, 29(09): 1848-1858.

[93] BISWAL B K, JADHAV U U, MADHAIYAN M, et al. Biological leaching and chemical precipitation methods for recovery of Co and Li from spent lithium-ion batteries[J]. ACS Sustainable Chemistry & Engineering, 2018, 6(9): 12343-12352.

[94] LV X, WU Q, HUANG X, et al. Effect of microwave pretreatment on the leaching and enrichment effect of copper in waste printed circuit boards[J]. ACS Omega, 2023, 8(2): 2575-2585.

[95] GUO L, LAN J, DU Y, et al. Microwave-enhanced selective leaching of arsenic from copper smelting flue dusts[J]. Journal of Hazardous Materials, 2019, 386: 121964.

[96] PATIL D, CHIKKAMATH S, KENY S, et al. Rapid dissolution and recovery of Li and Co from spent $LiCoO_2$ using mild organic acids under microwave irradiation[J]. Journal of Environmental Management, 2019, 256: 109935.

[97] BAO S, CHEN B, ZHANG Y, et al. A comprehensive review on the ultrasound-enhanced leaching recovery of valuable metals: Applications, mechanisms and prospects[J]. Ultrasonics Sonochemistry, 2023, 98: 106525.

[98] OZA R, SHAH N, PATEL S. Recovery of nickel from spent catalysts using ultrasonication-assisted leaching[J]. Journal of Chemical Technology and Biotechnology, 2011, 86(10): 1276-1281.

[99] CHANG J, ZHANG E, YANG C, et al. Kinetics of ultrasound-assisted silver leaching from sintering dust using thiourea[J]. Green Processing and Synthesis, 2016, 5(1).

[100] YANG J, ZHOU Y, ZHANG Z-L, et al. Effect of electric field on leaching valuable metals from spent lithium-ion batteries[J]. Transactions of Nonferrous Metals Society of China, 2023, 33(2): 632-641.

[101] ZUPANC A, INSTALL J, JEREB M, et al. Sustainable and selective modern methods of noble metal recycling[J]. Angewandte Chemie International Edition, 2023, 62(5): e202214453.

[102] WEI Q, WU Y, LI S, et al. Spent lithium ion battery (LIB) recycle from electric vehicles: A mini-review[J]. Science of the Total Environment, 2023, 866: 161830.

[103] 邓麦村, 金万勤. 膜技术手册[M]. 2版. 北京: 化学工业出版, 2021.

[104] OATLEY-RADCLIFFE D L, WALTERS M, AINSCOUGH T J, et al. Nanofiltration membranes and processes: A review of research trends over the past decade[J]. Journal of Water Process Engineering, 2017, 19: 164-171.

[105] REN D, REN S, LIN Y, et al. Recent developments of organic solvent resistant materials for

membrane separations[J]. Chemosphere, 2021, 271: 129425.
[106] 王思思, 赵洋, 程羽君, 等. 耐有机溶剂型分离膜的制备及应用研究进展[J]. 高分子材料科学与工程, 2024, 40(1): 9.
[107] 张维润. 电渗析工程学[M]. 北京: 科学出版社, 1995.
[108] 汪锰, 王湛, 李政雄. 膜材料及其制备[M]. 北京: 化学工业出版社, 2003.
[109] JIANG S, Sun H, Wang H, et al. A comprehensive review on the synthesis and applications of ion exchange membranes[J]. Chemosphere, 2021, 282: 130817.
[110] 徐铜文. 膜化学与技术教程[M]. 合肥: 中国科学技术大学出版社, 2003.
[111] 邵刚. 膜法水处理技术[M]. 北京: 冶金工业出版社, 2001.
[112] 连文玉, 李晓玉, 刘兆明, 等. 扩散渗析法回收化成箔酸性废液中的硫酸和磷酸[J]. 山东化工, 2019, 48(19): 240-242, 244.
[113] 王湛, 邵刚. 膜分离技术基础[M]. 2版. 北京: 化学工业出版社, 2006.
[114] DUKE M, ZHAO D, SEMIAT R. Functional Nanostructed Materials and Membranes for Water Treatment[M]. Germany: Wiley. Weinheim, 2013.
[115] HEINER S, ANDREJ G, GERHART E. Ion-exchange membranes in the chemical process industry[J]. Industrial & Engineering Chemistry Research, 2013, 52(31): 10364-10379.
[116] S. K R, O. C. Modeling and validation of concentration dependence of ion exchange membrane permselectivity: Significance of convection and Manning's counter-ion condensation theory[J]. Journal of Membrane Science, 2021, 620.
[117] 张晓燕. 味精等电母液资源化新方法及过程模拟[D]. 北京: 中国科学院研究生院, 2007.
[118] 高从堦, 陈国华. 海水淡化技术与工程手册[M]. 北京: 化学工业出版社, 2004.
[119] (荷) 肯佩曼 (Kemperman A.J.B.). 双极膜技术手册 (Handbook on Bipolar Membrane Technology) [M]. 徐铜文, 傅荣强, 译. 北京: 化学工业出版社, 2004.
[120] (日) 佐田俊胜. 离子交换膜: 制备, 表征, 改性和应用[M]. 汪锰, 任庆春, 译. 北京: 化学工业出版社, 2015.
[121] MEHDI S, MAHDI B U M, FAUZI I A, et al. Environmental sustainability and ions removal through electrodialysis desalination: Operating conditions and process parameters[J]. Desalination, 2023, 549: 116319.
[122] TANAKA Y. Ion Exchange Membranes: Fundamentals and Applications[M]. 2nd ed. Elsevier, 2015.
[123] STRATHMANN H. Ion-Exchange Membrane Separation Processes[M]. Amsterdam: Elsevier, 2004.
[124] FH. Ion Exchange[M]. New York: Dover, 1995.
[125] 陈志华, 周键, 王三反. 离子交换膜选择透过机理的研究进展[J]. 应用化工, 2021, 50(5): 1366-1371.
[126] 刘璐, 赵志娟, 李雅, 等. 工业废水电渗析过程中膜污染研究进展[J]. 过程工程学报, 2015, 15: 86-96.
[127] 曹仁强, 冯占立, 李玉娇, 等. 阴离子交换膜改性及抗污染性能研究进展[J]. 过程工程学报, 2019, 19(3): 473-482.
[128] 赵志娟. 电渗析阴离子交换膜污染机理及抗污染表面改性研究[D]. 北京: 中国科学院大学, 2019.
[129] MAONAN Z, QING X, XIAODAN Z, et al. Concentration effects of calcium ion on polyacrylamide fouling of ion-exchange membrane in electrodialysis treatment of flue gas desulfurization wastewater[J]. Separation and Purification Technology, 2023, 304: 122383.
[130] DANNER H, MADIINGAIDZO L, HOLZER M, et al. Extraction and purification of lactic acid from silages[J]. Bioresource Technology, 2000, 75(3): 181-187.

[131] HáBOVá V, KAREL M, MOJMíR R, et al. Electrodialysis as a useful technique for lactic acid separation from a model solution and a fermentation broth[J]. Desalination, 2004, 162: 361-372.

[132] HENGCHENG Z, ZHI Z, YONGJING C, et al. A novel ion exchange-electrodialysis hybrid system to treat rare-earth oxalic precipitation mother liquid: Contamination reduction, efficient Y_3^+ recovery, and acid separation[J]. Desalination, 2023, 565: 116815.

[133] JIAKAI Q, JING W, MINGZHU R, et al. Comprehensive effect of water matrix on catalytic ozonation of chloride contained saline wastewater[J]. Water Research, 2023, 234: 119827.

[134] YUXIAN W, YONGBING X, CHUNMAO C, et al. Synthesis of magnetic carbon supported manganese catalysts for phenol oxidation by activation of peroxymonosulfate[J]. Catalysts, 2016, 7(1).

[135] BALSTER J, STAMATIALIS D F, WESSLING M. Towards spacer free electrodialysis[J]. Journal of Membrane Science, 2009, 341(1-2): 131-138.

[136] AL-AMSHAWEE S K A, MOHD YUNUS M Y B. Impact of membrane spacers on concentration polarization, flow profile, and fouling at ion exchange membranes of electrodialysis desalination: Diagonal net spacer vs. ladder-type configuration[J]. Chemical Engineering Research and Design, 2023, 191: 197-213.

[137] 李林林. 阴离子交换膜化学接枝改性及抗污染性能研究[D]. 天津: 天津科技大学, 2021.

[138] 曹仁强. 多巴胺/聚苯乙烯磺酸钠复合改性阴离子交换膜抗污染性能研究[D]. 北京: 中国科学院大学, 2020.

[139] 李玉娇. 阴离子交换膜表面氧化石墨烯固定化及抗污染性能研究[D]. 北京:中国科学院大学, 2021.

[140] 曹仁强. 阴离子交换膜原位表面改性及抗污染性能研究[D]. 北京:中国科学院大学, 2024.

[141] W. G-V, L. D, C. L, et al. Effects of acid-base cleaning procedure on structure and properties of anion-exchange membranes used in electrodialysis[J]. Journal of Membrane Science, 2016, 507: 12-23.

[142] QING X, LIPING Q, SHUILI Y, et al. Effects of alkaline cleaning on the conversion and transformation of functional groups on ion-exchange membranes in polymer-flooding wastewater treatment: Desalination performance, fouling behavior, and aechanism[J]. Environmental Science & Technology, 2019, 53(24): 14430-14440.

[143] DESHMUKH A, BOO C, KARANIKOLA V, et al. Membrane distillation at the water-energy nexus: Limits, opportunities, and challenges[J]. Energy & Environmental Science, 2018, 11(5): 1177-1196.

[144] 苏春雷. 高通量/抗结垢纳米纤维膜的制备及其膜蒸馏脱盐性能研究[D]. 北京: 中国科学院大学, 2020.

[145] 陆纯. 超疏水/双疏纳米纤维膜的制备及膜蒸馏性能研究[D]. 北京: 中国科学院大学, 2019.

[146] 陈翠仙. 膜分离[M]. 北京: 化学工业出版社, 2017.

[147] 金万勤, 刘公平. 有机-无机复合分离膜[M]. 北京: 化学工业出版社, 2021.

[148] MUKHERJEE M, ROY S, BHOWMICK K, et al. Development of high performance pervaporation desalination membranes: A brief review[J]. Process Safety and Environmental Protection, 2022, 159: 1092-1104.

[149] CASTRO-MUñOZ R. Breakthroughs on tailoring pervaporation membranes for water desalination: A review[J]. Water Research, 2020, 187: 116428.

[150] ZHAO S, JIANG C, FAN J, et al. Hydrophilicity gradient in covalent organic frameworks for

[151] LIN Y-X, LIOU Y-K, LEE S L, et al. Preparation of PVDF/PMMA composite membrane with green solvent for seawater desalination by gap membrane distillation[J]. Journal of Membrane Science, 2023, 679: 121676.

[152] HU Y, XIE M, CHEN G, et al. Nitrogen recovery from a palladium leachate via membrane distillation: System performance and ammonium chloride crystallization[J]. Resources, Conservation and Recycling, 2022, 183: 106368.

[153] PANG H, TIAN K, LI Y, et al. Super-hydrophobic PTFE hollow fiber membrane fabricated by electrospinning of Pullulan/PTFE emulsion for membrane deamination[J]. Separation and Purification Technology, 2021, 274: 118186.

[154] MA X, LI Y, CAO H, et al. High-selectivity membrane absorption process for recovery of ammonia with electrospun hollow fiber membrane[J]. Separation and Purification Technology, 2019, 216: 136-146.

[155] 李雅, 刘晨明, 石绍渊, 等. 膜吸收法处理黄金冶炼含氰废水的试验研究[J]. 黄金, 2017, 3(38): 71-75.

[156] YUN T, KIM J, LEE S, et al. Application of vacuum membrane distillation process for lithium recovery in spent lithium ion batteries (LIBs) recycling process[J]. Desalination, 2023, 565: 116874.

[157] ALKHUDHIRI A, HAKAMI M, ZACHAROF M-P, et al. Mercury, Arsenic and Lead Removal by Air Gap Membrane Distillation: Experimental Study[J]. Water, 2020, 12(6): 1574.

[158] MANNA A K, SEN M, MARTIN A R, et al. Removal of arsenic from contaminated groundwater by solar-driven membrane distillation[J]. Environmental Pollution, 2010, 158(3): 805-811.

[159] ZHAO S, TAO Z, HAN M, et al. Hierarchical Janus membrane with superior fouling and wetting resistance for efficient water recovery from challenging wastewater via membrane distillation[J]. Journal of Membrane Science, 2021, 618: 118676.

[160] YUE D, WANG Y, ZHANG H, et al. A novel silver/activated-polyvinylidene fluoride-polydimethyl siloxane hydrophilic-hydrophobic Janus membrane for vacuum membrane distillation and its anti-oil-fouling ability[J]. Journal of Membrane Science, 2021, 638: 119718.

[161] WU X M, ZHANG Q G, SOYEKWO F, et al. Pervaporation removal of volatile organic compounds from aqueous solutions using the highly permeable PIM-1 membrane[J]. AIChE Journal, 2015, 62(3): 842-851.

[162] CAO X, WANG K, FENG X. Removal of phenolic contaminants from water by pervaporation[J]. Journal of Membrane Science, 2021, 623: 119043.

[163] PAN Y, GUO Y, LIU J, et al. PDMS with tunable side group mobility and its highly permeable membrane for removal of aromatic compounds[J]. Angewandte Chemie International Edition, 2022, 61(6): e202111810.

[164] LI Y, THOMAS E R, MOLINA M H, et al. Desalination by membrane pervaporation: A review[J]. Desalination, 2023, 547: 116223.

[165] CHENG C, SHEN L, YU X, et al. Robust construction of a graphene oxide barrier layer on a nanofibrous substrate assisted by the flexible poly(vinylalcohol) for efficient pervaporation desalination[J]. Journal of Materials Chemistry A, 2017, 5(7): 3558-3568.

[166] OMAR N M A, OTHMAN M H D, TAI Z S, et al. Bottlenecks and recent improvement strategies of ceramic membranes in membrane distillation applications: A review[J]. Journal

［167］ CHEN H, LIU X, GONG D, et al. Ultrahigh-water-flux desalination on graphdiyne membranes[J]. Nature Water, 2023, 1(9): 800-807.
［168］ CHENG D, ZHAO L, LI N, et al. Aluminum fumarate MOF/PVDF hollow fiber membrane for enhancement of water flux and thermal efficiency in direct contact membrane distillation[J]. Journal of Membrane Science, 2019, 588: 117204.
［169］ HUANG Z, YANG G, ZHANG J, et al. Dual-layer membranes with a thin film hydrophilic MOF/PVA nanocomposite for enhanced antiwetting property in membrane distillation[J]. Desalination, 2021, 518: 115268.
［170］ ZHU X, YU Z, ZENG H, et al. Using a simple method to prepare UiO-66-NH$_2$/chitosan composite membranes for oil-water separation[J]. Journal of Applied Polymer Science, 2021, 138(31).
［171］ SU C, LU C, CAO H, et al. Fabrication of a novel nanofibers-covered hollow fiber membrane via continuous electrospinning with non-rotational collectors[J]. Materials Letters, 2017, 204: 8-11.
［172］ SU C, LI Y, DAI Y, et al. Fabrication of three-dimensional superhydrophobic membranes with high porosity via simultaneous electrospraying and electrospinning[J]. Materials Letters, 2016, 170: 67-71.
［173］ SU C, CHANG J, TANG K, et al. Novel three-dimensional superhydrophobic and strength-enhanced electrospun membranes for long-term membrane distillation[J]. Separation and Purification Technology, 2017, 178: 279-287.
［174］ SU C, LU C, CAO H, et al. Fabrication and post-treatment of nanofibers-covered hollow fiber membranes for membrane distillation[J]. Journal of Membrane Science, 2018, 562: 38-46.
［175］ LU C, SU C, CAO H, et al. F-POSS based omniphobic membrane for robust membrane distillation[J]. Materials Letters, 2018, 228: 85-88.
［176］ SU C, LI Y, CAO H, et al. Novel PTFE hollow fiber membrane fabricated by emulsion electrospinning and sintering for membrane distillation[J]. Journal of Membrane Science, 2019, 583: 200-208.
［177］ SU C, LU C, HORSEMAN T, et al. Dilute solvent welding: A quick and scalable approach for enhancing the mechanical properties and narrowing the pore size distribution of electrospun nanofibrous membrane[J]. Journal of Membrane Science, 2020, 595: 117548.
［178］ CHUN LU, CHUNLEI SU, CAO H, et al. Nanoparticle-free and self-healing amphiphobic membrane for anti-surfactant-wetting membrane distillation[J]. Journal of Environmental Sciences, 2021, 100: 298-305.
［179］ HORSEMAN T, YIN Y, CHRISTIE K S S, et al. Wetting, scaling, and fouling in membrane distillation: State-of-the-art insights on fundamental mechanisms and mitigation strategies[J]. ACS ES&T Engineering, 2020, 1(1): 117-140.
［180］ YIN Y, JEONG N, MINJAREZ R, et al. Contrasting behaviors between gypsum and silica scaling in the presence of antiscalants during membrane distillation[J]. Environmental Science & Technology, 2021, 55(8): 5335-5346.
［181］ LIU L, HE H, WANG Y, et al. Mitigation of gypsum and silica scaling in membrane distillation by pulse flow operation[J]. Journal of Membrane Science, 2021, 624: 119107.
［182］ FENG D, CHEN Y, WANG Z, et al. Janus membrane with a dense hydrophilic surface layer for robust fouling and wetting resistance in membrane distillation: New insights into wetting resistance[J]. Environmental Science & Technology, 2021, 55(20): 14156-14164.

[183] SU C, HORSEMAN T, CAO H, et al. Robust superhydrophobic membrane for membrane distillation with excellent scaling resistance[J]. Environmental Science & Technology, 2019, 53(20): 11801-11809.
[184] LIU G, XIANGLI F, WEI W, et al. Improved performance of PDMS/ceramic composite pervaporation membranes by ZSM-5 homogeneously dispersed in PDMS via a surface graft/coating approach[J]. Chemical Engineering Journal, 2011, 174(2-3): 495-503.
[185] SHEN J, ZHANG M, LIU G, et al. Facile tailoring of the two-dimensional graphene oxide channels for gas separation[J]. RSC Advances, 2016, 6(59): 54281-54285.
[186] LIU S, LIU G, ZHAO X, et al. Hydrophobic-ZIF-71 filled PEBA mixed matrix membranes for recovery of biobutanol via pervaporation[J]. Journal of Membrane Science, 2013, 446: 181-188.
[187] LIANG B, ZHAN W, QI G, et al. High performance graphene oxide/polyacrylonitrile composite pervaporation membranes for desalination applications[J]. Journal of Materials Chemistry A, 2015, 3(9): 5140-5147.
[188] CHENG X, LI T, YAN L, et al. Biodegradable electrospinning superhydrophilic nanofiber membranes for ultrafast oil-water separation[J]. Science Advances, 2023, 9(34): eadh8195.
[189] XIAO Z, CHEN C, LIU S, et al. Endowing durable icephobicity by combination of a rough powder coating and a superamphiphobic coating[J]. Chemical Engineering Journal, 2024, 482: 149001.
[190] ZHAO J, ZHU W, WANG X, et al. Fluorine-free waterborne coating for environmentally friendly, robustly water-resistant, and highly breathable fibrous textiles[J]. ACS Nano, 2020, 14(1): 1045-1054.
[191] HE B, HOU X, LIU Y, et al. Design of fluorine-free waterborne fabric coating with robust hydrophobicity, water-resistant and breathability[J]. Separation and Purification Technology, 2023, 311: 123308.
[192] TAGLIARO I, MARIANI M, AKBARI R, et al. PFAS-free superhydrophobic chitosan coating for fabrics[J]. Carbohydr Polym, 2024, 333: 121981.
[193] 李乃军，翟肖. 还原与沉淀[M]. 北京：冶金工业出版社，2008.
[194] 中南矿冶学院，蒋汉瀛. 湿法冶金过程物理化学[M]. 北京：冶金工业出版社，1987.
[195] 梁英教，车荫昌. 无机物热力学数据手册[M]. 沈阳：东北大学出版社，1993.
[196] 武汉大学. 分析化学[M]. 5版. 北京：高等教育出版社，2006.
[197] 侯丹莉，赵忠妹，文荣荣，等. 锌冶炼先进工艺技术要点及有效应用[J]. 中国金属通报，2022，(19): 17-19.
[198] 唐贻发. 现代铅锌冶炼技术的应用与特点分析[J]. 冶金与材料，2019，39 (3) :83-84.
[199] 宋华浩. 工业铝酸钠溶液超声波场下制备超细氧化铝[D]. 贵阳：贵州大学，2023.
[200] 李洪桂. 湿法冶金学[M]. 长沙：中南大学出版社，2002.
[201] 梁连科. 冶金热力学及动力学[M]. 沈阳：东北工学院出版社，1990.
[202] 张丽霞. 硫化物沉淀法及其对金属硫化物分离的影响[J]. 湿法冶金，2006，(5): 51.
[203] 朱屯. 现代铜湿法冶金[M]. 北京：冶金工业出版社出版，2002.
[204] 韩晓霞，倪刚. 无机及分析化学[M]. 武汉：武汉大学出版社，2021.
[205] 王子潇. 纳米 TiO_2 水溶胶对水泥基材料的自洁净性能提升与功能退化机制[D]. 南京：东南大学，2021.
[206] 贺颖，周吉，唐彬，等. 海藻酸钠复合功能纤维的制备及荧光/SERS 传感研究[C]. 第二十届全国光散射学术会议（CNCLS 20），中国江苏苏州，2019.
[207] 王莹莹. 新型纳米材料用于构建电化学生物传感器及癌症治疗[D]. 南京：南京大学，2017.

[208] 冯斌. 抗菌性水性聚丙烯酸酯木器涂料的制备及性能研究[D]. 哈尔滨: 东北林业大学, 2022.
[209] 张雪, 左希敏, 刘涛. 水溶胶作为食品抗菌剂的潜在应用[J]. 中国调味品, 2018, 43(9): 189-191.
[210] 李潜, 缪应祺, 张红梅. 水污染控制工程[M]. 北京: 中国环境出版社, 2013.
[211] 赵天从. 有色金属提取冶金手册: 锡锑汞[M]. 北京: 冶金工业出版社, 1999.
[212] 孙晓峰. 铅蓄电池行业重金属污染防治研究[J]. 中国环保产业, 2012, (11): 5.
[213] 秦榕年. 摄影含银废液中银的回收[J]. 化工技术与开发, 1995, (2): 46-49.
[214] 陆永生. 水污染控制工程[M]. 上海: 上海大学出版社, 2022.
[215] 彭党聪. 水污染控制工程[M]. 北京: 冶金工业出版社, 2010.
[216] OREN Y. Capacitive deionization (CDI) for desalination and water treatment—Past, present and future (a review)[J]. Desalination, 2008, 228(1-3): 10-29.
[217] PORADA S, ZHAO R, VAN DER WAL A, et al. Review on the science and technology of water desalination by capacitive deionization[J]. Progress in Materials Science, 2013, 58(8): 1388-1442.
[218] SRIMUK P, SU X, YOON J, et al. Charge-transfer materials for electrochemical water desalination, ion separation and the recovery of elements[J]. Nature Reviews Materials, 2020, 5(7): 517-538.
[219] 段锋. 有序介孔碳电化学同步除盐和矿化难降解有机物[D]. 北京: 中国科学院大学, 2015.
[220] 唐可欣. 超级电容器和电吸附脱盐的多孔碳电极的制备与应用[D]. 天津: 天津大学, 2018.
[221] 常俊俊. 非对称结构在电容脱盐中强化离子去除研究[D]. 北京: 中国科学院大学, 2020.
[222] 王凯军, 房阔, 宫徽, 等. 从低能耗脱盐到资源回收的电容去离子技术在环境领域的研究进展[J]. 环境工程学报, 2018, 12(8): 2141-2152.
[223] REMILLARD E M, SHOCRON A N, RAHILL J, et al. A direct comparison of flow-by and flow-through capacitive deionization[J]. Desalination, 2018, 444: 169-177.
[224] LEE J, KIM S, KIM C, et al. Hybrid capacitive deionization to enhance the desalination performance of capacitive techniques[J]. Energy & Environmental Science, 2014, 7(11): 3683-3689.
[225] TU X, LIU Y, WANG K, et al. Ternary-metal Prussian blue analogues as high-quality sodium ion capturing electrodes for rocking-chair capacitive deionization[J]. Journal of Colloid and Interface Science, 2023, 642: 680-690.
[226] LEE J B, PARK K K, EUM H M, et al. Desalination of a thermal power plant wastewater by membrane capacitive deionization[J]. Desalination, 2006, 196(1-3): 125-134.
[227] LI H, ZOU L. Ion-exchange membrane capacitive deionization: A new strategy for brackish water desalination[J]. Desalination, 2011, 275(1-3): 62-66.
[228] ZHAO R, SATPRADIT O, RIJNAARTS H H, et al. Optimization of salt adsorption rate in membrane capacitive deionization[J]. Water Research, 2013, 47(5): 1941-1952.
[229] TANG W, HE D, ZHANG C, et al. Comparison of Faradaic reactions in capacitive deionization (CDI) and membrane capacitive deionization (MCDI) water treatment processes[J]. Water Research, 2017, 120: 229-237.
[230] ZHANG C, HE D, MA J, et al. Faradaic reactions in capacitive deionization (CDI) - problems and possibilities: A review[J]. Water Research, 2018, 128: 314-330.
[231] BIESHEUVEL P M, ZHAO R, PORADA S, et al. Theory of membrane capacitive deionization including the effect of the electrode pore space[J]. Journal of Colloid and

Interface Science, 2011, 360(1): 239-248.

[232] JEON S I, PARK H R, YEO J G, et al. Desalination *via* a new membrane capacitive deionization process utilizing flow-electrodes[J]. Energy & Environmental Science, 2013, 6(5): 1471-1475.

[233] HE C, MA J, ZHANG C, et al. Short-circuited closed-cycle operation of flow-electrode CDI for brackish water softening[J]. Environmental Science & Technology, 2018, 52(16): 9350-9360.

[234] LIM J, LEE S, LEE H, et al. Energetic comparison of flow-electrode capacitive deionization and membrane technology: Assessment on applicability in desalination fields[J]. Environmental Science & Technology, 2024, 58(14): 6181-6191.

[235] FARMER J C, FIX D V, MACK G V, et al. Capacitive deionization of NaCl and NaNO$_3$ solutions with carbon aerogel electrodes[J]. Journal of The Electrochemical Society, 1996, 143(1): 159-169.

[236] 刘海静, 张鸿涛, 孙晓慰. 电吸附法去除地下水中离子的试验研究[J]. 中国给水排水, 2003, 19(11): 36-38.

[237] 黄斌, 潘咸峰, 孙晓慰, 等. 电吸附组合工艺在炼油污水回用中的研究与应用[J]. 环境工程, 2009, 27(6): 6-11.

[238] 陈兆林, 孙晓慰, 郭洪飞, 等. 电吸附技术处理首钢污水厂二级出水的中试研究[J]. 中国给水排水, 2010, 26(9): 115-116.

[239] 朱广东, 郭洪飞, 孙晓慰. 电吸附除盐技术在中水回用中的应用研究[J]. 中国建筑信息(水工业市场), 2010, (12): 55-58.

[240] TAN C, HE C, TANG W, et al. Integration of photovoltaic energy supply with membrane capacitive deionization (MCDI) for salt removal from brackish waters[J]. Water Research, 2018, 147: 276-286.

[241] TAN C, HE C, FLETCHER J, et al. Energy recovery in pilot scale membrane CDI treatment of brackish waters[J]. Water Research, 2020, 168: 115146.

[242] ZHU Y, LIAN B, WANG Y, et al. Machine learning modelling of a membrane capacitive deionization (MCDI) system for prediction of long-term system performance and optimization of process control parameters in remote brackish water desalination[J]. Water Research, 2022, 227: 119349.

[243] LIAN B, ZHU Y, BRANCHAUD D, et al. Application of digital twins for remote operation of membrane capacitive deionization (MCDI) systems[J]. Desalination, 2022, 525: 115482.

[244] XU Y, DUAN F, LI Y, et al. Enhanced desalination performance in asymmetric flow electrode capacitive deionization with nickel hexacyanoferrate and activated carbon electrodes[J]. Desalination, 2021, 514: 115172.

[245] XU Y, DUAN F, CAO R, et al. Enhanced salt removal performance using nickel hexacyanoferrate/carbon nanotubes as flow cathode in asymmetric flow electrode capacitive deionization[J]. Desalination, 2023, 566: 116929.

[246] ZHAO Z, SI X, LIU X, et al. Li extraction from high Mg/Li ratio brine with LiFePO$_4$/FePO$_4$ as electrode materials[J]. Hydrometallurgy, 2013, 133: 75-83.

[247] YU J, FANG D, ZHANG H, et al. Ocean mining: A Fluidic electrochemical route for lithium extraction from seawater[J]. ACS Materials Letters, 2020, 2(12): 1662-1668.

[248] HU B, ZHANG B, WANG Y, et al. Prussian blue analogue derived 3D hollow LiCoMnO$_4$ nanocube for selective extraction of lithium by pseudo-capacitive deionization[J]. Desalination, 2023, 560: 116662.

[249] HE X, WUTONG, CHENFEIYUN, et al. Enhanced NH$_4^+$ removal and recovery from

wastewater using Na-Zeolite-based flow-electrode capacitive deionization: Insight from ion transport flux[J]. Environmental Science & Technology, 2023, 57(23): 8828-8838.
[250] XU L, YU C, TIAN S, et al. Selective recovery of phosphorus from synthetic urine using flow-electrode capacitive deionization (FCDI)-based technology[J]. ACS ES&T Water, 2020, 1(1): 175-184.
[251] WANG S, ZHUANG H, SHEN X, et al. Copper removal and recovery from electroplating effluent with wide pH ranges through hybrid capacitive deionization using CuSe electrode[J]. Journal of Hazardous Materials, 2023, 457: 131785.
[252] DU F, BAUNE M, STOLTE S. Separation of organic ions from aqueous solutions by membrane capacitive deionization[J]. Chemical Engineering Science, 2023, 280: 119012.
[253] OREN Y. Capacitive deionization (CDI) for desalination and water treatment—Past, present and future (a review)[J]. Desalination, 2008, 228(1-3): 10-29.
[254] SINGH K, PORADA S, DE GIER H D, et al. Timeline on the application of intercalation materials in Capacitive Deionization[J]. Desalination, 2019, 455: 115-134.
[255] RAUDSEPP T, MARANDI M, TAMM T, et al. Influence of ion-exchange on the electrochemical properties of polypyrrole films[J]. Electrochimica Acta, 2014, 122: 79-86.
[256] VILLAR I, SUAREZ-DE LA CALLE D J, GONZáLEZ Z, et al. Carbon materials as electrodes for electrosorption of NaCl in aqueous solutions[J]. Adsorption, 2010, 17(3): 467-471.
[257] CHOI J-H. Fabrication of a carbon electrode using activated carbon powder and application to the capacitive deionization process[J]. Separation and Purification Technology, 2010, 70(3): 362-366.
[258] HOU C H, LIU N L, HSI H C. Highly porous activated carbons from resource-recovered Leucaena leucocephala wood as capacitive deionization electrodes[J]. Chemosphere, 2015, 141: 71-79.
[259] LI L, ZOU L, SONG H, et al. Ordered mesoporous carbons synthesized by a modified sol–gel process for electrosorptive removal of sodium chloride[J]. Carbon, 2009, 47(3): 775-781.
[260] ZOU L, LI L, SONG H, et al. Using mesoporous carbon electrodes for brackish water desalination[J]. Water Research, 2008, 42(8-9): 2340-2348.
[261] TASIS D, TAGMATARCHIS N, BIANCO A, et al. Chemistry of carbon nanotubes[J]. Chemical Reviews, 2006, 106: 1105-1136.
[262] CHUNG S, KANG H, OCON J D, et al. Enhanced electrical and mass transfer characteristics of acid-treated carbon nanotubes for capacitive deionization[J]. Current Applied Physics, 2015, 15(11): 1539-1544.
[263] YANG L, SHI Z, YANG W. Enhanced capacitive deionization of lead ions using air-plasma treated carbon nanotube electrode[J]. Surface and Coatings Technology, 2014, 251: 122-127.
[264] YANG L, SHI Z, YANG W. Characterization of air plasma-activated carbon nanotube electrodes for the removal of lead ion[J]. Water Science and Technology, 2014, 69(11): 2272-2278.
[265] ZHAO Y, HU C, HU Y, et al. A versatile, ultralight, nitrogen-doped graphene framework[J]. Angewandte Chemie International Edition, 2012, 124: 11533-11537.
[266] LI H B, LU T, PAN L K, et al. Electrosorption behavior of graphene in NaCl solutions[J]. Journal of Materials Chemistry, 2009, 19(37): 6773-6779.
[267] GU X, HU M, DU Z, et al. Fabrication of mesoporous graphene electrodes with enhanced capacitive deionization[J]. Electrochim Acta, 2015, 182: 183-191.

[268] GU X Y, YANG Y, HU Y, et al. Nitrogen-doped graphene composites as efficient electrodes with enhanced capacitive deionization performance[J]. RSC Advances, 2014, 4(108): 63189-63199.

[269] LI W, CHEN D, LI Z, et al. Nitrogen enriched mesoporous carbon spheres obtained by a facile method and its application for electrochemical capacitor[J]. Electrochemistry Communications, 2007, 9(4): 569-573.

[270] LIU Y, PAN L K, CHEN T Q, et al. Porous carbon spheres via microwave-assisted synthesis for capacitive deionization[J]. Electrochim Acta, 2015, 151: 489-496.

[271] LI H B, LIANG S, GAO M M, et al. Uniform carbon hollow sphere for highly efficient electrosorption[J]. Journal of Porous Materials, 2016, 23(6): 1575-1580.

[272] WANG M, HUANG Z H, WANG L, et al. Electrospun ultrafine carbon fiber webs for electrochemical capacitive desalination[J]. New Journal of Chemistry, 2010, 34(9): 1843-1845.

[273] EL-DEEN A G, BARAKAT N A M, KHALIL K A, et al. Development of multi-channel carbon nanofibers as effective electrosorptive electrodes for a capacitive deionization process[J]. Journal of Materials Chemistry A, 2013, 1(36): 11001-11010.

[274] HAN M H, GONZALO E, SINGH G, et al. A comprehensive review of sodium layered oxides: powerful cathodes for Na-ion batteries[J]. Energy & Environmental Science, 2015, 8(1): 81-102.

[275] KIM S, LEE J, KIM C, et al. $Na_2FeP_2O_7$ as a novel material for hybrid capacitive deionization[J]. Electrochimica Acta, 2016, 203: 265-271.

[276] PARK S I, GOCHEVA I, OKADA S, et al. Electrochemical properties of $NaTi_2(PO_4)_3$ anode for rechargeable aqueous sodium-ion batteries[J]. Journal of The Electrochemical Society, 2011, 158(10): A1067.

[277] WESSELLS C D, HUGGINS R A, CUI Y. Copper hexacyanoferrate battery electrodes with long cycle life and high power[J]. Nature Communications, 2011, 2: 550.

[278] GUO L, MO R, SHI W, et al. A Prussian blue anode for high performance electrochemical deionization promoted by the faradaic mechanism[J]. Nanoscale, 2017, 9(35): 13305-13312.

[279] LEE. J, KIM S, YOON J. Rocking chair desalination battery based on prussian blue electrodes[J]. ACS Omega, 2017, 2: 1653-1659.

[280] KIM T, GORSKI C A, LOGAN B E. Low energy desalination using battery electrode deionization[J]. Environmental Science & Technology Letters, 2017, 4(10): 444-449.

[281] SRIMUK P, KAASIK F, KRüNER B, et al. MXene as a novel intercalation-type pseudocapacitive cathode and anode for capacitive deionization[J]. Journal of Materials Chemistry A, 2016, 4(47): 18265-18271.

[282] BAO W, TANG X, GUO X, et al. Porous cryo-dried MXene for efficient capacitive deionization[J]. Joule, 2018, 2(4): 778-787.

[283] PASTA M, WESSELLS C D, CUI Y, et al. A desalination battery[J]. Nano Letters, 2012, 12(2): 839-843.

[284] NAM D H, CHOI K S. Bismuth as a new chloride-storage electrode enabling the construction of a practical high capacity desalination battery[J]. Journal of the American Chemical Society, 2017, 139(32): 11055-11063.

[285] CHEN F M, HUANG Y X, GUO L, et al. A dual-ion electrochemistry deionization system based on $AgCl-Na_{0.44}MnO_2$ electrodes[J]. Nanoscale, 2017, 9(36): 13831.

[286] CHEN F, HUANG Y, KONG D, et al. $NaTi_2(PO_4)_3$ -Ag electrodes based desalination battery and energy recovery[J]. FlatChem, 2018, 8: 9-16.

[287] CHEN F M, HUANG Y X, GUO L, et al. Dual-ions electrochemical deionization: a desalination generator[J]. Energy & Environmental Science, 2017, 10(10): 2081-2089.

[288] 卢浩, 杨强, 潘志程, 等. 一种多物理场协同的含油污水处理方法和装置, CN112520921B[P].

[289] 白雪杰. 基于AFM的二氧化硅表面微观摩擦荷电与电荷耗散机理研究[D]. 徐州: 中国矿业大学, 2021.

[290] 苑亚鹏. 液滴式界面电荷检测技术研究[D]. 大连: 大连海事大学, 2018.

[291] 高翔, 郑成航, 吴卫红, 等. 多场协同强化萃取分离废催化剂浸出液中钼的方法, CN110791656B[P/OL].

[292] 吕建燚, 柳文婷, 冯倩. 一种光催化及多场力耦合协同脱除VOCs的冷极板电除尘工艺及装置, CN115430286A[P/OL].

[293] 李永绣, 刘艳珠, 周雪珍, 等. 分离化学与技术[M]. 北京: 化学工业出版社, 2017.

[294] DANESI P R. Armolex: an apparatus for solvent extraction kinetic measurements[J]. Separation Science and Technology, 1982, 17(7): 961-968.

[295] B. L I. The mechanism of mass transfer of solutes across liquid-liquid interfaces[J]. Chemical Engineering Science, 1954, 3: 248-258.

[296] MOELWIN-HUGHES E A. The kinetics of reaction in solution[D]. Oxford University Press, 1950, 7.

[297] 孙晓波. 协同萃取方法分离稀土元素的热力学及动力学[D]. 吉林: 中国科学院长春应用化学研究所, 2005.

[298] 晴彦大. 分离的科学与技术[M]. 北京: 中国轻工业出版社, 1999.

[299] 周道伟. 反应精馏过程中催化填料的反应-分离相互作用研究[D]. 厦门: 厦门大学, 2021.

[300] 周传光, 高健, 赵文. 反应精馏过程图解设计法研究进展[J]. 化学工程, 2002, (4): 63-67.

[301] 刘劲松, 白鹏, 朱思强, 等. 反应精馏过程的研究进展[J]. 化学工业与工程, 2002, (1): 101-106.

[302] 蔡楠, 孙峙, 李青春, 等. 一种机械活化强化硫化镍精矿常压浸出镍的方法, CN110273064A[P/OL].

[303] 何奥希, 陈晋, 李毅恒, 等. 机械活化在矿物浸出过程中的应用研究[J]. 矿产综合利用, 2018, (4): 1-6.

[304] 何明明. 锂云母机械化学活化提锂工艺研究[D]. 北京: 中国科学院大学, 2019.

[305] 谭全银. 废荧光灯中稀土元素机械活化强化浸出机理及工艺研究[D]. 北京: 清华大学, 2017.

[306] 陈群, 任建勋, 过增元. 流体流动场协同原理及其在减阻中的应用[J]. 科学通报, 2008, (04): 489-492.

[307] 左青松. 微粒捕集器复合再生与场协同机理辨析及优化控制研究[D]. 长沙: 湖南大学, 2015.

[308] 戚琳. 场协同太阳能海水淡化系统关键技术研究[D]. 青岛: 青岛理工大学, 2013.

[309] 温嘉玮. 伯胺溶剂萃取钒铬及钒铬酸离子形态调控的应用基础研究[D]. 天津: 天津大学, 2021.

[310] 赵赫, 曹宏斌, 钟晨. 一种废水定向重构-强化分离耦合的方法, CN112142232A[P/OL].

[311] DENG B, WANG X, LUONG D X, et al. Rare earth elements from waste[J]. Science Advances, 2022, 8(6): eabm3132.

[312] DONG S, SONG Y, YE K, et al. Ultra-fast, low-cost, and green regeneration of graphite anode using flash joule heating method[J]. EcoMat, 2022, 4(5): e12212.

[313] TANG Y, XIE H, ZHANG B, et al. Recovery and regeneration of LiCoO$_2$-based spent lithium-ion batteries by a carbothermic reduction vacuum pyrolysis approach: Controlling the recovery of CoO or Co[J]. Waste Management, 2019, 97: 140-148.

[314] LI H, BERBILLE A, ZHAO X, et al. A contact-electro-catalytic cathode recycling method for spent lithium-ion batteries[J]. Nature Energy, 2023, 8(10): 1137-1144.

[315] 王华, 李光明, 张芳, 等. 电场效应与催化湿式氧化协同作用研究[J]. 环境科学, 2009, 30(7): 1925-1930.

第5章 工业应用案例

随着科技进步，三废处理及资源化领域出现了众多先进技术，而其中的多种分离技术更是在废弃资源产品化过程中起到了至关重要的作用。前述章节介绍了包括浸取、吸附、混凝、吸收、膜分离等在内的多种环境分离领域典型技术，重点介绍了相关领域的前沿研究进展。但先进技术如何进一步进行扩试研究，并最终实现规模化应用，仍需要进行大量的实践。本章将重点介绍近年来在典型废水、废气、固废处理和资源化领域出现的先进技术。其选取标准为：达到中试及以上规模，已经大规模应用或者存在规模化应用前景。废水资源化领域的典型技术，包括典型行业高盐废水电膜处理技术、含重金属氨氮废水处理技术等。废气资源化领域的典型技术，包括VOCs综合利用技术、含氨废气处理技术等。固废资源化领域主要介绍了退役动力电池资源化领域的典型技术，包括预处理技术、废正极材料选择性提锂技术等；废盐资源化领域的典型技术，包括硫酸钠制备纯碱/小苏打技术等。通过介绍这些技术的基本原理、工艺路线、技术指标等内容，帮助读者快速了解相关行业前沿技术发展现状。

此外，如何科学、全方位地评价不同技术，明确不同技术的优势和不足，量化技术环境影响；如何高效、快速地实现技术的整合；如何从全过程出发系统地优化或革新工艺流程，同样是环境领域亟须解决的难题。因此，本章在最后对典型工艺的环境综合效应评估方法发展现状进行了介绍，同时，对一些研究团队已经开展的系统性评价典型废水、固废处理技术等的研究成果进行了介绍。

5.1 废水处理工业应用案例

5.1.1 典型行业高盐废水电膜处理技术

1. 背景与现状

高盐废水是指含总溶解固体（TDS）的质量分数大于3.5%或废水中Cl^-离子浓度大于1%的废水。这类废水除了含有有机污染物，还有大量可溶性无机盐，如Cl^-、Na^+、SO_4^{2-}、Ca^{2+}、Mg^{2+}等。不同行业的工业废水所含无机盐离子的种类和浓度有很大不同。虽然这些离子都是微生物生长所必需的营养元素，在微生物的生长过程中起着促进酶反应、维持膜平衡和调节渗透压的重要作用。但是这些离子浓度过高，也会对微生物产生抑制和毒害作用，主要表现为：微生物细胞脱水引起细胞原生质分离；盐析作用使脱氢酶活性降低；废水的密度增加，活性污泥易上浮流失，从而严重影响生物处理系统的净化效果。

除海水淡化工业产生的高盐废水外，以下场景也会产生大量高盐废水：①化工生产中，尤其染料、农药等化工产品生产过程中产生的大量高 COD、高盐有毒废水；②废水处理过程中，水处理药剂及酸、碱的加入带来的矿化产物，以及大部分"淡"水回收产生的浓缩液，都会增加可溶性盐类的浓度，形成难以生化处理的"高盐度废水"；③海水利用过程中，将海水用作城市生活中的消防、道路冲洗、冲厕等不与人体直接接触的生活杂用水，产生了含盐生活污水；④含盐量高的地下水，有些地区的地下水中含盐量较高，总溶解性固体含量大，例如内蒙古河套部分地区、河北平原部分浅层地下水出现微咸水和咸水。这类废水污染物成分复杂，难降解有机物和有毒污染物浓度相对较高，不仅会造成环境污染，设备腐蚀，还会引起土壤的盐碱化，处理难度大、成本高。

我国高盐废水产生量在总废水中占 5%，每年仍以 2% 的速率增长，这类含盐废水较普通废水对环境有更大的污染性。随着《水污染防治行动计划》、新修订的《中华人民共和国环境保护法》等一系列政策法规的出台与实施，高盐工业废水资源化处理与近零排放已成为一种发展趋势。目前处理高盐工业废水的主要方法有热浓缩技术与膜浓缩技术，其中热浓缩技术包括多级闪蒸（multi-stage flash distillation，MSF）、多效蒸发（multiple effect distillation，MED）和机械式蒸汽再压缩（mechanical vapor recompression，MVR）等，而膜浓缩技术包括纳滤（nanofiltration，NF）、反渗透（reverse osmosis，RO）、电渗析（electrodialysis，ED）、膜蒸馏（membrane distillation，MD）及正渗透（forward osmosis，FO）等。

1）热浓缩

热浓缩是采用加热的方式进行浓缩，主要适于处理高 TDS 和高 COD 的废水。MSF 工艺成熟、运行可靠，现已应用于多种工业废水的处理与回用中。但硫酸盐结垢问题限制了 MSF 的首效蒸汽温度，从而影响了运行成本。同时 MSF 技术还存在产品水易受污染、设备投资大等缺点。在实际使用中常将 MSF 与 RO 或超滤（UF）相结合，使得这些缺点得以弥补。MED 的优点是便于分离晶体，可将废水中的不挥发性溶质和溶剂彻底分离；残余浓缩液少，热解作用后易处理；应用灵活性高，能根据实际情况处理高浓度废水和低浓度废水，既能单独使用，也能与其他方法一起使用。但随着 MED 效数增加，相应的设备投资也增加，同时每一效的传热温差损失增加，设备生产强度降低。工业上为优化 MED 系统，常将其与其他脱盐技术耦合。然而 MVR 技术相比于传统蒸发技术，更加节能，并且具有热效率高、运行成本低、设备简单可靠、自动化程度高、占地面积小、蒸发温度低的特点。各种热浓缩技术对比如表 5-1 所示。

表 5-1 不同热浓缩技术的性能对比

项目	多级闪蒸	单效蒸发器	多效蒸发器	MVR 蒸发器
能耗	能耗高	能耗较高，蒸发 1 t 水约需要 1 t 鲜蒸汽	能耗较低，四效蒸发器蒸发 1 t 水约需要 0.3 t 鲜蒸汽	能耗低，蒸发 1 t 水电耗约为 15～55 kW·h
能源	鲜蒸汽	鲜蒸汽	鲜蒸汽	工业用电
运行成本	高	高	较低	低
控制方式	全自动	半自动	全自动	全自动
出料方式	连续	间断	间断	连续/间断
占地面积	大	小	大	小
投资成本	大	小	大	小

2）膜浓缩

膜浓缩是以压力差、浓度差及电势差等为驱动力，通过溶质、溶剂和膜之间的尺寸排阻、电荷排斥及物理化学作用实现的分离技术。近年来，由于膜浓缩技术操作简单和投资成本较低，基于膜脱盐过程的膜浓缩技术的使用已经超过了基于热过程的热浓缩技术。根据膜孔径和操作条件的不同，膜浓缩的适用范围也有较大差异。主要类型包括用于分离浓缩一、二价离子的纳滤（NF）、处理含较高 TDS 和 COD 高盐废水的反渗透（RO）和碟管式反渗透（DTRO）、利用直流电场脱盐的电渗析（ED）、深度处理超高 TDS 和 COD 高盐废水的膜蒸馏（MD）以及正渗透（FO）等。将这些膜浓缩技术应用于高盐水脱盐和浓缩，一方面可增加淡水回收率，另一方面可以使高浓盐水进一步浓缩而显著减小浓水量，从而减小蒸发过程的能耗。另外，双极膜电渗析技术可把废水中的盐转化为对应的酸和碱，实现废物资源化和废水零排放，不需要后续的蒸发结晶过程（表 5-2）。

表 5-2 电渗析与其他脱盐处理工艺对比

项目	SWRO+蒸发结晶	SWRO+FO+蒸发结晶	DTRO+蒸发结晶	ED+蒸发结晶
总投资成本	高	较高	高	最低
运行成本	高	一般	较高	最低
操作性	较复杂	复杂	较复杂	简单
技术成熟性	高	低	一般	高
浓缩倍率	低（8%以下）	高（20%左右）	较低（12%以下）	高（20%以上）
分盐能力	低（8%以下）	无	无	有
占地面积	较大	一般	一般	小

海水反渗透（SWRO）技术是专用于海水淡化的反渗透膜技术。海水盐度在

3%左右，经过 SWRO 工艺能够提高到 6%～7%。高盐水水质与海水相比，成分更为复杂，主要有机物浓度高，所以使用海水淡化膜，比海水淡化需要更多的预处理。海水淡化膜的结构与常规反渗透类似，采取复合膜，包括最外层为超薄脱盐层（交联芳香族聚酰胺）、支撑层（聚砜）和基层（无纺布聚酯层），厚度分别大约为 $0.3\ \mu m$、$45\ \mu m$ 和 $100\ \mu m$。

碟管式反渗透（DTRO）是反渗透的一种形式，专门用来处理高浓度污水的膜组件，其核心技术是碟管式膜片膜柱。把反渗透膜片和水力导流盘叠放在一起，用中心拉杆和端板进行固定，然后置入耐压套管中，就形成一个膜柱。其流道比常规反渗透大得多，并采取大错流操作，抗污染能力就比常规反渗透高。DTRO 的装填密度远低于常规反渗透的卷式膜，导致单位体积的膜面积很小，投资成本非常高。由于 DTRO 的投资和运行成本相对较高，所以一般采用 SWRO 预浓缩到 6%后，再采用 DTRO 浓缩到 10%～12%左右。

正渗透（FO）技术是利用膜之间的渗透压差作为驱动力，在该过程中使用高浓度汲取液在膜上产生渗透压差，将低浓度的进料流输送到高浓度的汲取溶液中。这一过程已被广泛应用于废水处理、盐水淡化、清洁能源生产和食品加工等领域。FO 过程与传统海水淡化技术相结合，可以减少超过 25%的环境影响。由于没有外部压力，这种方法的主要优点为能耗低。与 RO 相比，FO 技术还具有水回收率高和污染低的特点。

电渗析（ED）技术是以溶液中的离子选择透过离子交换膜为特征的一种新兴的高效膜分离技术。它是利用直流电场的作用使水中阴、阳离子定向迁移，并利用阴、阳离子交换膜对水溶液中阴、阳离子的选择透过性（即阳离子可以透过阳离子交换膜，阴离子可以透过阴离子交换膜），使原水在通过电渗析器时，一部分水被淡化，另一部分则被浓缩，从而达到分离溶质和溶液的目的。电渗析技术在处理高盐废水领域具有操作简单、处理范围广泛、无二次污染等特点，但存在淡水回收率低、能耗高、回收资源能力较差等缺陷，因此，需对电渗析技术进行不断的完善及改进。与其他技术相比，ED 具有操作简便、脱盐成本较低、除盐过程中不产生二次污染等优点，从而成为高盐工业废水资源化研究领域的热点之一。

双极膜电渗析（bipolar membrane electrodialysis，BMED）使用的双极膜是一种新型离子交换膜，通常由阴离子交换层、阳离子交换层和催化中间层复合而成，作用原理如图 5-1 所示。在直流电场作用下，双极膜可将水离解，在膜两侧分别得到氢离子和氢氧根离子。利用这一特点，双极膜与其他阴、阳离子交换膜组合成的双极膜电渗析系统，能够在不引入新组分的情况下将水溶液中的盐转化为对应的酸和碱，提高高盐工业废水的资源化利用率。

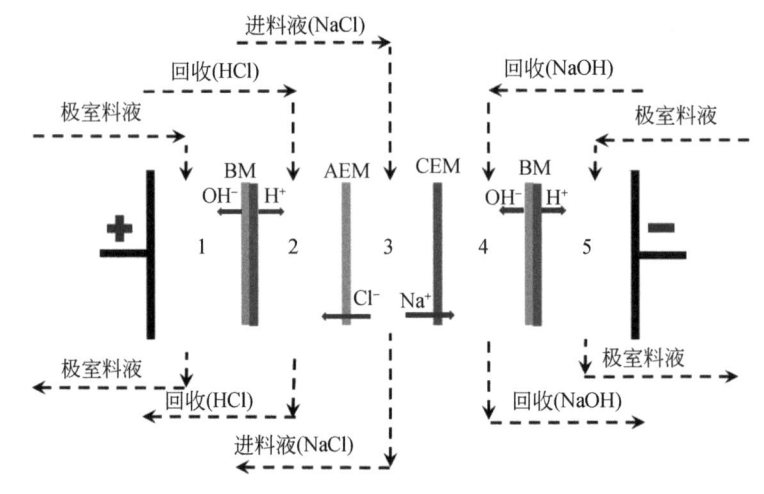

图 5-1 双极膜电渗析盐制酸碱的原理示意图

CEM：阳离子交换膜
AEM：阴离子交换膜
BM：双极膜

双极膜电渗析技术在高盐水处理中有广泛的应用前景。不仅用于制备酸和碱，若将其与单极膜巧妙地组合起来，能实现多种功能并可用于多个领域。如通过 BMED 将 NaCl 转化成 HCl 和 NaOH，并将 NaOH 用作 CO_2 的捕捉剂；使用均相离子交换膜通过 BMED 法从水溶液中同时分离和回收 B 和 Li，其中 Li 的分离率和回收率分别为 99.6%和 88.3%，B 的分离率和回收率分别为 72.3%和 70.8%。再如，脱除有机物中的无机盐以纯化有机物；改造旧的化工生产工艺以消除环境污染；应用于制药行业中一些工艺的技术改造和含盐类污水无害化处理；生产电厂锅炉用的高纯水和半导体工业用的超纯水以及处理和回收应用工业废水等。钢铁、煤化工、煤电和有色冶炼等许多行业在生产及废水处理过程中会产生大量的高盐度废水，这类废水目前一般采用蒸发结晶技术处理，但存在能耗高、反应器腐蚀严重，产生的固体混盐还会造成二次污染的问题。通过研发双极膜酸碱再生技术可把废水中的盐转化为对应的酸和碱，返回到生产工艺流程中，从而实现废物资源化和废水"零排放"处理。目前双极膜电渗析技术在国内外都未能达到全面推广应用，原因在于国外研发的双极膜未见大量生产且产品价格过高，严重阻碍了双极膜电渗析技术的全面推广应用。随着国内双极膜材料的成功研发，双极膜及其配组的阴、阳离子交换膜逐步具备批量生产能力，且产品价格远低于国外同类产品，并能生产组装相匹配的电渗析装置。其高性价比可基本满足国内需求，基本打破了国外的技术垄断，为电渗析技术的进一步发展带来勃勃生机。中国科学院过程工程研究所在电膜技术处理高盐废水方面做了大量工作并积累了很多工程应用案例，下面将针对具体行业的高盐废水处理技术案例进行介绍。

2. 高盐废水处理关键技术

本团队通过系统优化和技术集成，形成钢铁行业高盐废水资源化处理与近零排放成套技术与工艺包。主体工艺流程包括多种杂质协同深度去除-耦合强化臭氧氧化-压力/电驱动膜组合高效脱盐与浓缩-双极膜酸碱再生，典型关键技术包括氯离子选择性脱除膜技术、臭氧催化氧化技术、抗污染高效电渗析脱盐与浓缩技术等。针对待处理废水水质与化学组成及处理目标，实现废水回用、盐资源化，同时能防止膜污染使废水处理膜系统长期稳定运行，其处理重点包括 COD、氨氮/总氮、钙镁及其重金属离子等深度去除。实现 NaCl 废盐转变为高纯度的 NaOH 和 HCl 产品，也采用了膜技术将 NaCl 与 Na_2SO_4 盐进行分离。高盐废水处理工艺流程（图 5-2）及其处理功能说明如下：

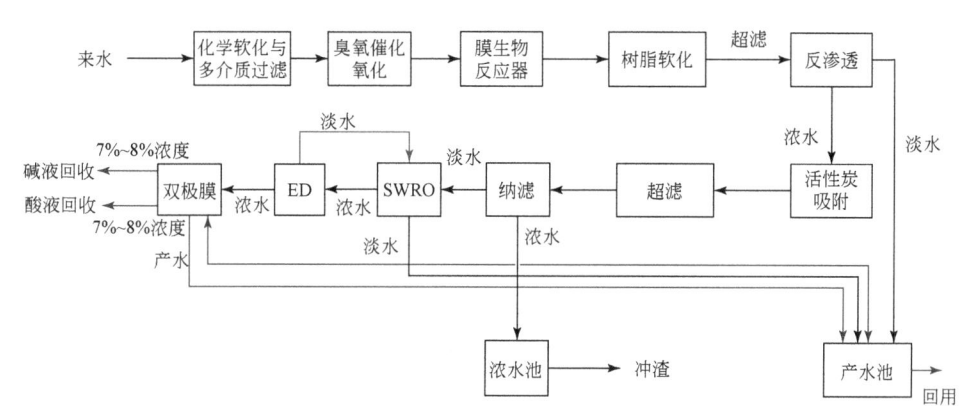

图 5-2 钢铁行业高盐废水资源化处理的工艺流程图

（1）化学软化与多介质过滤：废水进水总硬度较高，为保证后续膜脱盐处理单元的稳定运行，需要进行初步的除硬及去除其他无机杂质。接着通过投加沉淀剂、絮凝剂等与废水中的杂质反应形成沉淀，去硬及去除废水中二氧化硅、氟化物等杂质，最后通过沉淀分离达到废水净化作用。经过化学软化预处理后，废水中还含有未沉淀去除的悬浮物及大分子，需要进行过滤处理。多介质过滤主要通过不同规格的无烟煤、石英砂等多介质组合，形成梯度过滤层，达到废水中悬浮物、大分子污染物等截留去除的目的。

（2）催化氧化+pH 调节：废水来水 COD 约为 100 mg/L，为保证后续膜组合处理单元的稳定运行，需要对废水进行预处理。废水进入复合催化氧化池进行处理，池内填充催化剂，在臭氧作用下将浓盐水中难降解的高分子有机物氧化、降解，达到去除 COD 的目标。为保证后续处理单元的稳定运行，需要对处理废水进行初步的调酸，以保证处理后废水出水的 pH 值为 7.5~9.0。

(3) 弱酸树脂软化耦合活性炭吸附：经过化学初步软化后的废水总硬度有所降低，为了保证后续高压反渗透的正常运行，需要进行弱酸树脂深度软化预处理。通过离子交换树脂，能够将废水中的钙镁及其他重金属离子进行深度置换脱除。经过常压反渗透脱盐处理后，浓水中 COD 被浓缩富集。为了安保后续的深度脱盐处理系统，活性炭单元对 RO 浓盐水进行 COD 进一步脱除。设计将浓盐水通过深度吸附处理装置进行处理，使出水废水中的 COD 脱除到 60 mg/L 以下。

(4) 超滤和纳滤：吸附处理后出水进入超滤处理单元，去除废水中残留的胶体、絮体等悬浮物，为纳滤单元生产提供合格的进水；超滤产水进入纳滤处理单元，选择性透过一价离子，截留二价等高价位离子，对废水进行分盐处理。

(5) 常压反渗透和高压反渗透：纳滤淡水进入高压反渗透处理单元，对废水进行再脱盐处理。高压反渗透能够进一步去除水中大部分的离子、色度和可溶性有机物，高压反渗透和 ED 集成组合，出水达到回用水的水质指标。高压反渗透浓水进入除氟树脂交换器，再进入电渗析进一步浓缩。

(6) 电渗析和双极膜电渗析：高盐废水（反渗透浓水）经过电渗析系统（ED）进行脱盐和浓缩，产生淡水含盐量约为 1%，产生浓水的含盐量>13%。其中 ED 产生淡水返回高压反渗透系统进一步脱盐回用，产生的浓盐水经过螯合树脂后，深度去除高价离子，使残余重金属离子<1 mg/L，然后进入双极膜电渗析单元处理。双极膜电渗析单元的功能是把废水中的盐（如 NaCl）转化为对应的酸（HCl）和碱（NaOH），实现酸碱转化效率>90%，产生酸和碱的浓度约为 7%~8%。

研究团队针对高盐水难降解有机物开发有效降解的臭氧催化氧化技术，综合防控各级膜的有机污染；在高盐水无机污染因子全分析和深度脱除技术开发基础上，各级膜进水深度脱除无机离子，尤其是高价无机离子，实现充分和深度脱除影响各级膜装置稳定运行的污染因子，提高各级膜的使用寿命，保证压力驱动和电驱动膜组合装置的长周期稳定运行。通过不同膜单元联合使用与技术集成，开发适用于高盐废水资源化处理集成自控系统和设备，将常压反渗透、纳滤、高压反渗透、电渗析、双极膜电渗析等废水脱盐技术有机组合，构建集常规废水脱盐、高盐废水膜浓缩、双极膜电渗析三级废水脱盐系统，优化工艺，降低系统的投资，并极大地提高了系统稳定性和脱盐效率。通过污染因子的深度脱除和高抗污染双极膜技术开发，采用双极膜电渗析处理技术实现高盐废水中盐分的高值化利用。整套处理系统最终会产生大约 3 m^3/h 的纳滤浓水，水量小于总水量的 10%。根据这部分水的水质特点，可以满足钢铁企业冲渣使用要求，同时能够有效降低项目投资和运行成本。

3. 相关技术应用案例

1) 钢铁行业高盐废水处理技术应用案例

基于高盐废水处理技术的开发，针对钢铁、煤化工等行业高盐废水深度处理技术投资运行成本高、淡水回用率低、浓水排放量大、产生大量固体杂盐危废等问题,本团队在多项原创性科研成果基础上,与国内大型钢铁企业合作,开展了关键技术的中试验证与示范工程建设。主要技术包括突破高盐废水有机物臭氧催化氧化耦合强化技术,通过合成非均相锰-碳复合催化剂和构建纳微气泡、臭氧增浓与臭氧复合催化氧化耦合强化技术,强化高盐废水中难降解有机物的深度去除;研发抗污染电膜组合低成本脱盐与浓缩、双极膜酸碱再生技术等,通过表面复合改性研制出性能良好的新型抗污染离子膜及原位改性技术,提高传统电渗析和双极膜酸碱再生体系的运行稳定性,降低系统运行电耗;强化高盐废水中钙镁及其他高价离子、硅和有机物等多杂质协同深度脱除技术,减小集成系统膜污染,大幅度提高水回用率,同时实现废水中盐的资源化及废水超低排放。高盐废水资源化处理项目的废水来源于国内大型钢铁企业,具体化学组成和水质指标见表 5-3。

表 5-3 钢铁行业高盐废水的化学组成与进水指标表

序号	名称	单位	进水水质	设计进水指标
1	COD$_{Cr}$	mg/L	80	100
2	氨氮	mg/L	15	15
3	甲基橙碱度	mg/L	275.04	275
4	F$^-$	mg/L	15.19	15
5	Cu	mg/L	0.016	0.016
6	Ca	mg/L	629.02	630
7	Mg	mg/L	109.72	110
8	K	mg/L	188.18	200
9	Na	mg/L	606.39	610
10	Fe^{2+}	mg/L	<0.02	<0.02
11	总铁	mg/L	0.035	0.04
12	Al	mg/L	0.2	0.2
13	Mn	mg/L	0.098	0.1
14	Si	mg/L	19.32	20
15	Cl	mg/L	973.92	980
16	总氮	mg/L	42.93	45
17	SO$_4^{2-}$	mg/L	1598.12	1600
18	PO$_4^{3-}$	mg/L	0.42	0.5
19	Sr	mg/L	2.85	3
20	Ba	mg/L	0.24	0.3
21	Zn	mg/L	0.27	0.3
22	TOC	mg/L	13.15	15
23	电导率	μS/cm	6223	6500
24	pH	—	7.41	7.5

高盐废水资源化处理项目的废水处理规模为 1200 m^3/d,废水来源为反渗透浓盐水。高盐废水经处理后产生的脱盐回用水水质满足表 5-4 要求。双极膜电渗析

产生的酸碱溶液浓度为 2N（N 为 H⁺和 OH⁻离子当量浓度）。

表 5-4　钢铁行业高盐废水资源化处理产水的水质指标

序号	项目	单位	出水控制指标
1	COD_{Cr}	mg/L	≤5
2	氨氮	mg/L	≤1
3	电导率	μS/cm	≤200
4	pH	—	7～9

在中试技术验证与经济性评价基础上，于 2020 年建成了 1200 m³/d 高盐废水资源化处理应用示范工程，并达到了预期设计且通过了示范工程的验收。调试运行情况如下：淡水出水电导率宜控制在 20 mS/cm，浓水出水电导率宜控制在约 180 mS/cm；BMED 中碱出水电导率宜控制在 250～280 mS/cm，酸出水电导率宜控制在 380～410 mS/cm，这样能保证酸/碱浓度≥2N；当酸及碱水箱纯水补水量在 200 L/h、双极膜运行电流为 165 A 时，可确保双极膜处理单元的酸/碱产量≥250 L/h（图 5-3 和图 5-4）。

图 5-3　钢铁行业高盐废水资源化处理应用示范工程现场照片
(a) 沉淀池；(b) 膜生物反应器单元；(c) 超滤单元；(d) 中间水槽；(e) 树脂单元；
(f) 反渗透单元；(g) 传统电渗析单元；(h) 双极膜电渗析单元

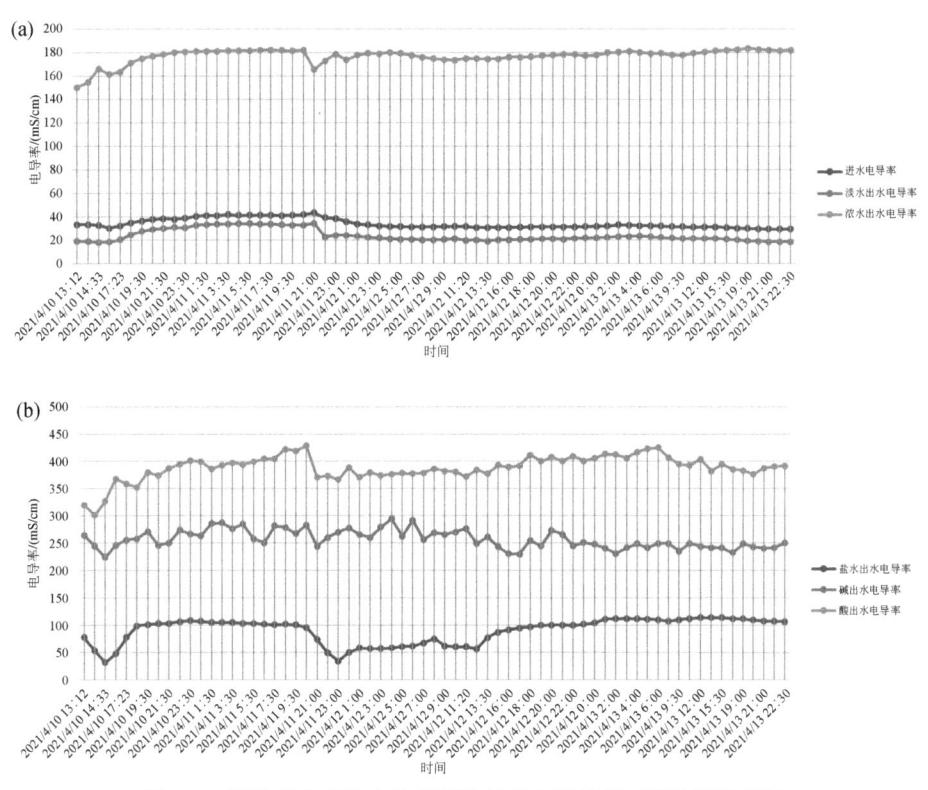

图 5-4 钢铁行业高盐废水资源化处理应用示范工程的运行情况

(a) 合金膜电渗析进出水电导率趋势图；(b) 双极膜电渗析盐碱酸出水电导率趋势图

2）煤电脱硫废水资源化处理与近零排放示范工程案例

火电厂烟气经过脱硫处理后会产生大量的脱硫废水，国务院于 2015 年 4 月 16 日发布的《水污染防治行动计划》中强化了对各类水污染的治理力度，脱硫废水因成分复杂、含有重金属引起业界关注。针对脱硫废水，国内大多数燃煤电厂基本先采用三联箱工艺处理，处理后的废水回用于干灰调湿、灰场喷洒、煤厂喷洒等系统，无法直接排放。由于脱硫废水经过预处理之后所含的物质主要为氯盐，并以离子的形式存在于溶液中，可以先通过电解法回收其中的重金属离子，再通过电渗析法将盐分浓缩至 15%~20%，最后进入蒸发结晶系统获取氯化钠工业盐产品。但该技术存在处理能耗高、重金属离子去除不彻底、膜污染严重、产品盐纯度较低和水资源浪费等问题，亟须进一步研发新的处理技术。此外，燃煤电厂脱硫系统中，随着大量冷却水的浓缩，形成了一股含盐量较高的脱硫废水，该废水不仅容易造成严重的管道腐蚀，若直接排放会对环境造成一定的危害，同时造成水资源的极大浪费，因此对于该股废水需要进行回用处理。

基于前述高盐废水处理关键技术，针对煤电脱硫废液特点，近年来，本团队专门研发了适用于煤电脱硫废液深度除杂与废水资源化成套技术，在国内首次建成了煤电脱硫废液资源化处理的"零排放"工程案例。煤电脱硫系统废水排水的水质见表5-5。

表5-5 煤电脱硫废液水质与化学组成

项目	pH	电导率/(mS/cm)	Ca^{2+}/(mg/L)	Mg^{2+}/(mg/L)	K^+/(mg/L)	Na^+/(mg/L)	Cl^-/(mg/L)	SO_4^{2-}/(mg/L)
指标	7.16	79.89	610.4	16590	294.1	6740	32000	59272

注：表中脱硫废水为山西鲁能河曲发电有限公司脱硫废水经过三联法处理后废水的水质，重金属和pH已经达标。本方案参考常规电厂脱硫废水水质进行设计，待处理实际废液pH为5～5.5，且含有大量钙镁及其他重金属离子

煤电脱硫废液资源化处理与近零排放示范工程的工艺路线见图5-5。

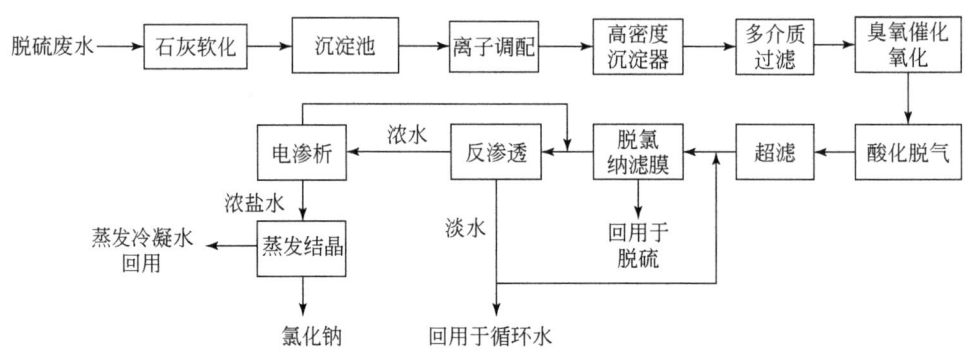

图5-5 煤电脱硫废液资源化处理与近零排放工艺流程图

脱硫废水首先通过石灰软化单元，同时将废水pH提高，然后加硫化剂将重金属离子沉淀分离；由于脱硫废水中悬浮物含量很高，在软化单元需加入专有混凝药剂脱除废水中悬浮物及有机物，强化处理效果；混凝沉淀单元出水进入离子调配处理单元，通过化学沉淀和高密度沉淀，将废水进行一定程度软化，并将废水钠离子与氯离子进行调配转化为氯化钠；软化处理后废水经过水泵提升后进入多介质过滤器，进一步去除悬浮物，同时对后续催化氧化单元进行保安过滤。通过臭氧催化氧化单元氧化分解有机物，深度脱除COD，之后进行酸化脱气，通过pH调节将废水中碳酸根迅速分解为二氧化碳，从水中扩散出去；臭氧催化氧化处理出水进入超滤，彻底滤除废水中的细菌、胶体、大分子有机物等物质，使膜单元稳定运行；超滤产水与后续反渗透部分出水混合后进入纳滤，利用纳滤单元选择性透过氯离子（以氯化钠形式），在本单元处理过程大部分氯离子进入产水，浓水回用到烟气脱硫单元；产水（含盐类基本以氯化钠为主）通过反渗透处理，反渗透淡水一部分回流至纳滤单元，另一部分回用至循环水；反渗透浓水进入电渗析单元进行浓缩，电渗析产水（盐含量较低）回流至反渗透单元重复脱盐处理，提

高整个系统的淡水产率，并大幅度降低后续蒸发水量以降低成本；电渗析产生的浓水，通过强制循环 MVR 蒸发得到结晶氯化钠，蒸馏水回用于循环水补充水。通过上述工艺路线，实现不同品质废水的回用和零排放，并得到品质较高的氯化钠产品。

研究团队建成的处理规模 25 m³/h 脱硫废液资源化处理与近零排放工程现场图如图 5-6 所示。脱硫废水预处理系统的设备出水按废水来水流量（考虑系统自身回流水量的影响）的 150%设计，浓缩及结晶等设备按脱硫废水流量的 120%设计，首次解决了煤电行业废水"零排放"问题。

图 5-6 河曲电厂煤电脱硫废液处理应用示范工程
（a）不同工段水样；（b）板框压滤；（c）电渗析单元；（d）纳滤单元；（e）中间水槽；
（f）结晶单元

此外，研究团队也把电膜分离技术用于处理焦化尾水、黄金湿法冶炼含氰废水、钨钼冶炼废水、稀土冶炼废水和淀粉水解液等的应用研究，并在相关合作企业完成了一定规模的现场中试，获得了多个行业废水处理与物料分离的关键技术与优化工艺，并实现了预期的技术指标与经济指标，由此构建了相关行业废水电膜分离集成技术工艺包。

5.1.2 含重金属氨氮废水反应精馏处理技术

1. 背景与现状

目前，氨氮已经超过 COD（化学需氧量）成为影响我国地表水环境质量的首要指标，同时也是我国水体污染物排放的重点控制指标[1]，而工业排放的氨氮废水是造成水体氨氮浓度升高的主要原因之一。我国氨氮废水排放量大，污染源分布广泛，涉及国民经济中大多数行业，如有色金属冶炼及加工、稀土、电池材料、煤化工等，这些行业排放的氨氮废水往往氨氮浓度较高，根据行业不同还可能含有大量的重金属和无机盐等成分[2]。废水中的氨氮主要来源于工业生产过程中使用的含氮原料、冷却水、洗涤水等[3]。高浓度的氨氮不仅具有强烈的刺激性气味，而且会导致水体富营养化，促使藻类和其他水生生物过度繁殖，从而破坏水体的生态平衡[4]。废水中重金属污染主要来源于工业生产过程，重金属污染对生态环境的危害极大，不仅影响水生生物的生存和繁殖，还可能通过食物链进入人体，对人类健康造成潜在威胁。此外，这类废水中还可能含有其他无机物和有机物，如高盐类物质和蛋白质、脂肪酸等。

以有色冶金行业为例，其中，三元前驱体材料生产主要采用共沉淀法生产工艺，即以镍盐、钴盐、锰盐等为原料，在氨水/铵盐等络合剂的作用下，重金属离子先与氨发生络合反应，然后在沉淀剂的作用下，络合离子缓慢释放金属离子，制备出满足特定要求的三元正极材料前驱体。由于三元前驱体生产过程中常需用到大量氨水/铵盐，因此会产生大量的高氨氮、含重金属和无机盐的废水[2,5]。通过对三元前驱体生产工艺的理论计算，并结合大量三元前驱体生产企业的实地调研结果以及废水水质分析等发现，每生产 1 吨的三元前驱体会产生高浓度氨氮废水（母液）10~15 m^3 和低浓度氨氮废水（洗水）10~20 m^3，典型三元前驱体生产母液及洗水的水质信息如表 5-6 所示。这些废水若未经妥善处理，会对生态环境造成严重影响。

表 5-6　三元前驱体生产母液及洗水典型水质信息

水质指标	母液	洗水
pH	11~12	10~11
氨氮/（mg/L）	8000~12000	100~500
重金属（主要为镍钴锰）/（mg/L）	200~800	20~120
含盐率（硫酸盐）	18%~20%	0.5%
COD/（mg/L）	≤300	≤50
钙镁/（mg/L）	≤10	≤10

2. 重金属氨氮废水反应精馏处理关键技术

目前，工业常用的氨氮废水处理技术有空气吹脱法、折点氯化法、生物脱氮法、蒸氨法、化学沉淀法、离子交换法等。对于含重金属氨氮废水，受废水中重金属-氨络合、高盐等水质特点影响，传统方法难以实现氨氮处理达标，多存在二次污染、能耗高、设备内部易结晶结垢影响操作等问题，且无法实现氨资源的回收利用。因此，对于含重金属氨氮废水的处理，首先要解决的是重金属-氨的解络合与分离问题。

由于含重金属氨氮废水中重金属与氨易发生络合反应形成重金属-氨络合物，

氨氮分离时不仅需要克服分子间作用力，同时还需要破坏配位键，分离难度大大提高。工业废水中氨氮主要以分子态氨、离子态铵和络合态氨的形式存在，溶液温度和 pH 值对废水中不同形态氨之间的化学平衡影响很大。随着温度和 pH 值的增加，体系中的分子态氨比例显著增加。图 5-7 是废水中氨（NH_3）与铵根（NH_4^+）比例随 pH 变化情况。

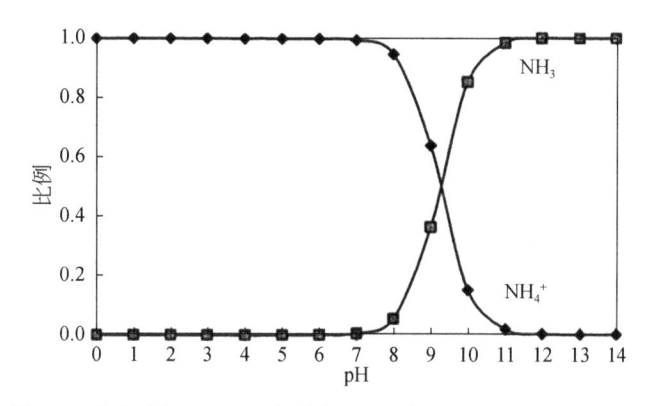

图 5-7　废水中氨（NH_3）与铵根（NH_4^+）比例随 pH 变化情况

重金属-氨络合物的解络合以及氨的脱除过程涉及物质的气、液、固三种相态，以及络合反应平衡、溶解平衡、相平衡等多种平衡过程。根据化学反应动力学原理，增加反应温度、提高溶液中氢氧根离子浓度将促使化学平衡向生成分子氨的方向移动；另外根据溶度积原理，当体系中加入可与金属离子结合生成比重金属-氨络合物更稳定物质的基团时，能有效促进重金属-氨解络合反应，使络合态氨转化为分子态氨，更易于分离。

为有效分离废水中的氨氮，本团队根据重金属-氨的络合反应特点，开发了药剂强化热解络合的含重金属氨氮废水反应精馏处理技术，通过利用氨与水分子相对挥发度的差异，采用精馏原理实现氨与水分离。技术原理为：向氨氮废水中加入碱，使铵离子转化为氨分子，并存在多余的氢氧根离子；废水换热升温后进入汽提精馏塔内,通过控制输入汽提塔内蒸汽流量和蒸汽压力来控制塔内温度分布，使液体在汽提塔内一定的温度区域保持一定的停留时间，络合物在高温区域吸收能量，配位键被破坏，实现重金属与氨的解络合；氨气在高温下挥发，实现氨与水的气液分离，同时溶液中过量氢氧根与解络合重金属反应生成沉淀使解络合反应化学平衡向右移动，促进重金属-氨的解络合。如此反复经过多级反应平衡之后，最终实现氨的彻底脱除。

含重金属氨氮废水反应精馏处理工艺流程如图 5-8 所示，主要包括废水预处理系统、汽提精馏脱氨系统、重金属回收系统三大部分。

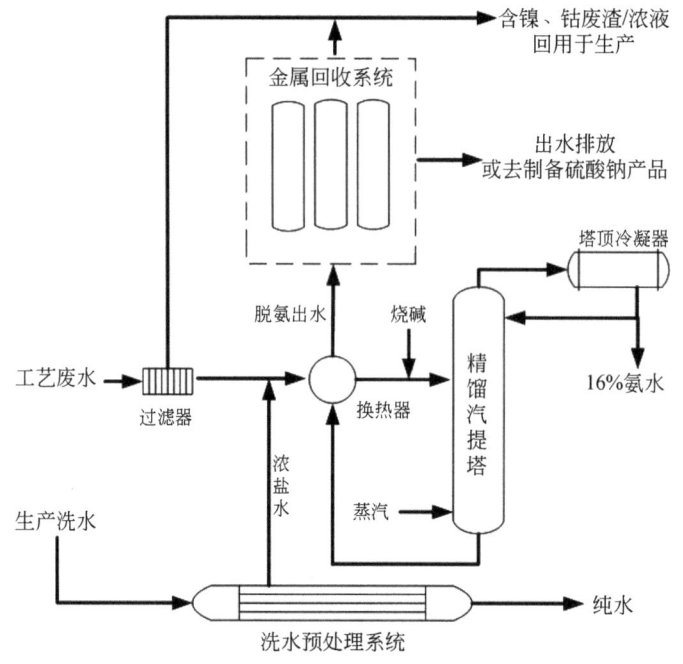

图 5-8　含重金属氨氮废水反应精馏处理工艺流程图

（1）废水预处理系统：高浓度氨氮废水首先通过防堵阻垢预处理装置，该装置主要包括过滤器，并在过滤器之前的进料管道上设有氨氮废水进口和碱液进口，在过滤器之后的出料管道上设有阻垢剂进口。预处理装置能够有效去除废水中的钙、镁、重金属和悬浮物，减少重金属和悬浮物对设备造成结垢和堵塞的问题。

（2）汽提精馏脱氨系统：经过预处理后的废水，通过调节池稳定水质，然后经提升泵加压进入换热器与塔釜排出的高温水进行换热，降低能耗，换热后的废水进入脱氨塔。经碱泵（预留）加碱调节 pH 后，离子态的铵转变为分子态的氨。由于氨的相对挥发度大于水，因此在蒸气的作用下更多的氨进入气相，并与上一层塔板流下的液体建立新的气液平衡，经过多次气液相平衡后，气相中的氨浓度被提高到设计要求，然后由塔顶进入塔顶冷凝器，被完全液化后得到浓氨水，部分从塔顶回流到塔中，剩余部分作为产品被输送到产品储罐（氨水浓度 16%～25%），可回用于生产或作为产品销售；随着氨不断挥发，液体中氨浓度越来越低，到塔釜时，水中氨氮浓度降低至 1～15 mg/L，达到国家《污水综合排放标准》（GB 8978—1996）一级排放要求。

（3）重金属回收系统：塔釜低氨氮浓度的出水在与原料换热后进入高效沉降器沉降，上清液进精密过滤器过滤，滤液进硫酸钠盐回收系统。高效沉降器出来的浊液（其中包括重金属氨络合物解络合形成的金属氢氧化物沉淀）与精密过滤器的渣送至板框压滤机进行压滤洗涤，滤饼返回生产系统，滤液进精密过滤器。

含重金属氨氮废水反应精馏处理技术的核心关键技术包括药剂强化热解络合-分子精馏技术、高性能专用塔内件设计技术、高温高碱阻垢分散技术和全过程自动监控技术。通过重金属-氨络合物的充分解络合作用，不仅实现了废水中氨氮、重金属的深度分离与脱除，也可生产氨水、金属氢氧化物、无机盐等资源化产品，变"废物"为"资源"。与传统技术相比，该技术在技术水平、经济、环保方面具有以下优势：

（1）能将废水中氨氮由 1~70 g/L 一步降至 15 mg/L 以下；

（2）实现重金属-氨解络合率大于 98%，出水氨氮稳定优于国家一级排放标准要求；

（3）资源化回收得到的高纯氨水产品（16%~25%），可回用于生产或销售，氨氮去除率和资源回收率大于 99%；

（4）处理设备抗堵阻垢能力强，清塔周期大于 6 个月；

（5）设备自动化程度高，能耗、碱耗以及蒸汽消耗量等都相对较低，大大降低了运行成本；

（6）设备一体化撬装设计，便于整体运输和快速安装，有效缩短施工周期，可快速投运；装置紧凑，占地面积少；

（7）全过程无废水、废气、废渣等二次污染产生，克服了传统处理技术成本高、污染转移等缺点。

3. 相关技术应用案例

目前，含重金属氨氮废水反应精馏处理技术已完成工程化应用，在锂电池三元前驱体、镍钴材料、钨钼、稀土、催化剂、贵金属等行业建成示范工程 70 余套，总处理规模超过 3000 万吨/年（表 5-7 为部分工程项目列表）。以衢州华友钴新材料有限公司含重金属高氨氮废水资源化处理工程为例（图 5-9），废水来源于钴冶炼及钴新材料生产，规模分为一期 650 m³/d 和二期 1500 m³/d，分别于 2014 年 7 月和 2015 年 7 月建成投运。运行结果显示，处理后出水相关指标满足《铜、镍、钴工业污染物排放标准》（GB 25467—2010）要求，且氨氮浓度优于《污水综合排放标准》（GB 8978—1996）一级排放要求，工程运行稳定。每年可减排氨氮 3200 吨、重金属 80 余吨，回收浓氨水超过 24000 吨，回收金属氢氧化物 130 余吨，节约排污费和生产成本约 2400 万元/年。该工程被评为 2017 年国家重点环境保护实用技术示范工程。

表 5-7 部分工程项目列表

编号	应用企业	废水来源	应用情况
1	湖南邦普循环	废旧电池循环利用	一期、二期、三期、四期分别于 2011 年、2015 年、2017 年、2019 年投运，实现出水达标，并回收高纯氨水回用于生产工艺

续表

编号	应用企业	废水来源	应用情况
2	江门长优	电池材料生产	2016年12月投运，原水氨氮浓度7000~16000 mg/L，处理出水氨氮<10 mg/L，回收氨水浓度达到20%~25%（试剂级）
3	衢州华友	电池材料生产	2015年7月投运，原水氨氮3000~10000 mg/L，钴、镍、锰离子分别为35 mg/L、65 mg/L、30 mg/L；处理出水氨氮<10 mg/L（最低可<3 mg/L），钴、镍、锰离子分别降至0.1 mg/L、0.5 mg/L、2.0 mg/L以下，同时回收浓度大于15%的高纯浓氨水回用于生产
4	江钨世泰科	APT钨产品生产	2014年7月投运，原水氨氮浓度约10000 mg/L，处理后出水氨氮<10 mg/L，回收氨水浓度>16%
5	东方钽业	钴、三元电池材料前驱体	2014年建成，进水氨氮浓度2000~12000 mg/L，处理后出水氨氮<15 mg/L，回收氨水浓度不低于16%（试剂级）
6	湖南海纳	球钴	2013年12月建成，进水氨氮浓度30000 mg/L，处理后出水氨氮<15 mg/L，设计氨水浓度不低于15%（试剂级）
7	金堆城钼业	钼冶炼废水	2012年9月投运，进水氨氮浓度35000 mg/L，出水氨氮<10 mg/L，回收氨水浓度不低于16%

图 5-9 衢州华友含重金属高氨氮废水资源化处理示范工程照片

含重金属氨氮废水反应精馏处理技术通过了由中国环境科学学会、中国环保产业协会等组织的成果鉴定，专家评价"总体技术达到国际先进水平，其中高浓度氨氮废水处理精馏塔抗堵塞集成技术和资源化处理效果达到国际领先水平"。该技术及相关示范工程获得2013年国家技术发明奖二等奖、2012年/2016年原环保部环境保护科学技术奖一等奖、2017年有色金属工业科学技术奖三等奖、2017年/2018年中国产学研合作创新成果奖二等奖、2021年中国环保产业协会环境技术进步奖二等奖、2014年/2015年/2017年国家重点环境保护实用技术及示范工程、2017年国家鼓励发展的重大环保技术装备等奖项。

5.1.3 焦化废水处理技术

1. 背景与现状

煤化工行业对我国工业的发展和进步具有重要意义，但水资源的缺乏也在一定程度上限制了该行业的进步。煤化工生产过程会产生大量废水，主要分为有机废水和含盐废水两类。有机废水主要包括气化废水（占比60%以上）、化工装置废水、地面冲洗水、初期雨水及生活污水等，其特点是COD和氨氮浓度较高，盐离子成分复杂；含盐废水包括生化处理达标废水和清净废水，其中含盐废水又包括低盐废水、浓盐废水和高浓盐废水。煤化工含盐废水具有如下特点：一是废水含盐量高且成分较为复杂，杂质离子较多；二是废水中含有较多COD，会对蒸发结晶的盐品品质产生较大影响；三是煤化工废水蒸发结晶过程中易形成结垢；四是在煤化工行业采用的生产工艺不同，其产生废水的成分也不尽相同，因此煤化工废水水质具有较大的不确定性。我国煤炭储量大，但是西北、华北地区却普遍存在水资源较为短缺的问题。同时，这些地区缺少受纳水体且环境脆弱，废水经简单处理后无处排放。因此，要解决该地区水资源短缺的问题，同时避免对当地环境带来破坏，煤化工企业废水处理后回用，实现废水"近零排放"就显得尤为必要。

焦化废水是煤在高温干馏过程中形成的废水，所含污染物种类多，浓度高，成分复杂，是公认的难降解有机工业废水。焦化企业由于原煤性质、生产工艺、操作步骤的不同，所产生的焦化废水成分有所差异。废水COD_{Cr}浓度高达5000~20000 mg/L，酚类浓度500~900 mg/L、氰化物浓度约15 mg/L、石油类浓度55~75 mg/L、氨氮浓度200~300 mg/L，色度高达几千倍以上。目前焦化废水一般按常规方法进行两级处理，第一级处理包括隔油、过滤（或一次沉降）、溶剂萃取脱酚、蒸氨、黄血盐脱氰等；第二级处理包括浮选、生物降解、混凝沉淀等。但其中有毒有害物质的浓度仍居高不下，难以达到国家允许的排放标准。同时，生产与末端无害化处理过程割裂，未统筹考虑。

目前，国内80%的焦化厂采用传统生物脱氮处理为核心的焦化废水工艺流程，包括预处理、生化处理及深度处理。预处理主要采用物理化学方法，如除油、蒸氨、萃取脱酚等；生化处理工艺主要为A/O、A^2/O等工艺；深度处理主要有活性炭吸附法、活性炭-生物膜法及氧化塘法。欧洲普遍采用的处理焦化废水工艺为先去除悬浮物和油类污染物质，然后利用蒸氨法去除氨氮，再采用生物氧化法去除酚硫氰化物和硫代硫酸盐。在某些情况下还对废水做排放前的最后深度处理。美国炼焦厂废水处理工艺为：脱焦油工艺—蒸氨工艺—活性污泥法及污泥脱水系统。

综合来看，国外焦化废水处理方法与我国基本一致。

尽管已经有多种成熟工艺应用，但焦化废水处理难以实现稳定达标，其主要瓶颈在于污染组分非常复杂且浓度高，含有较高浓度的酚、油和氨氮，并含有大量毒性有机物，导致生物降解活性被明显抑制，生化处理效率较低，而且生化处理后残存一定浓度的难降解有机污染物和氰化物，对深度氧化工艺提出重大挑战。《炼焦工业污染物排放标准》明确规定，焦化企业的水污染物最高允许排放限度为 COD_{Cr}≤100 mg/L，NH_3-N≤15 mg/L，总氰≤0.2 mg/L。目前大量焦化企业外排废水中污染物浓度超标。基于其组成特点，焦化废水达标处理存在几大技术难点：①缺乏有效的资源化预处理技术。焦化废水中剩余粗酚、焦油和氨氮浓度较高，降解难度较大而且造成资源浪费，开发高效的预处理技术从废水中回收酚、氨和焦油等，可大大降低下一步的有机物负荷和生物毒性，并可资源化回收产品。②生物降解效率较低。一方面由于废水中残存毒性有机物浓度较高，抑制了生物毒性，另一方面由于进水水质波动较大，对生物抗冲击能力提出更高要求。如何开发高效生化处理技术，提高工艺稳定性，并同步去除有机物和生物氨氮，技术挑战较大。③总氰去除难度大。经生化处理后出水中总氰浓度可达 2 mg/L 以上，缺乏经济有效的去除方法。传统的氧化法和絮凝沉淀法均无法满足达标排放要求。④残留有机物浓度超标。生化处理出水中含有一定浓度难降解有机物污染物需要深度去除，传统的芬顿氧化等方法去除效率较低，并且造成二次污染，亟须开发有效的有机物深度氧化技术，满足 COD 达标排放要求。因此，如何进行高效的资源化处理是钢铁行业水污染治理的国际性难题，亟须开发更高效的集成处理技术。

2. 焦化废水处理关键技术

本团队对废液资源化与废水处理技术开发进行协同考虑，实现了生产和治污综合成本最小化。针对传统萃取脱酚工艺对毒性较大的焦油、焦粉等去除率低，严重影响后续生化处理效率的问题，开发了高效的酚油协同萃取技术，资源化回收粗酚产品的同时显著降低废水中毒性有机物浓度。针对现有生化处理去除有机物效率低、系统抗冲击能力差的问题，开发一种梯度生物处理工艺，通过水解酸化、厌氧、缺氧、好氧等工艺组合处理，结合解毒预处理工艺和过程参数精确控制，形成一种稳定高效的生物处理技术，提高有机物和氨氮去除效率。针对总氰超标的难题，开发了脱氰絮凝药剂，通过静电吸附、卷扫、架桥等作用机理，高效去除有机物。针对低浓度难降解有机污染物，开发常温催化氧化技术，通过合成高活性催化剂，催化分解小分子氧化剂生成强氧化性活性氧，深度矿化有机物形成二氧化碳和水（图 5-10）。

上述技术具体介绍如下：

（1）提出了酚油协同萃取减毒耦合污染物梯级生物降解的废水处理新工艺，

建立了以有机官能团为基元的萃取剂计算机辅助设计方法和平台,成功研制出协同高效萃取极性和非极性毒性难降解有机污染物的新型商用多元复合萃取剂。

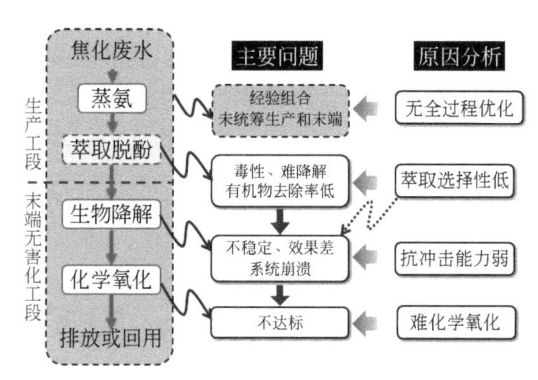

图 5-10 焦化废水处理的主要问题

实现多环、杂环类有机物与酚一并分离的关键在于能否高效获得协同萃取极性和非极性有机分子的萃取剂。当前萃取剂主要通过海量实验研制,效率低,亟须有效的量化设计方法。创新提出以官能团为基本单元分别建立污染物和萃取剂"虚拟组分",通过模拟二者极性、非极性特征及其相互作用关系,解决了分子设计中复杂体系液液相平衡非线性强耦合的计算难点,结合化学品数据库大数据分析,首次建立了多元复合萃取剂计算机辅助设计平台,指导新型萃取剂快速设计。结合实际废水的实验验证、油水分相过程界面调控及萃取剂环境友好性评估,设计制备出适合焦化和碎煤加压气化废水酚油协同萃取的多元复合萃取剂。针对工业生产,解决了萃取剂大规模制备过程中的反应器内超均匀温度场控制和聚合副反应防控难题,形成商用多元复合萃取剂(IPE-PO)工业生产技术。相比现有萃取剂,新萃取剂几乎不溶于水且可被微生物降解(表 5-8),萃取尾水无须二次精馏处理,按吨水消耗 60~80 kg 蒸汽计,仅此一项可节约成本 10 元/吨水。

表 5-8 常见萃取剂性质及处理某企业低温焦化废水结果对比

萃取剂	水中溶解度(25℃)/w%	密度(25℃)/(g/mL)	生物降解性	萃余液 BOD_5/COD_{Cr}	UV_{254}
MIBK	2.2	0.801	可降解	0.18	32
DIPE	0.94	0.725	可降解	0.16	33
IPE-PO	0.048	0.81	可降解	0.26	28

注:原水 COD_{Cr} 3450 mg/L,总酚 9534 mg/L,结果为三次平均值

(2)研制出支持高浓度菌群高效降解的反应-沉淀耦合一体化装备(图 5-11),构建了污染物梯级生物降解处理工艺,显著提高焦化废水生化处理系统稳定性。

实际焦化废水受生产工艺和煤种的影响,特征污染物及其浓度波动频繁。通过深入研究发现,不同类型焦化废水生化处理工艺中各阶段特征污染物变迁与微

生物群落结构存在紧密相互关系,尤其是含氮杂环开环断链滞后显著抑制硝化群落活性,多环芳烃在细菌表面累积增强对菌群尤其是自养硝化细菌酶活性抑制。开发了反应-沉淀耦合一体化装备,构建了通过特征污染物耦合水力分选定向调控菌群结构保持增强活性的方法,实现水中毒性有机物和氨氮污染物的梯级高效生物降解。通过酚油协同萃取减毒耦合污染物梯级生物降解,显著提高实际焦化废水处理过程中生化系统的抗冲击能力,实现废水的稳定、高效处理。

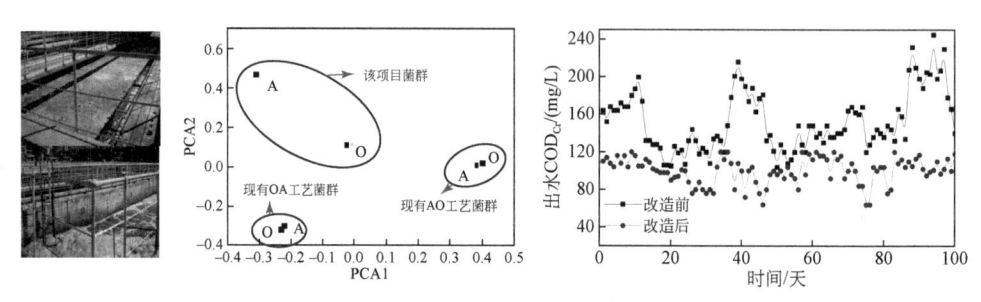

图 5-11 基于反应-沉淀耦合一体化装置的优势菌群构建和某企业生化工艺改造对比

(3)研发出基于官能团定向转化的难降解有机污染物非均相催化臭氧氧化专用新型高效催化剂和反应设备。

综合运用臭氧氧化中间产物和自由基原位分析、自由基定向抑制、量子化学计算等手段,发现臭氧分子及其转化形成的超氧自由基和羟基自由基与污染物分子结构之间的匹配关系,主要包括超氧自由基较臭氧分子优先进攻给电基团取代酚,吸电基团取代酚则相反;杂环/多环化合物优先与超氧自由基反应,但形成的羧酸类中间产物需由羟基自由基进一步氧化;表面羰基官能团和碳骨架缺陷位均有助于碳材料催化臭氧分解产生羟基自由基(图 5-12),锰、铁氧化物上氧的缺陷位可强化羟基自由基生成;稀土高温微氧固熔可增强催化稳定性,强化羟基自由基形成,抑制锰、铁的溶出。

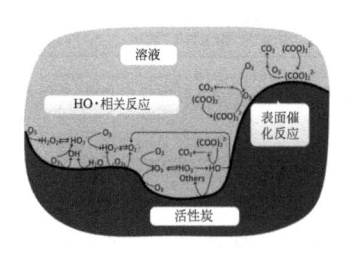

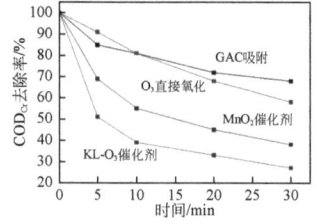

图 5-12 碳材料催化反应机理、不同催化剂性能对比及臭氧氧化塔

基于污染物分子结构、氧化剂和催化剂活性点之间的交互影响关系研究,设计并制备出具有优先释放超氧自由基的合金化铁-锰-碳规整催化剂用于预氧化

（价格低、寿命长），以及优先释放羟基自由基锰-稀土-镁复合多孔活性炭催化剂用于深度氧化，进一步解决了规模化制备过程中常出现的温度场失稳、催化剂中毒、强度不可控等问题，形成了商用催化剂规模化制备技术。新催化剂用于焦化废水深度氧化处理，性能优异。

开发出基于传质-反应过程优化匹配的废水非均相催化臭氧氧化专用设备。在臭氧氧化过程中，若臭氧气液传质速度显著高于溶解态臭氧氧化污染物的速度，则部分已溶解臭氧将无效分解。为提高臭氧利用率，该项目基于大量实验，建立了气液传质-臭氧（含超氧自由基、羟基自由基）有效反应-无效分解的数学模型，实现传质速度定量预测，形成了一种简洁高效的调控技术：通过控制臭氧气泡大小调节传质速度，减少其溶解于水后的无效分解。基于CFD模拟优化，设计出适合不同污染物和脱除深度的气体分布器。结合自动控制，形成处理能力10～200 m^3/h的系列反应设备。采用上述催化剂和配套设备，创新建立了非均相催化臭氧氧化技术。该技术处理焦化生化尾水，臭氧利用率由报道的不足70%提高到85%～90%，COD_{Cr}去除率由不足45%提高到50%～60%，在鞍钢建成首套产业化工程，迄今已经稳定运行超过6年，催化剂使用寿命达4年，无二次污染，满足煤化工和钢铁行业工业应用需求。

（4）通过多单元耦合集成优化，开发出预处理-强化生物处理-深度处理组合工艺（图5-13），实现焦化废水处理出水稳定满足最新国家标准。

通过酚油协同萃取、高效精馏蒸氨、陶瓷膜过滤除油等预处理工艺资源化回收酚、氨粗产品，同时降低废水毒性。通过硝化-反硝化生化处理去除大部分氨氮和硝态氮，再通过复配药剂去除总氰化物。采用催化臭氧氧化深度去除残存有机物，实现出水COD、氨氮、总氰和有毒有机物等稳定达标。最后采用多膜组合技术进行脱盐，可实现中水回用率>70%以上，但同时产生大约30%的高盐废水需要进一步处理。

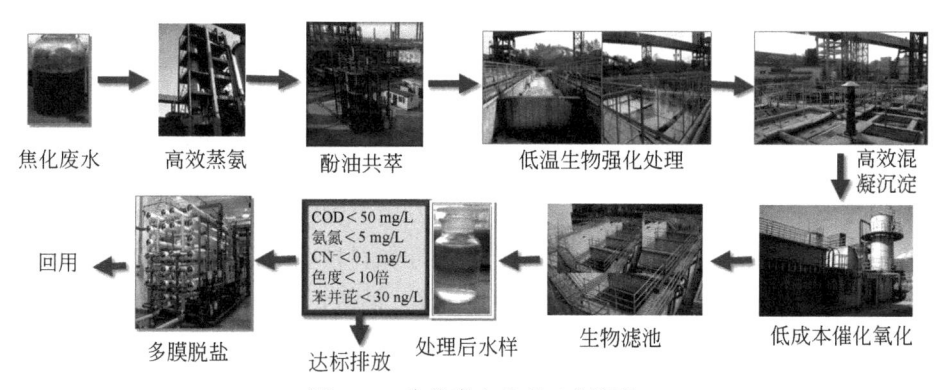

图5-13　焦化废水处理工艺流程

此外，针对影响焦化废水达标排放的生化出水中的低浓度持久性难降解有机物和氰化物两类污染物，本团队研制系列铁基有机-无机复合絮凝剂（KL-IPE）；通过对 KL-IPE 絮凝剂混凝效率、絮凝剂结构以及絮体结构分析，探讨复配絮凝剂各组分间相互作用机制，揭示阳离子型有机絮凝剂去除氰化物和 ROPs 的作用机理，并成功将 KL-IPE 应用于煤化工废水深度脱碳除氰工艺中。研究结果表明，KL-IPE 结构以链状/网状有机聚合物包裹无定形聚合态 Fe 为主。COD_{Cr} 和总氰最佳去除率分别为 53.41%和 94.85%，远高于传统聚合硫酸铁和聚丙烯酰胺混合絮凝剂最佳混凝效率，即 COD_{Cr} 和氰化物的去除率分别为 33.49%和 30.10%。其优异的混凝效率来源于无机组分的电中和与有机组分静电簇/吸附架桥协同耦合作用。

3. 相关技术应用案例

针对焦化废水资源化与低成本无害化处理的成套技术需求，本团队深入开展全过程综合控污的单元技术集成优化研究，构建了工业设计基础工艺数据包，建成产业化示范工程，并进行深度优化和推广应用。成套核心技术不仅成功应用到钢铁、煤化工、煤电等行业废水处理过程，还进一步推广到钨、稀土、电池材料等行业高浓度氨氮废水处理工程。其中在焦化行业内规模企业的应用覆盖率达到15%左右，废水处理量超过 5000 万吨/年，累计节水和废水回用达到 1.1 亿吨；减排 COD 31.8 万吨，总氰 1491 吨，苯并芘 3.2 吨，减少排污费 6.8 亿元，增收 7.8 亿元以上，支持我国 20%的焦炭合法稳定生产，产值超 1000 亿元/年。工程运行表明，与现有技术相比，新技术具有较明显优势，而且出水稳定满足《炼焦化学工业污染物排放标准》（GB 16171—2012）和辽宁省污水综合排放标准（DB-21/1627—2008），平均水处理成本同比降低 20%以上，无二次污染。为降低我国重点流域点源废水排放强度，提高严重缺水地区水资源高效回用和废水零排放，改善流域水环境质量提供了重要的科技支撑。

KL-IPE 技术应用于某化工厂焦化废水深度处理系统，进行连续中试及工业化试验。混凝出水中氰化物和浊度浓度（氰化物低于 0.2 mg/L，浊度 1~2 NTU）全部达到 2012 年焦化企业废水排放新标准（GB 16171—2012）；COD_{Cr} 去除率也从 25%~30%提高至 55%~60%，残留 COD_{Cr} 浓度降低至 80~90 mg/L，大大降低后续处理难度。

在国家水专项课题的支持下，本团队开发出"钢铁园区典型难降解废水资源化集成技术"（图 5-14），并以北京赛科康仑环保科技有限公司为产业化平台，进行技术的示范工程建设和推广应用。为煤化工、钢铁、焦化、兰炭等行业提供"技术咨询—技术开发—工程设计—工程承包—项目运营"全套污染防治和清洁生产解决方案。已在国内多个大型钢铁和煤化工企业推广建成示范工程二十余套，实现废水的达标排放或回用（零排放）。钢铁园区典型难降解废水资源化集成技术由

"预处理+生化处理+深度处理+回用处理单元"组成。预处理单元包括脱硫废液预处理系统、除油预处理系统和酚氨回收系统，实现酚油的协同萃取。强化生物处理单元采用"短程精馏-生物耦合脱氮脱碳"技术，深度处理单元采用非均相催化臭氧氧化技术，实现有机物等污染物深度脱除，废水经回用处理技术（膜脱盐单元、多效蒸发单元与双极膜电渗析制酸碱单元）实现园区废水的资源化利用与近零排放。

俯视图　　　　　　　　左侧视图　　　　　　　　右侧视图

图 5-14　钢铁园区典型难降解废水资源化集成技术模型

5.2　废气处理工业应用案例

5.2.1　VOCs 回收技术

1. 背景与现状

挥发性有机物（volatile organic compounds，VOCs）的定义以饱和蒸气压和沸点为主要依据。世界卫生组织（WHO）将在 101.325 kPa 下沸点为 50~260℃ 之间的以蒸气形式存在的有机物定义为 VOCs[6]。WHO 根据沸点差异将有机化合物分为以下四大类：易挥发性有机物（VVOCs）、挥发性有机物（VOCs）、半挥发性有机物（SVOCs）和颗粒有机物（POM）[7]。目前已报道的 VOCs 有 300 多种，其中芳香烃、卤代烃、烷烃、醇、酯、醛、酮等为常见的污染物类型，常见的典型 VOCs 种类详见表 5-9[8]。

表 5-9　常见的 VOCs 种类

类别	典型物质
芳香烃	苯、甲苯、二甲苯等
卤代烃	二氯甲烷、氯苯等
烷烃	乙烷、丙烷、环己烷等

续表

类别	典型物质
醇	甲醇、乙醇等
酯	乙酸乙酯、乙酸丁酯等
醛	甲醛、乙醛等
酮	丙酮、丁酮、环己酮等

人类的日常活动普遍都会存在 VOCs 的排放，如烹饪、吸烟、开车、建造等，所以人类活动在 VOCs 排放的来源当中所占的比例越来越大，影响也越来越严重[9]。近年来，VOCs 排放量呈现不断增长的趋势，从 2005 年的 19.4 Mt 增加到 2020 年的 25.9 Mt[10]。人类排放的 VOCs 主要来自石油化工、喷涂、包装印刷、家具制造、制药、制鞋、橡胶等行业，具体包括工厂尾气的排放，有机溶剂的过量使用以及一些无组织排放场合等。如图 5-15 所示，VOCs 的排放 43% 来自工业生产，28% 来自机动车尾气，15% 来自日常生活以及 14% 来自农业生产[11]。

图 5-15　2018 年中国的 VOCs 的不同来源分布[12]

VOCs 是大气污染物的重要来源，许多 VOCs 已被证明能导致光化学烟雾和城市雾霾。VOCs 在太阳光的照射下能分解形成自由基、过氧基，它们是形成光化学烟雾的诱因之一，同时又是产生二次有机气溶胶的主要成因，并伴随着严重的异味、恶臭散发到环境大气中，污染环境。此外，VOCs 也是造成温室效应的主要原因，尤其是甲烷，其效力是 CO_2 的 20 倍以上[13]。

此外，大多数 VOCs 对人类的健康也会有不同程度的毒害作用，比如刺激人体感官（眼、鼻、喉等），损害呼吸系统、消化系统、内分泌系统、免疫系统和神经系统等，严重时还会有致癌和致畸风险。尤其是芳香族化合物，即使在低浓度（大约 0.2 mg/m^3）下也具有毒性，可以损伤呼吸道及神经系统等[14]。部分 VOCs（如三氯乙烯、四氯乙烯、苯、多环芳烃等）甚至被列为致癌物[15]。

由于 VOCs 的危险性，西方发达国家已经颁布了相关法令，对它的排放进行管制。美国通过了《净水法》，将工业生产中的 129 种污染物列为有毒污染物，其中大部分为 VOCs。我国也颁布了《中华人民共和国大气污染防治法》，要求对工业生产中产生的 VOCs 进行回收利用。总之，VOCs 对水体的污染已引起国际科技界和医学界的普遍关注和重视。

2. VOCs 治理基本原则及方法

VOCs 处理应当遵循的基本原则是条件温和、低能耗、超低排放和资源化。其中，条件温和是指操作温度不能过高或过低，常温最好；操作压力范围为微正压到负压；过程简单、弹性大、易控制。低能耗指制冷过程、气体循环过程中水和蒸汽耗量尽量少。超低排放是指处理后气体达标或远低于指标，不产生有害气体、固废等二次污染，温室气体排放尽量降低。资源化是指单一有机物回收利用、混合有机物收集售卖以及酸性气体成盐固定。

VOCs 的治理思路大致可以分为源头治理和末端治理两大类。

源头治理主要通过减少产生 VOCs 的原料使用、改变生产工艺、优化生产设备等实现精准治理 VOCs 排放的目的。比如使用低 VOCs 的水性油墨、绿色涂料等替代原料；优化工艺生产技术，减少设备和管线等在生产过程中 VOCs 的排放。虽然源头治理是一种比较理想的解决方法，能够有效地实现 VOCs 的减排甚至"零"排放，但从经济和技术的角度综合考虑这种方法具有一定的局限性，生产工艺的优化改进具有一定的难度。

末端治理是指在生产过程末端治理 VOCs 的排放问题，该方法根据治理目的的不同又可以分为回收法和销毁法。从经济可持续发展和资源化利用的角度分析，回收法具有较大的优势。回收法包括吸收、膜分离、冷凝和吸附等，它们的共同点都是从传统物理回收的基础上通过高效的分离净化技术实现 VOCs 的资源化回收，有着重要的工业意义，使用较为广泛。销毁法主要包括燃烧（直接燃烧、催化燃烧等）、光催化技术和低温等离子技术等，主要是通过化学反应使 VOCs 最终转化成 CO_2 和 H_2O 等，从而达到排放标准。图 5-16 列出了末端治理技术方法的分类。面对日益严格的环保要求，销毁法将无法再大规模应用，回收法将是在"双碳"背景下首选的 VOCs 处理工艺，以下将详细介绍四种典型的回收法。

1）吸附技术

吸附是通过不同吸附质与吸附剂之间的选择性差异实现分离的过程。吸附分离可应用于气体或溶液的除臭[16]、脱色[17]和溶剂蒸气的回收[18]等方面。吸附技术因为能耗低、吸附率高和操作弹性大被广泛应用于低浓度 VOCs 的回收过程。

吸附法是一种有效去除挥发性有机化合物的技术手段。其核心原理在于利用具备高度发达的多孔结构以及极大比表面积的吸附剂，这些吸附剂如同细密的滤网，能够在废气通过吸附床时，将 VOCs 分子截留并吸附于其丰富的孔道内，从而使废气得到净化。在吸附过程中，一般发生的是物理吸附，这种吸附具有可逆性。当吸附剂达到饱和状态后，可以采用水蒸气对其进行解吸操作。解吸后的 VOCs 混合物经过冷凝和蒸馏处理，能够实现 VOCs 的有效回收。而完成解吸后的吸附剂得以再生，可再次投入循环使用，极大地提高了吸附剂的利用效率和经济性。

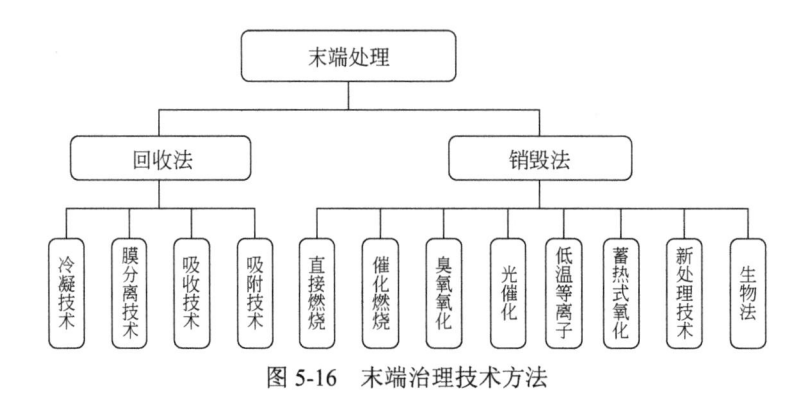

图 5-16 末端治理技术方法

2）膜分离技术

膜分离法是利用 VOCs 各组分通过膜的传质速率不同从而实现分离与净化。常用的膜材料按照结构不同可分为卷式膜、中空纤维膜及平板膜；按照材料可分为无机材料膜（陶瓷膜、分子筛膜、玻璃膜）、金属材料膜及高分子材料膜（含氟高聚物膜、聚酰胺类膜、纤维素类膜）[19]。其核心原理在于运用一种特殊的复合膜，这种复合膜具备对挥发性有机化合物独特的渗透选择性。在低压与常温环境条件下，该复合膜针对 VOCs 的传质速率相较于空气而言，能够达到 10~100 倍之高。当含有 VOCs 的混合气体与膜接触时，由于膜对 VOCs 存在高选择性和渗透性，VOCs 会优先透过膜，从而实现与其他气体组分的分离，达成净化或回收 VOCs 的目的。这种技术凭借其高效的分离性能以及相对温和的操作条件，在 VOCs 处理及相关工业领域中具有重要的应用潜力与价值[18]。图 5-17 为膜分离技术工艺示意图。

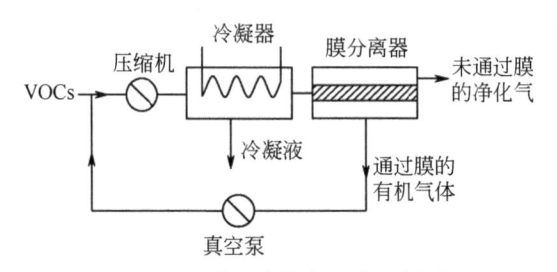

图 5-17 膜分离技术工艺示意图

膜分离是近年来发展的一种新兴技术，能高效地处理 VOCs，该法具有节能、操作简单、没有二次污染等优点，对于热敏性物质（如酶、药品等）的分离与回收尤为适用。但是由于分离膜与 VOCs 之间的相互作用很强烈，使得对膜的耐受性要求很高，因此膜分离具有费用高、处理量小和寿命短等缺点。减少制备和运行成本是该工艺进一步推广应用的关键。

3）吸收技术

吸收法是利用吸收剂与 VOCs 废气进行充分接触从而将其中的 VOCs 组分从废气中分离的过程。吸收法的主体单元通常是能使气液两相接触良好的设备，如填料塔、喷淋塔等。填料吸收塔工艺流程和喷淋吸收塔工艺流程如图 5-18 所示。

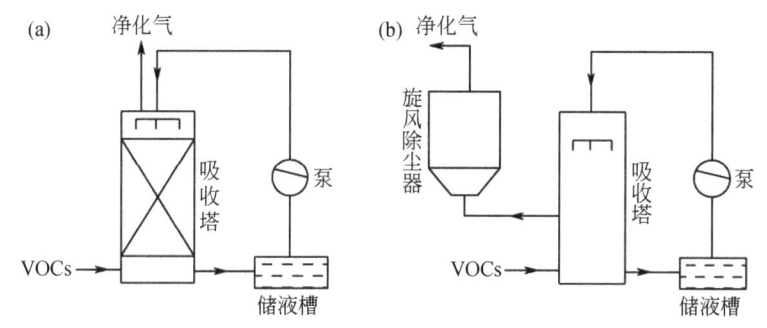

图 5-18 （a）填料吸收塔工艺流程示意图；(b)喷淋吸收塔工艺流程示意图

吸收法回收 VOCs 的关键是吸收剂的选择，针对不同的 VOCs 气体，应选择适合的吸收剂从而达到更有效的处理效果。例如，使用油类作为吸收剂时，甲苯、苯、四氯化碳及甲醇的吸收效率分别为 95%、90%、80% 及 70%[16]。三甘醇作为吸收剂处理苯、甲苯和二甲苯时吸收效率分别为 87.6%、95.6% 和 97.8%，处理三氯乙烷、二氯甲烷和三氯乙烯时吸收效率分别为 95%、95.3% 和 90.7%[20]。

吸收技术操作简便，投资及运行成本低，吸收效率高。在处理大流量、高浓度 VOCs 时具有明显优势，然而，大部分吸收剂只能对特定种类中部分 VOCs 有很好的吸收效果，且吸收剂本身一般为具有一定污染性和毒性的有机溶剂，在后续吸收剂回收过程中会产生二次污染。同时，由于吸收剂的选择困难，吸收工艺处理 VOCs 受到限制。

4）冷凝技术

冷凝法是利用气相中各组分的冷凝点差异，通过冷却或加压实现 VOCs 回收的方法。根据调查分析，冷凝法一般用于处理沸点高于 40℃、浓度高于 5000 ppm 或 10000 ppm 的有机废气[21]，低浓度的 VOCs 需要进一步浓缩之后再进行低温冷凝操作。

近年来，冷凝技术常常作为回收的重要环节与其他 VOCs 处理技术联合使用，不仅拓宽了其使用范围，还能达到更好的处理效果。例如，使用吸附和冷凝联用的方法可实现邻二甲苯在硅胶上的有效回收，相对热处理和吸收，该方法表现出明显的经济优势[22]。对单一冷凝技术和膜浓缩-冷凝混合技术进行能量评价，结果表明单一冷凝技术更适合高沸点的VOCs回收，而混合技术对于中低沸点的物系有着更高的能量利用率[18]。

冷凝法回收VOCs的优势是原理简单，操作简便，技术发展较为成熟，但适用范围窄。此外，为防止冷却温度低于0℃时气体结冰带来的不利影响，冷凝装置前需额外安装脱水设备。因此工艺流程复杂，设备投资高，运行成本大。

3. 典型VOCs治理技术应用案例

1）油品装卸呼吸VOCs治理回收技术

为降低原油成品油码头和油船VOCs排放，交通运输部、生态环境部联合发布《关于推进原油成品油码头和油船挥发性有机物治理工作的通知》，提出要提高认识，将原油成品油码头和油船作为当前挥发性有机物治理的重要领域。在进口原油装卸时，由于温度变化以及储罐、管线、船舱等气液相体积变化等，挥发油气可能进入大气，造成油品损耗。原油码头装船油气排放对环境影响很大。

针对以上问题，天津大学精馏技术国家工程研究中心为中石油大港油田设计了一套基于"冷凝-吸附-脱附-冷凝"的工艺路线用于回收挥发油气。其工艺流程如图5-19所示。废气的主要成分为甲烷以及$C_2 \sim C_8$组分，废气量达110 m³/h，经过该工艺流程后，非甲烷总烃出口浓度<1 mg/m³，废气回收率>95%。图5-20为原油油气回收装置实物。

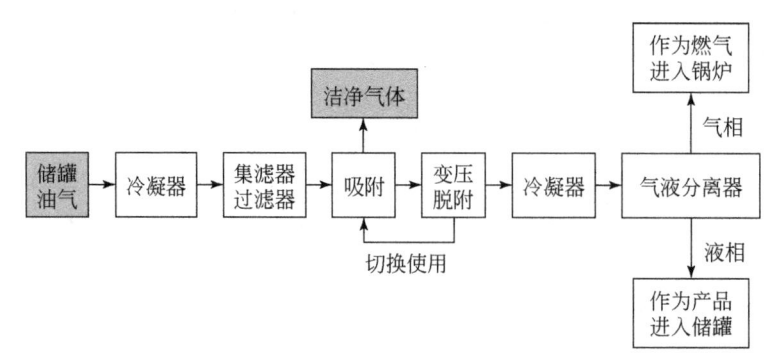

图5-19 中石油大港油田原油油气回收工艺流程图

2）化学品罐区呼吸VOCs治理回收技术

万华化学集团是亚太地区最大的聚氨酯制造企业，也是中国唯一一家拥有二苯基甲烷二异氰酸酯（MDI）制造技术自主知识产权的化工企业。厂区内有4座10000 m³液体苯内浮顶储罐，罐顶采用氮气保护工艺。储罐系统呼吸过程排出的油气为氮气和苯的混合气体，其中苯浓度为2%（体积分数）左右，排气量为0~2000 m³/h。万华化学集团的技术需求是将苯罐系统排放的油气汇集后引入油气回收装置进行集中处理，处理后排放的尾气满足国家最新颁布实施的《石油化学工业污染物排放标准》(GB 31571—2015)的要求，即尾气中苯含量<4 mg/m³。

图 5-20 油气回收工艺实物图

针对以上问题，天津大学精馏技术国家工程研究中心开发了一种"吸附-脱附-冷凝"耦合的油气回收工艺，工艺流程如图 5-21 所示。吸附在固定床内进行，VOCs废气加压后进入吸附床，污染物被床层内的吸附剂吸附，洁净气达标排放。当床层吸附饱和后停止吸附，吸附柱用真空泵抽真空降压或升温达到脱附的目的，气流方向与脱附方向相反。吸附采用多床并联以达到废气连续处理的效果，提浓的脱附气进入常温或低温冷凝装置冷凝，最终得到回收的苯产品。

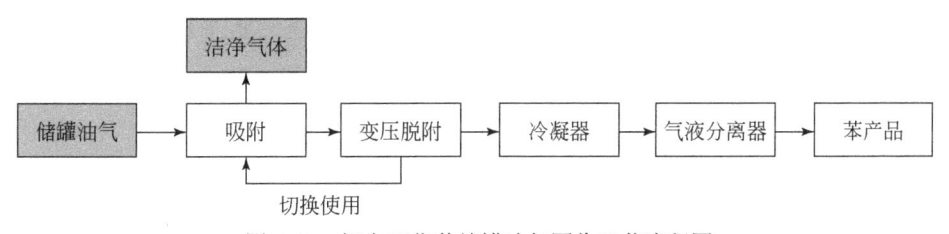

图 5-21 烟台万华苯储罐油气回收工艺流程图

万华化学集团 2000 m³/h 油气回收装置将储罐呼吸系统排出的氮气和苯的混合气体通过吸附-脱附-冷凝工艺回收率>99%。实际运行数据显示，苯卸船阶段的入口油气量平均约为 1000 m³/h，入口苯油气浓度为 0~3%（体积分数），经过处理以后外排的尾气中，苯含量小于 1 mg/m³，回收下来的苯液体返回罐区，该项目目前回收苯 1 m³/d，流程运行过程只需电耗，无须公用工程，整个装置运行平稳可靠，控制系统完善，自动化程度高，正常情况下一人启停，无人值守，节约物流费用和人工费用。该装置自 2017 年 4 月投入运营至今一直平稳运行，是目前国内外规模最大的苯罐区油气回收装置，相关设备如图 5-22 所示。年经济效益

210 余万元，节省环保支出超过 100 万元（排污费税），减少间接损失（关停等带来生产的损失及风险）超 240 万元/年。

图 5-22 苯罐区的油气回收装置

3）聚合成型工艺过程 VOCs 治理回收技术

天津市嘉诺缘电子科技有限公司年产 500 吨聚酰亚胺薄膜项目中主要为 2 条聚酰亚胺薄膜拉伸生产线和 2 条聚酰亚胺薄膜流延生产线，工程产品规模为聚酰亚胺薄膜 160 吨/年，胶带 100 吨/年。原配套建设尾气处理设施"转轮法分子筛溶剂再生装置"用于回收处理生产线产生的二甲基乙酰胺（DMAC）废气，但因该装置在实际运行中存在分子筛易堵、能耗高等问题，建设单位于 2018 年决定对其进行改造，具体工艺流程如图 5-23 所示。

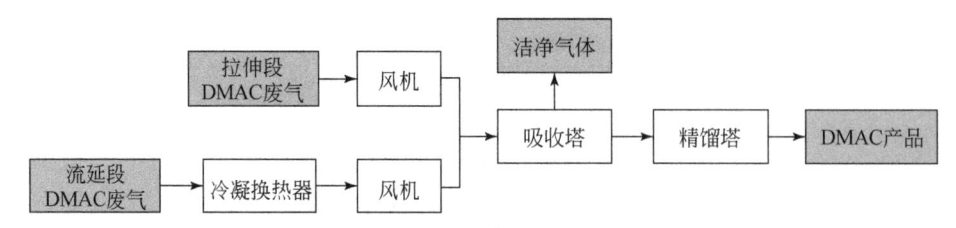

图 5-23 DMAC 回收装置工艺流程图

流延段的聚丙烯酸（PAA）极性溶液由计量泵通过计量罐和流延嘴进入流延机，在此进行溶剂挥发成膜。空气由送风风机引入，通过换热装置预热后，经电加热器加热进入流延机。热空气在流延机内流动一周后，连同挥发出的 DMAC 溶剂被排风风机从流延机排出，经引风机进入冷凝器冷凝。冷凝后的 DMAC 溶剂经吸收塔清洗出洁净气体引至其他管线，溶剂送至精馏塔精制获得 DMAC 产品。该工艺总处理废气量 31000 m³/h，非甲烷总烃出口浓度<20 mg/m³，废气回收率>

99.8%，废气回收量＞5520 kg/h，DMAC 回收实体装置如图 5-24 所示。

图 5-24　DMAC 回收装置

4）间歇型化学品生产过程 VOCs 治理回收技术

树脂厂所用的部分原料、溶剂具有一定的毒性，可能引起中毒或职业病。树脂厂废气主要来自于生产车间内的反应釜、混合操作过程和人工实验室，呈现间断性无组织排放，排放源波动范围大，大多数污染物是低沸点、易挥发的化合物，主要成分为甲苯和甲醛。有机废气的大量排放不仅对环境造成严重污染，而且影响了人类正常生活及危害人的健康，人体长期接触、吸入或食入将会引起神经系统紊乱、头晕、呕吐等症状，严重时引起昏迷、抽搐甚至死亡。因此，高效的有机废气处理技术具有现实意义。

针对福明树脂厂对 VOCs 资源化的需求，研发团队开发了一种基于"吸收-冷凝-吸附-脱附"的 VOCs 回收装置，工艺流程如图 5-25 所示。来自酚醛树脂生产线的挥发性有机废气（360 m³/h）通过吸收塔，一部分经过冷凝和吸脱附装置处理变成洁净气体，另一部分送至油水分离罐，回收至甲苯储罐中，非甲烷总烃出口浓度＜20 ppm，废气回收率＞95%。该装置实物图如图 5-26 所示。

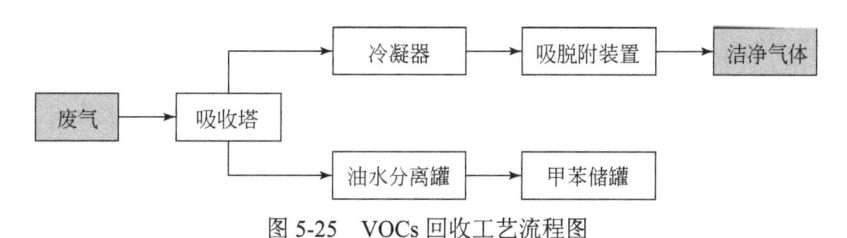

图 5-25　VOCs 回收工艺流程图

图 5-26 VOCs 回收装置实物图

5.2.2 含氨废气回收技术

1. 背景与现状

氨气（NH_3）是一种无色、有强烈刺激性气味的气体，作为重要的工业基础原料，广泛应用于化工、医药、农业和高分子材料等各个领域，可用于生产尿素和硝酸铵/磷肥等氮肥，也可以用来生产氨水、硝酸、橡胶等基础化学品[23]。在这些与氨相关的化工生产过程中，会产生大量含 NH_3 气体，如合成氨塔弛放气、焦炉煤气、氨冷冻罐排气、硝酸装置尾气等。为避免直接排放造成的资源严重浪费，这些含氨废气中的 NH_3 通常会经过分离回收返回生产系统，如合成氨塔弛放气中的 NH_3 需与氢气、氮气分离，实现 NH_3 的回收和原料气氢气、氮气的循环；钼酸铵/氧化钼生产过程产生气体中的大量 NH_3 经分离回收后再利用。因此，NH_3 的高效低能耗分离回收一直是工业界的重大难题和挑战。另一方面，NH_3 是一种碱性气态污染物，其与大气中 SO_2 和 NO_x 反应生成的硫酸铵、硝酸铵等二次颗粒物，是形成 $PM_{2.5}$ 和雾霾的重要原因之一，严重危害人类的生活环境和健康[24,25]。目前，国内含 NH_3 废气总量大（150 亿 Nm^3/年，NH_3 总量为 300 万吨/年，NH_3 全部回收价值 90 亿元），遍及合成氨、钼冶金、三聚氰胺、尿素、有机胺、冶炼等多个行业（800 余家企业）。随着我国经济的发展，含 NH_3 废气的排放量随之加大，含 NH_3 废气排放不仅污染环境且资源浪费严重。因此，我国对 NH_3 排放控制越来越重视，出台的排放标准也愈发严格。2016 年，国务院印发了《"十三五"生态环境保护规划》，指标中增加了氨氮污染物排放总量约束；《无机化学工业污染物排放标准》（GB 31573—2015）要求自 2017 年 7 月起，废气中 NH_3 含量≤10 mg/Nm^3；2021 年国务院印发《"十四五"规划和 2035 年远景目标纲要》第三十八章第一节，指标中要求改善重点区域空气质量，氮氧化物排放总量下降 10%，氨氮排放总量下降 8%。因此，从环境保护和资源有效利用等方面来看，工业废气中 NH_3 分离与回收具有极其重要的现实意义[26,27]。

含 NH_3 废气的处理方法众多，有溶剂吸收法、生物过滤法、催化氧化法和吸附法等。传统的吸收方法是用水或酸性溶液作为吸收剂。水洗法是工业上最常用的处理方法，因为该法 NH_3 吸收量大而且吸收剂易获取。在 293.15 K，气体总压为 101.325 kPa 条件下，每克水能吸收 5.29 g NH_3。然而，水洗法耗水量大、能耗高、NH_3 回收率低，经济效益差[28]。当废气中 NH_3 浓度较低时，水洗法不能有效分离 NH_3，无法满足排放要求[29]。化学吸收法使用硫酸、盐酸等酸溶液，通过酸和 NH_3 的反应进行脱氨处理。虽然酸洗法可有效去除含 NH_3 尾气中的 NH_3，但反应会产生低附加值的铵盐，这些铵盐在干燥过程中会产生粉尘颗粒，处理不当会增加空气中的颗粒浓度。此外，传统酸溶液会腐蚀设备，从而增加设施的维护成本，可挥发的酸溶液也会造成环境污染。由于酸洗法会造成二次污染和巨大的能源消耗，减少酸洗法的使用是目前的环保趋势。研究人员也尝试利用多孔材料吸附 NH_3，如活性炭[29,30]、分子筛、氧化铝[31]等，被吸附在多孔材料表面的 NH_3 可通过加热或者吹扫的方法脱附出来。该方法具有良好的脱 NH_3 性能，但因设备投资大等问题仍需进一步研究和发展。生物过滤法和催化氧化法也因苛刻的操作条件被限制了大规模应用。

2. 基于离子液体的含氨废气分离回收技术研究进展

离子液体（ionic liquids，ILs）是指由有机阳离子和无机或者有机阴离子构成的、在室温或低于 100℃下呈液态的盐。具有如下优点：①液程范围宽，热稳定性好；②蒸气压极低，可消除应用过程中溶剂挥发的问题；③对很多有机或无机的物质均有良好的溶解能力；④具有可设计性，通过正负离子结构的不同组合可精确调控 ILs 的酸碱性、极性等性质。基于以上优点，ILs 在气体分离领域体现出较大的发展潜力，基于 ILs 的分离过程中气体回收和吸收剂循环利用工艺得到简化，气体分离过程的能耗也显著降低[32-34]。而且，与传统分子溶剂相比较，ILs 独特的结构和电荷分布使其具有较强的氢键作用，可有效提高气体溶解能力和选择性[35-37]。ILs 的出现为高效分离和回收工业气体中 NH_3 提供了新方法。目前，有大量的文献报道了 ILs 及 ILs 材料分离 NH_3 的工作，包括各类 ILs 和 ILs 材料的制备、吸收性能和机理的研究，所涉及的 ILs 主要有常规咪唑类 ILs 和羟基、质子、金属等功能ILs。

由于ILs的优异性能，Yokozek等[38,39]于2007年首先将ILs作为吸收剂用于NH_3吸收。为了确定ILs对NH_3的捕捉能力，研究人员测量了常规ILs[$C_n$mimBF$_4$](n=2，4，6，8)对NH_3的捕捉能力[40]。实验发现ILs阴离子相同时，NH_3溶解度随着烷基侧链长度的增长而增加，[C_8mim][BF$_4$]拥有较优异的NH_3吸收性能。通过分析，认为常规ILs对NH_3吸收机理可能和其分子内部的空穴体积有关。当烷基侧链长度增加时，ILs的空穴体积增加，从而能够容纳更多的NH_3。使用Redlich-Kwong（R-K）状态方程和Krichevisky-Kasarnovsky（K-K）方程联合计算得到了亨利常数和偏摩尔体积，亨利常数随着吸收温度的上升而增加，这和NH_3溶解度下降的趋势相符合。此外，通过对[Emim][NTf$_2$]/NH_3混合体系和[Emim][NTf$_2$]单组分分子动力学模拟分析和定量计算结果发现，两者的摩尔体积差别不大。这也说明ILs分子内有空余体积可以容纳吸收的NH_3。为了评估阴阳离子的重要性，分别计算了NH_3和阴阳离子对（NH_3-[Emim]$^+$和NH_3-[NTf$_2$]$^-$）之间的相互作用能，结果表明NH_3-[Emim]$^+$对的相互作用能更低，进一步证明阳离子对NH_3吸收影响更大[41]。ILs的阴阳离子数目众多，通过实验逐一评价NH_3吸收性能不切实际。研究人员使用COSMO-RS方法对NH_3在272种ILs（17种阳离子和16种阴离子）中的溶解度进行了热力学分析[42]。根据亨利常数对比筛选高NH_3吸收量的ILs，结果如图5-27所示。模拟结果表明NH_3的吸收能力更多地依赖于阳离子。与吡咯烷盐、喹啉盐和季鏻盐等阳离子相比，季铵盐和咪唑类ILs对NH_3吸收能力更强。与常规ILs相比，功能型ILs、质子型ILs以及金属型ILs均表现出更好的NH_3吸收性能。

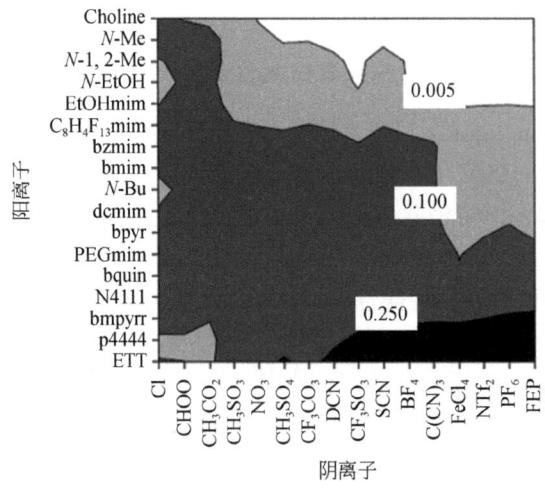

图5-27 COSMO-RS计算的272种ILs在298 K的NH_3亨利常数[42]

对于羟基功能型 ILs,由于羟基有利于氢键网络的形成,其氨吸收量比常规型高[43]。通过对比研究多种羟基 ILs 对 NH_3 的吸收能力,包括 1-(2-羟乙基)-3-甲基咪唑双氰胺 [EtOHmim][DCA] 和三 (2-羟乙基) 甲基铵甲基硫酸盐 [MTOSA][MeOSO$_3$]等,发现在 ILs 中引入氢键供体基团(如羟基)及增加羟基活性位点数量可显著提高 NH_3 吸收性能[44]。因此,中国科学院过程工程研究所张香平团队[45]合成了阳离子为[EtOHmim]$^+$的系列羟基功能型 ILs,得到了六种阴离子对NH_3吸收能力顺序为[NTf$_2$]$^-$>[PF$_6$]$^-$>[BF$_4$]$^-$>[SCN]$^-$>[DCA]$^-$>[NO$_3$]$^-$。其中,含 F 阴离子比不含 F 的阴离子吸收 NH_3 效果更好,这是因为 F 原子可以和 NH_3 中的 H 原子形成氢键。经过定量计算发现,羟基型阳离子[EtOHmim]$^+$和 NH_3 形成的氢键键能比常规型阳离子[Emim]$^+$和 NH_3 形成的键能更高,这和羟基型 ILs 拥有更高 NH_3 吸收量的现象一致。此外,吸收的 NH_3 可以实现完全解吸,ILs 的结构不会有影响。

质子型 ILs 指在阳离子或阴离子上具有质子功能基团的 ILs。研究团队[46]合成了拥有较高氨气脱除能力的质子型 ILs。在 40℃,100 kPa 下,1-丁基咪唑双三氟甲磺酰亚胺盐[Bim][NTf$_2$]的吸收量高达到了 2.69 mol NH_3/mol ILs,这大约是同条件下常规型 ILs[Bmim][NTf$_2$]吸收量的 10 倍(0.2 mol NH_3/mol ILs)。这是因为 NH_3 和 H-3 原子之间形成了有效的氢键,大幅提升了 NH_3 的吸收量。通过量子化学计算提出了可能的吸收机理,如图 5-28 所示,质子型 ILs 可以通过质子 H 和 2 mol NH_3 进行作用。此外,通过研究包含不同长度阳离子侧链以及不同阴离子([Bim][NTf$_2$]、[Bim][SCN]、[Bim][NO$_3$])的质子型 ILs 对 NH_3 的吸收[47],表明阴离子对质子型 ILs 吸收 NH_3 也有较大的影响,三种阴离子的 NH_3 吸收能力大小为:[NTf$_2$]$^-$>[SCN]$^-$>[NO$_3$]$^-$,这和阴离子对应的同源酸的 pK_a 值相反,也就是和酸度次序相符合。

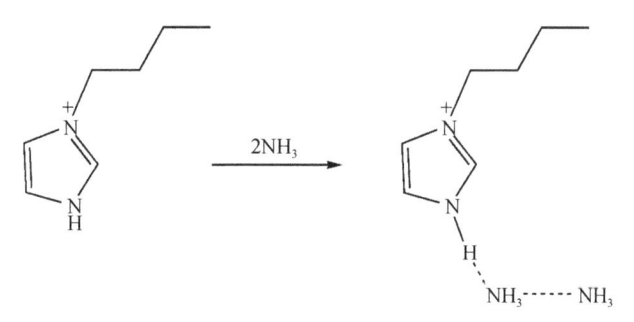

图 5-28 质子 ILs[Bim][NTf$_2$]吸收 NH_3 机理[46]

双功能型 ILs 通过功能性基团间的协同作用,表现出更优异的吸收能力[48]。研究团队[49]制备了阳离子含质子和羟基功基团的双功能质子 ILs[C$_n$OHim]X(n=1,2;X=[NTf$_2$]$^-$,[BF$_4$]$^-$,[SCN]$^-$)吸收 NH_3。结果表明该类 ILs 具有出色的 NH_3

吸收性能，尤其是[C$_n$OHim][NTf$_2$]。[EtOHim][NTf$_2$]在常压下的 NH$_3$ 溶解度高达 3.11 mol NH$_3$/mol IL。量子化学计算表明，吸收的 3 mol NH$_3$ 分别与质子 H、羟基和第一个 NH$_3$ 连接。合成的包含 2 个质子的[2-Mim][NTf$_2$]和[Im][NTf$_2$]，以及包含金属离子和质子的[2-Mim][Li(NTf$_2$)$_2$]和[Eim][Li(NTf$_2$)$_2$]，都具有较高的 NH$_3$ 吸收能力[50]。

金属型 ILs 是包含金属离子的离子液体，由于金属离子与 NH$_3$ 存在化学络合作用，在氨吸收方面金属，ILs 综合了金属氯化物和离子液体的优点。针对一系列包含 Cu^{2+}、Sn^{2+}、Ni^{2+}、Mn^{2+}、Zn^{2+} 和 Fe^{2+} 等金属的络合阴离子，对 NH$_3$ 吸收性能如图 5-29 所示[51]。其中，在 303 K，0.10 MPa 下，[Bmim]$_2$[CuCl$_4$]的吸收量为 0.172 g NH$_3$/g IL。但是，金属离子与配体 NH$_3$ 之间的络合反应可能是不可逆的，在[Bmim]$_2$[CuCl$_4$]/NH$_3$ 体系中，NH$_3$ 在解吸之后吸收量降低，这是 Cu^{2+} 和 NH$_3$ 之间的强相互作用造成的。另外，研究团队[52]研究了基于过渡金属离子的 ILs [C$_n$mim]$_2$[Co(NCS)$_4$]，其吸收量比常规型 ILs[C$_n$mim][SCN]提高了 30 倍，且拥有良好的再生性能。

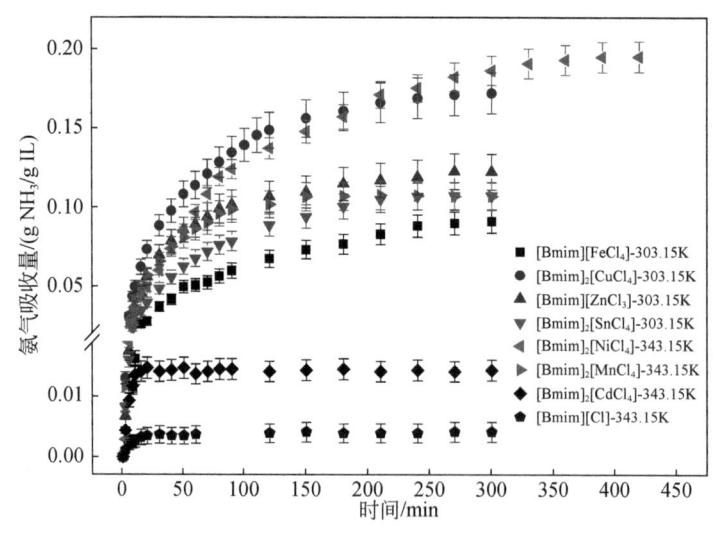

图 5-29　金属型 ILs 的氨气吸收性能随时间的变化（0.10 MPa）[51]

近年来，ILs 的类似物低共熔溶剂（DESs）也引起了研究人员的兴趣，低共熔溶剂是一类由氢键受体和氢键供体组成的混合物，由于氢键作用改变了各单组分的电子分布，使得其熔点远低于各单组分。它不仅具有 ILs 的特点（高稳定性、低蒸气压、可设计性等），也具有普通溶剂的优势（价格低廉、易获得等），在 NH$_3$ 吸收分离领域展现出一定的应用前景。研究团队[53]以固态质子 ILs 为氢键受体、低黏度的乙二醇（EG）为氢键供体，制备了系列宽液程、组分可调的新型 ILs 低共熔溶剂，系统研究了 ILs 结构、温度和压力（-20～80℃和 0.01～0.1 Mpa）对 NH_3 吸收量的影响。研究发现，由于 ILs 在吸收过程中起主导作用，当双质子 IL 含量为 41%（质量分数）时，[Im][NO_3]/EG 对 NH_3 吸收量可达 0.211 g NH_3/g DES。原位红外和核磁谱图表明低共熔溶剂与 NH_3 之间也存在多氢键耦合作用。

为了解决 ILs 黏度过高带来的传质/输送困难问题，以及成本过高带来的经济问题，研究者将 ILs 与某些新型材料，如分子筛、活性炭、膜等多孔载体结合，形成新型 ILs 材料。这种新颖的改性材料不仅有较好的 NH_3 吸收能力，还拥有较高的比表面积，从而带来高效的传质效率。例如，将咪唑-二(三氟甲基磺酰基)亚胺（[Im][NTf_2]）、1-甲基咪唑-二(三氟甲基磺酰基)亚胺（[1-Mimi[NTf_2]）、2-甲基咪唑-二(三氟甲基磺酰基)亚胺（[2-Mim][NTf_2]）三种质子 ILs（PILs）负载在活性炭（AC）上，制备并考察了三种质子 ILs 负载材料的 NH_3 吸附性能，其中，20 wt%[2-Mim][NTf_2]负载的 AC-980 在 303.15 K 和 0.10 MPa 条件下具有较高的吸附剂容量（68.61 mg NH_3/g）[54]。由于 PILs 与 NH_3 之间的氢键和分层孔间的协同作用，其具有较好的 NH_3 选择性和快速的吸附速率，比纯 AC 高 30%。同时，经过 5 次循环后，PILs 负载材料具有良好的可回收性。多位点 ILs 膜材料也实现 NH_3 的高效分离[55]。在嵌段聚合物基质（Nexar）中引入含有两个质子氢位点的功能 ILs，2-甲基咪唑双三氟甲基磺酰亚胺盐（[2-Mim][NTf_2]）和咪唑双三氟甲磺酰亚胺盐（[Im][NTf_2]），二者与聚合物共同构筑了具有多 NH_3 作用位点且更加连续的纳米传输通道，显著提升了膜材料的 NH_3 渗透性和选择性，其中 Nexar/[Im][NTf_2]-25 膜的 NH_3 渗透性高达 3565 Bar，NH_3/N_2 分离选择性和 NH_3/H_2 分离选择性分别为 1865 和 364。虽然这些新型材料性能优异，但目前研究不足，还需研究长时间吸收氨性能，进一步提升再生性能，以达到工业化应用要求。

总的来说，ILs 拥有优越的 NH_3 吸收能力，可用作 NH_3 吸收的 ILs 涵盖了常规型、羟基型、质子型、双功能型、金属型等多种类型。其中，双功能型离 ILs 分离氨的性能最为优异。在具有单个活性位点的 ILs 中，金属功能基团与 NH_3 之间的络合反应使其拥有比其他 ILs 更优越的 NH_3 分离效果，但是，牢固的连接能力导致金属型 ILs 再生能力差，从而限制了其在废气处理中的应用，需要进一步探索其回收方法。质子 ILs 与常规 ILs 和羟基型 ILs 相比，性能较好，因为其含有功能酸性质子 H，可以与碱性 NH_3 形成牢固的氢键。而且，质子 ILs 显示出可逆的 NH_3 吸收，这对于工业中吸收剂的回收，减少吸收剂损耗是有益的，展现出巨大的应用潜力。基于 ILs 的材料和低共熔溶剂也展现出优异的 NH_3 分离能力，有望通过进一步研究实现工业化应用。

3. 基于离子液体的含氨废气分离回收技术应用案例

利用 ILs 代替传统溶剂成为绿色吸收剂的趋势，研究团队致力于 ILs 吸收 NH_3

的研究超过 15 年，创新性地提出了基于离子液体的含氨废气分离回收新技术。该技术通过吸收解吸实现含氨废气中 NH_3 的选择性分离和回收。首先，设计合成的 ILs 吸收剂与含氨废气在吸收单元中的逆流接触，NH_3 被吸收溶解到 ILs 吸收剂中，实现尾气净化达标排放。通过减压升温，含 NH_3 离子液体在解吸单元实现 NH_3 的解吸和 ILs 再生，再生 ILs 回到吸收塔循环使用，解吸出的高纯 NH_3 可进一步利用。该工艺流程简单，无氨氮废水产生，ILs 吸收剂可循环利用，氨资源可回收，技术绿色、节能、环保、经济和环境效益突出。

ILs 吸收剂是该工艺的核心，吸收剂的性能决定了含氨废气分离回收的效果。针对企业含氨废气的特点，团队基于离子液体数据库和分子设计方法，设计并合成了系列 NH_3 吸收的功能 ILs[40,45-53]。同时，还创新性地提出了离子片贡献-对应态新方法，实现了 ILs 物理性质的精准预测[56]。通过筛选添加剂，解决了工业应用时离子溶剂黏度大等问题，获得了吸收剂配方。最终，综合考虑吸收剂的吸收氨性能、合成难易程度、成本等因素，定型了高 NH_3 吸收量、低黏度、稳定性好的新型 ILs 吸收剂，并开展吸收剂对含氨废气中各组分气体（如 NH_3、O_2、N_2 等）吸收性能实验，完成吸收剂长周期连续评价实验，证明了 ILs 吸收剂可满足工业含氨气体处理的要求。

工业应用中 ILs 吸收剂装填量大，实验室规模的合成难以满足需要，因此，必须实现 ILs 的规模化制备。但是，在 ILs 放大合成过程中出现了强放热及产物纯化难等放大效应。研究团队通过调整原料浓度、水含量、反应时间、搅拌速率、加料速率等合成条件，解决了 ILs 规模制备过程中放热强、传热慢、产率低等难题，确定了新型 ILs 的合成工艺，获得了高 NH_3 吸收性和强稳定性的新型 ILs 吸收剂[57]。并通过连续梯级萃取的方式对合成后 ILs 进行除杂，通过液膜蒸发控制 ILs 的水含量，解决了吸收剂中微量杂质分离困难、水分脱除难等难题，实现高纯工业 ILs 的规模化制备。

ILs 法分离回收含氨废气新工艺的关键设备是吸收和解吸设备，其选型和设计尤为重要。由于 ILs 阴阳离子结构特殊、黏度动态变化大、蒸气压极低、存在 Z 键和静电力的特殊作用等特性，现有用于吸收解吸设备设计的模型（如气泡速率模型、液膜厚度模型等）不适用于 ILs 体系，利用这些模型设计的分离设备难以满足 ILs 高效处理含氨废气的要求。因此需要对 ILs 气体分离过程的气泡行为及传递规律进行研究，以期指导适用于 ILs 的关键分离设备及内构件的设计及强化。

研究团队首先研究了单个气泡在常规 ILs 中形成、脱离、加速到稳态运动的全过程（图 5-30），提出了适合 ILs 的曳力系数经验关联式及 ILs 中的气泡变形率新模型[58]，其预测和实验结果的相对偏差不超过±2%。

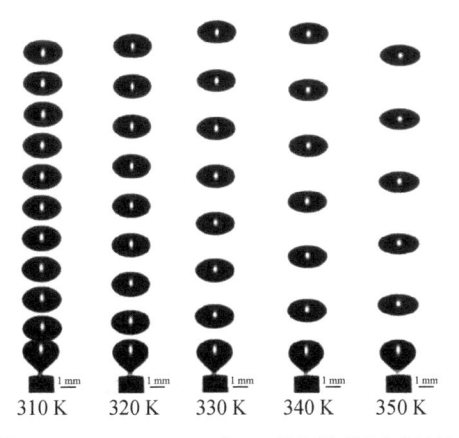

图 5-30　[Bmim][BF$_4$]中 N$_2$ 单气泡的运动轨迹

在此基础上，研究发现少量的水对 ILs 中的气泡行为有显著的影响，黏度比表面张力对气泡行为的作用更重要[59]。采用计算流体动力学（CFD）模拟的方式描述了单个气泡在整个离子液体鼓泡塔中上升过程的变形情况及不同温度下的压力场，通过加入了 ILs 气-液相互作用的源项，准确地预测了气泡上升过程的速度[60]。随后，通过将离子片热力学（FCCS）方法和计算流体动力学（CFD）方法耦合起来，建立 ILs 体系流体动力学新模型，考虑了阴、阳离子的传递输运过程，并获得了相互作用对气泡形状的影响规律，研究发现阴、阳离子间的静电作用主要作用于气液界面处，方向指向气泡内部，使得 ILs 中气泡更加趋向于球形[61]。在观察了单气泡的形成-破碎-聚并及传递规律后，研究团队进一步研究了双气泡和多气泡在 ILs 内的流动规律，获得了鼓泡反应器内 ILs 中气泡直径（图 5-31）、速度、位置、气含率及液相中气体浓度分布等流体力学性质[62-64]，为适用于 ILs 体系关键分离设备的设计提供了理论支持。

填料塔是最常用的化工过程气液接触设备之一，广泛应用于吸收、直接换热单元等操作。填料塔的核心是填料，其性能的好坏取决于流体在填料层上分布的均匀性等。填料塔放大过程具有放大效应，而 ILs 吸收剂是一种新型吸收剂，尚无工程经验及放大规律可循，因此需要对 ILs 在填料塔内的流动和吸收过程进行探索，以明确适用于 ILs 吸收剂吸收 NH$_3$ 的吸收塔参数和操作条件。通过考察塑料鲍尔环、金属矩鞍环、规整填料、塑料阶梯环、金属鲍尔环、金属丝网规整填料等对 ILs 流动及气液接触的影响，发现规整填料和金属环有最大的气液接触面积。同时，通过液泛实验获得了不同填料类型、气速、ILs 流速条件下的填料塔液泛点。随后，探究了气液流量、气液比、吸收温度等条件对 ILs 吸收剂吸收 NH$_3$ 的影响，获得了填料塔内 NH$_3$ 吸收规律，为填料吸收塔的设计提供参考依据。

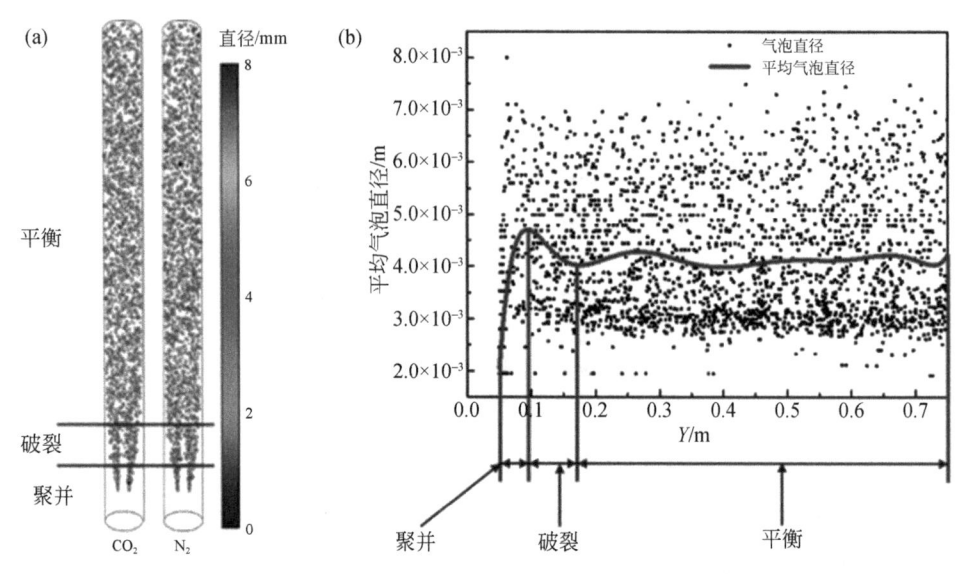

图 5-31　(a) 离子液体中 N_2 气泡和 CO_2 气泡的直径分布；(b) CO_2 气泡平均直径随塔高的变化趋势[64]

解吸过程是与吸收相反的过程，是将 NH_3 从 ILs 吸收剂中分离出来而转移到气相的过程，溶剂解吸再生效果会直接影响 ILs 对含 NH_3 废气的处理效果。因此，解吸设备的选择和性能至关重要。旋转蒸发器可以对少量 ILs 进行蒸发处理，但无法对大量 ILs 进行连续脱 NH_3 处理。基于 ILs 几乎没有蒸气压、黏度较高的特点，传统的精馏和真空闪蒸手段并不能很好地实现 ILs 蒸发处理。相比而言，降膜蒸发具有物料与加热面接触时间短、热通量高、压降小、传质速率快和持液量低等优点，可用于浓缩和热敏性物质的快速蒸发等。采用真空和薄膜蒸发形式，可充分利用 ILs 的不挥发性，打破气液两相热力学的动态平衡，同时克服黏度大导致的传质动力学阻力，实现 NH_3 分子从 ILs 中高效分离。然而，降膜蒸发器中 ILs 的流动和传递规律还鲜有报道，缺乏设计参考和依据。同时，相比于传统溶液，ILs 具有独特的分子结构，并且黏度较大，这会导致在降膜流动过程中产生较大的黏性阻力，从而表现出不同于传统溶液降膜流动的流体动力学特征和传递特性。因此，研究团队[65,66]通过实验并结合计算流体动力学，系统研究了竖直降膜管内 [Bmim][BF$_4$]、[Omim][BF$_4$] 和 [Bmim][PF$_6$] 液膜形成、流型分布、液膜厚度、液膜速度分布等流动行为，初步建立了预测 ILs 液膜厚度和液膜流速的新模型，获得了 ILs 流型转变规律，如图 5-32 所示，为 ILs 在降膜蒸发器中液膜结构有序调控的研究提供了方法借鉴和理论基础。在此基础上，进一步利用降膜蒸发器中试实验装置（蒸发面积为 2.5 m^2），开展含 NH_3 离子液体 NH_3 解吸中试评价实验[67]，分析蒸发温度、蒸发压力、进料流量、初始 NH_3 浓度及蒸发次数等对 NH_3 解吸效果影响规律。研究结果表明,在一定的操作弹性范围内,蒸发温度、蒸发压力、进料流量、初始 NH_3 浓度均可增强 NH_3 解吸率和解吸能力;其中,蒸发压力、温度和进料流量是 NH_3 解吸的关键因素。基于 ILs 体系降膜蒸发器的模拟-小验-中试研究结果,建立了 ILs 体系降膜蒸发器的设计流程,主要包括液膜流动相关计算(液膜厚度、喷淋密度、停留时间等),降膜蒸发传热相关计算(总热量、传热系数、传热面积等)等。

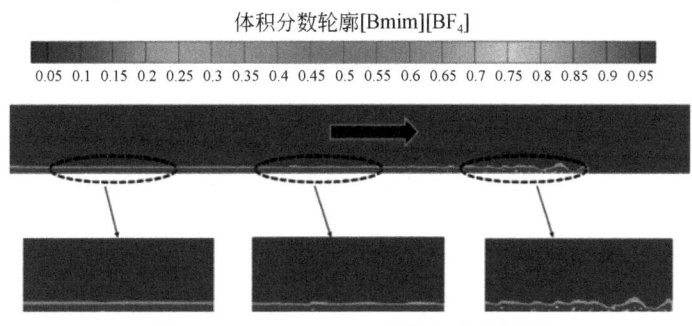

体积分数轮廓[Bmim][BF₄]
0.05 0.1 0.15 0.2 0.25 0.3 0.35 0.4 0.45 0.5 0.55 0.6 0.65 0.7 0.75 0.8 0.85 0.9 0.95

图 5-32 [Bmim][BF₄]液膜流型分布[65]

在可靠的 ILs 物性和气液平衡模型的基础上,使用 Aspen Plus 流程模拟软件对 ILs 含 NH_3 尾气净化工艺进行过程模拟。针对合成氨弛放气,使用 Aspen Plus 模拟软件建立了基于[Bmim][BF₄]净化合成氨弛放气的工艺[68],在 NH_3 回收率和纯度分别达到93.3%和 95.2%的条件下,相比于常规工艺,ILs 工艺的能耗可降低约14%。针对钼酸铵生产过程中氨摩尔含量为 1%的尾气,利用质子型ILs[Bim][NTf₂]作为吸收剂,使用 Aspen Plus 流程模拟软件对该新型分离回收工艺进行模拟计算[69]。采用过程净化成本(TPC)、过程能效(η_{eff})和全流程 CO_2 排放量(TPCOE)为评价指标进行过程优化,获得过程最佳操作方案,并进行过程换热网络设计及评价。经优化计算后,功能 ILs 的最佳目标函数值分别为 0.0211 $/Nm³(TPC)、265.67 kg CO_2/h(TPCOE)和 48.05%(η_{eff})。在换热面积仅需增加至原面积的 1.2 倍下,换热网络改造可以使冷热公用工程消耗量分别降低 46%和 64%[图 5-33 (a)];优化后的功能 ILs 工艺的 TPCOE 和 TPC 分别降低为水洗工艺的 33%和 58%[图 5-33(b)]。

在获得吸收-解吸关键设备的设计方法后,研究团队设计搭建了离子液体法含氨废气吸收-解吸评价装置,按照企业现场气氛组成,开展了吸收-解吸连续评价实验,进一步考察了不同吸收条件(气液比、温度、流量等)和解吸条件(温度、压力和流量等)对含氨废气分离的影响。同时,利用 Aspen Plus 进行系统集成及多目标优化,完成了离子液体法含氨气体分离回收工艺的流程计算、物料及热量衡算、全流程的物质-能量集成、PFD 图设计、PID 设计等,获得了完整工艺包。

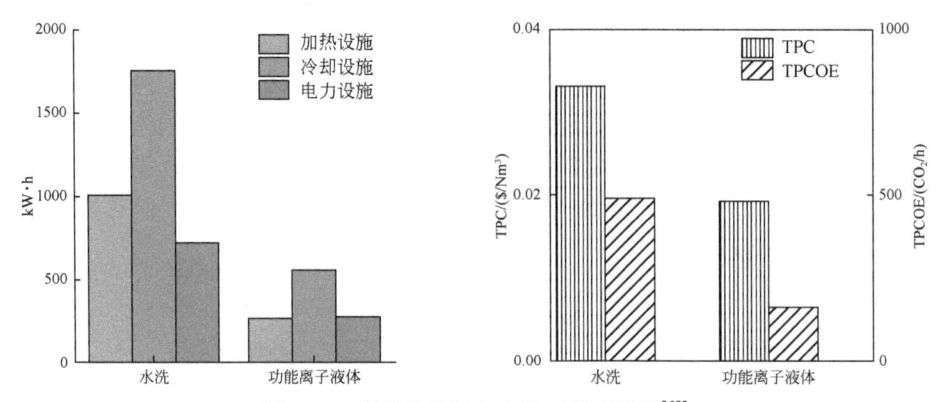

图 5-33 离子液体法与水洗工艺对比图[69]

在工程化应用方面，研究团队在吸收剂制备、工艺验证、工程放大三个层次上实现重要突破和进展，推进了多项工程应用，实现了工业含氨废气中 NH_3 的高效分离回收和尾气达标排放。

2012 年，与企业合作，在中国四川建立了一套 800 万 Nm^3/年的合成氨弛放气 NH_3 分离回收侧线装置，这是国内第一个采用 ILs 净化技术的氨分离装置。该装置运行稳定有效，NH_3 去除率 99.5%。此外，ILs 吸收剂对 NH_3 具有高选择性，混合气体中 H_2 和 N_2 的存在不会影响 NH_3 吸收性能。催化燃烧处理后的贫氨气中 NH_3 浓度低于 45 ppm，可直接进入膜分离段提取氢气。与现有水洗工艺相比，本工艺不消耗水，不排放含 NH_3 废水，可节约大量水资源。

在此侧线装置运行经验的基础上，研究团队进一步与企业和设计院合作，对离子液体法氨净化回收工业装置进行优化和核算，建立了处理量为 1.3 亿 Nm^3/年含氨气尾气工业示范装置（图 5-34）。该示范装置和现有钼酸铵生产线相耦合，利用钼酸铵生产车间的稀氨水和本工艺回收的氨制备浓氨水，并返回钼酸铵车间循环利用，实现水和氨的循环利用，减少新鲜水的消耗，不产生含氨废水。该装置自 2019 年连续稳定运行至今，NH_3 平均回收率 98.6%，含氨尾气达标排放，回收 NH_3 平均纯度 99.4%（干基），实现了氨资源循环利用，减少含氨氮废水排放约 24000 吨/年，综合成本较传统水洗法降低近 36%，具有技术先进、运行稳定、经济和环境效益突出的优势。该示范装置的建立和成功运行，实现了离子液体在工业生产废气处理中零的突破。

离子液体法含氨气体分离回收绿色节能新技术，相比于制备低附加值铵盐的酸吸收法和水耗大、提浓能耗高、可产生氨氮废水的水吸收法，具有 NH_3 回收率高、能耗低、无氨氮废水产生等优势，可实现含 NH_3 尾气的达标排放并回收得到高纯 NH_3 产品，符合国家清洁生产和节能减排的战略需求。该技术可进一步推广应用到合成氨、三聚氰胺、尿素等行业含氨气体分离回收，解决众多企业含 NH_3

尾气达标排放和氨氮废水处理难的问题，具有广阔的应用前景。

图 5-34　离子液体法 1.3 亿 Nm^3/年氨净化回收工业示范装置

5.3　固废资源化工业应用案例

5.3.1　退役动力电池的资源化利用技术

1. 背景与现状

随着经济快速发展，世界各国对能源的需求日益增长，新能源市场持续扩张。锂离子电池作为新能源领域重要的储能元件和电源，因其具有高能量密度、高工作电压、高安全性、宽工作温度范围、长循环寿命、无记忆效应、环境友好等优点，得到了快速发展。当前，锂离子电池已经被广泛应用于 3C 电子产品，即计算机、通信和消费电子产品，新能源电动汽车，储能电站等领域。其中，动力电池为核心的新能源电动车市场的爆发，更是带动了全球锂离子电池市场规模与产销总量的快速增长。

国际能源署数据显示，2005～2010 年，全球电动汽车销售量从 1670 辆增加到 12480 辆[70]。中国汽车工业协会数据显示，2013～2018 年，中国新能源汽车累计产销量分别达到 307 万辆和 292 万辆，成为了全球最大的新能源汽车市场。2021 年中国新能源汽车的产销量分别达到 354.5 万辆和 352.1 万辆，继续保持快速增长势头[71]。与之相对应的则是动力锂电池产业的持续扩张。图 5-35 展示了 2016～2022 年中国锂电池行业出货量及产量情况，在近两年呈现了爆发式增长。

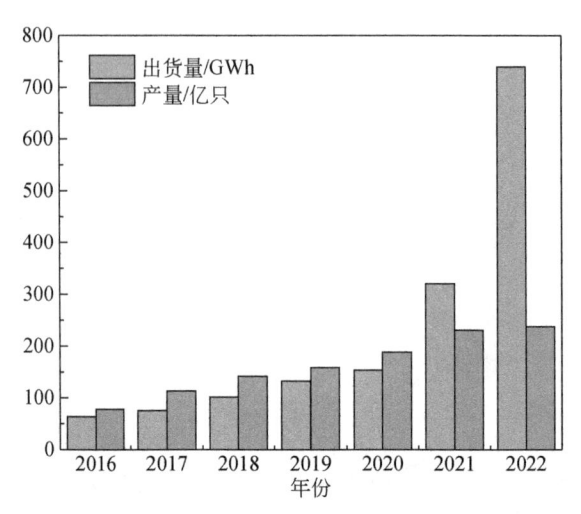

图 5-35　2016～2022 年中国锂电池行业出货量及产量情况统计图

数据来源：工信部，国家统计局，华经产业研究院整理

锂离子电池主要包括正极、负极、电解液、隔膜等组成部分。其中，锂离子电池正极材料包括钴酸锂、锰酸锂、镍钴锰酸锂、磷酸铁锂等；负极材料包括石墨、硅碳负极等；电解液包括六氟磷酸锂（$LiPF_6$）、六氟硼酸锂（$LiBF_6$）、碳酸乙烯酯（EC）、碳酸丙烯酯（PC）、碳酸二乙酯（DEC）等；黏结剂主要包括聚偏氟乙烯（PVDF）等；隔膜的主要成分为聚丙烯（PP）、聚乙烯（PE）等。

正极材料在不同的应用场景下市场占比差异显著。三元和磷酸铁锂正极材料占据了大部分动力电池市场[72]；在储能电池领域，如大型储能电站、5G 基站等，主要以磷酸铁锂正极材料为主[73]；在 3C 应用领域，钴酸锂和三元材料占据了主要的市场[74-76]。近年来锂离子电池市场的蓬勃发展主要是由动力电池行业的迅速扩张带动。2020 年我国正极材料出货量为 51 万吨，其中三元材料出货量为 23.46 万吨，磷酸铁锂出货量为 12.75 万吨，钴酸锂出货量为 8.16 万吨，仅三元和磷酸铁锂出货量已占正极总出货量 71%。负极材料主要为人造石墨，2020 年出货量达到 36.5 万吨，市场份额达到 84%。钴酸锂、锰酸锂和三元正极的稳定供应需要消耗大量的锂、镍、钴、锰资源，且随着行业的快速发展，需求量会进一步增加。

锂离子电池中包含锂、镍、钴、锰、铜，以及廉价的铝、铁等多种有价金属。其中，锂、镍、钴、铝、铜均已被列入我国 24 种战略性矿产资源[77]。2020 年全球电动汽车对锂、钴、镍的需求分别为 1.8 万吨、2.0 万吨和 8.1 万吨，相关行业对金属资源的需求量较高[78]。锂资源方面，全球锂的提取主要依靠盐湖和矿石两种资源。2019 年的统计数据表明，我国锂资源年消费量达到 3.5 万吨，约占全球总消费量的 60%，而我国锂资源的对外依存度却高达 78.5%[78]。我国镍资源对外依存度常年超过 80%，而钴资源更是有近 80%～90%来源于刚果（金）[79]。总体来看，支撑动力电池产业发展的关键金属资源在我国普遍存在产需不平衡、对外依存度高的问题。因此，如何更好地回收利用退役锂离子电池中的二次金属资源对于避免有价金属资源浪费，减弱资源对外依存度，缓解行业资源压力以及推动锂电行业的可持续发展具有重要意义。

退役动力电池除了蕴含大量有价金属资源外，还含有众多污染元素，存在环境风险。表 5-10 列出了废电池中不同组分的污染性质及其可造成的潜在环境污染风险。废电池的安全处置和循环利用对于降低环境污染风险同样具有重要意义。

表 5-10 退役动力电池中的潜在污染源[80]

组分	组成材料	化学性质	潜在的环境污染风险
正极	钴酸锂	与酸、氨溶液反应强烈	钴重金属污染
	锰酸锂	与酸、氨溶液反应强烈	锰重金属污染
	镍钴锰酸锂	与酸、氨溶液反应强烈	镍、钴、锰重金属污染
负极	石墨	燃烧释放 CO 或 CO_2	粉尘污染
隔膜	PP，PE	燃烧释放 CO 或 CO_2	有机污染
黏结剂	PVDF	热解易产生含氟气体	有机污染、氟污染
电解液	$LiPF_6$	腐蚀性强，遇水易分解产生 HF	氟污染
	碳酸乙烯酯，碳酸丙烯酯，碳酸二甲酯，碳酸二乙酯	与强氧化剂反应，水解产物产生醛和酸，燃烧可产生 CO 和 CO_2	有机污染

2. 退役锂离子电池资源化关键技术

1）废锂离子电池预处理关键技术

目前，退役锂电池回收利用过程的主流工艺有火法冶金和湿法冶金等。除了典型的优美科火法工艺不需要对废电池进行预处理外，几乎所有的回收工艺都需要进行废电池预处理，从而在前端尽可能地将不同组分分离，降低冶金回收过程的难度。然而，现有预处理工艺集成度低、分选粗放，存在后端产品品质差、杂质分离率低、活性物质损失大等问题，所得铜、铝颗粒的纯度仅为 60%～70%。预处理过程产品品质差会进一步加大后端冶金回收过程的难度，需要引入多步分离、纯化工艺将杂质去除，才能在末端得到符合要求的有价金属产品，如碳酸锂、硫酸盐、镍钴锰前驱体等。烦琐冗长的冶金回收流程存在有价组分损失率高、各环节试剂消耗多、三废排放强度大等问题，最终导致回收过程技术经济性差、绿色度低，不利于退役锂电池的绿色、低碳循环利用。

针对现有预处理技术存在的问题，本团队开发出"基于多特征提取的智能识别技术"、"有机物梯级热解与深度脱除技术"及"多组分物料形态调控强化分选技术"等关键技术，通过优化集成形成短程智能的退役锂电池定向解离技术装备。主体工艺流程为：离散放电—有机物梯级热解—智能识别分选—形态调控强化分选，技术流程图如图 5-36 所示。所形成的技术装备外观图如图 5-37 所示。

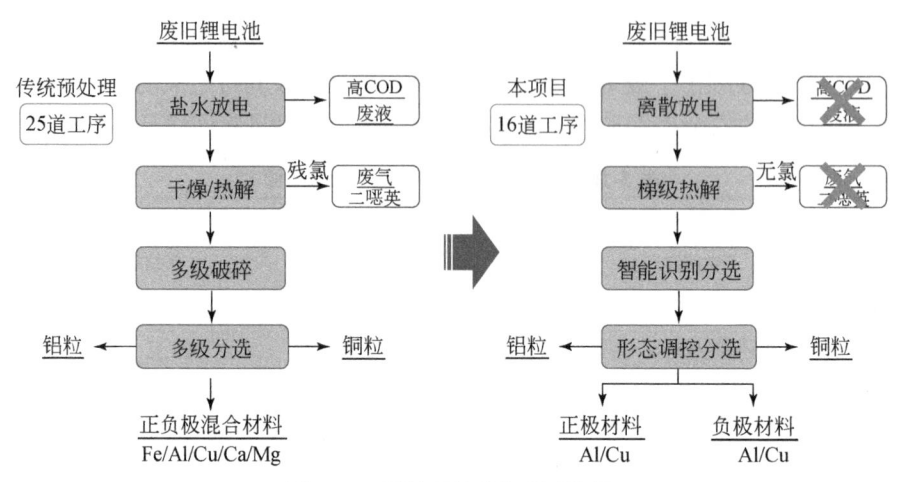

图 5-36　预处理技术流程对比图

图 5-37　技术装备外观图

2）废三元正极全湿法选择性提锂关键技术

退役动力电池成分复杂，有价金属主要分布于正极、集流体和金属外壳中，负极和电解液中也含有一定量的关键金属锂。对不同的金属进行提取、分离时多会引发化学反应，其一般流程为浸出-分离/纯化-产品制备。典型的湿法冶金工艺流程如图 5-38 所示，包括金属全浸出、沉淀、萃取、产品制备等工序[81]。传统浸出技术多以多金属的全浸出为目标，浸出液成分复杂、杂质含量高，由此导致后续的有价金属分离、纯化过程流程长、工序多、回收经济性差、三废排放大。但是，由于传统冶金技术具有规模化技术成熟等优势，较长时间内，冶金方法仍将是主流回收工艺。为了进一步提高退役动力电池循环利用过程的绿色性和经济性，研究者提出了有价金属选择性提取的新思路，并以优先提锂/选择性提锂为重点，开展了一系列新型有价金属浸出技术的研究与开发。本团队经过多年研究积累，开发了包括硫酸化焙烧、强化碳热还原、全湿法选择性提锂等在内的多项优先提锂技术。以其中一项技术，全湿法选择性提锂技术为例，该技术完成了实验室小试—百公斤级别扩试—千吨级中试。以下对相关成果展开具体介绍。

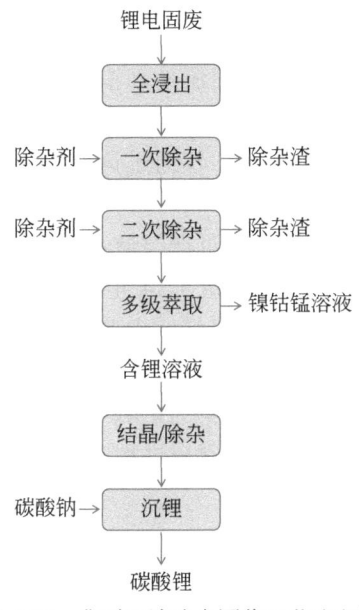

图 5-38　典型湿法冶金回收工艺流程[81]

传统全浸出路线得到的浸出液成分复杂，既包含锂、镍、钴、锰等有价金属元素，也包含铝、铁、铜等杂质金属元素，需要经过沉淀除杂、溶剂萃取等多步分离、纯化工序才能得到纯净的锂、镍、钴、锰溶液，并进一步通过沉淀、萃取的方式分别回收得到硫酸镍、硫酸钴以及硫酸锰等产品。锂化学性质活泼，往往只能在工艺末端提取，此时溶液中钠离子含量高，锂离子含量低，不利于直接通过碳酸盐沉淀法回收制备碳酸锂产品，需要进一步通过冷冻析钠、蒸发结晶等方法提高溶液锂浓度、降低溶液杂质含量，从而制备得到产品纯度更高的碳酸锂产品。同时，在前端复杂的分离、纯化过程中，锂往往伴随损失，据报道仅萃取一步可造成的锂损失已经接近 20%[82]。由此，在传统全浸出路线中锂存在回收难、回收能耗高、经济性差等问题。2018 年左右，整个废电池行业锂的回收率不超过 5%。随着行业对资源循环利用效率要求的提高，通过优化后续的回收工艺，传统路线的锂提取率可达到 50%~60%，回收效率显著提高，但仍无法满足经济、绿色循环利用要求。尤其是装机量不断增长的磷酸铁锂电池，其正极中的最高价值组分为金属元素锂，因而锂回收过程的经济、环境效益直接决定了相关类型电池循环利用过程的经济和环境效益。如何更为高效、绿色、经济地将废电池中的锂循环利用成为行业普遍关注的迫切需求和难题。

在溶液环境中实现废三元/钴酸锂正极中锂的液相直接选择提取一直是行业难题之一。这是因为无论是在三元正极还是钴酸锂正极中，锂和过渡金属离子配位环境相似、容易发生混排，而且层状结构在酸性环境中稳定性差，导致锂和过渡金属离子往往同步浸出，难以实现锂的高效选择性浸出。当采用酸性较弱的乙酸作为浸出剂时，无论是低浓度乙酸还是高浓度乙酸，锂、镍、钴和锰都有显著的浸出，其中锂的浸出率约为同时间过渡金属浸出率的两倍，而不同的过渡金属浸出率基本保持一致[83]。因此，仅通过调节浸出剂的酸性强弱难以实现锂的选择性提取。

鉴于上述原因，研究团队提出通过调控溶液环境改变过渡金属离子浸出行为的思路来实现液相直接选择性提锂。图 5-39 展示了研究的设计思路，通过调控反应环境，使外加浸出剂能够充分用于目标元素锂的选择性提取，提高 H^+ 利用效率，减少传统浸出过程中浸出剂和还原剂的消耗[84]。团队考察了浸出剂用量，反应温度等条件对正极中锂的选择性提取效果的影响。通过对实验条件的优化，该工艺可将超过 92%的锂从废弃物中浸出，浸出过程中锂的浸出选择性超过 96%，浸出剂使用效率较高。

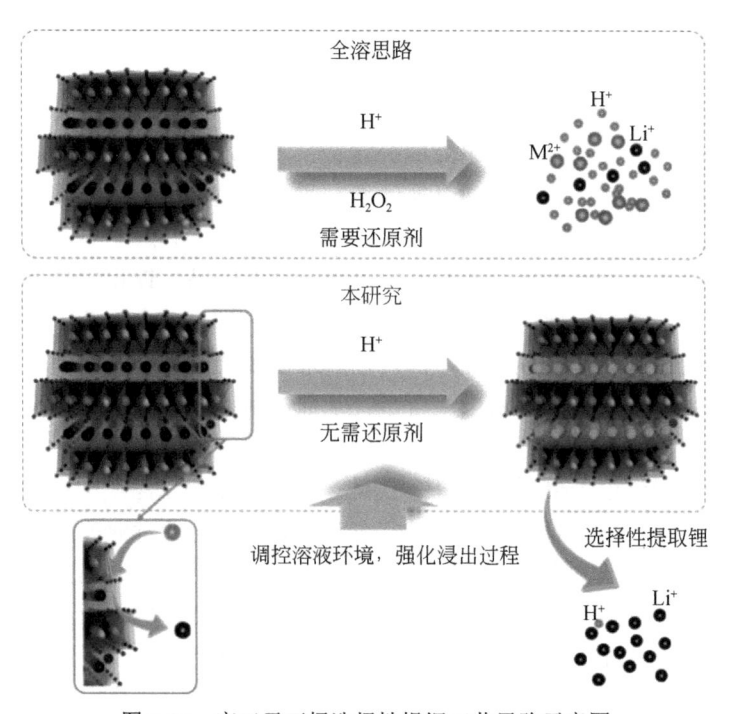

图 5-39 废三元正极选择性提锂工艺思路示意图

由于在提取过程中锂被选择性地从固相中提取，因此废弃物颗粒并未遭到显著破坏，如图 5-40 所示，颗粒仍保持原有的椭球状，但是表面出现了大量腐蚀产生的薄片。X 射线光电子能谱分析结果表明提锂前后，固相中的过渡金属元素的价态并未发生显著变化。同时，能谱分析结果表明，部分金属元素由氧化物转变为氢氧化物。物相的转变将有利于后续其他过渡金属元素的浸出。在常压条件下，通过硫酸和还原剂的共同作用，提锂渣中镍、钴、锰等金属离子的浸出率可以接近 100%。

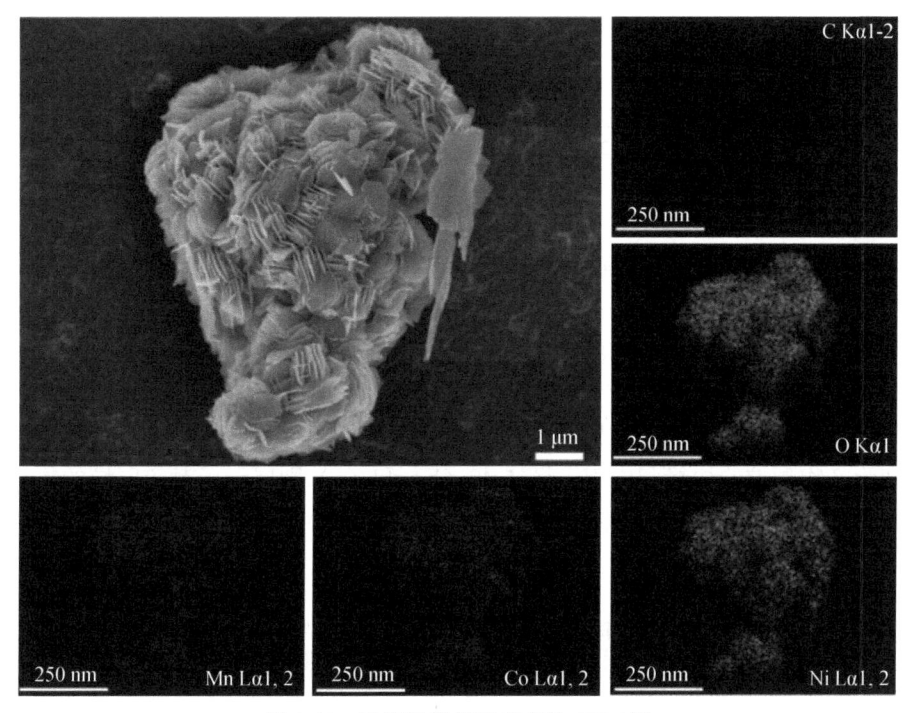

图 5-40 选择性提锂反应产物 SEM 图

在此基础上团队进一步针对高钴废料，如废旧钴酸锂正极等，进行了选择性提锂研究。由于钴酸锂中钴价态较高，因此简单的液相浸出环境调控难以实现锂的高效提取，浸出剂利用率低。经研究发现以 Co^{2+}、Fe^{2+} 以及 Mn^{2+} 等为代表的路易斯酸离子与层状正极中的 Li^+ 具有较强的"类离子交换"反应能力，有助于锂的选择性提取。如图 5-41 所示，以硫酸钴作为路易斯酸供体形成溶液，在水热反应过程中，溶液中的 Co^{2+} 逐步与固相中的 Li^+ 发生"类离子交换"的路易斯酸碱反应[85]。随着反应的进行，溶液中的 Co^{2+} 含量逐步下降，Li^+ 含量持续上升。然而，由于上述路易酸离子试剂价格昂贵，因此，进一步研究了如何利用废弃物自身的路易斯酸离子来实现高效选择性提锂，既可以保证提取效果，又可以降低工艺成本。

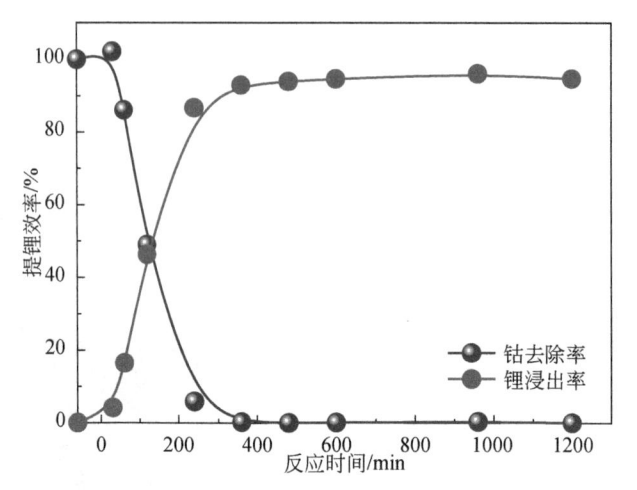

图 5-41 反应时间对选择性提锂效果的影响

基于此，研究团队率先研究并揭示了反应过程中路易斯酸的反应路径。其中，路易斯酸离子的反应路径存在水解反应和离子反应两种潜在反应路径。由于 XRD 分析无法直接明确颗粒内部的物相分布规律以及微观条件下各颗粒的物相差异。因此，首先通过聚焦离子束（FIB）和透射电镜（TEM）结合，对提锂产物颗粒进行剖面物相组成分析，结果如图 5-42 所示。图 5-42（a）中（1）和（2）区域分别为产物颗粒的边缘和内部。图 5-42（b）和（c）则展示了对应区域的物相，两部分物相都为 Co_3O_4，而溶液中的 Co^{2+} 水解路径会产生絮状小颗粒氢氧化物，与现有反应产物不同。

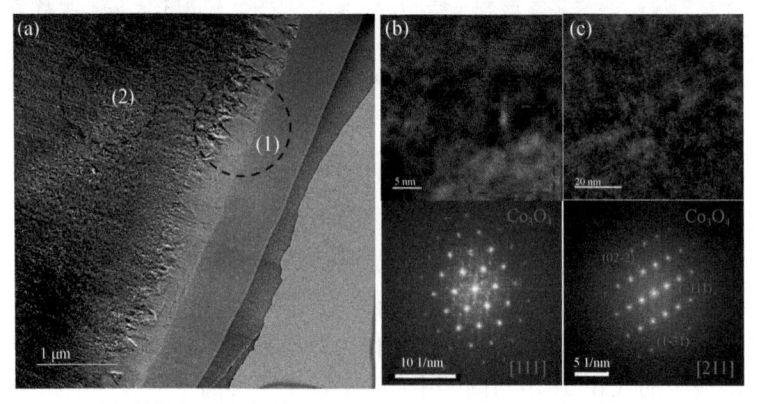

图 5-42 （a）选择性提锂反应产物 TEM 图；（b）局部（1）高分辨 TEM 图及衍射图；
（c）局部（2）高分辨 TEM 图及衍射图

同时，利用同步辐射吸收谱（XAFS）对浸出过程中不同阶段得到的产物中过渡金属钴离子的价态进行分析，分析结果如图 5-43 所示。图 5-43（a）和（b）的结果表明,随着水热反应的进行,固相产物中钴元素的价态从高价态(≈+3),逐步转变为接近+2.7,展现了 Co^{2+} 不断嵌入所导致的价态降低趋势。同时,Co 的第一壳层 Co-O 配位情况未发生显著变化,而第二和第三壳层的变化则反映了 Co_3O_4 物相不断增多,进一步说明了反应过程中的主要反应路径为 Co^{2+} 和 Li^+ 间的"类离子交换"反应。

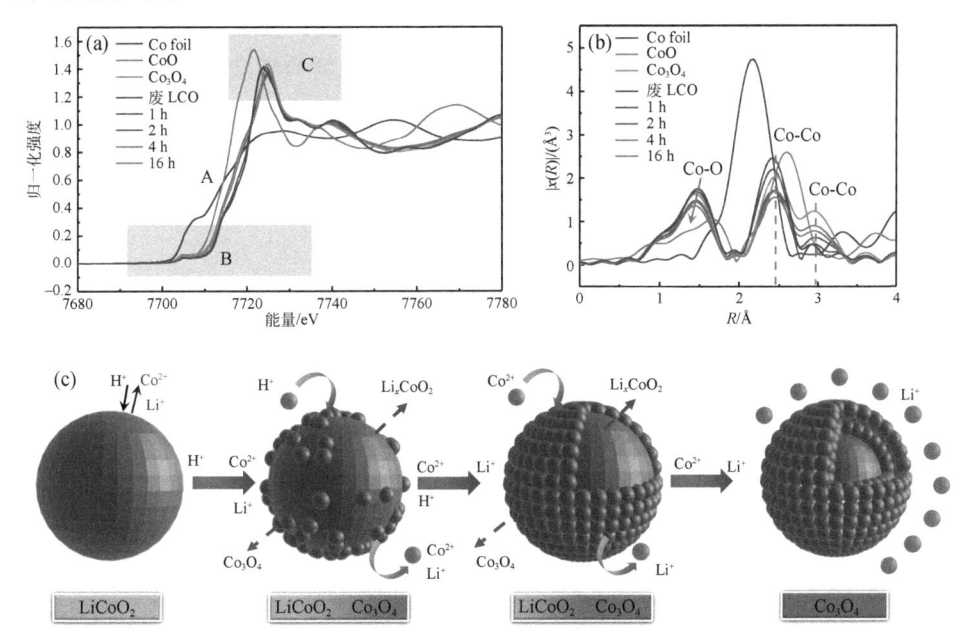

图 5-43 (a)反应产物的 Co-k 边归一化 XANES 光谱;(b)反应产物的 Co-k 边 EXAFS 傅里叶变换光谱;(c)反应原理示意图

利用废弃物自身路易斯酸进行锂选择性提取的回收工艺,如图 5-44 所示。该工艺仅使用 H_2SO_4 和 H_2O_2 即可实现高钴废料中锂的高效选择性提取,试剂消耗量与理论量接近,大大减少了试剂消耗。在反应温度 160℃ 条件下实现了锂的提取率和选择性分别为 96% 和 93% 的选择性提取效果。

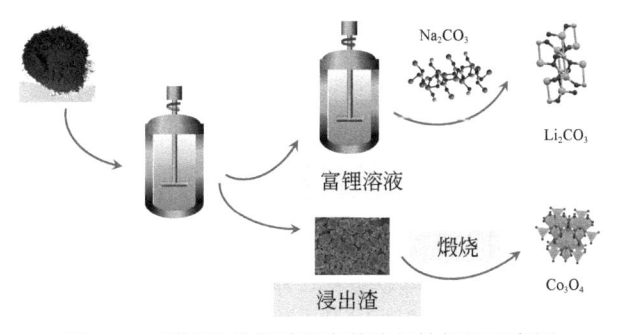

图 5-44 利用路易斯酸反应的选择性提锂示意图

3）废磷酸铁锂正极选择性提锂关键技术

磷酸铁锂的结构为橄榄石结构，其结构稳定，常规酸浸过程中锂、铁、磷都会浸出，造成浸出液成分复杂，锂难以提取。本团队开发了氧化选择性浸出工艺[86]，在醋酸和过氧化氢浸出体系中实现了废磷酸铁锂中锂的选择性提取。由 Li-Fe-P-H$_2$O E-pH 相图可知，在特定的 pH 和氧化还原电位区间内存在 FePO$_4$·2H$_2$O 和 Li$^+$ 稳定区，理论上在该区域可以实现锂的选择性提取。因此，研究团队提出了通过 H$_2$O$_2$ 控制浸出体系的氧化还原电位，而通过弱电解质醋酸控制体系浸出环境 pH 的技术思路[86]。在优化的浸出条件下（0.8 mol/L CH$_3$COOH，6 vol% H$_2$O$_2$，S/L 比为 120 g/L，50℃，30 min），锂回收率超过 95.05%，浸出选择性约为 94.08%。回收的 Li$_2$CO$_3$ 纯度可达 99.95 wt%，符合电池级纯度标准。回收工艺流程图如图 5-45 所示。

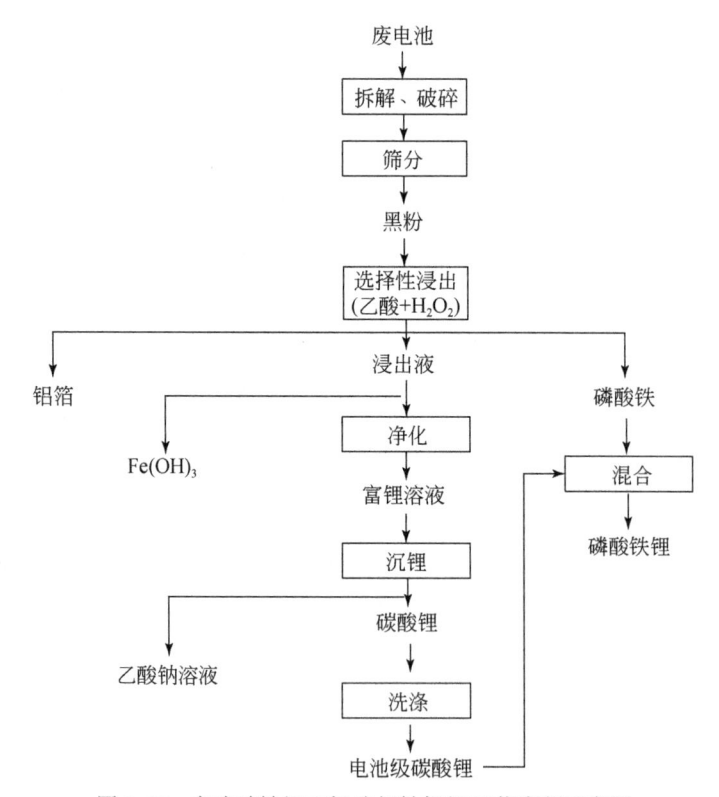

图 5-45 废磷酸铁锂正极选择性提锂工艺流程示意图

在此基础上，研究团队进一步探究了不同氧化剂体系对废磷酸铁锂正极选择性提锂效果的影响。从图 5-46 可以看出，单独采用双氧水和氧气作为氧化剂浸出时，锂的浸出率低于 70%，且铁磷的浸出率大于 10%，当采用双氧水和氧气同时作为氧化剂时，锂的浸出率大于 90%，铁磷的浸出率低于 5%。而采用氧气微气泡作为氧化剂时，锂的浸出率大于 90%，且铁磷的浸出率低于 3%。对比条件 2 和 6 可以发现，通过采用微气泡可以强化氧气传质、增加氧气的氧化效率，从而实现锂的选择性浸出。因而，选择氧气微气泡作为磷酸铁锂浸出过程的氧化剂。

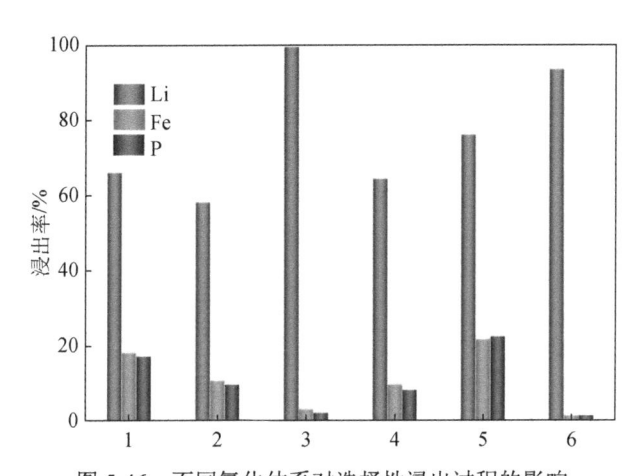

图 5-46 不同氧化体系对选择性浸出过程的影响
1-双氧水；2-氧气；3-双氧水+气气；4-双氧水+空气；5-空气微气泡；6-氧气微气泡

工艺参数对元素浸出过程的影响如下：随着温度的增加，锂的浸出率逐渐增加，铁、磷的浸出率减小较为明显。这是因为温度一方面可以加快氧化反应速率，另一方面可以促进 Fe^{3+} 与溶液中的 PO_4^{3-} 形成 $FePO_4$ 沉淀，从而达到抑制铁和磷浸出的效果。硫酸用量对废磷酸铁锂正极粉浸出的影响较大，合适的硫酸用量有利于锂的高效选择性提取。固液比对废磷酸铁锂正极粉浸出影响的相关研究表明在一定的范围内固液比对浸出基本无影响。优化条件下，Li、Fe、P 的浸出率分别为 97.67%、3.93%和 4.65%。

废磷酸铁锂正极粉中除了 Li、Fe、P 等主元素之外，还含有杂质元素 Cu、Mn、Ni、F、Al、Zr、Na、Co、Ti、Ca、Pb、Mg、Cr 等，其中 Al、Cu、Mn、Ni 和 Co 磷酸盐的性质与磷酸铁的性质相近，对浸出渣再制备成磷酸铁的影响较为显著。因此，在选择性提锂过程中需要控制杂质元素的浸出，在保证锂高效浸出的同时使杂质尽可能地进入溶液。通过探究磷酸铁锂正极粉选择性浸出过程中各工艺参数对杂质元素浸出过程的影响。研究表明，氧气会抑制镍、钴、锰杂质浸出，而对铝、铜杂质的浸出行为影响较小。温度升高对铜有一定抑制作用，但是会显著促进其他杂质元素的溶出。硫酸用量显著影响杂质元素的溶出。部分实验结果如图 5-47 所示。

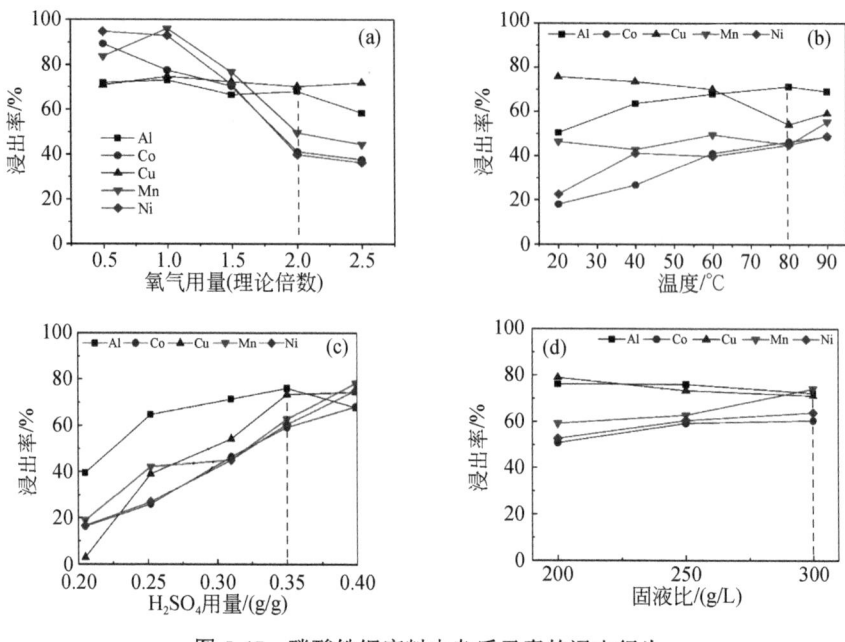

图 5-47 磷酸铁锂废料中杂质元素的浸出行为
(a) 氧气用量；(b) 浸出温度；(c) 硫酸用量；(d) 固液比

3. 相关技术应用案例

1) 预处理废锂离子电池关键技术应用案例

目前，前述预处理关键技术已在赣州赛可韦尔科技有限公司得到应用，技术装备于 2021 年 10 月完成千吨级生产线的设计、安装、调试等工作，并进行了连续 6 个月的 3000 t/a 规模的废旧动力锂电池处理，完成了离散放电—有机物梯级热解—智能识别分选—形态调控强化分选的全流程联动调试。废电池通过提升输送设备进入破碎系统，经破碎后进入梯级热解装置，热解后物料经形态调控后获得正极粉、石墨粉、铜粉、铝粉等主副产品。正极材料、铜铝、石墨粉回收率分别达到≥98.5%、≥99%、≥95%，所得产品纯度大幅提高，详见表 5-11 和图 5-48，满足锂电池循环利用产品要求。

表 5-11 预处理效果对比表

项目	传统技术	本项目
工艺流程	25 道	16 道
处理温度	600℃	≤450℃
正极材料回收率	80%~90%	≥97%
铜铝回收率	80%	≥92%
正极材料纯度	85%~92%	≥98%
铜铝纯度	70%~80%	≥90%

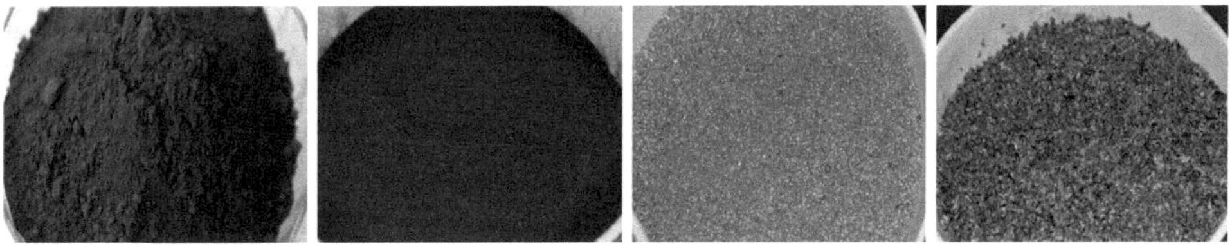

图 5-48 预处理工艺产物外观图

2）废三元正极全湿法选择性提锂关键技术应用案例

基于废三元和废高钴材料中锂选择性提取的实验室研究结果，研发团队进一步进行了百公斤级扩试实验，同样取得了较好的选择性提取效果。无论是废三元正极还是废钴酸锂正极，锂的提取率和选择性皆可达到较高水平。建设的千吨级选择性提锂示范线，如图 5-49 所示。示范线的部分运行结果如表 5-12 所示。该示范线处理量＞1000 吨/年，可用于处理废三元正极与废钴酸锂正极粉，锂提取率和选择性均高于 93%，一次浸出液中锂的浓度高于 14 g/L，其他杂质金属离子浓度综合低于 3 g/L，降低了后续富锂溶液的除杂难度。

图 5-49 选择性提锂示范线现场图

表 5-12 选择性提锂示范线部分运行数据结果

浸出率/%	Li	Ni	Co	Mn
1	93.01	0.16	0	0
2	94.51	0	0.2	0
3	94.36	0	0.21	0
4	92.11	2.26	0.07	0
5	93.15	2.34	0.02	0
6	95.91	1.18	1.16	0.49
7	94.56	1.08	0.12	0

续表

溶液浓度/（g/L）	Li	Ni	Co	Mn
1	14.50	0.12	0.00	0.00
2	15.75	0.00	0.05	0.00
3	15.33	0.00	0.04	0.00
4	15.86	1.87	0.02	0.00
5	14.16	1.94	0.00	0.00
6	15.29	0.98	0.26	0.14
7	17.42	0.89	0.03	0.00

针对现有的传统湿法全溶工艺、湿法选择性提取工艺、硫酸化焙烧工艺、碳热还原工艺以及火法回收工艺，采用流程模拟对资源化利用过程进行物质流与能量流详细追踪，进行了包括技术成熟度、碳排放影响、环境友好度、经济可行性以及关键技术综合评价等多维分析[87]（研究涉及的药剂及产品价格按相关文献发表时的市场价格计算）。进行了如下假设：

（1）为使结果更科学准确，设定原料均为同质量同种类的废动力电池，产品均为硫酸钴、硫酸镍、硫酸锰及碳酸锂产品（无法进行锂元素回收的工艺除外）；

（2）原料中杂质只含铁、铝元素，不考虑其他杂质元素的去除、分离等工序；

（3）镍、钴、锰元素的分离过程均采用市场应用成熟广泛的萃取工艺；

（4）本评价过程边界范围在行业实际操作流程的基础上，将不同处理步骤进行归类分组为单元工序。

首先对不同资源化处理工艺进行工艺碳排放量分析，结果如图 5-50 所示。可以看出，优美科火法回收、碳热还原回收和硫酸化焙烧工艺的碳排放量较大，传统湿法全溶和湿法选择性提取工艺的碳排放量较小。这是因为除原料的碳排放外，过程中燃料燃烧对碳排放的贡献最大，优美科火法熔炼工艺、碳热还原和硫酸化焙烧三种工艺中都采用焙烧方式使废旧动力电池中的关键金属发生反应，需要消耗大量燃料以提供能量。传统湿法全溶和湿法选择性提取工艺均是采用酸浸的形式将废旧动力电池中的关键金属溶解出来，反应条件较为温和，燃料消耗少，因此碳排小。

进一步对不同资源化处理工艺的环境风险进行了分析，结果如图 5-51 所示。传统湿法全溶工艺的环境风险最大，其次是硫酸化焙烧工艺，碳热还原工艺和优美科火法回收工艺的环境风险差别很小，湿法选择性提取工艺的环境风险最小，即环境友好度的顺序从大到小依次为：湿法选择性提取工艺＞优美科火法回收工艺＞碳热还原工艺＞硫酸化焙烧工艺＞传统湿法全溶工艺。对比不同介质中环境风险，发现五种资源化工艺都是废气环境风险最大，其次是废水，最小的是固废。

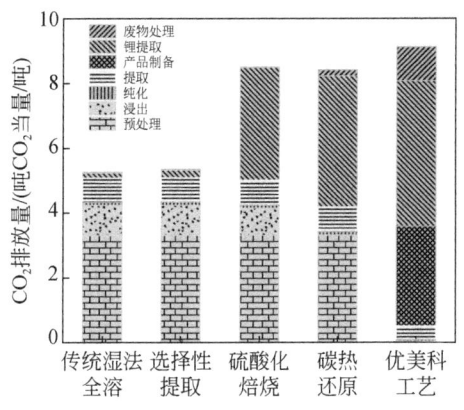

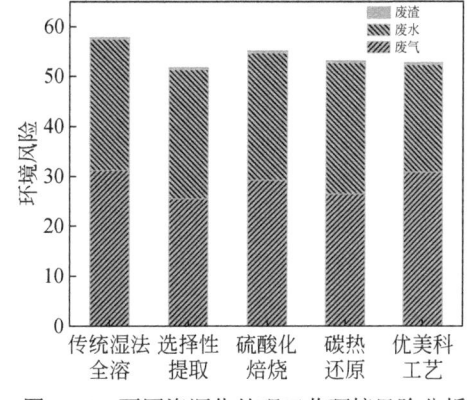

图 5-50　不同资源化处理工艺碳排放量　　图 5-51　不同资源化处理工艺环境风险分析

此外，对不同资源化处理工艺的经济可行性进行分析，并基于三种单因素分析形成了二维关键技术评价分析。通过建立的关键技术综合评价模型将资源回收关键性、技术成熟度、环境友好度、碳排放影响和经济可行性五个维度的影响进行综合评价，结果如图 5-52 所示。湿法选择性提取工艺为五种工艺中多目标综合最优技术。硫酸化焙烧和碳热还原回收工艺技术关键性次之。这两种工艺的经济可行性较高，但其碳排放大，可通过使用绿电或缩短流程降低能耗以降低过程碳排放量。传统湿法全溶工艺和优美科火法回收工艺为不推荐的工艺技术。传统湿法全溶工艺可在高效资源回收的同时进行源头减排优化现有技术，优美科火法工艺的优化改造方向可为在锂资源高效利用的同时进行协同减碳。

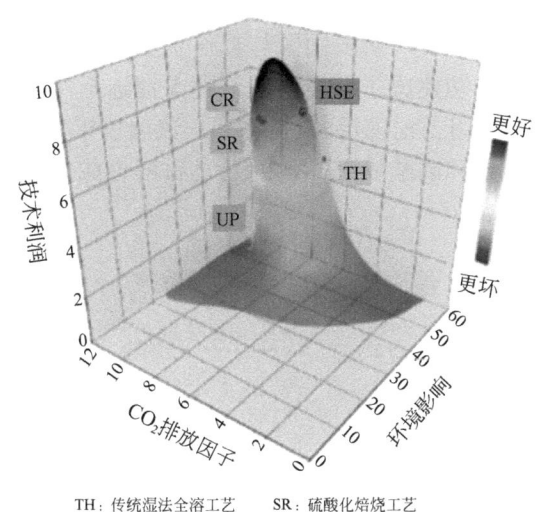

TH：传统湿法全溶工艺　　SR：硫酸化焙烧工艺
UP：优美科工艺　　HSE：湿法选择性提取工艺
CR：碳热还原工艺

图 5-52　资源化技术多目标优化拟合区域

3) 废磷酸铁锂正极选择性提锂关键技术应用案例

基于废磷酸铁锂正极选择性提锂关键技术开发，研究团队对相关技术进行了放大实验，并在此基础上建立了千吨级示范工程。该示范工程建于广东邦普循环科技有限公司，设计处理量＞1000吨/年，主要用于废磷酸铁锂正极粉中锂的选择性提取，示范线整体运行效果良好，锂回收率稳定高于90%。同时，示范工程还进一步对富锂溶液进行了除杂和沉锂，对选择性提锂后得到的铁磷渣进行了资源化利用，将二者分别资源化为碳酸锂和磷酸铁。其中，碳酸锂达到了电池级要求（YS/T 582—2013），磷酸铁达到了电池用标准（HG/T 4701—2014）。示范工程图片如图5-53所示。

图5-53 磷酸铁锂废料选择性提锂中试线现场图

在示范线运行的基础上，研发团队与合作企业进一步推动相关技术的工程化应用，在湖北宜昌成功建成了以废磷酸铁锂中锂选择性提取技术为核心的万吨级废磷酸铁锂循环利用工程项目（图5-54）。该项目年处理量为6万吨，产线分别得到电池级碳酸锂和磷酸铁产品，并通过材料合成方法将其再制备为磷酸铁锂正极产品。

图5-54 宜昌邦普全链条一体化产业园概述图

5.3.2 废盐的资源化利用技术

1. 背景与现状

酸/碱驱动是化学工业的重要特征，化学品的制备大多依赖酸或碱的水溶液作为介质促进原子间的结合与解离。除少数以酸或碱形式存在的化学品外，多数化学品生产过程需经过酸碱中和过程。分离提纯目标化学品后，残留的含盐废水经过蒸发结晶得到含有杂质的废盐，仍需进一步处置。废盐通常组成复杂，难以直接利用，同时，还存在较大的环境风险。据统计，我国废盐年产生量超过2000万吨，其中，精细化工、两碱、煤化工、纺织、新能源材料制备、冶金等为废盐的重点产生行业。废盐一般溶解度较高，极易进入河流及土壤，破坏河流生态，并使得土壤盐化及板结。此外，废盐中夹带的有机物、重金属也会污染环境。

工业废盐中最常见、成分最复杂的为有机化学品制备过程产生的含有机物废盐和冶金过程产生的含重金属废盐，这两类盐多为危险固体废弃物。目前，废盐以钠盐为主，占比超过80%，其中硫酸钠、氯化钠及二者的混合物在钠盐中占比超90%，实现钠基废盐中氯化钠及硫酸钠的大规模高效利用尤其重要。国家高度重视废盐的资源化利用，由十部门联合印发的《"十四五"全国清洁生产推行方案》明确提出要在重点行业推动"化工废盐无害化制碱等工艺"。

废盐的常规处置技术主要包括填埋法、高温氧化法、盐洗法等。填埋法是我国工业废杂盐的主要处置手段，主要存在以下问题：①投资大，占地多。依据危险废物填埋污染控制标准的相关规定，水溶性盐总含量≥10%的废物不能进入柔性填埋场，因此废盐必须进入刚性填埋场。对于同等规模的填埋，刚性填埋场投资比柔性填埋场大，占地面积也大；②填埋成本高，后期管理要求高；③填埋只是短期的处置手段，还需依赖技术的进步实现废盐资源化。

有机物热解-分盐结晶是一种常用的废盐资源化处置方法，已报道的技术包括氧化热解、碳化热解、熔融分解等。氧化热解及碳化热解常在回转窑中进行。由于氯化钠与硫酸钠存在低温共熔点，废盐常在低于单盐的熔点时形成熔体，包裹有机物，形成温度梯度，最终导致有机物无法分解。同时熔体易导致回转窑结圈，难以长期稳定运行。熔融分解方法可以使废盐组分熔化，彻底分解有机物，但是存在氯离子腐蚀的问题。为了克服高温下有机物脱除深度不足的困难，近年来科研人员开始关注水溶液中低浓度有机物的深度脱除，形成的方法主要包括臭氧催化氧化、芬顿氧化、吸附等。总结来看，对于氯化钠和硫酸钠的混盐，目前国内外已经形成了以高低温调控为核心的结晶分离技术，并实现大规模应用，生产出氯化钠和硫酸钠产品。对有机污染混盐，目前仍需进行技术优化，如降低能耗、减少有机物进入产品等。而且,随着国家土地资源的日益紧张,对低碳环保要求逐步提高,实现废盐的资源化利用是解决该类大宗低值固废的唯一出路。因此,亟须通过技术创新,进一步降低高盐废水、废盐等工业废弃物处置成本,并通过高值转化实现废弃资源的再利用,从根本上解决废盐带来的环境风险。

2. 硫酸钠制纯碱/小苏打关键技术

副产硫酸钠目前仅少量用于制备硫化钠或作为洗涤剂、印染等行业的添加剂,每年消纳量不足 300 万吨,无法满足近千万吨副产硫酸钠的消纳需求,亟须建立硫酸钠大规模消纳途径。我国每年对纯碱的需求量超过 3000 万吨,若能将硫酸钠转化为纯碱、小苏打等大宗高值化化工产品,则可从根本上解决硫酸钠的大规模消纳难题,同时可缓解国家对氯化钠制纯碱的依赖。硫酸钠制纯碱历史悠久,世界最早的纯碱生产方法——路布兰法即是以硫酸钠为原料,现已被淘汰。现今硫酸钠制纯碱的研究思路有两个方向:①硫酸钠沉淀转化法。该法将硫酸钠制碱与氯化钠制碱结合,加入氯化钙与硫酸钠反应,生成硫酸钙与氯化钠,产生的氯化钠经索尔维制碱法制备碳酸钠与氯化钙。该法制得的硫酸钙品质差,且硫酸钙产生量与原硫酸钠量相当,无法大规模应用,易产生二次污染。②硫酸钠与碳酸氢铵(或氨及二氧化碳)复分解法。该法为硫酸钠制备碳酸钠(或小苏打)的理想方法,基本原理为硫酸钠与碳铵(或氨及二氧化碳)发生复分解反应,产生碳酸氢钠固体,将碳酸氢钠过滤后的母液经进一步处理得到硫酸铵。但硫酸钠制纯碱的关键瓶颈是突破 Na^+,$NH_4^+ \| HCO_3^-$,SO_4^{2-},Cl^--H_2O 多相复杂体系中高效转化及多种组分的分离难题。

硫酸钠制纯碱/小苏打一直是纯碱行业研究的热点,其研究历史可以追溯到 20 世纪 50 年代。硫酸钠制纯碱的主要技术路线为硫酸钠与氨/二氧化碳(或碳酸氢铵)反应制备小苏打/纯碱联产硫酸铵(水溶肥,我国产量 1000 万吨,国外需求更大)。由于碳酸氢钠溶解度小,反应后即产生碳酸氢钠晶体颗粒,过滤得到的碳酸氢钠在 100℃左右干燥即得到小苏打产品,在 200℃以上煅烧即得纯碱产品。过滤碳酸氢钠后的母液还需将未反应完全的氨及二氧化碳(或碳酸氢铵)回收,回收后的溶液经过结晶得到硫酸铵产品。

硫酸钠氨化碳酸化制纯碱主要反应方程如下:

$$Na_2SO_4 + 2NH_3 + 2CO_2 + 2H_2O \Longrightarrow 2NaHCO_3 + (NH_4)_2SO_4 \quad (5-1)$$

但硫酸钠制纯碱的技术瓶颈是硫酸钠向碳酸氢钠的转化率仅 50%~60%。这就使得反应后的溶液在相图中的位置远离硫酸铵结晶区(图 5-55),且 Na^+,$NH_4^+ \| HCO_3^-$,SO_4^{2-}-H_2O 体系中存在复盐($Na_2SO_4 \cdot (NH_4)_2SO_4 \cdot 4H_2O$),导致硫酸钠制纯碱无法采取类似氯化钠联合制碱法那样通过盐析与冷析得到硫酸铵产品。

若硫酸钠制备碳酸氢钠后的母液加入硫酸钠盐析,只能得到复盐;若将碳酸氢钠母液直接蒸发结晶,只能得到硫酸钠与硫酸铵的混盐,硫酸铵纯度一般低于70%。

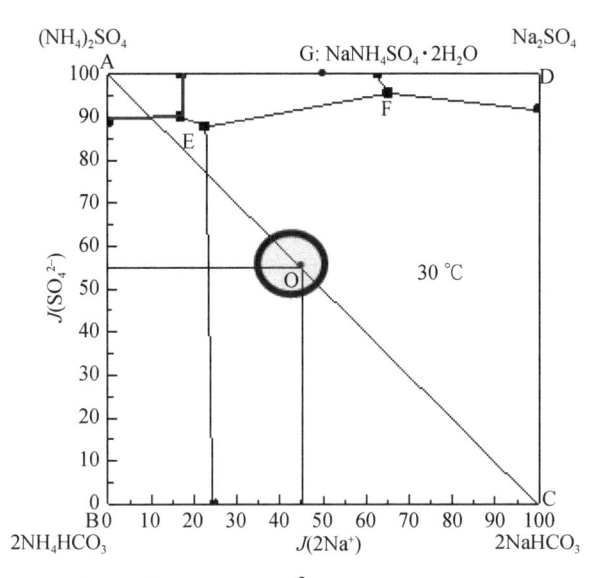

图 5-55　Na^+,NH_4^+‖HCO_3^-,SO_4^{2-}-H_2O 四元体系相图(干基图)

研究人员为了使流程贯通,采取了下列手段:①为了回收未反应的氨及二氧化碳,先将碳酸氢钠母液一次冷冻结晶(-5~-2℃),析出未反应的部分硫酸钠及部分碳酸氢铵,然后进行高温蒸氨(130℃)将未反应的碳酸氢铵分解为氨气及二氧化碳从溶液中分离,并将氨及二氧化碳气体冷凝回收再次制备为碳酸氢铵固体循环利用。②为了得到合格的硫酸铵,将氨介质回收后的溶液二次冷冻结晶(5~10℃)析出芒硝/硫酸钠与硫酸铵的复盐,以提高溶液中硫酸铵与硫酸钠的摩尔比,进而经过蒸发结晶获得纯度较高的硫酸铵晶体。该方法工艺复杂,需经过冷冻结晶、高温蒸氨、蒸发结晶,且温度控制苛刻,运行能耗高,钠转化率仅为50%左右,系统物料循环量大,每吨纯碱的成本是售价的1.5~2倍,因此硫酸钠制纯碱之前一直未能成功工业化。传统硫酸钠制纯碱/小苏打的原则流程见图5-56。

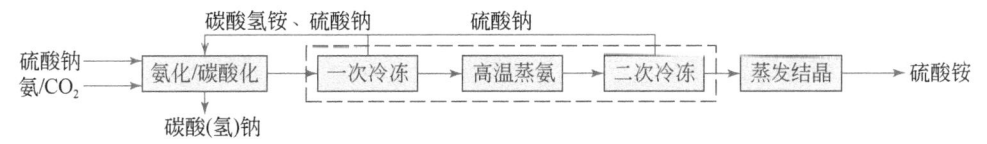

图 5-56　传统硫酸铵制纯碱的工艺流程(未工业化)

中国科学院过程工程研究所自20世纪90年代开始研究硫酸钠制纯碱技术,先后研发了基于铬酸钠为中间介质的硫酸钠制纯碱及硫酸钠还原为硫化钠后进一步转化制纯碱等方法，但由于经济性较差，均未成功。

2010年开始，中国科学院过程工程研究所张洋团队把提高硫酸钠制纯碱单程转化率作为首要任务，发现硫酸钠氨化碳酸化制纯碱转化率低的根本原因是硫酸根的强水合作用使得水分子畸变，促进了碳酸氢根的分解。由于硫酸钠的自身性质，且氨化碳酸化过程碳酸氢根极不稳定，容易转化为碳酸根，碳酸氢根含量越低，碳酸氢钠析出率就越低。这就使得硫酸钠制纯碱的单程转化率始终低于氯化钠制纯碱。

基于上述发现，研发团队提出了硫酸钠制纯碱的强化方法，即抑制硫酸根的水合，进而降低碳酸氢根的分解。通过加入更易水合的小分子助剂，改变硫酸根的水合形态，使得硫酸钠制纯碱的单程转化率提升至70%以上，该过程的示意图见图5-57。

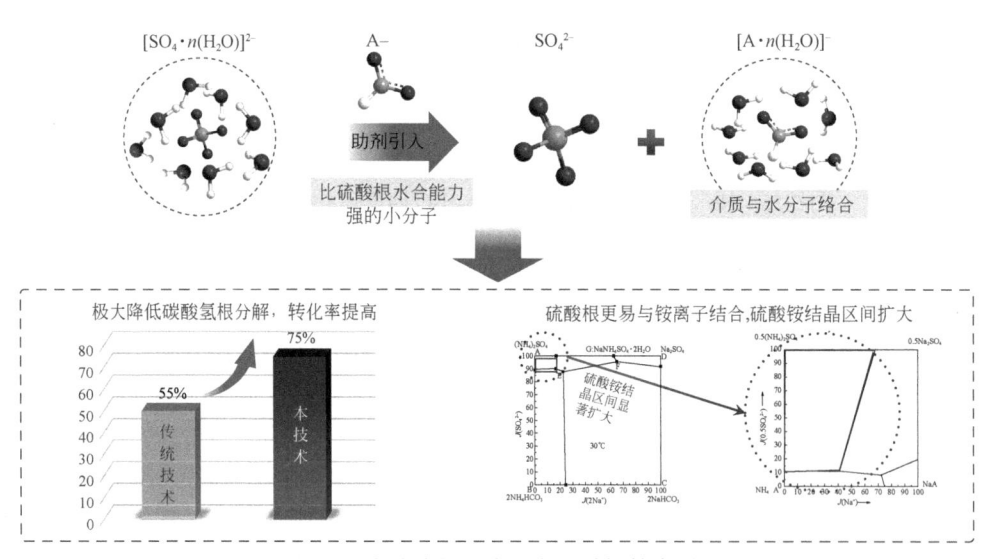

图5-57 硫酸钠制纯碱/小苏打关键技术原理

基于上述认识及突破，形成了硫酸钠短程制纯碱新技术，工艺流程（图5-58）简述如下：

（1）硫酸钠与氨及二氧化碳（或碳酸氢铵）在常温下复分解反应，通过反应结晶析出碳酸氢钠晶体；

（2）由于单程转化率提高到了70%以上，析出碳酸氢钠后的母液钠离子浓度降低，氨介质残余量低，可在低于40℃下将未反应的氨介质以液相形式返回复分解反应；

（3）氨介质再生之后的溶液蒸发结晶得到硫酸铵产品，硫酸铵满足国标Ⅰ型产品的要求，硫酸铵母液在体系内循环。

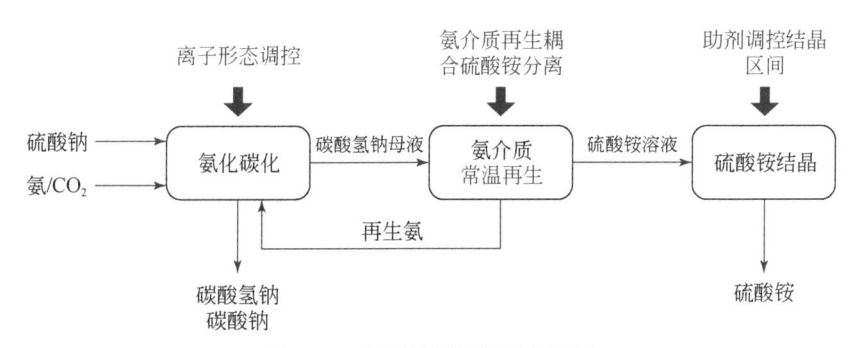

图 5-58 硫酸钠制纯碱工艺流程

3. 硫酸钠制纯碱/小苏打关键技术应用案例

研究团队研发的硫酸钠短程制纯碱/小苏打技术已完成产业转化近 10 套，涉及化工、冶金、新能源等多个行业。截止到 2023 年 12 月投产项目共 3 套，2020 年 9 月在辽宁建成处理量 3 万吨/年硫酸钠（21 万 m^3 废水/年）示范工程（图 5-59）、2023 年 8 月在四川建成芒硝制 10 万吨/年小苏打项目（图 5-60）、2023 年 10 月在河南建成年处理 24 万 m^3 高盐废水（硫酸钠、氯化钠和硫酸钾）资源化项目（图 5-61）。

图 5-59 钒冶金行业年处理 21 万 m^3 高盐废水制纯碱项目（辽宁，2020.09）

图 5-60 芒硝矿尾渣综合利用年产 10 万吨小苏打项目（四川，2023.08）

图 5-61　氧化锌行业年处理 24 万 m³ 高盐废水制纯碱项目（河南，2023.10）

此外，石油化工、煤化工高盐废水通常含有机物、硫酸钠、氯化钠等混合组分，传统处理技术采用膜法-蒸发结晶-冷冻分盐，运行成本高，分盐后的硫酸钠、氯化钠下游市场受限，部分地区还以固废形式堆存。研发团队在掌握硫酸钠制纯碱的基础上，加大研发力度，攻克含钠、钾、硫酸根、氯、有机物等复杂废盐/废水的全组分资源化利用的关键技术，形成硫酸钠/氯化钠等混盐，无须预分盐直接制备纯碱技术，显著降低生产成本。目前该技术成果已成功落地，实现高盐废水/混盐资源化的同时，还能新增部分产值，应用前景广阔，有力推动高盐废水/钠基废盐资源循环利用的可持续发展方向。

5.4　典型工艺的环境综合效应评价

5.4.1　环境综合评价方法概述

1. 环境影响评价方法

随着人口增长、经济发展和社会进步，人类活动对环境的干扰和破坏也越来越大，导致全球气候变化、生物多样性丧失、资源枯竭、污染物排放等一系列环境问题。为了应对这些问题，各国和地区都制定了相应的环境法规和标准，要求规划和建设项目在实施前必须进行环境影响评价，并取得环境影响评价批复或者备案。随着科学技术的进步，环境影响评价方法也不断创新和完善，许多新的理论和技术，如生命周期评价、生态足迹、生态系统服务价值、生态压力指数等，为环境影响评价提供了更多的方法和手段。同时，信息技术、遥感技术、地理信息系统等也为环境影响评价的数据收集、分析和展示提供了更多的便利和支持。因此，需要研究和掌握环境影响评价方法，以满足环境法规的要求，保证环境影响评价的质量和效率，并利用新的技术和工具，提高环境影响评价的水平和能力。

从而实现环境与发展的协调,减少或避免不良的环境后果。其中,生命周期评价是一种很有用的方法。

生命周期评价(LCA)是一种全面评估产品或过程系统在其整个生命周期中对环境的影响的方法。它涵盖了从原材料获取,产品的生产、使用、回收到处置的全过程。LCA 的指南由 ISO 标准 14040 和 14044 提供,包括目的和范围的定义、生命周期清单分析(LCI)、生命周期影响评估(LCIA)和结果的解释。LCA 不仅考虑了当地的环境影响,还考虑了与整个供应链相关的直接和间接影响,提供了全球化的视角。

现在,LCA 已经在各个领域得到了广泛的应用。在工业行业,LCA 方法已被应用于多个领域,如节能减排[88]、水足迹跟踪[89]和生产的可持续性[90]等。LCA 方法最初被应用于产品工艺,在废水领域的首次应用比运营管理(OM)和多准则决策分析(MCDA)更晚。而随着废物资源化利用理念的普及,人们对废水及污泥的认识也发生了转变:它们不再仅被视为需要处理的"废物",而是被视为可以提取和回收有价值资源的"产品"。在过去的二十年中,LCA 方法已在多个废水处理领域中得到广泛应用,例如养分回收、生活废水处理以及磷酸铵镁沉淀等。这些领域的研究为我们提供了宝贵的见解,使我们能够更好地理解和利用这些"产品"。同时,在能源和环境问题的研究中,许多研究者已经采用 LCA 方法来评估其过程,例如电解金属锰[88]、镍铁生产[91]、镀锌板生产[92]、铜[93]、铅精炼[94]、粗钢生产[95]、金生产[96]、锌生产[97]、碳化钨粉[98]等金属产品的生产过程。LCA 方法不仅使工厂能够评价其生产的产品,而且能为政府推出新的法律法规,并为工业发展方向提供了借鉴。

2. 碳足迹评价方法

随着全球气候问题的日益严重,人们开始更加关注温室气体排放。碳足迹评价作为一种针对性的评估方法,逐渐受到重视。这种评价方法专注于量化产品或服务在 LCA 中产生的温室气体排放总量,为缓解和减少全球气候变化的影响提供一种有效的工具。碳足迹最早起源于"生态足迹",Global Footprint Network 组织将碳足迹看作是"生态足迹"的一部分,例如,化石能源的生态足迹。英国碳基金公司定义碳足迹是衡量某一种产品在其全生命周期中所排放的二氧化碳和其他温室气体转化的二氧化碳的等价物。《联合国气候变化框架公约》中将碳足迹看作是,衡量人类活动中释放的或在产品或服务的生命周期中累计排放的二氧化碳和其他温室气体的总量。

碳足迹是"生态足迹"概念的衍生[99],通常是依据六种影响气候变化的温室气体排放来计算的,这些温室气体包括二氧化碳、甲烷、一氧化二氮、氢氟烃、全氟和多氟烷基物质以及六氟化硫[100]。碳足迹也被认为是碳排放,用来描述来自组织、产品或个人的温室气体的排放[101]，是由产品或产品系统整个生命周期过程直接或间接引起的[102]。2013 年以来，国际标准化组织对产品碳足迹进行了标准化，定义了产品碳足迹的量化要求和指南。一般地，由于碳足迹是更容易被公众理解的环境影响类别，因此其通常被用来进行目的阐明[103]。它能够具体衡量某一产品在全生命周期或某一活动过程中直接和间接的碳排放量，对评价其碳排放影响，具有举足轻重的现实意义[104]。

碳足迹通常用二氧化碳当量或其他排放的温室气体当量表示，并用 100 年全球变暖潜力（global warming potential，GWP）来计算二氧化碳当量（carbon dioxide equivalent，CO_2-eq）。GWP 是每种温室气体相对于 CO_2 在大气中捕获热量的能力。CO_2-eq 是通过将每个温室气体的质量排放量乘以其对应的 GWP 而得到的[105]。

目前，碳足迹主要基于投入产出方法或生命周期方法进行评价。投入产出方法通过输入输出建立适当的平衡方程来计算各部门因产品生产而产生的温室气体。投入产出方法是一种自上而下的计算方法，适用于宏观层面（如国家、部门、企业）的碳足迹计算。生命周期方法用来分析产品、服务、过程或活动在整个生命周期中的所有输入和输出引起的环境影响。它是一种自下而上的方法，具有详细而准确的计算过程，适用于微观层面（特定产品或服务）的碳足迹计算。

碳足迹分析分为基于过程分析（progress analysis，PA）的"自上而下"的模式和基于环境输入-输出分析（input-output analysis，IOA）的"自下而上"的模式。PA 用于单个产品或产品系统从"摇篮到大门"过程的分析，但需要设置系统边界；IOA 对于单个产品或产品系统的评估具有局限性。因此，碳足迹分析的最佳方式是采用 PA 和 IOA 的混合方法[106]。

目前我国碳足迹的评价指标主要集中在总排放量、人均碳排放、单位 GDP 碳排放。例如，建筑的碳排放实际是人的排放，因此提出了可用"建筑利用中的人均碳排放"指标评价。建筑用能设备的能源效率最终决定建筑设备碳排放量的多少，因此提出"建筑用能过程碳减排效率"指标。清华大学刘念雄提出了用碳容积率指标计算城市住区的碳排放量，并认为碳容积率指标可以和城市住区其他控制指标（如人口密度、容积率、绿地率等）一样，成为评价居住区碳排放强度的用地指标。针对家庭生存碳排放可用四个指标来评价：家庭碳排放总量、家庭人均碳排放量、家庭单位收入碳排放量和基本生存碳排放量[107]。碳足迹指标越丰富对碳足迹影响程度的评价就更为完善。可以通过碳足迹指标表示碳排放污染的严重程度。

对产品进行全生命周期碳足迹评价能够获得可信的单位产品（或服务）的碳排放信息；可以帮助企业有效应对绿色贸易壁垒；可以使企业系统地认识到产品、服务全生命周期各个过程的碳足迹贡献，有的放矢地提出降低碳足迹的建议，采取行动来降低整个供应链中的温室气体排放；向消费者传达产品的温室气体排放信息,可以引导消费者选择产品的价值观,提升产品的自身价值,体现企业绿色发展的社会形象,因此对产品或服务开展碳足迹分析势在必行。

3. 全流程经济性评价方法

除了环境影响,系统的建设成本和运营费用也是评价其可行性的重要因素。因此,在评估系统的可行性时,经济性评价是必不可少的一环。这样,不仅可以确保系统对环境的影响最小,同时也能确保其在经济上的可行性。经济评价在工业生产过程中主要表现为成本评价,在将所有相关参数转化为成本时,很多物质、能耗和污染物的权重会迅速显现出来,便于工业生产全过程评价的实施,因此成本评价是工业生产全过程综合评价的基础。

目前已经有很多学者关注经济性评价。生命周期成本法(life cycle costing,LCC)是 LCA 的一个成本效益分析模型,主要包括产品购入、使用、维修、维护和回收所承担的费用,但并未对工业生产过程进行评价[108,109]。例如,有学者针对中国苏州高新技术开发区的印刷电路板行业,定量评价了工业共生促进循环经济的效果[110]。通过比较不同技术的组合,对中国钢铁工业的 CO_2 和 $PM_{2.5}$ 的共同缓解进行了多目标分析[111]。虽然现有研究已经有了对经济的研究[112],但针对于能源材料制备过程的经济评价方法的研究还很少。本团队在总结之前的工作中开发了全过程污染控制(WPPC)模型[113],旨在生产工业产品时最大限度地减少整个过程的制造支出。同时提出了一种基于工业生产过程的经济评价模型,其中包括材料成本、水成本、能源成本,废物处理成本和辅助成本,增加了材料再循环的因素,其评估过程如图 5-62。

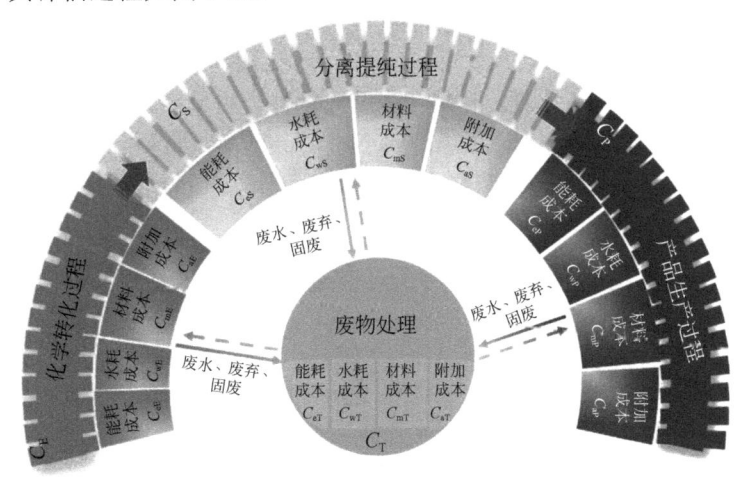

图 5-62 工业污染全过程控制各环节成本指标示意图

鉴于在生产过程中不同生产部分有不同的重要性,需使用相关系数来表示特定生产过程的重要性。相关系数计算如下所示：

$$\omega_n = \frac{1}{1+\eta_n} \tag{5-2}$$

式中，ω_n 是整个过程中 n 段的相关系数；η_n 是 n 段的能源/材料/水/辅助材料的再循环率。

每个部分成本 C 的计算公式为：

$$C = m \times C_0 \tag{5-3}$$

式中，C 是单项（材料/水/能量/附加）成本；m 和 C_0 分别是单位材料/水/能耗/辅料/废物的质量/数量和市场单价。

从原料到产品的整个过程分为四个部分，即化学转化部分、分离/提纯部分、产品生产部分和废物处理部分（图5-63）。成本可分为材料成本（例如，NaOH、H_2SO_4、$NaHCO_3$）、水成本（如水、蒸汽）、能源成本（如电力、炼焦煤）和辅助成本（如包装成本、人工成本、设备折旧成本、周期成本）。

不同生产工段成本的计算公式如下：

$$C_E = C_{eE} + C_{wE} + C_{mE} + C_{aE} = \sum_i C_{eE,i} + \sum_j C_{wE,j} + \sum_k C_{mE,k} + \sum_l C_{aE,l} \tag{5-4}$$

$$C_S = C_{eS} + C_{wS} + C_{mS} + C_{aS} = \sum_i C_{eS,i} + \sum_j C_{wS,j} + \sum_k C_{mS,k} + \sum_l C_{aS,l} \tag{5-5}$$

$$C_P = C_{eP} + C_{wP} + C_{mP} + C_{aP} = \sum_i C_{eP,i} + \sum_j C_{wP,j} + \sum_k C_{mP,k} + \sum_l C_{aP,l} \tag{5-6}$$

$$C_T = C_{eT} + C_{wT} + C_{mT} + C_{aT} = \sum_i C_{eT,i} + \sum_j C_{wT,j} + \sum_k C_{mT,k} + \sum_l C_{aT,l} \tag{5-7}$$

式中，C_E、C_S、C_P 和 C_T 分别是原料化学转化过程、分离与提纯过程、产品生产过程和废物处理过程的成本；e、w、m 和 a 分别是能耗、水、材料和辅助成本。i、j、k 和 l 分别是能耗、水耗、材料和辅助成本种类的数量。在原料化学转化过程中，C_{eE} 是能耗成本，$C_{eE,i}$ 是能量 i 的成本；C_{wE} 是水处理成本，$C_{wE,j}$ 是水 j 的成本；C_{mE} 是材料成本，$C_{mE,k}$ 是材料 k 的成本；C_{aE} 是附加成本，$C_{aE,l}$ 是附加材料 l 的成本。

在产品生产过程中不同的成本种类可以通过如下公式计算：

$$\begin{aligned} C_e &= \sum_n \omega_n C_{en} = \omega_E C_{eE} + \omega_S C_{eS} + \omega_P C_{eP} + \omega_T C_{eT} = \sum_n \omega_n \sum_i c_{en,i} \\ &= \omega_E \sum_i c_{eE,i} + \omega_S \sum_i c_{eS,i} + \omega_P \sum_i c_{eP,i} + \omega_T \sum_i c_{eT,i} \end{aligned} \tag{5-8}$$

$$\begin{aligned} C_w &= \sum_n \omega_n C_{wn} = \omega_E C_{wE} + \omega_S C_{wS} + \omega_P C_{wP} + \omega_T C_{wT} = \sum_n \omega_n \sum_j c_{wn,j} \\ &= \omega_E \sum_j c_{wE,j} + \omega_S \sum_j c_{wS,j} + \omega_P \sum_j c_{wP,j} + \omega_T \sum_j c_{wT,j} \end{aligned} \tag{5-9}$$

$$C_{\mathrm{m}} = \sum_n \omega_n C_{\mathrm{mn}} = \omega_{\mathrm{E}} C_{\mathrm{mE}} + \omega_{\mathrm{S}} C_{\mathrm{mS}} + \omega_{\mathrm{P}} C_{\mathrm{mP}} + \omega_{\mathrm{T}} C_{\mathrm{mT}} = \sum_n \omega_n \sum_k c_{\mathrm{mn},k}$$
$$= \omega_{\mathrm{E}} \sum_k c_{\mathrm{mE},k} + \omega_{\mathrm{S}} \sum_k c_{\mathrm{mS},k} + \omega_{\mathrm{P}} \sum_k c_{\mathrm{mP},k} + \omega_{\mathrm{T}} \sum_k c_{\mathrm{mT},k} \quad (5\text{-}10)$$

$$C_{\mathrm{a}} = \sum_n \omega_n C_{\mathrm{an}} = \omega_{\mathrm{E}} C_{\mathrm{aE}} + \omega_{\mathrm{S}} C_{\mathrm{aS}} + \omega_{\mathrm{P}} C_{\mathrm{aP}} + \omega_{\mathrm{T}} C_{\mathrm{aT}} = \sum_n \omega_n \sum_l c_{\mathrm{an},l}$$
$$= \omega_{\mathrm{E}} \sum_l c_{\mathrm{aE},l} + \omega_{\mathrm{S}} \sum_l c_{\mathrm{aS},l} + \omega_{\mathrm{P}} \sum_l c_{\mathrm{aP},l} + \omega_{\mathrm{T}} \sum_l c_{\mathrm{aT},l} \quad (5\text{-}11)$$

式中，C_{e}、C_{w}、C_{m}、C_{a} 分别是全过程生产的能耗成本、水耗成本、材料成本和附加成本。n（n=E、S、P 和 T）是生产部分序号。C_{en}、C_{wn}、C_{mn}、C_{an} 分别是 n 部分的能耗成本、水耗成本、材料成本和附加成本。$c_{\mathrm{en},i}$、$c_{\mathrm{wn},j}$、$c_{\mathrm{mn},k}$、$c_{\mathrm{an},l}$ 分别是 n 部分的能耗 i、水 j、材料 k 和附加材料 l 的成本。

与生产过程密切相关的主要成本包括运营成本、总成本和利润。在运行过程中产生的运行成本包含材料成本、水成本、能耗成本和辅助成本。总成本主要包括原材料成本、运行成本和废物处理成本。利润是产品的净收入。运营成本 C_{OC}、总成本 C_{TO} 和特定部分的利润 C_{PF} 通过以下公式进行评估：

$$C_{\mathrm{OC}} = C_{\mathrm{E}} + C_{\mathrm{S}} + C_{\mathrm{P}} = \sum_n \omega_n C_n$$
$$= \sum_n \left(\sum_i \omega_{n,i} c_{\mathrm{en},i} + \sum_j \omega_{n,j} c_{\mathrm{wn},j} + \sum_k \omega_{n,k} c_{\mathrm{mn},k} + \sum_l \omega_{n,l} c_{\mathrm{an},l} \right) \quad (5\text{-}12)$$

$$C_{\mathrm{TO}} = C_{\mathrm{E}} + C_{\mathrm{S}} + C_{\mathrm{P}} = \sum_n \omega_n C_n \quad (5\text{-}13)$$

$$C_{\mathrm{PF}} = C_{\mathrm{MA}} - C_{\mathrm{TO}} \quad (5\text{-}14)$$

式中，C_n 是第 n 节的成本或标准化成本；C_{MA} 是市场价格。

4. 金属资源关键性评价方法

金属资源是人类社会经济发展的重要物质基础，也是国家安全和战略竞争的关键因素。随着科技进步和新兴产业的发展，对金属资源的需求不断增长，而金属资源的供应却面临着多种风险和挑战，如资源枯竭、地缘政治、市场垄断、环境限制等。因此，如何评价金属资源的重要性和稀缺性，以及如何制定有效的资源战略，成为了一个迫切和重要的问题。

金属资源关键性评价是指对金属资源的供应安全、经济和环境影响进行综合评价，以确定哪些金属资源对于国家的发展和安全至关重要，但又面临供应不稳定或稀缺的问题。金属资源关键性评价的目的是制定有效的资源战略，保障国家的资源安全和可持续发展。

金属资源关键性评价的研究起源于 20 世纪 70 年代的美国，当时美国政府为了应对能源危机和资源短缺，制定了一系列的资源战略和政策，其中包括对重要矿产资源进行关键性评价，以确定资源安全的优先级和保障措施。自此，金属资源关键性评价的研究逐渐在世界范围内得到推广和发展，成为一种国际公认的资源管理工具。

最近世界贸易组织（World Trade Organization，WTO）关于元素的争论和 20 世纪的钴危机表明了某些材料对工业国家经济、国防和政治的重要性。这促使许多研究集中于金属资源的关键性评估。关键性没有标准和统一的定义，它是一个相对的概念，相关的维度可以根据用户的特殊需求来定义[114]。例如，欧盟（European Union，EU）关于原材料关键性研究的报告中定义："关键原材料是指那些在未来 10 年内显示出供应短缺风险特别高，并且对价值链特别重要的原材料。"[115,116]关键性研究的目标是寻找潜在或实际关键材料问题的解决方案或缓解方法[115]。关键性主要受几个方面的影响，包括供应[117]、需求[118,119]和环境因素[120]。

目前已有许多文献关注金属资源的关键性评价[121]。2006 年，美国国家研究委员会（States National Research Council，NRC）对几种材料进行了关键性分析[122]，如图 5-63，这些评估被用于指出各种金属关键性值的潜在显著差异。供应风险（supply risk，SR）和经济重要性（economic importance，EI）由委员会专家通过定量指标的组合确定，形成了定性判断的基础[123]。基于 NRC 描述的二维关键性矩阵（即关键性和实现难度），Graedel 等为美国开发了一个详细的关键性评价方法[117]，通过绘制三维关键性图（即供应风险、环境影响、供应限制脆弱性）对金属关键性值进行评估。2010 年，欧盟委员会（European Commission，EC）提出了关键性确定的定量方法，并对 62 种金属进行了评估，如铜族[122]、稀土[124]、铁及其主要合金元素[125]。关键性矩阵中的坐标（经济重要性和供应风险）是使用几个带有定量指标的方程式计算的，侧重于明确可量化的数字，较少依赖于专家的判断，这可以大大提高关键性矩阵中坐标的透明度。同时，它得到了政府和机构的支持，其结果应用于确定金属优先次序并支持决策[126]。此外，欧盟关键性矩阵每 3 年更新一次，包括 2011 年、2014 年、2017 年、2020 年的方法和原始数据的更新和改进，以适应工业发展。以 2017 年为例，欧盟关键原材料判断指标的计算方法见式（5-15）和式（5-16）：

$$SR = \sigma \cdot IR \cdot (1-\rho) HHI_{WGI} \tag{5-15}$$

式中，σ 代表与生产、合作生产有关的材料可替代性；IR 代表进口依赖性；ρ 代表二次资源回用比例；HHI_{WGI} 代表该原料在国家层面的生产集中度和生产国政治治理状况。

$$EI = \frac{\sigma}{GDP} \sum^{S} (A_S \cdot Q_S) \tag{5-16}$$

式中，S 代表欧盟经济活动的统计分类；A_S 代表原料在 S 部门中所占的需求份额；Q_S 代表对应行业的价值；GDP 代表各行业的生产总值。

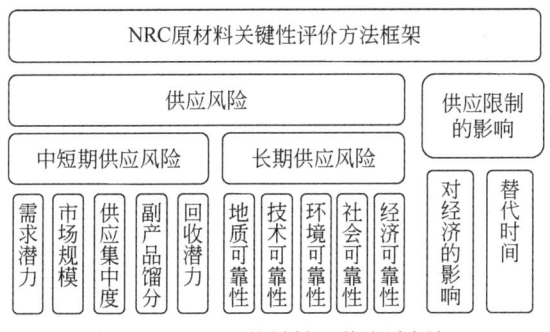

图 5-63 NRC 关键性评价方法框架

然而，对于特定工业产品，尚没有明确的关键性方法来评估原材料关键性和相应的污染问题[127]。因此，对于特定的工业产品特别是能源材料的制备过程，有必要采用一种明确的关键性评价方法来评估原材料的关键性以及对材料生产过程的整体影响。

5. 环境综合效应评价方法

气候变化和环境问题的产生不仅与污染排放相关，更与能源、产业结构、消费模式和宏微观决策相关。如何通过采取恰当的战略和政策应对气候变化，使之有助于寻求能源-环境-经济-社会的共同发展，推动社会的长期可持续发展，是学术界和政策制定者高度关注的问题。环境综合效应评价方法可以从多个角度和层面来分析和评价一个系统对环境的影响和贡献，不仅考虑了单一的污染物或影响因素，而且考虑了污染物之间的相互作用和综合效应，以及对生态系统和人类健康的影响。其主要内容为在确定的空间和时间范围内，对环境中存在的各种污染物或影响因素的类型、数量、分布、来源、迁移转化、暴露途径、受体敏感性等进行识别、描述和量化，然后根据一定的评价标准和方法，分析和评价对生态系统和人类健康的潜在危害程度和可能后果，最后提出相应的风险管理和控制建议。环境-经济模型是环境综合效应评估的核心部分。这种模型通过融合环境和经济数据，能够模拟经济活动、能源消耗、二氧化碳排放、空气质量以及人口健康影响之间的复杂相互作用。

在评价工业生产系统时，常常采用的也是环境综合效应评价。这种评价方法不仅考虑了环境影响，还兼顾了系统的建设成本和运营费用等多个因素，以实现对系统全面、客观的评价。这样，既可以确保系统对环境的影响最小，同时也能确保经济上的可行性。例如：①技术经济性评价[128]：将技术和经济两个方面的因素进行综合考虑，以评估某一政策或项目的整体效果。②综合环境评估（CEA）[113]：将多个环境因素进行综合考虑，以评估某一区域的环境质量。这种评价工作通常是在各种单要素评价的基础上综合归纳的。③LCA-LCC：用于在生命周期范围内进行经济决策,对产品或服务进行环境和经济的综合评价。在实际应用中这些综合评价方法能够全面地考虑到系统的各个方面,从而为决策者提供更全面、更深入的洞察。例如,本团队从环境和经济角度[129],建立了多目标评价体系,对钙化焙烧、钠焙烧和亚熔盐三种典型的 V_2O_5 生产工艺进行了评价。采用了 CEA 方法来研究工业排放对环境的影响[113]。还采用了全过程经济评价法来评价成本和效益,通过多目标评价确定了 V_2O_5 的最佳生产工艺。此外,基于环境经济综合评估方法[130],对 3 种典型的焦化废水处理工艺进行了评估。针对关键性评价、质量流量分析和环境影响评价[131],提出了一种针对绿色制造的多重评价方案,以定义发光二极管(LED)芯片和灯具生产的绿色程度,如图 5-64。这些都运用了环境综合效益评估的手段,从多个角度对系统进行了深入的评估,使我们能够更全面地理解系统的性能。

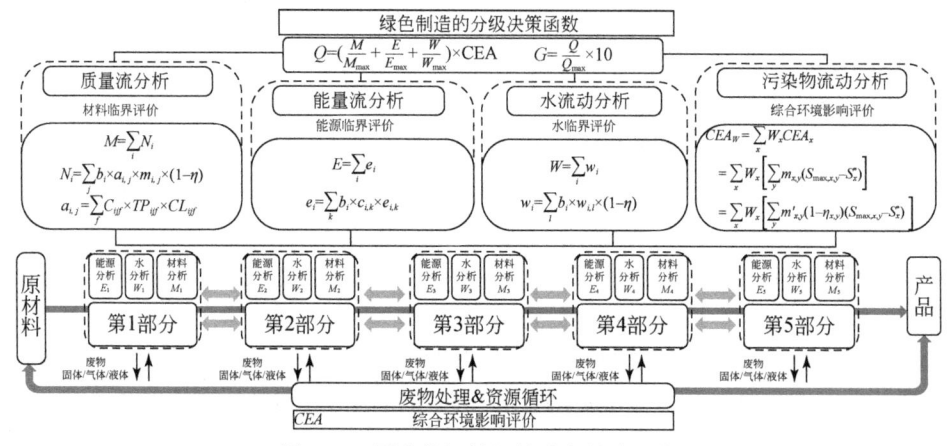

图 5-64 固废垃圾填埋的综合效益评价

5.4.2 典型废水处理技术的环境综合效应评价

本节基于企业实际监测数据,对中国三种典型的炼焦废水处理技术进行了 LCA 耦合经济评价的综合效应评价。以预处理(包括副产品的再利用)、生物处理、深度处理和污泥处置的废水处理技术为系统边界,对材料成本、能耗成本、废物处理成本和辅助成本进行计算。基于不同的处理阶段的环境影响和成本效益,对三种焦化废水处理技术进行了深入的探讨。

1. 典型废水处理工艺介绍

如图 5-65 所示,选取了中国辽宁省三种典型焦化废水处理工艺,分别为传统处理工艺(TTP)、利用技术改进原理的优化工艺(OTP1)、利用物质循环和技术改进策略的优化工艺（OTP2），以 1 m³ 废水的处理作为功能单元，系统边界从废水流入处理厂开始，到下游的废水排放结束（基础设施建设阶段对总体影响的最小贡献不包括在范围内）。三种处理工艺可分为三个阶段（即预处理阶段、生物处理阶段和深度处理阶段）。

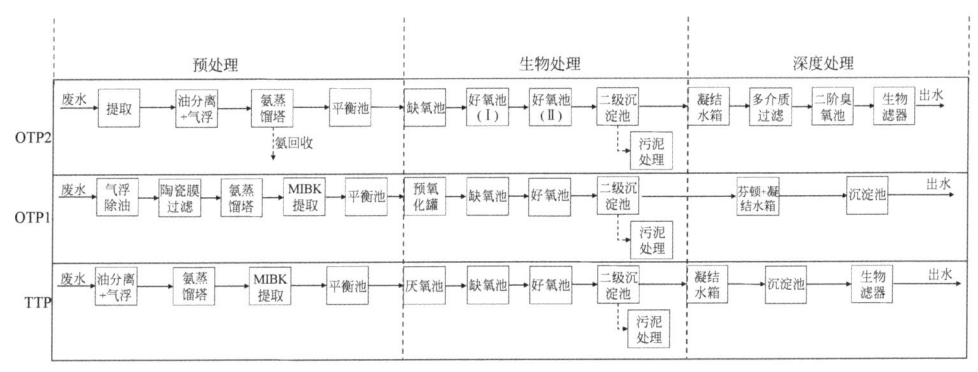

图 5-65　工艺流程对比分析

（1）TTP 传统处理工艺特点：在预处理阶段采用甲基异丁基酮（MIBK）进行萃取，在深度处理阶段只采用混凝沉淀法和生物滤池法进行处理。处理后出水化学需氧量（COD）为 200 mg/L，COD 和氨氮的去除率分别达到 96% 和 99.7%，达到我国焦化行业间接排放标准。而氰化物、多环芳烃、苯并芘等特征污染物由于缺乏有效的毒性控制方法而无法达到排放标准。

（2）OTP1 利用技术改进原理的优化工艺特点：在预处理阶段采用陶瓷膜过滤和 MIBK 萃取。在生物处理阶段，为提高生物降解性进行了预氧化。在深度处理阶段，采用芬顿氧化法和混凝法相结合的方法，提高难降解污染物的去除率。OTP1 的出水 COD_{Cr} 一般小于 50 mg/L，COD 和氨氮的去除率分别达到了 99% 和 99.7%，但氰化物排放仍未达标。

（3）OTP2 利用物质循环和技术改进策略的优化工艺特点：在预处理过程中采用酚油萃取-气浮联合工艺进行协同解毒，可实现高浓度酚类有机物和氨的资源化利用，并进行了二次生物氧化耦合脱氮脱碳工艺。最后采用高效混凝脱氰脱色法和非均相催化臭氧氧化法进一步去除有机物污染。该工艺进一步提高了氰化物的去除率，优化了 OTP1 工艺，使出水稳定达标。

2. 典型焦化废水处理技术的环境综合效益评价

1）三种废水处理技术的环境效益

三种废水处理工艺的归一化环境影响如图 5-66（a）所示。由于污水处理过程主要引起环境质量问题和影响气候变化[132]，所以选择了七个特征化的影响类别进行评估，包括富营养化潜力（EP）、生态毒性（ET）、人体毒性（HT）、全球变暖潜力（GWP）、中国非生物耗竭潜力（CADP）、呼吸道无机物（RI）和酸化潜力（AP）等主要评估类型。结果表明，OTP1 除 EP 外在其他环境影响类别中都有最高的值。TTP 的化石能源消耗最小，但为了提高水处理效果，OTP1 和 OTP2 的化石能源消耗分别提高了 11.1 倍和 3.2 倍。然而，OTP1 和 OTP2 的 EP 分别比 TTP 低 2%和 29%，这主要是由于先进处理技术的应用，减少了污水处理厂排放到自然水体的污染物。

如图 5-66（a）所示，OTP1 的出水质量得到了显著改善。在 HT 和 ET 两个影响类别中，OTP1 的结果分别是 TTP 的 5.5 倍和 4.3 倍，是 OTP2 的 6.3 倍和 4.5 倍。直接原因是在处理过程中使用了 H_2O_2 和其他化学品，并且在污泥处理中释放出更多的有毒物质。与 TTP 相比，OTP1 和 OTP2 的 GWP 和 RI 分别增加了 10 倍和 5 倍以上，主要原因是两种工艺链条的增加导致了更多的电力消耗和污泥产生，从而导致了更多的温室气体和 $PM_{2.5}$ 的排放[133]。与 TTP 相比，OTP1 和 OTP2 在 AP 方面分别增加了 5.5 倍和 4.4 倍，这主要是由于使用了大量由燃煤发电的电力。

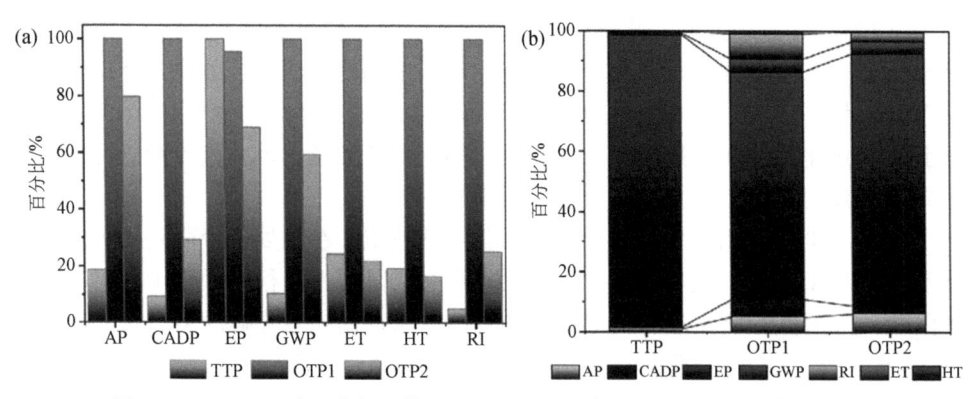

图 5-66　（a）三种工艺的环境影响；（b）去除每 mg/L COD 对环境的影响

对三种处理工艺的环境影响进行归一化评估后，从图 5-66（b）可以看出，OTP1 在大多数环境影响类别中均表现出最高值，唯独在 EP 类别中例外。TTP 工艺在能源和资源消耗方面较低，但其毒性污染物排放较高，从而导致更大的富营养化风险。OTP1 的环境影响主要来源于污泥焚烧以及深度处理中 H_2O_2 的使用，而 OTP2 工艺的酸化潜力影响则可能源于深度处理中酸性试剂的使用。在所有三种工艺中，EP 是最突出的关键影响类别，占总环境影响的大部分，其主要原因是污水排放至水体环境所引发的富营养化效应。

2）各处理单元的环境影响贡献

为了探究环境影响的关键单元，需对整个系统的每个单元进行环境影响评估。图 5-67（a）～（c）显示了 TTP、OTP1 和 OTP2 中每个处理过程的环境影响占比。

在对污水处理厂的每个单元进行环境影响评估后,发现预处理阶段是三个污水处理厂中化石能源消耗、温室气体排放和呼吸道无机物排放最多处理阶段,占整个系统中 AP、CADP、GWP 和 RI 的 74.4%～98.7%。这主要是由于预处理阶段的氨水蒸馏系统消耗大量电力和蒸汽。然而,深度处理阶段是环境负荷(EP)的最大贡献者,在 TTP、OTP1 和 OTP2 中占比达到 40.0%～47.3%。这主要归因于污水经过深度处理后直接排放至环境所产生的影响。

对于 HT 和 ET 指标,不同的出水质量会导致毒性影响的变化。OTP1 中的深度处理作出了最大的贡献,分别占 63.7%和 70.5%。值得注意的是,这两个指标在 OTP1 中的比例大约是 TTP 和 OTP2 的 3 倍。主要原因是随着排放水质的提高,OTP1 中使用的化学试剂数量增加。对于 TTP,污泥处置是主要的毒性影响源,占整个过程的 36.7%～49.6%。主要原因是 TTP 中的生物处理不完全,许多有毒污染物通过跨介质过程转移到污泥中,导致焚烧的风险更高。对于 OTP2,生物处理对毒性的贡献最大,主要是因为在这个阶段使用了更多的试剂来提高处理效率。

三种技术过程在环境影响类别上的差异如图 5-67(d)所示。预处理阶段是整个过程环境影响最关键的阶段(占 63.9%～77.8%)。从 TTP 到 OTP2,预处理的

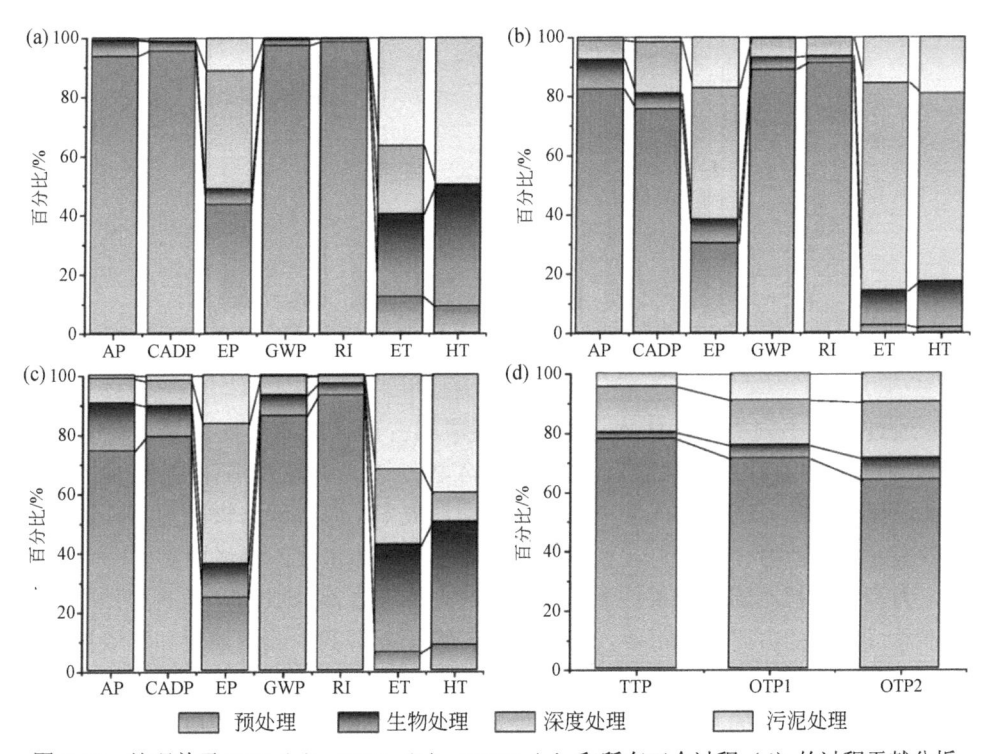

图 5-67　处理单元 TTP(a)、OTP1(b)、OTP2(c)和所有三个过程(d)的过程贡献分析

影响逐渐减小。OTP1 和 OTP2 中预处理阶段的影响比例分别降低了 6.6%和 14.0%。随着优化工艺的应用，预处理中有毒原料的使用减少，OTP1 和 OTP2 中的污水处理效率提高。与传统工艺相比，技术改进和物料循环更环保，可以减少主要单元过程的环境影响。

3）三种废水处理工艺的成本效益

从焦化废水处理过程来看，处理过程主要成本包括材料成本、燃料和电力成本、辅助成本、利润和总成本。材料成本主要由化学试剂组成，能源消耗包括电力、蒸汽和水消耗的成本，辅助成本包括人工成本、设备折旧成本和排污费。运行成本是这三种成本的总和。利润主要来自预处理阶段的氨和粗酚的回收。如图 5-68 所示，总成本的顺序是 OTP1＞TTP＞OTP2，这与生产过程的复杂程度直接相关。OTP1 的总成本最高，主要是由于使用了 H_2O_2 作为高级氧化的原料。OTP2 的总成本最低，主要是由于使用的中压蒸汽的单价较低，且生产的高纯度粗酚市场价格较高。总的来说，OTP2 在总成本方面最具竞争力。

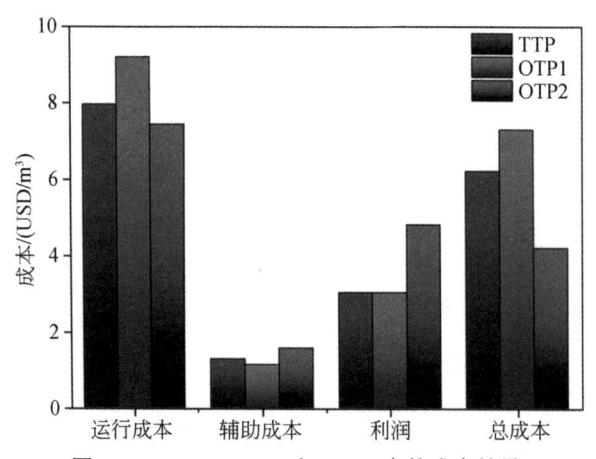

图 5-68　TTP、OTP1 和 OTP2 中的成本差异

通过比较不同类型的成本，能源消耗成本占运行成本的比例最大，分别占 TTP、OTP1 和 OTP2 的 74.9%、67.9%和 44.4%。其中，蒸汽消耗占比超过 79%。因此，优化加热系统可以降低工厂的能源消耗成本。总体经济评估显示，原料回收效率、产品纯度、热力消耗和生产技术是工厂中最重要的经济因素。

为深入了解不同优化条件下的优化方案，比较各部分成本，尤其是预处理部分在总成本中的占比至关重要。结果如图 5-69 所示，其中蒸汽消耗和萃取剂的使用是主要影响因素。OTP2 的预处理阶段成本可以节省超过 50%，因为它使用了低压蒸汽并有更高的回收利润。生物处理部分的成本相似，而深度处理阶段的成本中 OTP1 和 OTP2 都比 TTP 高，主要是由于 OTP1 的芬顿过程需要大量的 H_2O_2 和 $FeSO_4$。

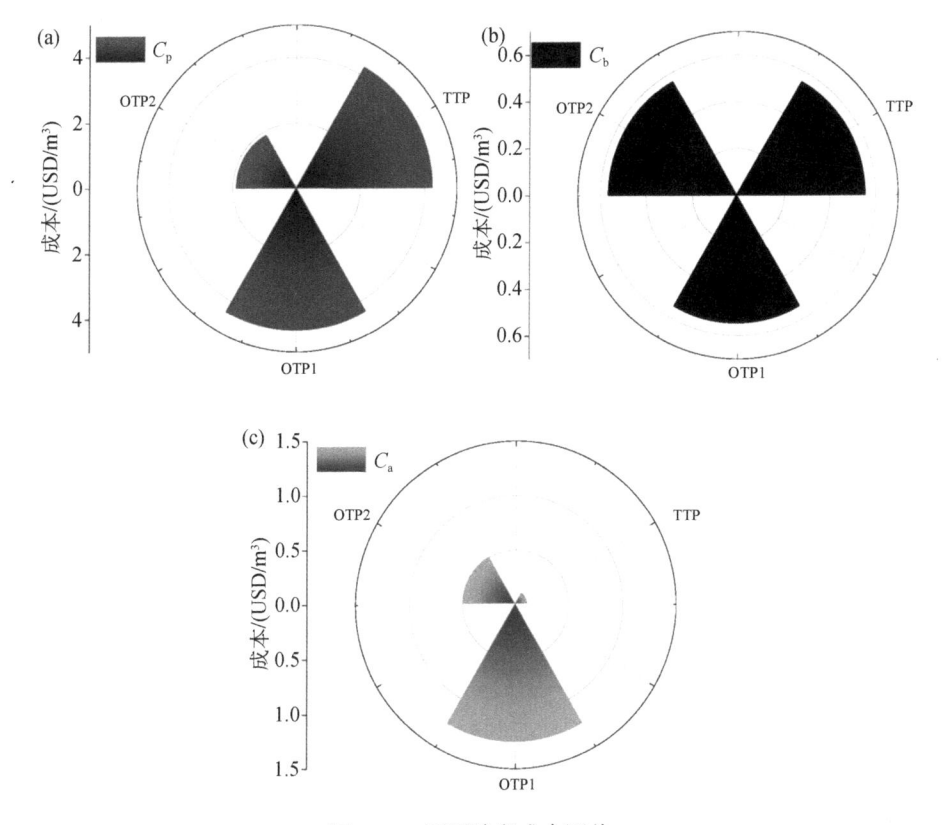

图 5-69 不同阶段成本评估
（a）C_p 预处理；（b）C_b 生物处理；（c）C_a 深度处理

4）三种废水处理工艺的综合效益

为了获得钢铁工业可持续发展的优化策略，评估时应该综合考虑经济和环境绩效。在本小节中，分析了 eBalance 软件中的能源消耗效率比（ECER），用于代表环境的综合效果[134,135]。因此，选择 ECER 和总成本的综合指标来代表环境和经济效益。如图 5-70 所示，在对三个过程进行综合评估后，OTP2 是理想的生产过程，具有较低的成本和环境影响。而 TTP 和 OTP1 都处于劣势区域。

首先，OTP2 中的酚油萃取协同脱毒，不仅可以从废水中回收高浓度的酚类化合物，还可以通过协同萃取杂环和多环有机化合物，最大限度地降低废水的生物毒性。此外，通过强化精馏和氨蒸馏，废水中的大部分氨可以回收成高浓度的氨水。出水中的氨氮浓度可以控制在刚刚满足微生物生长的要求，无须二次生物脱氮处理。因此，OTP2 的综合效益主要是由资源循环的效果决定的。与 TTP 传统技术相比，OTP2 降低 32.3%环境影响和 46.7%经济成本，具有最高的综合效益。

同时，比较了不同工艺阶段的效益（图 5-71）。TTP 作为传统的处理方式，忽略了成本和环境的综合效益。预处理阶段的环境影响和总成本分别占 77.8%和 86.4%。使用大量的蒸汽带来了显著的不利影响。此外，由于污水不能达到排放标准，还需要解决富营养化的影响。至于 OTP1，技术创新虽改善了废水处理效果，提高了难降解污染物的去除效率。然而，这种策略只关注排放指标，使用非环保的试剂和原料给深度处理阶段带来更多的环境和经济负担。

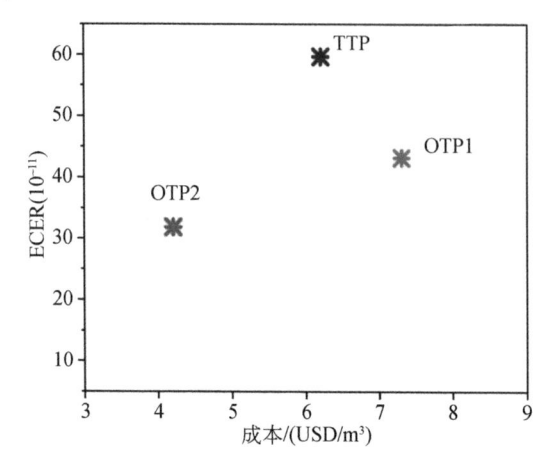

图 5-70 三个过程综合评估分析

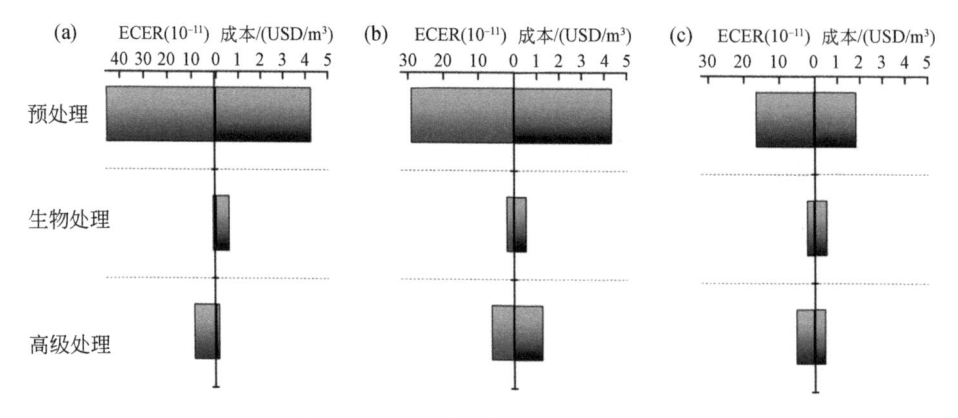

图 5-71 不同阶段中的环境成本分析

（a）TTP；（b）OTP1；（c）OTP2

对于引入了 WPPC 原则进行过程优化的 OTP2，通过预处理优化，与 TTP 相比，环境影响和经济成本分别降低了 43.8%和 57%（图 5-71）。这表明了资源循环和物料能量流动优化的重要性。

3.典型废水处理技术的综合效益评价成效

本节提出了一种从经济和环境角度综合分析污水处理系统的方法,对三种不同的焦化废水处理工艺的环境影响和经济成本进行了评估。研究表明:①富营养化是焦化废水处理中最主要的环境问题,高排放标准的实施可显著降低环境影响,而蒸汽燃料价格是影响综合处理运行成本的关键因素。②在各个阶段中,预处理阶段对环境效应(64%~78%)、温室气体排放(超过80%)和成本(64%~86%)的贡献均为最大,其次为深度处理阶段。③相比之下,OTP2 在综合得分上具有明显优势;TTP 则表现出高环境风险,处于劣势范围;OTP1 则因低经济效益处于劣势。OTP2 通过优化整个过程的物料和能量流动,比单纯进行技术改造更为高效。研究认为,工业废水处理应优先回收能源和高浓度资源,以降低过程成本和污染。

5.4.3 典型固废处理技术的环境综合效应评价

锂离子电池(LIB)因其在储能和电动汽车领域的重要性而备受全球关注。为了全面了解整个行业的碳排放强度并预测其未来发展趋势,本节提出了一种高效、零污染、低碳工艺与绿色回收的综合评价方法。该方法系统地考量了锂离子电池的关键因素,包括电池结构与设计参数对性能和环境的影响、生产过程中的材料成分与来源对碳足迹的贡献,以及不同回收方法在能效和环保性能上的表现,尤其是针对多种电池类型优化回收工艺。通过对上述因素的全面评估,该方法致力于推动锂离子电池产业链向绿色低碳方向发展,为其可持续发展提供科学支持。

1.典型固废处理技术评价方法

本节对典型的磷酸铁锂(LFP)、镍钴锰酸锂(NMC)回收工艺(湿法冶金、火法冶金和直接回收工艺)进行绿色回收评价。将回收过程分为预处理、分离过滤/冶炼(火法冶金)、运输、回收 4 个环节,以分析各环节对整体回收效率和环境影响的作用。在原材料关键性评价中,金属、有机物和其他材料的关键性被计算。系统运行参数分析涉及材料关键性、能源绿色度和水关键性。根据排放类型,结合废水污染物浓度、废弃物危害性(即放射性、毒性、腐蚀性)对固废、废水和废气的 CEA 进行评价。

如图 5-72 所示,基于原材料关键性分析、系统运行参数分析和综合环境评价(CEA),通过污染物控制与处理技术的协同优化,建立了绿色回收评价体系。在原材料分析中,重点关注金属、有机物等方面。在系统运行参数分析中,评估了材料关键性、能源绿色度、水关键性和环境影响。其中材料关键性关注的对象和方法与原材料类似；能源绿色度则依据能源类型（如电力、原煤）进行评价，主要考虑能源转换系数、标准煤转换系数及清洁指数；水关键性由水质决定，并通过相应指标加以量化。环境影响则采用 CEA 方法进行计算，以全面评估不同回收方案的环境效益。基于上述结果，利用绿色回收指数（H）对回收过程的绿色等级进行定量化评价，提供了综合性和科学性的判断依据。

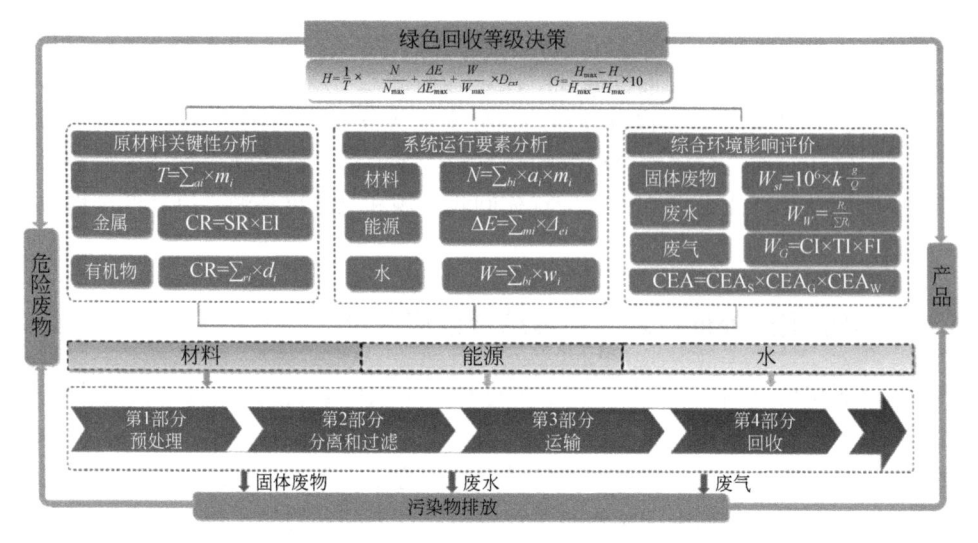

图 5-72　绿色回收评价原则

材料、能源和水的消耗是环境影响的主要因素。NMC 和 LFP 由于其特性被广泛应用，但 NMC 中关键性金属（如 Co、Mn）含量高，加剧了关键性金属的紧张局面。本节选择 LFP 和 NMC 作为研究目标。在预处理工段，废旧 LIBs 进行放电、拆卸以提高回收率；在分离过滤工段，采用无机酸、还原剂等材料进行物质分离；在运输工段，使用碱性还原剂提取有价物质；在回收工段，从正极活性材料中提取金属氧化物，经反应和洗涤转化为金属。相关流程图如图 5-73 所示。

2. 典型固废处理技术评价

1）原材料关键性评价

废锂电池回收利用的目的是回收阴极、阳极中含有的关键金属、电解液中含有的有机物等有价值的原材料。因此，原材料关键性评价主要包括金属关键性评价，有机物关键性评价和其他材料关键性评价。

金属在废旧 LIBs 中的存在形式多为金属化合物，因此计算了金属在废旧 LIBs 中的比例及关键性。回收过程相关的关键性金属包含 Li、Co、Ni 等，本团队研究了金属关键性[136]并与欧盟（EC）的研究成果进行对比，如图 5-74（a）所示。详细参数（SR、EI）见图 5-74（b）。

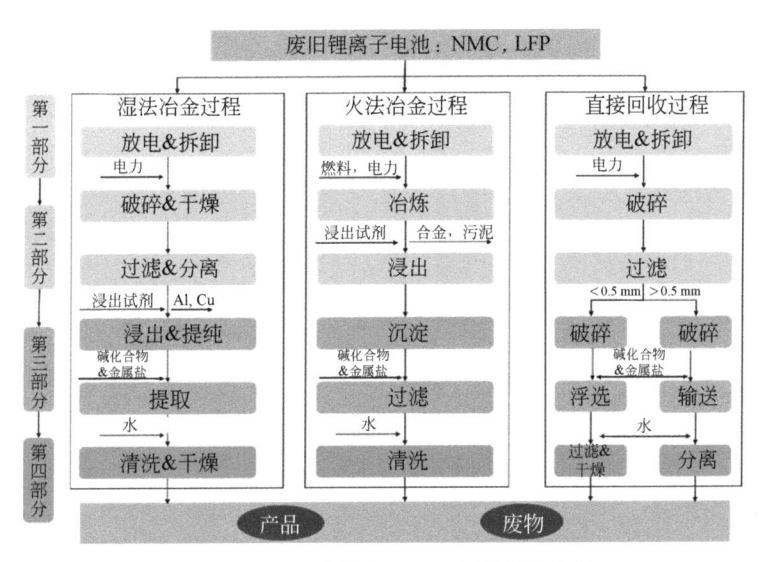

图 5-73　LFP 电池和 NMC 电池回收流程

在材料关键性评价方面，本团队[136]从中国供应安全、国内经济和环境风险的角度研究了 64 种材料和 18 种关键性金属，发现环境因素至关重要。欧盟采用 SR 和 EI 作为评估金属关键性的指标，考虑了全球市场和欧洲市场。如图 5-74（a），本团队采用欧盟的计算方法和文献[136]的数据计算金属关键性，结果显示金属的产量、储量和价格可以间接反映 SR 和 EI。尽管计算方法与欧盟相同，但由于地理位置的原因，一些参数赋值存在巨大差异。

金属的生产和分布在世界范围内是不均匀的，这对资源和经济产生了很大的影响，因此大多数关键性金属需要回收。然而，与金属不同，有机物对环境的危害很大，回收率较低。在有机物的关键性计算中需考虑环境因素。如图 5-74（c）所示，在有机物的关键性影响因素中，由半衰期决定的环境持久性排名最高。有机物的半衰期与分子链长成正比，因此有机物的链长越长，其环境持久性值越大。此外，废旧 LIBs 中含有多种类型的高分子有机物，从而放大了有机物的关键性。

如图 5-74（d），废旧 LIBs 的材料关键性由金属、有机物和其他材料组成，其中有机物和金属占主导地位［图 5-74（e）］。需要注意的是，金属和有机物在关键性的含义上有很大的不同。因此对金属和有机物的关键性的考虑是不同的。金属的关键性越高，SR 和 EI 越大。有机物的关键性越高，对环境的危害就越大。由于对关键性的定义不同，金属和有机物对关键性的含义也不同。因此，理论上两种材料在关键性值上的差异并不显著。尽管如此，它对整个废电池的关键性组成是必不可少的。

NMC 的关键性高于 LFP,其主要原因是 NMC 含有关键性高的金属(如 Ni,Co)。

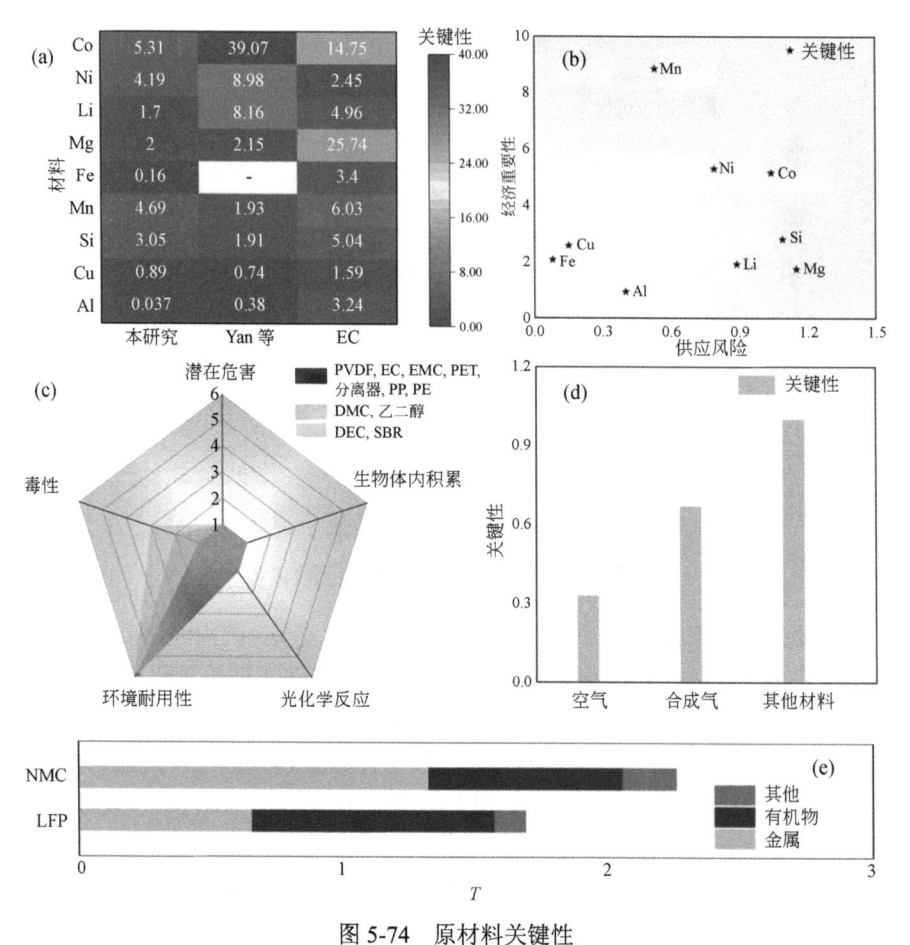

图 5-74 原材料关键性

(a) 金属关键性参数分布； (b) 金属关键性比较； (c) 有机物关键性参数分布； (d) 其他材料的临界性；
(e) NMC 和 LFP 的关键性

2) 系统运行参数分析

在 LIBs 回收过程中,物质输入主要包括材料、能源和水。对系统运行要素中材料关键性、能源绿色度和水关键性分别进行了评价。

针对材料关键性评价,对比分析了湿法冶金(Pyro)、火法冶金(Hydro)和直接回收(DR)三种工艺在各工段的材料关键性,发现主要集中在分离、过滤和运输工段,与图 5-75(a)、(b)的材料输入情况相符合。如图 5-75(c)所示,由于 NMC 含有更多需要提取的高关键性金属(如 Ni,Co),NMC 的材料关键性高于 LFP。一般情况下,由于直接回收工艺投入材料少,采用湿法冶金、火法冶金的材料关键性要高于直接回收工艺。

图 5-75 系统运行参数分析

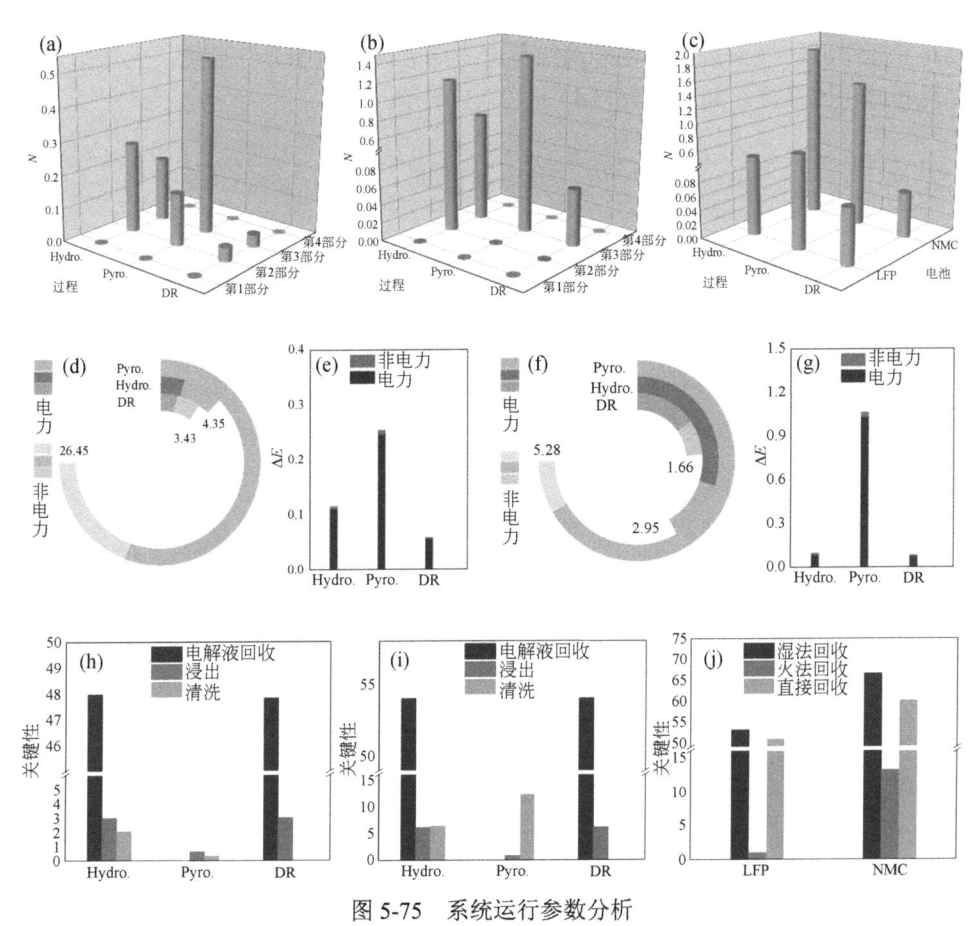

(a) LFP 的材料关键性；(b) NMC 的材料关键性；(c) NMC 和 LFP 的材料关键性比较；(d) LFP 的绿色能源度；(e) LFP 的能源消耗；(f) NMC 的绿色能源度；(g) 国家管理委员会的能源消耗；(h) LFP 的水关键性；(i) NMC 的水关键性；(j) LFP 和 NMC 的水关键性比较

Hydro.，湿法冶金工艺；Pyro.，火法冶金工艺；DR，直接回收工艺

为了保证安全稳定，预处理过程中必须对废旧 LIBs 进行放电，然后进行破碎、煅烧等工艺[137]。在这个过程中，消耗了大量的能量。此外在火法冶金过程中，采用焦炭、石灰石等燃料对废旧 LIBs 进行焙烧。

在焙烧过程中，尽管二氧化碳对环境的影响小于氮氧化物和硫化物等有害气体，但排放气体中二氧化碳占主要部分[138]。因此，根据不同燃料的燃烧情况设立清洁指数。为保证能源绿色度的可比性，根据不同燃料与标准煤的换算关系设置清洁指数 h、能量转换系数 λ 和标准煤转换系数 κ。

由于电力在能源类别中占据主导地位，因此将能源分为电力和非电力两种类型，并对能源消耗和能源绿色度进行比较。由于电力在能源消费中占主导地位和较高的碳排放转换系数，其在能源绿色度方面表现更为明显。显然，火法冶金的能耗和绿色度最高，如图 5-76（d）～（g）所示。

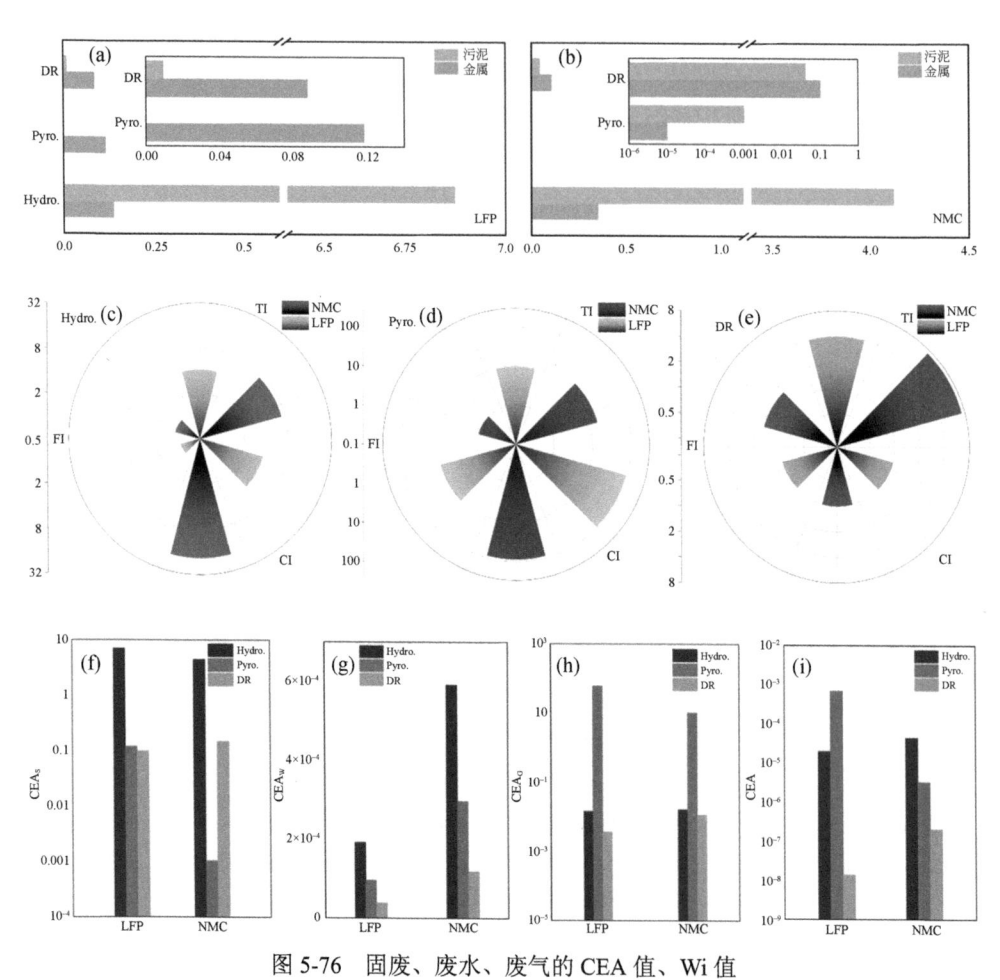

图 5-76 固废、废水、废气的 CEA 值、Wi 值

（a）LFP 的 WS 值；（b）NMC 的 WS 值；（c）湿法冶金的 WG 值；（d）火法冶金的 WG 值；（e）直接回收的 WG 值；（f）CEA$_S$；（g）CEA$_W$；（h）CEA$_G$；（i）CEA

水关键性主要包括回收电解液、浸出正极材料和洗涤回收产品等，集中分布在分离过滤、运输、回收等工段。回收电解液的水关键性远高于正极材料浸出和回收产品过程洗涤的水关键性，如图 5-76（h）和（i）所示。由于电解液材料成本高，含有大量的有毒有害有机物，需要回收利用。此外，部分电解液蒸气容易掺杂混合气体，造成回收过程复杂，冷却电解液材料的耗水量巨大[139]。就电池类型而言，LFP 的水关键性小于 NMC，如图 5-76（j）所示。从回收工艺角度看，湿法冶金和直接回收工艺的水关键性远高于火法冶金。

3）综合环境影响评价

废物的产生主要是回收过程中的废 LIBs、废材料和废水，以固废、废水和废气的形式存在。由于输入为废旧 LIBs，产生的固废包括废渣和废金属，其中废渣的含量远高于废金属，如图 5-76（a）和（b）所示，这似乎与原材料关键性分析相矛盾。主要原因是有机物在火法冶金过程中被燃烧生成挥发性气体，在湿法冶金过程中与化学试剂反应生成废水，导致较少固废含量和环境影响。湿法冶金采用了大量的化学试剂，产生了较多的废渣和废金属。在火法冶金过程中，大量的材料被投入到工艺中，这些物质被煅烧并扩散到混合气体中，因此废渣对环境的影响比湿法冶金要小。

根据国家废水排放标准[140]，环境影响按一级环保标准计算。在湿法冶金过程中，废旧 LIBs 的浸出在分离、过滤、运输等工段消耗大量的化学试剂（如硫酸、氢氧化物），产生大量的废水。在针对废旧 LIBs 的 LCA 中，与废水相关的环境影响主要包括酸化、淡水消耗、淡水富营养化潜力、淡水生态毒性等。湿法冶金过程在这些类别的评估中有最大影响[139,141-143]。在火法冶金和直接回收工艺中，虽然废旧 LIBs 材料的回收也需要对正极材料进行浸出，但其产生的废水和对环境的影响远小于湿法冶金。然而，大多数文献没有记录火法冶金或直接回收工艺产生的废水的数据。

为了衡量废气对环境的影响，以毒性（TI）、腐蚀性（CI）和可燃性（FI）作为权重系数分析了废气的类型和特性。

如图 5-76（c）～（e）所示，在 6 个权重系数中，环境影响主要集中在湿法冶金的 TI 和 CI，火法冶金的 CI 和直接回收工艺的 TI。虽然 CI 值占据最大优势，但并不能表明其对环境的危害程度强于 TI 和 FI。此外，NMC 和 LFP 的火法过程权重系数最高。火法工艺中，废旧 LIBs 中的大量有机物经过煅烧，释放出大量的废气，包括一氧化氮、硫化物和挥发性有机物等。湿法冶金工艺和直接回收工艺并不涉及有毒有害废气，毒性和可燃性并不明显，但腐蚀性比一般气体更强。

经过以上分析，获得 CEA 值，如图 5-76（f）～（i）所示。不同工艺的环境影响分布与材料、能源和水的分析相吻合。湿法冶金过程的环境影响主要分布在固废（S）、废水（W），而火法冶金过程的环境影响主要分布在废气（G）。在 LFP 回收过程中，火法冶金过程产生的能耗和废气更为严重，环境影响最大。在 NCM 回收过程中，湿法冶金过程产生的固废和废水更多，环境影响最大。从环境影响的综合效应来看，直接回收工艺的环境影响最小。

4）绿色回收评价

为了评价整体回收效果，通过原材料关键性、系统运行参数分析和 CEA 分析，并引入绿色回收等级（H），来体现材料、能源、水对环境的影响。

为了直观地比较不同工艺间的 H，采用归一化方法将该指标分为 10 个等级。

H 的边界值是根据不同工艺的材料、能量和水的最大值设定的。为了方便计算 H 和绿色回收指数（G）的值，根据 CEA 的取值范围设置了参数 CEA 等级（DCEA）。

原材料关键性、材料关键性比率和 DCEA 的结果如图 5-77（a）～（c）所示。由于湿法冶金工艺的广泛应用，NMC 具有高能量密度和长循环寿命[144,145]，因此采用湿法冶金回收 NMC 过程为研究对象。为了计算该过程的变化区间，以最大关键性（H-N）、最大能耗（H-E）和最大水耗（H-W）为条件，对采用湿法冶金工艺回收 NMC 的 3 种极端情景进行分析，其绿色回收指数 G 分别为 5.51、3.64 和 4.80。结果表明，能耗是影响该过程绿色品质最关键的因素。由于冷却电解质材料的水会被循环利用，水的影响并不像图 5-77（d）所示的那么大。直接回收的 NMC 和火法冶金回收 LFP 的绿色回收指数（G 值）分别代表了最佳和最差的回收技术，表明 LFP 的火法冶金相较于 NMC 和其他回收工艺表现较差。

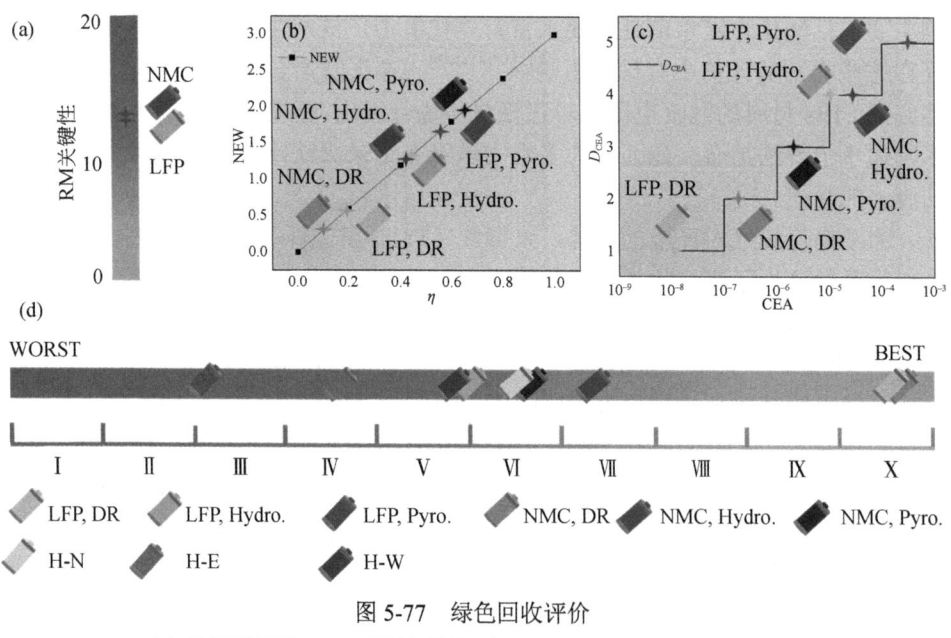

图 5-77 绿色回收评价

（a）原材料关键性；（b）材料关键性比率；（c）DCEA；（d）绿色回收指数

RM，原材料；NEW，材料关键性、能源绿色度和水关键性与其各自最大值的比值之和

3. 典型固废处理技术综合效益

本节通过建立绿色回收评价体系，对原材料关键性、系统运行参数、综合环境影响进行评价，并计算绿色回收等级，优化回收流程。对典型的 LFP 和 NMC 回收技术（即湿法冶金法、火法冶金法和直接回收工艺）进行了评估。

废旧 LIBs 的原材料主要由有机物和金属氧化物组成。①通过对金属关键性的分析，Co、Ni 和 Mn 的关键性值最高（≥4），其他金属远低于这三种金属。LFP 和 NMC 的关键性分别为 1.69 和 2.26。②在系统运行参数分析中，考虑了材料关键性、能源绿色度和水关键性，结果显示 NMC 的材料关键性高于 LFP。在四个回收工段中，材料的关键性值依次为：工段 3＞工段 2＞工段 1/4。采用火法冶金的 NMC 和 LFP 的能量绿色度分别为 26.45 和 5.28。不同工段的水关键性依次为：回收电解液＞浸出＞洗涤。③湿法冶金回收 LFP 的 CEAs 高于 NMC，而火法冶金回收 LFP 的 CEAG 远高于 NMC。综合评估下，采用火法冶金的 LFP 和采用湿法冶金的 NMC 的 CEA 分别为 $6.96×10^{-4}$ 和 $4.36×10^{-5}$，表明不同回收工艺对环境的负担存在显著差异。环境影响与污染的类型、数量和性质有关。湿法冶金的 LFP 的 CEAS 为 7，NMC 的 CEAS 为 4.47；火法冶金 LFP 的 CEAG 为 $9.74×10^3$，NMC 为 $1.39×10^3$。④绿色等级评价中，采用直接回收工艺的 NMC 的 G 值最高（≥9），采用火法冶金的 LFP 的 G 值最低（≤6）。根据上述分析，提高原材料关键性，减少材料投入和环境影响，可以提高回收过程的绿色等级。

先前评估方法侧重于环境、金属关键性[120,146,147]，缺乏全面的系统分析。绿色回收评价是一种多角度的评价方法，该体系可适用于废旧 LIBs 的任何回收过程且可以获得绿色回收度。以上工作对实现 LIBs 产业的可持续发展提供了科学支撑。

参 考 文 献

[1] 李涛, 杨喆, 周大为, 等. 我国水污染物排放总量控制政策评估[J]. 干旱区资源与环境, 2019, 33(8): 92-99.
[2] 黄龙, 孙文亮, 徐建炎, 等. 有色冶金氨氮废水处理技术研究进展[J]. 中国有色冶金, 2020, 49(2): 73-76.
[3] 陈连炳. 探析高浓度氨氮废水处理技术[J]. 低碳世界, 2021, 11(12): 23-24.
[4] 孙峰, 王智. 高浓度氨氮废水处理技术研究进展[J]. 中国资源综合利用, 2015, 33(4): 34-37.
[5] 李嘉桂. 有色冶金工业废水处理[J]. 有色金属(冶炼部分), 1987, (1): 35-41.
[6] DOBRE T, PâRVULESCU O C, IAVORSCHI G, et al. Volatile Organic Compounds Removal from Gas Streams by Adsorption onto Activated Carbon[J]. Industrial & Engineering Chemistry Research, 2014, 53(9): 3622-3628.
[7] ZHU L, SHEN D, LUO K H. A critical review on VOCs adsorption by different porous materials: Species, mechanisms and modification methods[J]. Journal of Hazardous Materials, 2020, 389: 122102.
[8] KHAN F I, KR. GHOSHAL A. Removal of Volatile Organic Compounds from polluted air[J]. Journal of Loss Prevention in the Process Industries, 2000, 13(6): 527-545.
[9] WANG H, NIE L, LI J, et al. Characterization and assessment of volatile organic compounds (VOCs) emissions from typical industries[J]. Chinese Science Bulletin, 2013, 58(7): 724-730.
[10] WEI W, WANG S, HAO J, et al. Projection of anthropogenic volatile organic compounds (VOCs) emissions in China for the period 2010–2020[J]. Atmospheric Environment, 2011, 45(38): 6863-6871.

[11] HE C, CHENG J, ZHANG X, et al. Recent advances in the catalytic oxidation of volatile organic compounds: A review based on pollutant sorts and sources[J]. Chemical Reviews, 2019, 119(7): 4471-4568.

[12] HE C, CHENG J, ZHANG X, et al. Recent advances in the catalytic oxidation of volatile organic compounds: A review based on pollutant sorts and sources[J]. Chemical Reviews, 2019, 119(7): 4471-4568.

[13] LIOTTA L F, WU H, PANTALEO G, et al. Co_3O_4 nanocrystals and Co_3O_4–MO_x binary oxides for CO, CH_4 and VOC oxidation at low temperatures: a review[J]. Catalysis Science & Technology, 2013, 3(12): 3085-3102.

[14] BERNSTEIN J A, ALEXIS N, BACCHUS H, et al. The health effects of nonindustrial indoor air pollution[J]. Journal of Allergy and Clinical Immunology, 2008, 121(3): 585-591.

[15] 秦朝远, 乔彤森. 生物法处理气体中易挥发性有机物研究进展[J]. 石化技术与应用, 2006, (1): 49-53.

[16] OZTURK B, KURU C, AYKAC H, et al. VOC separation using immobilized liquid membranes impregnated with oils[J]. Separation and Purification Technology, 2015, 153: 1-6.

[17] MISHIMA S, NAKAGAWA T. Plasma-grafting of fluoroalkyl methacrylate onto PDMS membranes and their VOC separation properties for pervaporation[J]. Journal of Applied Polymer Science, 1999, 73(10): 1835-1844.

[18] BELAISSAOUI B, LE MOULLEC Y, FAVRE E. Energy efficiency of a hybrid membrane/condensation process for VOC (Volatile Organic Compounds) recovery from air: A generic approach[J]. Energy, 2016, 95: 291-302.

[19] OKON E, SHEHU H, GOBINA E. Evaluation of the performance of α-alumina nano-porous ceramic composite membrane for esterification applications in petroleum refinery[J]. Catalysis Today, 2018, 310: 146-156.

[20] SUI H, ZHANG T, CUI J, et al. Novel off-Gas Treatment technology to remove volatile organic compounds with high concentration[J]. Industrial & Engineering Chemistry Research, 2016, 55(9): 2594-2603.

[21] GUPTA V K, VERMA N. Removal of volatile organic compounds by cryogenic condensation followed by adsorption[J]. Chemical Engineering Science, 2002, 57(14): 2679-2696.

[22] 安萍. 硅胶变压吸附脱除与回收邻二甲苯[D]. 天津: 天津大学, 2018.

[23] KHADEMI M H, SABBAGHI R S. Comparison between three types of ammonia synthesis reactor configurations in terms of cooling methods[J]. Chemical Engineering Research & Design, 2017, 128: 306-317.

[24] ERISMAN J W, BLEEKER A, GALLOWAY J, et al. Reduced nitrogen in ecology and the environment[J]. Environmental Pollution, 2007, 150(1): 140-149.

[25] SUTTON M A, ERISMAN J W, DENTENER F, et al. Ammonia in the environment: From ancient times to the present[J]. Environmental Pollution, 2008, 156(3): 583-604.

[26] WANG L, HUANG X, YU Y, et al. Eliminating ammonia emissions during rare earth separation through control of equilibrium acidity in a HEH(EHP)-Cl system[J]. Green Chemistry, 2013, 15(7): 1889-1894.

[27] SCHAEFER D, XIA J, VOGT M, et al. Experimental investigation of the solubility of ammonia in methanol[J]. Journal of Chemical And Engineering Data, 2007, 52(5): 1653-1659.

[28] SHANG D, LIU X, BAI L, et al. Ionic liquids in gas separation processing[J]. Current Opinion in Green and Sustainable Chemistry, 2017, 5: 74-81.

[29] PETIT C, BANDOSZ T J. Removal of ammonia from air on molybdenum and tungsten oxide modified activated carbons[J]. Environmental Science & Technology, 2008, 42(8): 3033-3039.

[30] HUANG C-C, LI H-S, CHEN C-H. Effect of surface acidic oxides of activated carbon on adsorption of ammonia[J]. Journal of Hazardous Materials, 2008, 159(2-3): 523-527.
[31] SAHA D, DENG S. Characteristics of ammonia adsorption on activated alumina[J]. Journal of Chemical And Engineering Data, 2010, 55(12): 5587-5593.
[32] ZHANG X, ZHANG X, DONG H, et al. Carbon capture with ionic liquids: Overview and progress[J]. Energy & Environmental Science, 2012, 5(5): 6668-6681.
[33] ZENG S, ZHANG X, BAI L, et al. Ionic-Liquid-Based CO_2 capture systems: Structure, interaction and process[J]. Chemical Reviews, 2017, 117(14): 9625-9673.
[34] MELLEIN B R, SCURTO A M, SHIFLETT M B. Gas solubility in ionic liquids[J]. Current Opinion In Green And Sustainable Chemistry, 2021, 28: 100425.
[35] ZENG S, GAO H, ZHANG X, et al. Efficient and reversible capture of SO_2 by pyridinium-based ionic liquids[J]. Chemical Engineering Journal, 2014, 251: 248-256.
[36] LUO X, GUO Y, DING F, et al. Significant improvements in CO_2 capture by pyridine-containing anion-functionalized ionic liquids through multiple-site cooperative interactions[J]. Angewandte Chemie - International Edition, 2014, 53(27): 7053-7057.
[37] HUANG K, CAI D-N, CHEN Y-L, et al. Thermodynamic validation of 1-alkyl-3-methylimidazolium carboxylates as task-specific ionic liquids for H_2S absorption[J]. AIChE Journal, 2013, 59(6): 2227-2235.
[38] YOKOZEK I A, SHIFLETT M B. Vapor-liquid equilibria of ammonia plus ionic liquid mixtures[J]. Applied Energy, 2007, 84(12): 1258-1273.
[39] YOKOZEKI A, SHIFLETT M B. Ammonia solubilities in room-temperature ionic liquids[J]. Industrial & Engineering Chemistry Research, 2007, 46(5): 1605-1610.
[40] LI G, ZHOU Q, ZHANG X, et al. Solubilities of ammonia in basic imidazolium ionic liquids[J]. Fluid Phase Equilibria, 2010, 297(1): 34-39.
[41] SHI W, MAGINN E J. Molecular simulation of smmonia sbsorption in the ionic liquid 1-ethyl-3-methylimidazolium bis(trifluoromethylsulfonyl)imide ([emim][Tf2N])[J]. AIChE Journal, 2009, 55(9): 2414-2421.
[42] PALOMAR J, GONZALEZ-MIQUEL M, BEDIA J, et al. Task-specific ionic liquids for efficient ammonia absorption[J]. Separation And Purification Technology, 2011, 82: 43-52.
[43] HUANG J, RIISAGER A, BERG R W, et al. Tuning ionic liquids for high gas solubility and reversible gas sorption[J]. Journal of Molecular Catalysis A-chemical, 2008, 279(2): 170-176.
[44] BEDIA J, PALOMAR J, GONZALEZ-MIQUEL M, et al. Screening ionic liquids as suitable ammonia absorbents on the basis of thermodynamic and kinetic analysis[J]. Separation and Purification Technology, 2012, 95: 188-195.
[45] LI Z, ZHANG X, DONG H, et al. Efficient absorption of ammonia with hydroxyl-functionalized ionic liquids[J]. Rsc Advances, 2015, 5(99): 81362-81370.
[46] SHANG D, ZHANG X, ZENG S, et al. Protic ionic liquid[Bim][NTf_2] with strong hydrogen bond donating ability for highly efficient ammonia absorption[J]. Green Chemistry, 2017, 19(4): 937-945.
[47] SHANG D, ZENG S, ZHANG X, et al. Highly efficient and reversible absorption of NH_3 by dual functionalised ionic liquids with protic and Lewis acidic sites[J]. Journal of Molecular Liquids, 2020, 312: 113411.
[48] LI P, SHANG D, TU W, et al. NH_3 absorption performance and reversible absorption mechanisms of protic ionic liquids with six-membered N-heterocyclic cations[J]. Separation And Purification Technology, 2020, 248: 117087.
[49] YUAN L, ZHANG X, REN B, et al. Dual-functionalized protic ionic liquids for efficient

absorption of NH₃ through synergistically physicochemical interaction[J]. Journal of Chemical Technology and Biotechnology, 2020, 95(6): 1815-1824.

［50］SHANG D, BAI L, ZENG S, et al. Enhanced NH₃ capture by imidazolium-based protic ionic liquids with different anions and cation substituents[J]. Journal of Chemical Technology and Biotechnology, 2018, 93(5): 1228-1236.

［51］WANG J, ZENG S, HUO F, et al. Metal chloride anion-based ionic liquids for efficient separation of NH₃[J]. Journal of Cleaner Production, 2019, 206: 661-669.

［52］ZENG S, LIU L, SHANG D, et al. Efficient and reversible absorption of ammonia by cobalt ionic liquids through Lewis acid-base and cooperative hydrogen bond interactions[J]. Green Chemistry, 2018, 20(9): 2075-2083.

［53］CAO Y, ZHANG X, ZENG S, et al. Protic ionic liquid-based deep eutectic solvents with multiple hydrogen bonding sites for efficient absorption of NH₃[J]. AIChE Journal, 2020, 66(8): 016253.

［54］YU M, ZENG S, WANG Z, et al. Protic ionic-liquid-supported activated carbon with hierarchical pores for efficient NH₃ adsorption[J]. ACS Sustainable Chemistry & Engineering, 2019, 7(13): 11769-11777.

［55］YANG B, BAI L, LI T, et al. Super selective ammonia separation through multiple-site interaction with ionic liquid-based hybrid membranes[J]. Journal of Membrane Science, 2021, 628: 119264.

［56］HUANG Y, DONG H, ZHANG X, et al. New Fragment Contribution-Corresponding States Method for Physicochemical Properties Prediction of Ionic Liquids[J]. AIChE Journal, 2013, 59(4): 1348-1359.

［57］余敏. 咪唑类离子液体制备及氨吸收性能的研究[D]. 郑州: 郑州大学, 2019.

［58］DONG H, WANG X, LIU L, et al. The rise and deformation of a single bubble in ionic liquids[J]. Chemical Engineering Science, 2010, 65(10): 3240-3248.

［59］ZHANG X, DONG H, BAO D, et al. Effect of small amount of water on CO₂ bubble behavior in ionic liquid systems[J]. Industrial & Engineering Chemistry Research, 2014, 53(1): 428-439.

［60］WANG X, DONG H, ZHANG X, et al. Numerical simulation of single bubble motion in ionic liquids[J]. Chemical Engineering Science, 2010, 65(22): 6036-6047.

［61］BAO D, ZHANG X, DONG H, et al. A new FCCS-CFD coupled method for understanding the influence of molecular structure of ionic liquid on bubble behaviors[J]. Chemical Engineering and Processing-process Intensification, 2018, 125: 266-274.

［62］董海峰. 离子液体反应器内气液两相流动特性的研究[D]. 北京: 中国科学院过程工程研究所, 2010.

［63］张欣. 离子液体气液体系流动及传质规律研究[D]. 北京: 中国科学院过程工程研究所, 2015.

［64］鲍迪. 离子液体体系中气泡行为与传递特性的数值模拟[D]. 北京: 中国科学院过程工程研究所, 2016.

［65］HU Z, WANG J, DONG H, et al. Hydrodynamics numerical simulation of a vertical falling film evaporator for ionic liquid systems[J]. Chemical Engineering Science, 2021, 237.

［66］WANG J, HU Z, DONG H, et al. Experimental study on hydrodynamics of ionic liquids systems in falling film evaporator[J]. Chemical Engineering and Processing-process Intensification, 2022, 170.

［67］胡宗元. 降膜蒸发器中离子液体液膜流动与传递规律研究[D]. 北京: 中国科学院过程工程研究所, 2021.

[68] 陈晏杰, 姚月华, 张香平, 等. 基于离子液体的合成氨驰放气中氨回收工艺模拟计算[J]. 过程工程学报, 2011, 11(04): 644-651.
[69] ZHAN G, CAO F, BAI L, et al. Process Simulation and optimization of ammonia-containing gas separation and ammonia recovery with ionic liquids[J]. ACS Sustainable Chemistry & Engineering, 2021, 9(1): 312-325.
[70] 李丽, 姚莹, 郁亚娟, 等. 锂离子电池回收与资源化技术[M]. 北京:科学出版社, 2021.
[71] 中国工业节能与清洁生产协会, 新能源电池回收利用专业委员会. 中国新能源电池回收利用产业发展报告[M]. 北京: 机械工业出版社, 2022.
[72] 汪伟伟, 丁楚雄, 高玉仙, 等. 磷酸铁锂及三元电池在不同领域的应用[J]. 电源技术, 2020, 44(9): 1383-1386.
[73] 刘兰胜. 磷酸铁锂电池应用现状及发展趋势[J]. 电池工业, 2021, 25(5): 263-265.
[74] 郑洲. 我国锂离子电池及其正极材料的产业化进展[J]. 新材料产业, 2020, (6): 49-52.
[75] 况新亮, 刘垂祥, 熊朋. 锂离子电池产业分析及市场展望[J]. 无机盐工业, 2022, 54(8): 1-15.
[76] 关志波, 朱素冰. 锂电正极材料市场状况及发展趋势[J]. 新材料产业, 2018, (9): 23-27.
[77] 程少逸, 高正波, 曹建. 我国战略性矿产资源供应安全的挑战与应对[J]. 矿冶, 2022, 31(1): 126-130.
[78] 应雄, 汪寿阳, 杨宇瑶. 能源转型下的锂、钴、镍资源需求及回收潜力分析——基于电动汽车的视角[J]. 中国科学院院刊, 2024, 39(7): 1226-1234.
[79] 杨俊峰, 潘寻. "十四五"中国锂动力电池产业关键资源供需分析[J]. 有色金属(冶炼部分), 2021(6): 37-41+52.
[80] DU K, ANG E H, WU X, et al. Progresses in sustainable recycling technology of spent lithium-ion batteries[J]. Energy & Environmental Materials, 2022, 5(4): 1012-1036.
[81] WENG Y, XU S, HUANG G, et al. Synthesis and performance of Li[(Ni$_{1/3}$Co$_{1/3}$Mn$_{1/3}$)$_{(1-x)}$Mg$_x$]O$_2$ prepared from spent lithium ion batteries[J]. Journal of Hazardous materials, 2013, 246-247: 163-172.
[82] YANG Y, XU S M, HE Y H. Lithium recycling and cathode material regeneration from acid leach liquor of spent lithium-ion battery via facile co-extraction and co-precipitation processes[J]. Waste Management, 2017, 64: 219-227.
[83] GAO W, SONG J, CAO H, et al. Selective recovery of valuable metals from spent lithium-ion batteries - Process development and kinetics evaluation[J]. Journal of Cleaner Production, 2018, 178: 833-845.
[84] LV W, ZHENG X, LI L, et al. Highly selective metal recovery from spent lithium-ion batteries through stoichiometric hydrogen ion replacement[J]. Frontiers of Chemical Science and Engineering, 2021, 15(5): 1243-1256.
[85] LV W, ZHANG J, LIU Y, et al. Selective recovery of lithium from spent lithium-ion batteries via mild hydrothermal driven Lewis acid-base reaction in aqua solution[J]. Resources, Conservation and Recycling, 2023, 199.
[86] YANG Y, MENG X, CAO H, et al. Selective recovery of lithium from spent lithium iron phosphate batteries: a sustainable process[J]. Greem Chemistry, 2018, 20(13): 3121-3133.
[87] 阎文艺. 废动力电池资源化利用过程关键性评价方法与应用[D]. 北京: 中国科学院大学, 2022.
[88] LV W, SUN Z, SU Z. Life cycle energy consumption and greenhouse gas emissions of iron pelletizing process in China, a case study[J]. Journal of Cleaner Production, 2019, 233: 1314-1321.
[89] WU J, PU G, GUO Y, et al. Retrospective and prospective assessment of exergy, life cycle

carbon emissions, and water footprint for coking network evolution in China[J]. Applied Energy, 2018, 218: 479-493.

[90] LIU X, YUAN Z. Life cycle environmental performance of by-product coke production in China[J]. Journal of Cleaner Production, 2016, 112: 1292-1301.

[91] CIMPRICH A, YOUNG S B, HELBIG C, et al. Extension of geopolitical supply risk methodology: Characterization model applied to conventional and electric vehicles[J]. Journal of Cleaner Production, 2017, 162: 754-763.

[92] SUN X, HAO H, ZHAO F, et al. Tracing global lithium flow: A trade-linked material flow analysis[J]. Resources, Conservation and Recycling, 2017, 124: 50-61.

[93] DING N, YANG Y, CAI H, et al. Life cycle assessment of fuel ethanol produced from soluble sugar in sweet sorghum stalks in North China[J]. Journal of Cleaner Production, 2017, 161: 335-344.

[94] SUN Z, CAO H, ZHANG X, et al. Spent lead-acid battery recycling in China—A review and sustainable analyses on mass flow of lead[J]. Waste Management, 2017, 64: 190-201.

[95] MA X, QI C, YE L, et al. Life cycle assessment of tungsten carbide powder production: A case study in China[J]. Journal of Cleaner Production, 2017, 149: 936-944.

[96] QI C, YE L, MA X, et al. Life cycle assessment of the hydrometallurgical zinc production chain in China[J]. Journal of Cleaner Production, 2017, 156: 451-458.

[97] SWAIN B. Recovery and recycling of lithium: A review[J]. Separation and Purification Technology, 2017, 172: 388-403.

[98] CHEN W, GENG Y, HONG J, et al. Life cycle assessment of gold production in China[J]. Journal of Cleaner Production, 2018, 179: 143-150.

[99] WACKERNAGEL M, ONISTO L, BELLO P, et al. National natural capital accounting with the ecological footprint concept[J]. Ecological Economics, 1999, 29(3): 375-390.

[100] MATTHEWS H S, HENDRICKSON C T, WEBER C L. The importance of carbon footprint estimation boundaries[Z]. ACS Publications, 2008.

[101] LIANG Y, SU J, XI B, et al. Life cycle assessment of lithium-ion batteries for greenhouse gas emissions[J]. Resources, Conservation and Recycling, 2017, 117: 285-293.

[102] WIEDMANN T, MINX J. A definition of 'carbon footprint'[J]. Ecological Economics Research Trends, 2008, 1(2008): 1-11.

[103] EKMAN NILSSON A, MACIAS ARAGONéS M, ARROYO TORRALVO F, et al. A Review of the Carbon Footprint of Cu and Zn Production from Primary and Secondary Sources[J]. Minerals, 2017, 7(9).

[104] 王微, 林剑艺, 崔胜辉, 等. 碳足迹分析方法研究综述[J]. 环境科学与技术, 2010, 33(7): 71-78.

[105] QUN S, WEIMIN Z. Carbon footprint analysis in metal cutting process; proceedings of the 1st International Conference on Mechanical Engineering and Material Science (MEMS 2012), F, 2012[C]. Atlantis Press.

[106] WIEDMANN T. Editorial: Carbon footprint and input-output analysis—An introduction[J]. Economic Systems Research, 2009, 21(3): 175-186.

[107] WACKERNAGEL M, ONISTO L, BELLO P, et al. National natural capital accounting with the ecological footprint concept[J]. Ecological Economics, 1999, 29(3): 375-390.

[108] VAN VLIET O P R, FAAIJ A P C, TURKENBURG W C. Fischer–Tropsch diesel production in a well-to-wheel perspective: A carbon, energy flow and cost analysis[J]. Energy Conversion and Management, 2009, 50(4): 855-876.

[109] DE CLERCQ D, WEN Z, FEI F. Economic performance evaluation of bio-waste treatment

technology at the facility level[J]. Resources, Conservation and Recycling, 2017, 116: 178-184.
[110] ARAL H, VECCHIO-SADUS A. Toxicity of lithium to humans and the environment—A literature review[J]. Ecotoxicology and Environmental Safety, 2008, 70(3): 349-356.
[111] ALONSO E, GREGORY J, FIELD F, et al. Material availability and the supply chain: risks, effects, and responses[J]. Environmental Science & Technology, 2007, 41(19): 6649-6656.
[112] NIEMINEN E, LINKE M, TOBLER M, et al. EU COST Action 628: life cycle assessment (LCA) of textile products, eco-efficiency and definition of best available technology (BAT) of textile processing[J]. Journal of Cleaner Production, 2007, 15(13): 1259-1270.
[113] GAO W, SUN Z, CAO H, et al. Economic evaluation of typical metal production process: A case study of vanadium oxide production in China[J]. Journal of Cleaner Production, 2020, 256: 120217.
[114] MANCINI L, BENINI L, SALA S. Characterization of raw materials based on supply risk indicators for Europe[J]. The International Journal of Life Cycle Assessment, 2018, 23(3): 726-738.
[115] JIN Y, KIM J, GUILLAUME B. Review of critical material studies[J]. Resources, Conservation and Recycling, 2016, 113: 77-87.
[116] SONNEMANN G, GEMECHU E D, ADIBI N, et al. From a critical review to a conceptual framework for integrating the criticality of resources into Life Cycle Sustainability Assessment[J]. Journal of Cleaner Production, 2015, 94: 20-34.
[117] GRAEDEL T E, BARR R, CHANDLER C, et al. Methodology of Metal Criticality Determination[J]. Environmental Science & Technology, 2012, 46(2): 1063-1070.
[118] GEMECHU E D, SONNEMANN G, YOUNG S B. Geopolitical-related supply risk assessment as a complement to environmental impact assessment: the case of electric vehicles[J]. The International Journal of Life Cycle Assessment, 2017, 22(1): 31-39.
[119] HELBIG C, BRADSHAW A M, WIETSCHEL L, et al. Supply risks associated with lithium-ion battery materials[J]. J Cleaner Prod, 2018, 172: 274-286.
[120] GRAEDEL T E, HARPER E M, NASSAR N T, et al. Criticality of metals and metalloids[J]. Proceedings of the National Academy of Sciences, 2015, 112(14): 4257-4262.
[121] SCHRIJVERS D, HOOL A, BLENGINI G A, et al. A review of methods and data to determine raw material criticality[J]. Resources, Conservation and Recycling, 2020, 155: 104617.
[122] NASSAR N T, BARR R, BROWNING M, et al. Criticality of the Geological Copper Family[J]. Environmental Science & Technology, 2012, 46(2): 1071-1078.
[123] GLöSER S, TERCERO ESPINOZA L, GANDENBERGER C, et al. Raw material criticality in the context of classical risk assessment[J]. Resources Policy, 2015, 44: 35-46.
[124] FALANDYSZ J, FERNANDES A R, ZHANG J. Critical review of rare earth elements (REE) in cultivated macrofungi[J]. Food Control, 2024, 155: 110085.
[125] NUSS P, HARPER E M, NASSAR N T, et al. Criticality of iron and its principal alloying elements[J]. Environmental Science & Technology, 2014, 48(7): 4171-4177.
[126] MANCINI L, SALA S, RECCHIONI M, et al. Potential of life cycle assessment for supporting the management of critical raw materials[J]. The International Journal of Life Cycle Assessment, 2015, 20(1): 100-116.
[127] WATARI T, NANSAI K, NAKAJIMA K. Review of critical metal dynamics to 2050 for 48 elements[J]. Resources, Conservation and Recycling, 2020, 155: 104669.
[128] XIN C, ADDY M M, ZHAO J, et al. Waste-to-biofuel integrated system and its

[129] ZHANG G, WANG Y, MENG X, et al. Life cycle assessment on the vanadium production process: A multi-objective assessment under environmental and economic perspectives[J]. Resources, Conservation and Recycling, 2023, 192: 106926.

[130] INNOCENZI V, CANTARINI F, ZUEVA S, et al. Environmental and economic assessment of gasification wastewater treatment by life cycle assessment and life cycle costing approach[J]. Resources, Conservation and Recycling, 2021, 168: 105252.

[131] GAO W, CHEN F, YAN W, et al. Toward green manufacturing evaluation of light-emitting diodes (LED) production—A case study in China[J]. Journal of Cleaner Production, 2022, 368: 133149.

[132] LIU W X, IORDAN C M, CHERUBINI F, et al. Environmental impacts assessment of wastewater treatment and sludge disposal systems under two sewage discharge standards: A case study in Kunshan, China[J]. Journal of Cleaner Production, 2020, 287: 125046.

[133] MONEA M C, LHR D K, MEYER C, et al. Comparing the leaching behavior of phosphorus, aluminum and iron from post-precipitated tertiary sludge and anaerobically digested sewage sludge aiming at phosphorus recovery[J]. Journal of Cleaner Production, 2020, 247: 119129.

[134] BAI S, WANG X, HUPPES G, et al. Using site-specific life cycle assessment methodology to evaluate Chinese wastewater treatment scenarios: A comparative study of site-generic and site-specific methods[J]. Journal of Cleaner Production, 2017, 144(15): 1-7.

[135] L, SONG G, ZHAO X, et al. Environmental burdens of China's propylene manufacturing: Comparative life-cycle assessment and scenario analysis[J]. Science of The Total Environment, 2021, 799: 149451.

[136] YAN W, WANG Z, CAO H, et al. Criticality assessment of metal resources in China[J]. iScience, 2021, 24(6): 102524.

[137] ZHANG T, HE Y, GE L, et al. Characteristics of wet and dry crushing methods in the recycling process of spent lithium-ion batteries[J]. J Power Sources, 2013, 240: 766-771.

[138] ZHAO X, MA X, CHEN B, et al. Challenges toward carbon neutrality in China: Strategies and countermeasures[J]. Resources, Conservation and Recycling, 2022, 176: 105959.

[139] TAO Y, RAHN CHRISTOPHER D, ARCHER LYNDEN A, et al. Second life and recycling: Energy and environmental sustainability perspectives for high-performance lithium-ion batteries[J]. Science Advance, 7(45): eabi7633.

[140] AGENCY S E P. Comprehensive waste water discharge standard[Z]. https://www.doc88.com/p-1817821615423.html. 1996.

[141] WANG Y, TANG B, SHEN M, et al. Environmental impact assessment of second life and recycling for LiFePO$_4$ power batteries in China[J]. Journal of Environmental Management, 2022, 314: 115083.

[142] ACCARDO A, DOTELLI G, MUSA M L, et al. Life cycle assessment of an NMC battery for application to electric light-duty commercial vehicles and comparison with a sodium-nickel-chloride battery[J]. Applied Sciences, 2021, 11(3): 1160.

[143] LIU W, LIU H, LIU W, et al. Life cycle assessment of power batteries used in electric bicycles in China[J]. Renewable & Sustainable Energy Reviews, 2021, 139: 110596.

[144] MAJEAU-BETTEZ G, HAWKINS T R, STRøMMAN A H. Life cycle environmental assessment of lithium-ion and nickel metal hydride batteries for plug-in hybrid and battery electric vehicles[J]. Environmental Science & Technology, 2011, 45(10): 4548-4554.

[145] WANG Y Q, YU Y J, HUANG K, et al. Quantifying the environmental impact of a Li-rich high-capacity cathode material in electric vehicles *via* life cycle assessment[J]. Environmental Science And Pollution Research, 2017, 24(2): 1251-1260.
[146] GRAEDEL T E, RECK B K, MIATTO A. Alloy information helps prioritize material criticality lists[J]. Nature Communication, 2022, 13(1): 150.
[147] EUROPEAN C, DIRECTORATE-GENERAL FOR INTERNAL MARKET I E, SMES, et al. Study on the EU's List of Critical Raw Materials (2020): Final Report[R]. Publications Office, 2020.